碳基资源低碳热转化与污染物排放控制

王宝凤　著

中国商业出版社

图书在版编目（CIP）数据

碳基资源低碳热转化与污染物排放控制 / 王宝凤著
. -- 北京 : 中国商业出版社, 2023.12
ISBN 978-7-5208-2707-2

Ⅰ. ①碳… Ⅱ. ①王… Ⅲ. ①碳－能源利用－无污染技术－研究 Ⅳ. ①TK019

中国国家版本馆 CIP 数据核字(2023)第 218493 号

责任编辑：石胜利
策划编辑：王　彦

中国商业出版社出版发行
（www.zgsycb.com　100053　北京广安门内报国寺 1 号）
总编室：010-63180647　编辑室：010-63033100
发行部：010-83120835 / 8286
新华书店经销
北京厚诚则铭印刷科技有限公司印刷

*

787毫米 ×1092毫米　16 开　26 印张　614千字
2023 年 12 月第 1 版　2023 年 12 月第 1 次印刷
定价：75.00 元

* * * *

（如有印装质量问题可更换）

作者简介

王宝凤，博士，现任山西大学三级教授，博士生导师，中国能源学会能源与环境专家组专委会委员。1999 年 7 月本科毕业于太原理工大学，获化工工艺学士学位；2001 年至 2006 年在中国科学院山西煤炭化学研究所硕博连读，并于 2006 年 7 月获理学博士学位；山西大学博士后。博士毕业后曾在中国海洋大学和山西师范大学工作，主要从事碳基资源清洁高效低碳利用与污染控制方面的研究。作为负责人主持国家重点研发计划课题、国家自然科学基金面上项目、教育部博士点基金、山西省重点研发计划（国际合作）和山西省区域合作项目等多项国家和省部级项目，另外作为骨干承担国家基金重点项目 2 项。在 *Journal of Cleaner Production*、*Bioresource Technology*、*Fuel* 等期刊发表学术论文 60 多篇，出版学术专著 1 部，参编专著 1 部，申请专利 10 项。

前　言

双碳背景下，如何实现碳基资源的低碳热转化与污染排放控制是碳基资源清洁高效利用过程的重要难题之一。生物质能作为最具潜力的可再生能源，已成为仅次于煤炭、石油和天然气的第四大能源，其清洁高效利用对于双碳目标实现意义重大。此外，煤泥、煤矸石等含碳固废的资源化利用也是加快循环经济发展、助力碳减排的重要举措。热解、水热液化／碳化和燃烧是常见的含碳资源利用技术。将生物质和煤泥、煤矸石等含碳固废共燃烧，可以实现煤泥、煤矸石等含碳固废的大宗化利用，并且还有助于碳减排。通过热解和水热液化／碳化，可以将生物质等含碳资源转化为碳基材料和油品等高附加值产品。因此，明晰生物质和煤泥、煤矸石等含碳固废的热解、水热液化／碳化和燃烧特性，对于含碳资源清洁高效转化意义重大。

本书是作者和课题组师生多年来科学研究成果的积累。其中，第 1-2 章由刘旭旭和王宝凤撰写，第 3-5 章由贾鑫和王宝凤撰写，第 6 章由刘小红和王宝凤撰写，第 7 章由闫晓敏和王宝凤撰写，第 8 章由韩少华和王宝凤撰写，第 9 章由黄亚如和王宝凤撰写，第 10 章由邓瑞和王宝凤撰写，第 11-12 章由申帅和王宝凤撰写，第 13 章由韩晓飞和王宝凤撰写，全书由王宝凤负责通稿和审定。本书写作过程中得到了山西大学资源与环境工程研究所和山西师范大学化学与材料科学学院部分老师和研究生的大力帮助。此外，书稿写作过程中还邀请了山西大学资源与环境工程研究所的部分老师和同事进行了审稿和审阅，他们提出了宝贵意见，在此一并表示感谢。本书写作过程中难免有遗漏和不足之处，恳请各位批评指正，特此感谢。

作者

2023 年 12 月

目　录

第一篇　热解篇

第二篇 水热液化 / 碳化篇

第三篇　燃烧及污染物控制篇

第一篇　热解篇

第 1 章　生物质的催化热解特性

生物质是一种环境友好型的可再生能源，是指直接或间接来源于各种绿色植物的各类有机物的总称，包括植物、动物和微生物等。生物质在数量方面的潜能几乎无限，因为地球上不断生长的植物远远高过我们的能源需求量且有利用过程中 CO_2 净排放量为零的优点，所以其发展前景广阔。生物质能是绿色植物利用光合作用将太阳能以化学能形式储存在生物中的一种能量形式。生物质能是继石油、煤炭、天然气等化石能源之后的第四大能源，占世界总能源的 14%，在发展中国家占 40% 以上，更是唯一可以转化为可替代化石燃料和其他化学品的可再生碳资源。生物质能来源广泛，地球上每年产生的生物质总量高达 1400 亿 ~ 1800 亿 t，相当于目前世界总能耗的 10 倍。我国生物质能资源相当丰富，理论生物质能资源约有 50 亿 t 标准煤，是我国目前总能耗的 4 倍左右。与传统化石能源相比，生物质能具有许多优点，如分布广泛、来源丰富、可再生、产量大，硫、氮含量低，污染小，CO_2 零排放，减少温室效应。据统计每增加 1t 生物质能源的消费可以减少相当于化石能源 2t 温室气体的排放量。“双碳”背景下，生物质的资源化利用尤为重要。我国在生物质热裂解制取生物油方面的研究起步较晚，各种热裂解技术都处在实验室研究阶段，故在生物油成分分析和热解制氢方面的研究有待进一步深入。

为了将生物质热裂解制取生物油技术推广，以实现其商业化生产，提高生物质的产油率以及保证生物油的品质一直以来都是广大学者的研究方向。生物质热裂解制得的生物油产率较低且具有强酸性、强氧化性、不稳定性等缺点，严重制约其在实践中的应用。因此，提高生物油的品质成为我们迫切需要解决的问题。提高生物油燃料性质的途径主要有催化裂解和催化加氢。与催化加氢所需的高压和供氢溶剂的苛刻反应条件不同，催化裂解可以在常压条件下进行且不需要还原性气体。本章主要探讨几种简单添加物对生物质热解产物的影响，为后面章节新催化剂的研发提供一种新思路。

1.1　氯化物和钙基添加剂对生物质热解行为的影响

本章选取河北邢台的棉花籽、山西临汾的玉米芯作为实验原料进行研究。首先将实验样品在空气中干燥，然后粉碎、研磨过筛，选取 60 目以下的样品进行热解实验。实验样品的工业分析和元素分析见表 1-1 和表 1-2。

表 1-1 样品的工业分析
Table1-1 The proximate analysis of the samples

样品	工业分析（wt%）				
	Mad	Aad	Vad	Vdaf	FCad
棉花籽	4.74	4.59	75.33	83.08	15.34
玉米芯	4.97	2.06	74.92	80.59	18.05

表 1-2 样品的元素分析
Table1-2 The ultimate analysis of the samples

样品	元素分析（wt%， daf ）				
	C	H	O*	N	S
棉花籽	49.50	7.03	38.10	5.08	0.29
玉米芯	44.30	6.08	48.94	0.62	0.06

注：* 差减法。

图 1-1 是 N_2 流速为 200mL/min，停留时间为 30min，不同温度下生物质热解所得产物收率的分布。

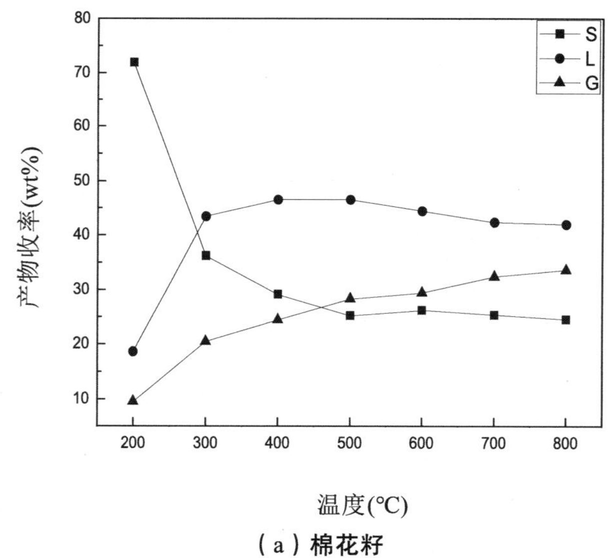

（a）棉花籽

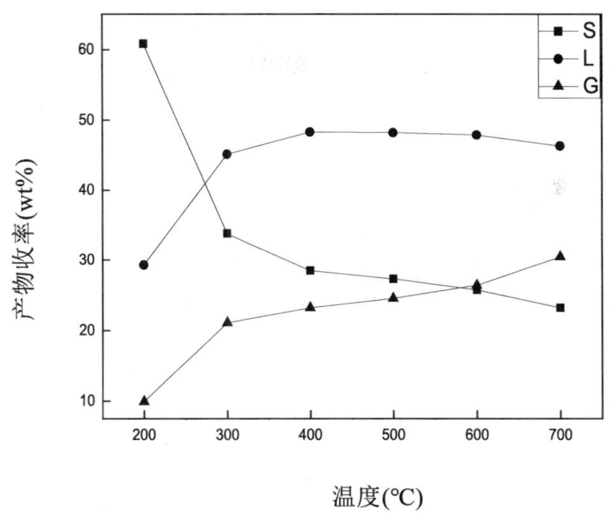

（b）玉米芯

图 1-1　不同温度下生物质热解所得产物收率的分布

Fig.1-1　The pyrolysis product distribution of biomass under different temperature

由图 1-1（a）可知，在温度从 200℃升到 800℃的过程中，气体收率持续增加；在 200 ~ 500℃的温度范围内，随着温度的升高液化油收率上升，到达 400℃时达到最大，为 46.5%，500℃的油收率与 400℃相差不大，在该温度段棉花籽热解生成的固体收率迅速下降；温度高于 500℃时，固体收率基本保持不变，液化油收率却在下降。在图 1-1（b）中，玉米芯热解产物收率随温度的变化趋势与棉花籽的相似且液体收率同样是在 400℃和 500℃达到最大，但是最大油收率要高于棉花籽的 46.5%，为 48.3%。对比两图发现 500℃之后油收率都在下降，这可能是由于生物油裂解生成气体，导致油收率下降且棉花籽中油收率下降的趋势要大于玉米芯，由此可以推断棉花籽热解过程中生物油裂解的现象较玉米芯严重。根据图中热解残渣的曲线可以看出，500℃之前残渣的失重很小，500℃之后残渣才开始缓慢失重且失重速率与棉花籽基本相同。

图 1-2 为棉花籽与其 500℃热解残渣的热重曲线。根据图中棉花籽曲线的变化趋势，结合图 1-1 中热解产物随温度的变化曲线与热解机理可以将其热解过程大致分成四个阶段：① 200℃以下，该阶段主要是生物质中水分的挥发；② 200 ~ 300℃，分解生成大量的 CO 和 CO_2，该阶段生物质中的脂肪链断链产生大量的小分子化合物，挥发分迅速释放；③ 400 ~ 500℃，随着温度的持续升高生物质中化合物的分子骨架被破坏，大分子的化合物进一步裂解生成可冷凝性的气体和不可冷凝性的气体，可冷凝性的气体经过冷凝变成生物油，但是生物质的分解速度要明显低于上一个阶段，该阶段结束后生物质中 80% 的成分被分解；④ 500℃以上，主要为生物油的裂解阶段，当温度大于 500℃时，生物油开始裂解生成二次生物油和不可冷凝气体。

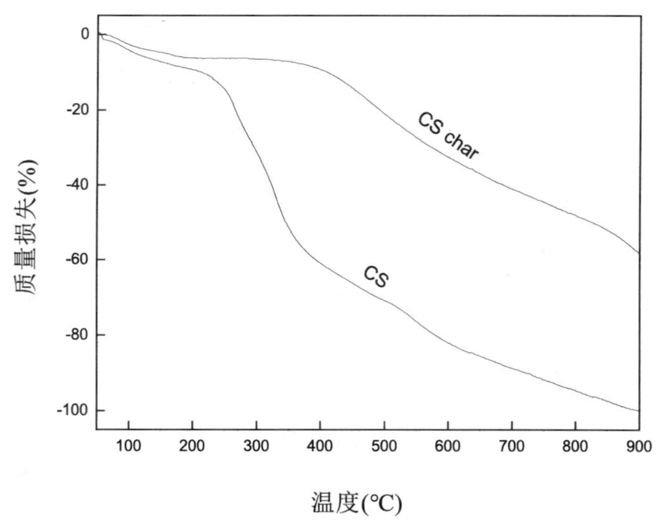

图 1-2　棉花籽原样与其热解残渣的热重曲线

Fig.1-2　The rmogravimetric curve of cotton seed and its pyrolysis residue

图 1-3 是 N_2 流速为 200mL/min，热解温度为 500℃，不同停留时间下生物质热解所得产物收率的分布。由图 1-3（a）可知，随着停留时间的增加，棉花籽液化油收率先增加后减小，当停留时间 t=30min 时，液化油收率达到最大，为 46.5%。固体残渣收率的变化趋势和液体收率刚好相反，先减小后增加，当停留时间 t=30min 时，固体残渣收率最小，为 25.2%。气体收率随着停留时间的增加一直在缓慢地增加。这可能是由于在 30min 前，棉花籽还没有充足的时间分解，而 30min 后主要是生物油将液体大分子进一步裂解生成小分子的气体产物与生物炭，导致液化油收率减小，气体与固体收率增加，这可通过改进后的 Broido-Shafizadeh 机理模型加以解释。在图 1-3（b）中停留时间小于 30min 时，随着停留时间的延长，固体残渣收率在下降，液化油收率在上升，气体收率在 15 ~ 30min 有下降趋势，由此可以推断 30min 之前主要反应是玉米芯分解生成挥发物。在 30 ~ 45min，液化油收率在下降，固体残渣和气体收率在上升，这同样是由于生物油的裂解导致的，这与棉花籽热解产物收率随停留时间的变化趋势相似。与棉花籽不同的是 45 ~ 60min，在该时间段随着停留时间的延长，液化油收率在上升，这可能是由于生物油裂解生成的气体分子在生物炭的空隙中再次聚合生成液化油，抑或是 30 ~ 45min 与 30 ~ 60min 的反应历程不同所致。从以上分析可知，停留时间对棉花籽和玉米芯热解过程中产物收率的影响基本相同，在考察的停留时间范围内，停留时间为 30min 时油收率最大。

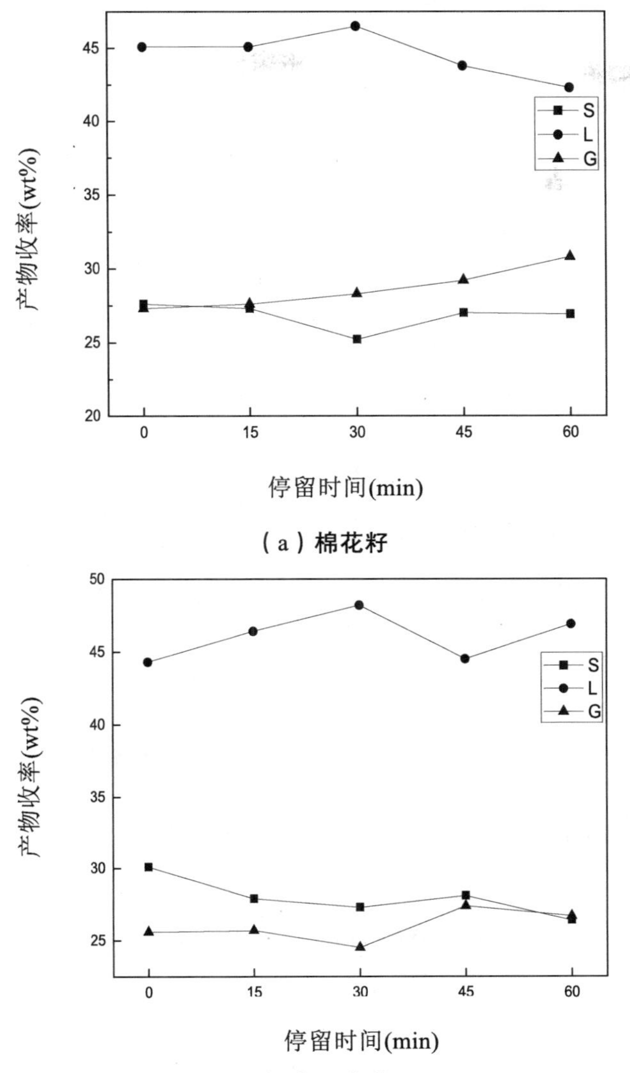

（a）棉花籽

（b）玉米芯

图 1-3　不同停留时间下生物质热解所得产物收率的变化

Fig.1-3　The pyrolysis product distribution of biomass under different residence times

1.2　添加氯化物对棉花籽、玉米芯热解产物分布的影响

1.2.1　添加氯化物对棉花籽热解产物分布的影响

1.2.1.1　氯化物的量对棉花籽热解产物分布的影响

图 1-4 是 500℃，停留时间为 30min，N_2 流速为 200mL/min，棉花籽中加入不同量的 $ZnCl_2$ 热解所得产物收率的变化曲线。由图可知，液体收率在加入量小于 10%（以棉花籽总质量的百分含量计）时基本不变，10% ~ 15% 时液体收率会迅速增加，大于 15% 时液体收率基本

保持不变；当加入 15% 的 $ZnCl_2$ 时液化油收率为 49.3%，比未加 $ZnCl_2$ 单一棉花籽热解时所得的液化油收率 46.5% 提高了 2.8%。随着 $ZnCl_2$ 加入量的增加固体残渣收率一直在增加，气体收率在减小。

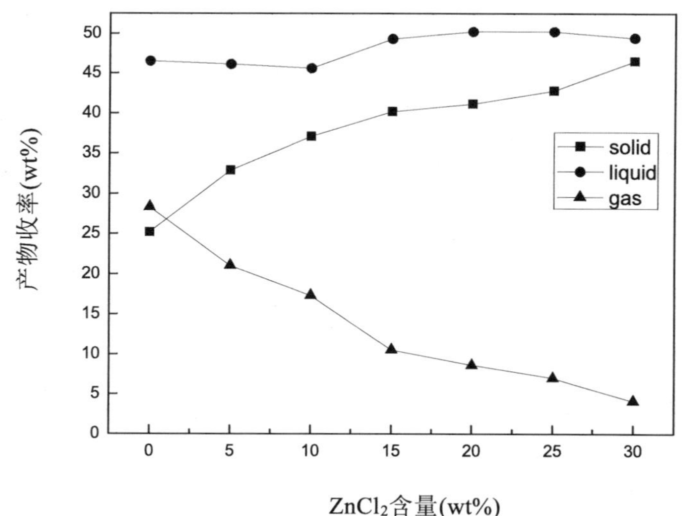

图 1-4　$ZnCl_2$ 的量对棉花籽热解所得产物收率的影响

Fig.1-4　The effect of amount of $ZnCl_2$ on the product yield during cottonseed pyrolysis

1.2.1.2　不同种类的氯化物对棉花籽热解产物分布的影响

图 1-5 为棉花籽中添加不同种类的氯化物热解所得固体残渣收率随温度的变化曲线，反应条件：停留时间为 30min，N_2 流速为 200mL/min，加入氯化物的量为 15%。

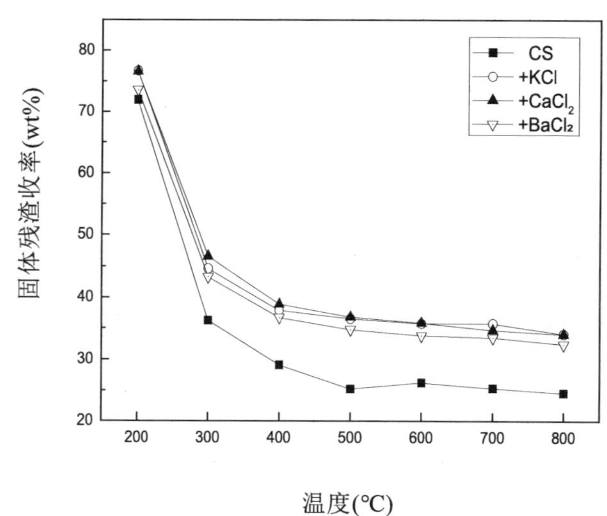

(a) 添加碱金属和碱土金属氯化物

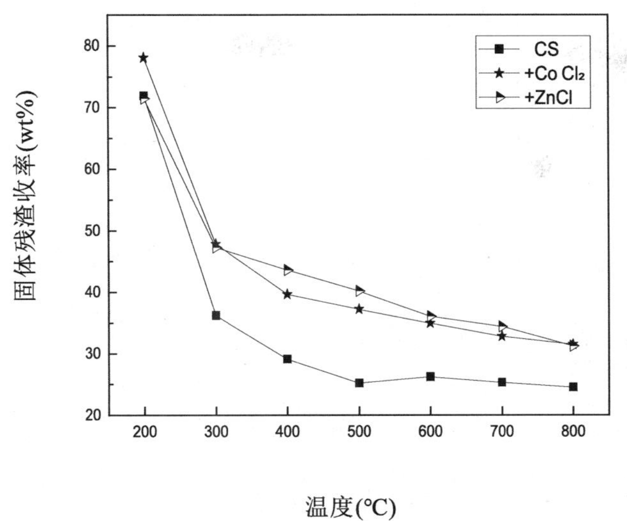

（b）添加过渡金属氯化物

图 1-5　棉花籽中添加氯化物热解所得固体收率随温度的变化曲线

Fig.1-5　Solid residue yield of cotton seed during pyrolysis at different temperature when adding chlorides

由图 1-5 可知，加入这两类氯化物后，得到的固体残渣收率均高于棉花籽单一热解所得的固体残渣收率且随着温度的升高固体残渣收率均下降。图 1-6（a）中添加碱金属和碱土金属氯化物后热解所得固体残渣收率在相应温度段的值基本相等。图 1-6（b）中当温度在 400 ～ 700℃时加入 $ZnCl_2$ 所得的固体残渣收率要大于加入 $CoCl_2$ 所得的固体残渣收率；温度为 300℃和 800℃时两者的收率相近；200℃时加入 $CoCl_2$ 所得的固体残渣收率要大些。

图 1-6 为棉花籽中添加不同种类的氯化物热解所得液化油收率随温度的变化曲线，反应条件：停留时间为 30min、N_2 流速为 200mL/min，加入氯化物的量为 15%。

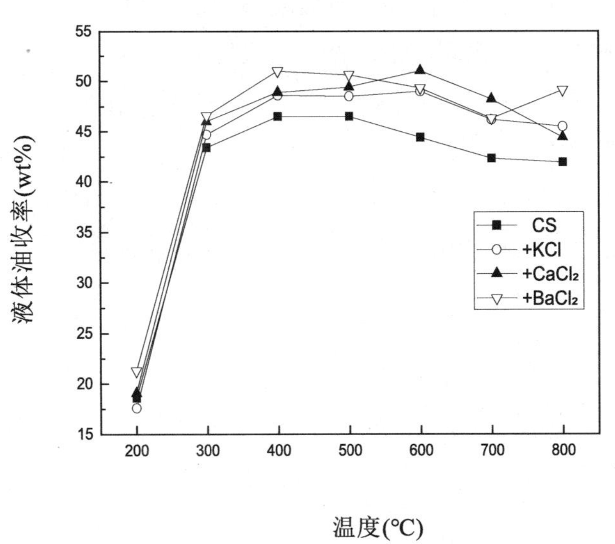

（a）添加碱金属和碱土金属氯化物

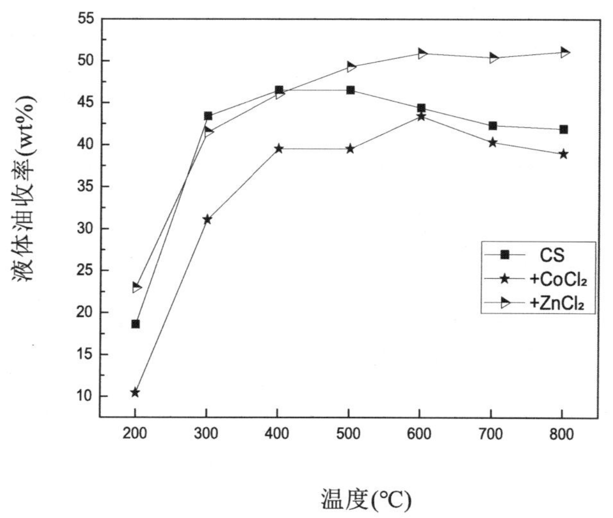

（b）添加过渡金属氯化物

图 1-6　棉花籽中添加氯化物热解所得液体收率随温度的变化曲线

Fig.1-6　liquid oil yield of cotton seed during pyrolysis at different temperature when adding chlorides

由图1-6可知，随着温度的增加，液化油收率总体上呈现先增大再减小的趋势（$ZnCl_2$除外）。除 $CoCl_2$ 外加入其他氯化物与单一棉花籽热解所得液化油收率相比较，液化油收率均提高了。在图 1-6（a）中虽然加入这些氯化物均提高了液化油收率，但是碱土金属 $CaCl_2$、$BaCl_2$ 的效果要强于碱金属 KCl。在 500℃之前，加入 $BaCl_2$ 所得的液化油收率大于加入 $CaCl_2$ 所得的液化油收率；在 500℃之后 $CaCl_2$ 在油收率方面的催化效果要好一些；800℃时 $BaCl_2$ 的催化效果又强于 $CaCl_2$。500℃时单一棉花籽热解所得液化油收率最大为 46.5%，加入 KCl 为 48.5%，加入 $CaCl_2$ 为 49.4%，加入 BaC_{l2} 为 50.6%，加入的这些碱金属、碱土金属类氯化物将液化油收率提高了 2% ~ 4.1%。图 1-6（b）中在温度高于 400℃时加入 $ZnCl_2$ 所得的液化油收率大于棉花籽单一热解所得的液化油收率，且 500℃时的液化油收率为 49.3%，比 500℃棉花籽单一热解时所得液化油收率高出 2.8%，可见加入 $ZnCl_2$ 后对液化油收率的提高也是有益的。而加入 $CoCl_2$，却使液化油收率较棉花籽单一热解时下降了。

图 1-7 为棉花籽中添加不同种类的氯化物热解所得气体收率随温度的变化曲线，反应条件：停留时间为 30min，N_2 流速为 200mL/min，加入氯化物的量为 15%。

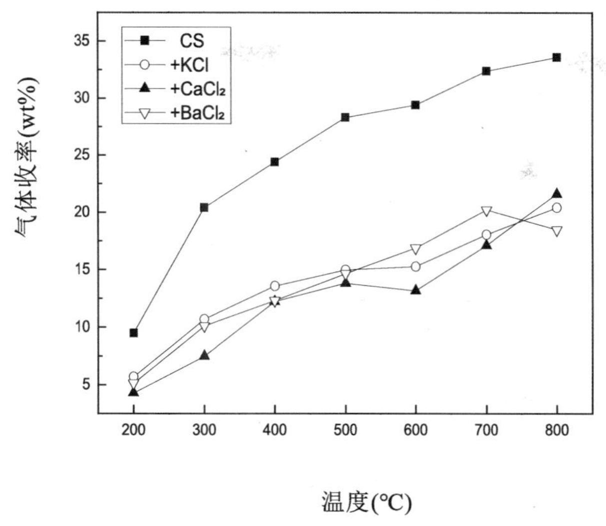

（a）添加碱金属和碱土金属氯化物

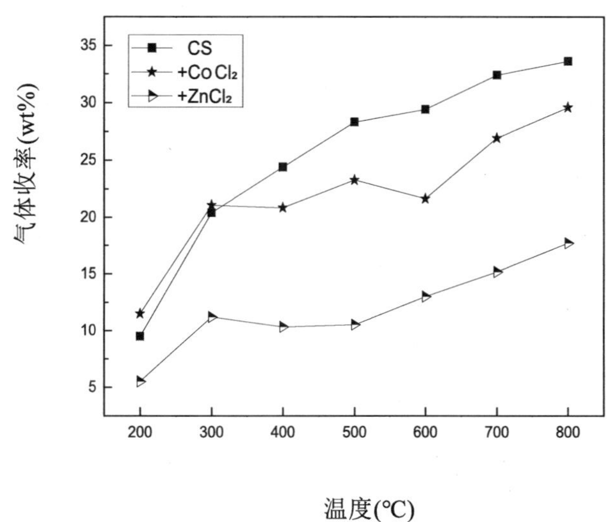

（b）添加过渡金属氯化物

图 1-7　棉花籽中添加氯化物热解所得气体收率随温度的变化曲线

Fig.1-7　Gas yield of cotton seed during pyrolysis at different temperature when adding chlorides

由图 1-7 可知，所有条件下棉花籽热解所得的气体收率均随温度的增加而增加。这是因为温度越高棉花籽被分解的程度就越大，生成的气体也就越多。单一棉花籽热解所得的气体收率几乎都大于加入催化剂后热解所得的气体收率，可见加入这些催化剂能抑制生物质热解过程中气体的生成。对比图 1-7（a）和图 1-7（b）中的曲线发现，加入碱金属、碱土金属氯化物和 $ZnCl_2$ 能够大幅地降低气体收率，而加入 $CoCl_2$ 催化剂效果不明显。在图 1-7（a）中加入 $CaCl_2$ 后所得的气体收率最低，其次为 $BaCl_2$、KCl，加入 $BaCl_2$ 在 300 ~ 700℃的范围内，气体收率随温度的变化是一条斜率不变的直线，呈现很有规律的变化趋势。

1.2.2 氯化物对玉米芯热解产物分布的影响

通过考察不同类型的氯化物加入棉花籽中热解所得产物的收率，对比发现 $CaCl_2$、$BaCl_2$ 和 $ZnCl_2$ 的催化效果最好，因此将这三种氯化物加入玉米芯中热解，来进一步探讨其催化效果。

图 1-8 为玉米芯中添加不同种类的氯化物热解所得产物收率随温度的变化曲线，反应条件：停留时间为 30min，N_2 流速为 200mL/min，加入氯化物的量为 15%。图 1-8（a）中所有条件下的玉米芯热解所得的固体收率均随着温度的升高而减小，并且加入氯化物后所得固体收率均大于玉米芯单一热解所得固体收率，这与前面棉花籽中加入氯化物所得固体收率的变化情况一致。热解温度 > 700℃时，加入 $CaCl_2$ 和 $ZnCl_2$ 所得的固体收率要大于加入 $BaCl_2$。图 1-8（b）中油收率随温度的变化趋势与棉花籽相同，也是先增加后减少，在整个热解过程中，加入 $CaCl_2$ 和 $ZnCl_2$ 所得油收率均高于玉米芯的单一热解所得油收率。加入 $CaCl_2$ 后，在 500℃油收率达到最大为 53.2%，较单一热解玉米芯所得油收率的 48.2%，增加了 5%；加入 $ZnCl_2$ 后，油收率随着温度的升高一直增加，说明 $ZnCl_2$ 能在很大程度上提高油收率，这与 Li Longjun 等用微波热解藻类时加入 $ZnCl_2$ 能大大提高油收率这一结果相吻合。加入 $BaCl_2$ 后，在 400 ~ 500℃时同样也提高了生物油收率。图 1-8（c）中加入氯化物后，均抑制了气体的生成，与棉花籽中加入氯化物所得气体收率的变化情况一致，且加入 $CaCl_2$ 后所得气体收率最小，$ZnCl_2$ 次之，接着为 $BaCl_2$。

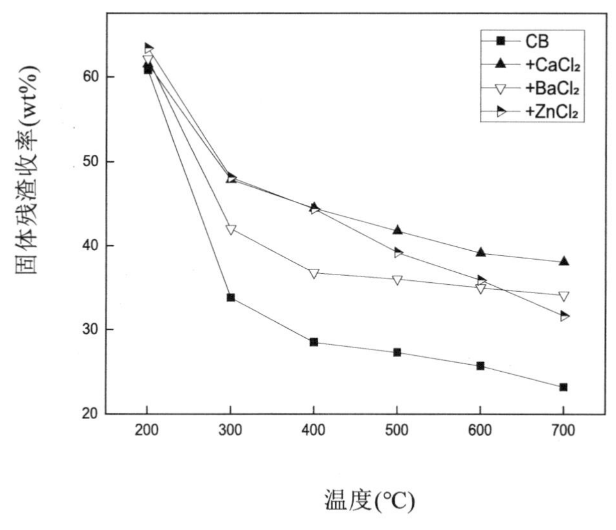

（a）固体残渣收率

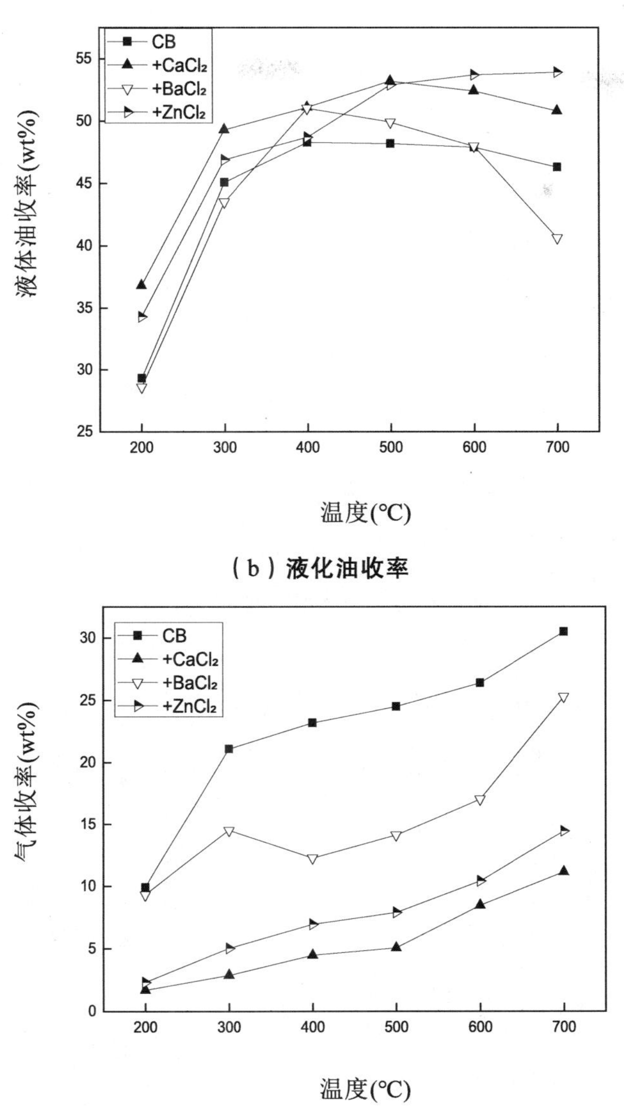

（c）气体收率

图 1-8　玉米芯中添加氯化物热解所得产物收率随温度的变化曲线

Fig.1-8　Product yield of cotton seed during pyrolysis at different temperature when adding chlorides

1.3　Ca 基添加物对棉花籽热解产物分布的影响

图 1-9 是棉花籽中加入 Ca 基添加物热解所得产物收率随温度的变化曲线，反应条件：停留时间为 30min，N_2 流速为 200mL/min，加入氯化物的量为 15%。图 1-9（a）中，在中温和低温段时（温度 > 700℃），加 CaO 所得的固体残渣收率最大，高温段时加入 $CaCl_2$ 所得的固体残渣收率超过加入 CaO 所得的固体残渣收率。加入 Ca（HCOO）$_2$ 时所得的固体残渣收率仅大于棉花籽单一热解所得的固体残渣收率。图 1-9（b）中加入 Ca 基物后，与单一棉花籽热解相比较，CaO 的加入降低了液化油收率，Ca（HCOO）$_2$ 在低于 500℃时，同样降低了液化油收率，高于 500℃时液化油收率有提高，在 500℃时液化油收率和棉花籽单一热解所得液化油收率持平，

而加入 $CaCl_2$ 在所考察的温度范围内油收率均提高了。可见，Ca 基物中 $CaCl_2$ 的催化效果最好。

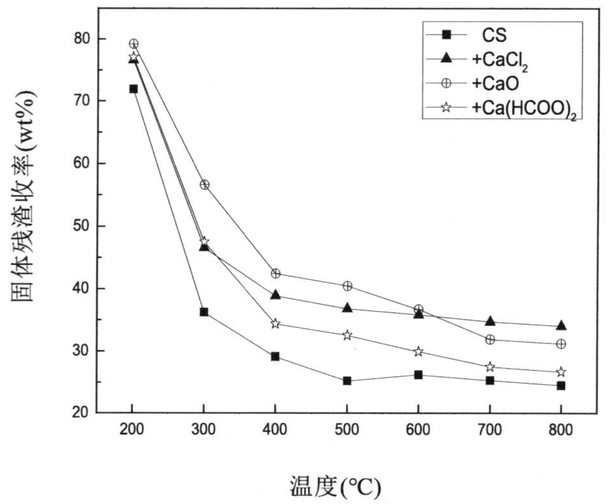

（a）固体残渣收率

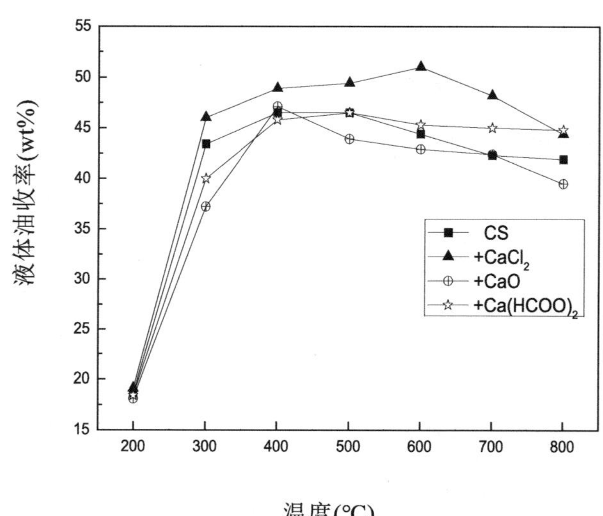

（b）液化油收率

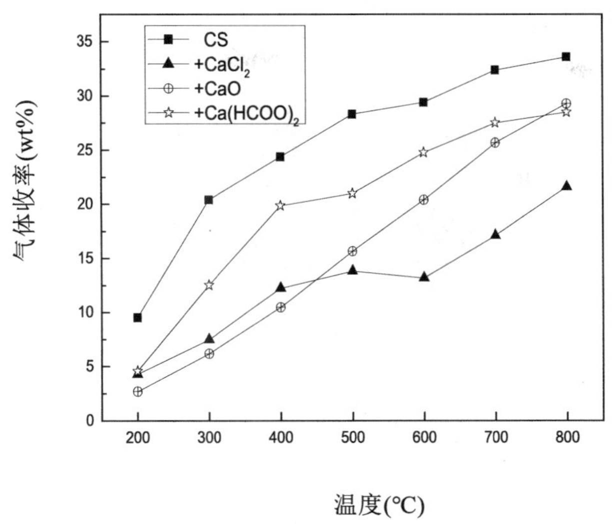

（c）气体收率

图 1-9　棉花籽中添加 Ca 基物热解所得产物收率随温度的变化曲线

Fig.1-9　Product yield of cotton seed during pyrolysis at different temperature when adding calcium based materials

1.4　生物质热解过程中气相产物组成

1.4.1　棉花籽热解过程中气体产物组成

图 1-10 是 N_2 流速为 200mL/min、停留时间为 30min、不同温度下棉花籽热解所得的气体随温度的释放情况。由图可知，H_2 是在高温段生成，温度高于 400℃才有 H_2 释放且随着温度的升高，H_2 的释放量呈增大趋势；CO_2 的释放量在 200 ~ 300℃增加，300℃之后释放量逐渐减少，300℃时释放量达到最大；CH_4 的变化趋势与 CO_2 相似，只是开始释放所需要的温度要更高些，300℃才开始缓慢释放，500℃时达到最大；CO 的释放主要在 200 ~ 300℃。由此可见，在生物质热解过程中，低温段主要生成 CO 和 CO_2，这与第 3 章介绍的生物质热解过程中的第二个阶段（200 ~ 300℃）生物质中的脂肪链断链产生大量的小分子化合物主要生成 CO 和 CO_2 这一结论相吻合，中温段主要生成 CH_4，而高温段主要生成 H_2。

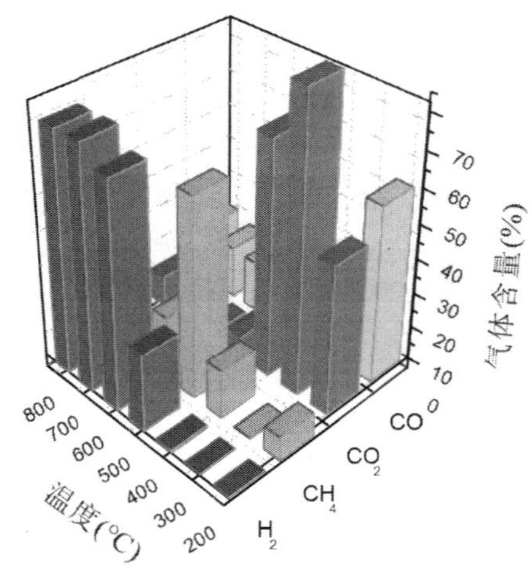

图 1-10　不同温度下棉花籽热解时气相产物中各种气体的相对含量

Fig.1-10　The relative content of gas phase products obtained from pyrolysis of cotton seeds under different temperatures

1.4.2　玉米芯热解过程中气体产物组成

图 1-11 是 N_2 流速为 200mL/min、停留时间为 30min、不同温度下玉米芯热解所得的气体随温度的释放情况。与图 1-10 棉花籽热解过程中气体的释放情况相对照，发现 H_2、CH_4、CO_2 在这两种生物质的热解过程中随着温度的变化，释放趋势相同。而 CO 开始释放的温度由 200℃提高到 300℃，这可能是由于原料不同，生物质中某些化合反应所需的活化能高低不同引起的。

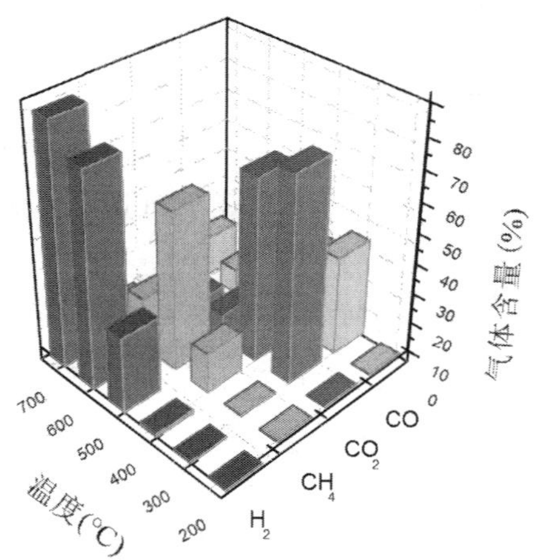

图 1-11　不同温度下玉米芯热解时气相产物中各种气体的相对含量

Fig.1-11　The relative content of gas phase products obtained from pyrolysis of cotton seeds under different temperatures

1.5　小结

（1）棉花籽和玉米芯单独热解过程中受温度、停留时间、气体流速的影响，热解产物收率的变化趋势基本相同；在实验考察的条件范围内，当温度为500℃，停留时间为30min，棉花籽和玉米芯热解所得液化油收率最高。

（2）在棉花籽的热解过程中加入氯化物和Ca基添加物，发现除$CoCl_2$，其他氯化物均能提高液化油收率且碱土金属的效果要优于碱金属，而且添加$CaCl_2$、$BaCl_2$与$ZnCl_2$时液化油收率增加更明显。在玉米芯的热解过程中加入$CaCl_2$、$BaCl_2$与$ZnCl_2$发现同样能提高液化油收率。

（3）在棉花籽和玉米芯热解过程中，低温段主要生成CO和CO_2，中温段主要生成CH_4，高温段主要生成H_2。

第 2 章　以麦饭石为载体的催化剂对生物质热解特性的影响

从第 1 章可知，在棉花籽和玉米芯的热解过程中加入氯化物能提高油收率，且 $CaCl_2$、$BaCl_2$ 与 $ZnCl_2$ 的催化效果较好。此外，相关文献报道分子筛、矿物质等在生物质热解过程中对油收率的提高是有益的。目前关于金属负载到分子筛上制成复合催化剂加入生物质热解过程的研究比较广泛且催化效果比较明显。在复合催化剂的研发中人们大多采用传统的分子筛为载体来负载其他金属化合物。但是分子筛孔道内表面的硅羟基（Si—OH）分布不均含量较少及孔径较单一，这些特性都会阻碍反应物质在孔道内的吸附与扩散，降低分子筛与生物质中挥发性物质的接触机会，不能最大限度地发挥其催化性能。此外，制备分子筛的工艺流程较复杂，反应原料价格昂贵，造成其生产成本较高，这些因素都制约了分子筛复合催化剂的商业化。麦饭石是一种多孔性的天然矿物质，廉价易得，通过电子显微镜可以看到麦饭石上有很多孔且孔径分布范围广，这就避免了分子筛因其孔径单一而造成的反应物质在孔道内的吸附、扩散受阻的现象与成本高的劣势。此外，麦饭石中含 Al_2O_3，是典型的两性氧化物，在水溶液中遇碱起反应降低 pH，遇酸起反应提高 pH，具有双向调节 pH 的功能，那么它加入生物质热解过程中会不会改善生物油酸碱性，提高生物油的品质呢？基于上述分析，本章选用麦饭石作为载体负载金属化合物制得复合催化剂用于玉米芯的热解过程中考察其催化效果。

2.1　麦饭石对玉米芯热解产物分布的影响

2.1.1　不同温度下添加麦饭石时玉米芯热解产物的分布

图 2-1 是玉米芯原样与其添加 15% 的麦饭石在不同温度下热解所得产物收率随温度的变化曲线，反应条件：N_2 流速为 200mL/min，停留时间为 30min。由图可知，液化油、气体、固体残渣收率随温度的变化趋势与前面生物质热解产物收率随温度的变化趋势大体一致，随着温度的增加，液体收率先增加后减少，气体收率增加，固体收率减少。加入麦饭石后，较玉米芯单一热解，气体收率均减少，固体收率均增加。这与前文介绍的加入氯化物后生物质热解所得气体、

固体残渣收率与原样比较时的结果一致。此外，加入麦饭石后，所得液化油收率基本与其单一热解所得油收率相等，在 500℃时，较原样的 48.2% 要稍微高一些，为 49.4%。

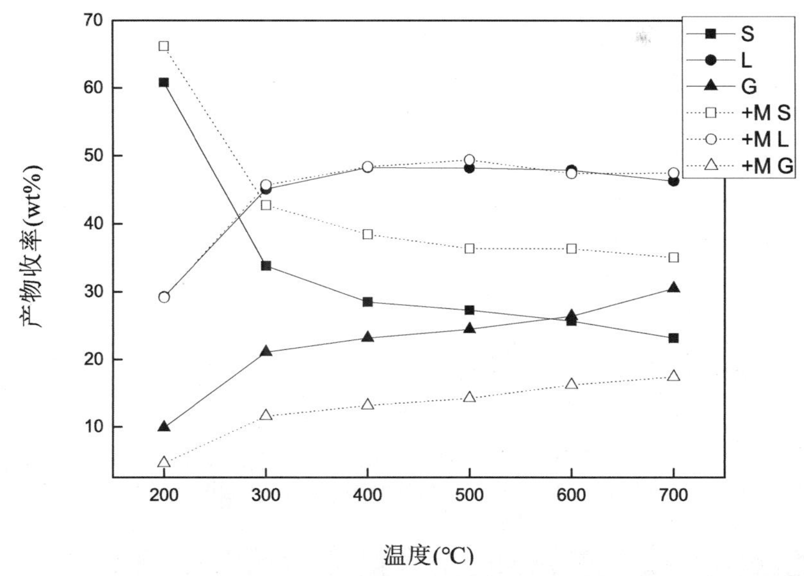

图 2-1　不同温度下玉米芯原样与其添加麦饭石热解所得产物收率的变化

Fig.2-1　Product yield of corncob during pyrolysis at different temperature when adding medical stone

2.1.2　添加不同量的麦饭石时玉米芯热解产物的分布

图 2-2 是热解温度为 500℃、N_2 流速为 200mL/min、停留时间为 30min 时，在玉米芯中添加不同量的麦饭石热解所得产物收率的变化曲线。由图可知，加入 15% 的麦饭石时，液化油收率较未加麦饭石玉米芯单独热解所得液化油收率增加。随着麦饭石加入量的增加，气体收率在下降，麦饭石为 15% 时，气体收率最低为 14.25%，继续增加麦饭石的量，气体收率基本不变；而随着麦饭石的增加亘体残渣收率也在增加。

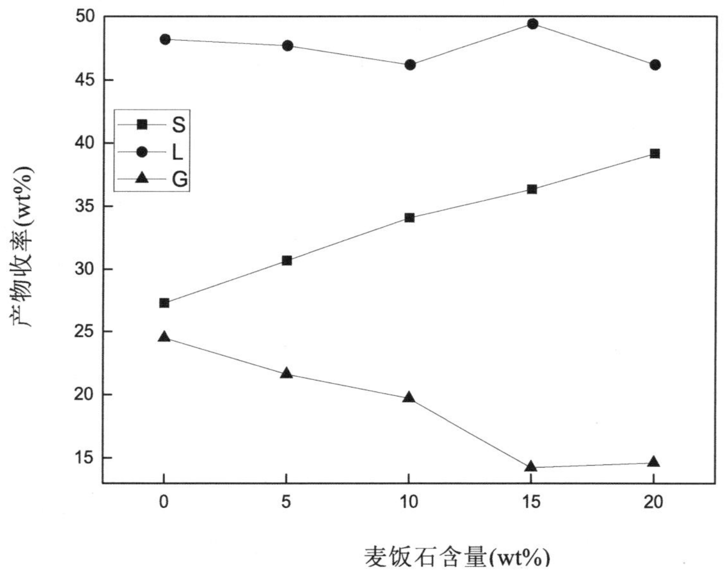

图 2-2 麦饭石的量对玉米芯热解产物收率的影响

Fig.2-2 The effect of amount of medical stone on the product yield from corncob pyrolysis

2.1.3 其他催化剂载体对玉米芯热解产物分布的影响规律

图 2-3 是热解温度为 500℃，N_2 流速为 200mL/min，停留时间为 30min 时，在玉米芯中添加 15% 的不同种类矿物质热解所得产物收率的对照图。由图可知，与原样相比：加入 $\gamma-Al_2O_3$ 与麦饭石（MS）后液化油收率均提高了，但是 $\gamma-Al_2O_3$ 的催化效果要优于麦饭石，未加矿物质时玉米芯热解所得油收率为 48.2%，加入 $\gamma-Al_2O_3$ 时为 51.1%，加入麦饭石时为 49.4%，加入 HZSM-5 与电气石（T）时，液化油收率基本不变；加入矿物质后，气体收率均减少，加入 $\gamma-Al_2O_3$ 所得气体收率最少；固体残渣收率均增加且各种矿物质作用下所得固体残渣收率基本相等。

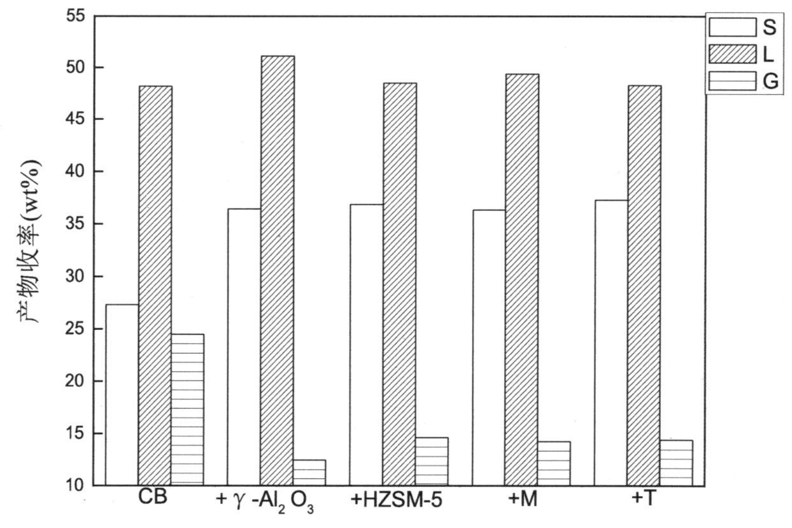

图 2-3 玉米芯中添加矿物质热解所得产物收率

Fig.2-3 Product yield of corncob when adding minerals during pyrolysis

2.2　$CaCl_2$/ 麦饭石对玉米芯热解产物分布的影响

2.2.1　$CaCl_2$ 与矿物质的混合方式对玉米芯热解产物分布的影响

图 2-4 考察了两种不同形态的复合催化剂对玉米芯热解产物分布的影响，一种是将 15% 的 $CaCl_2$（以 $CaCl_2$ 占复合催化剂中载体的量来计）与矿物质按照第 2 章介绍的浸渍法制得，另一种是将 15% 的 $CaCl_2$ 与矿物质机械混合制得。反应条件：热解温度为 500℃，N_2 流速为 200mL/min，停留时间为 30min，复合添加剂的量为 15%。由图 2-4 可知，无论是 $CaCl_2$ 与哪种矿物质结合加入玉米芯中热解，结果都是加入浸渍法制得的复合催化剂热解所得液化油收率略高于机械混合的催化剂，可见复合催化剂在热解过程中更有利于液化油的生成。此外，从图 2-4（a）可知，3 与 4 所得油收率都高于 1 与 2，即加入 $CaCl_2$ 与 HZSM-5 结合的添加剂后所得液化油收率均高于加入 $CaCl_2$ 与 γ-Al_2O_3 结合的添加剂。

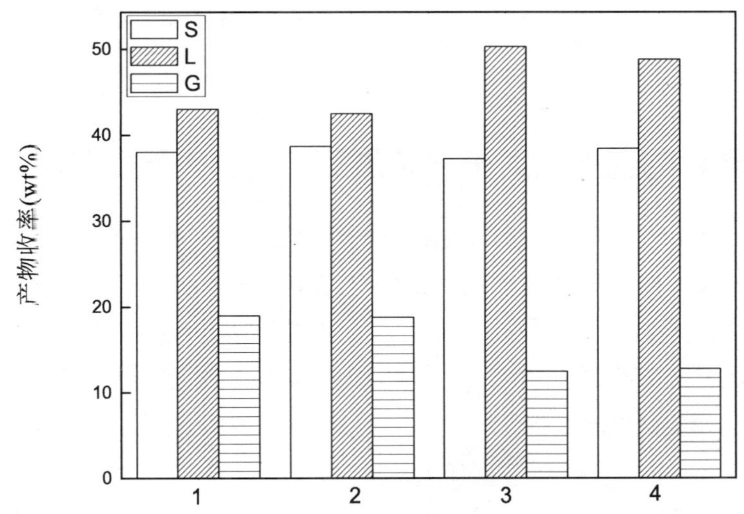

1—添加 $CaCl_2$/γ-Al_2O_3（溶液浸渍）　2—添加 $CaCl_2$ 与 γ-Al_2O_3（机械混合）
3—添加 $CaCl_2$/HZSM-5（溶液浸渍）　4—添加 $CaCl_2$ 与 HZSM-5（机械混合）

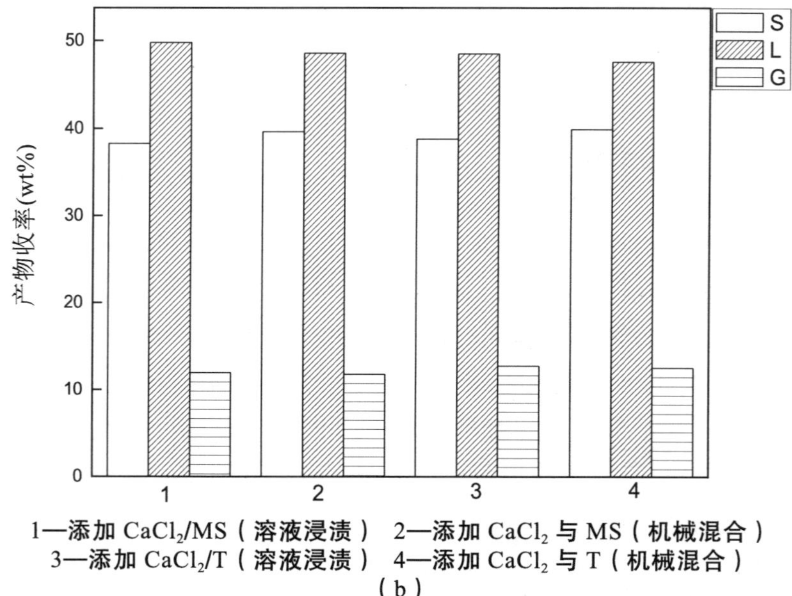

1—添加 $CaCl_2$/MS（溶液浸渍） 2—添加 $CaCl_2$ 与 MS（机械混合）
3—添加 $CaCl_2$/T（溶液浸渍） 4—添加 $CaCl_2$ 与 T（机械混合）
（b）

图 2-4 $CaCl_2$ 与矿物质在不同混合方式下催化玉米芯热解所得产物收率

Fig.2-4 The product yield of corncob when catalysed by $CaCl_2$and minerals with different mixed mode

2.2.2 不同类型的添加剂对玉米芯热解产物分布的影响

前面各小节探讨了氯化物、矿物质、氯化物 / 矿物质这三类添加剂对玉米芯热解产物分布的影响，为了进一步深入探究这几类添加剂的催化效果，我们将其作用下玉米芯热解所得的产物收率作了对照。图 2-5 为不同类型的添加剂对玉米芯热解产物分布的影响，反应条件：热解温度为 500℃，N_2 流速为 200mL/min，停留时间为 30min，添加剂的量为 15%，其中添加剂为 10% 的 $CaCl_2$ 负载到矿物质上。

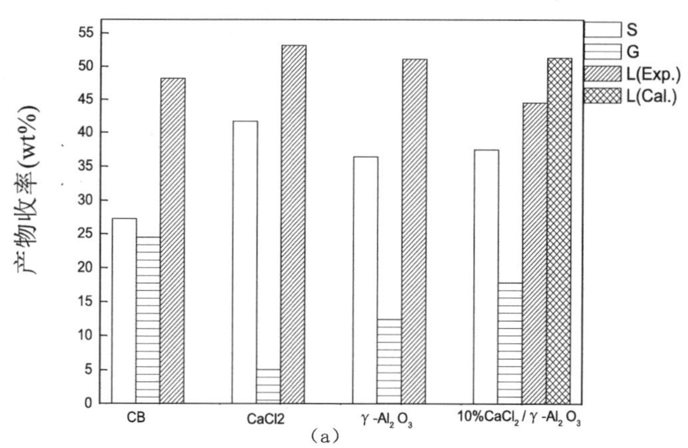

（a）

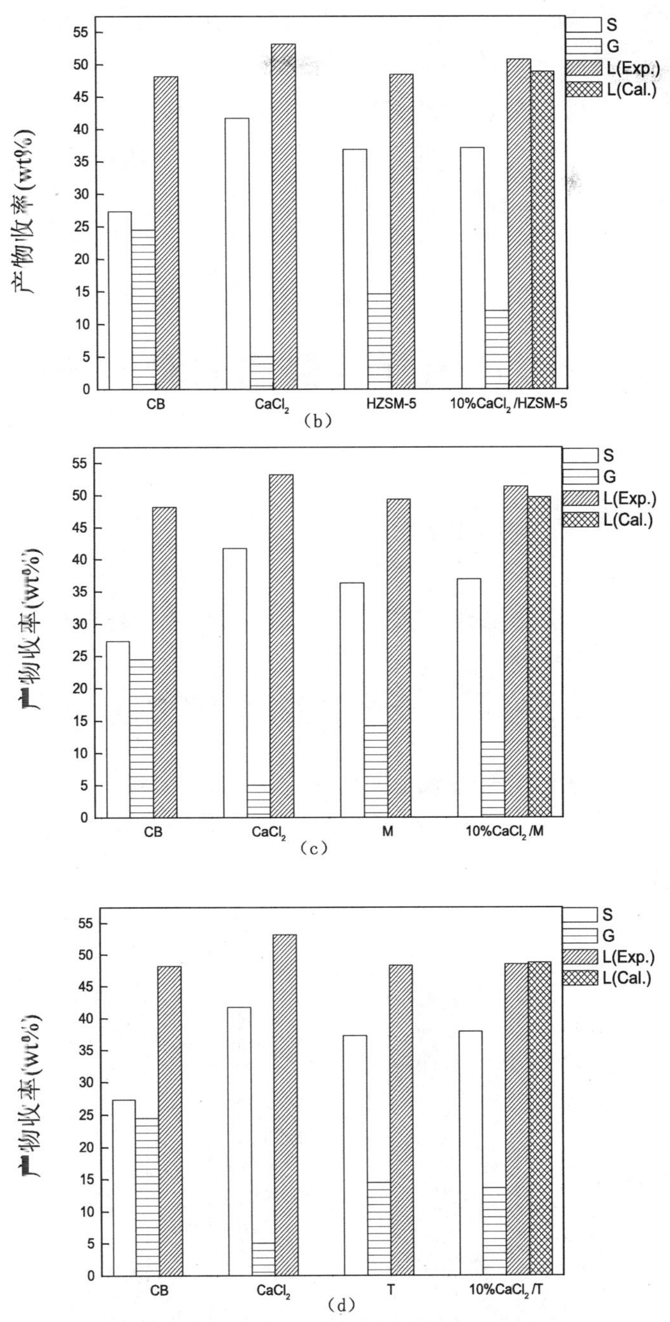

图 2-5　玉米芯中加入不同添加剂热解所得的产物收率

Fig.2-5　The product yield of corncob during pyrolysis when adding different additives

由图 2-5 可知，加入添加剂后固体残渣收率均增加，气体收率均减少，与前文结论一致。在液化油收率方面，发现 $CaCl_2$ 的催化效果最好；加入矿物质时只有 γ-Al_2O_3 和麦饭石（M）能略微提高液化油收率，加入其他矿物质时液化油收率几乎没变化；由图 2-5（a）可以看出加入复合催化剂 $CaCl_2$/γ-Al_2O_3 时热解所得的液化油收率（Exp.）最低且低于加入 $CaCl_2$/γ-Al_2O_3 的理论油收率（Cal.），这说明 $CaCl_2$ 与 γ-Al_2O_3 之间相互抑制，阻碍了液化油的生成，两者没有协同作用。由图 2-5（b）和图 2-5（c）可知，加入复合催化剂 $CaCl_2$/HZSM-5 和 $CaCl_2$/MS 所得液化油收率（Exp.）较理论值（Cal.）均提高了，说明 $CaCl_2$ 与 HZSM-5 和 MS 之间对油收率有协同作用，复合以后相互促进益于液化油的生成。由图 2-5（d）可知，加入复合催化剂 $CaCl_2$/T 后，热解所得液化油收率与理论值相近，协同作用不明显。综上所述，$CaCl_2$ 对液化油收率有明显的催化效果，但是加入大量的氯化物会腐蚀设备，缩短仪器寿命，因此考虑加入复合催化剂，复合催化剂将少量的氯化物负载到载体上，既能发挥氯化物提高生物油收率的优势，又能降低对设备的腐蚀，两者相互促进有利于生物油的生成。

2.3 以麦饭石为载体的复合催化剂对玉米芯热解产物分布的影响

通过研究氯化物对生物质热解过程中产物分布的研究，发现了 $CaCl_2$、$BaCl_2$ 和 $ZnCl_2$ 对液化油收率的催化效果比较明显，为了进一步探讨复合催化剂的催化效果，我们将这些氯化物与硝酸盐负载到麦饭石上制得复合催化剂，加入玉米芯中热解考察其催化效果。

2.3.1 氯化物 / 麦饭石作用下玉米芯热解产物的分布

图 2-6 是复合添加剂中 $BaCl_2$ 的负载量对玉米芯热解产物收率的影响，反应条件：热解温度为 500℃，N_2 流速为 200mL/min，停留时间为 30min，添加剂的量为 15%。

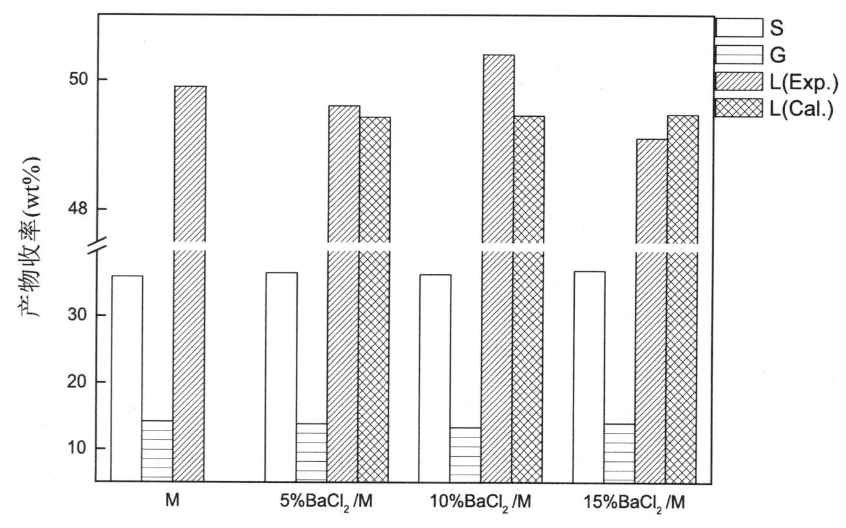

图 2-6 $BaCl_2$ 的负载量对玉米芯热解产物收率的影响

Fig.2-6 The effect of amount of $BaCl_2$ loading on the product yield during corncob pyrolysis

由图2-6可知，加入 $BaCl_2$/MS，当 $BaCl_2$ 的负载量为5%和10%时热解所得液化油收率(Exp.)均大于液化油收率的理论值（Cal.），且负载量为 10% 时热解所得液化油收率更高；当 $BaCl_2$ 负载量为 15% 时，热解所得液化油收率（Exp.）小于液化油收率的理论值（Cal.），可见加入 $BaCl_2$/MS，当 $BaCl_2$ 的负载量为 10% 时，对液化油收率的协同最有利。随着 $BaCl_2$ 负载量的增加，固体残渣和气体收率变化不太明显。

由前面的分析可知，$BaCl_2$ 在中温段 400 ~ 500℃时热解所得液化油收率最高，催化效果最好。为了进一步探究复合添加剂在玉米芯热解过程中发挥催化效果的适宜温度，我们考察了 400℃和 500℃时，玉米芯中加入复合添加剂后的产物收率。图 2-7 是 400℃和 500℃时玉米芯中加入 $BaCl_2$/MS 后，热解所得产物收率的分布图，反应条件：N_2 流速为 200mL/min，停留时间为 30min，添加剂的量为 15%（按玉米芯总质量的百分含量计），添加剂中 $BaCl_2$ 负载量为 10%（按复合催化剂中载体质量的百分含量计）。由图 2-7 可知，500℃时热解所得液化油收率均大于 400℃热解所得液化油收率，400℃时加入麦饭石与加入 $BaCl_2$/MS 热解所得液化油收率相近，而 500℃时加入 $BaCl_2$/MS 热解所得液化油收率大于加入麦饭石时热解所得液化油收率。说明 500℃有利于 $BaCl_2$ 与麦饭石两者对液化油收率的协同，能够很好地激发复合催化剂的催化作用。

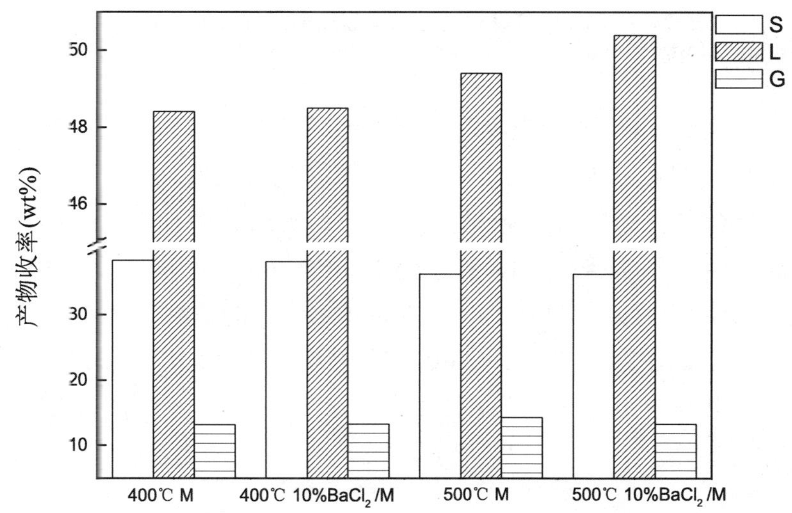

图 2-7　在不同温度下玉米芯中加入 $BaCl_2$/MS 热解所得产物收率

Fig.2-7　The product yield of corncob when adding $BaCl_2$/M during pyrolysis under different temperatures

图 2-8 是复合添加剂中 $ZnCl_2$ 的负载量对玉米芯热解产物收率的影响，反应条件：热解温度为 500℃，N_2 流速为 200mL/min，停留时间为 30min，添加剂的量为 15%。由图可知，随着 $ZnCl_2$ 负载量的增加，固体残渣和气体收率变化不太明显。加入复合添加剂后，实验所得液化油收率（Exp.）均低于液体收率的理论计算值（Cal.），且 $ZnCl_2$ 的负载量为 5% 时，液化油收率最低；当 $ZnCl_2$ 的负载量为 10% 时，液化油收率要略高于负载量为 5% 和 15% 的液化油收率。由此可见，$ZnCl_2$ 与麦饭石复合，对液化油收率的协同作用不明显。

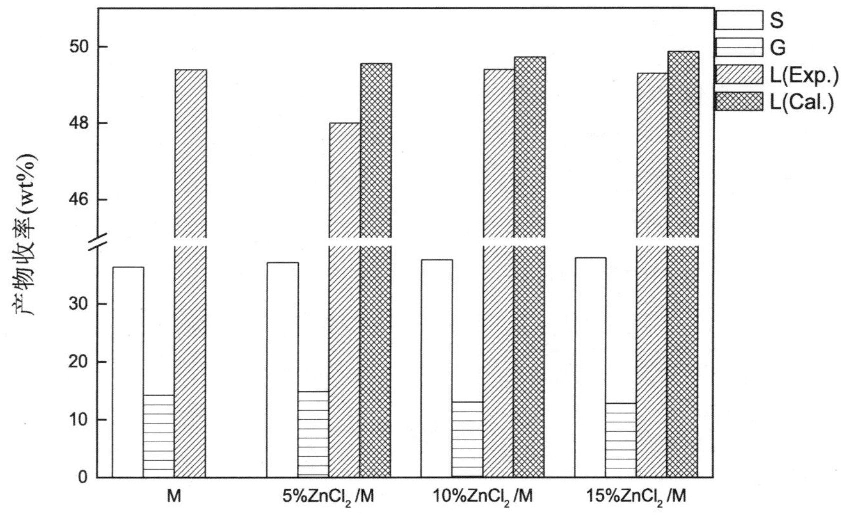

图 2-8　$ZnCl_2$ 的负载量对玉米芯热解产物收率的影响

Fig.2-8　The effect of amount of $ZnCl_2$ loading on the product yield during corncob pyrolysis

从前文可知，$ZnCl_2$ 加入玉米芯中热解所得液化油收率的规律为随着温度的升高，液化油收率越来越高，在较高温度段（500℃之后）更有利于 $ZnCl_2$ 催化效果的发挥。因此我们对比考察了 500℃和 600℃时复合催化剂的催化效果。图 2-9 是玉米芯中加入 $ZnCl_2$/MS 在不同温度下热解所得产物收率的变化，反应条件：N_2 流速为 200mL/min，停留时间为 30min，添加剂的量为 15%（按玉米芯总质量的百分含量计），添加剂中 $ZnCl_2$ 的负载量为 10%（按复合催化剂中载体质量的百分含量计）。由图 2-9 可知，600℃时液化油收率均小于 500℃的液化油收率，说明对液化油收率而言，热解温度为 500℃时 $ZnCl_2$ 与麦饭石的协同作用更明显。

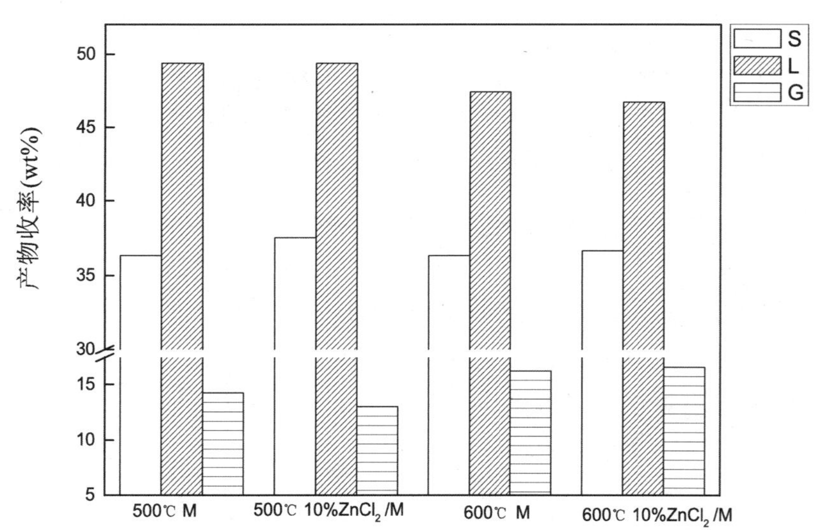

图 2-9　不同温度下玉米芯中加入 $ZnCl_2$/M 热解所得产物收率

Fig.2-9　The product yield of corncob when adding $ZnCl_2$/M during pyrolysis under different temperatures

2.3.2　硝酸盐 / 麦饭石作用下玉米芯热解产物的分布

图 2-10 和图 2-11 为硝酸盐负载到麦饭石上制得的复合催化剂对玉米芯热解产物收率的影响，图 2-10 是复合催化剂 $Ni(NO_3)_2$/MS 中，$Ni(NO_3)_2$ 的负载量对玉米芯热解产物收率的影响，图 2-11 是复合催化剂 $Fe(NO_3)_3$/MS 中，$Fe(NO_3)_3$ 的负载量对玉米芯热解产物收率的影响。反应条件：热解温度为 500℃，N_2 流速为 200mL/min，停留时间为 30min，添加剂的量为 15%。由图 2-10 和图 2-11 可知，加入复合添加剂后热解所得液化油收率都低于加入麦饭石时热解所得液化油收率；由图 2-10 可以看出，随着 $Ni(NO_3)_2$ 负载量的增加，产物收率基本不变，当 $Ni(NO_3)_2$ 的负载量为 5%、10%、15%、20% 时热解所得油收率分别为 46.2%、46.6%、46.4% 和 46.4%。由图 2-11 可知，$Fe(NO_3)_3$ 的负载量不同液化油收率略有变化，$Fe(NO_3)_3$ 的负载量为 10% 时液化油收率略高于其他负载量下热解所得的液化油收率。

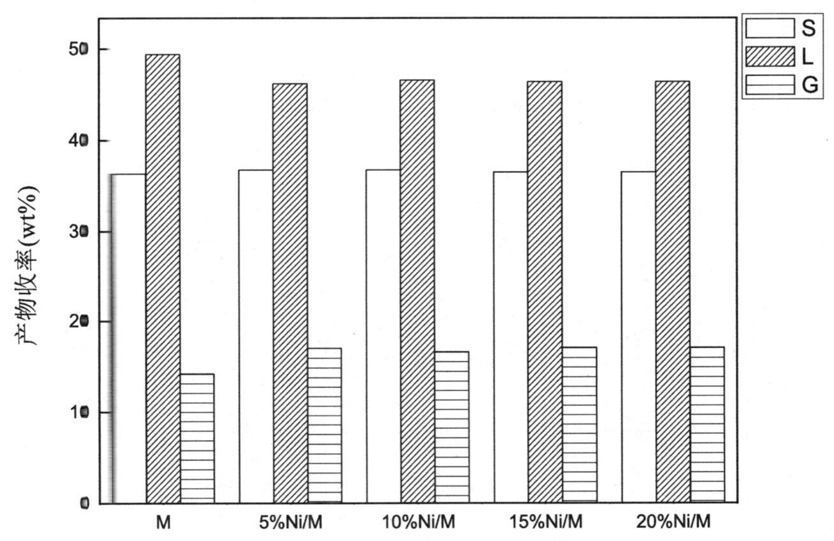

图 2-10　$Ni(NO_3)_2$ 的负载量对玉米芯热解产物收率的影响

Fig.2-10　The effect of amount of $Ni(NO_3)_2$ loading on the product yield during corncob pyrolysis

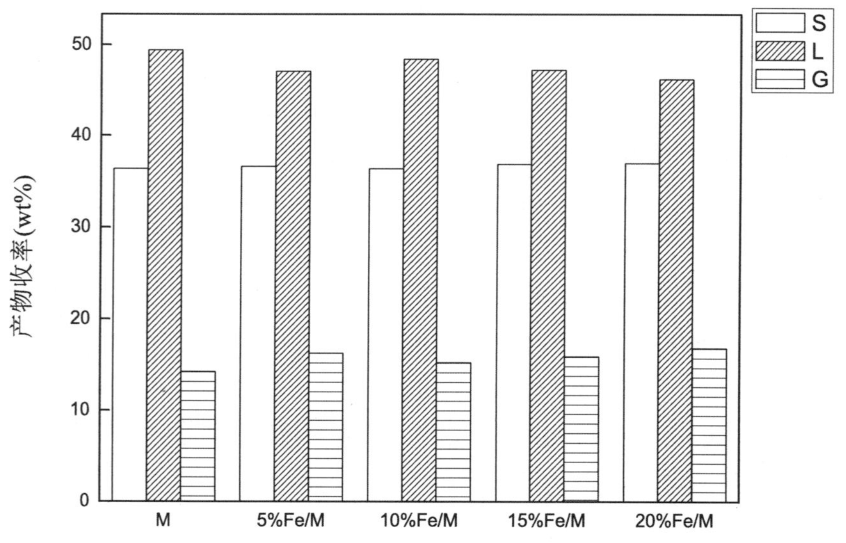

图 2-11　$Fe(NO_3)_3$ 的负载量对玉米芯热解产物收率的影响

Fig.2-11　The effect of amount of $Fe(NO_3)_3$ loading on the product yield during corncob pyrolysis

图 2-12 是玉米芯中加入 $Fe(NO_3)_3$/MS 在不同温度下热解所得产物收率的变化，反应条件为：N_2 流速为 200mL/min，停留时间为 30min，添加剂的量为 15%（按玉米芯总质量的百分含量计），复合催化剂中的 $Fe(NO_3)_3$ 负载量为 10%（按复合催化剂中载体质量的百分含量计）。由图 2-12 可知，随着温度的增加产物收率变化不明显，固体残渣收率呈缓慢降低趋势，气体收率缓慢升高，液化油收率在 400℃与 500℃时分别为 48.6% 和 48.4%，600℃时降为 35.65%。

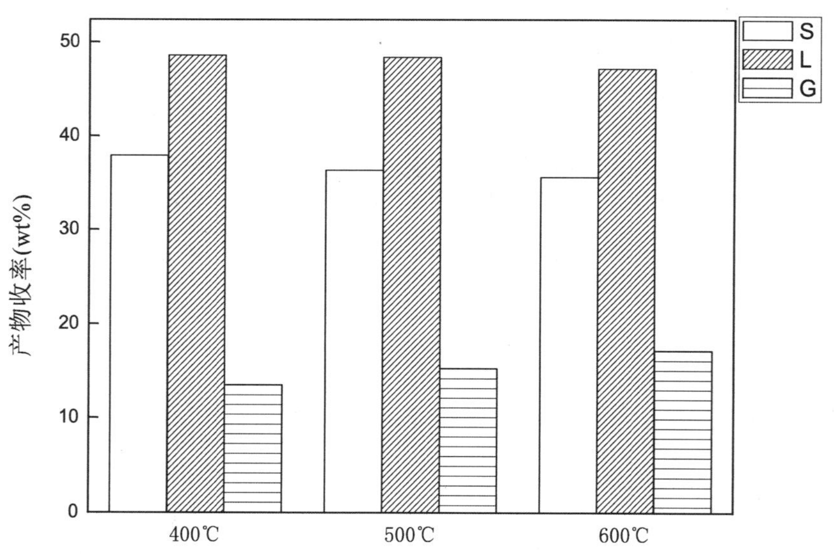

图 2-12　不同温度下玉米芯中加入 $Fe(NO_3)_3$/MS 热解所得产物收率

Fig.2-12　The product yield of corncob when adding $Fe(NO_3)_3$/MS during pyrolysis under different temperatures

2.3.3　麦饭石为载体的复合催化剂作用下玉米芯热解产物分布对比

由前文分析可知，玉米芯热解过程中加入以麦饭石为载体的复合催化剂后对液化油收率是有益的。图 2–13 将所有以麦饭石为载体的复合催化剂对玉米芯热解产物的收率进行了比较，图 2–13（a）为固体残渣收率，图 2–13（b）为液体油收率，图 2–13（c）为气体收率。反应条件都是热解温度为 500℃，N_2 流速为 200mL/min，停留时间为 30min，添加剂的量为 15%（按玉米芯总质量的百分含量计），金属化合物的负载量为 10%（按复合催化剂中载体质量的百分含量计）。由图 2–13（a）可知，加入添加剂后所得固体残渣收率均大于玉米芯单一热解所得固体残渣收率；加入添加剂后，$ZnCl_2$/MS 热解所得的固体残渣收率最大，接着为加入 $CaCl_2$/MS、Ni（NO_3）$_2$/M，最后为分别加入 MS、$BaCl_2$/MS、Fe（NO_3）$_3$/MS 和 MS—HZSM–5（1 ∶ 1）时热解所得的固体残渣收率。由图 2–13（b）可知，加入这些添加剂后，除硝酸盐 /MS 的催化效果不明显外，加入其他添加剂均提高了液化油收率，Ni（NO_3）$_2$/MS 的加入降低了玉米芯的液化油收率，而 Fe（NO_3）$_3$/MS 加入后，液化油收率几乎没变化。加入这些添加剂后，玉米芯油收率由高到低的顺序为加入 $CaCl_2$/MS 的油收率大于加入 $BaCl_2$/MS 的油收率大于加入 $ZnCl_2$/MS 的油收率，加入 MS—HZSM–5（1 ∶ 1）和麦饭石后的油收率与加入 $ZnCl_2$/MS 的油收率相接近，随后为玉米芯（CB）单独热解的油收率与加入 Fe（NO_3）$_3$/MS 后的油收率，而加入 Ni（NO_3）$_2$/MS 后所得油收率最低。由此可知，在玉米芯热解过程中添加麦饭石为载体负载氯化物的复合催化剂有利于液化油的生成。在图 2–13（c）中，加入添加剂后，均抑制了气体的生成且加入硝酸盐 /MS 热解所得气体收率大于加入氯化物 /MS 时热解所得的气体收率。可见氯化物比硝酸盐更能抑制气体的生成。

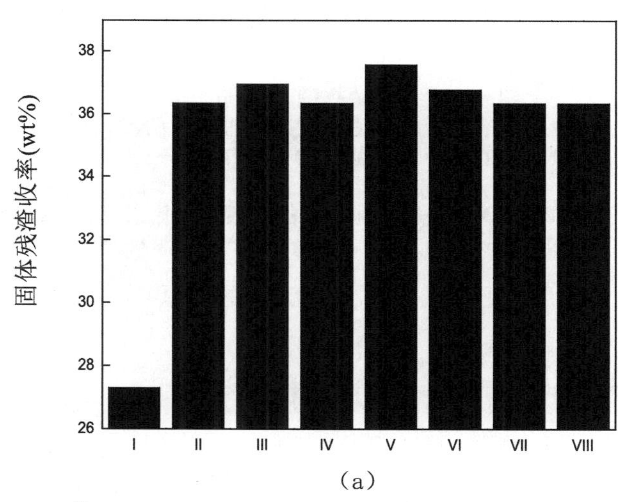

（a）

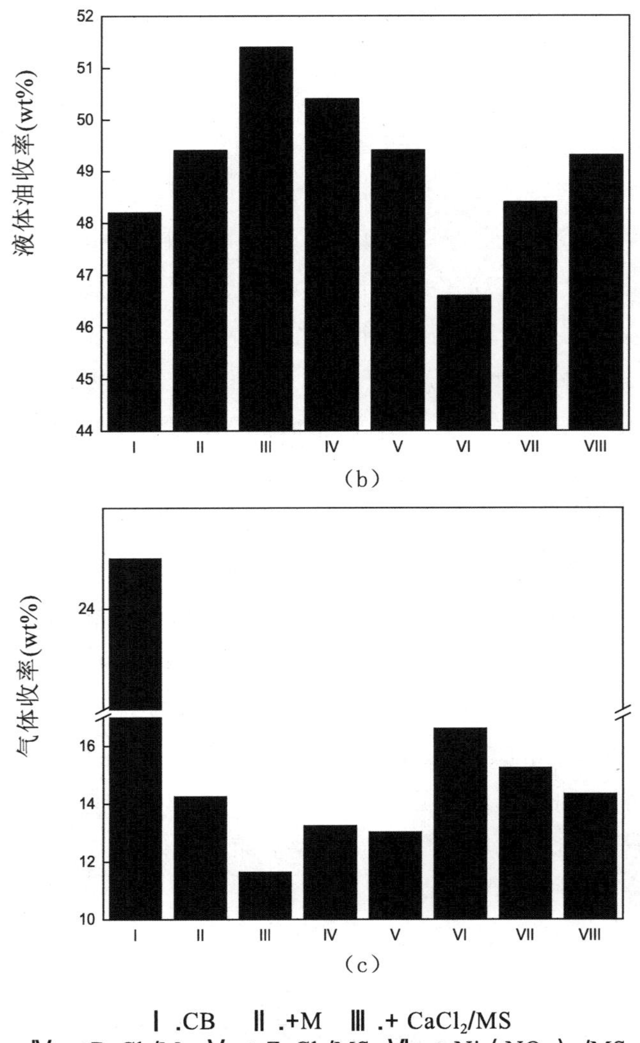

Ⅰ.CB　Ⅱ.+M　Ⅲ.+ $CaCl_2$/MS
Ⅳ. +$BaCl_2$/M　Ⅴ.+ $ZnCl_2$/MS　Ⅵ. + Ni（NO_3）$_2$/MS
Ⅶ. + Fe（NO_3）$_3$/MS　Ⅷ. +MS—HZSM-5（1 ： 1）

图 2-13　玉米芯中加入以麦饭石为载体的一系列催化剂热解所得产物收率

Fig.2-13　The product yield of corncob when adding medical stone based catalysts during pyrolysis

2.4　热解产物的性质分析及机理初探

为了进一步探讨添加剂在生物质热解过程中的作用机理，我们对热解产物进行了扫描电镜、元素分析、灰分测定、红外分析、TPD、^{1}H NMR、GC—MS 等一系列的分析表征。

2.4.1　热解残渣的性质分析

2.4.1.1　元素分析

扫描电镜可以明显地看出反应前后样品的形貌变化，为了进一步探讨生物质在反应过程中各元素的转化历程，我们对样品及残渣作了元素分析。

表 2-1 是玉米芯、棉花籽及其热解残渣的元素分析，残渣的反应条件：热解温度为 500℃，停留时间 t=30min，N_2 流速为 200mL/min，若加添加剂，添加剂的量为 15%。由表可知，棉花籽除 O 元素外，其他元素 C、H、N、S 的含量均大于玉米芯中的含量。对比棉花籽与其热解残渣的元素分析发现所得热解残渣中的 N 含量增加，这说明棉花籽中可能只有一小部分 N 转移到气相或液化油中。对比玉米芯、热解残渣及加入矿物质后所得的热解残渣发现：热解残渣较玉米芯中的氧含量明显降低，而加入矿物质后所得热解残渣中的氧含量与玉米芯中的氧含量基本相等，由此可以推断，矿物质能抑制玉米芯热解过程中氧元素转移到气相和液化油中对改善油品质是有益的；而所有条件下，玉米芯热解残渣中的 H/C 均明显小于玉米芯中的 H/C，说明玉米芯热解过程中部分 H 转移到气相和液化油中。

表 2-1　原料及热解残渣的元素分析

Table 2-1　The ultimate analysis of the raw material and residue

样品		元素分析（wt%，daf）						
		C	H	O*	N	S	H/C	O/C
棉花籽	棉花籽原样	49.50	7.03	38.10	5.08	0.29	1.70	0.58
	棉花籽热解残渣	64.38	4.12	25.61	5.77	0.12	0.77	0.30
玉米芯	玉米芯原样	44.30	6.08	48.94	0.62	0.06	1.65	0.83
	玉米芯热解残渣	80.08	2.32	16.57	0.95	0.08	0.35	0.16
	+γ-Al_2O_3 热解残渣	52.53	1.75	45.03	0.65	0.04	0.40	0.64
	+HZSM-5 热解残渣	53.59	1.87	43.85	0.63	0.06	0.42	0.61
	+M 热解残渣	52.67	1.55	45.09	0.64	0.05	0.35	0.64
	+T 热解残渣	55.52	1.66	42.07	0.69	0.06	0.36	0.57

注：* 差减法。

2.4.1.2　灰分含量的测定

表 2-2 是棉花籽和玉米芯在停留时间 t=30min，N_2 流速为 200mL/min，不同温度下热解所得残渣的灰分含量。由表 2-2 可知，随着反应温度的升高棉花籽热解残渣中的灰分含量先升高后降低。棉花籽在 300℃时热解残渣的灰分含量为 11.91%，温度为 400℃、500℃时灰分含量升至 15.99%、17.18%，温度为 600℃时灰分含量下降为 16.53%。此外温度从 300℃升至 400℃时热解所得残渣中的灰分含量提高了 4.08%，温度从 400℃升至 500℃时热解所得残渣中的灰分含量提高了 1.19%，说明从 300℃升至 400℃的过程中，棉花籽中挥发性物质快速释放，导致热解所得残渣中的灰分含量急剧升高，从 400℃到 500℃该温度段释放的挥发物的含量要低于 300℃到 400℃释放的挥发物的含量，故残渣中灰分含量的提高量小于 300 ~ 400℃。根据第 1 章热

解机理的探讨，生物质热解过程中生成的挥发分越多（挥发分包含可冷凝气体与不可冷凝气体，可冷凝气体经冷凝后变成生物油），生物油的收率就有可能越高，而生物质热解过程中释放的挥发分越多，残渣中剩余的挥发分就越少，残渣中的灰分含量就越高。由此推断，500℃的液化油收率要大于 300℃的液化油收率，这与第 3 章中的结论相吻合。玉米芯热解残渣的灰分则随着温度的升高在缓慢升高。

表 2-2　不同温度下生物质热解残渣的灰分含量

Table 2-2　The ash content of biomass residues at different temperatures

热解残渣	Aad（wt%）			
	300℃	400℃	500℃	600℃
棉花籽残渣	11.91	15.99	17.18	16.53
玉米芯残渣	5.41	—	6.08	6.89

注：— 未检测。

表 2-3 是棉花籽和玉米芯在 500℃，N_2 流速为 200mL/min，不同停留时间下热解所得固体残渣的灰分含量。由表 2-3 可知，随着停留时间的增加，棉花籽热解所得残渣中的灰分含量先增加后减少，当停留时间为 30min 时达到最大为 17.18%，说明在 0 ~ 30min 内随着停留时间的延长，棉花籽能够最大限度地释放挥发性的物质，将固体分解彻底，致使热解残渣中灰分含量较高；而停留时间超过 30min 后，可能由于生成的挥发性物质又重新聚合附着于残渣表面，导致残渣中挥发分的含量升高，灰分的含量降低。

表 2-3　不同停留时间下生物质热解残渣的灰分含量

Table 2-3　The ash content of biomass residues at different residence times

停留时间	Aad（wt%）				
	0min	15min	30min	45min	60min
棉花籽热解残渣	15.02	15.58	17.18	15.49	15.8
玉米芯热解残渣	6.56	—	6.08	—	7.07

注：— 未检测到。

2.4.1.3　红外光谱分析

为了进一步探讨热解反应过程中分子间的相互作用及官能团的变化，对固体残渣作了红外光谱分析。根据相关研究，将棉花籽、玉米芯中的各种官能团的吸收峰归纳，见表 2-4。

表 2-4　生物质红外吸收峰的归纳

Table 2-4　Attribution of adsorption peaks of biomass

波数（cm^{-1}）	对应的官能团
3500 ~ 3150	为—OH 的伸缩振动
3095 ~ 2885	芳香环的伸缩振动峰

续表

波数（cm^{-1}）	对应的官能团
3000 ~ 2800	C—H 的伸缩振动
2955 ~ 2885	脂肪族化合物中甲基与亚甲基上 C—H 的不对称伸缩振动
2885 ~ 2845	脂肪族化合物中甲基与亚甲基上 C—H 的对称振动
1750 ~ 1650	属于 C═O 的特征峰，象征着醛类、酸类以及酮类物质的存在
1700 ~ 1400	C═C 双键的伸缩振动峰
1675 ~ 1575	芳香烃或烯烃中 C═C 双键的伸缩振动
1389 ~ 1374	脂肪族化合物中甲基上 C—H 的对称弯曲振动
1300 ~ 900	酚类化合物中 O—H 的变形振动或 C—O 的伸缩振动
900 ~ 600	存在单环、多环及取代芳香烃

图 2-14 为棉花籽在 500℃、N_2 流速为 200mL/min、停留时间 t=30min 时热解所得固体残渣的红外谱图。图中残渣各个峰的强度明显低于棉花籽，说明棉花籽与热解残渣在内部结构上发生了明显的变化。棉花籽在 2926cm^{-1} 处和 2851cm^{-1} 处出现了两个明显的峰为脂肪族化合物中甲基与亚甲基上 C—H 的伸缩振动而残渣在该处没有出峰；在波数为 1745cm^{-1} 处和 1541cm^{-1} 处棉花籽有两个较小的裂峰是 C═O 和 C═C 的伸缩振动，象征着醛类、酸类、酮类以及烯烃类物质的存在，同样残渣在此处没有出峰，说明固体残渣中烷烃及烃类衍生物的含量很少。由此可知，与原料棉花籽相比残渣的成分较单一，这可能是由于热解将棉花籽中的部分物质转移到其他产物中。

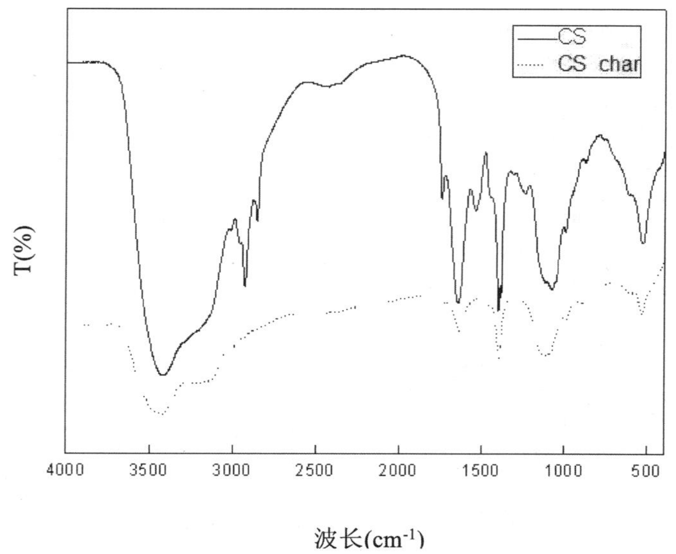

图 2-14　棉花籽在 500℃时热解残渣的红外谱图
Fig.2-14　IR spectra of the cottonseed and its residues

图 2-15 为 N_2 流速为 200mL/min、停留时间 t=30min 时，玉米芯在不同温度下热解所得残渣的红外谱图。由图可知，随着热解温度的升高，残渣的峰强度越来越弱。图中 300℃和 500℃热解所得残渣在波数为 3433cm^{-1} 处是—OH 的伸缩振动，表明存在酚及醇类物质，而 600℃时在该处没有出峰，说明热解温度为 600℃时—OH 键的断裂比较彻底。此外，波数为 2920cm^{-1} 与 2855cm^{-1} 处为芳香环的伸缩振动而随着温度的升高，这两处的振动峰也越来越弱直至 600℃时消失。

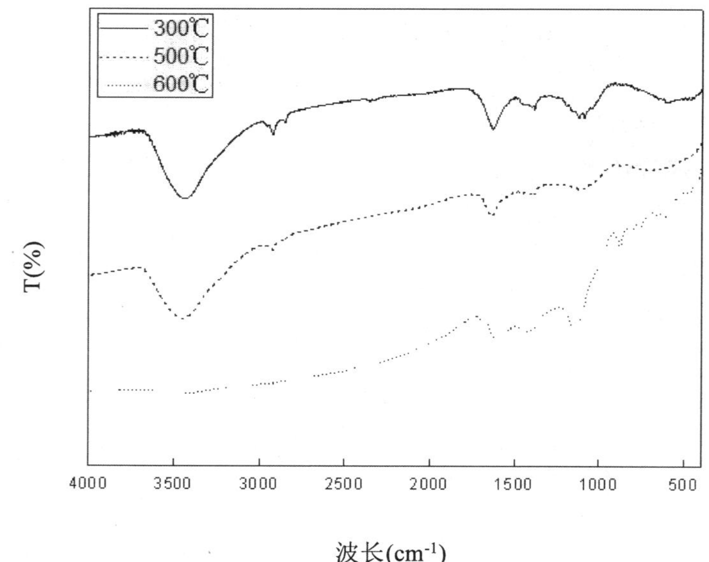

图 2-15　不同温度下玉米芯热解所得残渣的红外谱图
Fig.2-15　IR spectra of corncob residues under different temperatures

2.4.2　热解油的性质分析

2.4.2.1　红外光谱分析

为了对热解油的性质进行分析，我们对热解油进行了红外光谱分析，分析其中可能存在的官能团从而间接推断其主要成分。图 2-16 是 N_2 流速为 200mL/min，停留时间 t=30min，在不同温度下棉花籽热解所得液化油的红外谱图。由图可知，500℃液化油的红外谱图，在波数为 2913cm^{-1} 处与 2855cm^{-1} 处有两个较小的裂峰，这是烷烃中 C—H 的伸缩振动引起的，而 300℃液化油的红外谱图和 600℃液化油的红外谱图在该处几乎没出峰，说明热解温度为 500℃，有利于液化油中烷烃类物质的生成。在波数为 2100cm^{-1} 处的峰为 C ≡ C 的伸缩振动，三条曲线在该处的峰强度几乎没变化。在波数为 1250 ～ 1000cm^{-1} 范围内，500℃的液化油基本上没出峰，而另外两个温度的液化油在该处都有峰，这是酚类化合物中 O—H 的变形振动或 C—O 的伸缩振动，可见 500℃不利于液化油中酚类化合物的生成，有利于生成高品质的油。

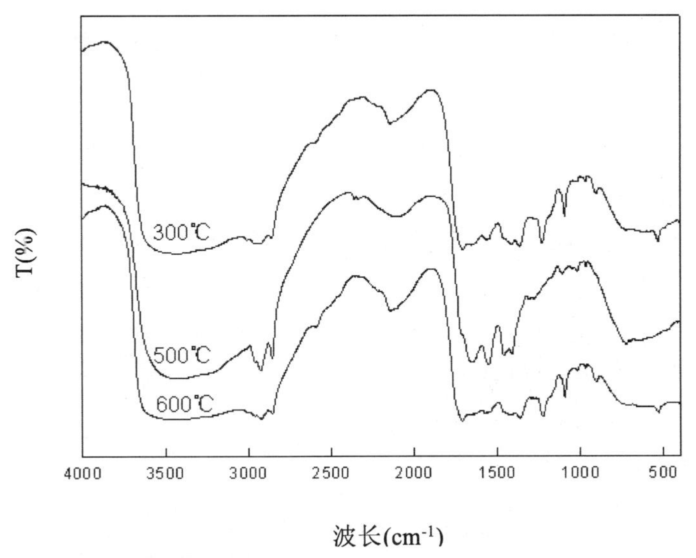

图 2-16　不同温度下棉花籽热解所得油的红外谱图

Fig.2-16　IR spectra of the cottonseed pyrolytic oil under different temperatures

图 2-17 是 N_2 流速为 200mL/min、停留时间 t=30min 时，在不同温度下玉米芯热解所得油的红外谱图。由图可知，随着温度，的升高三条曲线在峰形上没有太大改变，只是峰的强度上有少许的变化。在波数为 1720cm^{-1} 处属于 C═O 的特征峰，象征着醛类、酸类以及酮类物质的存在，600℃时热解所得油在该处的峰要强于 300℃和 500℃的热解所得油，可知 600℃时所得油中含有较多的醛、酸以及酮类化合物。

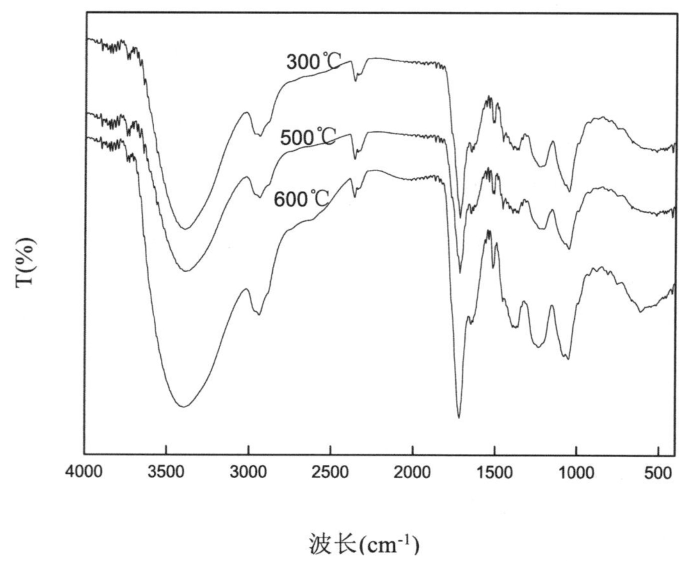

图 2-17 不同温度下玉米芯热解所得油的红外谱图
Fig.2-17 IR spectra of the corncob oil under different temperatures

图 2-18 是 500℃、N_2 流速为 200mL/min、停留时间 t=30min 时，玉米芯中加入氯化物与矿物质时热解所得油的红外谱图，图 2-18（a）为加入氯化物，图 2-18（b）为加入矿物质。由图 2-18（a）可知，加入 $CaCl_2$、$BaCl_2$ 时所得的油在波数为 1620cm^{-1} 处有强的吸收峰，为芳香烃或烯烃中 C═C 双键的伸缩振动产生，玉米芯与加入 $ZnCl_2$ 时热解所得的油在该处的吸收峰相对要弱一些，这说明加入 $CaCl_2$、$BaCl_2$ 所得的热解油中含有更多不饱和的烃类化合物；此外加入 $CaCl_2$、$BaCl_2$ 后所得的热解油在波数为 1433cm^{-1} 处和 880cm^{-1} 处附近都有明显的吸收峰，分别为 C═C 双键的伸缩振动及多环取代芳烃中芳环的骨架振动产生，而玉米芯与加入 $ZnCl_2$ 时热解所得的油在这两处均没出峰。可见加入 $CaCl_2$、$BaCl_2$ 后所得热解油中含有更多的有机成分且加入这两种氯化物后热解油的红外曲线很相似，这可能是由于二者都为碱土金属类氯化物的原因。在图 2-18（b）中，加入 HZSM-5 后，在波数为 1220cm^{-1} 处和 1085cm^{-1} 处有明显的裂峰，为酚类化合物中 O—H 的变形振动或 C—O 的伸缩振动产生，而其他条件下所得的热解油在这两处均未出峰，说明加入 HZSM-5 后所得的热解油中含有较多的酚类化合物。

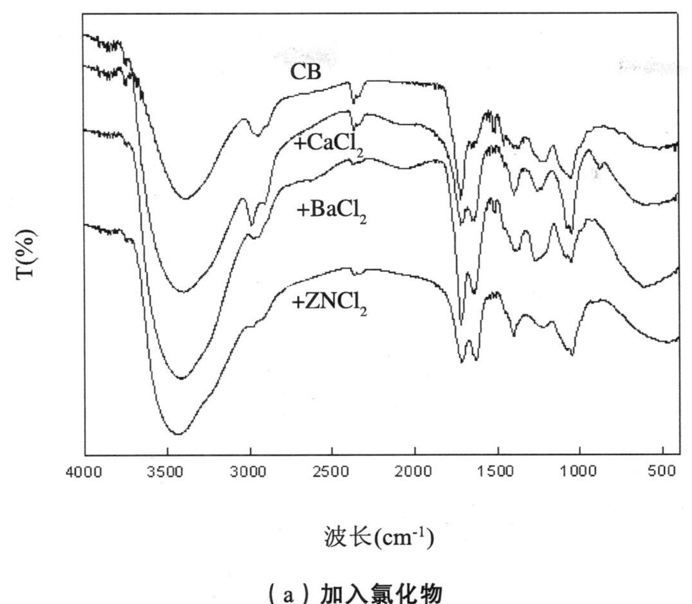

（a）加入氯化物

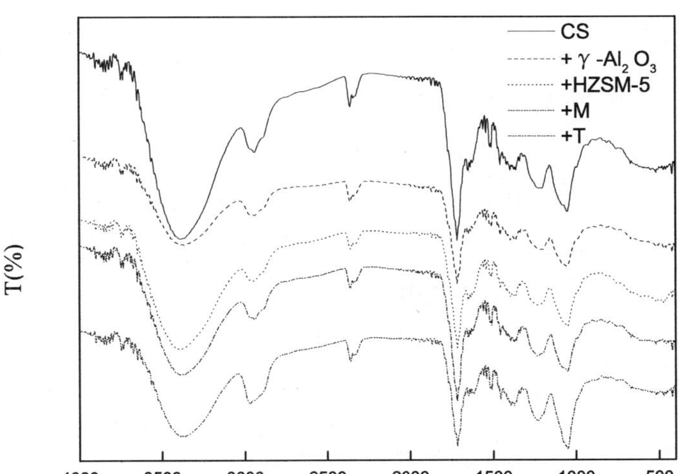

（b）加入矿物质

图 2-18　玉米芯中加入不同添加剂热解所得油的红外谱图

Fig.2-18　IR spectra of the corncob pyrolytic oil when adding different additives

由以上分析可知，在生物质热解过程中，热解条件及添加剂的使用会引起液化油中某些官能团的变化，致使液化油中的有机成分发生改变，但是不同条件下所得的液化油中的主要成分没有明显的变化，都含有烃类、酮类、酚类及酸类等有机化合物及其衍生物。

2.4.2.2　^{1}H NMR 分析

为了得到热解油中有关氢原子结合情况的相关信息，我们对热解油做了 ^{1}H NMR 分析。^{1}H NMR 谱图可以给出热解油中氢的分布情况。根据相关研究对热解油中氢的化学位移进行了归属，结果见表 2-5。

表 2-5 ^{1}H NMR 质子化学位移归属
Table 2-5 Assignments of proton chemical shifts in ^{1}H NMR

标志	化学位移	氢种类
H_γ	0.5 ~ 1.0	芳香环 g 位的 CH_3 基团上的氢和链烷烃端基 CH_3 基团上的氢
H_β	1.0 ~ 2.0	芳香环位的氢和链烷烃中 CH_2 基团上的氢
H_α	2.0 ~ 4.0	芳香侧链的 α 氢
H_s	0.5 ~ 4.0	饱和氢
H_h	4.0 ~ 6.0	脱水糖中羟基的氢、酚羟基中氢以及非共轭双键碳上的氢
H_{ar}	6.0 ~ 9.0	芳香氢

对棉花籽在热解温度为 300℃和 600℃、停留时间为 30min 时，不同气体流速下所得热解油的 ^{1}H NMR 谱图，依照表 2-5 对脂肪氢和芳香氢进行积分处理，按照归一化法计算百分比，根据计算结果绘制成图 2-19。图 2-19 是棉花籽在 300℃和 600℃，不同气体流速下热解所得液化油中氢的分布情况。图中Ⅰ、Ⅱ分别是棉花籽在 300℃，气体流速为 200mL/min、480mL/min 时热解所得液化油中各种氢的百分比，而Ⅲ、Ⅳ分别为棉花籽在 600℃，气体流速为 200mL/min、480mL/min 时热解所得液化油中各种氢的百分比。由图可知，脂肪氢在 300℃获得的液化油（Ⅰ、Ⅱ）中的含量高于 600℃获得的液化油（Ⅲ、Ⅳ）中的含量，且在气体流速为 200mL/min 时获得的液化油（Ⅰ、Ⅲ）中脂肪氢的含量高于气体流速为 480mL/min 时获得的液化油（Ⅱ、Ⅳ）中的含量；芳香氢在液化油中的含量与此规律相反。这可能是由于温度升高导致更多的脂肪烃聚合生成芳香烃，而较大的气体流速能够快速地将大分子的芳香族化合物带到冷凝收集瓶转化成液化油，阻止了芳香族化合物在热解炉内因滞留时间过长而被再次裂解成小分子的脂肪烃类。在四种液化油中，脂肪氢含量顺序为 H_α 最高，H_β 次之，H_γ 最低。液化油中脂肪氢的含量在 84.84% ~ 99.70% 范围内，芳香氢的含量仅在 0.30% ~ 15.16% 范围内。

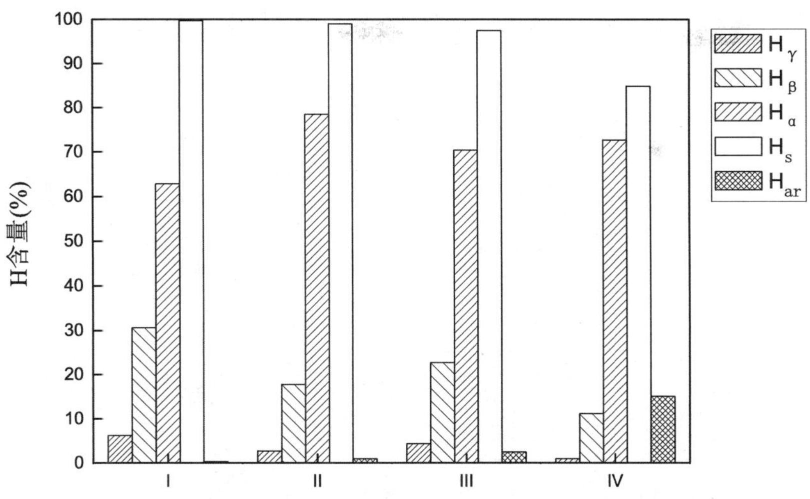

Ⅰ的条件：300℃、200mL/min　Ⅱ的条件：300℃、480mL/min
Ⅲ的条件：600℃、200mL/min　Ⅳ的条件：600℃、480mL/min

图 2-19　不同条件下棉花籽热解所得生物油中氢的分布情况

Fig.2-19　The H distribution of the cottonseed pyrolytic oil obtained under different conditions

图 2-20 与图 2-21 分别为棉花籽中加入氯化物与 Ca 基物热解所得液化油中氢的分布情况。反应条件：热解温度为 500℃，N_2 流速为 200mL/min，停留时间为 30min。由图 2-20 可知，与棉花籽的单独热解相比较，加入氯化物后获得的液化油中脂肪氢的含量都增加了，也就必然导致芳香氢的含量降低，而这与图中呈现的芳香类氢的含量下降相吻合。这表明，氯化物的加入能促进生物质热解过程中发生更多的芳环化反应，导致芳香烃侧链断裂，使芳香氢转变成脂肪氢；还有一个明显的现象就是加入氯化物后液化油中 H_α 的含量大幅度增加且加入碱金属 KCl 与过渡金属 $CoCl_2$、$ZnCl_2$ 后液化油中 H_α 的含量大于加入碱土金属 $CaCl_2$、$BaCl_2$ 后液化油中 H_α 的含量，而液化油 H_β 的含量与此规律相反，H_γ 的含量因氯化物的加入也在下降。即棉花籽单独热解所得液化油中脂肪氢的含量顺序是 $H_\beta > H_\alpha > H_\gamma$，加入氯化物后热解所得液化油中脂肪氢的含量顺序是 $H_\alpha > H_\beta > H_\gamma$。图 2-21 中加入 Ca 系物后与图 2-20 中加入氯化物所得液化油中氢的变化规律一致。所有热解油中脂肪氢的含量在 92.17% ~ 99.72% 范围内，芳香氢的含量仅在 0.28% ~ 7.82% 范围内波动，可见热解油中的氢绝大多数以脂肪氢的形式存在，这将为生物油的直接使用提供了可能，而氯化物和 Ca 基物的加入使脂肪氢的含量进一步升高。

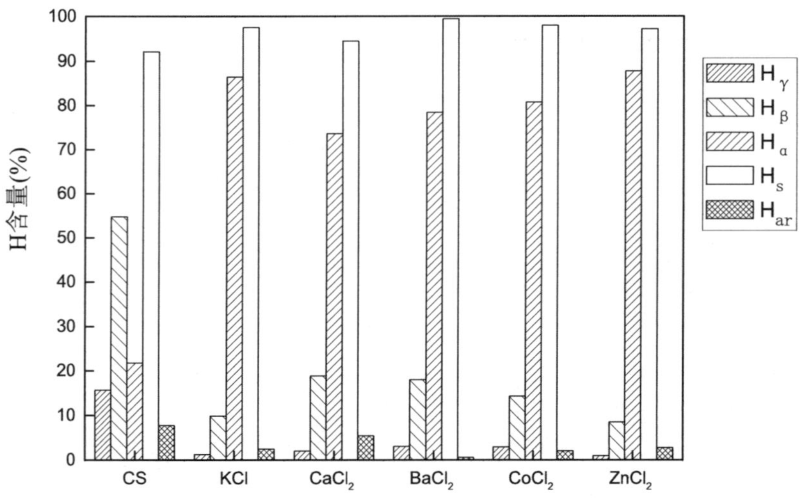

图 2-20　棉花籽加入氯化物后热解所得生物油中氢的分布

Fig.2-20　The H distribution of the cottonseed oil when adding chlorides

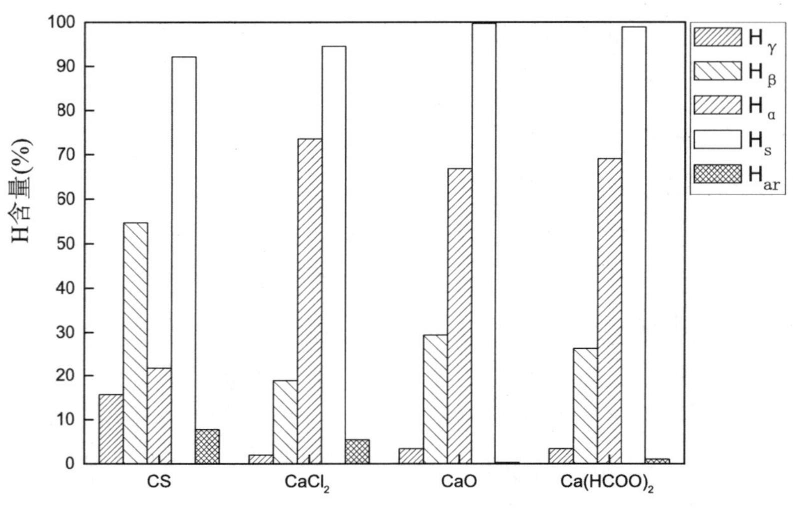

图 2-21　棉花籽加入 Ca 基物后热解所得生物油中氢的分布

Fig.2-21　The H distribution of the cottonseed pyrolytic oil obtained when adding Ca substrate

图 2-22 是 500℃、N_2 流速为 200mL/min、停留时间为 30min 时，棉花籽加入不同量的 $ZnCl_2$ 后热解所得液化油中氢的分布情况。由图可知，加入 $ZnCl_2$ 后所得的液化油中的氢都与图 2-20 中描述的加入氯化物与棉花籽单独热解所得液化油中氢的变化趋势一致，即与棉花籽的单独热解相比较，加入氯化物后获得的液化油中脂肪氢的含量都增加了，芳香氢的含量都降低了。通过比较加入 $ZnCl_2$ 后热解所得的液化油可知，随着 $ZnCl_2$ 加入量的增加，脂肪氢的含量变化不明显，脂肪氢中的 H_α 和芳香氢整体呈现下降的趋势，在含量为 20% 时芳香氢达到最低；在 $ZnCl_2$ 的含量为 15% 时，H_β 和 H_γ 的含量最低。

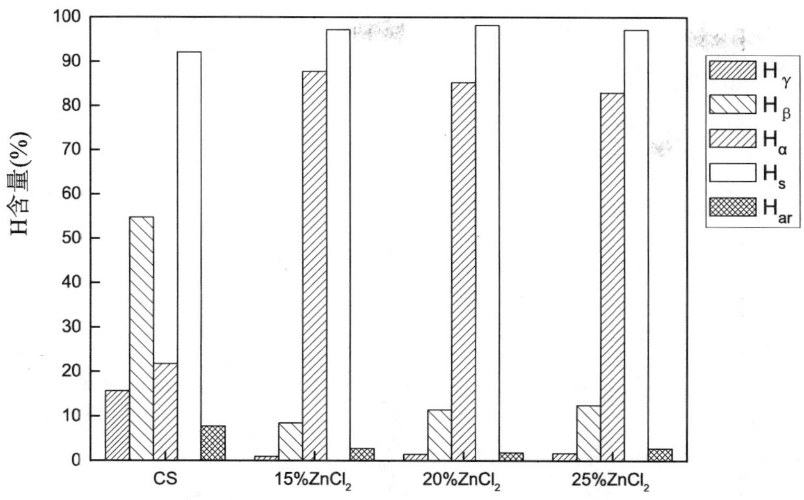

图 2-22　棉花籽加入不同量的 $ZnCl_2$ 后热解所得生物油中氢的分布
Fig.2-22　The H distribution of the cottonseed pyrolytic oil obtained when adding $ZnCl_2$

根据相关研究对玉米芯热解油中氢的化学位移进行了归属，并对脂肪氢、羟基氢和芳香氢进行积分处理，按照归一化法计算百分比，并根据计算结果绘制成图。

图 2-23 是 N_2 流速为 200mL/min、停留时间为 30min 时，玉米芯在不同温度下热解所得油中氢的分布情况。由图可知，脂肪氢的含量随着温度的升高，先降低后升高，500℃时油中脂肪氢的含量最低，600℃时油中脂肪氢的含量最高；芳香氢的含量在 500℃与 300℃油中氢的含量相等且都大于 600℃油中氢的含量；羟基氢 H_h 的含量随着温度的升高，先升高后降低，500℃时油中羟基氢的含量最高。300℃与 600℃时脂肪氢中 $H_β$、$H_γ$ 的含量基本相等且都大于 500℃时油中的脂肪氢，600℃时油中 $H_α$ 的含量最高，300℃时次之，500℃时最少。

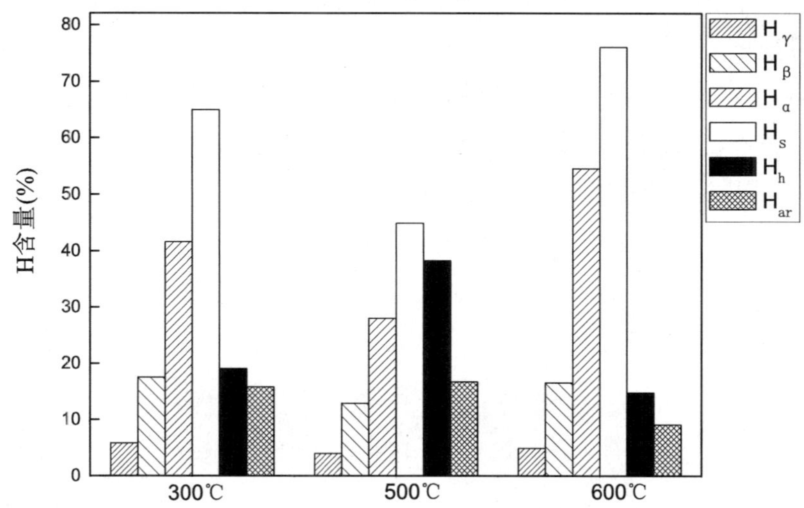

图 2-23　不同温度下玉米芯热解所得生物油中氢的分布
Fig. 2-23　The H distribution of the corncob pyrolytic oil obtained under different temperatures

图 2-24 是 500℃、N_2 流速为 200mL/min 时，玉米芯在不同停留时间下热解所得油中氢的分布情况。由图可知，停留时间为 0min 与 30min 时，热解油中各种氢的含量基本相等；停留时间为 60min 时热解油中 H_α 的含量要高于停留时间为 0min 与 30min，致使热解油脂肪氢的含量也高于后者，而停留时间为 60min 时油中羟基氢的含量却最少，不同停留时间下热解油中芳香氢的含量基本相等。

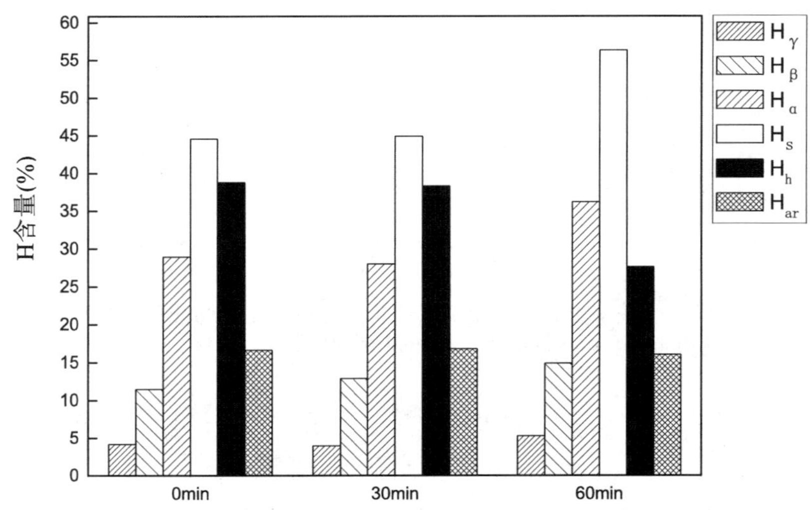

图 2-24 不同停留时间下玉米芯热解所得生物油中氢的分布
Fig.2-24 The H distribution of the corncob pyrolytic oil obtained under different residence times

图 2-25 是 500℃、N_2 流速为 200mL/min、停留时间为 30min 时，玉米芯中添加不同量的麦饭石热解所得油中氢的分布情况。由图可知，加入 10% 的麦饭石时，热解油中各种氢的含量与未加麦饭石玉米芯单独热解所得油中各种氢的含量基本相等，即 10% 的麦饭石并未引起玉米芯热解油中氢的改变。当加入量达到 15% 时，热解油中 H_α、H_β、H_γ 的含量都有不同程度的增加使脂肪氢的含量急剧升高，油中羟基氢的含量在迅速下降，芳香氢的含量变化不明显；继续加大麦饭石量，当加入量达到 20% 时，H_β 的含量在下降，H_α 的含量略高于加入量为 15% 时，脂肪氢的含量小于加入量为 15% 时油中脂肪氢的含量，羟基氢的含量高于加入量为 15% 时油中羟基氢的含量，而此时油中芳香氢的含量最小。

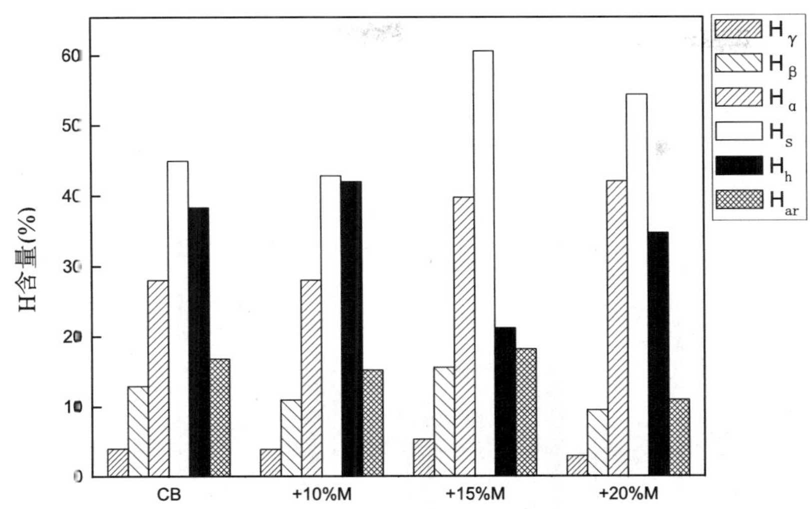

图 2-25　玉米芯中加入不同量的麦饭石热解所得生物油中氢的分布

Fig.2-25　The H distribution of the corncob pyrolytic oil obtained when adding M

图 2-26 是 500℃，N_2 流速为 200mL/min，停留时间为 30min，玉米芯中添加氯化物后热解所得油中氢的分布情况。由图可知，玉米芯中加入氯化物后，脂肪氢、芳香氢的含量在下降，羟基氢的含量在升高，脂肪氢中的 $H_β$、$H_γ$ 都在下降，$H_α$ 除了加入 $BaCl_2$ 后含量升高，加入其他两种氯化物含量都在下降。加入 $ZnCl_2$ 后液化油中主要为羟基氢，与玉米芯单独热解所得液化油中脂肪氢的含量相比有所降低，芳香氢的含量略有减少。加入 $BaCl_2$ 后，油中脂肪氢中的 $H_α$、羟基氢的含量都升高了，芳香氢的含量降低。

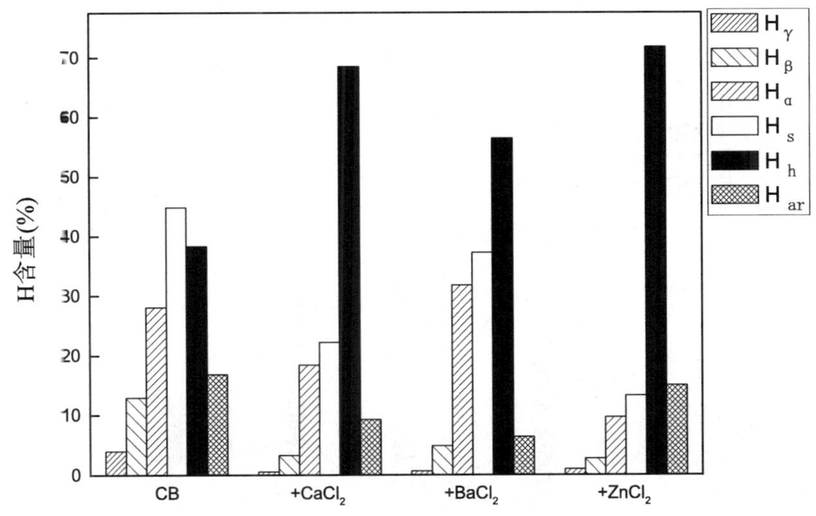

图 2-26　玉米芯中加入氯化物后热解所得生物油中氢的分布

Fig.2-26　The H distribution of the corncob pyrolytic oil obtained when adding chlorides

图 2-27 是 500℃、N_2 流速为 200mL/min、停留时间为 30min 时，玉米芯中添加矿物质后热解所得油中氢的分布情况。由图可知，加入γ-Al_2O_3 后，芳香氢的含量升高，加入其他矿物质后，芳香氢的含量基本不变；加入 HZSM-5、麦饭石后脂肪氢的含量升高，羟基氢的含量降低，加

入 $\gamma-Al_2O_3$、电气石（T）后脂肪氢的含量降低，羟基氢的含量升高。

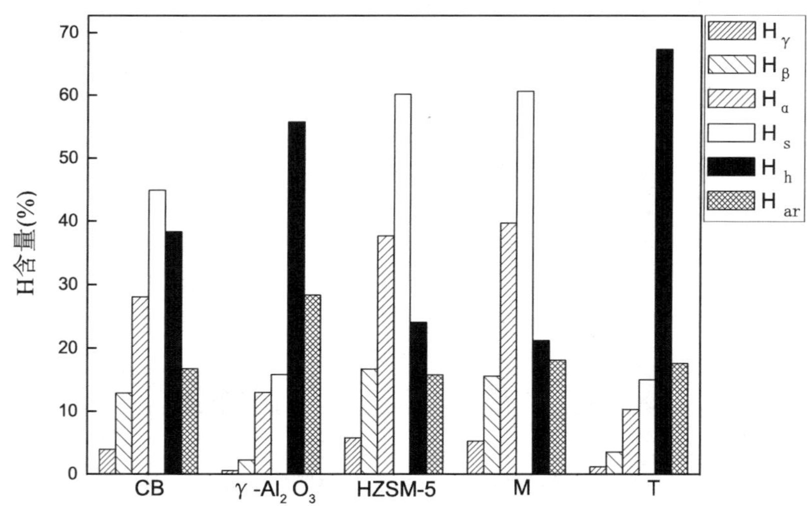

图 2-27　玉米芯中加入矿物质后热解所得生物油中氢的分布

Fig.2-27　The H distribution of the corncob pyrolytic oil obtained when adding minerals

图 2-28 是 500℃、N_2 流速为 200mL/min、停留时间为 30min 时，玉米芯中添加 $CaCl_2$/矿物质后热解所得油中氢的分布情况，其中 $CaCl_2$ 的负载量为 10%（载体矿物质质量的百分含量），复合添加剂的量为 15%（玉米芯总量的百分含量）。由图 2-28 可知，加入 $CaCl_2/\gamma-Al_2O_3$、$CaCl_2$/HZSM-5、$CaCl_2$/T 后脂肪氢的含量均增加；加入 $CaCl_2$/MS 后羟基氢的含量升高；加入这些复合添加剂后，芳香氢的含量基本不变。对照图 2-28 与图 2-27 发现，在将 10% 的 $CaCl_2$ 负载到矿物质上制得的复合催化剂加入玉米芯中热解所得液化油中氢的分布情况不同。

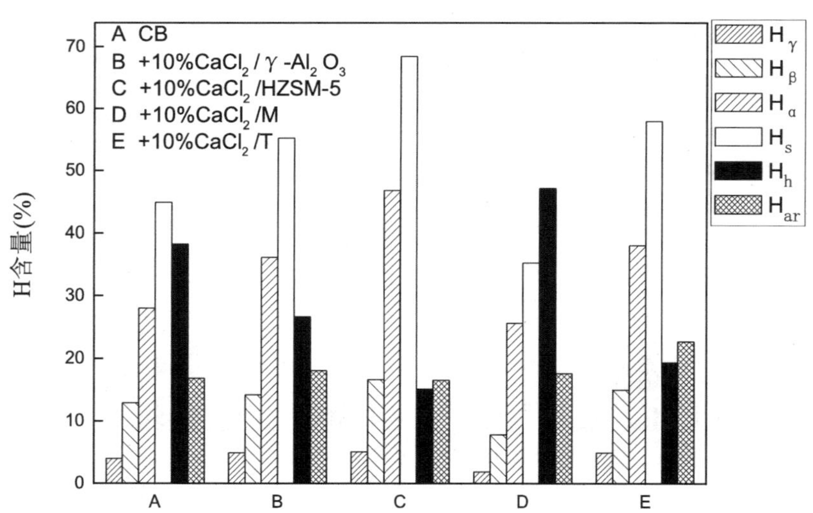

图 2-28　玉米芯中加入复合添加剂热解所得生物油中氢的分布

Fig.2-28　The H distribution of the corncob oil obtained when adding different composite additives

图 2-29 是 500℃、N_2 流速为 200mL/min、停留时间为 30min 时，玉米芯中添加简单化合物 /MS 后热解所得油中氢的分布情况，其中化合物负载量为 10%（载体矿物质质量的百分含量），

复合添加剂的量为 15%（玉米芯总量的百分含量）。由图可知，加入氯化物 /MS 后，热解油中各种氢的含量变化不大，而加入硝酸盐 /MS 后，热解油中 H_α 的含量急剧升高，导致脂肪氢的含量也迅速升高，热解油中羟基氢和芳香氢的含量很少，主要为脂肪氢。

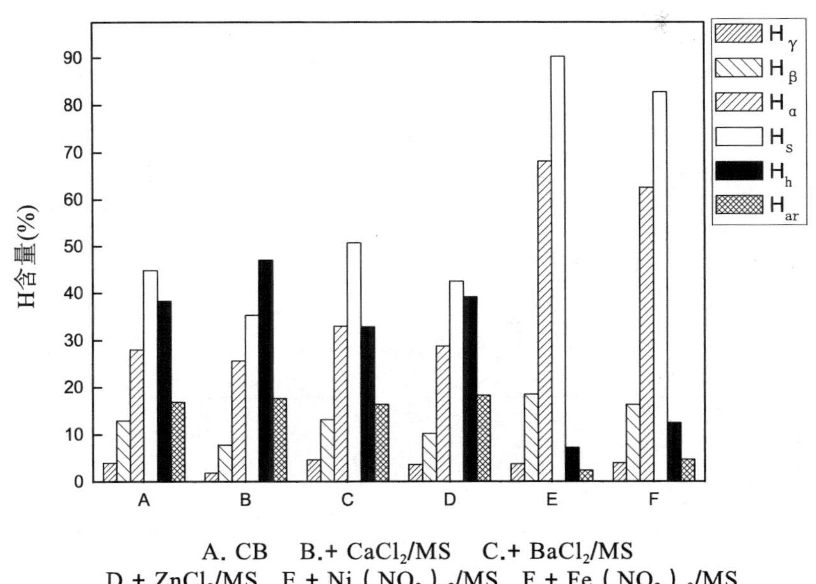

A. CB　B.+ $CaCl_2$/MS　C.+ $BaCl_2$/MS
D.+ $ZnCl_2$/MS　E.+ Ni（NO_3）$_2$/MS　F.+ Fe（NO_3）$_3$/MS

图 2-29　玉米芯中加入以麦饭石为载体的复合催化剂后热解所得生物油中氢的分布
Fig.2-29　The H distribution of the corncob oil obtained when adding medical stone based catalyst

2.4.2.3　GC—MS 分析

为了进一步探究热解油的品质，我们用 GC—MS 仪检测了热解油中的化学成分，图 2-30 是 500℃、N_2 流速为 200mL/min、停留时间为 30min 时，玉米芯及其添加 15% 的矿物质热解所得油的 GC—MS 总离子流图。

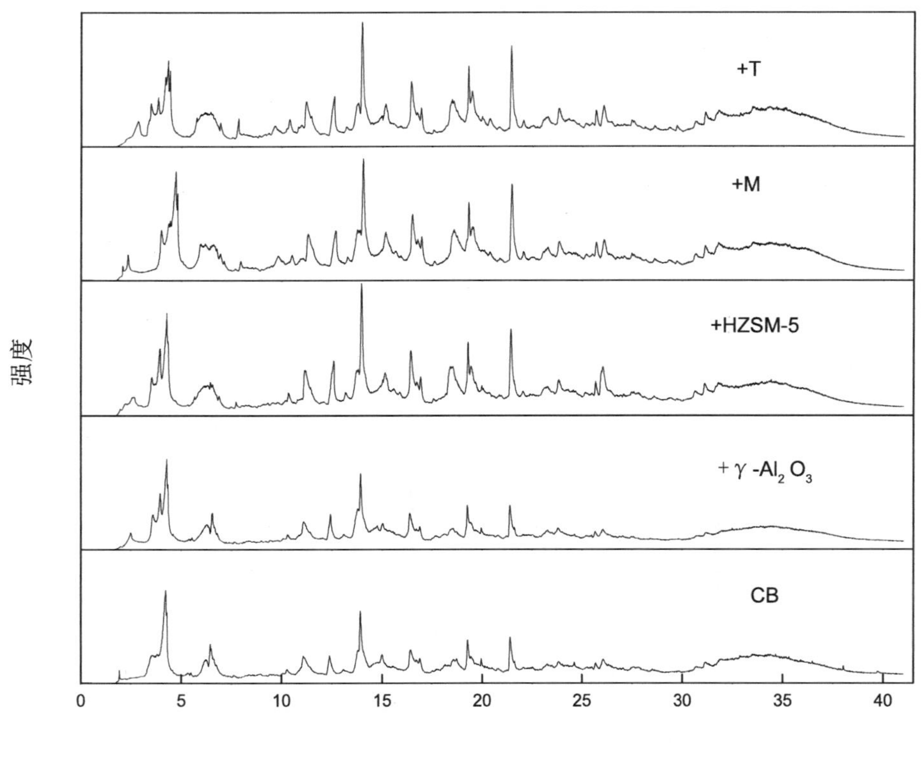

图 2-30　玉米芯热解油的 GC—MS 总离子流图
Fig.2-30　Total ion chromatograms from GC—MS analysis of pyrolytic oils from corncob

将图 2-30 中的各种峰与 NIST 谱库化合物质谱数据对照确定化合物，通过软件自动积分而获得图中各物质的峰面积，用相对峰面积对生物油组分进行了定量分析，结果见表 2-6。

表 2-6　玉米芯热解油中主要化合物的含量分布
Table 2-6　Yields of main compounds in corncob

RT（min）	主要化合物	分子式	相对含量（%）				
			CB	$+\gamma-Al_2O_3$	+HZSM-5	+MS	+T
3.55	1-（乙酰氧基）-2- 丁酮	$C_6H_{10}O_3$	0.44	0.52	0.41	0.37	0.41
3.73	烯烃	C_nH_{2n}	0.43	0.48	0.36	0.32	0.36
3.8	苄基甲基酮	$C_9H_{10}O$	0.45	0.51	0.42	0.38	0.43
4.23	3- 羟基 -2- 丁酮	$C_4H_8O_2$	1.33	1.16	0.96	0.85	0.72
4.29	2- 乙酰呋喃	$C_6H_6O_2$	0.95	1.26	1	0.89	0.79
4.56	乙基苯	C_8H_{10}	0.20	0.25	0.2	0.18	0.24
4.95	2,3,5- 三甲基苯酚	$C_9H_{12}O$	0.13	0.17	0.13	0.11	0.12
5.02	3- 甲基 -2- 环戊烯酮	C_6H_8O	0.13	0.16	0.12	0.11	0.12

续表

RT（min）	主要化合物	分子式	相对含量（%）				
			CB	+γ−Al_2O_3	+HZSM−5	+MS	+T
5.16	3- 甲基 -1，2- 环戊二酮	$C_6H_8O_2$	0.14	0.14	0.11	0.10	0.12
5.21	2- 甲基苯酚	C_7H_8O	0.13	0.14	0.11	0.10	0.11
5.30	糠醇	$C_5H_6O_2$	0.15	0.16	0.12	0.11	0.11
5.34	1-（乙酰基氧）-2- 丙酮	$C_5H_8O_3$	0.15	0.17	0.12	0.11	0.11
5.51	苯酚	C_6H_6O	0.14	0.18	0.13	0.12	0.13
5.67	4- 甲基苯酚	C_7H_8O	0.11	0.15	0.19	0.17	0.20
5.73	辛二烯	C_8H_{14}	0.12	0.17	0.2	0.18	0.27
6.16	2（5H）- 呋喃酮	$C_4H_4O_2$	0.35	0.38	0.34	0.30	0.40
6.22	2- 甲基苯酚	C_7H_8O	0.36	0.44	0.36	0.32	0.37
6.30	3- 甲基苯酚	C_7H_8O	0.33	0.41	0.34	0.30	0.38
6.45	2,5- 己二酮	$C_6H_{10}O_2$	0.54	0.34	0.35	0.31	0.36
6.50	癸烷	$C_{10}H_{22}$	0.53	0.49	0.35	0.31	0.39
6.63	苯甲酸	$C_7H_6O_2$	0.38	0.38	0.29	0.26	0.30
6.76	2- 甲氧基苯酚	$C_7H_8O_2$	0.29	0.26	0.22	0.19	0.24
7.16	1,3,5- 三甲基苯	$C_{10}H_{14}$	0.13	0.13	0.11	0.10	0.11
7.62	乙基酚	$C_8H_{10}O$	0.13	0.12	0.09	0.08	0.10
7.89	1- 甲基 -3-(1- 甲基亚乙基）环戊烷	C_9H_{20}	0.10	0.11	0.11	0.09	0.16
8.25	2，4- 二甲基 -3- 庚醇	$C_9H_{20}O$	0.12	0.15	0.12	0.11	0.13
8.53	1- 三甲基苯酚	$C_9H_{12}O$	0.14	0.14	0.11	0.10	0.12
8.77	3- 三甲基对苯二酚	$C_9H_{10}O_2$	0.14	0.13	0.1	0.09	0.11
8.95	4- 甲氧基苯酚	$C_7H_8O_2$	0.15	0.15	0.12	0.10	0.12
9.22	茚	C_9H_8	0.12	0.15	0.14	0.12	0.14
9.42	2,3- 二甲酚	$C_8H_{10}O$	0.14	0.15	0.12	0.11	0.13
9.50	十二烷	$C_{12}H_{26}$	0.13	0.16	0.15	0.13	0.16

续表

RT（min）	主要化合物	分子式	相对含量（%）				
			CB	+γ-Al_2O_3	+HZSM-5	+MS	+T
9.72	2- 甲氧基 -4- 甲基苯酚	$C_8H_{10}O_2$	0.13	0.16	0.15	0.13	0.21
9.87	2,3- 二甲基酚	$C_8H_{10}O$	0.12	0.15	0.15	0.13	0.17
10.05	丁香酚	$C_{10}H_{12}O_2$	0.16	0.18	0.14	0.13	0.14
10.26	2- 乙基 -5- 甲基酚	$C_9H_{12}O$	0.22	0.23	0.19	0.17	0.19
11.09	十三烷	$C_{13}H_{28}$	0.43	0.44	0.34	0.30	0.23
12.38	1，2- 苯二酚	$C_6H_6O_2$	0.40	0.49	0.21	0.19	0.19
13.07	4- 乙基 -2- 甲基 - 酚	$C_9H_{12}O$	0.21	0.25	0.19	0.17	0.17
13.79	4- 叔丁氧基苯乙烯	$C_{12}H_{16}O$	0.52	0.69	0.53	0.47	0.47
13.92	2- 烯丙基酚	$C_9H_{10}O$	1.01	1.10	1.06	0.94	0.81
14.99	十六烷	$C_{16}H_{34}$	0.42	0.40	0.39	0.34	0.31
15.51	4- 乙基邻苯二酚	$C_8H_{10}O_2$	0.26	0.29	0.29	0.25	0.24
15.57	二十二烷	$C_{22}H_{46}$	0.28	0.28	0.29	0.26	0.24
16.45	联苯烯	$C_{12}H_8$	0.52	0.50	0.72	0.64	0.67
16.72	4- 羟基 -3- 甲氧基苯甲酸	$C_8H_8O_3$	0.37	0.32	0.38	0.34	0.37
16.91	十八烷	$C_{18}H_{38}$	0.38	0.33	0.40	0.36	0.37
17.51	1- 萘酚	$C_{10}H_8O$	0.20	0.18	0.16	0.14	0.15
18.56	十六烷酸乙酯	$C_{17}H_{34}O_2$	0.36	0.34	0.51	0.45	0.50
18.73	5- 叔丁基焦酚	$C_9H_{12}O$	0.39	0.29	0.41	0.36	0.37
19.27	2,5- 二甲氧基 - 苯乙酮	$C_{10}H_{12}O_2$	0.60	0.65	0.64	0.57	0.69
19.97	对羟基联苯	$C_{12}H_{10}O$	0.33	0.32	0.31	0.28	0.31
20.79	十八烯酸	$C_{18}H_{34}O_2$	0.24	0.23	0.22	0.19	0.20
21.39	菲	$C_{14}H_{10}$	0.65	0.68	0.76	0.67	0.83
22.05	4- 烯丙基 -2，6- 二甲氧基苯酚	$C_{11}H_{14}O_3$	0.24	0.26	0.28	0.25	0.28
22.50	二十三烷	$C_{23}H_{48}$	0.26	0.24	0.23	0.21	0.22

续表

RT（min）	主要化合物	分子式	相对含量（%）				
			CB	+γ−Al_2O_3	+HZSM−5	+MS	+T
23.26	二十四烷	$C_{24}H_{50}$	0.29	0.31	0.32	0.28	0.31
24.25	3,4,5,6− 四甲苯菲	$C_{18}H_{18}$	0.28	0.25	0.29	0.26	0.29
24.63	二十五烷	$C_{25}H_{52}$	0.30	0.24	0.29	0.26	0.26
26.07	二十六烷	$C_{26}H_{54}$	0.36	0.31	0.50	0.44	0.44
27.04	炔诺酮醋酸酯	$C_{22}H_{28}O_3$	0.23	0.23	0.23	0.20	0.24
27.47	泼尼松龙	$C_{21}H_{28}O_5$	0.24	0.21	0.28	0.25	0.28
27.81	氢化可的松	$C_{21}H_{30}O_5$	0.25	0.18	0.27	0.24	0.22
28.51	醋酸去氧皮质酮	$C_{23}H_{32}O_4$	0.21	0.17	0.21	0.18	0.20
29.32	苯甲酸雌二醇	$C_{25}H_{28}O_3$	0.18	0.16	0.21	0.19	0.20
29.84	alpha− 骨化醇	$C_{28}H_{44}O$	0.19	0.17	0.18	0.16	0.18
30.70	醋酸可的松	$C_{23}H_{30}O_6$	0.26	0.22	0.27	0.24	0.26
31.13	甲基泼尼松龙醋酸酯	$C_{24}H_{32}O_6$	0.32	0.27	0.36	0.32	0.36

对生物油中所检测到的组分进行分类总结，结果见表 2−7。五种生物油中，主要的化学成分为烃类、酮类、酚类。

表 2−7　玉米芯热解油组分分析结果

Table 2−7　Analysis results of corncob bio−oil components

主要组分	相同条件下，添加不同催化剂所得生物油的相对百分含量（%）				
	CB	+γ−Al_2O_3	+HZSM−5	+MS	+T
烃类	6.78	6.93	6.99	6.20	6.78
酮类	4.34	4.20	3.68	3.28	3.56
醇类	0.64	0.64	0.63	0.57	0.62
酚类	5.53	6.02	5.25	4.65	5.05
酸类	1.25	1.15	1.16	1.03	1.13

续表

主要组分	相同条件下，添加不同催化剂所得生物油的相对百分含量（%）				
	CB	+$\gamma-Al_2O_3$	+HZSM-5	+MS	+T
酯类	0.91	0.84	1.10	0.97	1.10
呋喃	0.95	1.26	1.00	0.89	0.79
其他	7.89	7.02	7.69	6.58	6.63

生物油的组分因原料及热解条件的不同而有所差异，但都归属于醛类、酮类、酸类等有机化合物及其衍生物。生物油含有多种特殊的、高附加值的化学品，表 2-8 列出了生物油的主要成分及用途。

表 2-8　生物油的主要成分及用途

Table2-8　Application of main compositions in bio-oil

化合物名称	用途
3- 羟基 -2- 丁酮	食用香料
2- 乙酰呋喃	有机合成原料、医药与香料合成中间体
糠醇	有机化工原料、合成染料、医药的中间体
2,5- 己二酮	合成杀虫剂、药物原料
癸烷	用作溶剂、有机合成试剂、燃料
苯甲酸	用于医药、染料载体、增塑剂、香料和食品防腐剂等的生产
丁香酚	抗菌、降血压、食用香料
2- 烯丙基酚	农药的成分
联苯烯	化工原料
2,5- 二甲氧基 - 苯乙酮	有机合成中间体
炔诺酮醋酸酯	医药试剂
甲基泼尼松龙醋酸酯	医药试剂、化工产品

2.5　小结

（1）在棉花籽的热解过程中，加入氯化物（除 $CoCl_2$ 外）和 Ca 基物均能使热解所得残渣的红外峰增强，也就是说加入这些添加剂后，在一定程度上降低了棉花籽热解过程中烃类、醇类、醚及酯类物质的分解，使热解所得的残渣中含有较高的有机化合物。

（2）在玉米芯的热解过程中，加入矿物质也能使热解所得残渣的红外峰增强，加入 HZSM−5 后所得的热解油中含有较多的酚类化合物。

（3） 在棉花籽热解过程中，脂肪氢的含量在 300℃时高于 600℃，在同一温度下，气体流速为 200mL/min 时的含量高于气体流速为 480mL/min 时的含量；芳香氢在生物油中的含量与此规律相反；加入氯化物和 Ca 基物后所得的生物油中脂肪氢的含量都增加了，且所有条件下得到的热解油中的氢绝大多数以脂肪氢的形式存在，脂肪氢的含量在 92.17% ~ 99.72% 范围内，芳香氢的含量仅在 0.28% ~ 7.82% 范围内波动。

（4）玉米芯的热解过程中，在所考察的温度范围内，脂肪氢的含量随着温度的升高，先降低后升高，500℃时油中脂肪氢的含量最低，600℃时油中脂肪氢的含量最高；芳香氢的含量在温度 500℃与 300℃时相等且都大于 600℃时油中氢的含量；羟基氢 H_h 的含量随着温度的升高，先升高后降低，500℃时油中羟基氢的含量最高。加入氯化物后，脂肪氢、芳香氢的含量在下降，羟基氢的含量在升高；加入 HZSM−5、MS 使脂肪氢的含量升高，羟基氢的含量降低，而加入 γ−Al_2O_3、T 则使脂肪氢的含量降低，羟基氢的含量升高。加入氯化物 /MS 后，热解油中各种氢的含量变化不大，而加入硝酸盐 /MS 后，热解油中 H_α 的含量急剧升高，导致脂肪氢的含量也迅速升高，热解油中羟基氢和芳香氢的含量很少，主要为脂肪氢。

（5）由 GC—MS 分析可知，生物油中的成分主要为醛类、酮类、酸类等有机化合物及其衍生物。

第 3 章　生物质与煤的催化供热解特性及机理

煤与生物质供热解技术是有效利用煤炭资源及生物质资源的重要技术手段之一。前期大量研究者发现褐煤与生物质供热解过程中二者具有协同效应，生物质促进了褐煤的热解。另外郭沛等对不同比例的褐煤焦炭、生物质焦、褐煤与生物质供热解焦样品进行了比较分析。研究发现，在供热解过程中，特别是当原料用量小于 50% 时，生物质中大量挥发分的释放促进了生物质与焦炭样品的二次反应，最终对焦炭样品的结构有显著影响。催化供热解是升级焦油的潜在技术之一，由于催化剂可以改善油品质，煤与生物质催化供热解油有望用作发动机中的液体燃料，所以催化供热解也引起了国内外研究者的注意。在催化热解过程中，用到的催化剂有很多，据文献报道 Ni/Al_2O_3、Mo/HZSM−5 和铁基催化剂等均使焦油产率增加。本章将研究以 MS、HZSM−5 和 $\gamma-Al_2O_3$ 为载体的催化剂对豁口煤与煤矸石热解特性的影响，并考察了麦饭石基催化剂与传统催化剂对豁口煤与煤矸石供热解产物分布的影响。

3.1　生物质与煤的催化供热解行为及机理

本章选用山西临汾豁口煤（HK）和山西临汾玉米芯 −2（CB−2）为实验原料，详细研究生物质与煤催化供热解特性及机理。工业分析和元素分析如表 3−1 所示。

表 3−1　样品的工业分析和元素分析

Table 3−1　Proximate and ultimate analysis of samples.

样品	工业分析（%）				元素分析（ad，%）				
	M_{ad}	A_{ad}	V_{ad}	FC_{ad}	C	H	O^a	N	S
玉米芯 −2	4.97	2.06	80.59	12.38	44.3	6.08	48.94	0.62	0.06
Coal gangue	0.95	82.13	10.00	6.92	12.82	1.38	85.2	0.40	0.20
豁口煤	2.92	11.40	24.80	60.88	64.35	3.76	26.89	0.96	4.04

注：[a] 差减法。

3.1.1　豁口煤与玉米芯共热解行为研究

3.1.1.1　不同掺混比例下豁口煤与玉米芯共热解的产物收率

图 3-1（a）和图 3-1（b）分别为不同比例下豁口煤（HK）与玉米芯共热解产物收率以及产物收率的实验值与计算值的比较。由图 3-1（a）可知，随着豁口煤掺混比例从 20% 升高到 80%，半焦收率逐渐增加，当豁口煤掺混比例为 80% 时，半焦收率最大为 66.5%，焦油收率和气体收率在豁口煤掺混比例为 20% 时最大，分别为 34.1% 和 30.6%，而后随豁口煤掺混比例增加而逐渐减少；这与王建飞等研究的烟煤与生物质快速热解产物特性所得结论一致。这是由于豁口煤掺混比例较大时，生物质掺混比例较小，生物质颗粒被煤颗粒包围，生物质加热产生的挥发分需要穿过层层煤粒，起到辅助煤热解的作用。生物质释放的氢基自由基能够与煤中较为稳定的芳香族化合物相互作用，在共热解过程中减少煤的比例，能够使煤焦结构的孔隙率增加，在煤热解初级阶段形成较为稳定的自由基，从而促进焦油的产生。由图 3-1（b）可知，在不同掺混比例下焦油收率的实验值均小于计算值，说明豁口煤与玉米芯共热解对于焦油没有明显的协同作用。另外，研究还发现，半焦收率的实验值在豁口煤比例为 20%、60% 和 80% 时大于计算值，说明豁口煤比例为 20%、60% 和 80% 时，豁口煤与玉米芯共热解对半焦的生成有正协同作用，气体收率在不同比例下的实验值均大于计算值，说明豁口煤与玉米芯共热解对于气体收率有正协同作用。

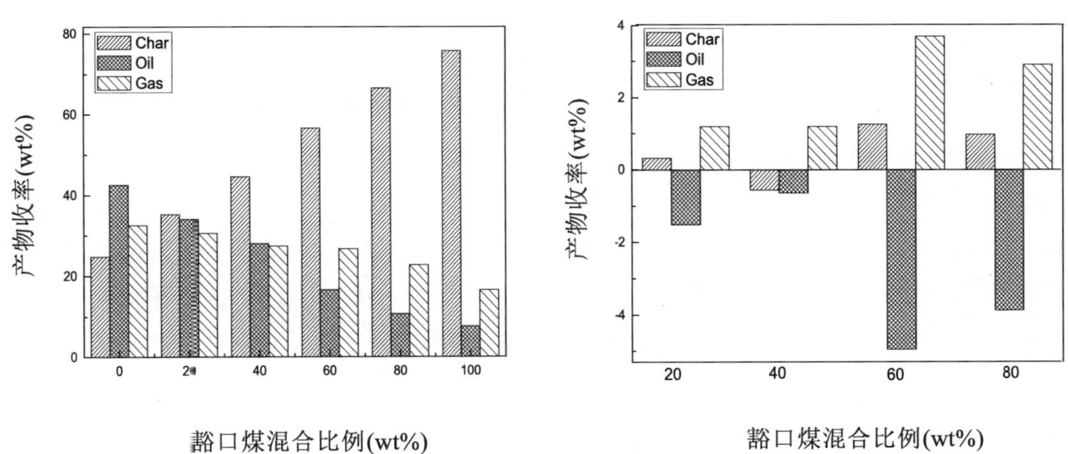

（a）共热解产物收率（b）产物收率的计算值与实验值

图 3-1　不同比例下豁口煤与玉米芯共热解产物收率和产物收率的计算值与实验值

Fig.3-1　Product yield and comparison of the experimental and calculated value during pyrolysis of HK coal and corncob

3.1.1.2 不同温度下豁口煤与玉米芯共热解的产物收率

图 3-2（a）与图 3-2（b）分别为不同温度下豁口煤与玉米芯共热解（豁口煤掺混比例为 20%）的产物收率和产物收率的计算值与实验值的比较。由图 3-2（a）可以看出，随着温度从 300℃升高到 900℃，半焦收率逐渐降低，焦油收率先增加后减少，在 400℃达到最大，为 37.0%，然后随温度升高而减少；而气体收率则随着温度升高逐渐增加，在 900℃达到最大值，为 30.6%。由图 3-2（b）可知，当热解温度从 300℃升高到 900℃时，焦油收率的实验值均小于计

算值，说明豁口煤与玉米芯供热解对于焦油的生成没有明显的协同作用。此外从图3-2(b)还可知，随着温度升高，半焦收率在300℃、800℃和900℃时的实验值大于计算值，说明对于半焦而言，在300℃、800℃和900℃时存在正协同作用，而气体收率在各个温度下的实验值均大于计算值，说明对于气体而言，豁口煤与玉米芯供热解过程中存在正协同作用，二者供热解有利于气体的生成。

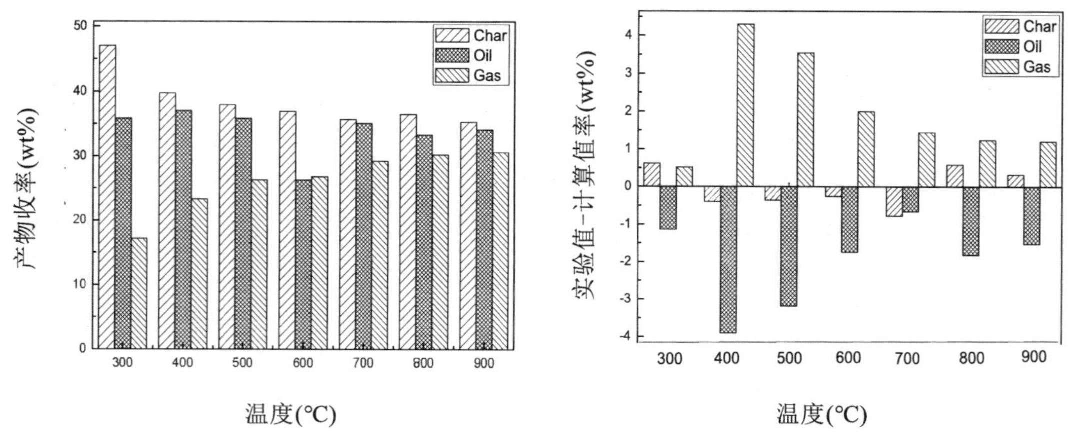

（a）产物收率 （b）产物收率的计算值与实验值比较（豁口煤掺混比例为20%）

图3-2　不同温度下豁口煤与玉米芯供热解的产物收率和产物收率的计算值与实验值比较

Fig.3-2　Product yield and comparison of the experimental and calculated value of HK and corncob during co-pyrolysis at different temperatures

3.1.1.3　豁口煤与玉米芯不同比例下供热解的气体组成

图3-3（a）~ 3-3（d）是不同温度、不同比例下豁口煤与玉米芯供热解时气体的相对含量。由图3-3（a）可知，随着温度从400℃升高到900℃，H_2含量先增加后减少，且在800℃时达到最大，当豁口煤比例是20%、40%、60%和80%时，H_2相对含量在800℃分别为82.3%、83.9%、88.1%和88.5%。这是因为在煤与生物质供热解过程中，生物质中的氢会以羟基的形式为煤热解提供氢，进而促进两者供热解过程中的相互作用。在同一温度下，随着豁口煤比例增加，H_2相对含量逐渐增加（除了HK ： CB=4 ： 6）。由图3-3（b）可知，随着温度从400℃升高到900℃，CH_4相对含量先增加后减少，在500℃达到最大，当豁口煤比例分别是20%、40%、60%和80%时，CH_4相对含量分别为45.4%、31.0%、55.4%和56.9%。CH_4主要源于煤或焦油中甲基侧链的断裂和氢化。正如Li等在研究神府煤与稻草快速供热解过程中从700℃升高到900℃时，发现由于焦油裂解和水煤气变化反应使CH_4减少。在同一温度下，随着豁口煤比例的增加，CH_4相对含量逐渐增加（HK ： CB=4 ： 6除外）。由图3-3（c）可知，在相同温度下，随着煤掺混比例的增加，CO_2相对含量逐渐减少。此外，CO_2的相对含量均在400℃时最大，且当豁口煤比例是20%、40%、60%和80%时，CO_2相对含量分别为53.2%、50.0%、40.9%和31.8%。随温度升高，CO_2相对含量逐渐减少，在800℃时消失。由图3-3（d）可知，在相同温度下，随着豁口煤掺混比例的增加，CO相对含量逐渐减少。随着温度从400℃升高到900℃，CO含量先减少后增加，且在900℃时达到最大，当豁口煤比例是20%、40%、60%和

80% 时，CO 在 900℃时的相对含量分别为 49.2%、47.4%、39.5% 和 29.8%。

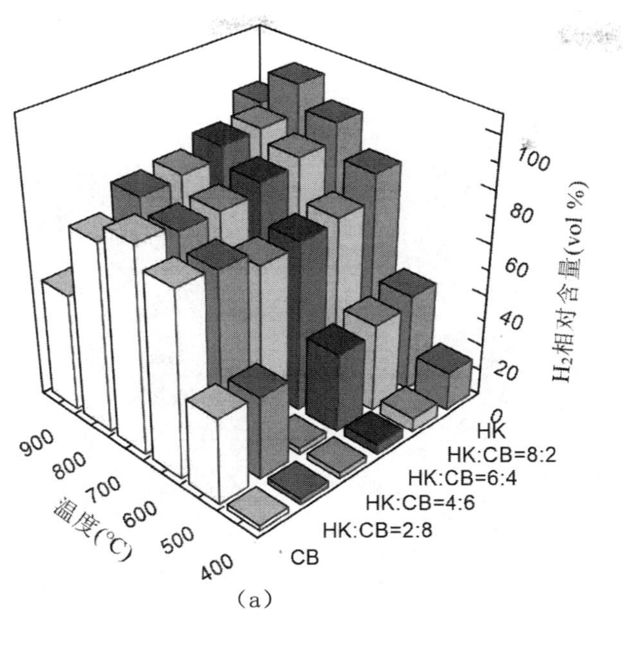

(a)

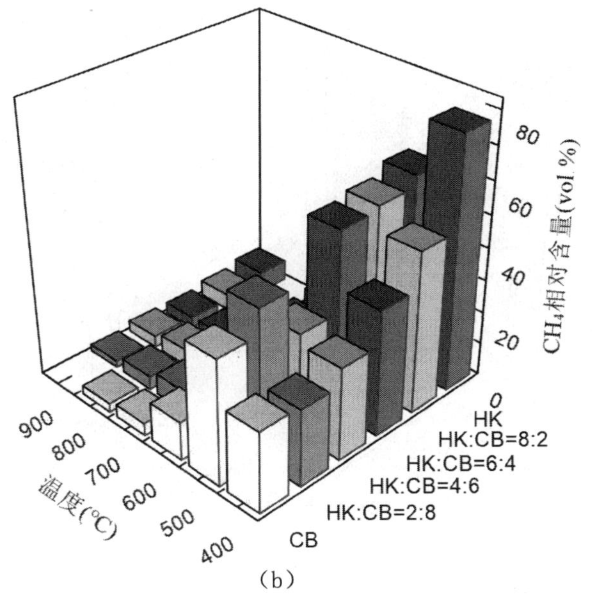

(b)

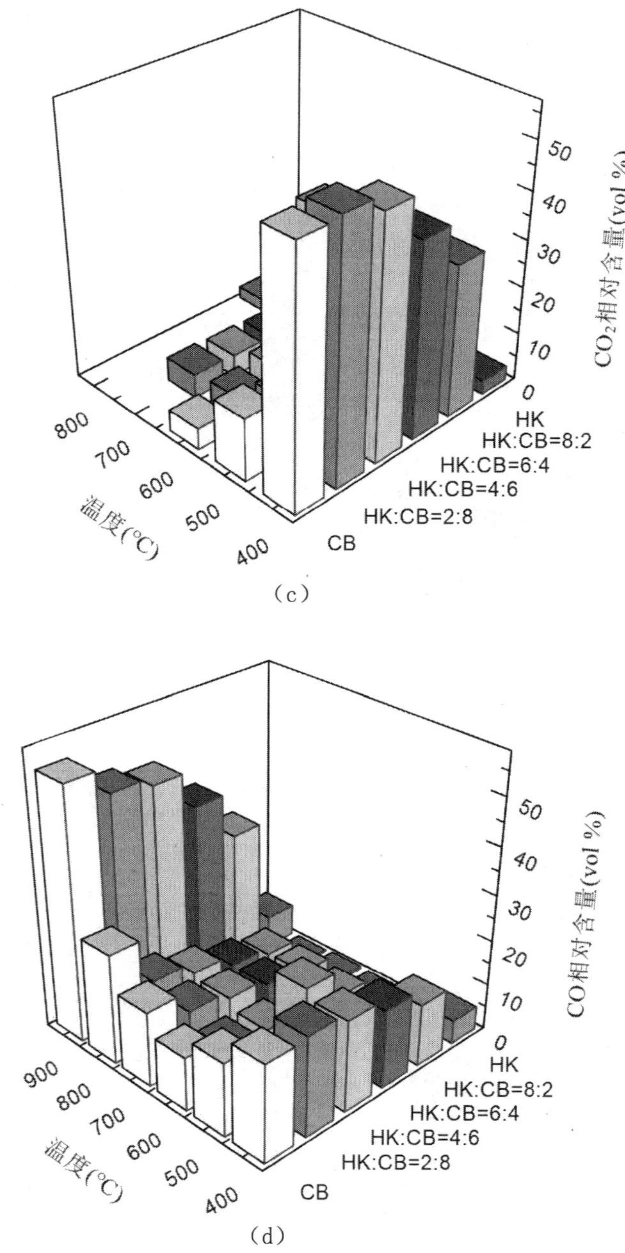

（c）

（d）

图 3-3　不同比例下豁口煤与玉米芯供热解时气体的相对含量

Fig.3-3　The relative content of gas products obtained from co-pyrolysis of HK coal and corncob with different ratios

3.1.1.4　不同温度下脱灰煤与玉米芯供热解产物收率

图 3-4 为不同温度下脱灰煤与玉米芯供热解（脱灰煤比例为 20%）的产物收率。由图可知，随着温度从 300℃升高到 900℃，焦油收率先增加后减少，在 400℃时达到最大值，为 40.9%；半焦收率在 300℃时最高为 45.8%，而后随温度升高而减少；气体收率随温度升高而增加，在 800℃时气体收率最大，为 28.9%。

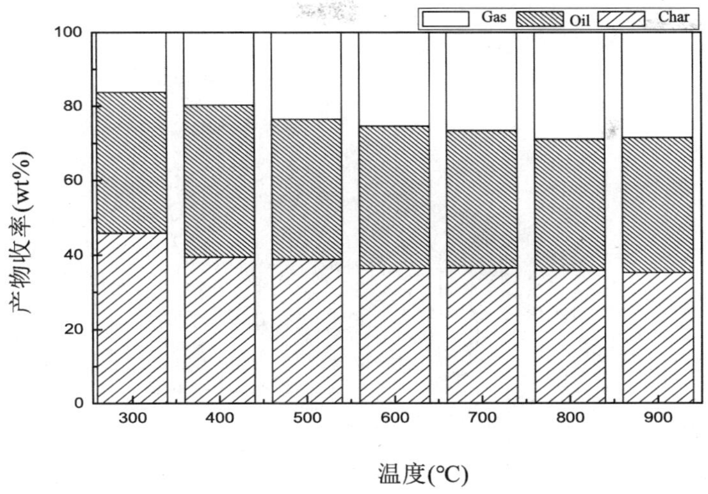

图 3-4　不同温度下脱灰煤与玉米芯供热解时的产物收率（脱灰煤比例为 20%）

Fig.3-4　Product yield from co-pyrolysis of HK-Dem and corncob at different temperatures（HK-Dem blending ratio is 20%）

图 3-5（a）和图 3-5（b）分别为不同比例、不同温度下脱灰煤与玉米芯供热解时气体的相对含量。由图 3-5（a）可知，在同一比例下，随着温度从 400℃升高到 900℃，H_2 含量先增加后降低。脱灰煤所占比例为 20% 和 40% 时，H_2 相对含量均在 700℃时达到最大值，分别为 82.2% 和 84.6%。当脱灰煤所占比例为 60% 和 80% 时，H_2 相对含量在 800℃时达到最大值，分别为 85.3% 和 89.1%。此外，当温度在 700 ~ 900℃时，随着脱灰煤比例增加，其 H_2 相对含量也逐渐增加。由图 3-5（b）可知，在不同比例下，随着温度的升高，CH_4 相对含量也是先增加后减少，且都是在 500℃时达到最大，当脱灰煤比例是 20%、40%、60% 和 80% 时，其相对含量分别为 47.5%、51.3%、58.3% 和 60.9%，脱灰煤比例为 80% 时 CH_4 相对含量最高。

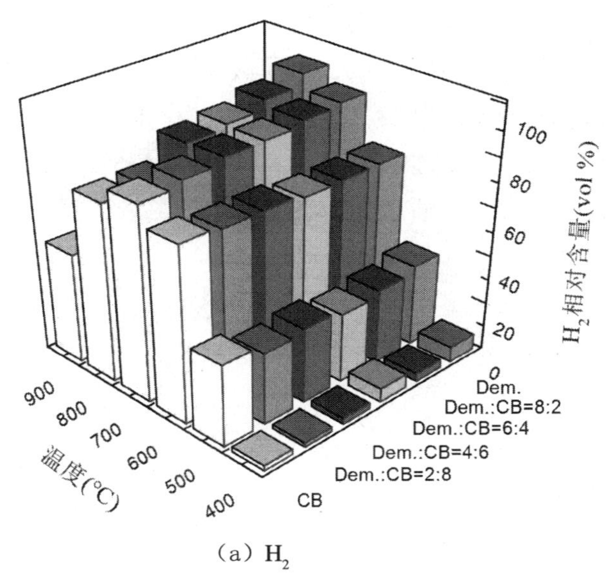

（a）H_2

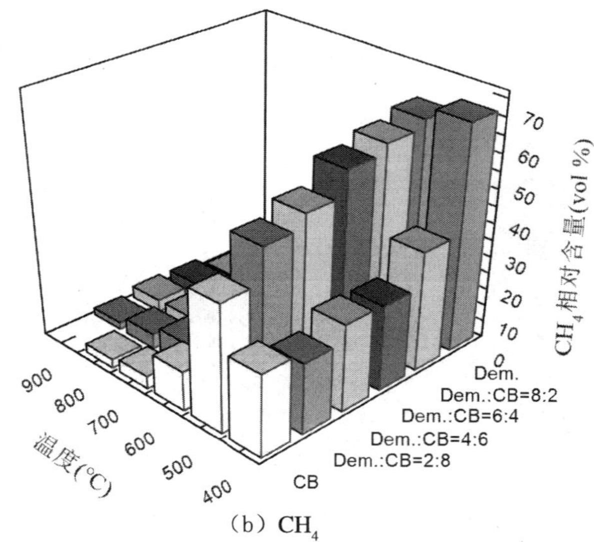

（b）CH_4

图 3-5　不同温度和比例下脱灰煤与玉米芯供热解时气体的相对含量（a）H_2（b）CH_4

Fig.3-5　The relative content of gas products obtained from co-pyrolysis of HK Dem and corncob under different ratios

3.1.2　催化剂作用下豁口煤与玉米芯供热解行为研究

图 3-6（a）为豁口煤与玉米芯在 700℃供热解（豁口煤比例为 20%）过程中加入不同铁基催化剂后的产物收率。由图 3-6（a）可知，热解温度是 700℃，不加催化剂时焦油收率为 35.1%，半焦收率为 35.7%，气体收率为 29.2%，加入 Fe（NO_3）$_3$/MS、Fe（NO_3）$_3$/HZSM-5 和 Fe（NO_3）$_3$/γ-Al_2O_3 后半焦收率和焦油收率都减少，气体收率增加。加入 Fe（NO_3）$_3$/MS、Fe（NO_3）$_3$/HZSM-5 和 Fe（NO_3）$_3$/γ-Al_2O_3 后，焦油收率分别为 25.4%、27.3% 和 24.3%；气体收率分别为 38.0%、37.0% 和 39.0%；加入 Fe（NO_3）$_3$/HZSM-5 后焦油收率最高，加入 Fe（NO_3）$_3$/γ-Al_2O_3 后气体收率最高。图 3-6（b）是脱灰煤与玉米芯在 700℃供热解（脱灰煤比例为 20%）过程中加入不同铁基催化剂后的产物收率。由图 3-6（b）可知，热解温度是 700℃，不加催化剂时，焦油收率为 36.9%，半焦收率为 36.5%，气体收率为 26.6%。加入催化剂 Fe（NO_3）$_3$/MS 气体收率最高，为 28.9%，当加入催化剂 Fe（NO_3）$_3$/HZSM-5、Fe（NO_3）$_3$/γ-Al_2O_3 后焦油收率均略有增加，且加入 Fe（NO_3）$_3$/HZSM-5 后总转化率最高。对比图 3-6（a）和图 3-6（b）可知，将煤脱去矿物质后，在相同条件下热解，其半焦收率变化不大，焦油收率增加，气体收率有所减少。

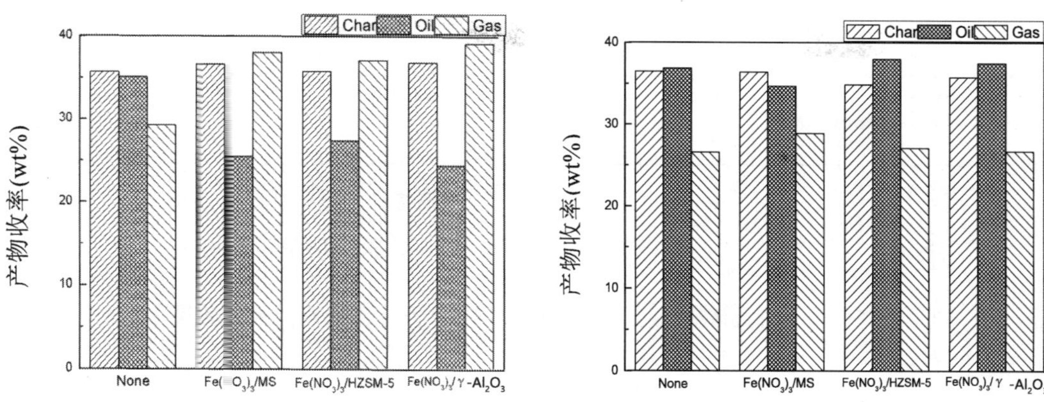

（a）豁口煤与玉米芯　　　　（b）脱灰煤与玉米芯

图 3-6　豁口煤与玉米芯及脱灰煤与玉米芯在 700℃供热解时加入不同催化剂后的产物收率（豁口原煤及脱灰煤比例均为 20%）

Fig.3-6　The product yield during co-pyrolysis of HK coal, HK-Dem and corncob with different catalysts at 700℃ (the blending ratio of coal is 20%)

3.2　煤与生物质催化热解焦油特性分析

3.2.1　煤及玉米芯两者供热解的焦油特性分析

3.2.1.1　^{1}H NMR 分析

为了分析脱灰煤和玉米芯在 700℃供热解过程中加入铁基催化剂后所得焦油中氢原子的结合情况，对焦油做了 ^{1}H NMR 分析。从图 3-7 可以看出，脱灰煤和玉米芯供热解所得焦油中氢原子的化学位移在区间 4.0 ~ 6.5ppm 内含量最高，为 80.8%。加入铁基催化剂后脱灰煤与玉米芯供热解所获得的焦油中氢原子在各个区间分布的含量发生改变。当加入催化剂 Fe（NO_3）$_3$/MS、Fe（NO_3）$_3$/HZSM-5 和 Fe（NO_3）$_3$/γ-Al_2O_3 后，0 ~ 1.5ppm 区间内的氢含量显著增加，即焦油中脂肪烃中直接与 C 相连的氢含量较多；而在区间 1.5 ~ 3.0ppm 内氢含量显著减少，即 C═C 或杂原子与脂肪族 C 相连的氢含量显著减少。加入 Fe（NO_3）$_3$/MS，焦油中氢原子只集中在化学位移为 0 ~ 1.5ppm 区间内；加入 Fe（NO_3）$_3$/HZSM-5 和 Fe（NO_3）$_3$/γ-Al_2O_3，焦油中氢原子集中在化学位移为 0 ~ 1.5ppm 和 1.5 ~ 3.0ppm 区间内。由 ^{1}H NMR 可以得出，脱灰煤与玉米芯供热解所得的焦油中主要含有脂肪氢、芳香醚和碳水化合物；当加入催化剂 Fe（NO_3）$_3$/MS、Fe（NO_3）$_3$/HZSM-5、Fe（NO_3）$_3$/γ-Al_2O_3 后，脂肪族化合物含量增加。

表 3-2 ^{1}H NMR 质子化学位移归属

Table 3-2 Assignments of proton chemical shift in ^{1}H NMR

化学位移（ppm）	归属
0.5 ~ 1.5	脂肪烃中直接与碳相连的氢
1.5 ~ 3.0	C═C 或杂原子与脂肪族 C 相连的质子
3.0 ~ 4.5	脂肪醇或醚羟甲基上的氢或连接两个芳香环的亚甲基集团上的氢
4.5 ~ 6.0	芳香醚，甲氧基苯酚与碳水化合物或醇上的氢
6.0 ~ 8.5	芳烃上的氢
8.5 ~ 10.0	醛基上的氢

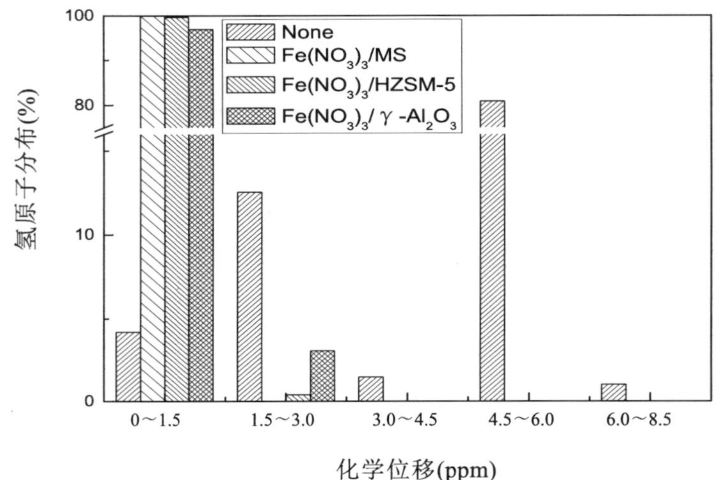

图 3-7 700℃下脱灰煤与玉米芯催化供热解所得焦油中氢原子的分布（脱灰煤比例为 20%）

Fig.3-1 The H distribution of tar from co-pyrolysis of HK-Dem and corncob with different catalysts at 700℃ (HK-Dem blending ratio is 20%)

3.2.1.2 ^{13}C NMR 分析

为了进一步分析脱灰煤和玉米芯在 700℃供热解过程中加入催化剂后所得焦油中碳原子的分布情况，依据碳的化学位移归属（表 3-3），对焦油做了 ^{13}C NMR 分析。由图 3-8 可以看出，脱灰煤和玉米芯供热解所得焦油中碳原子化学位移主要分布在 55 ~ 95ppm 区间内，占 89.5%，即碳水化合物、酯类、醇类中与 O 相连的碳含量较高。加入催化剂 Fe（NO_3）$_3$/MS、Fe（NO_3）$_3$/HZSM-5 和 Fe（NO_3）$_3$/γ-Al_2O_3 后，化学位移在 55 ~ 95ppm 区间内的碳原子含量明显增加，分别增加了 7.1%、7.8%、10.5%，相反在 0 ~ 28ppm 和 165 ~ 180ppm 区间内减少（除加入 Fe（NO_3）$_3$/γ-Al_2O_3），即短脂肪族碳原子含量减少。在 165 ~ 180ppm 区间内也减少（除加入 Fe（NO_3）$_3$/γ-Al_2O_3），即酸、酯和酸酐的羰基碳原子减少。由 ^{13}C NMR 可以得出，脱灰煤与玉米芯供热解时加入催化剂可以增加焦油中碳水化合物、酯类、醇类中与 O 相连的碳含量的含量，相反，减少短脂肪族碳原子和酸、酯和酸酐的羰基碳原子的含量 [$Fe(NO_3)_3/\gamma-Al_2O_3$ 除外]。

表 3-3　^{13}CNMR 碳的化学位移归属
Table 3-3　Assignments of carbon chemical shift in ^{13}C NMR

化学位移（ppm）	归属
0.5 ~ 1.5	脂肪烃中直接与碳相连的氢
1.5 ~ 3.0	C═C 或杂原子与脂肪族 C 相连的质子
3.0 ~ 4.5	脂肪醇或醚羟甲基上的氢或连接两个芳香环的亚甲基集团上的氢
4.5 ~ 6.0	芳香醚，甲氧基苯酚与碳水化合物或醇上的氢
6.0 ~ 8.5	芳烃上的氢
8.5 ~ 10.0	醛基上的氢

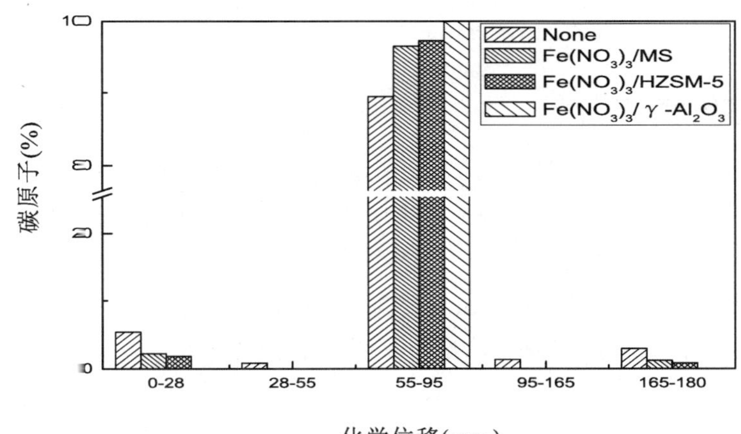

图 3-8　700℃下脱灰煤与玉米芯供热解过程加入催化剂后所得焦油中碳原子的分布（脱灰煤比例为 20%）
Fig.3-8　The C distribution of tar from co-pyrolysis of HK-Dem and corncob with different catalysts at 700℃ (HK-Dem blending ratio is 20%)

3.2.1.3　FTIR 分析

为了研究脱灰煤与玉米芯供热解所得焦油中所含官能团，对焦油进行了红外分析。图 3-9 为脱灰煤和玉米芯两者共热解（脱灰煤比例为 20%）产生焦油的红外谱图。从图 3-9 中可以看出，在 3411cm^{-1} 处、2604cm^{-1} 处、2047cm^{-1} 处、1716cm^{-1} 处、1635cm^{-1} 处、1509cm^{-1} 处、1384cm^{-1} 处、1267cm^{-1} 处、1042cm^{-1} 处和 621cm^{-1} 处都有吸收峰，分别为 3411cm^{-1} 代表 O—H 的伸缩振动、2604cm^{-1} 代表酸类、2047cm^{-1} 代表 C═O 伸缩振动、1716cm^{-1} 代表 O—H 伸缩振动、1509cm^{-1} 代表 C═C 骨架振动、1384cm^{-1} 代表 C—H 弯曲振动、621cm^{-1} 代表芳香化

合物中 C—H 的弯曲振动，由此说明热解后的焦油中可能含有烯烃、羧酸类、醛类和酮类、醇类、酚类、脂肪族化合物等。加入催化剂 Fe（NO_3）$_3$/MS 和 Fe（NO_3）$_3$/HZSM−5 后，其峰位置基本没有变化，只是提高了 3411cm^{-1} 处、1716cm^{-1} 处峰强度，而且加入 Fe（NO_3）$_3$/MS 提高最多，说明醇类、酚类、羧酸类、醛类和酮类含量均增加。

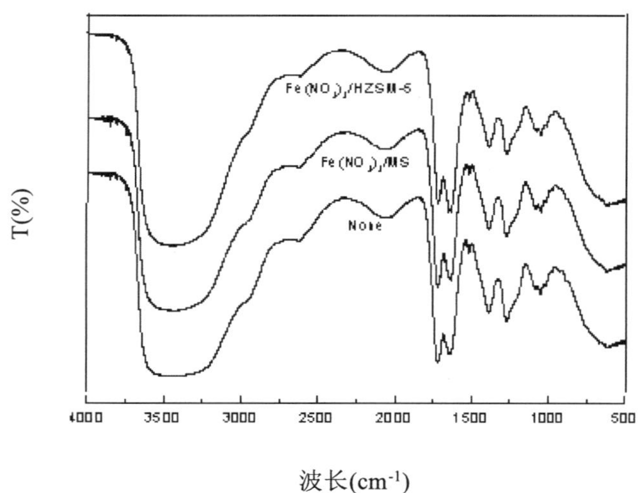

图 3−9　700℃下脱灰煤与玉米芯供热解（脱灰煤比例为 20%）时加入催化剂后焦油的红外谱图
Fig.3−9　FTIR spectra of tar obtained from co-pyrolysis of HK−Dem and corncob with different catalysts at 700℃（HK−Dem blending ratio is 20%）

3.2.1.4　GC/MS 分析

为了进一步确定焦油中的化合物，对焦油进行了 GC/MS 分析（见表 3−4）。图 3−10（a）~ 图 3−10（b）为原煤与玉米芯及脱灰煤与玉米芯（原煤、脱灰煤的比例均为 20%）在 700℃供热解所得焦油的 GC/MS 谱图；图 3−10（c）~ 图 3−10（e）为脱灰煤与玉米芯（脱灰煤的比例为 20%）在 700℃供热解过程中加入催化剂 Fe（NO_3）$_3$/MS、Fe（NO_3）$_3$/HZSM−5 和 Fe（NO_3）$_3$/γ−Al_2O_3 所得焦油的 GC/MS 图；图 3−10（f）为脱灰煤与玉米芯（脱灰煤的比例为 20%）在 900℃供热解所得焦油的 GC/MS 图；图 3−10（g）~ 图 3−10（h）为脱灰煤与玉米芯（脱灰煤的比例为 20%）在 900℃供热解过程中加入催化剂 Fe（NO_3）$_3$/MS 和 Fe（NO_3）$_3$/HZSM−5 所得焦油的 GC/MS 图。将图中各种峰与 NIST 谱库化合物质谱数据对照确定化合物，对其中 39 种含量较高的成分进行归一化法处理。

通过对照发现共检测出 50 多种有机化合物，表 3−4 给出了这些物质的归属。这些产物比例复杂，大多数化合物为脂肪烃，另外，还有醛类、酮类、酚类、胺类等，这与前面 FTIR 结论相一致。此外，由图 3−10（f）~ 图 3−10（h）可知，在 900℃时热解产物的小分子较多，因为高温可以促进产物发生二次热解，这种现象在其他研究中也会经常发现。

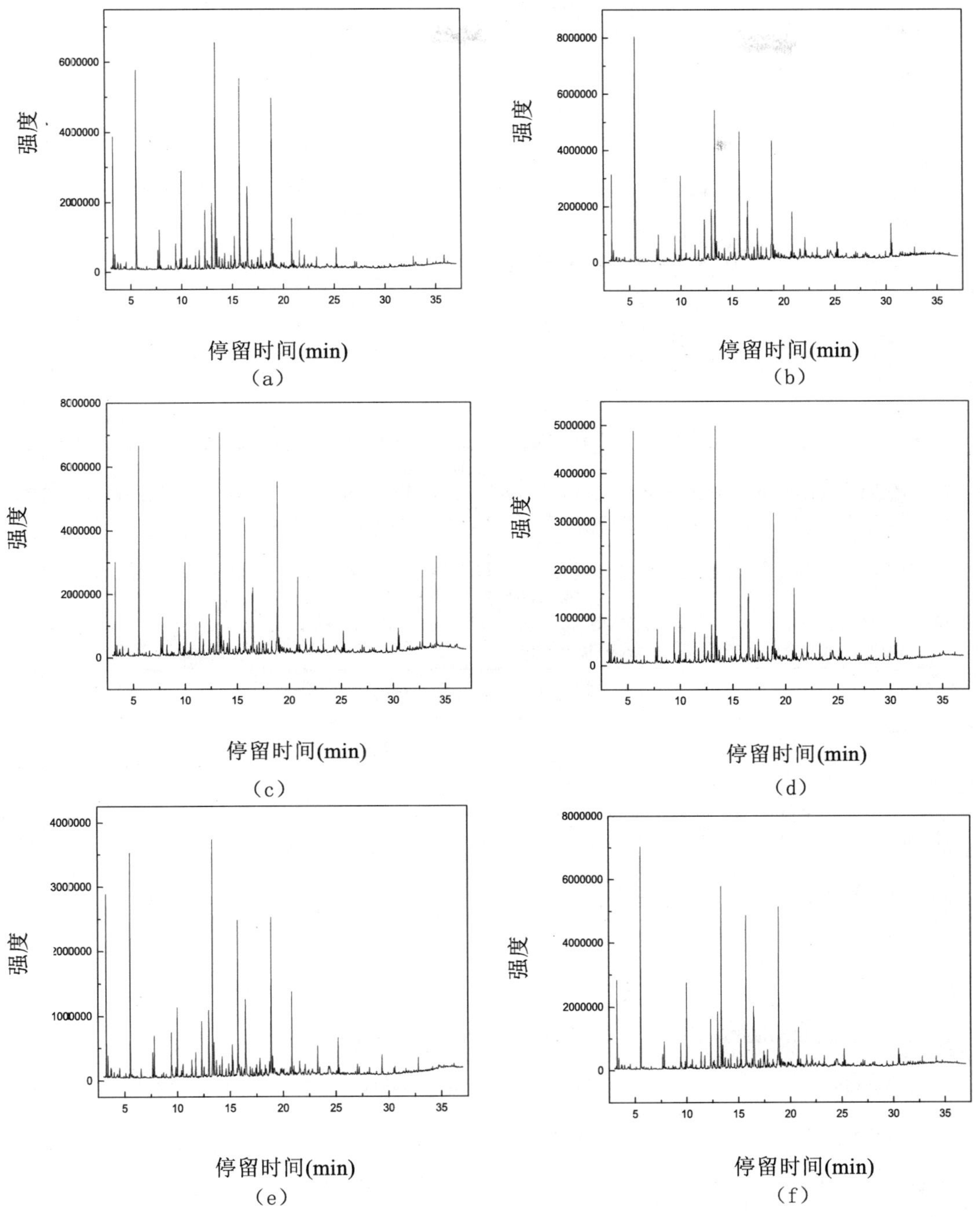
强度
停留时间(min)
(a)
(b)
(c)
(d)
(e)
(f)

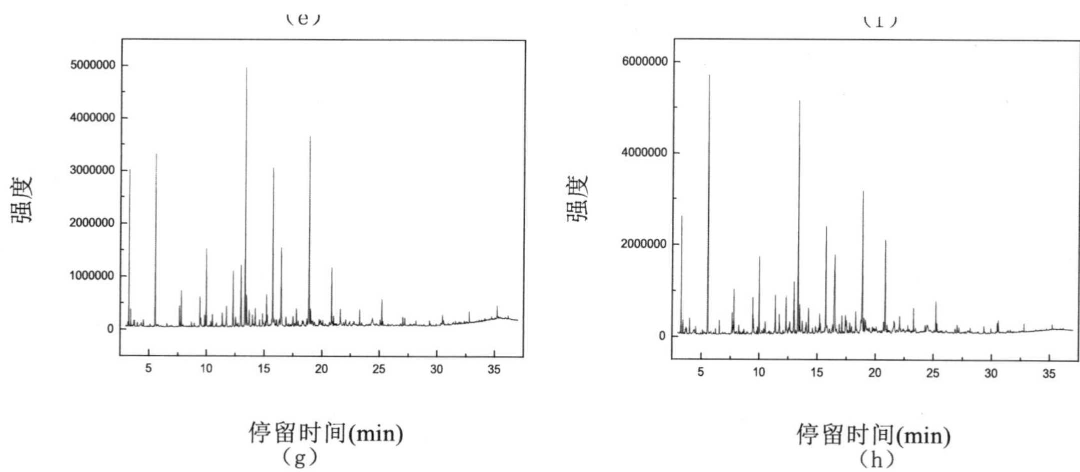

图 3-10　原煤与玉米芯（原煤比例为 20%）和脱灰煤与玉米芯（脱灰煤比例为 20%）供热解所得焦油的 GC/MS 谱图

Fig.3-10　GC/MS graphs of tar obtained from pyrolysis of coal and corncob（coal blending ratio is 20%）、HK-Dem and corncob（HK-Dem blending ratio is 20%）

表 3-4　豁口煤与玉米芯（豁口煤比例为 20%）、脱灰煤与玉米芯（脱灰煤比例为 20%）供热解后焦油中各组分的 GC/MS 谱图鉴定

Table 3-4　Identification of peaks in GC/MS spectrum of tar obtained from pyrolysis of HK and corncob（HK blending ratio is 20%）、HK-Dem and corncob（HK-Dem blending ratio is 20%）

blending ratio is (20%)										
时间（min）	组分	M.F.	产率（%）							
			a	b	c	d	e	f	g	h
3.28	Cyclohexane methyl	C_7H_{14}	6.6	2.6	4.1	9.4	9.3	5.8	6.6	7.1
3.43	Cyclopentane ethyl	C_7H_{14}	1.2	0.9	0.8	1.2	1.4	0.9	1.3	0.7
3.70	2-Methoxytetrahydrofuran	$C_5H_{10}O_2$	0.6	0.4	0.5	0.5	0.6	0.5	0.5	0.5
4.53	Cyclopentanone	C_5H_8O	0.7	0.4	0.6	0.6	0.6	0.5	0.5	0.5
5.56	3-Furaldehyde	$C_5H_4O_2$	12.9	16.7	12.4	14.3	10.7	14.6	6.9	12.9
6.55	Acetic anhydride	$C_4H_6O_3$	0.4	0.3	0.4	0.6	0.8	0.3	0.4	1.0
7.65	2，4-Dimethylfuran	C_6H_8O	0.9	1.0	1.3	1.2	1.7	1.2	1.6	1.5
7.80	Ethanone，1-（2-furanyl）	$C_6H_6O_2$	1.5	1.7	2.4	2.3	1.9	2.2	2.6	2.9
9.42	3-Furancarboxaldehyde，5-methyl2	$C_6H_6O_2$	1.2	1.7	1.7	2.4	2.9	1.6	2.1	2.3
10.00	Phenol	C_6H_6O	6.5	6.5	5.3	3.6	3.2	4.7	5.1	4.7
10.53	2—Cyclopenten-1-one，2，3-dimethyl	$C_7H_{10}O$	0.9	0.7	0.9	1.9	0.8	0.8	1.0	0.8

续表

blending ratio is (20%)										
时间（min）	组分	M.F.	产率（%）							
			a	b	c	d	e	f	g	h
11.41	1，2—Cyclopentanedione，3-methyl	$C_6H_8O_2$	0.9	1.2	1.8	2.1	1.2	0.8	0.8	2.1
11.75	2—Cyclopenten-1-one，2，3-dimethyl	$C_7H_{10}O$	1.4	0.8	1.1	0.8	1.6	1.2	1.5	1.3
12.31	Phenol，2-methyl	C_7H_8O	4.0	3.2	2.6	1.7	3.4	2.5	3.2	2.3
12.99	p—Cresol	C_7H_8O	4.2	3.8	3.2	2.4	3.4	3.7	3.5	3.1
13.35	Mequinol	$C_7H_8O_2$	14.7	9.2	9.5	14.4	13.8	11.4	13.6	13.7
13.48	2—Cyclopenten-1-one，3-ethyl-2—Hydroxy	$C_7H_{10}O_2$	2.2	1.6	1.2	1.8	1.9	1.6	2.2	1.8
14.25	2—Cyclopenten-1-one，3-ethyl-2—Hydroxy	$C_7H_{10}O_2$	1.1	1.0	0.7	1.2	1.3	1.2	1.3	1.4
14.85	Phenol，2-ethyl	$C_8H_{10}O$	1.1	0.7	0.7	0.5	0.9	0.9	1.1	0.5
15.20	Phenol，2，5-dimethyl	$C_8H_{10}O$	2.0	1.8	1.4	1.2	1.9	2.1	1.9	1.4
15.74	Phenol，4-ethyl	$C_8H_{10}O$	9.0	8.4	6.8	5.3	9.2	9.9	10.2	6.4
16.46	Catechol	$C_6H_6O_2$	1.9	4.6	3.7	4.1	3.3	4.3	3.1	4.0
17.45	Phenol，3-（1-methylethyl）	$C_9H_{12}O$	0.8	2.6	1.0	1.3	0.4	1.4	0.9	1.3
17.79	Phenol，2-ethyl-6-methyl	$C_8H_{12}O$	1.3	1.2	0.8	0.8	1.3	1.5	1.4	0.8
18.88	Phenol，4-ethyl-2-methoxy	$C_9H_{12}O_2$	11.1	8.7	9.2	8.8	9.3	9.7	12.3	8.5
19.03	1H—Inden-1-one，2，3-dihydro	C_9H_8O	1.2	1.0	1.2	1.1	1.3	1.3	0.8	1.1
20.82	Phenol，2，6-dimethoxy	$C_8H_{10}O_3$	1.5	3.8	4.7	3.9	2.8	3.0	3.7	5.6
21.59	3，4-Dihydroxyproplophenone	$C_9H_{10}O_3$	1.3	0.9	1.1	0.9	1.0	1.1	1.3	1.0
22.11	Vanillin	$C_8H_8O_3$	1.0	1.6	1.0	1.4	0.6	1.0	0.7	1.2
23.29	1，2，4-Trimethoxybenzene	$C_9H_{12}O_3$	0.8	1.2	0.9	1.2	1.3	1.0	1.2	1.7
25.22	5-trt-Butylpyrogallol	$C_{10}H_{14}O_3$	1.6	1.6	1.3	1.6	2.3	1.5	1.9	1.7
27.03	Phenol，2，6-dimethoxy-4-（2-propenyl）	$C_{11}H_{14}O_3$	0.7	0.9	0.7	0.7	0.9	0.7	0.8	0.6

续表

blending ratio is (20%)										
时间（min）	组分	M.F.	产率（%）							
			a	b	c	d	e	f	g	h
29.95	Ethanone，1-（4—Hydroxy-3，5-dimethoxyphenyl）	$C_{10}H_{12}O_4$	-	0.8	0.7	0.6	-	0.6	0.3	0.5
30.47	1H—Pyrolo[3，4—C] pyridine-1，3，4（2H，5H）-trione，6，7-dimethyl	$C_9H_8N_2O_3$	0.5	3.0	1.7	1.7	0.6	1.5	0.9	0.9
30.59	Desaspidinol	$C_{11}H_{14}O_4$	0.4	1.3	1.0	1.1	0.8	1.0	0.5	0.8
32.78	Dibutyl phthalate	$C_{16}H_{22}O_4$	0.6	0.9	5.1	1.2	1.3	0.8	1.2	0.6
34.17	Octadecanoic acid	$C_{18}H_{36}O_2$	0.6	-	5.9	0.6	0.7	0.8	-	-
34.74	Diaveridine	$C_{13}H_{16}N_4O_2$	0.6	1.0	0.9	0.6	-	0.7	-	-
35.23	9-Octadecenamide，（Z）	$C_{18}H_{35}NO$	-	-	-	-	-	-	1.5	0.8

表中：a：700℃ HK+CB　e：700℃ HK-Dem+CB+Fe（NO_3）$_3$/γ-Al_2O_3
b：700℃ HK-Dem.+CB　f：900℃ HK-Dem.+CB
c：700℃ HK-Dem+CB+Fe（NO_3）$_3$/MS　g：900℃ HK-Dem+CB+Fe（NO_3）$_3$/MS
d：700℃ HK-Dem+CB+Fe（NO_3）$_3$/HZSM-5　h：900℃ HK-Dem+CB+Fe（NO_3）$_3$/HZSM-5

3.2.2 豁口煤与玉米芯两者供热解的半焦特性分析

3.2.2.1 SEM 分析

为了研究热解反应后半焦形貌的变化，对半焦进行了 SEM 分析。图 3-11 是 700℃时煤与玉米芯供热解过程中加入不同催化剂后半焦的 SEM 图。由图可以看出豁口煤与玉米芯供热解后的半焦形貌和玉米芯单一热解的半焦形貌相似，玉米芯表面呈片层状，存在天然的孔隙结构，供热解后主要还是片状，部分小颗粒可能是煤中的矿物质，因其硬度大被凸显出来。由图 3-11（b）~图 3-11（d）可以看出，加入催化剂后，半焦被分裂成更小的片状，细小颗粒数目也相对减少。

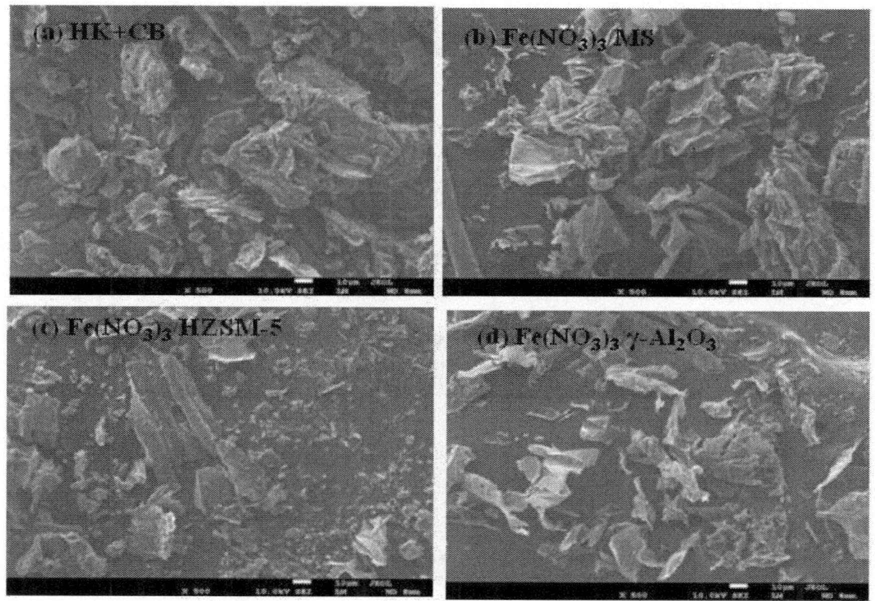

图 3-11　700℃时豁口煤与玉米芯（豁口煤比例为 20%）供热解所得半焦 SEM 图

Fig.3-11　SEM graphs of chars obtained from co-pyrolysis of coal and corncob at 700℃ (HK blending ratio is 20%)

图 3-12 是 700℃时脱灰煤与玉米芯供热解过程加入不同催化剂后半焦的 SEM 图。由图可以看出脱灰煤与玉米芯供热解后的半焦是大颗粒状较多，薄片状较少。加入催化剂后，大颗粒变成小颗粒，薄片状很多均为细而长的片状，且结构紧密。对比图 3-11 和图 3-12，发现铁基催化剂对脱灰煤与玉米芯热解所得半焦形貌影响更大，半焦形貌的薄片状很多。

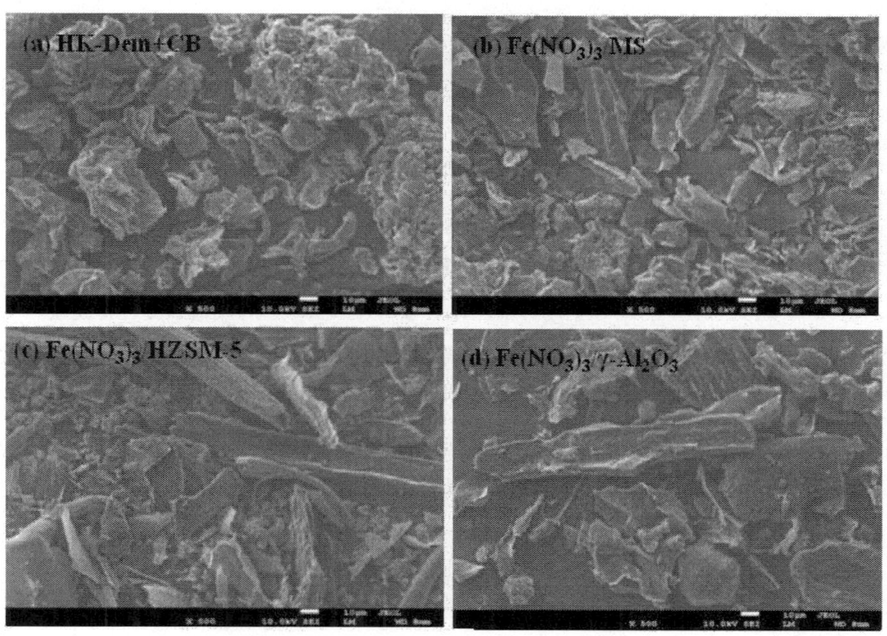

图 3-12　700℃时脱灰煤与玉米芯（脱灰煤比例为 20%）供热解所得半焦 SEM 图

Fig.3-12　SEM graphs of chars obtained from co-pyrolysis of Dem.coal and corncob at 700℃ (HK-Dem. blending ratio is 20%)

3.2.2.2 FTIR 分析

图 3-13 为豁口煤与玉米芯在 700℃供热解过程加入催化剂后所得半焦的红外谱图。从图中可以看出，豁口煤与玉米芯供热解过程中，在 3436cm^{-1} 处、1624cm^{-1} 处、1048cm^{-1} 处和 572cm^{-1} 处都有吸收峰，而且在 3436cm^{-1} 处为较强的吸收峰，是甲醇的羟基吸收峰；1624cm^{-1} 处的吸收峰表示 C═C 振动；1048cm^{-1} 处的吸收峰表示醚类 R—O 的伸缩振动；572cm^{-1} 处的吸收峰表示芳香化合物中 C—H 的弯曲振动；由此可以看出半焦中可能含有醇类、酚类、醚类、芳香族化合物和脂肪族化合物。加入催化剂后，峰的位置几乎没什么变化，但是峰强度均增强，而且加入 Fe（NO_3）$_3$/MS 后，在 764cm^{-1} 处有微弱的红外峰，表示 O—H 的弯曲振动。由红外谱图可以看出加入催化剂对半焦影响不大。

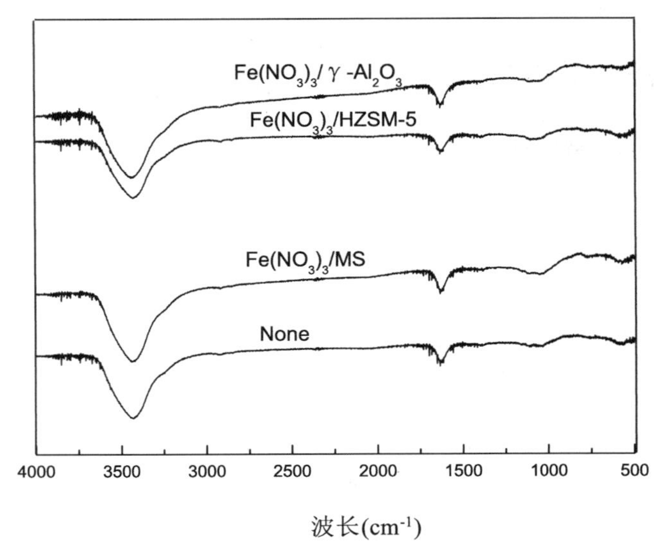

图 3-13 豁口煤和玉米芯供热解时所得半焦的红外谱图（豁口煤比例为 20%）

Fig.3-13 FTIR spectra of chars obtained from pyrolysis of HK and corncob（HK blending ratio is 20%）

图 3-14 为脱灰煤与玉米芯在 700℃供热解过程中加入催化剂后所得半焦的红外谱图。从图中可以看出，在无催化剂作用下脱灰煤与玉米芯供热解过程中，3427cm^{-1} 处、1634cm^{-1} 处、1012cm^{-1} 处和 590cm^{-1} 处都有吸收峰，3427cm^{-1} 处表示 O—H 的吸收峰；1634cm^{-1} 处的吸收峰表示 C═C 振动；1012cm^{-1} 处的吸收峰表示醚类 R—O 的伸缩振动；590cm^{-1} 处的吸收峰表示芳香化合物中 C—H 的弯曲振动；由此可以看出半焦中可能含有醇类、酚类、醚类、芳香族化合物和脂肪族化合物。加入催化剂后，同样是峰的位置几乎没什么变化，但是峰强度均增强，而且加入 Fe（NO_3）$_3$/HZSM-5 后，在 1067cm^{-1} 处有明显的红外峰，代表 C—O 的伸缩振动。由红外谱图可以看出加入不同催化剂后，其红外峰均明显增强，加入 Fe（NO_3）$_3$/HZSM-5 后多了一个明显的峰。

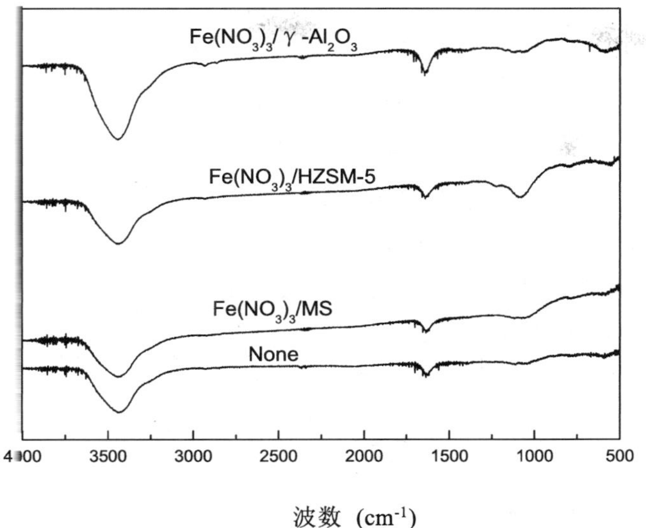

图 3-14　脱灰煤和玉米芯供热解时所得半焦的红外谱图（脱灰煤比例为 20%）

Fig.3-14　FTIR spectra of chars obtained from pyrolysis of HK-Dem. and corncob (HK-Dem.blending ratio is 20%)

3.2.2.3 拉曼分析

为了进一步分析探究半焦结构的变化，利用拉曼光谱表征分析了半焦的化学结构。图 3-15 为 700℃豁口煤和玉米芯供热解过程加入催化剂后半焦的拉曼谱图。由图 3-15 可知，无催化剂时，在 367cm^{-1} 处、1358cm^{-1} 处和 2399cm^{-1} 处有明显的拉曼峰，加入催化剂 Fe（NO$_3$）$_3$/MS 后，2399cm^{-1} 处的拉曼峰消失，其他峰位置没有明显变化，在 1358cm^{-1} 处的峰显著增强，说明加入催化剂 Fe（NO$_3$）$_3$/MS 对脱矿物质煤和玉米芯供热解所得半焦结构有一定的影响。

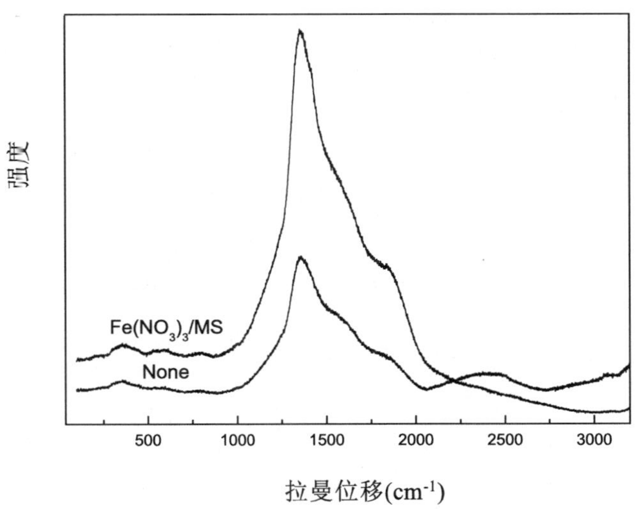

图 3-15　豁口煤与玉米芯在 700℃供热解（豁口煤：玉米芯 =2 ： 8）时所得半焦的拉曼谱图

Fig.3-15　The Raman graphs of chars obtained from co-purolysis of HK and corncob (HK：CB=2 ： 8)

3.2.2.4 XRD 分析

图 3-16 为 700℃豁口煤和玉米芯（豁口煤比例为 20%）供热解过程加入催化剂后半焦的 XRD 谱图。由图 3-16 发现，不加催化剂的半焦和加入催化剂 Fe（NO_3）$_3$/γ-Al_2O_3 后的半焦 XRD 谱图类似，没有特征峰，MS 在 2θ=27° 和 2θ=28° 时有特征峰，而加入 Fe（NO_3）$_3$/MS 后的半焦同样在 2θ=27° 时有特征峰，说明这是 MS 本身的特征峰，另外，HZSM-5 在 2θ=23° 和 2θ=24° 时有特征峰，而加入 Fe（NO_3）$_3$/HZSM-5 后的半焦同样在 2θ=23° 时有特征峰，同样说明这是 HZSM-5 本身的特征峰。综上所述，说明催化剂对豁口煤和玉米芯供热解所得半焦中矿物质组成影响不大。

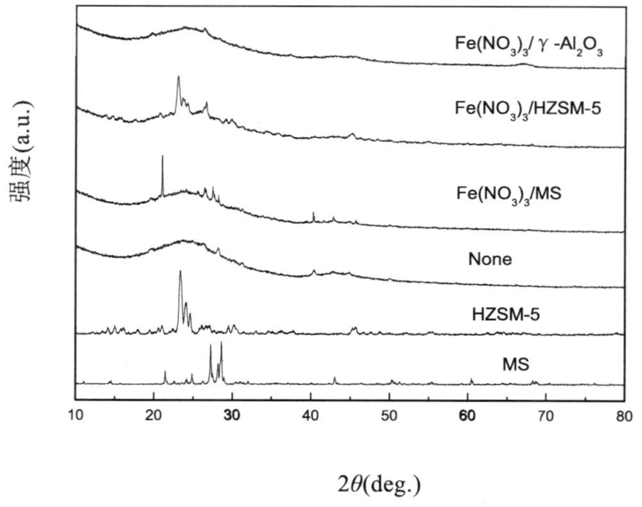

图 3-16 豁口煤与玉米芯（豁口煤比例为 20%）在 700℃供热解所得半焦的 XRD 谱图
Fig.3-16 XRD micrographs of chars obtained from co-pyrolysis of HK and corncob at 700℃（HK blending ratio is 20%）

图 3-17 为脱灰煤和玉米芯（脱灰煤比例为 20%）在 700℃供热解所得半焦 XRD 谱图。由图 3-17 发现，不加催化剂的半焦和加入催化剂 Fe（NO_3）$_3$/γ-Al_2O_3 后的半焦 XRD 谱图类似，MS 在 2θ=27° 和 2θ=28° 时有特征峰，而加入 Fe（NO_3）$_3$/MS 后的半焦同样在 2θ=27° 时有特征峰，这可能是 MS 本身的特征峰，另外，HZSM-5 在 2θ=23° 和 2θ=24° 时有特征峰，而加入 Fe（NO_3）$_3$/HZSM-5 后的半焦同样在 2θ=23° 时有特征峰，这可能是 HZSM-5 本身的特征峰。综上所述，说明催化剂对脱灰煤和玉米芯供热解所得半焦影响不大。

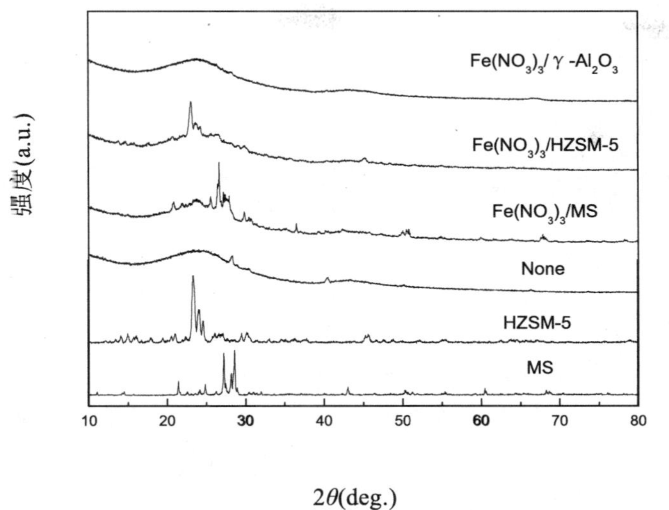

图 3-17　脱灰煤和玉米芯（脱灰煤比例为 20%）在 700℃供热解所得半焦 XRD 谱图

Fig.3-17　XRD micrographs of chars obtained from co-pyrolysis of HK-Dem. and corncob at 700℃(HK-Dem. blending ratio is 20%)

3.3　小结

（1）在玉米芯热解过程中，随着温度的升高，半焦收率减少；焦油收率在 400℃时最高为 48.7%，气体收率随着温度的升高而逐渐增加，在 900℃时达到最大，为 32.6%。玉米芯热解过程中的油收率要比相司条件下豁口煤热解焦油收率高，而半焦收率比相同条件下豁口煤热解产生的半焦收率低。

（2）当豁口煤与玉米芯在 700℃共催化热解时，加入 Fe（NO_3）$_3$/MS、Fe（NO_3）$_3$/HZSM-5 和 Fe（NO_3）$_3$/γ-Al_2O_3 后焦油收率和半焦收率都有所降低，气体收率增加，总转化率略有减少；加入 Fe（NO_3）$_3$/HZSM-5 时焦油收率最高，为 27.3%，加入 Fe（NO_3）$_3$/γ-Al_2O_3 时焦油收率最低，为 24.3%。

（3）脱灰煤与玉米芯（脱灰煤比例为 20%）供热解过程中，加入 Fe（NO_3）$_3$/HZSM-5 和 Fe（NO_3）$_3$/γ-Al_2O_3 后焦油收率略有增加，加入 Fe（NO_3）$_3$/HZSM-5 后总转化率明显增加。

第 4 章　生物质和煤矸石催化供热解行为研究

生物质与煤的供热解已经有很多文献报道，但是生物质与煤矸石的供热解研究还不够成熟。本章将讨论玉米芯和煤矸石供热解时存在的相互作用。先在不同温度下对玉米芯和煤矸石进行单一热解，然后两者供热解。通过改变热解温度和原料比例，对比产物收率实验值与计算值，讨论两者之间是否存在协同作用，并考察了两者供热解对液化油和气体组分的影响。在本章，添加剂也将用于热解过程中，探究所制得的添加剂对两者供热解的产物收率和气体组分的影响，并且探究其对液化油品质的影响。

4.1　无催化剂时玉米芯和煤矸石供热解

本章选取山西临汾玉米芯 -2（CB-2）与潞安煤矿煤矸石为实验原料，样品的工业分析和元素分析见表 4-1。

表 4-1　样品的工业分析与元素分析

Table4-1　Proximate and ultimate analysis of samples

样品	工业分析（%）				元素分析（ad，%）				
	M_{ad}	A_{ad}	FC_{ad}	V_{ad}	C	H	O^a	N	S
玉米芯	4.97	2.06	18.05	80.59	44.3	6.08	48.94	0.62	0.06
煤矸石	0.95	82.13	6.92	10	12.82	1.38	85.2	0.40	0.20

注：[a] 差减法。

4.1.1　不同温度下玉米芯和煤矸石的热解产物收率

图 4-1 是不同温度下玉米芯和煤矸石单一热解所得产物收率的分布图。由图 4-1（a）可以看出玉米芯在热解过程中，200℃有机键开始断裂，产生液化油，液化油收率先随温度升高而升高，在 500℃时达到最大（49.9%），随后随着温度的进一步升高而降低；玉米芯热解所得的气体收率随温度的升高而增加；固体收率随温度的升高而降低。这是因为玉米芯在热解的过程中，随着温度的升高会使大量的有机键断裂使液化油收率增加，同时增加气体的收率，但当在高温时挥发分会发生二次裂解产生大量的气体，而不再生成液化油，使气体收率增加。从图 4-1（b）

中可以看出煤矸石在热解过程中，液化油在 500℃开始生成，并且液化油收率随着温度的升高而增加，在 900℃时达到最大（8.3%），残渣收率减少，气体收率先降低后增加。从图 4-1 中还可以看出，在相同温度下玉米芯热解产生的液化油收率比煤矸石高。

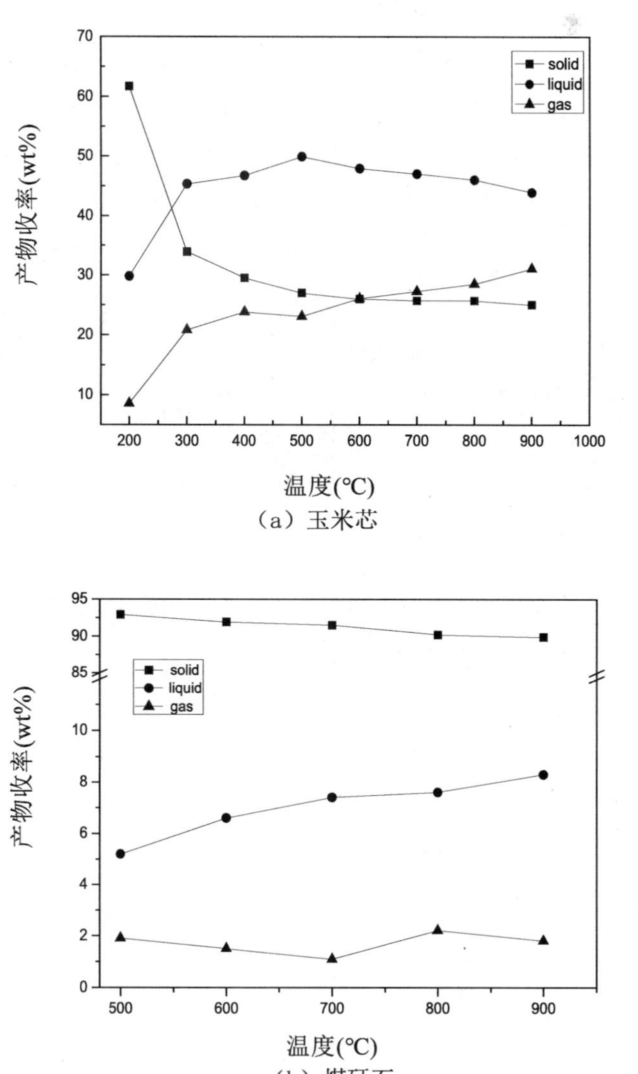

图 4-1　不同温度下玉米芯和煤矸石单一热解所得产物收率的分布
（a）玉米芯（b）煤矸石

Fig.4-1　The product distributions of corncob and coal gangue under different temperatures

图 4-2 为不同温度下玉米芯和煤矸石单一热解所产生的气体组成。从图 4-2（a）中可以看出，对于玉米芯，300℃时热解气体中的主要成分为 CO_2 和 CO，并且 CO_2 含量随着温度升高而降低，在 900℃几乎没有 CO_2 的产生；CO 含量从 300℃到 900℃先降低后增加，900℃达到最高，为 43.29%。在热解过程中，CH_4 在 400℃开始生成，当温度从 400℃升高到 500℃时 CH_4 含量增加，500℃时达到最高，随后随着温度的升高而降低，900℃时 CH_4 含量最低。500℃时玉米芯开始产生 H_2，H_2 含量先随着温度的升高而增加，在 700℃时达到最高，为 75.61%，随后降低，500℃时 H_2 含量最低。从图 4-2（b）中可以看出，对于煤矸石，400℃开始释放气体，此时气

体的主要成分为 CO_2 和 H_2，温度从 400℃升高到 600℃时 H_2 含量增加，在 700℃略有降低，在 800℃达到最高（68.52%）。随着温度从 500℃升高到 900℃时 CO_2 含量降低（600℃除外），而 CH_4 只在 500℃和 600℃时产生。CO 在 700℃时开始生成，CO 含量随着温度从 700℃增加到 900℃而增加，在 900℃达到最高，为 28.01%。从图 4-2 中可以看出，煤矸石开始产生 CO 的温度高于玉米芯；煤矸石只有在 500℃和 600℃时有 CH_4 生成；无论是玉米芯还是煤矸石在低温（300 ~ 400℃）时产生的主要气体为 CO_2；H_2 在高温（600 ~ 900℃）时含量较高。因为 CO_2 的产生主要是 COOH 或 C—O 官能团的断裂，这些官能团在较低的温度就可以断裂；而 H_2 是由芳香环的断裂和重构以及焦炭的脱氢产生的，而这些反应在高温下发生。

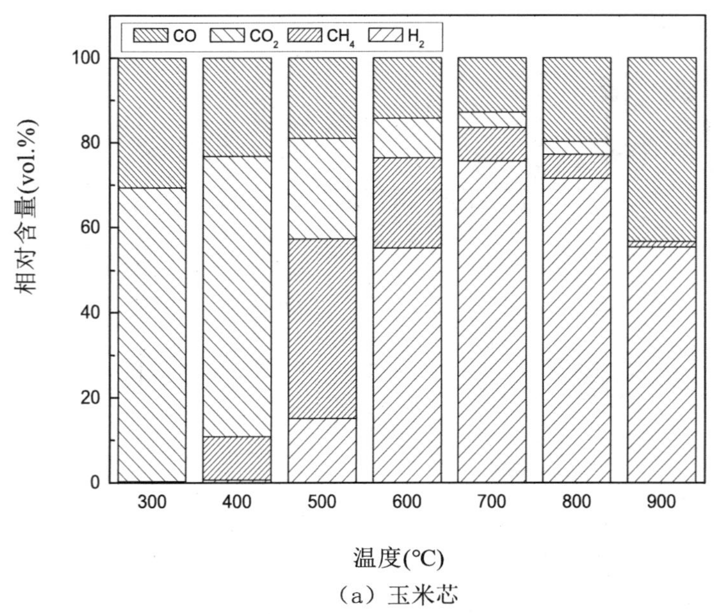

（a）玉米芯

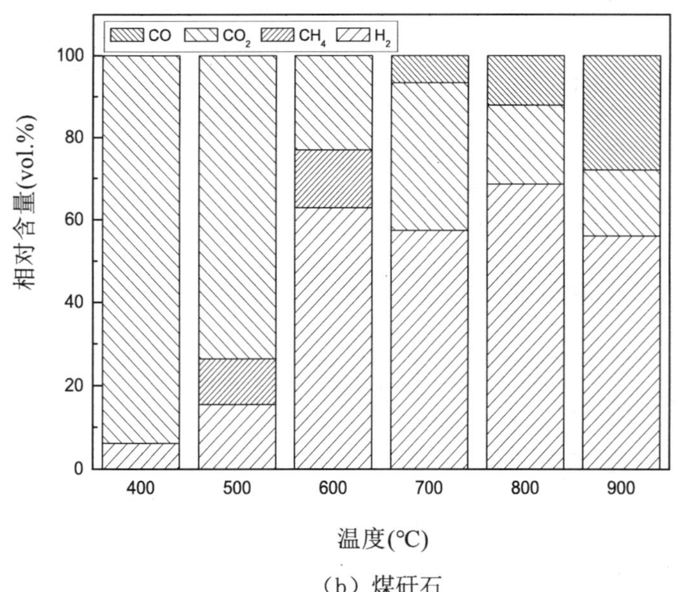

（b）煤矸石

图 4-2 不同温度下玉米芯和煤矸石热解时气相产物中气体组成

Fig.4-2 The composition of gas products obtained from pyrolysis under different temperatures

4.1.2　不同比例下玉米芯和煤矸石供热解产物收率

图 4-3 为不同比例下玉米芯和煤矸石供热解产物收率和产物收率的计算值与实验值比较。从图 4-3（a）可知，随着煤矸石比例从 20% 升高到 80%，液化油收率由 36.6% 下降到 10.7%；固体收率增加；气体收率减少（除了煤矸石比例为 50%）。这是因为煤矸石中的挥发分含量较少，灰分含量较多，所以随着煤矸石比例的增加，热解过程中产生的挥发分减少，液化油收率减少，固体残渣收率增加。图 4-3（b）为不同比例下煤矸石与玉米芯供热解时产物收率的计算值与实验值。由图 4-3（b）可以得出，当两者以图中所示比例混合供热解时，固体残渣的实验值都小于计算值，当煤矸石的比例为 20% 和 40% 时，液化油收率的实验值大于计算值，但是当煤矸石的比例大于等于 50% 时，液化油收率的实验值小于计算值，说明当煤矸石的比例为 20% 和 40% 时，两者供热解存在一定的正协同作用，比例大于等于 50% 时，两者存在一定的负协同作用。这可能是由于玉米芯热解时会产生大量的 H 和 OH 自由基，这些自由基释放的 H 促进煤矸石芳香族化合物的断裂，产生更多的液化油。但当煤矸石的比例大于等于 50% 时，由于煤矸石的传热效率低于玉米芯，随着煤矸石的含量增加，传热效率降低，会使温度分布不均匀，增加挥发分的停留时间，使挥发分发生二次裂解生成气体。

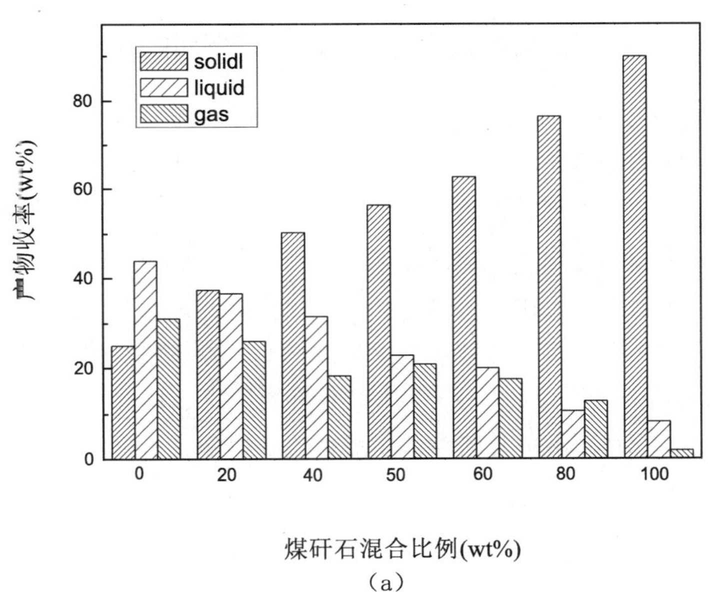

（a）

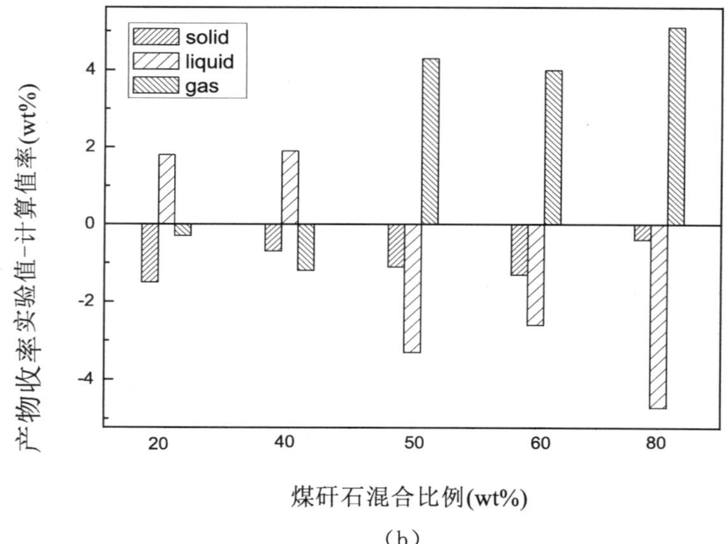

（b）

图 4-3　不同比例下玉米芯和煤矸石供热解产物收率和产物收率的计算值与实验值比较

Fig.4-3　Product yield and comparison of the experimental and calculated value of coal gangue and corncob during co-pyrolysis at different ratio（Exp：experimental value，Cal：calculated value）

4.1.3　不同温度下玉米芯和煤矸石供热解产物收率

图 4-4 为不同温度下玉米芯和煤矸石供热解（煤矸石比例为 20%）产物收率和产物收率的计算值与实验值比较。图 4-4（a）为不同温度下玉米芯和煤矸石供热解（煤矸石比例为 20%）的产物收率。从图 4-4（a）中可以得出温度对两者供热解液化油收率的影响与玉米芯单一热解时一致：随着温度升高，液化油收率先增加，在 500℃达到最大（41.4%），随后随着温度进一步升高而降低，同样是由于在高温时，热解出的挥发分会发生二次裂解使大量挥发分裂解成气体，降低了液化油的收率。在两者供热解过程中温度升高，固体残渣收率减少，气体收率增加。从图 4-4（b）不同温度下玉米芯和煤矸石供热解所得的液化油收率的实验值与计算值中，可以看出当热解温度大于 300℃时，液化油收率的实验值大于计算值，并且在 900℃时差值最大。说明在煤矸石比例为 20% 和 40%，温度高于 200℃时，玉米芯和煤矸石供热解有一定的正协同作用。

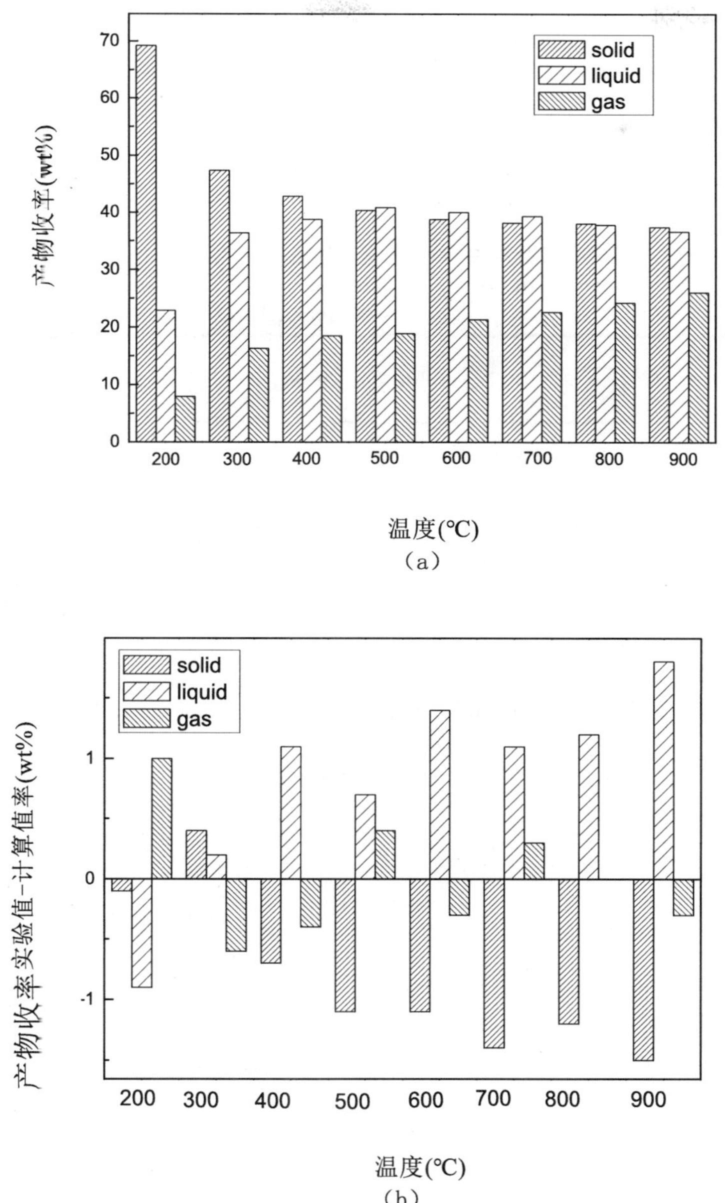

图 4-4　不同温度下玉米芯和煤矸石供热解（煤矸石比例为 20%）产物收率和产物收率的计算值与实验值比较

Fig.4-4　Product yield and comparison of the experimental and calculated value of coal gangue and corncob during co-pyrolysis at different temperatures（Exp：experimental value，Cal：calculated value，coal gangue blending ratio is 20%）

4.1.4　玉米芯和煤矸石供热解气体组成

表 4-2 为玉米芯和煤矸石及两者（煤矸石比例为 20%）在不同温度下热解所得气体组分的实验值与计算值，当温度大于 600℃时，H_2 的含量高于两者单一热解时所产生的含量，这可能是由于在供热解的过程中玉米芯产生大量的水蒸气，然后发生水汽转化反应，并且实验值高于计算值。两者供热解产生 CO_2 含量的实验值在任何一个温度下总小于计算值，并且当温度大于

400℃时，CO_2 含量低于煤矸石单一热解产生的 CO_2 含量；供热解产生的 CO 和 CH_4 的含量低于玉米芯热解产生的 CO 和 CH_4 含量，高于煤矸石热解产生的 CO 和 CH_4 含量；CO 含量在高于 700℃时实验值大于计算值，CH_4 含量在 500℃时实验值大于计算值。由结论可知，玉米芯和煤矸石供热解对气体的组分有影响，并且在不同的温度下影响不同，当温度大于 600℃时，有利于 H_2 的产生，温度在 300 ~ 900℃范围内供热解都可抑制 CO_2 的生成。因此，玉米芯和煤矸石供热解有利于 H_2 的生成并减少气相中 CO_2 的含量。

表 4-2　玉米芯、煤矸石以及两者供热解（煤矸石比例为 20%）时所得的气体组分

Table4-2　Gascompositions of pyrolysis of corncob， coal gangue and their blend （coal gangue proportion of 20%） at different temperatures

组分	样品	300℃	400℃	500℃	600℃	700℃	800℃	900℃
CO（%）	玉米芯	30.7	23.2	19	14.2	12.85	19.82	43.3
	煤矸石	—	—	—	—	6.6	12.08	28
	混合物	29.7	23.5	19.7	13.3	12.52	16.23	27.9
	混合物计算值					11.6	18.27	40.2
CO_2（%）%	玉米芯	69.1	65.9	23.7	9.38	3.61	2.97	—
	煤矸石	—	93.8	73.6	23.1	35.98	19.4	15.9
	混合物	70	68.4	25.8	11.2	4.14	4.7	4.34
	混合物计算值		71.5	33.7	12.1	10.08	6.26	
CH_4（%）	玉米芯	—	10.3	42.2	22.2	7.93	5.68	1.31
	煤矸石	—	—	10.9	14	—	—	—
	混合物	—	7.66	39.3	23.7	7.73	4.45	3.6
	混合物计算值			42.5	20.6			
H_2（%）	玉米芯	0.25	0.61	15.1	55.2	71.61	70.53	55.4
	煤矸石	—	6.16	15.5	62.8	57.42	68.52	56.1
	混合物	0.25	0.5	15.3	51.8	75.61	74.62	64.1
	混合物计算值		0.52	15.2	56.7	68.77	70.13	55.3

注：－未检测到。

4.2　催化剂对玉米芯和煤矸石供热解产物分布的影响

4.2.1　麦饭石（MS）的添加量对玉米芯和煤矸石供热解产物收率的影响

本实验选取 MS 考察添加剂的量对玉米芯和煤矸石在 900℃供热解（煤矸石比例为 20%）时所得产物收率的影响，MS 的含量分别为 5%、10% 和 15%，如图 4-5 所示。当 MS 的含量为 10% 时热解所得的液化油收率最大，相比于未加 MS 时提高了 1.5%，MS 的含量为 5% 和 15% 时液化油收率相差不大。随着 MS 添加量的增加，固体残渣收率也持续增加，气体收率在减小，所以添加剂 MS 最适宜的量为 10%。

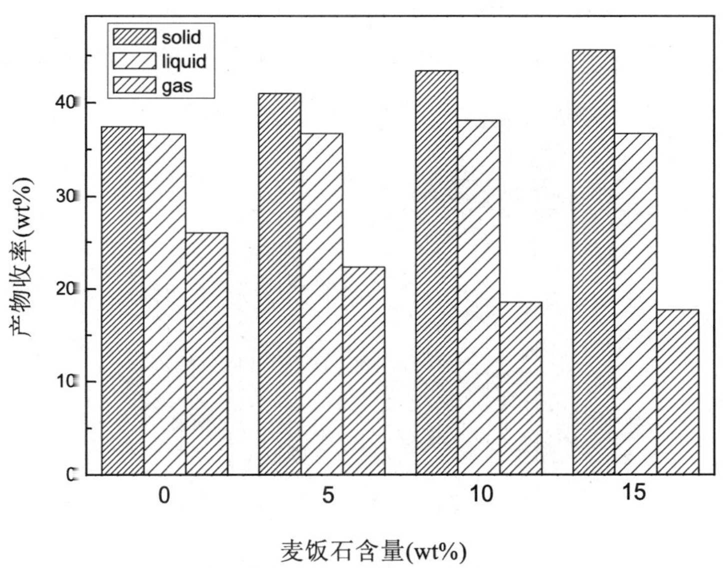

图 4-5　MS 的含量对玉米芯和煤矸石供热解（煤矸石比例为 20%）所得产物收率的影响

Fig.4-5　The effect of amount of MS on the product yield during co-pyrolysis of corncob and coal gangue (coal gangue blending ratio is 20%)

4.2.2　添加剂对玉米芯和煤矸石供热解产物收率的影响

图 4-6 为 MS 及以 MS 为载体的改性添加剂对玉米芯和煤矸石在 900℃和 500℃供热解（煤矸石比例为 20%，添加剂的量为 10%）时产物收率的影响。图 4-6（a）为 900℃供热解时添加剂对产物收率的影响。由图 4-6（a）可知，在 900℃时，除加入 $BaCl_2$/MS、$ZnCl_2$/MS 和 Ni/MS 时对热解产生的液化油的收率几乎没影响外，其余添加剂都可以提高液化油的收率，通过比较得出 $SnCl_2$/MS、Co/MS、Mo/MS 和 PW_{12}/MS 效果更好。Mo/MS 和 PW_{12}/MS 相比于 MS 进一步提高了液化油的收率。其中加入 PW_{12}/MS 所得的液化油收率最高，达到 38.9%。MS

及以 MS 为载体的改性添加剂都增加了热解后所得固体残渣的收率。相比于 MS，改性添加剂进一步提高了固体残渣的收率。与不加添加剂相比，MS 和改性添加剂都降低了热解所得气体的收率，不同的是，$BaCl_2$/MS 和 Ni/MS 与 MS 相比使气体收率略有增加。图 4-6（b）为 500℃供热解时添加剂对产物收率的影响，由图 4-6（b）可知，当热解温度为 500℃时，MS 可以使液化油收率增加 1%，相比于 900℃时略有减少；当加入 $ZnCl_2$/MS 时液化油收率降低，KCl/MS、$CaCl_2$/MS、$BaCl_2$/MS 和 $SnCl_2$/MS 几乎没有改变液化油的收率，当加入 Co/MS、Mo/MS、Ni/MS 和 PW_{12}/MS 时提高了液化油的收率，而且比 MS 对液化油收率的影响大。PW_{12}/MS 同样使液化油收率达到最高为 43%。同样与 900℃相比，在 500℃时这些添加剂都提高了固体残渣的收率，降低了气体的收率。其中，Mo/MS 和 PW_{12}/MS 相比于 MS 降低了固体残渣的收率，其余添加剂则相反，Co/MS、Mo/MS、Ni/MS 和 PW_{12}/MS 相比于 MS 进一步降低了气体的收率。由此得出，MS 以及以 MS 为载体的改性添加剂对热解产物的收率有影响，而且添加剂对热解产物收率的影响也与温度有关，MS 在 900℃时对液化油收率的提高大于 500℃，Ni/MS 在 900℃时时对液化油的收率几乎无影响，但是在 500℃时提高了液化油的收率，Co/MS、Mo/MS 和 PW_{12}/MS 在 900℃和 500℃时效果几乎相同，PW_{12}/MS 都使液化油收率达到最大。$BaCl_2$/MS 几乎不改变液化油的收率。所有添加剂在两个温度下都提高了固体残渣的收率，降低了气体的收率。

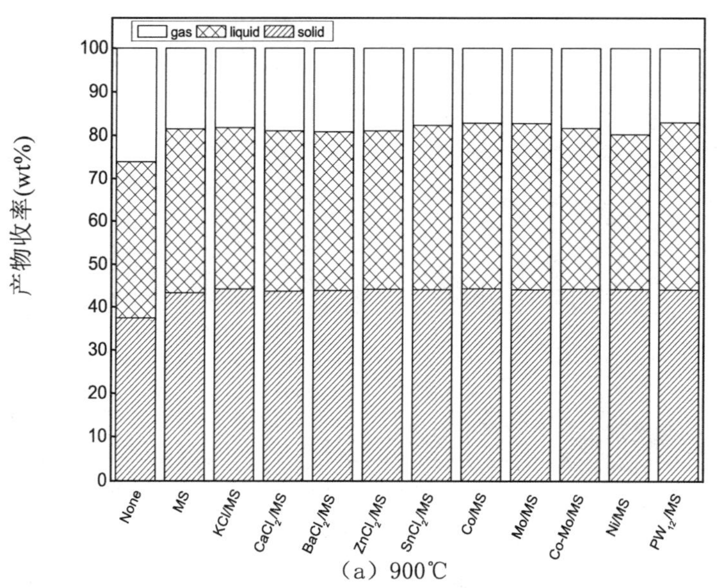

（a）900℃

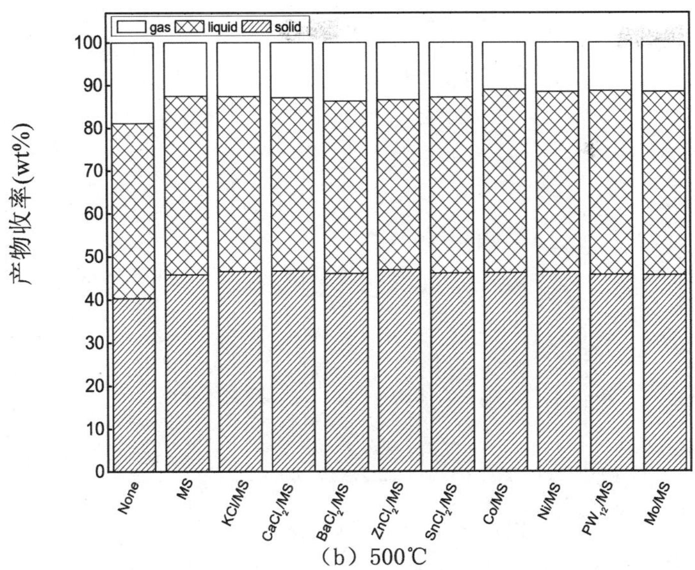

（b）500℃

图 4-6　MS 及以 MS 为载体的改性添加剂对玉米芯和煤矸石供热解（煤矸石比例为 20%）产物收率的影响

Fig.4-6　The effect of MS and modified MS on the product yield during co-pyrolysis of corncob and coal gangue（coal gangue blending ratio is 20%）

图 4-7 为 HZSM-5 及以 HZSM-5 为载体的改性添加剂对玉米芯和煤矸石在 900℃和 500℃供热解（煤矸石比例为 20%，添加剂的量为 10%）时产物收率的影响。图 4-7（a）为 900℃供热解时添加剂对产物收率的影响，由图 4-7（a）可知，当热解温度为 900℃时，相比于未加 HZSM-5，添加 HZSM-5 使液化油收率提高了 1.9%，与 MS 相比增加了 0.4%。改性 HZSM-5 同样可以提高液化油的收率，且 KCl/HZSM-5、$CaCl_2$/HZSM-5、$BaCl_2$/HZSM-5、$SnCl_2$/HZSM-5、Co/HZSM-5 和 Mo/HZSM-5 比 HZSM-5 效果更好，其中 $CaCl_2$/HZSM-5 效果最好，使液化油收率达到 39.9%。$ZnCl_2$/HZSM-5 与 HZSM-5 的催化效果几乎相同，PW_{12}/HZSM-5 比 HZSM-5 略降低液化油的收率。HZSM-5 及以 HZSM-5 为载体的改性添加剂与 MS 和其改性添加剂一样提高了固体残渣的收率，降低了气体的收率。以 HZSM-5 为载体的改性添加剂都进一步提高了固体残渣的收率，除 PW_{12}/HZSM-5 外，其余改性添加剂与 HZSM-5 相比使气体收率降低。图 4-7（b）为 500℃供热解时添加剂对产物收率的影响，由图 4-7（b）可知，当热解温度为 500℃时，HZSM-5 虽然也提高了液化油的收率，但是其催化效果不如在 900℃时好。与添加 HZSM-5 时的油收率相比，添加 KCl/HZSM-5、$CaCl_2$/HZSM-5、$SnCl_2$/HZSM-5、Co/HZSM-5、Mo/HZSM-5 和 PW_{12}/HZSM-5 时液化油收率要更高一些。这些添加剂也提高了固体残渣的收率，降低了气体的收率。由此得出，HZSM-5 及以 HZSM-5 为载体的改性添加剂对热解产物的收率有影响，与不加添加剂相比，都提高了液化油和固体残渣的收率，降低了气体的收率。添加剂对热解产物收率的影响也与温度有关，HZSM-5 及其改性添加剂在 900℃时对液化油收率的提高效果大于 500℃时，PW_{12}/HZSM-5 在 900℃时的催化效果低于 HZSM-5，而在 500℃时则相反。相比于负载其他载体，$CaCl_2$/HZSM-5 在 900℃和 500℃时都有较好的催化效果。

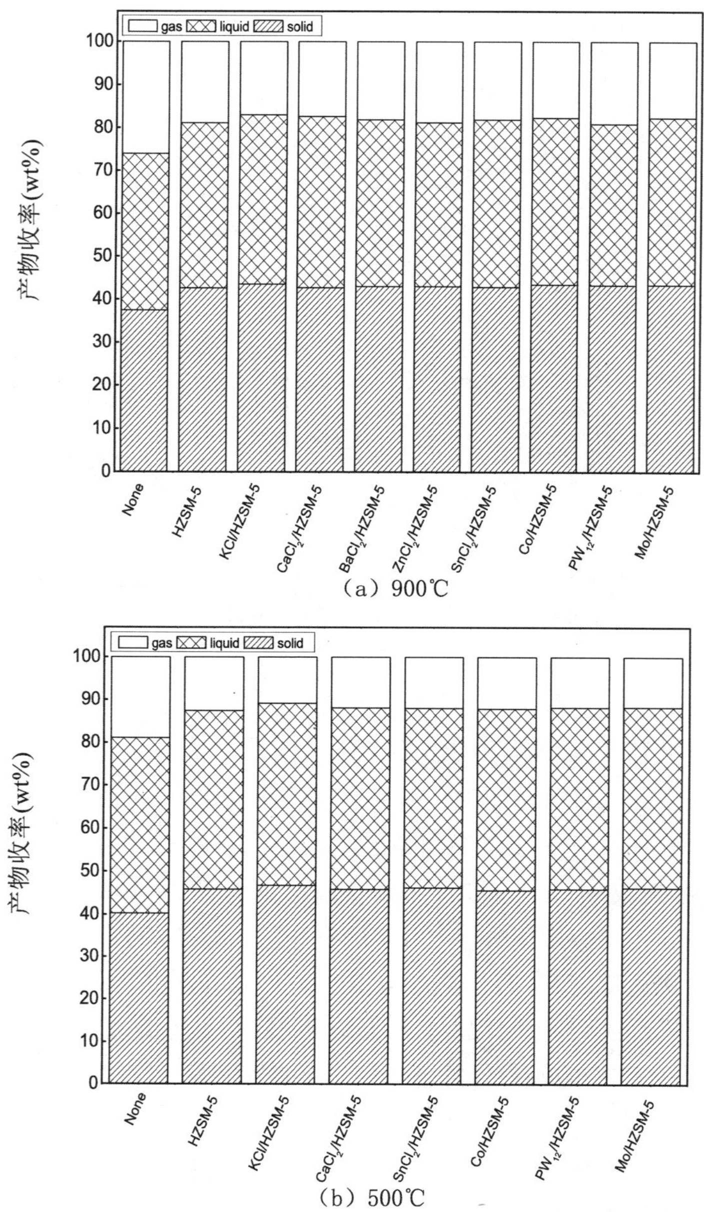

（a）900℃

（b）500℃

图 4-7 HZSM-5 及以 HZSM-5 为载体的改性添加剂对玉米芯和煤矸石供热解（煤矸石比例为 20%）产物收率的影响

Fig.4-7 The effect of HZSM-5 and modified HZSM-5on the product yield during co-pyrolysis of corncob and coal gangue (coal gangue blending ratio is 20%)

图 4-8 为 γ-Al_2O_3 及以 γ-Al_2O_3 为载体的改性添加剂对玉米芯和煤矸石在 900℃和 500℃供热解（煤矸石比例为 20%，添加剂的量为 10%）时产物收率的影响。图 4-8（a）为 900℃供热解时添加剂对产物收率的影响，由图 4-8（a）可知，当热解温度为 900℃时，与 MS 和 HZSM-5 不同，γ-Al_2O_3 对液化油的收率无明显影响，但是提高了固体残渣的收率，降低了气体的收率。以 γ-Al_2O_3 为载体的改性添加剂除 $ZnCl_2$/γ-Al_2O_3 和 Co/γ-Al_2O_3 减少了液化油的收率外，其余改性添加剂对液化油的收率无明显影响，但同样降低了气体的收率，提高了固体残渣的收率，添加 Co/γ-Al_2O_3 产生液化油最低为 35.1%。加入其余改性添加剂对液化油的收率几

乎无明显改变，但同样增加了固体残渣的收率和降低了气体的收率。与 γ-Al_2O_3 相比，$CaCl_2$/γ-Al_2O_3、Co/γ-Al_2O_3、PW_{12}/γ-Al_2O_3、Mo/γ-Al_2O_3 使残渣收率进一步增加，$CaCl_2$/γ-Al_2O_3、PW_{12}/γ-Al_2O_3、Mo/γ-Al_2O_3 使气体收率进一步降低。图 4-8（b）为 500℃供热解时添加剂对产物收率的影响，由图 4-8（b）可知，当温度为 500℃时，加入 γ-Al_2O_3 及其改性添加剂后同样也都降低了液化油收率和气体收率，增加了固体残渣的收率，Co/γ-Al_2O_3 同样产生最少的液化油收率，为 39.9%。与 900℃时不同的是，和 γ-Al_2O_3 相比，改性添加剂都使残渣收率进一步增加，气体收率进一步减少。由此可知，γ-Al_2O_3 对玉米芯和煤矸石在 900℃和 500℃供热解过程中的催化效果与 MS 和 HZSM-5 不同，它可以使液化油收率降低，其改性添加剂也都使液化油收率降低。

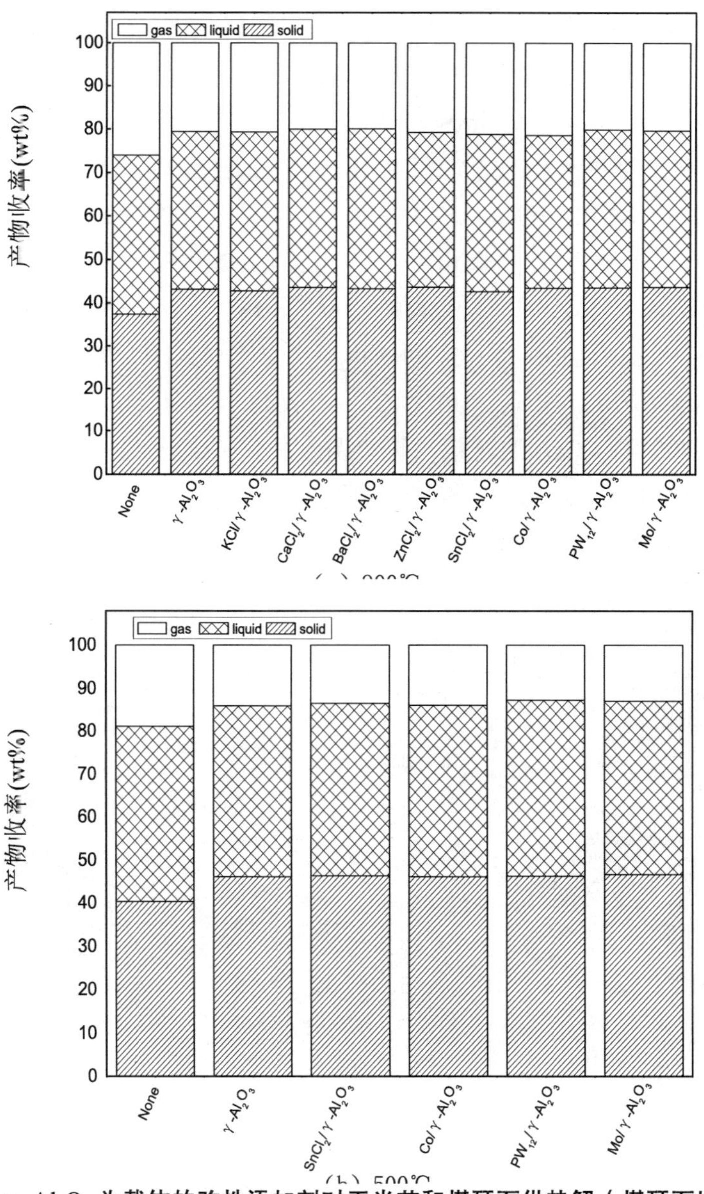

图 4-8　γ-Al_2O_3 及以 γ-Al_2O_3 为载体的改性添加剂对玉米芯和煤矸石供热解（煤矸石比例为 20%）产物收率的影响（a）900℃（b）500℃

Fig.4-8　The effect of γ-Al_2O_3 and modified γ-Al_2O_3 on the product yield during co-pyrolysis of corncob and coal gangue (coal gangue blending ratio is 20%) (a) 900℃ (b) 500℃

4.2.3 添加剂对玉米芯和煤矸石供热解气体组成的影响

图 4-9 为加入 MS 及以 MS 为载体的改性添加剂在玉米芯和煤矸石供热解（煤矸石比例为 20%，添加剂的量为 10%）时气相产物中各组分的相对含量，由图 4-9 可知，加入添加剂后，气体的释放规律没有改变，只是会提高或降低气体的含量。由图 4-9（a）可知当温度从 300℃升高到 900℃时，加入 MS 都使 H_2 的含量升高。当加入改性添加剂后，不同的改性添加剂对 H_2 的含量影响不同。$CaCl_2$/MS、Co/MS、Mo/MS 和 Ni/MS 使 H_2 的开始释放温度降低，使 400℃时 H_2 的含量大量增加。$CaCl_2$/MS 使 H_2 的含量在 300 ~ 600℃时有所升高，而 KCl/MS 在高温时即大于 600℃时使 H_2 的含量升高，$ZnCl_2$/MS、$BaCl_2$/MS 和 Co/MS 与 MS 一样在研究的温度范围内都提高了 H_2 的含量，$SnCl_2$/MS 和 PW_{12}/MS 分别在 500℃和 900℃降低了 H_2 的含量。除 800℃外，Co-Mo/MS 在其余温度下都降低了 H_2 的含量，Ni/MS 在 800℃和 900℃时使 H_2 的含量升高，Mo/MS 在 900℃时使 H_2 的含量升高。由图 4-9（b）可知，当加入 MS 及改性添加剂（除了 Ni/MS）时 CH_4 在 300℃就开始释放。MS 和 $ZnCl_2$/MS 使 CH_4 含量从 400℃开始时降低，$BaCl_2$/MS 对 CH_4 的含量几乎没影响，$CaCl_2$/MS、KCl/MS、$SnCl_2$/MS、Co/MS 和 Ni/MS 在 400℃时都使 CH_4 的含量升高，KCl/MS、PW_{12}/MS 和 Co-Mo/MS 在 700 ~ 900℃时提高了 CH_4 的含量，Ni/MS 在 700℃和 900℃时使 CH_4 的含量升高，而 $SnCl_2$/MS 和 Mo/MS 在 800℃和 900℃时使 CH_4 的含量升高。由图 4-9（c）可以看出 MS、$ZnCl_2$/MS、$CaCl_2$/MS、Co/MS 都使 CO_2 的含量在整个释放过程中减少，$BaCl_2$/MS 对 CO_2 的含量几乎无明显影响，KCl/MS 和 $SnCl_2$/MS 提高了 500℃时 CO_2 的含量，Mo/MS、PW_{12}/MS 和 Co-Mo/MS 提高了 500℃和 700℃时 CO_2 的含量，Ni/MS 提高了 500 ~ 700℃时 CO_2 的含量，其余温度下使 CO_2 含量降低。由图 4-9（d）可以看出在热解的过程中加入 MS 会使 300 ~ 600℃范围内逸出的 CO 的含量提高，而 Co/MS、PW_{12}/MS、$CaCl_2$/MS 和 Ni/MS 使 CO 含量降低。

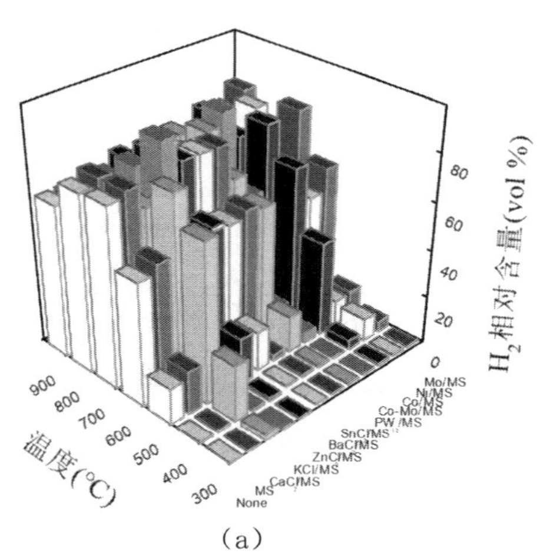

(a)

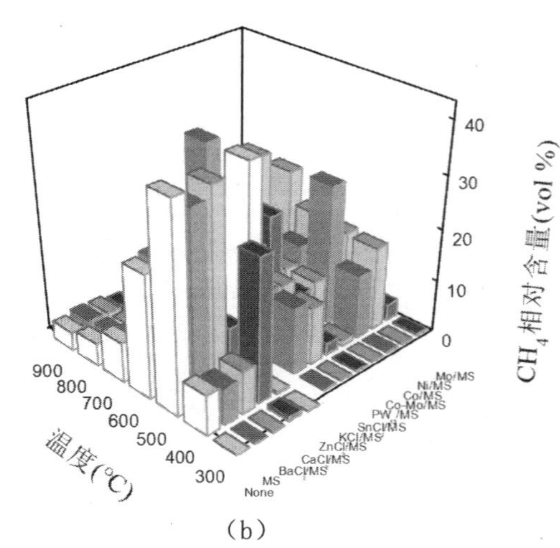

(b)

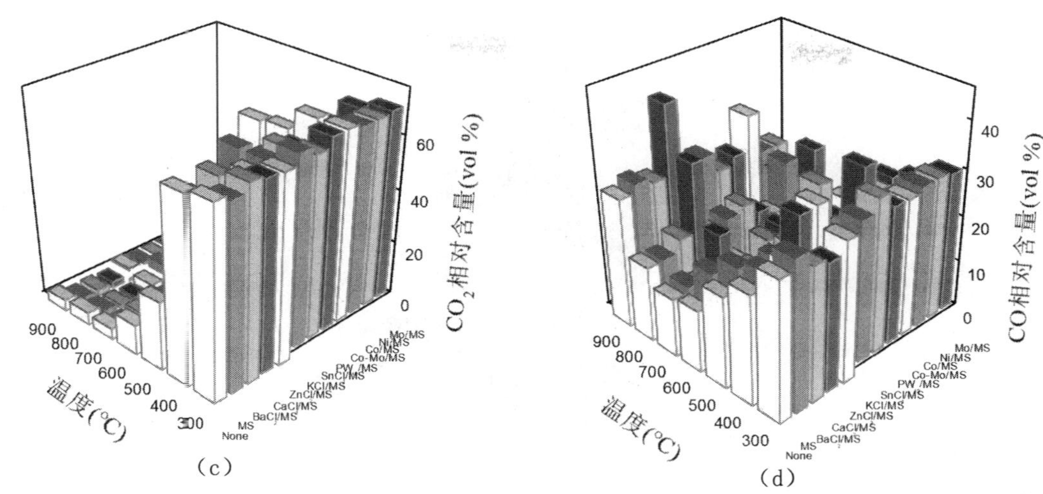

图 4-9　加入 MS 及以 MS 为载体的改性添加剂在玉米芯和煤矸石供热解（煤矸石比例为 20%）时气相产物中各组分的相对含量

Fig.4-9　The relative content of gas products obtained from co-pyrolysis of coal gangue and corncob （coal gangue proportion of 20%） when adding MS and modified MS

图 4-10 为加入 HZSM-5 及以 HZSM-5 为载体的改性添加剂在玉米芯和煤矸石供热解（煤矸石比例为 20%）时气相产物中各种气体的相对含量，由图 4-10 同样得出在加入添加剂后，气体的释放规律没有改变，只是在某个温度下一定程度上提高或降低气体的含量。由图 4-10（a）可以看出 HZSM-5 同 MS 一样会提高 H_2 的含量，$BaCl_2$/HZSM-5 降低了 H_2 的含量，$ZnCl_2$/HZSM-5 会在 700℃和 800℃降低 H_2 的含量，KCl/HZSM-5 提高了 800℃和 900℃时 H_2 的含量，$CaCl_2$/HZSM-5 和 $SnCl_2$/HZSM-5 提高了 900℃时 H_2 的含量，降低了 500℃时 H_2 的含量，其余温度下几乎无明显变化，Co/HZSM-5 提高了 500℃和 700 ~ 900℃时 H_2 的含量，PW_{12}/HZSM-5 和 Mo/HZSM-5 分别在 800℃和 900℃提高了 H_2 的含量。由图 4-10（b）可以看出除 PW_{12}/HZSM-5、Co/HZSM-5 和 Mo/HZSM-5 外其余添加剂使 CH_4 释放温度降低，在 300℃就有 CH_4 产生，PW_{12}/HZSM-5 和 Mo/HZSM-5 延迟了 CH_4 的释放时，从 500℃开始释放 CH_4。在高温时添加一定的添加剂会增加 CH_4 的含量； $BaCl_2$/HZSM-5 在 600 ~ 800℃、$ZnCl_2$/HZSM-5 在 700℃和 800℃、KCl/HZSM-5 在 600℃、700℃和 900℃、PW_{12}/HZSM-5 在 600℃都可使 CH_4 的含量升高。由图 4-10（c）可知，HZSM-5、Co/HZSM-5 和 PW_{12}/HZSM-5 使 CO_2 含量降低。由图 4-10（d）可知，HZSM-5、KCl/HZSM-5、$CaCl_2$/HZSM-5 和 $SnCl_2$/HZSM-5 降低了 800℃和 900℃时 CO 的含量，Co/HZSM-5 降低了 700 ~ 900℃时 CO 的含量。

100
80
60
40
20
0
H_2相对含量(vol %)
Mo/HZSM-5
PW$_{12}$/HZSM-5
Co/HZSM-5
SnCl$_2$/HZSM-5
BaCl$_2$/HZSM-5
ZnCl$_2$/HZSM-5
CaCl$_2$/HZSM-5
KCl/HZSM-5
HZSM-5
None
900
800
700
600
500
400
300
温度(°C)

（a）

40
35
30
25
20
15
10
5
0
CH_4相对含量(vol %)
Mo/HZSM-5
PW$_{12}$/HZSM-5
Co/HZSM-5
SnCl$_2$/HZSM-5
BaCl$_2$/HZSM-5
ZnCl$_2$/HZSM-5
CaCl$_2$/HZSM-5
KCl/HZSM-5
HZSM-5
None
900
800
700
600
500
400
300
温度(°C)

（b）

70
60
50
40
30
20
10
0
CO_2相对含量(vol %)
Mo/HZSM-5
PW$_{12}$/HZSM-5
Co/HZSM-5
SnCl$_2$/HZSM-5
BaCl$_2$/HZSM-5
ZnCl$_2$/HZSM-5
CaCl$_2$/HZSM-5
KCl/HZSM-5
HZSM-5
None
900
800
700
600
500
400
300
温度(°C)

（c）

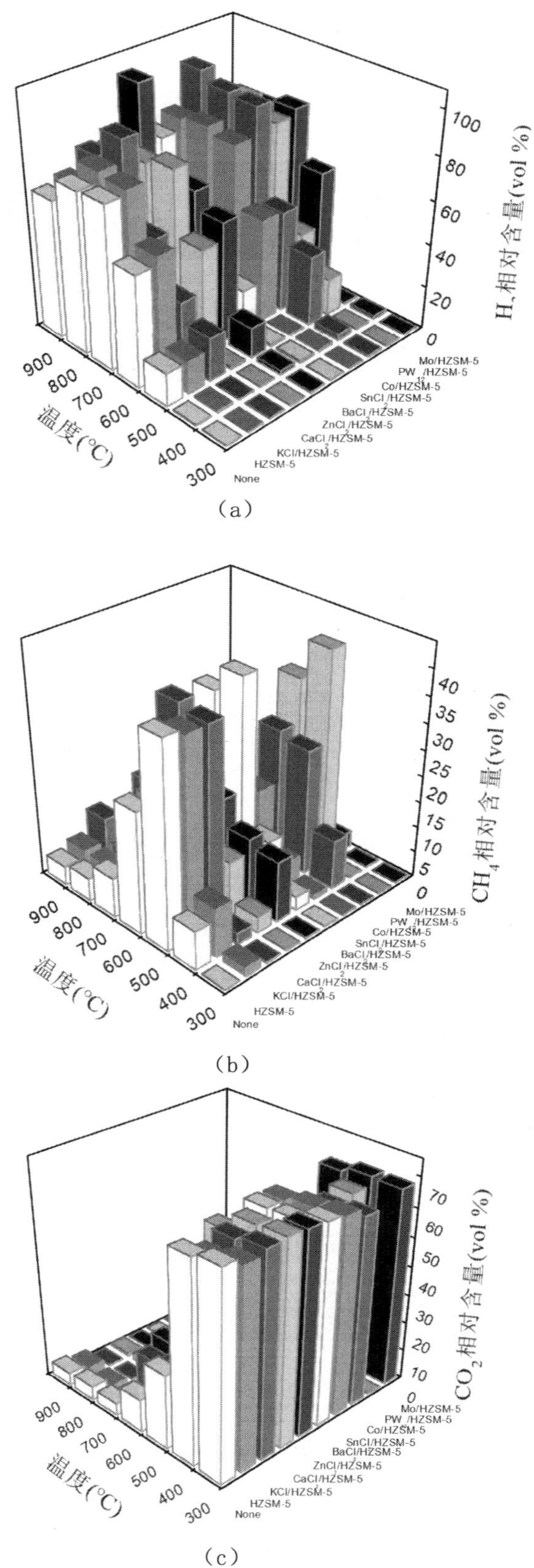

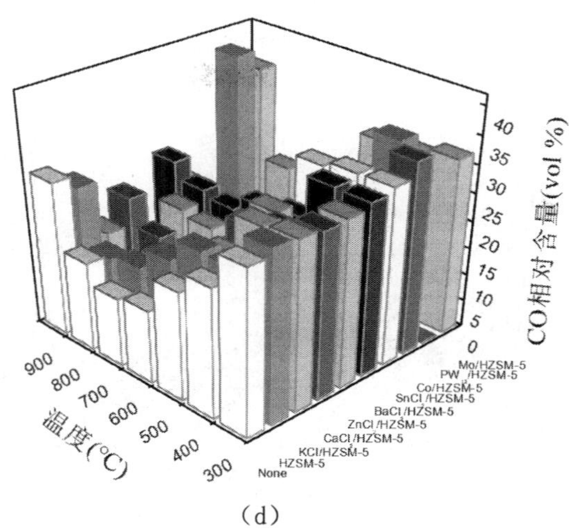

(d)

图 4-10　加入 HZSM-5 及以 HZSM-5 为载体的改性添加剂在玉米芯和煤矸石供热解（煤矸石比例为 20%）时气相产物中各种气体的相对含量

Fig.4-10　The relative content of gas products obtained from co-pyrolysis of coal gangue and corncob (coal gangue proportion of 20%) when adding HZSM-5 and modified HZSM-5

图 4-11 为加入 γ-Al_2O_3 及以 γ-Al_2O_3 为载体的改性添加剂在玉米芯和煤矸石供热解（煤矸石比例为 20%）时气相产物中各种组分的相对含量，当加入催化剂后，H_2 释放趋势没有变化，依旧在高温时产生，但是 H_2 的含量发生变化。当热解温度高于 500℃时，γ-Al_2O_3 使 H_2 的含量增加，Co/γ-Al_2O_3、PW_{12}/γ-Al_2O_3 使 H_2 含量在 900℃时大幅度提高。Co/γ-Al_2O_3、PW_{12}/γ-Al_2O_3、Mo/γ-Al_2O_3 在各个温度下都大降低了 CH_4 的含量，加入 $SnCl_2$/γ-Al_2O_3 和 PW_{12}/γ-Al_2O_3 推迟了 CO_2 的释放，在 400℃时才有 CO_2 产生。加入 Co/γ-Al_2O_3、Mo/γ-Al_2O_3 和 KCl/γ-Al_2O_3 使气相中 CO_2 的含量升高。$SnCl_2$/γ-Al_2O_3、PW_{12}/γ-Al_2O_3 对 CO 的影响与对 CO_2 一样，也使 CO 的开始释放温度升高，在 400℃时开始产生 CO。添加 γ-Al_2O_3 使气体中 CO 的含量升高，添加 $CaCl_2$/γ-Al_2O_3 降低了 CO 的含量。综上所述，气体的产生与催化剂和温度都有关。

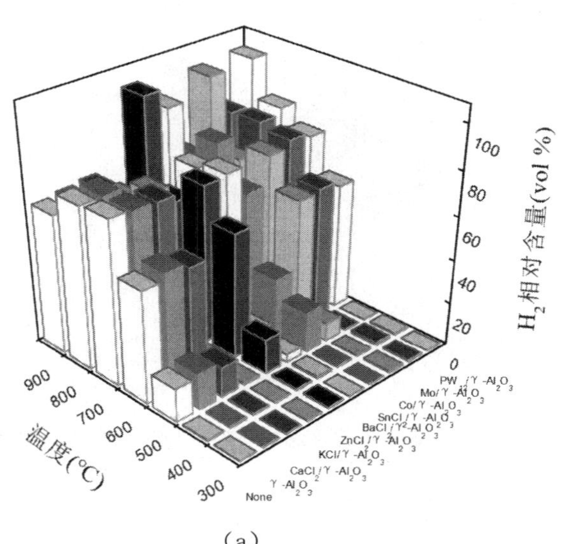

(a)

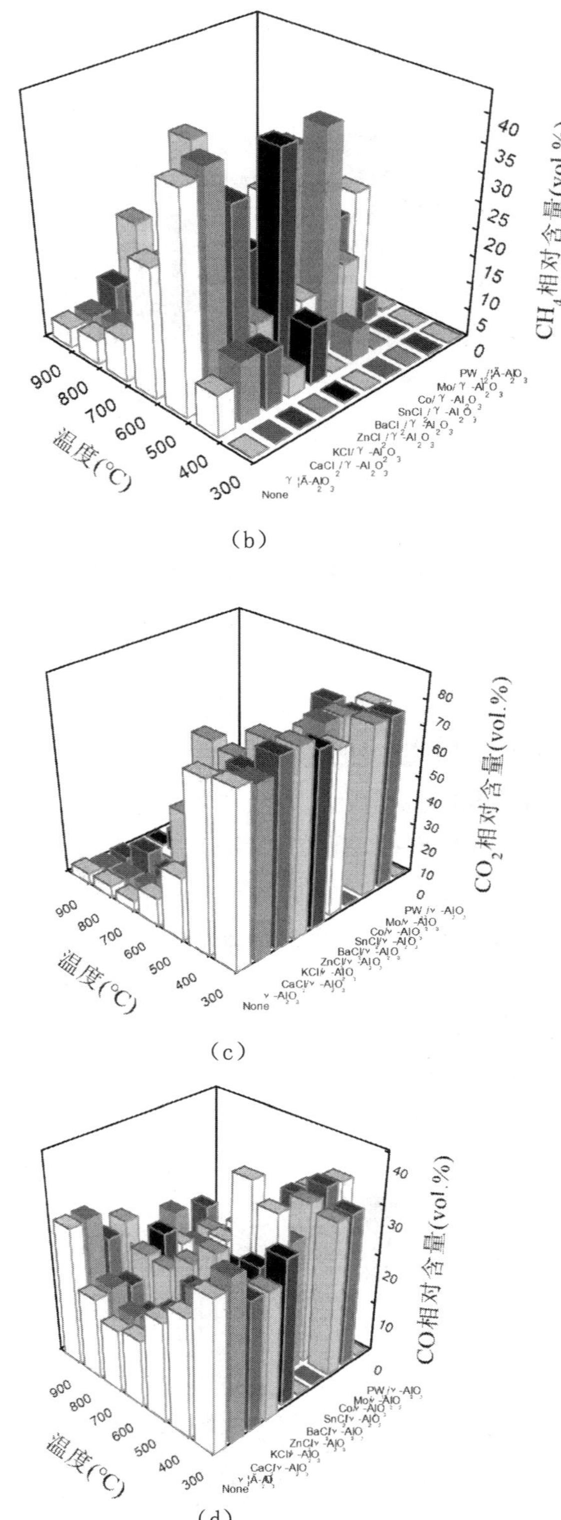

(b)

(c)

(d)

图 4-11　加入 $\gamma-Al_2O_3$ 及以 $\gamma-Al_2O_3$ 为载体的改性添加剂在玉米芯和煤矸石供热解（煤矸石比例为 20%）时气相产物中各种组分的相对含量

Fig.4-11　The relative content of gas products obtained from co-pyrolysis of coal gangue and corncob （coal gangue proportion of 20%） when adding $\gamma-Al_2O_3$ and modified $\gamma-Al_2O_3$ (

4.3　小结

（1）玉米芯在热解的过程中，200℃时开始有液化油生成，所产生的液化油收率先随温度的升高而升高，在 500℃时达到最大（49.9%），随后随着温度的进一步升高而降低；煤矸石在热解过程中，500℃时开始有液化油生成，随着温度的升高，液化油收率增加，在 900℃时达到最大（8.3%）。在相同温度下玉米芯热解产生的液化油收率比煤矸石高。煤矸石开始产生 CO 的温度高于玉米芯；煤矸石只有在 500℃和 600℃时有 CH_4 生成；无论是玉米芯还是煤矸石在低温（300 ~ 400℃）时产生的主要气体都为 CO_2；H_2 在高温（600 ~ 900℃）时含量较高。

（2）当煤矸石比例为 20% 和 40% 时两者供热解所得液化油收率的实验值大于计算值，说明两者之间存在一定的正协同作用；当热解温度大于 200℃时，液化油收率的实验值大于计算值，并且在 900℃时差值最大，说明在煤矸石比例为 20% 和 40%、温度高于 300℃时，玉米芯和煤矸石供热解有一定的正协同作用。玉米芯和煤矸石供热解也有利于 H_2 的生成并减少气相中 CO_2 的含量。

（3）玉米芯和煤矸石供热解时在 500℃和 900℃时添加 MS 和 HZSM-5 都能提高液化油的收率。而添加 γ-Al_2O_3 对液化油的收率无明显影响。在所有的改性添加剂中 PW_{12}/MS 和 $CaCl_2$/HZSM-5 催化效果最好。当加入添加剂后，气体的释放规律没有改变，只是在某个温度下会提高或降低气体的含量。当加入 KCl/MS 和 Co/HZSM-5 时 H_2 的含量分别在 700℃和 900℃时达到 91% 和 95.27%。添加 MS、$ZnCl_2$/MS、$CaCl_2$/MS、Co/MS、HZSM-5、Co/HZSM-5 和 PW_{12}/HZSM-5 会使 CO_2 的含量降低。

第 5 章　麦饭石基催化剂作用下生物质、煤和煤矸石三者催化供热解特性

煤矸石是煤炭采煤和洗煤过程中产生的固体废弃物，其平均排放量约占煤炭总产量的 15%，具有低挥发分、高灰分、低热值和难燃烧等特点。它的主要成分为 Al_2O_3、SiO_2，另外还有 Fe_2O_3、CaO、MgO、Na_2O、K_2O、P_2O_5、SO_3 和微量稀有元素 Ti、Co 等。文献报道我国有近 1/3 的煤矸石，由于内部含有残煤、碳质泥岩、碎木材、硫铁矿物而发生自燃，排放出大量的 CO、SO_2、H_2S 等有害气体，给环境带来了极大的危害，所以，煤矸石的资源化利用引起了广泛关注。热解也是煤矸石低碳转化的一种重要技术。在研究豁口煤与玉米芯共催化热解行为的基础上，本章将讨论麦饭石基催化剂作用下豁口煤、煤矸石及玉米芯三者供热解特性，探究麦饭石基催化剂对产物的影响。

5.1　催化剂作用下豁口煤与煤矸石供热解行为研究

本章仍选用山西临汾豁口煤（HK）、潞安煤矿煤矸石（CG）和山西临汾玉米芯（CB）为实验原料，工业分析和元素分析见表 5-1。

表 5-1　样品的工业分析和元素分析

Table 5-1　Proximate and ultimate analysis of samples

样品	工业分析（%）				元素分析（ad，%）				
	M_{ad}	A_{ad}	V_{ad}	FC_{ad}	C	H	O^a	N	S
玉米芯	4.97	2.06	80.59	12.38	44.3	6.08	48.94	0.62	0.06
煤矸石	0.95	82.13	10	6.92	12.82	1.38	85.2	0.40	0.20
豁口煤	2.92	11.40	24.80	60.88	64.35	3.76	26.89	0.96	4.04

注：[a] 差减法。

5.1.1　不同比例下豁口煤与煤矸石供热解的产物收率

图 5-1（a）和图 5-1（b）分别为不同比例下豁口煤与煤矸石供热解产物收率及计算值与实验值的比较。由图 5-1（a）可知，随着豁口煤比例由 20% 依次升高到 40%、50%、60% 和 80%，半焦收率逐渐减少，依次为 86.9%、83.8%、82.6%、81.1% 和 78.4%，焦油收率增加，依次为 4.7%、5.2%、4.8%、4.9% 和 6.6%，气体收率增加，分别为 8.4%、11.0%、12.6%、14.0% 和 15.0%。这是因为煤中挥发分高于煤矸石，所以，随着煤比例由 20% 升高到 80%，半焦收率逐渐减少，焦油收率增加，气体收率增加。由图 5-1（b）可知，煤掺混比例由 20% 升高到 80%，焦油收率的实验值都小于计算值，说明煤矸石和煤供热解时对焦油的生成而言，二者没有明显的协同作用；而半焦收率的实验值都大于计算值，说明煤和煤矸石供热解时对半焦的生成而言，二者有一定的协同作用。当煤掺混比例分别为 50% 和 80% 时气体收率的实验值大于计算值，说明煤掺混比例为 50% 和 80% 时，煤矸石和煤供热解对气体的产生有一定的协同作用。综上所述，说明豁口煤和煤矸石二者在供热解过程中存在一定的相互作用。

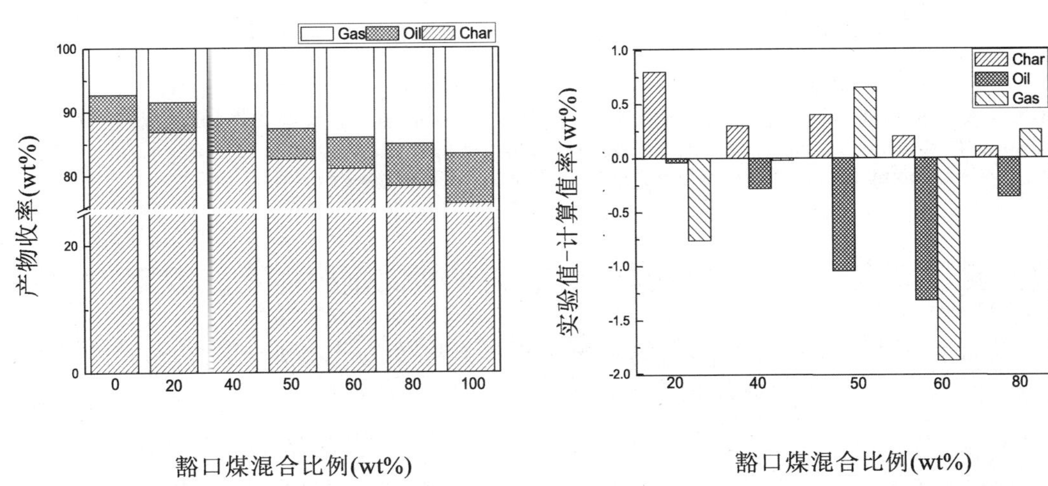

（a）供热解的产物收率　　　（b）产物收率的计算值与实验值

图 5-1　不同比例下豁口煤与煤矸石供热解产物收率的计算值与实验值

Fig.5-1　Product yield during co-pyrolysis of HK and coal gangue with different ratios and comparison of the experimental and calculated value of product yield

5.1.2　不同温度下豁口煤与煤矸石供热解的产物收率

图 5-2（a）和图 5-2（b）分别为不同温度下豁口煤与煤矸石供热解（煤矸石比例为 20%）时的产物收率和产物收率的计算值与实验值的比较。由图 5-2（a）可以看出，随着温度从 400℃升高到 900℃，半焦收率从 88.4% 减少到 78.0%；焦油收率从 400℃开始先减少，在 600℃时降为 7.6%，而后增加，在 700℃时达到最大值，为 8.0%，随着温度进一步升高，焦油收率在 900℃时降到最低，为 6.5%；随着温度从 400℃升高到 900℃，气体收率从 3.7% 逐渐增加到 15.5%。由图 5-2（b）可知，当热解温度从 400℃升高到 900℃时，焦油收率在 500℃和 700℃时的实验值大于计算值，而在其他温度下的实验值均小于计算值，说明煤矸石与煤只有在 500℃和 700℃供热解时对焦油生成而言存在正协同作用。此外，从图 5-2（b）中还可以看出，

半焦收率的实验值在低于 900℃时大于计算值，说明煤与煤矸石在低于 900℃供热解时对半焦而言存在正协同作用，在 600℃、800℃和 900℃时气体收率的实验值大于计算值，说明煤与煤矸石在 600℃、800℃和 900℃供热解时对气体生成有一定的正协同作用。

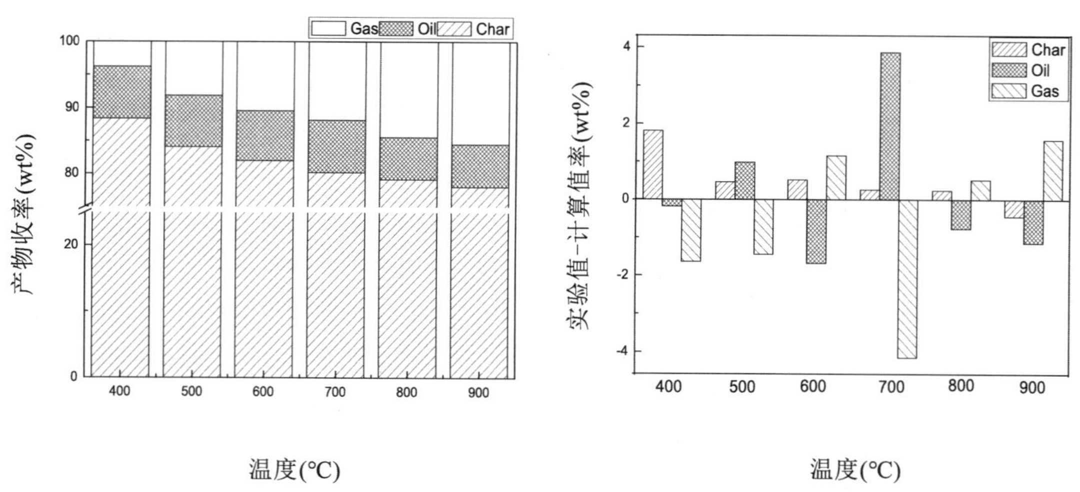

（a）产物收率　　（b）产物收率的计算值与实验值

图 5-2　不同温度下豁口煤与煤矸石供热解（煤矸石比例为 20%）时的产物收率和产物收率的计算值与实验值

Fig.5-2　Product yield during co-pyrolysis of HK and coal gangue （coal gangue blending ratio is 20%） and comparison of the experimental and calculated value of product yield

5.1.3　豁口煤与煤矸石供热解过程中加入催化剂时的产物收率

图 5-3 为豁口煤与煤矸石在 700℃供热解（煤矸石比例为 20%）过程中分别加入以 MS、HZSM-5 和 $\gamma-Al_2O_3$ 为载体的催化剂时的产物收率。由图 5-3（a）可知，不加催化剂时，焦油收率为 8.0%，半焦收率为 80.2%，而气体收率为 11.8%。加入催化剂 $Fe(NO_3)_3$/MS、$Fe(NO_3)_3$/HZSM-5 和 $Fe(NO_3)_3/\gamma-Al_2O_3$ 后，半焦收率分别为 80.4%、79.7% 和 80.1%；焦油收率分别为 9.3%、7.8% 和 8.6%，气体收率分别为 10.3%、12.5%、11.3%。可以发现加入 $Fe(NO_3)_3$/MS 和 $Fe(NO_3)_3/\gamma-Al_2O_3$ 后的焦油收率都有所增加，而且加入 $Fe(NO_3)_3$/MS 时焦油收率最高。这三种催化剂对气体收率的影响则不同，加入 $Fe(NO_3)_3$/MS 后的气体收率最低，而加入 $Fe(NO_3)_3$/HZSM-5 时气体收率则最高。图 5-3（b）为 700℃供热解过程中加入催化剂 Mo/MS、Mo/HZSM-5、$Mo/\gamma-Al_2O_3$ 时的产物收率。由图 5-3（b）可知，加入催化剂 Mo/MS、Mo/HZSM-5、$Mo/\gamma-Al_2O_3$ 后，半焦收率分别为 80.1%、79.7%、80.0%，焦油收率分别为 8.7%、9.0%、9.0%，气体收率依次为 11.2%、11.3%、11.0%，发现催化剂对半焦收率和气体收率影响很小，加入 Mo/MS、Mo/HZSM-5 和 $Mo/\gamma-Al_2O_3$ 焦油收率略增加，分别为 8.7%、9.0% 和 9.0%。图 5-3（c）为 700℃供热解过程中加入催化剂 Co/MS、Co/HZSM-5 和 $Co/\gamma-Al_2O_3$ 时的产物收率。由图 5-3（c）可知，加入催化剂 Co/MS、Co/HZSM-5 和 $Co/\gamma-Al_2O_3$ 时，半焦收率分别为 80.0%、79.5% 和 80.2%，焦油收率分别为 8.5%、10.2% 和 8.5%，气体收率依次为 11.5%、10.3% 和 11.3%，发现加入催化剂后，半焦收率没有明显变化，加入催化剂 Co/HZSM-5 后，焦油收率最高，为 10.2%，加入 Co/HZSM-5 后，气体收率变化不大。

由图 5-3（a）~图 5-3（c）可知，加入 Co/HZSM-5 后，焦油的收率最高，其次是 Fe（NO_3）$_3$/MS 和 Mo/HZSM-5、Mo/γ-Al_2O_3。说明在豁口煤和煤矸石供热解过程中，从提高焦油收率来分析，对于 Fe（NO_3）$_3$ 而言，以 MS 为载体时其催化效果更好一些；而对于 Co、Mo，则是以 HZSM-5 为载体时催化效果要更好一些。

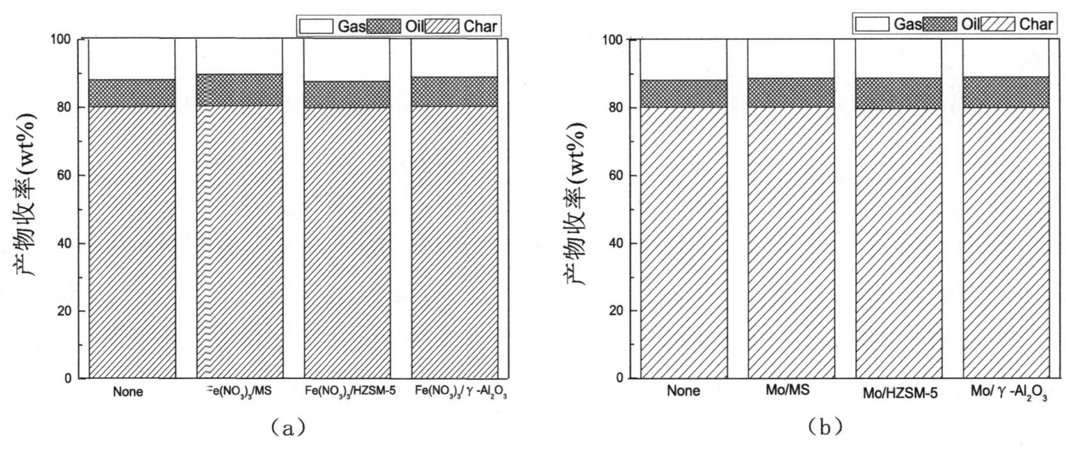

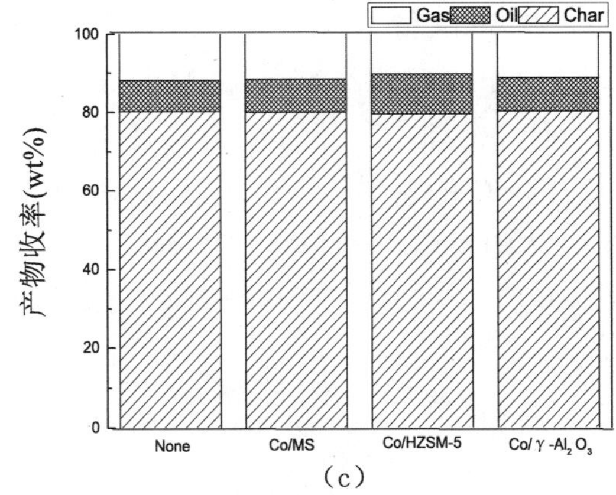

（c）

图 5-3　700℃豁口煤与煤矸石供热解时加入不同催化剂的产物收率（煤矸石比例为 20%）

Fig.5-3 The effect of different catalysts on the product yield during co-pyrolysis of HK and coal gangue at 700℃（coal gangue blending ratio is 20%）

5.1.4　豁口煤与煤矸石供热解过程中加入催化剂后的气体产物组成

图 5-4 为豁口煤和煤矸石在不同温度下供热解（煤矸石比例为 20%）时加入不同催化剂的气相产物中各组分的相对含量。从图 5-4（a）中可以看出，不加催化剂时，当温度从 400℃升高到 700℃时，H_2 相对含量先增加后减少，在 600℃达到最大值，为 56.6%。加入催化剂 Fe（NO_3）$_3$/MS、Fe（NO_3）$_3$/HZSM-5 和 Mo/γ-Al_2O_3 可以提高每个温度下 H_2 的相对含量，且加入 Mo/γ-Al_2O_3 在每个温度下提高最多；加入 Fe（NO_3）$_3$/γ-Al_2O_3、Co/MS 和 Co/γ-Al_2O_3 可以使 H_2 的相对含量增加（600℃除外）。相反，加入 Co/HZSM-5 则使不同温度

下 H_2 的相对含量减少。加入 Mo/MS 和 Mo/HZSM-5 使 700℃ H_2 的相对含量增加，分别为 84.8% 和 71.5%；此外，加入 Mo/MS 使 500℃下的 H_2 的相对含量增加，为 29.7%；加入 Mo/HZSM-5 使 400℃下的 H_2 相对含量增加，为 6.43%。从图 5-4（b）中可以看出，不加催化剂时，CH_4 的相对含量先增加后减少，在 500℃时达到最大值，为 66.6%，添加 Co/HZSM-5 提高了每个温度下 CH_4 的相对含量；添加 Fe（NO_3）$_3$/γ-Al_2O_3、Co/MS、Co/γ-Al_2O_3 和 Mo/MS 可以提高 600℃下 CH_4 的相对含量，且加入 Co/MS 使 600℃下 CH_4 的相对含量最高，为 70.7%；加入 Mo/HZSM-5 可以提高 500℃下 CH_4 的相对含量，为 72.3%；加入 Fe（NO_3）$_3$/MS、Fe（NO_3）$_3$/HZSM-5、Fe（NO_3）$_3$/γ-Al_2O_3、Mo/MS、Mo/HZSM-5 和 Co/MS 能提高 400℃下 CH_4 的相对含量，且加入 Co/MS 使 400℃下 CH_4 的相对含量最高，为 66.4%。如图 5-4（c）所示，不加催化剂时，CO_2 的相对含量先减少后增加，加入 Mo/MS 使 CO_2 相对含量增加（700℃除外）；加入 Fe（NO_3）$_3$/MS、Fe（NO_3）$_3$/HZSM-5、Fe（NO_3）$_3$/γ-Al_2O_3、Co/HZSM-5、Co/γ-Al_2O_3 和 Mo/HZSM-5 可以使 600℃下 CO_2 的相对含量增加，且加入 Mo/HZSM-5 使 600℃时 CO_2 的相对含量最高，为 20.1%；加入 Fe（NO_3）$_3$/MS、Fe（NO_3）$_3$/HZSM-5、Co/γ-Al_2O_3 和 Mo/γ-Al_2O_3 可以提高 500℃下 CO_2 的相对含量，且加入 Mo/γ-Al_2O_3 使 500℃时 CO_2 的相对含量最高，为 14.3%；相反，加入 Co/MS 降低了 CO_2 的相对含量。从图 5-4（d）中可以看出，不加催化剂时，CO 相对含量在 400℃时最大，为 7.9%，随着温度的升高开始减少而后增加，加入 Mo/MS 使 CO 相对含量增加（700℃除外）；加入 Fe（NO_3）$_3$/MS 使 CO 的相对含量增加（400℃除外）；加入 Fe（NO_3）$_3$/HZSM-5、Fe（NO_3）$_3$/γ-Al_2O_3、Co/MS、Co/HZSM-5、Co/γ-Al_2O_3、Mo/HZSM-5 和 Mo/γ-Al_2O_3 可以提高 700℃下 CO 的相对含量，且加入 Co/γ-Al_2O_3 使 700℃时 CO 的相对含量最高，为 15.3%；加入 Mo/HZSM-5 和 Mo/γ-Al_2O_3 可以提高 600℃下 CO 的相对含量，且加入 Mo/HZSM-5 使 600℃下 CO 的相对含量最高，为 4.98%；添加 Fe（NO_3）$_3$/γ-Al_2O_3、Co/MS 和 Mo/γ-Al_2O_3 可以提高 500℃时 CO 的相对含量，且加入 Fe（NO_3）$_3$/γ-Al_2O_3 使 500℃时 CO 的相对含量最高，为 2.2%。

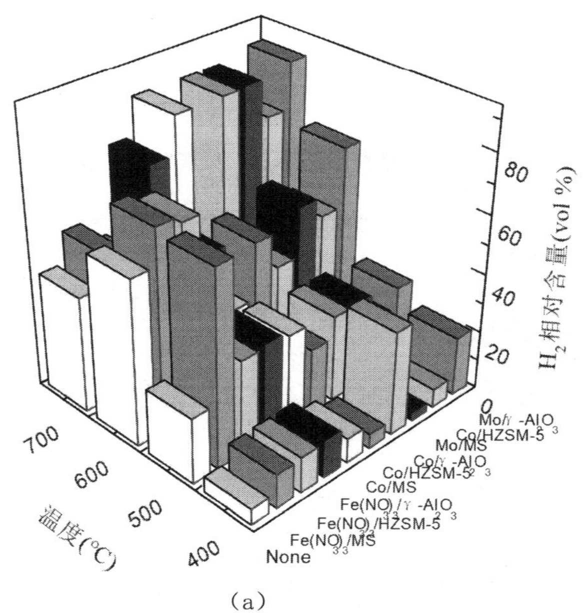

(a)

0
20
40
60
80
CH_4相对含量(vol %)
700
600
500
400
温度(°C)
Mo/γ -Al_2O_3
Co/HZSM-5
Mo/MS
Co/γ -Al_2O_3
Co/HZSM-5
Co/MS
$Fe(NO_3)_3$/γ -Al_2O_3
$Fe(NO_3)_3$/HZSM-5
$Fe(NO_3)_3$/MS
None
(b)

0
10
20
30
40
CO_2相对含量(vol %)
700
600
500
400
温度(°C)
Mo/γ -Al_2O_3
Co/HZSM-5
Mo/MS
Co/γ -Al_2O_3
Co/HZSM-5
Co/MS
$Fe(NO_3)_3$/γ -Al_2O_3
$Fe(NO_3)_3$/HZSM-5
$Fe(NO_3)_3$/MS
None
(c)

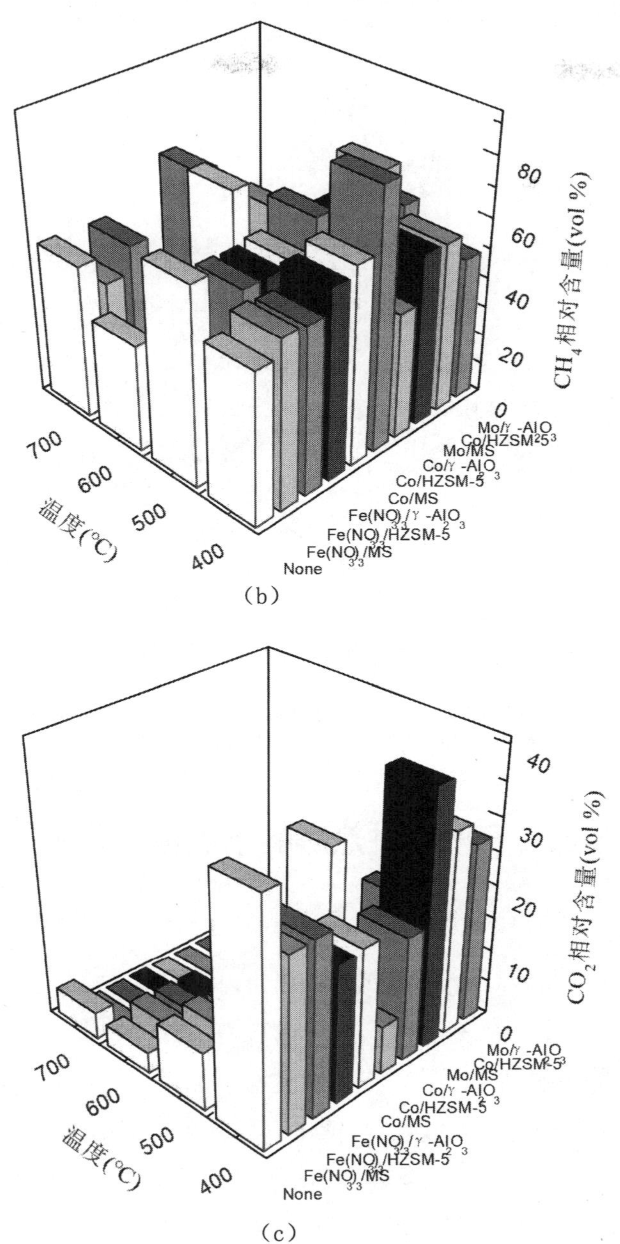

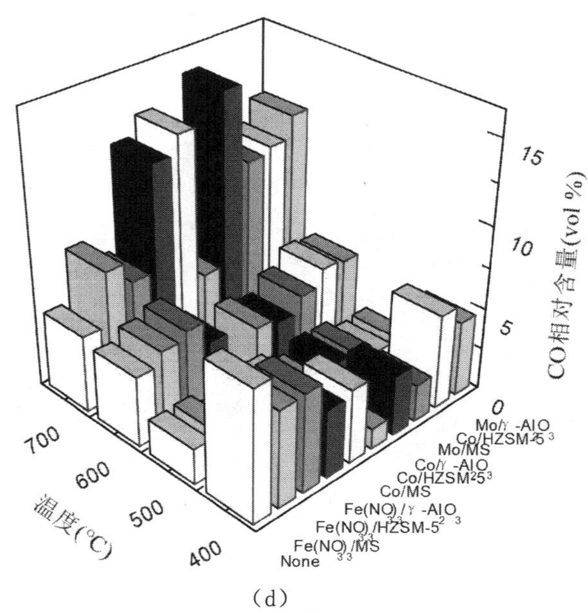

(d)

图 5-4　豁口煤与煤矸石在不同温度下供热解（煤矸石比例为 20%）时加入不同催化剂的气相产物中各组分的相对含量

Fig.5-4　The relative content of gas products obtained from co-pyrolysis of coal gangue and coal （coal gangue proportion of 20%） when adding different catalysts

5.1.5　豁口煤与煤矸石两者供热解的半焦特性分析

5.1.5.1　SEM 分析

图 5-5 为豁口煤与煤矸石在 700℃供热解（豁口煤：煤矸石 =8 ： 2）时加入不同催化剂所得半焦的 SEM 图。如图 5-5 所示，不加催化剂时煤矸石与煤供热解的半焦孔隙很多，这可能是由于挥发物质（焦油和气体）的释放所致。在热解过程中加入催化剂 Fe（NO_3）$_3$/MS、Fe（NO_3）$_3$/HZSM-5 和 Fe（NO_3）$_3$/γ-Al_2O_3 后，这三种催化剂对半焦形貌影响相似，其热解后的半焦均呈大小不均匀的块状颗粒。将 Co 负载在 MS 和 γ-Al_2O_3（Co/MS、Co/γ-Al_2O_3）后，半焦更多地变成条纹状。将 Mo 负载在 MS 和 γ-Al_2O_3（Mo/MS、Mo/γ-Al_2O_3）后，同样是大小不一的块状，而加入 Mo/HZSM-5 后半焦的块形状更丰富。综上所述，催化剂会影响煤与煤矸石供热解产生的半焦形貌。

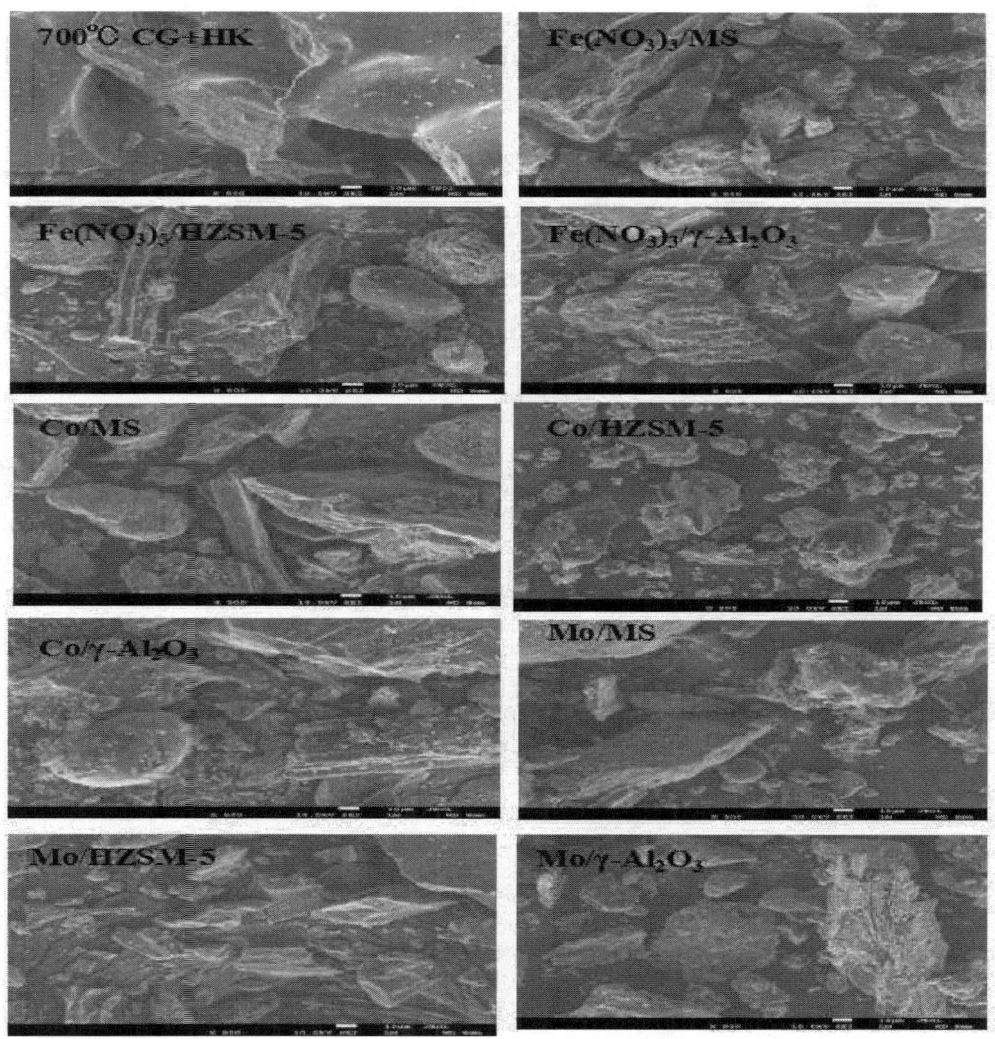

图 5-5　豁口煤与煤矸石在 700℃供热解（豁口煤：煤矸石 =8 ： 2）时加入不同催化剂所得半焦的 SEM 图
Fig.5-5　SEM micrographs of chars obtained from co-pyrolysis of HK and coal gangue（HK ： CG=8 ： 2）with different catalysts at 700℃

5.1.5.2　FTIR 分析

图 5-6（a）~图 5-6（c）分别为豁口煤与煤矸石在 700℃供热解（煤矸石比例为 20%）时添加不同催化剂后获得的半焦的红外谱图。由图 5-6 可知，不加催化剂时热解所得半焦的红外谱图在 3427cm^{-1} 处、2924cm^{-1} 处、1624cm^{-1} 处、1386cm^{-1} 处、1075cm^{-1} 处和 581cm^{-1} 处均有特征吸收峰。据文献记录，FTIR 曲线分别为 900 ~ 1600cm^{-1} 和 3426cm^{-1}，主要是含 O 基团的红外吸收峰。而这些含 O 官能团主要由石英（Si–O–Si）反对称伸缩振动（1100cm^{-1}）、芳香酯 C—O—C 对称伸缩振动（1064cm^{-1}）和环酸酐 C—O—C 对称拉伸振动（910cm^{-1}）。3427cm^{-1} 处代表—OH 的特征峰，2924cm^{-1} 表示脂肪族—CH 基团的伸缩振动，1624cm^{-1}、1386cm^{-1} 和 1075cm^{-1} 均表示含 O 基团的吸收光谱。由 5-6（a）~ 5-6（c）可知，加入不同催化剂后，红外光谱图与不加催化剂相似，没有其他明显的特征吸收峰出现，加入催

化剂 Fe（NO_3）$_3$/MS、Co/MS、Co/HZSM-5 后均使 1075cm^{-1} 处的吸收峰增强。

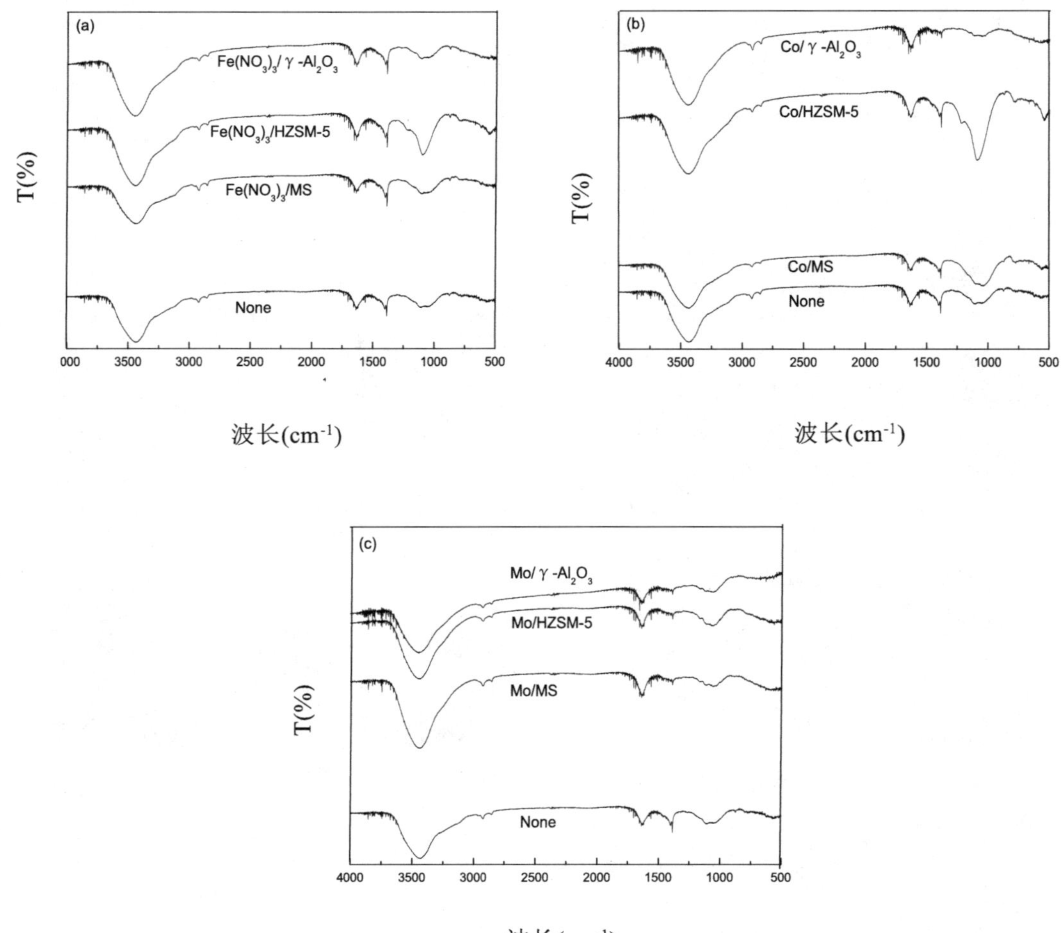

图 5-6　豁口煤与煤矸石在 700℃供热解时（豁口煤：煤矸石 =8 ：2）加入不同催化剂后所得半焦的红外谱图

Fig.5-6　FTIR spectra of chars obtained from pyrolysis of coal gangue and coal（coal gangue blending ratio is 20%） with different catalysts at 700℃

5.1.5.3　XRD 分析

图 5-7（a）~图 5-7（c）分别为豁口煤与煤矸石在 700℃供热解（煤矸石比例为 20%）时和添加不同催化剂后获得的半焦的 XRD 谱图。由图 5-7（a）~ 5-7（c）可以发现，不加催化剂时，半焦的 XRD 谱图显示 2θ 为 19°、20° 和 26° 均有峰，加入催化剂 Fe（NO_3）$_3$/MS 和 Co/MS 后，半焦的 XRD 谱图显示 2θ 为 26° 时的峰明显增强，加入以 γ-Al_2O_3 为载体的催化剂后半焦的 XRD 谱图没有明显变化。加入以 MS 和 HZSM-5 为载体的催化剂后半焦的 XRD 谱图有明显特征峰，这可能是它本身的矿物质特征峰。

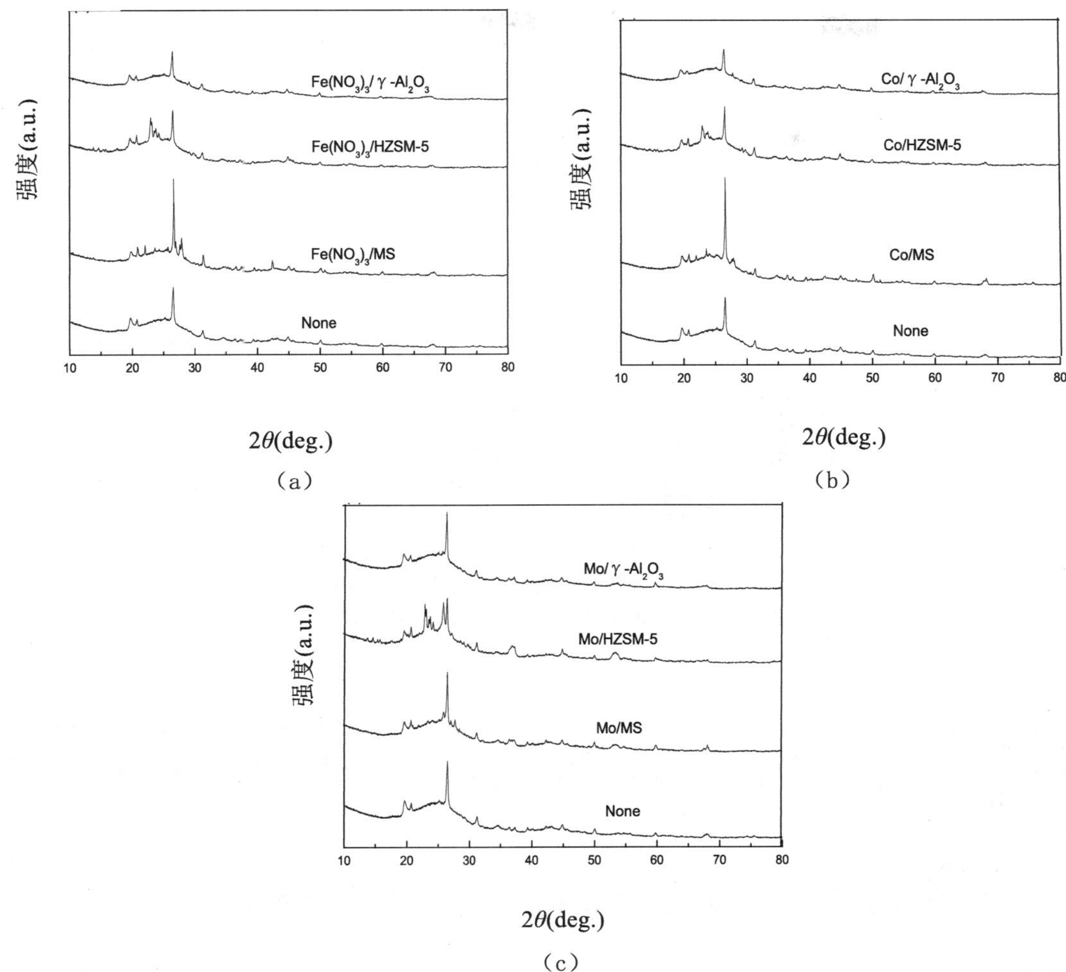

图 5-7　豁口煤与煤矸石在 700℃供热解（豁口煤：煤矸石 =8 ：2）过程加入不同催化剂所得半焦的 XRD 谱图

Fig.5-7　The XRD graphs of chars obtained from co-pyrolysis of HK and corncob with different catalysts at 700℃ (coal gangue blending ratio is 20%)

5.2　煤矸石、豁口煤及玉米芯三者催化供热解特性

5.2.1　无催化剂时煤矸石、豁口煤及玉米芯三者供热解

图 5-8 为不同比例下煤矸石、豁口煤及玉米芯三者在 900℃时供热解产物收率。由图 5-8 可知，煤矸石与玉米芯以 5 ：5 的比例热解后的半焦收率最小，为 56.8%，在此比例下焦油收率最大，为 22.9%，之后半焦收率随着玉米芯比例减少而逐渐增加。当煤矸石与煤以 5 ：5 的比例供热解时，半焦收率最大，为 82.4%，焦油收率最小，为 6.6%，气体收率为 11.0%。当煤矸石、豁口煤和玉米芯三者混合比例为 5 ：4 ：1 时，半焦收率达到最大值，为 78.2%，焦油收率为 9.2%，气体收率为 12.6%，当玉米芯比例较小的时候，玉米芯被煤颗粒包围，玉米芯加

热时产生的挥发分需要穿过煤粒，从而就起到辅助煤热解的作用。

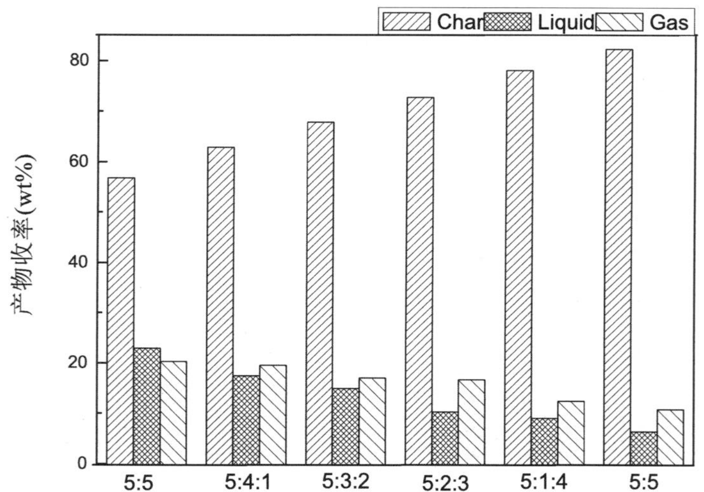

图 5-8　不同比例下煤矸石、豁口煤及玉米芯在 900℃时供热解产物收率

Fig.5-8　Product yield during co-pyrolysis of coal gangue， HK coal and corncob under different ratios at 900℃

此外，生物质释放的氢基自由基能够与煤中较为稳定的芳香族化合物相互作用，在供热解时生物质比例增加后，能够使煤焦结构的孔隙率增加，在煤热解刚开始的时候形成较为稳定的自由基，从而促进焦油的产生。

5.2.2　催化剂作用时煤矸石、豁口煤及玉米芯三者供热解

5.2.2.1　催化剂对煤矸石、豁口煤及玉米芯三者供热解产物收率的影响

图 5-9 为豁口煤、煤矸石及玉米芯三者在 700℃供热解（豁口煤：煤矸石：玉米芯 = 1 ：5 ：4）时加入不同催化剂后的产物收率。

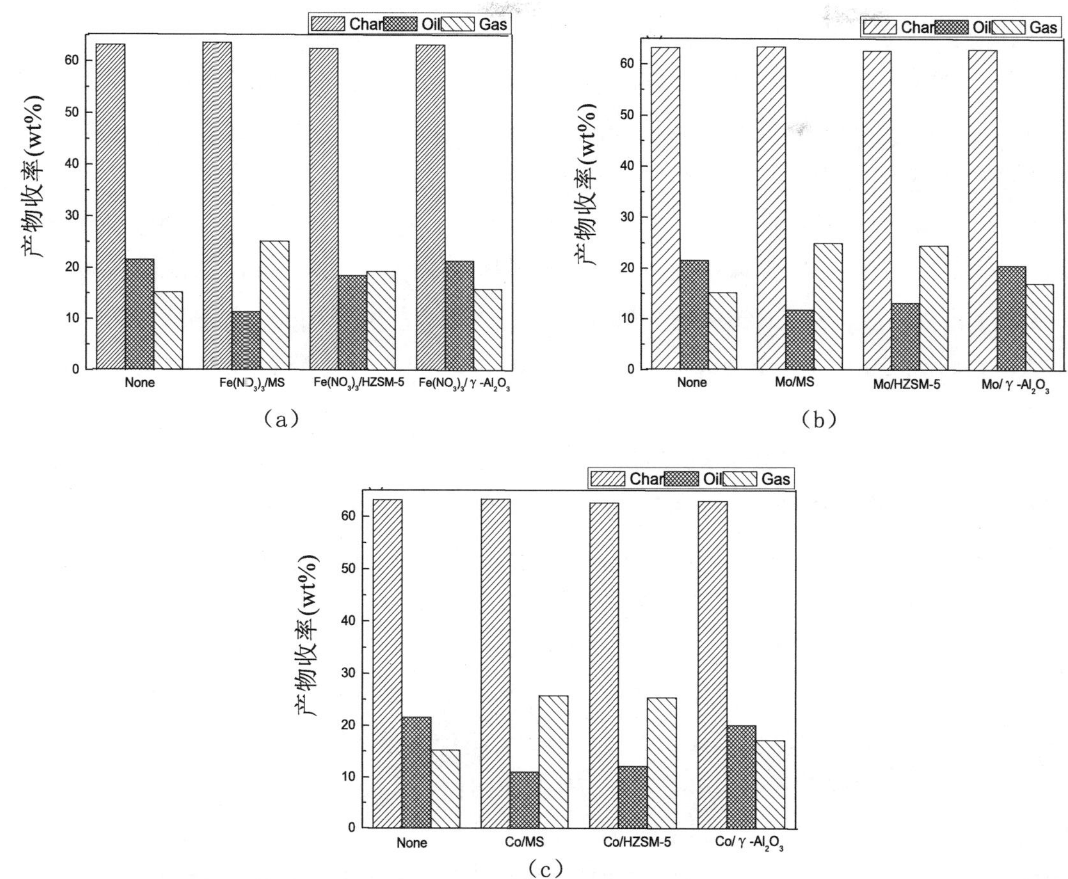

图 5-9 豁口煤、煤矸石及玉米芯三者在 700℃供热解（豁口煤：煤矸石：玉米芯 =1 ：5 ：4）时加入不同催化剂后的产物收率

Fig.5-9 The effect of different catalysts on product yield during co-pyrolysis of HK coal, coal gangue and corncob at 700℃（HK ：CG ：CB=1 ：5 ：4）

由图 5-9（a）可知，不加催化剂时，焦油收率为 21.6%，半焦收率为 63.2%，气体收率为 15.2%。加入 Fe（NO_3）$_3$/MS、Fe（NO_3）$_3$/HZSM-5 和 Fe（NO_3）$_3$/γ-Al_2O_3 后，半焦收率变化不明显，焦油收率均有所降低；加入 Fe（NO_3）$_3$/MS 后气体收率最高，为 25.1%；加入 Fe（NO_3）$_3$/HZSM-5 和 Fe（NO_3）$_3$/γ-Al_2O_3 后，总转化率也略有增加。由图 5-9（b）可知，加入催化剂 Mo/MS、Mo/HZSM-5 和 Mo/γ-Al_2O_3 后，半焦收率变化很小，焦油收率均降低，气体收率均增加。加入 Mo/MS、Mo/HZSM-5 和 Mo/γ-Al_2O_3 后，半焦收率分别为 63.3%、62.5% 和 62.7%；焦油收率分别为 11.8%、13.1% 和 20.4%；气体收率分别为 24.9%、24.4% 和 16.9%。此外，加入 Mo/HZSM-5 和 Mo/γ-Al_2O_3 后，总转化率也都增加。由图 5-9（c）可知，加入 Co/MS、Co/HZSM-5 和 Co/γ-Al_2O_3 后，半焦收率没有明显变化，焦油收率均降低，气体收率均增加。加入 Co/MS、Co/HZSM-5 和 Co/γ-Al_2O_3 后，半焦收率分别为 63.3%、62.6% 和 62.9%；焦油收率分别为 11.0%、12.1% 和 20.0%；气体收率分别为 25.7%、25.3% 和 17.1%；而且加入 Co/HZSM-5 和 Co/γ-Al_2O_3 后，总转化率都略有增加。

5.2.2.2 豁口催化剂对煤、煤矸石及玉米芯三者供热解气体组成的影响

图5-10为豁口煤、煤矸石及玉米芯三者供热解（豁口煤：煤矸石：玉米芯 =1 ：5 ：4）过程中加入不同催化剂时气相产物中各种气体的相对含量。由图5-10（a）~图5-10（c）可知，不加催化剂时，随着温度从400℃升高到700℃，H_2相对含量先增加后减少，在600℃时最大，为59.1%；CH_4的相对含量随温度升高先增加后减少，在500℃时最大，为45.9%；CO_2和CO的相对含量随温度的升高而逐渐减少。由图5-10（a）可知，三者供热解时加入Mo/γ-Al_2O_3可以使不同温度下H_2的相对含量都增加（600℃除外）；加入Fe（NO_3）$_3$/MS、Fe（NO_3）$_3$/HZSM-5和Fe（NO_3）$_3$/γ-Al_2O_3可使700℃时H_2的相对含量增加；加入Fe（NO_3）$_3$/γ-Al_2O_3和Co/γ-Al_2O_3时使500℃时H_2的相对含量明显增加；加入Mo/MS使700℃时H_2的相对含量最高，为77.1%，依次减少是Co/MS、Fe（NO_3）$_3$/γ-Al_2O_3、Mo/γ-Al_2O_3、Co/γ-Al_2O_3、Mo/HZSM-5、Fe（NO_3）$_3$/MS、Fe（NO_3）$_3$/HZSM-5和Co/HZSM-5，其H_2的相对含量依次为76.2%、71.3%、66.7%、61.3%、60.7%、58.5%、56.5%和52.1%。由图5-10（b）可知，加入催化剂Fe（NO_3）$_3$/MS、Co/MS、Co/HZSM-5、Co/γ-Al_2O_3、Mo/MS、Mo/HZSM-5和Mo/γ-Al_2O_3使600℃时CH_4的相对含量增加，且加入Mo/γ-Al_2O_3使600℃时CH_4的相对含量最高，为56.1%；加入Fe（NO_3）$_3$/HZSM-5、Co/MS和Co/HZSM-5使500℃时CH_4的相对含量增加，且加入Fe（NO_3）$_3$/HZSM-5使500℃时CH_4的相对含量最高，为75.0%；加入Fe（NO_3）$_3$/HZSM-5、Mo/γ-Al_2O_3使400℃时CH_4的相对含量增加，且加入Fe（NO_3）$_3$/HZSM-5使400℃时CH_4的相对含量最高，为56.4%；相反，加入Fe（NO_3）$_3$/γ-Al_2O_3使各个温度下CH_4的相对含量均减少。由图5-10（c）可知，加入催化剂Fe（NO_3）$_3$/MS使CO_2的相对含量增加（600℃除外），且在400℃时CO_2相对含量最高，为62.5%；加入Fe（NO_3）$_3$/HZSM-5使600℃和700℃时CO_2的相对含量增加，分别为17.9%和24.8%；加入Co/MS、Mo/MS使CO_2的相对含量增加（700℃除外）；加入Co/HZSM-5、Co/γ-Al_2O_3和Mo/HZSM-5使各个温度下CO_2的相对含量均增加，且加入Mo/HZSM-5使各个温度下CO_2的相对含量增加更多一些；相反，加入Mo/γ-Al_2O_3使CO_2的相对含量减少（700℃除外）。由图5-10（d）可知，加入Fe（NO_3）$_3$/γ-Al_2O_3、Co/MS、Co/γ-Al_2O_3和Mo/MS使各个温度下CO的含量均增加，且加入Fe（NO_3）$_3$/γ-Al_2O_3使各个温度下CO的相对含量增加更多一些；加入Mo/HZSM-5使CO的相对含量增加（600℃除外），且在700℃时CO相对含量最大，为21.8%；加入Fe（NO_3）$_3$/HZSM-5、Co/HZSM-5和Mo/γ-Al_2O_3使700℃时CO的相对含量增加，且加入Mo/γ-Al_2O_3使700℃时CO的相对含量最高，为30.4%；加入催化剂Fe（NO_3）$_3$/MS使400℃时CO的相对含量增加，为17.8%。

H_2相对含量(vol %)
0
20
40
60
80
Mo/γ-Al_2O_3
Mo/HZSM-5
Mo/MS
Co/γ-Al_2O_3
Co/HZSM-5
Co/MS
$Fe(NO_3)_3$/γ-Al_2O_3
$Fe(NO_3)_3$/HZSM-5
$Fe(NO_3)_3$/MS
None
700
600
500
400
温度(℃)

(a)

CH_4相对含量(vol %)
0
20
40
60
80
Mo/γ-Al_2O_3
Mo/HZSM-5
Mo/MS
Co/γ-Al_2O_3
Co/HZSM-5
Co/MS
$Fe(NO_3)_3$/γ-Al_2O_3
$Fe(NO_3)_3$/HZSM-5
$Fe(NO_3)_3$/MS
None
700
600
500
400
温度(℃)

(b)

CO_2相对含量(vol %)
0
20
40
60
Mo/γ-Al_2O_3
Mo/HZSM-5
Mo/MS
Co/γ-Al_2O_3
Co/HZSM-5
Co/MS
$Fe(NO_3)_3$/γ-Al_2O_3
$Fe(NO_3)_3$/HZSM-5
$Fe(NO_3)_3$/MS
None
700
600
500
400
温度(℃)

(c)

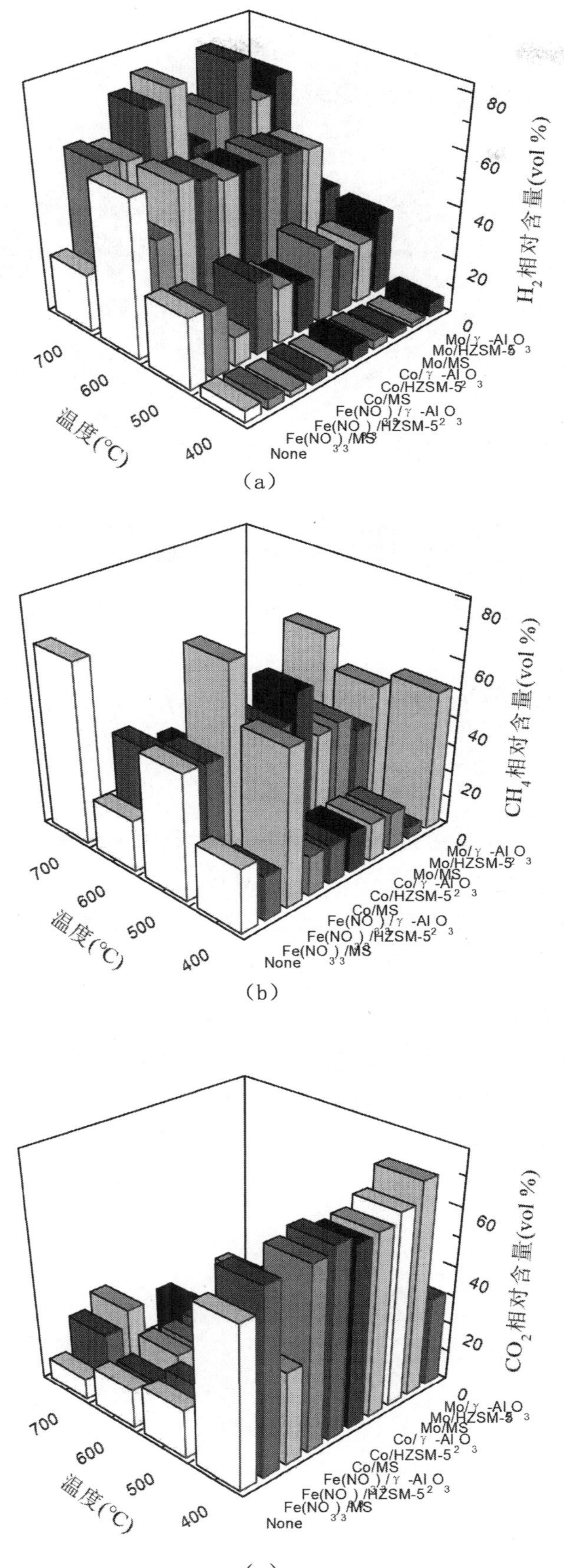

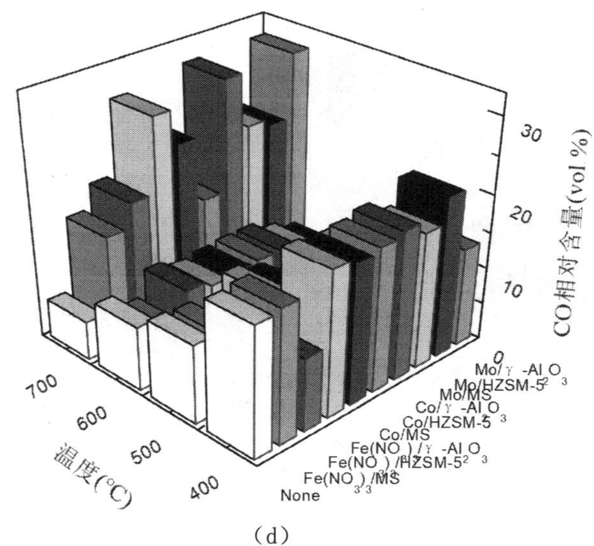

(d)

图 5-10　豁口煤、煤矸石及玉米芯三者供热解（豁口煤：煤矸石：玉米芯 =1 ：5 ：4）过程中加入不同催化剂时气相产物中各种气体的相对含量

Fig.5-10　The relative content of gas products obtained from co-pyrolysis of coal HK, coal gangue, and corncob when adding different catalysts at 700℃ (HK ：CG ：CB=1 ：5 ：4)

5.2.3　豁口煤、煤矸石及玉米芯三者供热解的半焦特性分析

5.2.3.1　SEM 分析

图 5-11 为豁口煤、煤矸石与玉米芯三者在 700℃供热解（豁口煤：煤矸石：玉米芯 = 1 ：5 ：4）时加入不同催化剂后所得半焦的 SEM 图。由图 5-11 可以发现，不加催化剂时，三者供热解所得半焦的形貌有煤矸石和豁口煤单一热解后的颗粒状，也有玉米芯热解后那种粗糙的有孔的表面。加入 Fe（NO_3）$_3$/MS、Fe（NO_3）$_3$/γ-Al_2O_3 后的半焦形貌相似，均为块状和条形状，而加入 Fe(NO_3)$_3$/HZSM-5 后的半焦变成更小的颗粒状。将 Co 负载到不同载体上（Mo/MS、Mo/HZSM-5、Mo/γ-Al_2O_3）的催化剂对半焦的影响相似，其形貌都变成了空心的细长条状。另外，加入 Mo/HZSM-5 和 Mo/γ-Al_2O_3 后，三者供热解所得半焦形貌相似，均为小的颗粒状和条形状，而加入 Mo/MS 后的半焦与不加催化剂类似，只是颗粒尺寸变小。

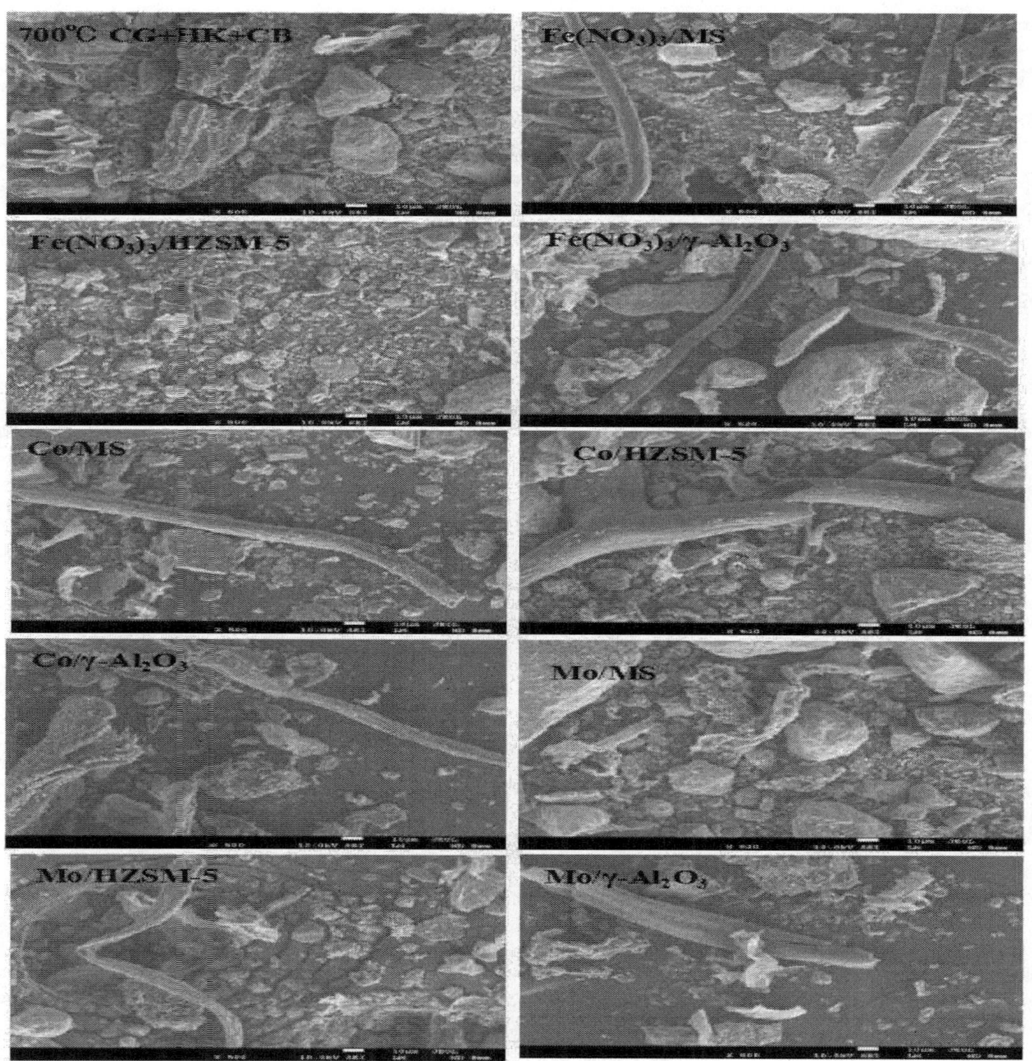

图 5-11　豁口煤、煤矸石与玉米芯三者在 700℃供热解（豁口煤：煤矸石：玉米芯 =1 ：5 ：4）时加入不同催化剂后所得半焦的 SEM 图

Fig.5-11　SEM graphs of chars obtained from co-pyrolysis of HK， coal gangue and corncob with different catalysts at 700℃（HK ：CG ：CB=1 ：5 ：4）

5.2.3.2　FTIR 分析

图 5-12 为豁口煤、煤矸石与玉米芯三者在 700℃供热解（豁口煤：煤矸石：玉米芯 =1 ：5 ：4）时加入不同催化剂后所得半焦的红外谱图。由图 5-12 可知，不加催化剂时，半焦在 3446cm^{-1}、1624cm^{-1}、1067cm^{-1}、791cm^{-1} 和 563cm^{-1} 处均有特征吸收峰，3446cm^{-1} 表示—OH 的吸收峰，1624cm^{-1} 表示 C═O 的吸收峰，1067cm^{-1} 代表 C—O 的伸缩振动，791cm^{-1} 和 563cm^{-1} 处的吸收峰表示芳香化合物中 C—H 的弯曲振动。由图 5-12（a）~ 图 5-12（c）发现加入不同催化剂后其红外谱图与不加催化剂时的谱图相似，所以说煤矸石、豁口煤与玉米芯三者供热解过程中加入不同催化剂后对半焦影响不明显。

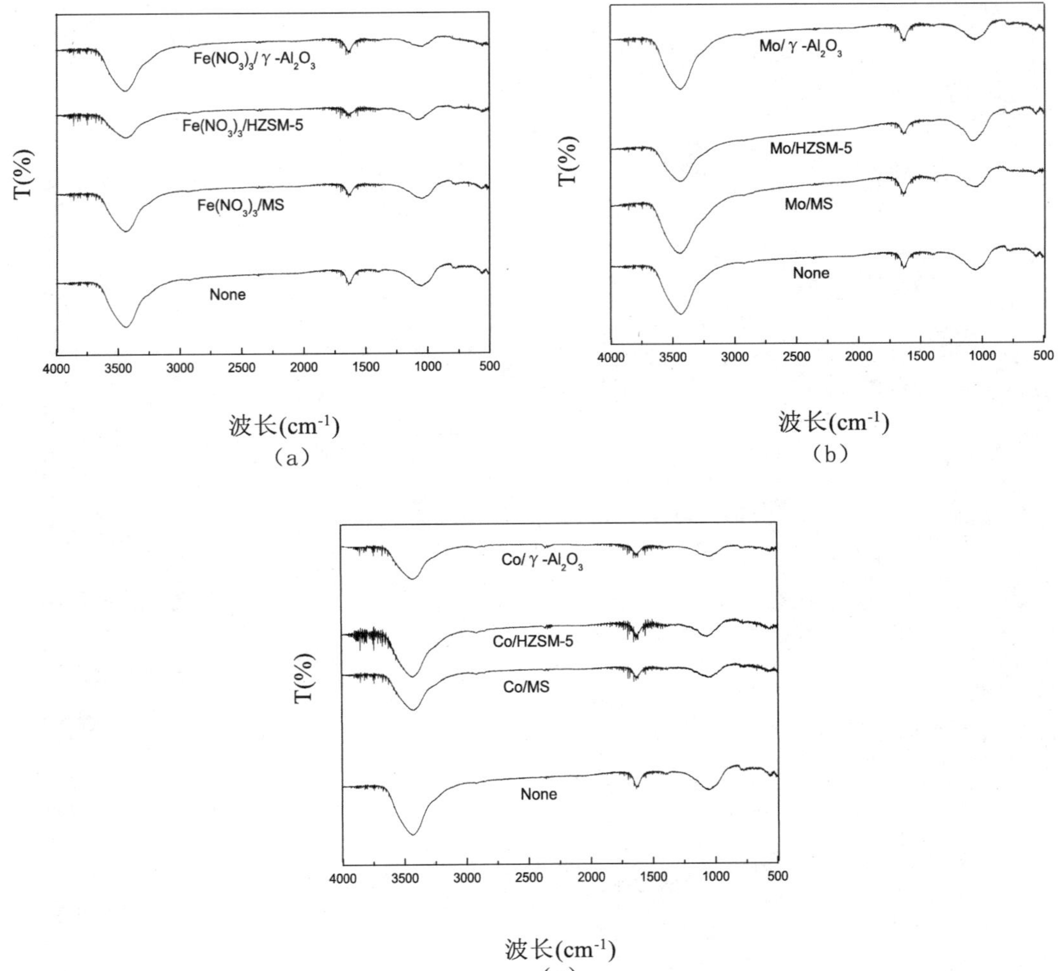

图 5-12　豁口煤、煤矸石与玉米芯三者在 700℃供热解（豁口煤：煤矸石：玉米芯 =1 ：5 ：4）时加入不同催化后所得半焦的红外谱图

Fig.5-12　FTIR spectra of chars obtained from pyrolysis of HK， coal gangue and corncob (HK ：CG ：CB=1 ：5 ：4) with different catalysts at 700℃

5.2.3.3　XRD 分析

图 5-13 为豁口煤、煤矸石与玉米芯在 700 ℃供热解（豁口煤：煤矸石：玉米芯 =1 ：5 ：4）时加入不同催化剂后半焦的 XRD 谱图。由图 5-13（a）~ 5-13（c）可以发现，不加催化剂时，半焦在 2θ 为 19°、20° 和 26° 均有峰，加入 Fe（NO_3）$_3$/MS、Fe（NO_3）$_3$/HZSM-5、Co/MS 和 Co/HZSM-5 后，半焦在 2θ 为 26° 时的峰明显增强，加入以 γ-Al_2O_3 为载体的催化剂后半焦的 XRD 谱图没有明显变化。加入载体是 MS 和 HZSM-5 的催化剂后半焦的 XRD 谱图有明显特征峰，这可能是它本身的矿物质特征峰。

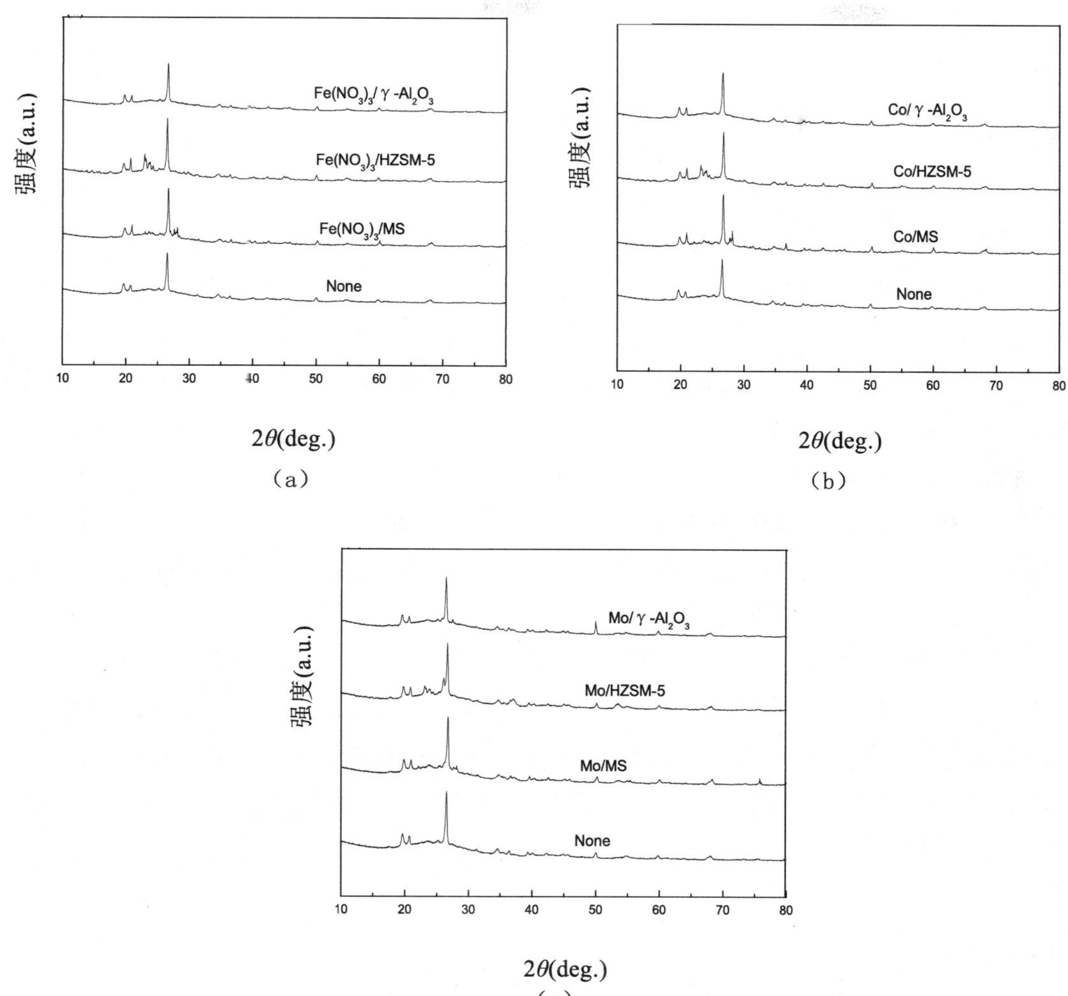

图 5-13　豁口煤、煤矸石与玉米芯在 700℃共热解（HK ： CG ： CB=1 ： 5 ： 4）时加入不同催化剂后所得半焦的 XRD 谱图

Fig.5-13　X-ray diffraction pattern of chars obtained from co-pyrolysis of HK，coal gangue and corncob with different catalysts at 700℃（HK ： CG ： CB=1 ： 5 ： 4）

5.2.4　豁口煤、煤矸石与玉米芯共热解机理初探

通过对比麦饭石基催化剂在豁口煤单一热解、豁口煤与煤矸石共热解、豁口煤与玉米芯共热解以及豁口煤、煤矸石与玉米芯三者共热解行为，发现麦饭石基催化剂在单独和共热解过程中的影响是不同的，在豁口煤与煤矸石共热解过程中加入 Fe（NO_3）$_3$/MS，焦油收率增加，在豁口煤与玉米芯共热解过程中，加入麦饭石基催化剂焦油收率降低，总转化率变化不明显，在豁口煤、煤矸石与玉米芯三者共热解中，加入麦饭石基催化剂油收率降低，总转化率增加。另外，豁口煤单一热解、豁口煤与煤矸石共热解、豁口煤与玉米芯共热解以及豁口煤、煤矸石与玉米芯三者共热解的半焦形貌有所不同，有玉米芯加入热解后的半焦是粗糙的有孔表面，而豁口煤和煤矸石热解后的半焦是颗粒状居多，加入麦饭石基催化剂后均使得半焦颗粒状更多，有孔的表面也更丰富。但是，催化剂对豁口煤单一热解、豁口煤与煤矸石共热解、豁口煤与玉米芯共

热解以及豁口煤、煤矸石与玉米芯三者供热解半焦的红外特征峰均影响较小。

5.3 小结

（1）无催化剂时，不同比例下豁口煤、煤矸石及玉米芯三者在900℃时供热解过程中，随着玉米芯比例减少、豁口煤比例增加，半焦收率逐渐增加，焦油收率逐渐降低。

（2）煤、煤矸石及玉米芯三者在700℃供热解（煤：煤矸石：玉米芯=1：5：4）过程中加入不同催化剂后，半焦收率影响不大，焦油收率均不同程度的降低，加入Co/MS后焦油收率最低，为11.0%，气体收率最高，为25.7%。

（3）在煤、煤矸石及玉米芯三者（豁口煤：煤矸石：玉米芯=1：5：4）供热解过程中，加入Mo/MS使700℃时H_2的相对含量最高，为77.1%，依次减少是Co/MS、Fe（NO_3）$_3$/γ-Al_2O_3、Mo/γ-Al_2O_3、Co/γ-Al_2O_3、Mo/HZSM-5、Fe（NO_3）$_3$/MS、Fe（NO_3）$_3$/HZSM-5和Co/HZSM-5，其H_2的相对含量依次为76.2%、71.3%、66.7%、61.3%、60.7%、58.5%、56.5%和52.1%；加入Mo/γ-Al_2O_3使600℃时CH_4相对含量最高，为56.1%；加入Fe（NO_3）$_3$/HZSM-5使500℃和400℃时CH_4的相对含量增加最多，分别为75.0%和56.4%；加入Mo/γ-Al_2O_3使CO_2的相对含量降低（700℃除外）；而加入Fe（NO_3）$_3$/MS、Fe（NO_3）$_3$/γ-Al_2O_3、Mo/MS和Co/MS后都可以增加CO的相对含量，且加入Fe（NO_3）$_3$/γ-Al_2O_3使各个温度下CO的相对含量增加。

第 6 章　玉米芯、煤矸石和塑料三者催化供热解行为研究

塑料作为人们日常生活中不可缺少的物质，它的利用造成严重的“白色污染”。因此，如何回收利用废塑料已成为环境治理亟待解决的问题。废塑料热解可以使废塑料中的高分子键在热能作用下发生断裂，得到低分子量的化合物，产出高热值的燃料，通过改变温度、压力和催化剂等条件，塑料热解还可以产生一些有价值的化学品。对塑料的单一热解，生物质或煤与塑料的供热解都有大量研究，并且大量研究表明它们之间在热解过程中存在协同作用，但是对于三者供热解的研究很少。因此，本章将讨论玉米芯、煤矸石和塑料三者供热解的行为，考察不同的比例、温度和添加不同的添加剂对三者供热解产物收率和热解气体组分的影响。

6.1　无催化剂时玉米芯、煤矸石和塑料三者供热解

选用山西临汾玉米芯，潞安煤矿煤矸石和低密度聚乙烯（LDPE）（东莞市艺源塑胶原料有限公司）为实验原料。先将实验原料在空气中干燥，并将其粉碎，研磨过筛到粒径为 0.15 ~ 0.25mm 备用。实验样品低密度聚乙烯（LDPE）的密度为 $0.924g/cm^3$（ASTM，D−1505），熔融指数为 22.0g/10min（ASTM，D−1238），玉米芯和煤矸石的工业分析和元素分析见表 6−1。实验中所用的添加剂矿物质麦饭石（MS）购置于河北灵寿，其组成成分分析见表 6−2。HZSM−5 和 $\gamma-Al_2O_3$ 购置于河北廊坊，HZSM−5 的 Si/Al 比为 30。制备改性添加剂所用的化学药品 $BaCl_2 \cdot 2H_2O$、$ZnCl_2$、$CaCl_2$、$SnCl_2 \cdot 2H_2O$、KCl、Co（NO_3）$_2 \cdot 6H_2O$、（NH_4）$Mo_7O_{24} \cdot 4H_2O$、Ni（NO_3）$_2 \cdot 3H_2O$ 和 $H_3PO_{40}W_{12}$（PW_{12}）购置于天津光复科技发展有限公司。

表 6−1　样品的工业分析和元素分析

Table 6−1　Proximate and ultimate analysis of samples（ad，wt.%）

样品	工业分析（%）				元素分析（ad，%）				
	M_{ad}	A_{ad}	FC_{ad}	V_{ad}	C	H	O	N	S
玉米芯	4.97	2.06	18.05	80.59	44.3	6.08	48.94	0.62	0.06
煤矸石	0.95	82.13	6.92	10	12.82	1.38	85.2	0.40	0.20

表 6-2 麦饭石的主要成分分析
Table 6-2 Main compositions of Medical stone

（wt%）

样品	SiO_2	Al_2O_3	Fe_2O_3	CaO	MgO	TiO_2	K_2O	Na_2O
麦饭石	68.10	16.57	3.39	2.73	1.79	0.30	4.22	3.00

6.1.1 不同比例下玉米芯、煤矸石和塑料三者供热解产物收率

图 6-1 为不同比例下玉米芯、煤矸石和塑料（LDPE）在 900℃时供热解的产物收率。由图 6-1 可知，随着煤矸石比例减少，塑料比例增加，固体残渣收率逐渐减少，液化油收率和气体收率逐渐增加。因为塑料中的挥发分含量大，所以随着塑料比例的增加，就会有大量的挥发分裂解成液化油和气体。同样，塑料中的灰分含量较少，所以当塑料比例增加，热解后所得的固体残渣收率就降低。

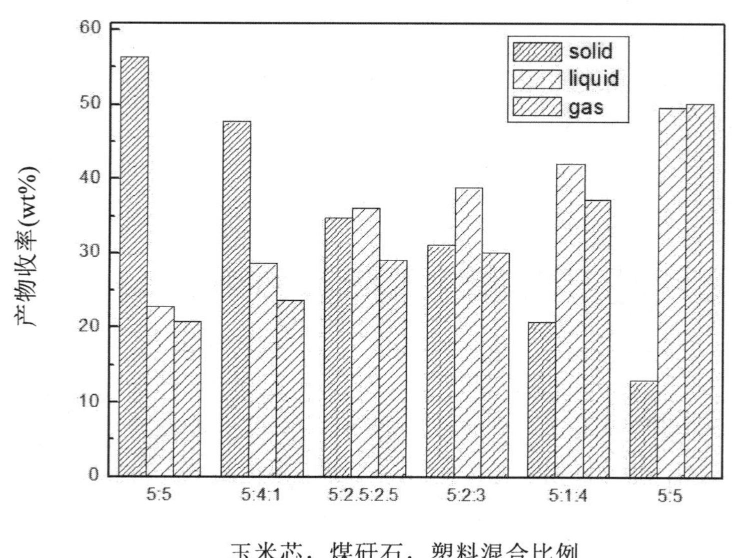

图 6-1 不同比例下玉米芯、煤矸石和塑料在 900℃时供热解的产物收率
Fig.6-1 Product yield during co-pyrolysis of corncob, coal gangue and plastic at different ratios

6.1.2 不同温度下玉米芯、煤矸石和塑料三者供热解产物收率

图 6-2 为不同温度下玉米芯、煤矸石和塑料三者供热解（玉米芯：煤矸石：塑料 = 5：1：4）的产物收率。由图 6-2 可知，在同一比例下，随着温度升高，固体残渣收率降低，在 300 ~ 400℃降低得最多，因为煤矸石和塑料在 300 ~ 400℃时开始热解，而且塑料在 400℃时热解速率很快，在 500℃时热解基本完成。因此在 400℃后，随着温度的升高，固体残渣收率变化不显著。随着温度升高，液化油收率先增加后降低，同样由于塑料的热解，液化油在 300 ~ 400℃时增加幅度最大，在 500℃时收率达到最大，随后随着温度升高而降低，与玉米芯

热解以及玉米芯和煤矸石供热解时液化油收率的变化一致。在高温下挥发分会发生二次裂解产生大量的气体，所以气体收率随着温度的升高不断增加。

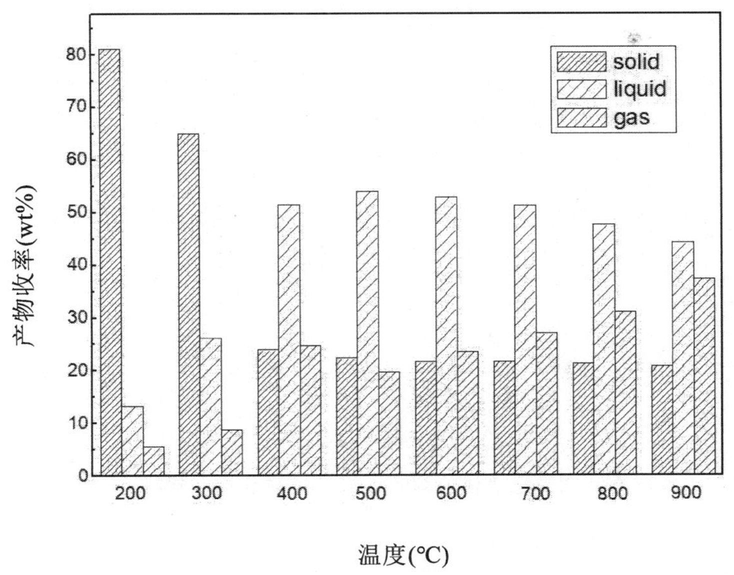

图 6-2　不同温度下玉米芯、煤矸石和塑料三者供热解（玉米芯：煤矸石：塑料 =5 ：1 ：4）的产物收率
Fig.6-2　Product yield during co-pyrolysis of corncob， coal gangue and plastic （corncob ： coal gangue ： plastic═5 ：1 ：4） at different temperatures

6.1.3　玉米芯、煤矸石和塑料三者供热解气体的组成

图 6-3 为不同温度下玉米芯、煤矸石和塑料三者供热解（玉米芯：煤矸石：塑料 =5 ：1 ：4）时气相产物中气体的组成。由图 6-3 可知，H_2 的含量随着温度的升高逐渐升高，在高温 600 ~ 900℃时含量较高，而在 300℃和 400℃时含量很低。CH_4 的含量随温度从 300℃升高到 600℃而不断增加，而当温度从 600℃升高到 900℃时 CH_4 的含量减少。CO_2 含量随着温度升高而降低，在 900℃时几乎无 CO_2 释放。CO 的含量先随温度升高而降低，在 600℃时含量最低，随后随着温度升高而增加。玉米芯、煤矸石和塑料三者供热解释放气体的规律与玉米芯和煤矸石两者供热解释放气体规律相同。同样，CO_2 在低温时含量较高，因为 CO_2 的产生主要是 COOH 或 C—O 官能团的断裂，这些官能团在较低的温度就可以断裂；而 H_2 是由芳香环的断裂和重构以及焦炭的脱氢产生的，而这些反应在高温下发生，所以 H_2 在高温时含量较高。

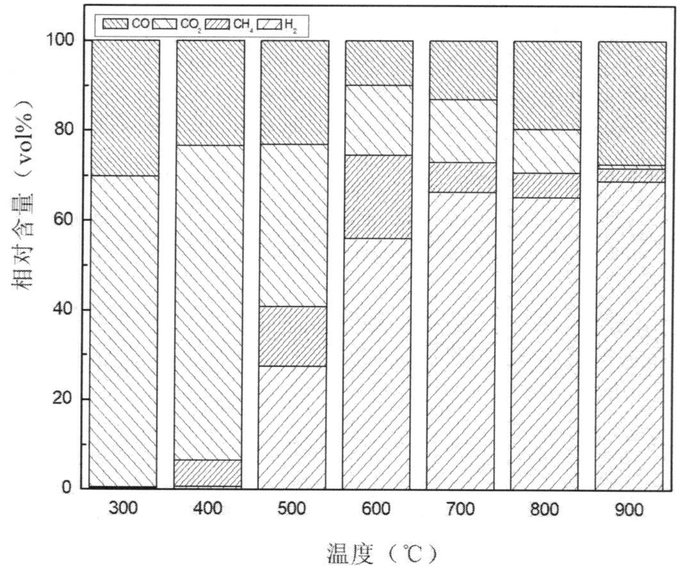

图 6-3　不同温度下玉米芯、煤矸石和塑料三者供热解（玉米芯：煤矸石：塑料 =5 ：1 ：4）时气相产物中气体的组成

Fig.6-3　The compositions of gas products obtained from co-pyrolysis of corncob， coal gangue and plastic（corncob ：coal gangue ：plastic═5 ：1 ：4）under different temperatures

6.2　玉米芯、煤矸石和塑料三者催化供热解特性

6.2.1　添加剂对玉米芯、煤矸石和塑料三者供热解产物收率的影响

图 6-4 为 MS 及以 MS 为载体的改性添加剂对玉米芯、煤矸石和塑料在 900℃和 500℃供热解（玉米芯：煤矸石：塑料 =5 ：1 ：4，添加剂的量为 10%）时产物收率的影响。图 6-4（a）为 900℃供热解时添加剂对产物收率的影响，由图 6-4（a）可知，在 900℃时，加入 MS 后，液化油收率由原来的 44.2% 提高到 47.5%，当 MS 负载上 $SnCl_2$、Mo 和 PW_{12} 时液化油收率高于加入 MS 时的收率，最大油收率达到 48.9%，提高了 4.7%。其余改性添加剂相比于未加添加剂时都一定程度上提高了液化油的收率。添加 MS 以及改性 MS 都增加了热解后所得固体残渣的收率。与添加 MS 时相比，添加改性添加剂都使固体残渣收率降低（除 $ZnCl_2$/MS 和 Co-Mo/MS）。与不加添加剂相比，MS 和改性添加剂都降低了热解所得气体的收率，不同的是，与添加 MS 相比，添加 $SnCl_2$/MS 和 Mo/MS 都使气体收率略有降低。图 6-4（b）为 500℃供热解时添加剂对产物收率的影响。由图 6-4（b）可知，当热解温度为 500℃时，添加 MS 也使液化油收率增加，与玉米芯和煤矸石供热解时一样，500℃时的液化油收率比 900℃时的液化油收率略低一些。当热解温度为 500℃时，在所有添加剂中 $SnCl_2$/MS、Mo/MS 和 PW_{12}/MS 同样效果最佳，液化油收率最高为 56.8%。这些添加剂都提高了固体残渣的收率，降低了气体的收率。由此得出，MS 及以 MS 为载体的改性添加剂对热解产物的收率有影响，都可以提高液化

油和固体残渣的收率，降低气体的收率。而且添加剂对热解产物收率的影响也与温度有关，MS 在 900℃时对液化油收率的提高大于 500℃时。实验表明，$SnCl_2$/MS、Mo/MS 和 PW_{12}/MS 在 500℃和 900℃时催化效果都较其他添加剂更好一些。

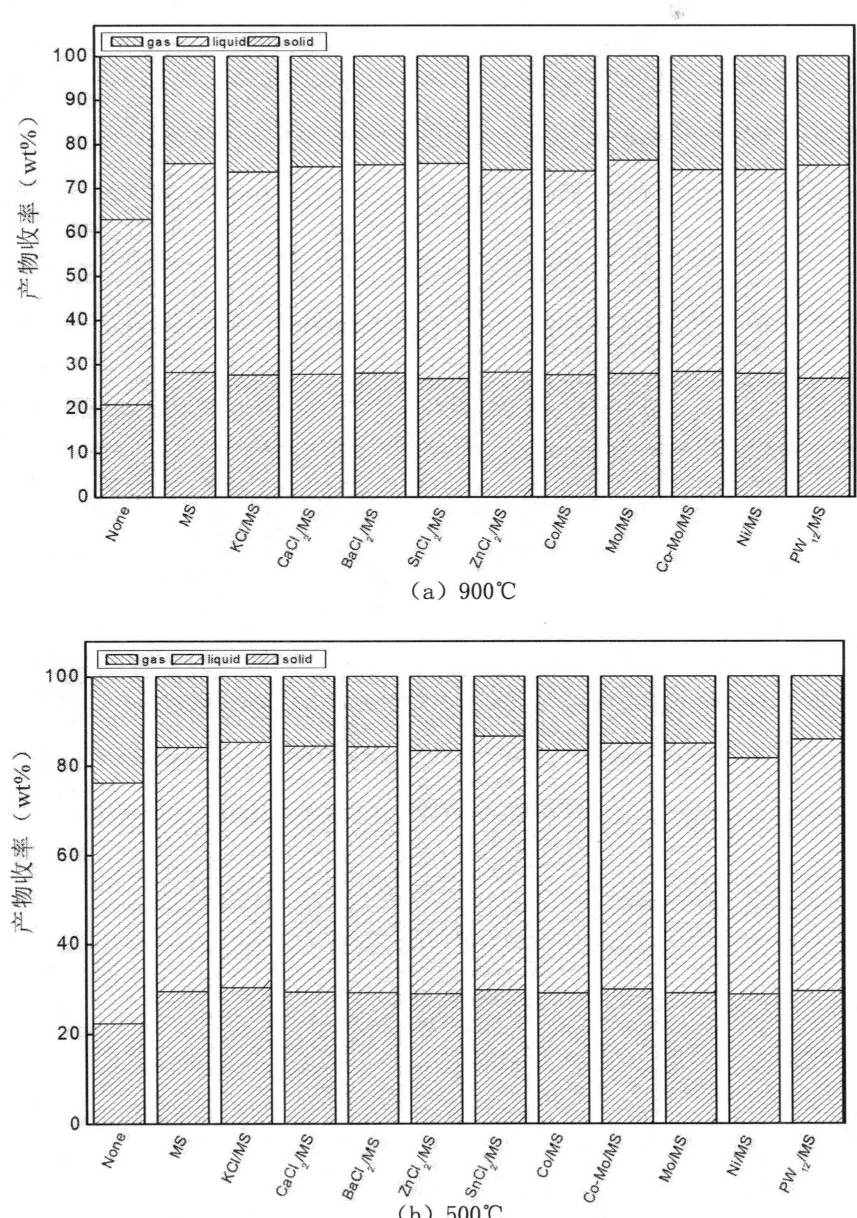

（a）900℃

（b）500℃

图 6-4　MS 及以 MS 为载体的改性添加剂**对玉米芯、煤矸石和塑料供热解（玉米芯：煤矸石：塑料 =5 ：1 ：4）时产物收率的影响**

Fig.6-4　The effect of MS and modified MS on the product yield during co-pyrolysis of corncob， coal gangue and plastic （corncob ： coal gangue ： plastic═5 ： 1 ： 4）

图 6-5 为 HZSM-5 及以 HZSM-5 为载体的改性添加剂对玉米芯、煤矸石和塑料在 900℃和 500℃供热解（玉米芯：煤矸石：塑料 =5 ：1 ：4，添加剂的量为 10%）时产物收率的影响。图 6-5（a）为 900℃供热解时添加剂对产物收率的影响，由图 6-5（a）可知，当热解温度为 900℃时，添加 HZSM-5 对液化油的收率没明显影响，但是降低了气体收率，提高了固体

残渣收率。Mo/HZSM-5 使液化油收率略有提高，其余改性添加剂都降低了液化油的收率，加入 $BaCl_2$/HZSM-5 时液化油收率最低，为 40.2%。HZSM-5 及以 HZSM-5 为载体的改性添加剂与 MS 和其改性添加剂一样提高了固体残渣的收率，降低了气体的收率。以 HZSM-5 为载体的改性添加剂都进一步降低了固体残渣的收率，提高了气体收率。图 6-5（b）为 500℃供热解时添加剂对产物收率的影响，由图 6-5（b）可知，当热解温度为 500℃时，HZSM-5 降低了液化油的收率，Mo/HZSM-5 使液化油收率略有提高，其余改性添加剂也都降低了液化油的收率，加入 $SnCl_2$/HZSM-5 时液化油收率最低，为 49.3%，与不加添加剂相比下降了 4.6%。HZSM-5 及以 HZSM-5 为载体的改性添加剂也都提高了固体残渣的收率，降低了气体的收率。由此得出，HZSM-5 及以 HZSM-5 为载体的改性添加剂对热解产物的收率有影响，与不加添加剂相比，除 Mo/HZSM-5 外，加入其他添加剂都降低了液化油和气体的收率，提高了固体残渣的收率。添加剂对热解产物收率的影响也与温度有关，HZSM-5 在 900℃时几乎没改变液化油的收率，在 500℃时使其降低。

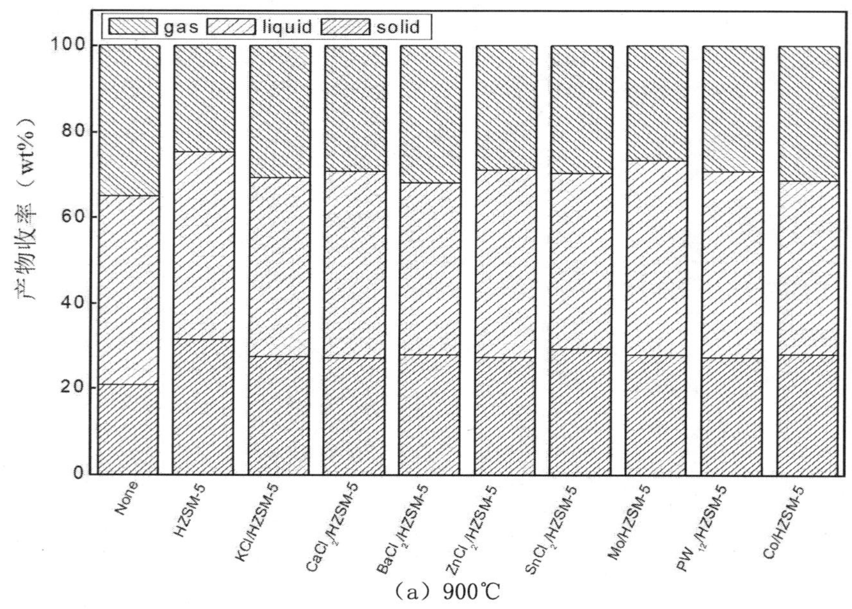

（a）900℃

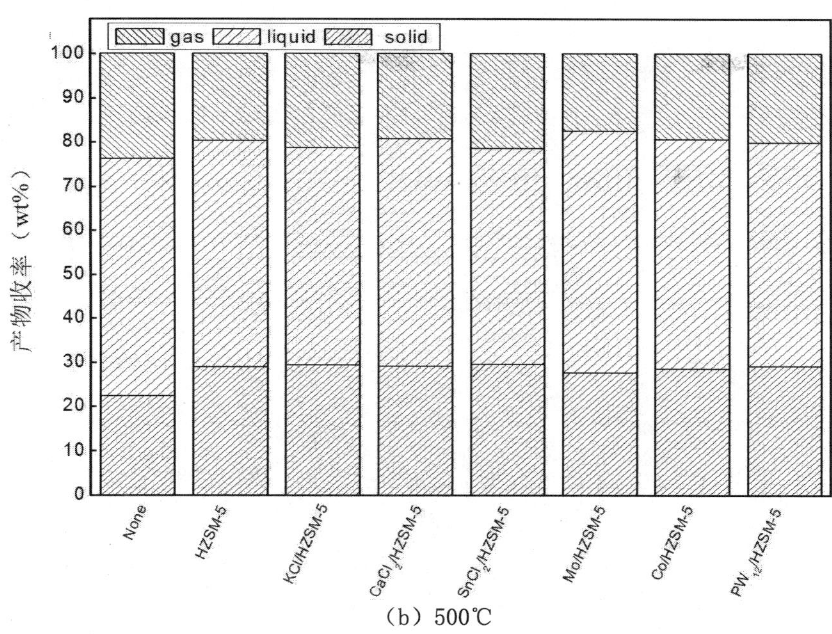

（b）500℃

图 6-5　HZSM-5 及以 HZSM-5 为载体的改性添加剂对玉米芯、煤矸石和塑料供热解（玉米芯：煤矸石：塑料 =5 ：1 ：4）时产物收率的影响

Fig.6-5　The effect of HZSM-5and modified HZSM-5on the product yield during co-pyrolysis of corncob, coal gangue and plastic （corncob ：coal gangue ：plastic═5 ：1 ：4）

图 6-6 为 γ-Al_2O_3 及以 γ-Al_2O_3 为载体的改性添加剂对玉米芯、煤矸石和塑料在 900℃和 500℃供热解(玉米芯：煤矸石：塑料 =5 ：1 ：4，添加剂的量为 10%)时产物收率的影响。图 6-6（a）为 900℃供热解时添加剂对产物收率的影响，由图 6-6（a）可知，当热解温度为 900℃时，γ-Al_2O_3 在三者供热解的催化效果与在玉米芯和煤矸石两者供热解的催化效果不同，它使热解时所得的液化油收率增加，提高了 3.5%，固体残渣收率也增加，气体收率降低。以 γ-Al_2O_3 为载体的改性添加剂 KCl/γ-Al_2O_3、$CaCl_2$/γ-Al_2O_3、$ZnCl_2$/γ-Al_2O_3 和 PW_{12}/γ-Al_2O_3 提高了液化油的收率，其中添加 PW_{12}/γ-Al_2O_3 获得最大油收率，为 46.9%，添加 $SnCl_2$/γ-Al_2O_3 使液化油收率最低为 39.6%。其他改性添加剂也都提高了固体残渣的收率，降低了气体的收率。图 6-6（b）为 500℃供热解时添加剂对产物收率的影响，由图 6-6（b）可知，当温度为 500℃时，同样加入 γ-Al_2O_3 提高了液化油的收率，改性添加剂中 Co/γ-Al_2O_3 和 PW_{12}/γ-Al_2O_3 也提高了液体油的收率，但是相比于添加 γ-Al_2O_3 液化油收率都略有降低。γ-Al_2O_3 及以 γ-Al_2O_3 为载体的改性添加剂也都提高了固体残渣的收率，降低了气体的收率。由此可知，γ-Al_2O_3 在 900℃和 500℃供热解过程中都使液化油收率增加，KCl/γ-Al_2O_3、$CaCl_2$/γ-Al_2O_3、$ZnCl_2$/γ-Al_2O_3 和 PW_{12}/γ-Al_2O_3 于 900℃，Co/γ-Al_2O_3 和 PW_{12}/γ-Al_2O_3 于 500℃时提高了液化油的收率，但是略低于添加 γ-Al_2O_3 时液体油收率。

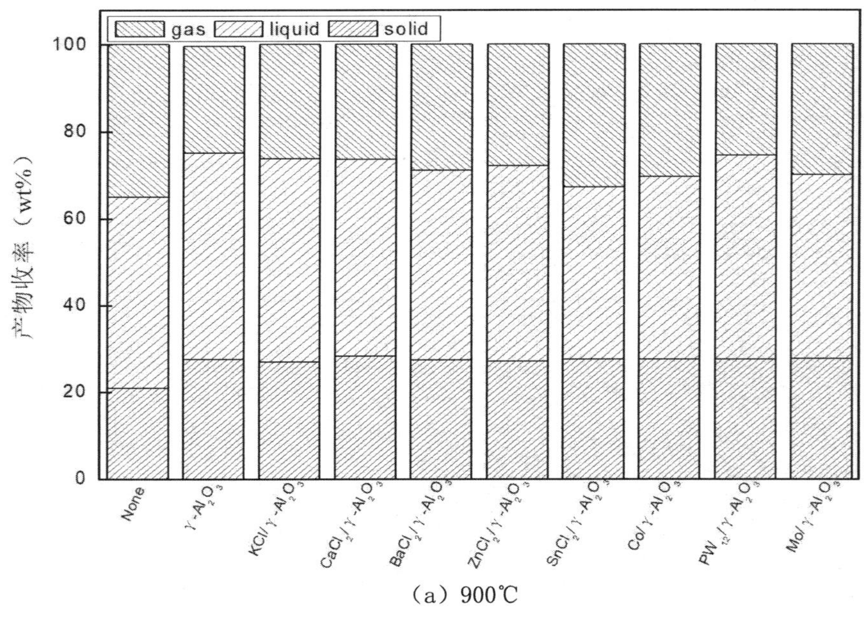

（a）900℃

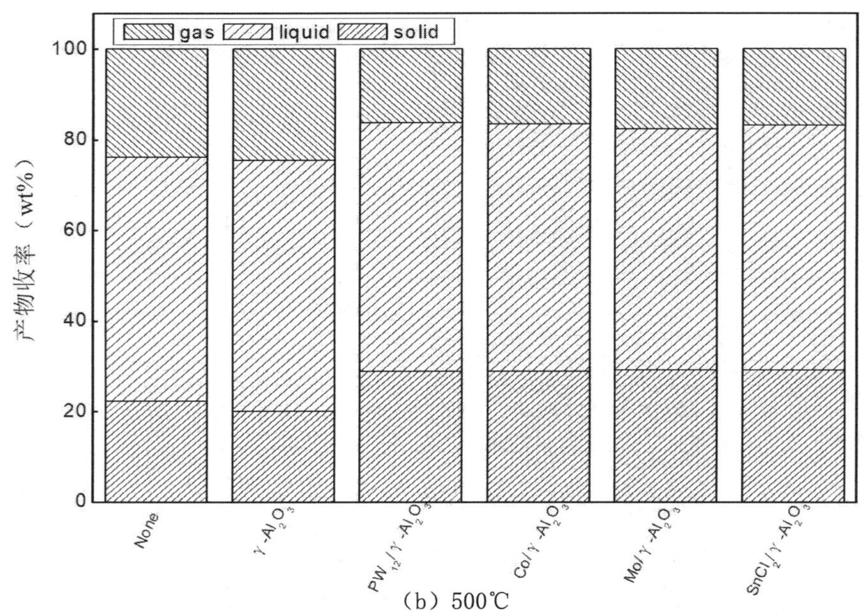

（b）500℃

图 6-6　γ-Al_2O_3 及以 γ-Al_2O_3 为载体的改性添加剂对玉米芯、煤矸石和塑料供热解（玉米芯：煤矸石：塑料 =5 ：1 ：4）时产物收率的影响

Fig.6-6　The effect of γ-Al_2O_3 and modified γ-Al_2O_3 on the product yield during co-pyrolysis of corncob, coal gangue and corncob （corncob ： coal gangue ： plastic=5 ： 1 ： 4）

6.2.2　催化剂对玉米芯、煤矸石和塑料三者供热解气体组成的影响

图 6-7 为 MS 及以 MS 为载体的改性添加剂对玉米芯、煤矸石和塑料供热解（玉米芯：煤矸石：塑料 =5 ：1 ：4）气相产物中各组分的相对含量的影响。由图 6-7 可知，加入添加剂后，气体的释放规律没有改变，只是在某个温度下会提高或降低气体的含量。由图 6-7（a）可知当加入 MS 时，在 300 ～ 900℃温度范围内 H_2 的含量都提高了，在 900℃时含量达到 80%。当加

入改性添加剂后，不同的改性添加剂对 H_2 的影响不同。加入 Co/MS 也提高了 H_2 含量，尤其是在 700℃时，H_2 含量达到 82.06%。除 Co/MS 外，其余改性添加剂在高温时也会提高 H_2 的含量，如 Mo/MS 在 500 ~ 900℃温度范围内都能提高 H_2 的含量，$CaCl_2$/MS 使 700℃和 800℃时 H_2 的含量增加。此外，$SnCl_2$/MS 提高了 600℃时 H_2 的含量；$BaCl_2$/MS、KCl/MS、Ni/MS 和 PW_{12}/MS 提高了 800℃时的气相中 H_2 的含量。低温时，KCl/MS、$CaCl_2$/MS 和 Co/MS 使 400℃时 H_2 的含量大幅增加。由图 6-7（b）可知，添加剂使 CH_4 的含量增加，在 500℃时 CH_4 增加量最大。其中在 500℃添加 $BaCl_2$/MS 和 PW_{12}/MS 时 CH_4 含量达到 50% 以上。由图 6-7（c）可知，加入 MS 使各个温度下的 CO_2 含量都降低。CO_2 含量在 300℃和 400℃时含量最高，当加入 KCl/MS、Mo/MS 和 Co/MS 时 CO_2 含量降低。由图 6-7（d）可知，温度在 700 ~ 900℃时，加入 MS 降低了 CO 的含量，温度在 300 ~ 500℃时加入 $ZnCl_2$/MS 和 Co/MS 降低了 CO 的含量，$SnCl_2$/MS、Co/MS、$CaCl_2$/MS 和 Ni/MS 使各个温度下 CO 的含量都有所降低。

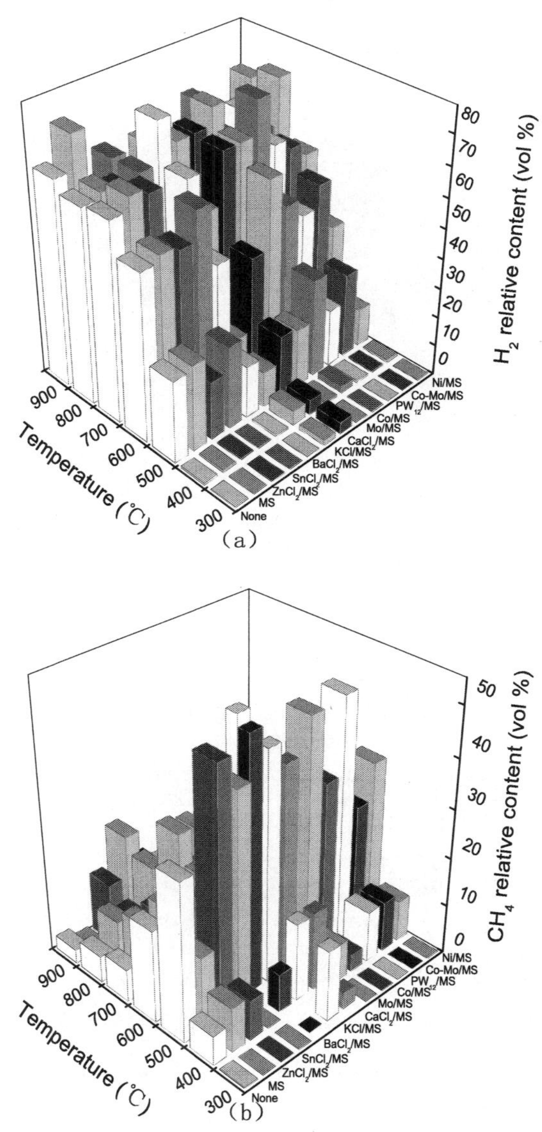

（a）

（b）

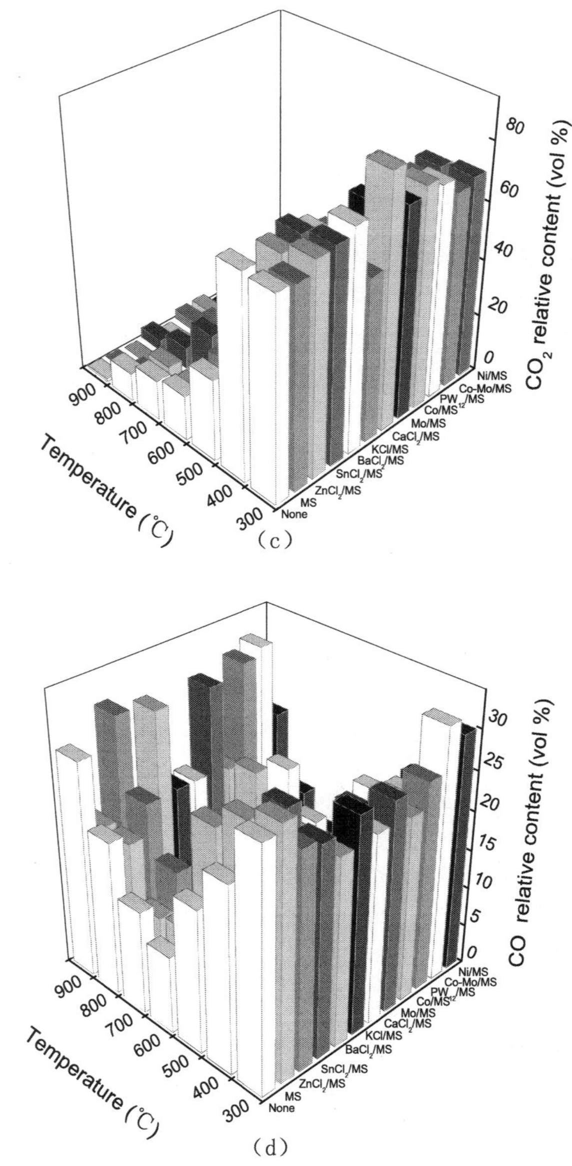

图 6-7 MS 及以 MS 为载体的改性添加剂对玉米芯、煤矸石和塑料供热解（玉米芯：煤矸石：塑料 =5 ：1 ：4）气相产物中各种气体的相对含量的影响

Fig.6-7 The relative content of gas phase products obtained from co-pyrolysis of corncob，coal gangue and plastic（corncob ：coal gangue：：plastic=5 ：1 ：4）when adding MS and modified MS

图 6-8 为 HZSM-5 及以 HZSM-5 为载体的改性添加剂对玉米芯、煤矸石和塑料供热解（玉米芯：煤矸石：塑料 =5 ：1 ：4）气相产物中各组的相对含量的影响。由图 6-8 可知，加入添加剂后，均没有改变气体的释放规律，只是在某个温度下会提高或降低气体的含量。由图 6-8（a）可知，加入 HZSM-5 同加入 MS 一样会提高各个温度下 H_2 的含量，一定的改性添加剂在高温时也增加了 H_2 的含量。Co/HZSM-5、$BaCl_2$/HZSM-5 和 Mo/HZSM-5 提高了 600 ~ 800℃时 H_2 的含量，$SnCl_2$/HZSM-5 提高了 800℃时 H_2 的含量，$CaCl_2$/HZSM-5 提高了 800 ~ 900℃时 H_2 的含量，PW_{12}/HZSM-5 提高了 700 ~ 900℃时 H_2 的含量。Co/HZSM-5、

$BaCl_2$/HZSM−5、Mo/HZSM−5 和 $SnCl_2$/HZSM−5 使 400 ℃时 H_2 含量增加。由图 6−8（b）可以得知除 $ZnCl_2$/HZSM−5 外，其他添加剂都增加了 CH_4 的含量。由图 6−8（c）可知，加入 HZSM−5、$CaCl_2$/HZSM−5、$SnCl_2$/HZSM−5 和 Co/HZSM−5 都可使 CO_2 含量降低，其余添加剂会增加 300℃时 CO_2 的含量。由图 6−8（d）可知，加入 HZSM−5、Mo/HZSM−5 可以降低各个温度下 CO 的释放量，加入 $BaCl_2$/HZSM−5 时，CO 含量在 600℃时最低，为 4.5%。

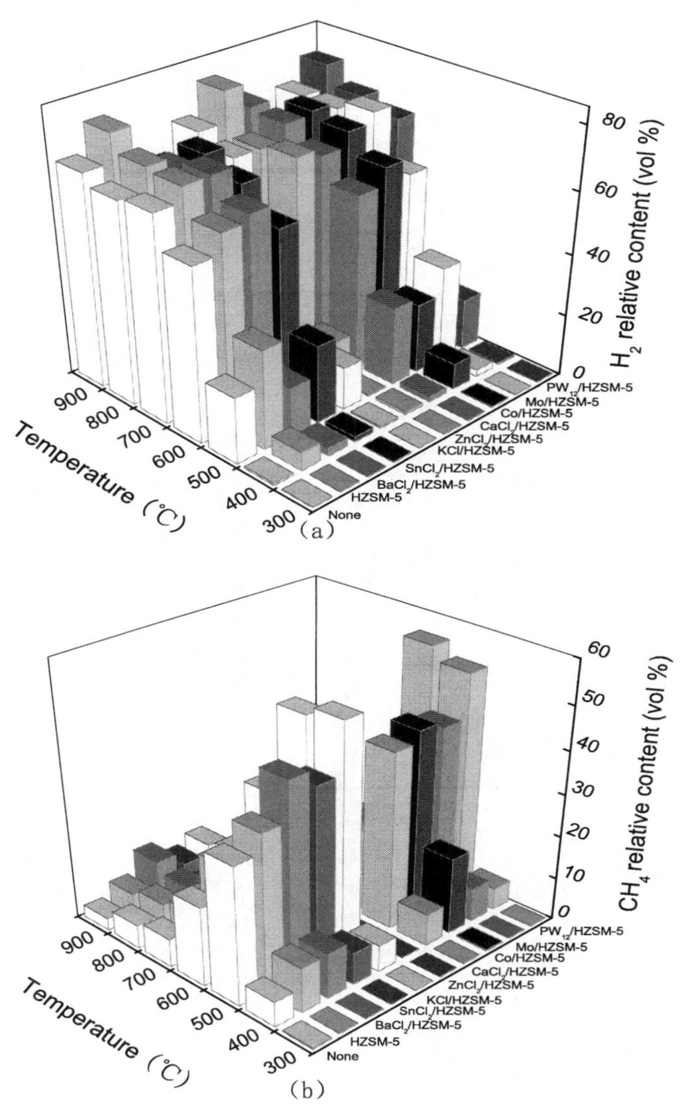

（a）

（b）

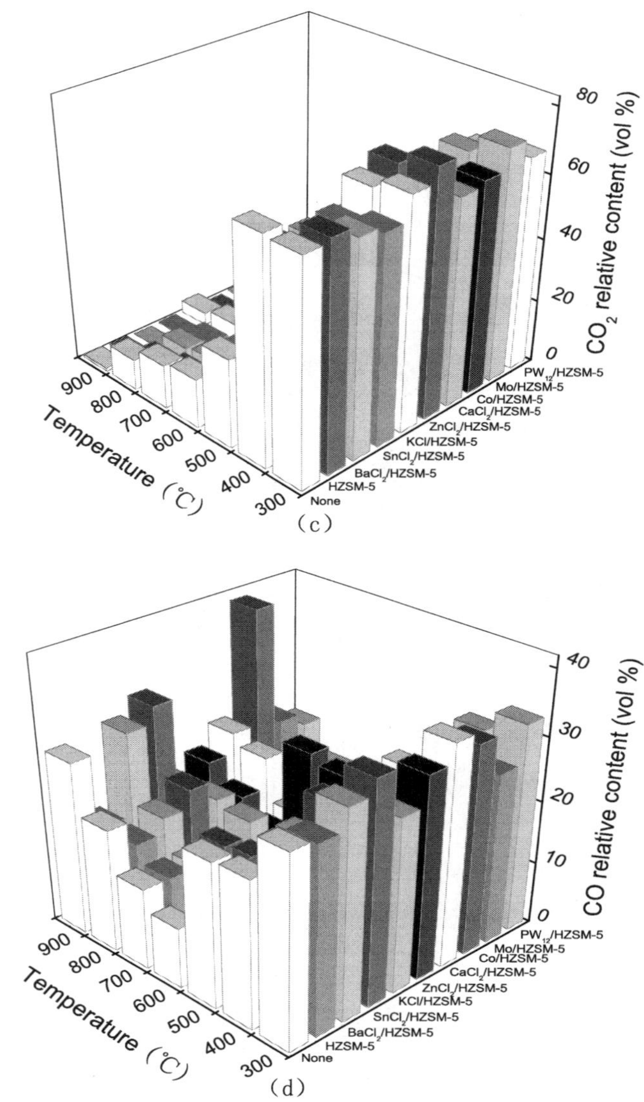

图 6-8 HZSM-5 及以 HZSM-5 为载体的改性添加剂对玉米芯、煤矸石和塑料供热解（玉米芯：煤矸石：塑料 =5 ：1 ：4）气相产物中各组分的相对含量

Fig.6-8 The relative content of gas phase products obtained from co-pyrolysis of corncob, coal gangue and plastic (corncob : coal gangue : plastic=5 : 1 : 4) when adding HZSM-5 and modified HZSM-5

图 6-9 为 γ-Al_2O_3 及以 γ-Al_2O_3 为载体的改性添加剂对玉米芯、煤矸石和塑料供热解（玉米芯：煤矸石：塑料 =5 ：1 ：4）气相产物中各组分的相对含量的影响。由图 6-9（a）可知，当加入催化剂后，H_2 依旧在高温时产生。当热解温度为 700℃时，加入 γ-Al_2O_3 会使 H_2 的含量增加，加入 KCl/γ-Al_2O_3、$ZnCl_2$/γ-Al_2O_3、$SnCl_2$/γ-Al_2O_3、$BaCl_2$/γ-Al_2O_3、Co/γ-Al_2O_3 和 Mo/γ-Al_2O_3 会使 400℃时 H_2 含量增加。在 700 ~ 900℃时，加入 PW_{12}/γ-Al_2O_3 都可使 H_2 含量增加。由图 6-9（b）可知，除 PW_{12}/γ-Al_2O_3 和 Mo/γ-Al_2O_3 使 CH_4 的含量降低外，其余添加剂都可使 CH_4 含量增加。由图 6-9（c）可知，加入 γ-Al_2O_3 及其改性添加剂都可使 CO_2 在 300℃时的含量增加。加入 Co/γ-Al_2O_3 后 400℃时 CO_2 的含量降低。由图 6-9（d）可知，加入 γ-Al_2O_3、$CaCl_2$/γ-Al_2O_3、$BaCl_2$/γ-Al_2O_3 后 300℃时 CO 的含量会降低，加入 Co/γ-Al_2O_3

使 300 ~ 600℃时 CO 的含量降低，而 500℃时加入 Mo/γ−Al_2O_3 使 CO 的含量由 23% 下降到 6%。综上所述，气体的产生及各组分收率与添加剂种类和温度都有关。

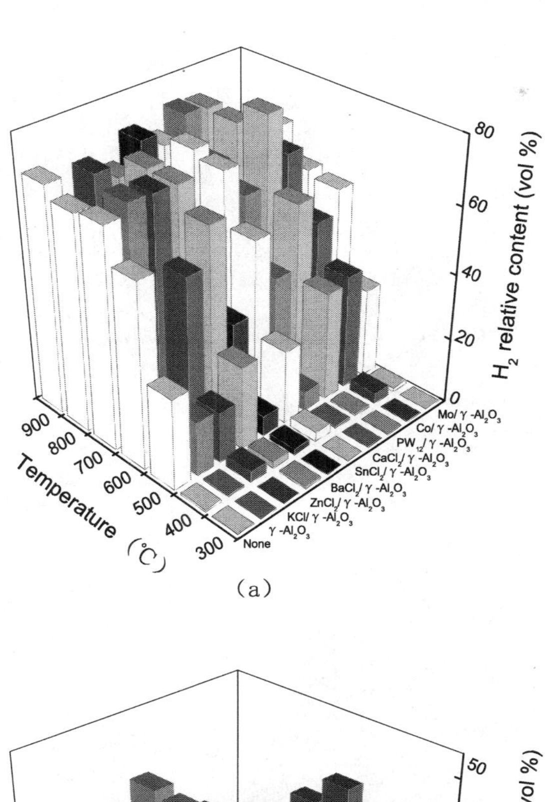

(a)

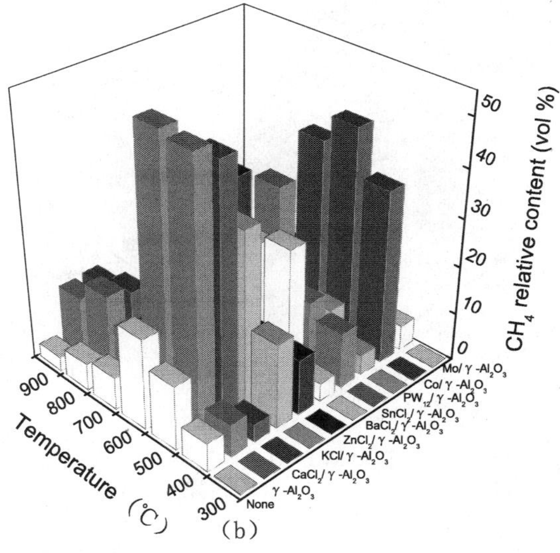

(b)

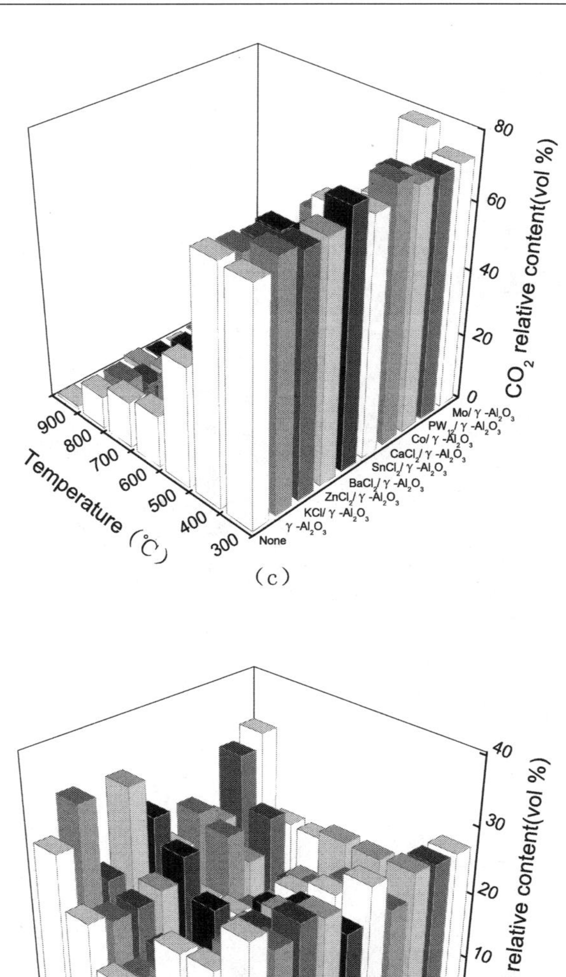

（c）

（d）

图 6-9　γ-Al_2O_3 及以 γ-Al_2O_3 为载体的改性添加剂对玉米芯、煤矸石和塑料供热解（玉米芯：煤矸石：塑料 =5 ：1 ：4）气相产物中各组的相对含量

Fig.6-9　The relative content of gas phase products obtained from co-pyrolysis of corncob，coal gangue and plastic（corncob ： coal gangue ： plastic=5 ： 1 ： 4） when adding γ-Al_2O_3 and modified γ-Al_2O_3

6.3　玉米芯、煤矸石和塑料三者供热解产物的性质分析及机理初探

6.3.1　液化油的性质分析

6.3.1.1　FTIR 分析

图 6-10 为玉米芯、煤矸石和塑料三者供热解（玉米芯：煤矸石：塑料 =5 ：1 ：4）获得的液化油的红外谱图。由图 6-10 可知，三者供热解获得液化油的红外峰位置与玉米芯和煤矸石两者供热解获得的液化油的红外峰位置一样，但是峰的强度不同。三者供热解液化油在 1716cm^{-1} 处的峰比两者供热解所得液化油的峰要弱一些，说明酸类、醛类和酮类中 C = O 的伸缩振动减弱，即三者供热解使液化油中的酸类、醛类和酮类化合物含量明显降低。由 500℃和 900℃热解获得的液化油的红外谱图可以看出，红外峰位置同样没有变化，但是部分峰的强度减弱。900℃时 17̲16cm^{-1} 处的峰强度减弱，说明酸类、醛类和酮类的含量降低，1640cm^{-1} 处峰的强度增加，表示烯烃中 C = C 伸缩振动增强，即烯烃含量增加，其余峰的强度没有明显变化。当加入添加剂后，红外峰的位置同样没有变化，只是改变了峰的强度。添加 MS 使 3423cm^{-1} 处的峰强度进一步减弱，表明羧酸类、酚类、醇类和 H_2O 中 O—H 的伸缩振动减弱，同时 1640 cm^{-1} 处峰也减弱，但是 1385cm^{-1} 处代表 CH_3 中 C—H 弯曲振动的峰增强，并且在 2939cm^{-1} 处出现一个新的 CH_3 和 CH_2 中 C—H 的伸缩振动红外峰，表示有脂肪族化合物存在。以上结果说明 MS 可以使液化油中羧酸类、酚类、醇类和烯烃的含量减少，增加了直链烷烃的含量。添加 HZSM-5 和 γ-Al_2O_3 减弱了液化油在 1716cm^{-1} 处的峰强度，增加了 1640cm^{-1} 处的峰强度；另外，添加 γ-Al_2O_3 还使 1385cm^{-1} 处的峰略有减弱，即添加 HZSM-5 和 γ-Al_2O_3 使液化油中酸类、醛类和酮类的含量减少，烯烃的含量增加，添加 γ-Al_2O_3 还使液化油中直链烷烃的含量略有减少。

改性添加剂的加入也只改变了液化油中红外峰的强度。当加入改性后的 MS、HZSM-5 和 γ-Al_2O_3（除 $CaCl_2$/γ-Al_2O_3 和 Mo/γ-Al_2O_3）后都可以使波数在 1716cm^{-1} 处的峰减弱，即降低了液化油中酸类、醛类和酮类的含量。KCl/MS、Co/MS、PW_{12}/HZSM-5、Mo/HZSM-5、$CaCl_2$/γ-Al_2O_3 和 PW_{12}/γ-Al_2O_3 还使 3423cm^{-1} 处的峰减弱，降低了酚类和醇类的含量。$SnCl_2$/MS、Co/MS、$CaCl_2$/MS、PW_{12}/MS、$SnCl_2$/MS、KCl/HZSM-5、Mo/HZSM-5、PW_{12}/HZSM-5、Mo/γ-Al_2O_3 和 PW_{12}/γ-Al_2O_3 增加了 1640cm^{-1} 处峰的强度，提高了烯烃的含量。1385cm^{-1} 处峰的强度在加入 $CaCl_2$/HZSM-5、KCl/γ-Al_2O_3 和 PW_{12}/γ-Al_2O_3 时增强，说明加入这些添加剂可提高直链烷烃的含量。综上所述，添加剂降低了液化油中含氧化合物的含量，改变了液化油的品质，而且 KCl/MS、Co/MS、PW_{12}/HZSM-5、Mo/HZSM-5 和 PW_{12}/γ-Al_2O_3 较其他添加剂催化效果更好。

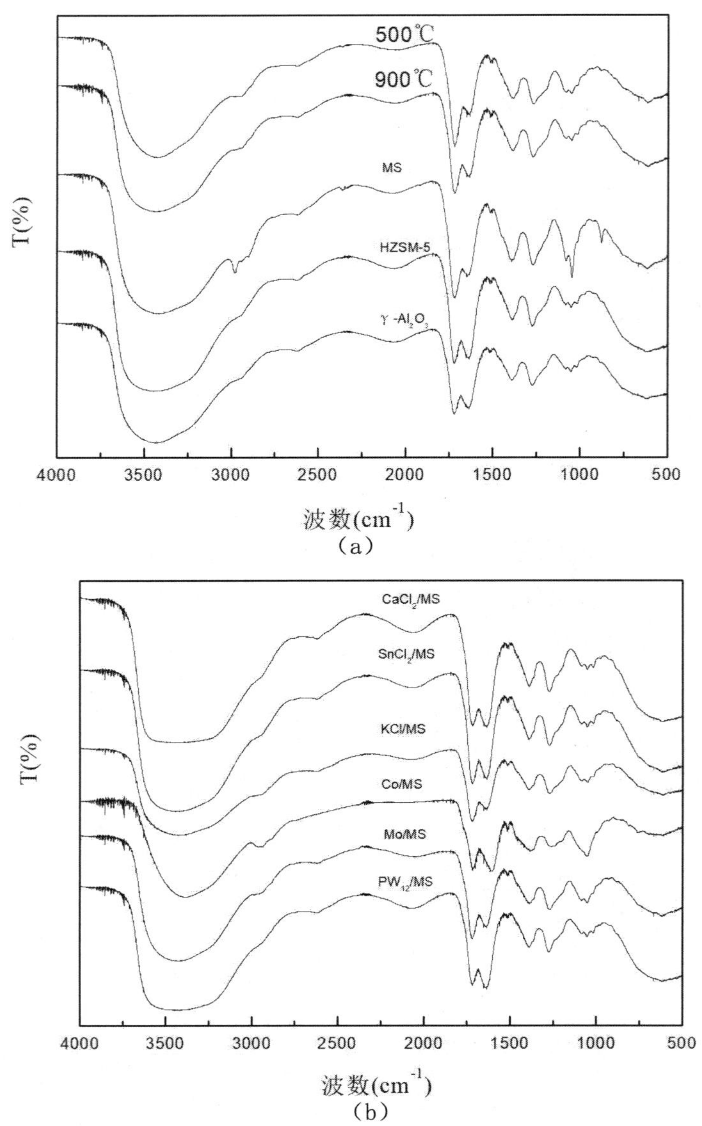
500℃
900℃
MS
HZSM-5
γ-Al2O3
T(%)
4000
3500
3000
2500
2000
1500
1000
500
波数(cm-1)
(a)
CaCl2/MS
SnCl2/MS
KCl/MS
Co/MS
Mo/MS
PW12/MS
T(%)
4000
3500
3000
2500
2000
1500
1000
500
波数(cm-1)
(b)

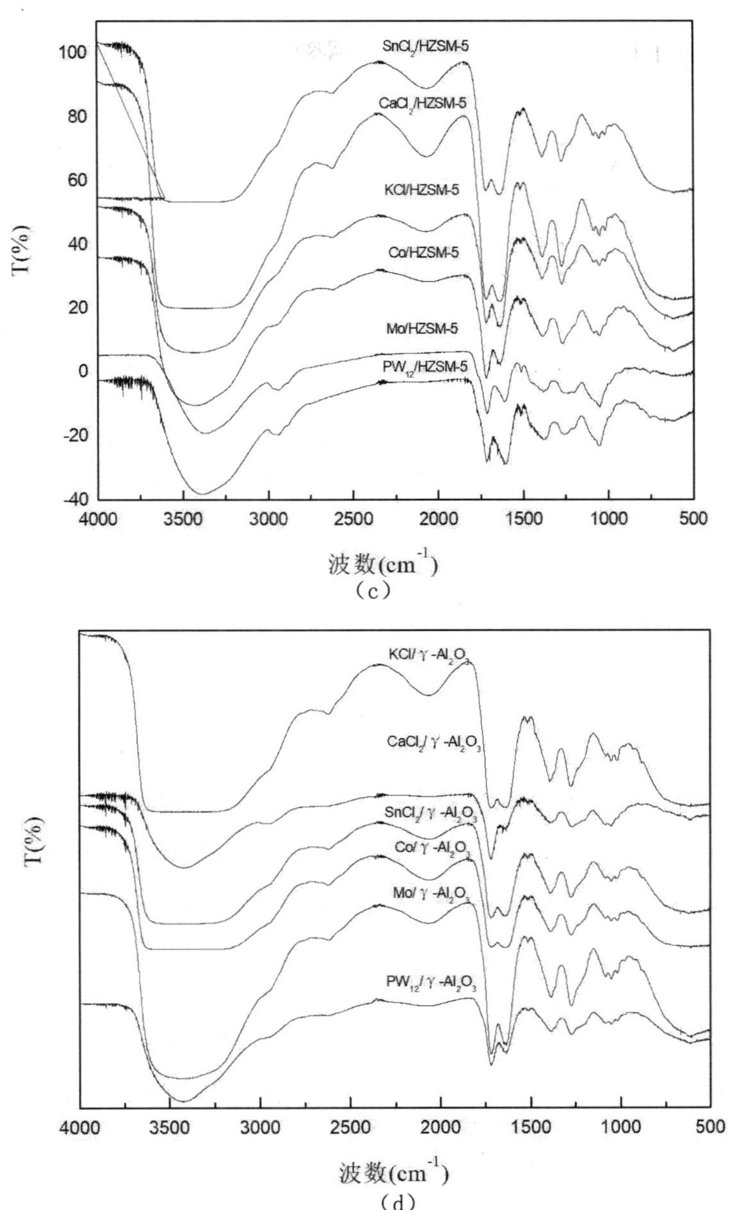

图 6-10　玉米芯、煤矸石和塑料三者供热解（玉米芯：煤矸石：塑料 =5 ：1 ：4）获得的液化油的红外谱图

Fig.6-10　FTIR spectra of liquid oil obtained from co-pyrolysis of corncob, coal gangue and plastic (corncob : coal gangue : plastic=5 : 1 : 4)

6.3.1.2　^{1}H NMR 分析

玉米芯、煤矸石和塑料三者供热解所得的液化油的核磁共振氢谱图见附录，对热解获得的液化油中的氢进行归属，并对核磁共振氢谱图进行积分处理，结果如图 6-11 所示，其中除去了 $CDCl_3$ 所在的 7.26ppm 和水所在的 1.56ppm。从图 6-11 中可以看出，玉米芯、煤矸石和塑料三者供热解液化油中氢的分布与玉米芯和煤矸石两者供热解所得液化油中氢的分布相似，主要分布在 1.5 ~ 3.0ppm 和 4.5 ~ 6.0ppm 区间，即液化油中的氢主要分布在脂肪烃与芳香醚、甲氧基苯酚、醇和碳水化合物上。8.5 ~ 10.0ppm 区间内的氢含量较少，即分布在醛基上的氢较少。900℃时热解所得的液化油中的氢分布在 0.5 ~ 1.5ppm 和 1.5 ~ 3.0ppm 区间的含量均高于 500℃时的氢含量，由此可知，当温度升高时，液化油中分布在脂肪族的氢原子的含量增加。900℃时在 3.0 ~ 4.5ppm 区间内的氢原子含量高于 500℃时此范围内氢的含量，即 900℃时液化油中脂肪醇或醚羟甲基上的氢原子或连接两个芳香环的亚甲基基团上的氢原子的含量高于 500℃时的氢含量。4.5 ~ 6.0ppm 和 8.5 ~ 10.0ppm 区间内的氢原子含量在 900℃时减少，即分布在芳香醚、甲氧基苯酚、醇和碳水化合物及醛基上的氢原子在高温时减少。6.0 ~ 8.5ppm 代表芳烃上的氢的含量在温度改变时基本不变。以上结论表明，当温度升高时分布在脂肪族和脂肪醇或醚羟甲基上的氢原子或连接两个芳香环的亚甲基基团上的氢原子含量增加，而芳香醚、甲氧基苯酚、醇和碳水化合物及醛基上的氢原子含量减少。

由图 6-11 可知，添加剂对液化油中氢原子的分布也有影响。与在 900℃时不加添加剂热解所得的液化油相比，当加入 MS 和 HZSM-5 时分布在 0.5 ~ 1.5ppm、1.5 ~ 3.0ppm、3.0 ~ 4.5ppm 和 6.5 ~ 8.0ppm 区间内的氢原子含量增加，4.5 ~ 6.0ppm 和 8.5 ~ 10.0ppm 区间内的氢原子含量减少。添加 MS 和 HZSM-5 可以提高脂肪族氢、脂肪醇或醚羟甲基上的氢、连接两个芳香环的亚甲基基团上的氢和芳烃上氢的含量，而降低芳香醚、甲氧基苯酚、醇或碳水化合物和醛基上的氢含量。添加 $\gamma-Al_2O_3$ 降低了脂肪族化合物和醛基上的氢原子含量，增加了芳烃上的氢原子含量。

改性后的添加剂也使液化油中氢原子的分布发生改变。添加 KCl/MS、Mo/MS 和 Co/MS 可使脂肪氢含量增加，其中添加 Co/MS 时增加的量大于添加 MS 时增加的量，这三种添加剂还减少了芳香醚、甲氧基苯酚、醇或碳水化合物中氢的含量，添加 Co/MS 降低了脂肪醇或醚羟甲基上的氢或连接两个芳香环的亚甲基基团上的氢的含量。添加 KCl/HZSM-5、$CaCl_2$/HZSM-5 和 Co/HZSM-5 可使脂肪族化合物上氢原子的含量增加，除 KCl/HZSM-5 外也都增加了脂肪醇或醚羟甲基上的氢或连接两个芳香环的亚甲基基团上的氢的含量，但都小于添加 HZSM-5 时的氢含量; 除 $CaCl_2$/HZSM-5 外都减少了芳香醚、甲氧基苯酚、醇和碳水化合物中氢原子的含量，其中 Co/HZSM-5 使这些氢原子含量下降得最明显。添加 Co/HZSM-5 还增加了芳烃上氢原子的含量。添加 $CaCl_2/\gamma-Al_2O_3$ 和 $Co/\gamma-Al_2O_3$ 也大幅降低了芳香醚、甲氧基苯酚、醇和碳水化合物中氢原子的含量，提高了脂肪氢的含量。综上所述，MS、Co/MS、$CaCl_2$/HZSM-5、$CaCl_2/\gamma-Al_2O_3$ 和 $Co/\gamma-Al_2O_3$ 较其他添加剂更好地增加了液化油中脂肪氢的含量，减少了芳香醚、甲氧基苯酚、醇和碳水化合物中氢原子的含量，即这些添加剂可以减少液化油中含氧化合物的含量，提高了液化油的品质。

90
80
70
60
50
40
30
20
10
0
H (%)
500℃
900℃
MS
γ-Al2O3
HZSM-5
0.5～1.5
1.5～3.0
3.0～4.5
4.5～6.0
6.0～8.5
8.5～10.0
化学位移(ppm)

（a）

60
50
40
30
20
10
0
H (%)
KCl/MS
CaCl2/MS
SnCl2/MS
Co/MS
PW12/MS
Mo/MS
0.5～1.5
1.5～3.0
3.0～4.5
4.5～6.0
6.0～8.5
8.5～10.0
化学位移(ppm)

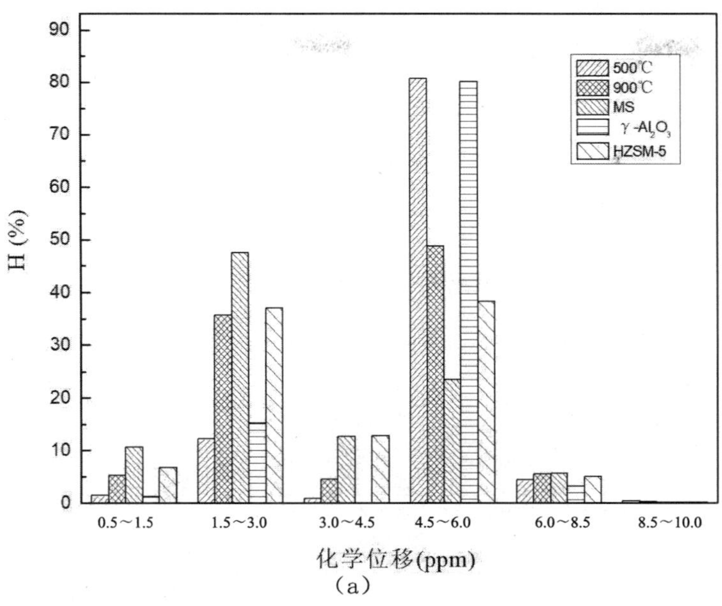

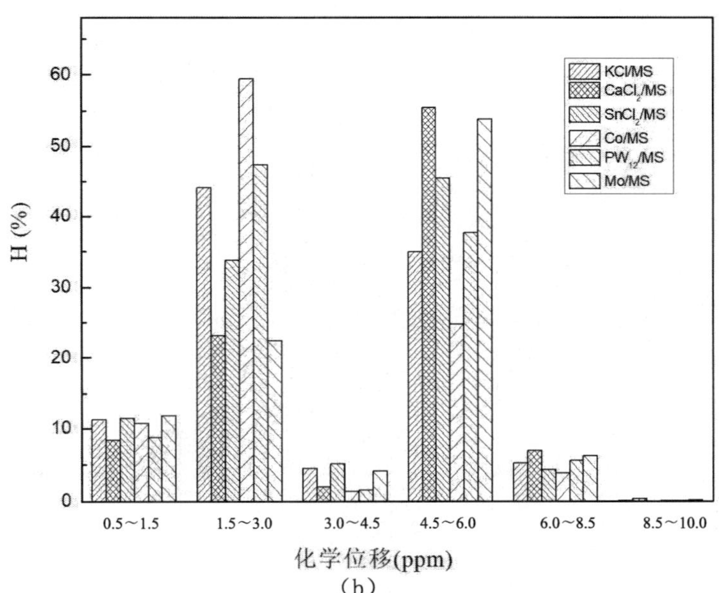

（b）

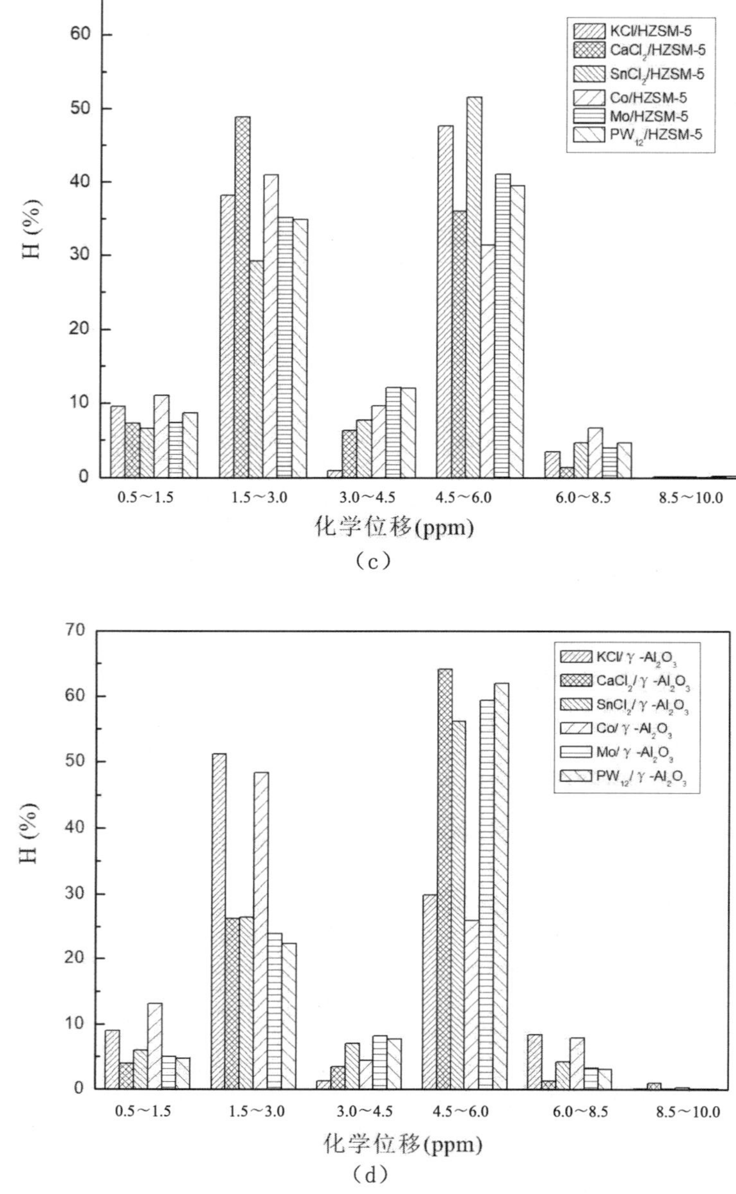

图 6-11　玉米芯、煤矸石和塑料三者供热解（玉米芯：煤矸石：塑料 =5 ：1 ：4）获得的液化油中氢的分布

Fig.6-11　The H distribution of liquid oil derived from the co-pyrolysis of corncob，coal gangue and plastic（corncob ：coal gangue ：plastic=5 ：1 ：4）

6.3.1.3　^{13}C NMR 分析

玉米芯、煤矸石和塑料供热解所得的液化油的核磁共振碳谱图见附录，对热解获得的液化油中的碳进行归属，并对核磁共振碳谱图进行积分处理，结果如图 6-12 所示（其中除去 $CDCl_3$ 所在的 77.23ppm）。由图 6-12 可知，碳主要分布在 0 ~ 55ppm，说明液化油中含有的脂肪族化合物较多，与由氢谱分析得出的结论一致。900℃热解所得的液化油中短链脂肪族化合物（0 ~ 28ppm）中的碳原子的含量大幅减少，长链脂肪族化合物（28 ~ 55ppm）增加，165 ~ 180ppm 内碳原子含量大幅降低，表明酸、酯和酸酐的羰基碳原子含量明显减少，180 ~ 215ppm 区间内碳原子含量也降低，即在 900℃时酮类、醛类化合物中与 O 相连的碳原子含量也降低。以上结果表明，当温度升高时，液化油中脂肪族化合物含量增加，含氧化合物含量降低。

添加剂也改变了液化油中碳的分布。添加 MS 和 HZSM-5 增加了短链脂肪族化合物的含量，同时降低了碳水化合物、酯类、醇类、酮类和醛类中与 O 相连的碳原子含量以及酸、酯和酸酐的羰基碳原子的含量；添加 $\gamma-Al_2O_3$ 与 MS 和 HZSM-5 的效果不同，添加 $\gamma-Al_2O_3$ 降低了分布在脂肪族化合物上的碳原子的含量，使酸、酯和酸酐的羰基碳和酮类、醛类化合物中与 O 相连的碳原子的含量也降低，但却使芳烃上碳原子的含量增加。以上结果表明，添加 MS、HZSM-5 和 $\gamma-Al_2O_3$ 都可以使液化油中含氧化合物含量降低，添加 MS 和 HZSM-5 可以增加脂肪族化合物的含量，而添加 $\gamma-Al_2O_3$ 却降低了脂肪族化合物的含量。

改性后的添加剂也使液化油中碳的分布发生改变。与添加 MS 相比，添加 $CaCl_2$/MS 和 PW_{12}/MS 能使长链脂肪族碳原子含量增加，使芳烃上的碳原子含量减少，添加 KCl/MS、$SnCl_2$/MS 和 Co/MS 能使短链脂肪族碳原子含量增加，添加 Co/MS 时，短链脂肪族碳原子含量为 66.08%。在改性后 MS 中，添加 Co/MS 使液化油中碳水化合物、酯类、醇类、酮类和醛类中与 O 相连的碳原子含量最小，其催化效果仍强于 MS。改性后的 HZSM-5 与 HZSM-5 相比，除 KCl/HZSM-5 和 Mo/HZSM-5 外，加入其他添加剂都可使长链脂肪族碳原子的含量增加，芳烃上的碳原子含量减少；除 $CaCl_2$/HZSM-5 外，加入其他添加剂都可使碳水化合物、酯类、醇类中与 O 相连的碳原子含量减少，且添加 Co/HZSM-5 时可使酸、酯和酸酐的羰基碳原子和酮类、醛类化合物中与 O 相连的碳原子含量最小。改性后的 $\gamma-Al_2O_3$、KCl/$\gamma-Al_2O_3$ 和 Co/$\gamma-Al_2O_3$ 有利于增加液化油中短链脂肪族碳原子的含量，而 $CaCl_2$/$\gamma-Al_2O_3$ 有利于增加液化油中长链脂肪族化合物的含量。改性后的 $\gamma-Al_2O_3$ 对其他区间碳原子含量的影响与 $\gamma-Al_2O_3$ 相差不大。综上所述，添加剂可以改善液化油的品质，所有的添加剂都增加了短链脂肪族碳原子的含量，其中 Co/MS 使其含量最高；添加剂也都提高了液化油中长链脂肪族化合物的含量，其中 $SnCl_2$/$\gamma-Al_2O_3$ 效果最好。另外，添加剂也都使液化油中碳水化合物、酯类、醇类中与 O 相连的碳原子含量降低，其中 MS、Co/MS、$CaCl_2$/$\gamma-Al_2O_3$ 和 Co/$\gamma-Al_2O_3$ 效果更好。相比于 500℃无添加剂热解所得的液化油，加入添加剂都减少了液化油中酸、酯和酸酐的羰基碳原子含量和酮类、醛类化合物中与 O 相连的碳原子含量；其中，加入 Co/MS 和 Co/HZSM-5 使含氧化合物含量最低。但是对于 900℃无添加剂热解所得的液化油，有的添加剂反而增加了这些含氧化合物的含量。

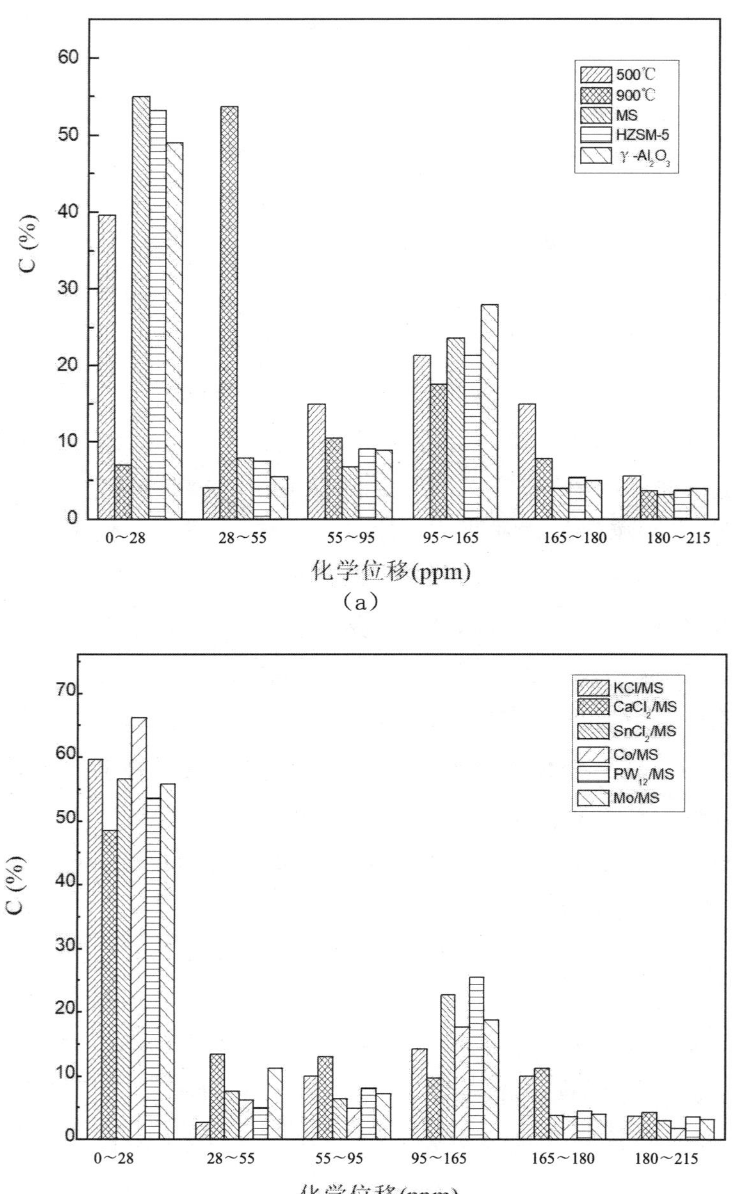

500℃
900℃
MS
HZSM-5
γ-Al2O3
C (%)
0~28
28~55
55~95
95~165
165~180
180~215
化学位移(ppm)
(a)
KCl/MS
CaCl2/MS
SnCl2/MS
Co/MS
PW12/MS
Mo/MS
C (%)
0~28
28~55
55~95
95~165
165~180
180~215
化学位移(ppm)
(b)

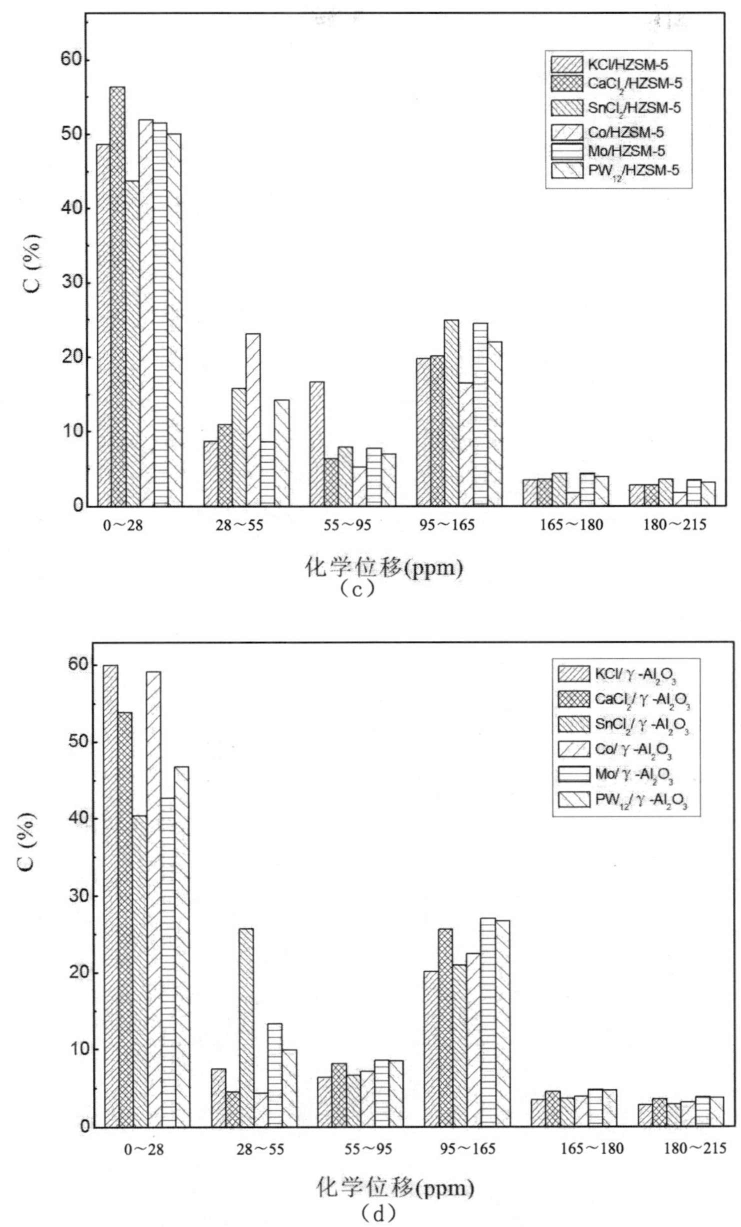

图 6-12　玉米芯、煤矸石和塑料三者供热解（玉米芯：煤矸石：塑料 =5 ： 1 ： 4）获得的液化油中碳的分布

Fig.6-12　The C distribution of liquid oil derived from the co-pyrolysis of corncob, coal gangue and plastic (corncob : coal gangue : plastic=5 : 1 : 4)

6.3.1.4　GC/MS 分析

为了进一步确定玉米芯、煤矸石和塑料三者供热解所得液化油中的化合物，对液化油进行了 GC/MS 分析，如图 6-13 所示。图 6-13（a）为玉米芯、煤矸石和塑料三者在 900℃供热解所得的液化油的 GC/MS 图，图 6-13（b）为在 900℃热解时加入 MS 时液化油的 GC/MS 图，图 6-13（c）为在 900℃热解时加入 Co/MS 时液化油的 GC/MS 图。由图 6-13 可以看出，玉米芯、煤矸石和塑料三者供热解获得的液化油与玉米芯和煤矸石二者供热解获得的液化油的GC/MS图基本相同，只是所含物质的含量发生改变；甲氧基苯并呋喃、乙酸、癸酸和茴香醚的含量大幅降低，而二甲苯酚含量增加，并且有新物质2-甲基苯酚和十三烷生成。在玉米芯、煤矸石和塑料三者供热解的过程中加入MS所得的液化油中辛炔、甲基苯和癸烯的含量增加，庚炔酸和左旋葡萄糖酮含量降低。当加入Co/MS时进一步提高了癸烯的含量，降低了丙酮醇、呋喃、丁酮和乙氧基苯甲醛的含量，使-环己基-4甲氧基苯酚完全消失，并出现了新物质癸烷、十二烷、烯丙基酚。由此可知，GC/MS与^{1}H NMR、^{13}C NMR和FTIR得到的结论一致，当加入塑料后，玉米芯、煤矸石和塑料三者供热解所得液化油中含氧化合物含量降低，并且加入添加剂MS和Co/MS后也进一步降低了液化油中含氧化合物的含量。

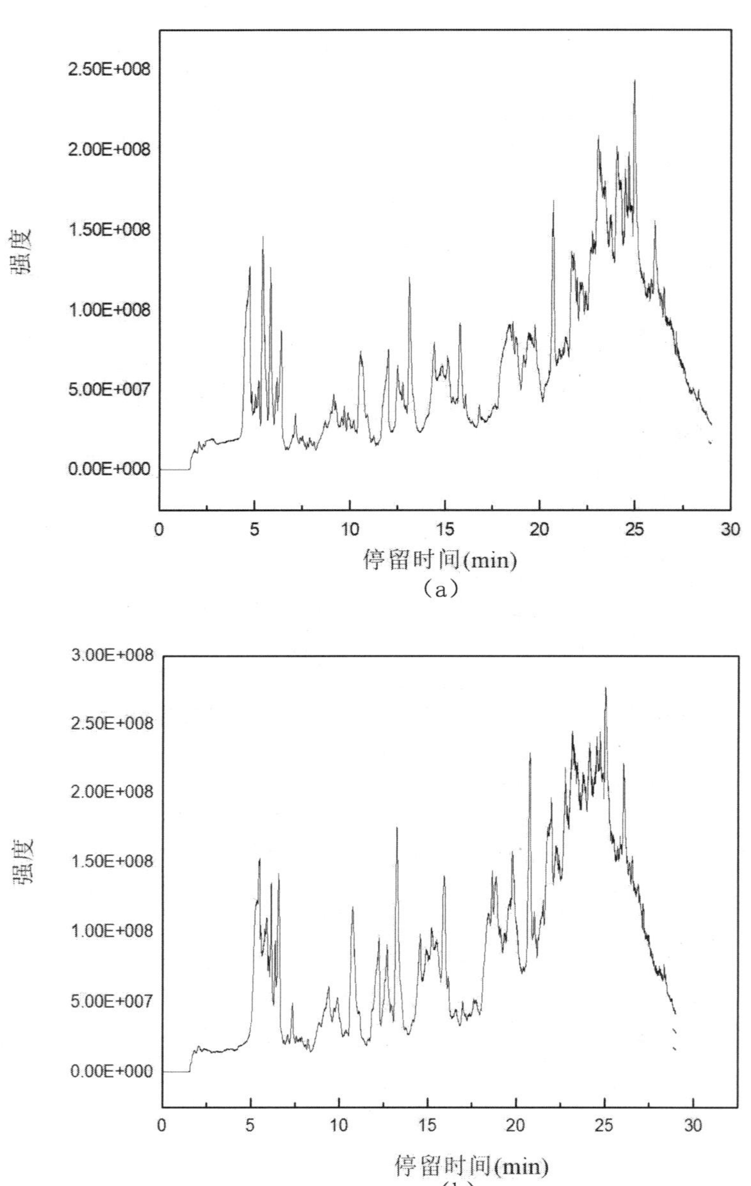

(a)

(b)

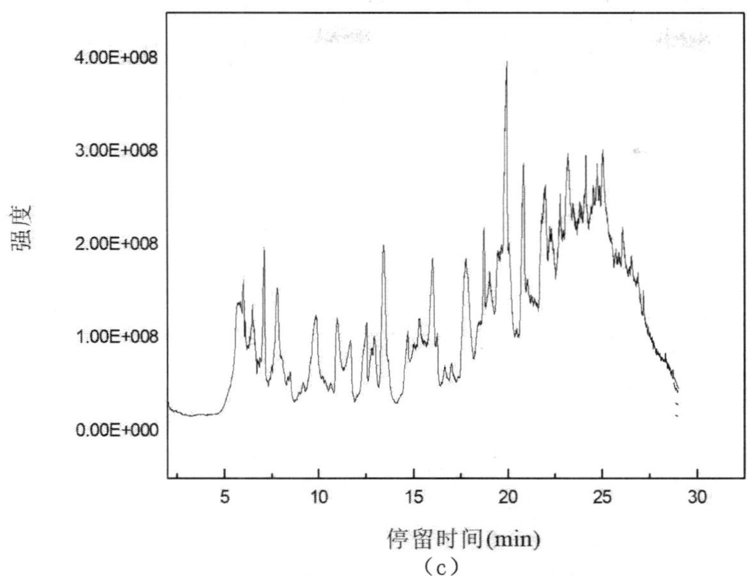

（c）

图 6-13　玉米芯、煤矸石和塑料三者在 900℃供热解（玉米芯：煤矸石：塑料 =5 ：1 ：4）所得液化油的 GC/MS 图

Fig.6-13　GC—MS graphs of liquid oil obtained from co-pyrolysis of corncob，coal gangue and plastic（corncob ：coal gangue ：plastic=5 ：1 ：4） at 900℃

6.3.2　固体残渣的性质分析

6.3.2.1　FTIR 分析

图 6-14 为玉米芯、煤矸石和塑料三者在 500℃和 900℃供热解时加入添加剂后所得固体残渣的红外谱图。由图 6-14（a）可知，玉米芯、煤矸石和塑料三者供热解后所得残渣的红外谱图与玉米芯和煤矸石两者供热解后的残渣红外谱图相似，在 3453cm^{-1} 处、1627cm^{-1} 处和 1078cm^{-1} 处都有吸收峰，并且同样在 1400 ~ 1370cm^{-1} 处有两个微弱的吸收峰，因此，残渣中可能含有有机酸、酚类、醇类、醚类、烯烃、芳香族化合物、酯类和脂肪族化合物。由图 6-14（a）还可以看出，当温度升高时，在 900℃热解时，3453cm^{-1} 处和 1627cm^{-1} 处峰的强度增强，表明在 900℃热解所得的残渣中羧酸类、酚类、醇类、烯烃和芳香族化合物的含量增加。当加入添加剂后，添加剂在热解的过程中会影响残渣的成分。加入 MS 增强了 3453cm^{-1} 处和 1078cm^{-1} 处峰的强度，同时在 500 ~ 1000cm^{-1} 处出现两个小峰，由此可得出 MS 使残渣中的羧酸类、酚类、醇类和 H_2O 中 O—H 的伸缩振动增强，酚类、醇类、醚类和酯类中 C—O 和 O—H 的变形振动和芳香族化合物中 C—H 的弯曲振动增强，即增加了残渣中羧酸类、酚类、醇类、醚类、酯类和芳香族化合物的含量。加入 HZSM-5 也明显使 1078cm^{-1} 处峰的强度增加，表明加入 HZSM-5 也增加了残渣中酚类、醇类、醚类和酯类的含量。HZSM-5 和 γ-Al_2O_3 降低了 1400 ~ 1370cm^{-1} 处两个微弱的吸收峰的强度，减少了残渣中脂肪族化合物的含量。

当加入改性添加剂后，热解残渣中的含量也会发生改变。改性后的 MS 与 MS 的催化效果有差别，改性后的 MS 没有使 3453cm^{-1} 处和 1078cm^{-1} 处的峰增强，相反使此处的峰略有减弱，也没有出现 500 ~ 1000cm^{-1} 处的两个小峰。加入 Co/MS 和 KCl/MS 使红外峰的强度都减弱，表明残渣中的有机物含量减少，即在热解过程中大量的有机物转化为液化油或气体。改性后的HZSM-5与HZSM-5对残渣的影响相似。改性后的γ-Al_2O_3同样减弱了1400 ~ 1370cm^{-1}处两个微弱的吸收峰的强度，添加Co/γ-Al_2O_3和PW_{12}/γ-Al_2O_3也使红外峰的强度都减弱。

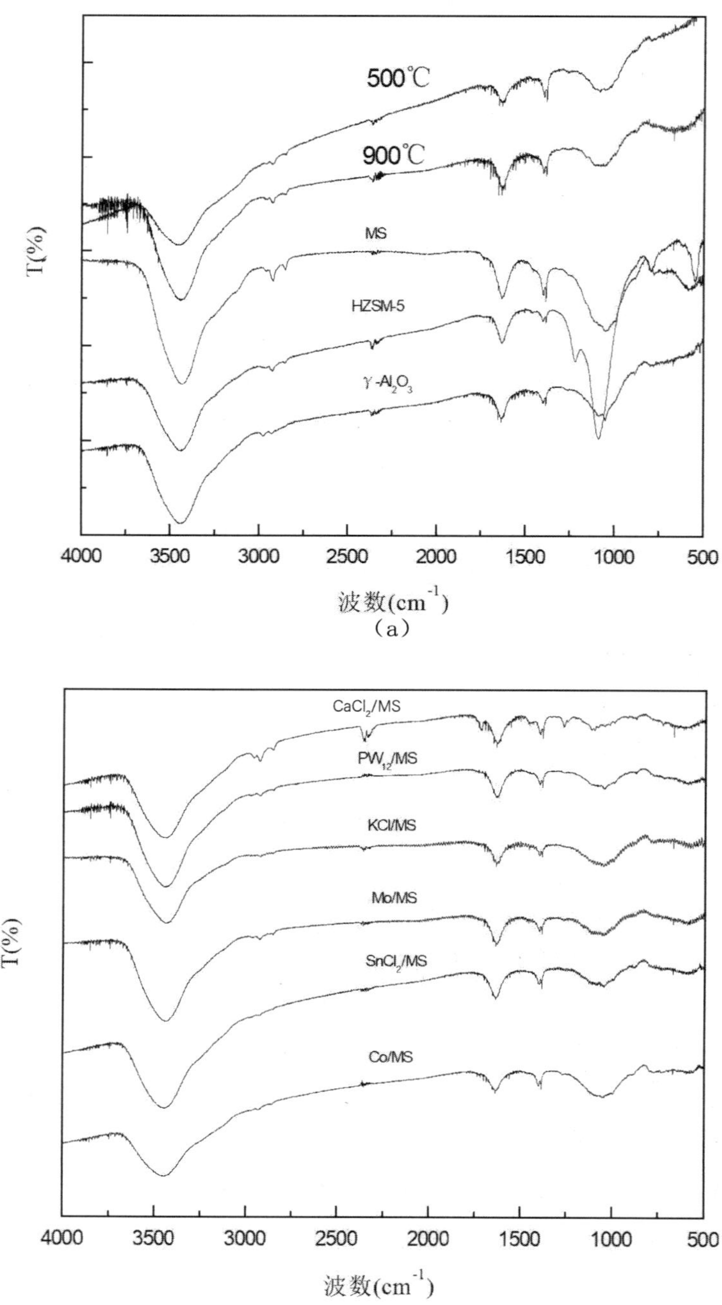

（a）

（b）

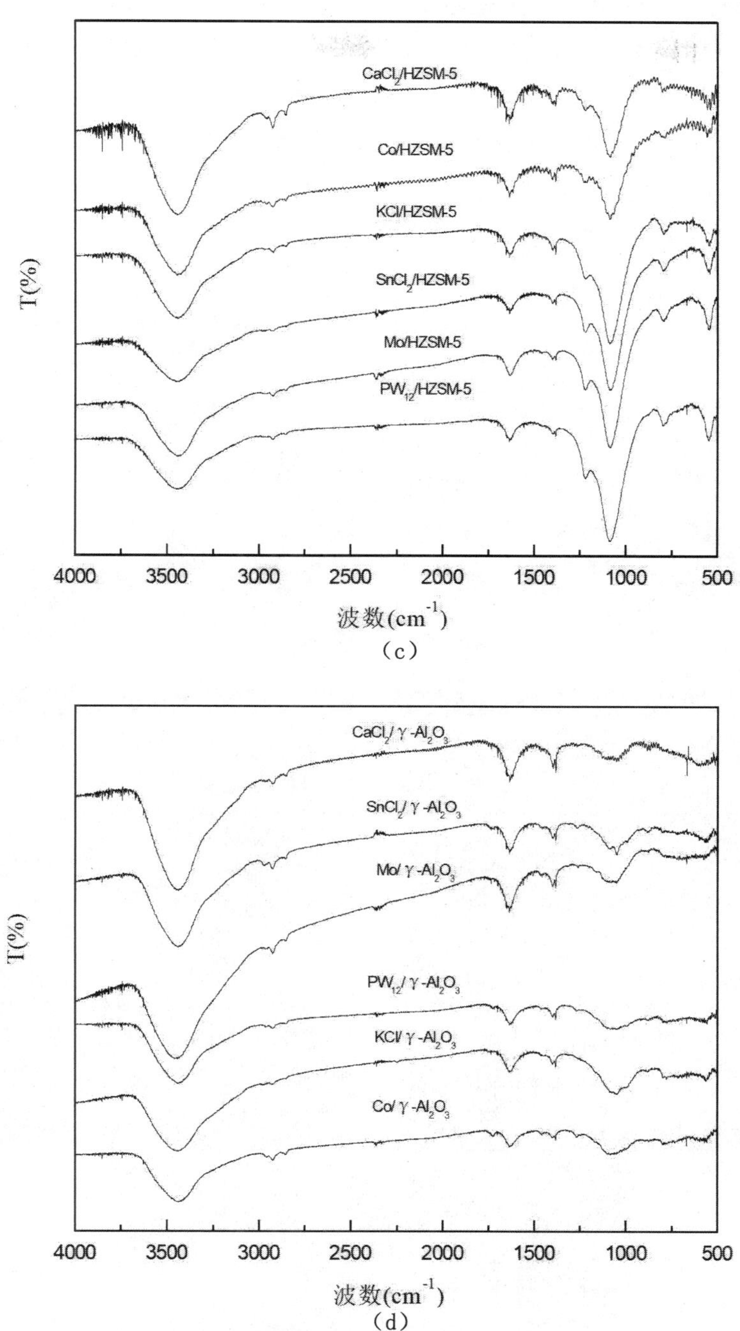

图 6-14　玉米芯、煤矸石和塑料三者供热解（玉米芯：煤矸石：塑料 =5 ：1 ：4）所得固体残渣的红外谱图

Fig. 6-14　FTIR spectra of residues obtained fromco-pyrolysis of corncob, coal gangue and plastic (corncob : coal gangue : plastic=5 : 1 : 4)

6.3.2.2　SEM 分析

为了研究热解反应前后样品形貌，对塑料原样及玉米芯、煤矸石和塑料三者供热解所得的残渣进行了SEM分析，结果如图6-15所示。由塑料原样的形貌图可以看出塑料具有球形的结构，由玉米芯、煤矸石和塑料三者供热解残渣的形貌图可以看出，三者供热解残渣与玉米芯和煤矸石两者供热解残渣相比，薄片减少，颗粒状的物质增多，还有少量的球形结构存在，分布不规则。对比 500℃和 900℃三者供热解残渣的形貌图可以看出，900℃热解所得残渣的颗粒较小，几乎没有球形结构的颗粒，说明在高温热解时对原料的结构破坏严重，在 900℃时塑料已经被完全分解。由在 900℃热解时加入 MS 和 Co/MS 后热解残渣的形貌图可以看出残渣表面分布着一些白色的颗粒状固体，说明热解后 MS 和 Co/MS 残留在载体上，添加剂使小颗粒团聚在一起，出现大块状颗粒，MS 较 Co/MS 的团聚现象更严重。

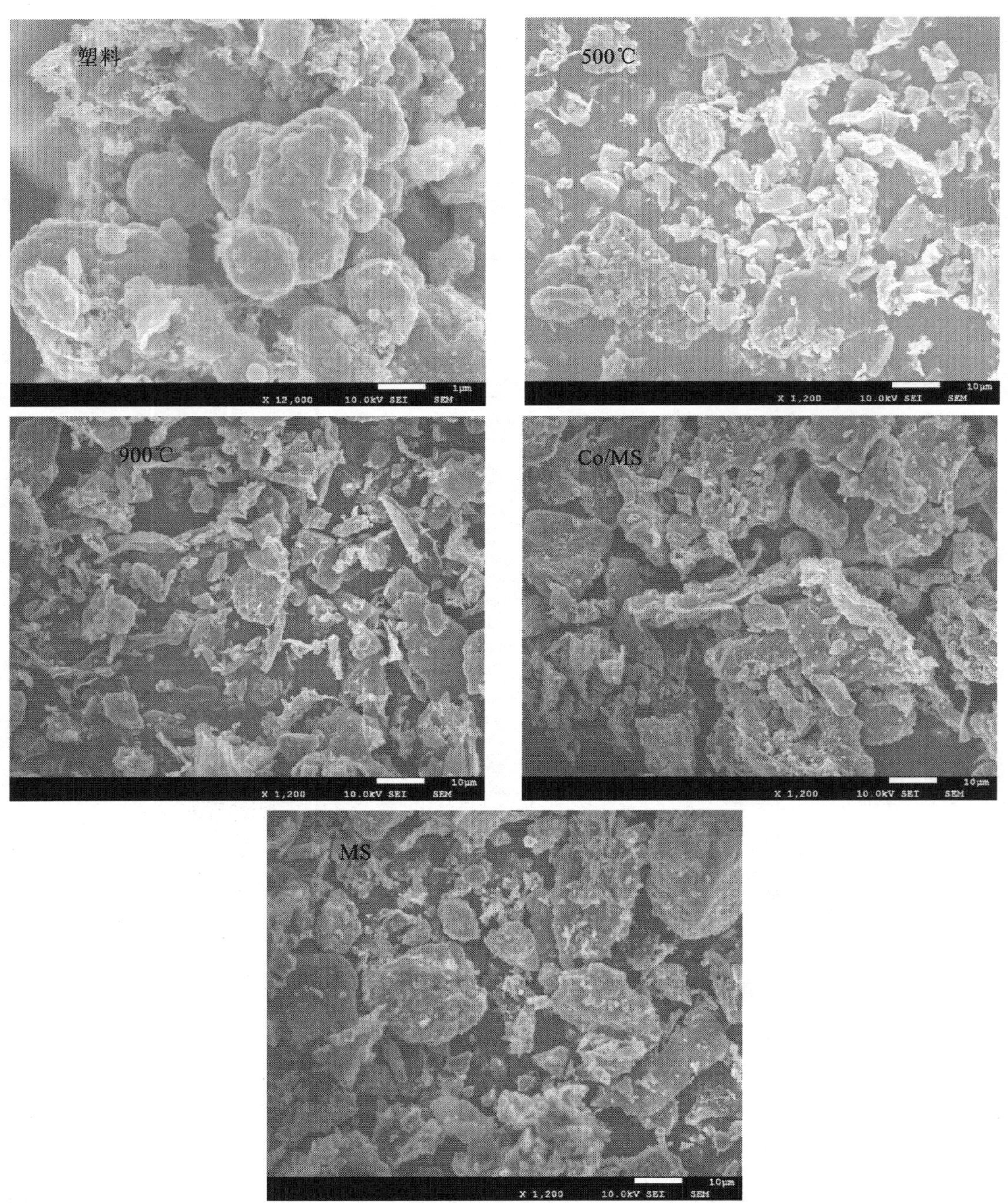

图 6-15　塑料原样以及玉米芯、煤矸石和塑料三者供热解（玉米芯：煤矸石：塑料 =5 ：1 ：4）残渣的 SEM 图

Fig.6-15　SEM micrographs of plastic and residuals obtained from co-pyrolysis of corncob， coal gangue and coal gangue（corncob ：coal gangue ：plastic=5 ：1 ：4）

6.3.3　玉米芯、煤矸石和塑料三者催化供热解机理初探

通过对热解所获得的液化油进行 ^{1}H NMR、^{13}C NMR、FTIR 和 GC/MS 分析表征，可以得出相同的结论。玉米芯、煤矸石和塑料三者供热解获得的液化油中含有的有机组分与玉米芯和煤矸石供热解获得的液化油中的有机组分相同，只是含量不同。三者供热解使液化油中的酸类、醛类和酮类等含氧化合物含量降低。在高温时酸类、醛类和酮类的含量进一步降低，烯烃含量增加。当加入添加剂 MS、Co/MS、$CaCl_2$/HZSM-5、$CaCl_2$/γ-Al_2O_3 和 Co/γ-Al_2O_3 后，较其他添加剂更好地增加了液化油中脂肪氢和脂肪碳原子的含量，减少了芳香醚、甲氧基苯酚、醇和碳水化合物中氢原子以及碳水化合物、酯类、醇类、酮类、醛类中与 O 相连的碳原子含量，即这些添加剂可以减少液化油中的含氧量，提高液化油的品质。

当加入塑料后，三者供热解所得液化油中含氧化合物含量降低，这可能是由于塑料中的 H 含量较高，在热解过程中可以提供 H，使热解产生的挥发分有机链中的 O 与 H 结合成 H_2O 从而脱去，即降低了液化油中的氧含量。而当加入添加剂 MS、Co/MS、$CaCl_2$/HZSM-5、$CaCl_2$/γ-Al_2O_3 和 Co/γ-Al_2O_3 后进一步降低了液化油中含氧化合物的含量。这同样是因为它们能更好地使热解产生的挥发分有机链中的 O 通过 CO_2、CO 和 H_2O 脱去。

6.4　小结

（1）玉米芯、煤矸石和塑料三者供热解过程中，随着煤矸石含量减少，塑料含量增加，固体残渣收率逐渐降低，液化油收率和气体收率逐渐增大；玉米芯、煤矸石和塑料三者供热解过程中，在同一比例下，随着温度升高，固体残渣收率降低，500℃时液化油收率达到最大。

（2）玉米芯、煤矸石和塑料三者供热解过程中，玉米芯、煤矸石和塑料三者供热解释放的气体与玉米芯和煤矸石两者供热解释放的气体相同；H_2 的含量随着温度的升高逐渐增加，在高温（600 ~ 900℃）时含量较高；当温度从 300℃升高到 600℃时 CH_4 的含量不断增加，而当温度从 600℃升高到 900℃时 CH_4 的含量逐渐减少。CO_2 含量随着温度升高而降低，在 900℃时几乎无 CO_2 释放。CO 的含量先随着温度升高而降低，在 600℃时含量最低，随后随着温度升高而增加。

（3）玉米芯、煤矸石和塑料三者供热解过程中，在所有添加剂中 $SnCl_2$/MS 使三者在 900℃和 500℃热解时获得的液化油收率最高，与不加添加剂相比，900℃时增加了 4.7%，500℃时增加了 2.9%。

（4）玉米芯、煤矸石和塑料三者供热解过程中，Co/MS、$BaCl_2$/MS 和 MS 分别使 H_2 的含量在 700℃、800℃和 900℃时达到最大，分别为 82.06%、81.19% 和 80.17%。500℃时添加 $BaCl_2$/MS 和 PW_{12}/MS 都使 CH_4 含量增加。添加 MS 可使 CO_2 的含量在各个温度下的释放量都降低；添加 $CaCl_2$/MS 和 Co/HZSM-5 分别使 CO 和 CO_2 含量在各个温度都明显降低。

（5）玉米芯、煤矸石和塑料三者供热解所得的液化油中含氧量相较于两者供热解所得的液

化油中的含氧量较低。同样在热解过程中，温度和添加剂会影响液化油的成分，其中在高温下热解和加入 MS、Co/MS、$CaCl_2$/HZSM-5、$CaCl_2/\gamma-Al_2O_3$ 和 $Co/\gamma-Al_2O_3$ 较其他添加剂更好地增加了液化油中的脂肪氢含量；加入 Co/MS、KCl/MS、$Co/\gamma-Al_2O_3$ 和 $PW_{12}/\gamma-Al_2O_3$ 后可获得更高的液化油和气体收率。

第二篇　水热液化/碳化篇

第 7 章　生物质在亚临界水 - 乙醇中的液化行为

液化包括直接液化和间接液化，直接液化（也叫高压液化）是生物质热化学转化技术中的一种。近年来，生物质直接液化作为一项高效利用资源的新工艺受到了全世界的广泛关注，它已成为广大研究人士关注的热点。生物质直接液化，是指在一定温度（220 ~ 400℃）、高压力（5 ~ 20MPa）下，在合适的溶剂中通过一定的反应器将生物质转化为生物油（目标产物）、气体和固体三种产物；它是合理利用生物质的有效方法之一，与气化相比，它能得到更有使用价值的液体产物；与热解相比，它得到的液化油的热值更高，而且含氧量更低。此外，生物质直接液化工艺简单，易于大规模生产，是一种很有发展前途的生物质转化技术。如图 7-1 所示，生物质的直接液化过程可分为三个步骤：

生物质中的大分子物质解聚为生物质单体。

生物质单体脱水、脱羧和脱氨基，形成不稳定的、活泼的小分子碎片。

小分子碎片通过缩合、环化、聚合，重排形成新的物质。

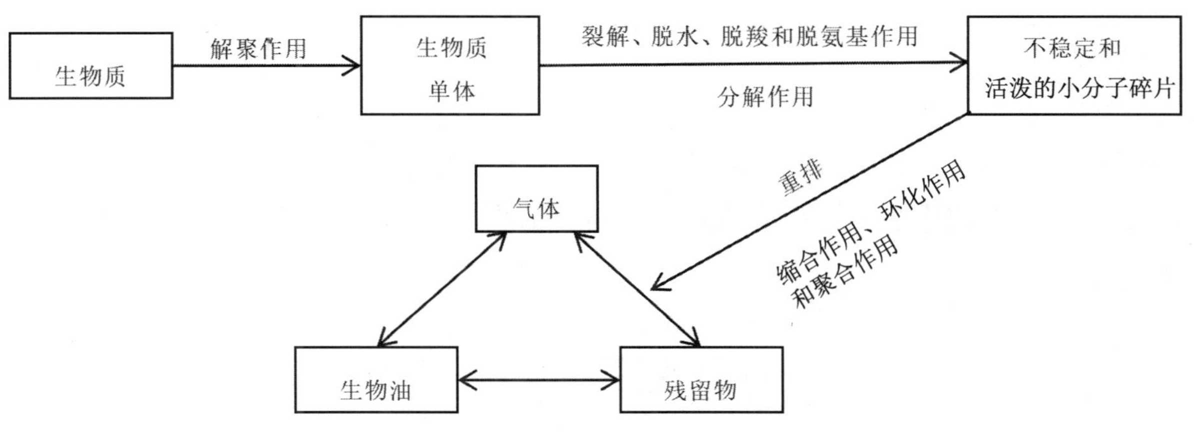

图 7-1　生物质液化的基本步骤

Fig.7-1　The basic reaction pathway of the liquefaction of biomass

影响生物质液化的主要因素有生物质种类、反应温度、反应时间、压力、溶剂种类、催化剂等。目前的研究主要集中在催化剂和溶剂的选择上，选择合适的催化剂和反应溶剂，会大大影响生物质液化时液体产物的收率及品质。

本章选取河北邢台棉花籽（Cotton seed）和山西临汾杨树花（Flos populi）作为实验原料进行研究。将样品在烘箱中于 110℃下烘 12h，然后在空气中干燥、粉碎、筛分过 60 ~ 80 目筛子。

样品的工业分析和元素分析分别见表 7-1 和表 7-2。

表 7-1　样品的工业分析
Table 7-1　The proximate analysis of the samples

工业分析（wt %）	样品	
	棉花籽	杨树花
M_{ad}	5.71	7.53
A_{ad}	4.56	7.73
V_{ad}	74.71	68.02
FC_{ad}	15.02	16.72

表 7-2　样品的元素分析
Table 7-2　The ultimate analysis of the samples

元素分析（wt %）	样品	
	棉花籽	杨树花
C_{daf}	50.08	46.45
H_{daf}	7.13	6.33
O^{*}	37.48	43.00
N_{daf}	5.00	2.42
S_{daf}	0.31	0.16
H/C	1.71	1.64

注：* 差减法。

7.1　添加物作用下生物质在亚临界水 - 乙醇中的液化行为

生物质液化制取生物油是有效利用生物质的方法之一。催化剂一直是生物质液化研究中的热点问题。目前，液化所使用的催化剂主要有酸、碱、碱式盐、金属及金属型复合催化剂；液化用的溶剂主要有水、一些有机溶剂及水和有机溶剂的混合溶剂。在复合催化剂的制备中，人们常采用分子筛作为载体，然而分子筛的制备工艺复杂，成本较高，因此寻求一种天然易得的载体具有十分重要的意义。麦饭石是一种常见的矿物质，廉价易得，绿色环保，另外还有一些特性，如多孔、海绵状结构；此外，麦饭石中还含有 Al_2O_3，是一种典型的两性氧化物，在水溶液中可双向调节 pH 值，所以推测将其作为载体制成复合添加物，将影响生物质的液化行为。本章主要研究了添加物 MS、HZSM-5、PW_{12}、PW_{12}/MS、Co/MS、Mo/MS、Co-Mo/MS、Ni/MS 和 PW_{12}/HZSM-5 对生物质在亚临界水 - 乙醇中液化产物分布的影响。

7.1.1　无添加物作用时棉花籽液化的产物分布

7.1.1.1　不同温度下棉花籽液化的产物分布

图 7-2 是液化时间为 30min、液化初压为 2MPa、无添加物作用时，不同温度下棉花籽在乙醇中液化的产物分布。由图 7-2 可知，当温度从 240℃升至 320℃时，棉花籽液化的各产物的变化趋势是不同的。棉花籽液化油的收率呈现先增加后下降，最后又增加的趋势；从温度为 240℃时的最低收率（36.6%）增加到温度为 260℃时的最高收率（44.1%）；当温度超过 260℃后，液化油的收率又开始下降；然而，当温度为 320℃时，液化油收率又增加为 40.1%。随着温度的升高，固体残渣收率逐渐降低；除了在温度为 260℃外，其他产物的收率随着温度的升高一直呈升高的趋势。

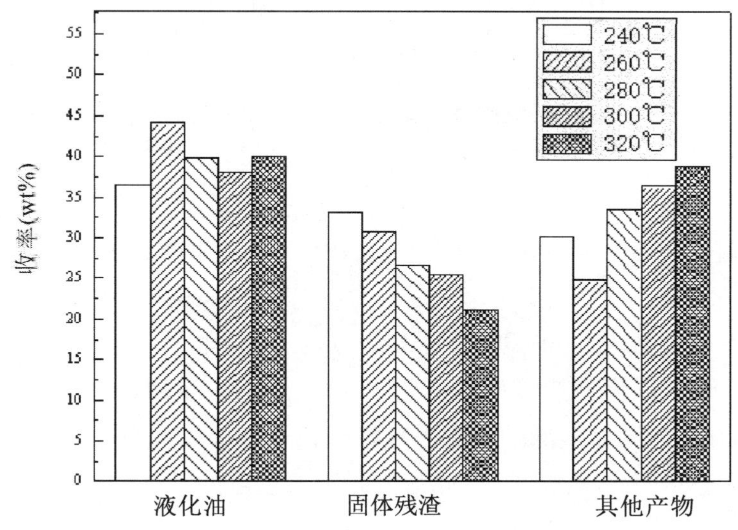

图 7-2　不同温度下棉花籽在乙醇中液化的产物分布

Fig.7-2　The distribution of liquefied products of cotton seed at different temperatures in ethanol

图 7-3 是液化时间为 30min、液化初压为 2MPa、无添加物作用时，不同温度下棉花籽在亚临界水中液化的产物分布。由图 7-3 可知，液化温度从 240℃升高到 320℃时，液化油收率总体呈现先增加后下降的趋势；当温度为 300℃时，液化油收率达到最大为 32.3%，温度为 320℃时，液化油收率下降为 29.9%。与图 7-2 中的变化趋势相同，随着温度的升高，固体残渣的收率一直下降，从 34%（240℃）下降到 16.8%（320℃）。当温度从 240℃升高到 320℃时，其他产物的收率基本是逐渐增加的，在温度为 240℃时最小为 38.4%，温度为 320℃时最大为 53.3%。

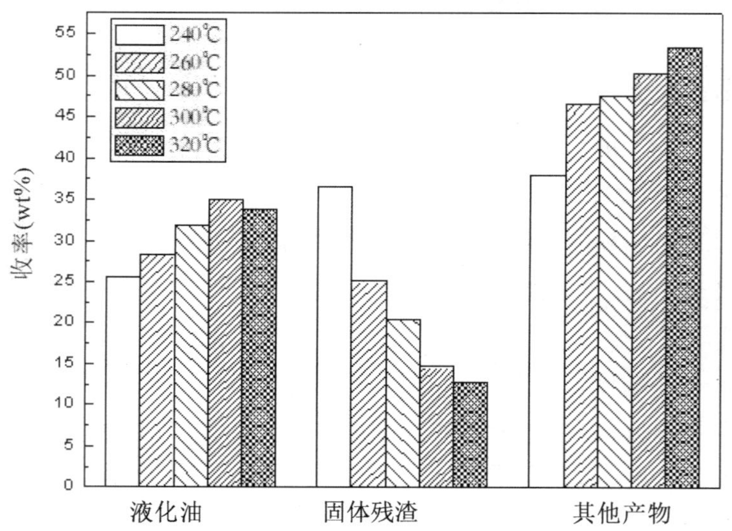

图 7-3 不同温度下棉花籽在亚临界水中液化的产物分布

Fig.7-3 The distribution of liquefied products of cotton seed at different temperatures in sub—Critical water

图 7-4 是液化时间为 30min、液化初压为 2MPa、无添加物作用时，不同温度下棉花籽在亚临界水 - 乙醇（*V* ： *V*， 1 ： 1）中液化的产物分布。由图 7-4 可以看出，与图 7-3 中液化油的变化趋势一样，当温度从 240℃升高到 320℃时，液化油收率的变化趋势也是先增加后降低。当温度为 300℃时，液化油的收率最高为 35%；当温度为 240℃时，液化油的收率最低为 25.5%。随着温度的升高，固体残渣的收率一直降低，这与棉花籽在亚临界水、亚临界乙醇中液化时的变化趋势一样。然而，其他产物的收率则是随着温度的升高一直增加。

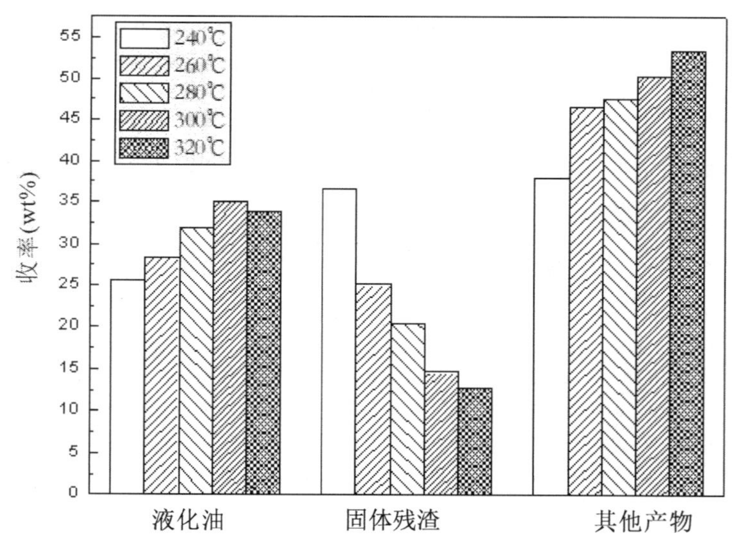

图 7-4 不同温度下棉花籽在亚临界水 - 乙醇中液化的产物分布

Fig.7-4 The distribution of liquefied products of cotton seed at different temperatures insub—Critical water-ethanol

图 7-5 是液化时间为 30min、液化初压为 2MPa、无添加物作用时，不同温度下棉花籽分别在乙醇、亚临界水、亚临界水－乙醇（V ∶ V，1 ∶ 1）三种不同溶剂中液化的总转化率分布。由图 7-5 可知，与使用乙醇或亚临界水作为溶剂时相比，液化温度为 240℃时棉花籽在亚临界水－乙醇（V ∶ V，1 ∶ 1）中液化的总转化率较低；当温度超过 240℃时，棉花籽在亚临界水－乙醇（V ∶ V，1 ∶ 1）中液化的总转化率总是高于使用单一的乙醇或水作为溶剂时的总转化率，这是因为乙醇和亚临界水在棉花籽的液化过程中会表现出协同效应，与亚临界水或乙醇相比，亚临界水－乙醇的混合溶剂可以有效防止冷凝和液体的气化。此外，木质素和木质素产物（低分子量）很容易溶解在亚临界水－乙醇混合溶剂中，且可以显著抑制这些低分子量物质的再聚合。综上可知，用亚临界水－乙醇的混合溶液作溶剂更有利于棉花籽的液化。

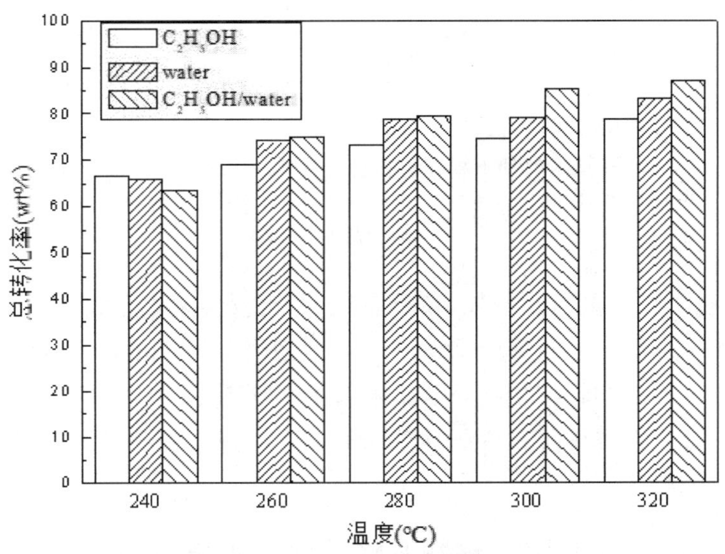

图 7-5　不同温度下棉花籽在不同溶剂中时的总转化率

Fig.7-5　The total conversion of liquefaction of cotton seed at different temperatures in different solvent

7.1.1.2　不同反应时间下棉花籽在亚临界水－乙醇中液化的产物分布

图 7-6 是液化温度为 300℃、液化初压为 2MPa、无添加物作用时，不同反应时间下棉花籽在亚临界水－乙醇（V ∶ V，1 ∶ 1）中液化的产物分布。

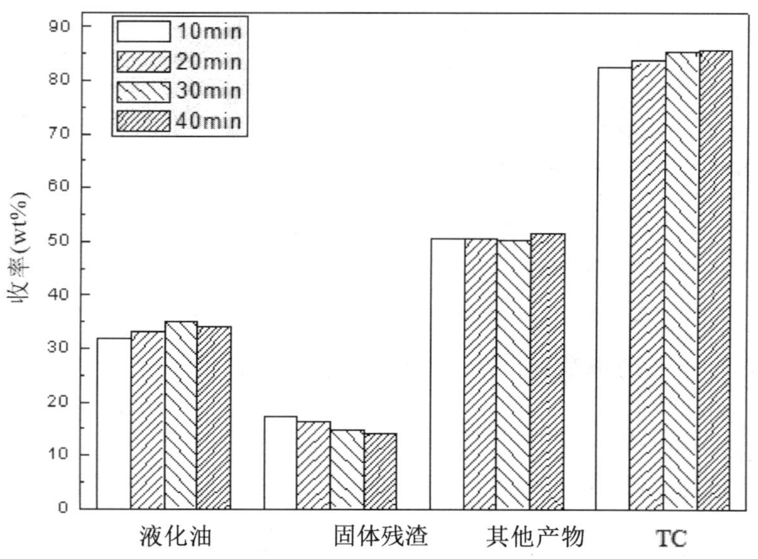

图 7-6　不同反应时间下棉花籽在亚临界水 - 乙醇中液化的产物分布

Fig.7-6　The distribution of liquefied products of cotton seed at different reaction times in sub—Critical water-ethanol

由图 7-6 可知，随着反应时间的增加，液化油收率的变化不大，但整体呈先升高后降低趋势；在反应时间为 30min 时，液化油收率最大为 35%。反应时间从 10min 到 40min 时，固体残渣的收率一直降低，而其他产物的收率变化不大。棉花籽的液化总转化率随着反应时间的增加一直增加。由此可推断，棉花籽液化时首先转化为大量液体产物，随着反应时间的增加，一些液化油转化为气体或其他产物。

7.1.1.3　不同液化初压下棉花籽在亚临界水 - 乙醇中液化的产物分布

图 7-7 是液化温度为 300℃、液化时间为 30min、无添加物作用时，不同液化初压下棉花籽在亚临界水 - 乙醇（V ： V，1 ： 1）中液化的产物分布。从图 7-7 中可以看出，在液化初压为 2MPa 时，液化油收率达到最大，为 35%；然而，当液化初压为 3MPa 时，液化油收率则最小，为 28.9%，这可能是因为高压会促使液化油类分解转化为气体或其他物质。当液化压力从 1MPa 升高到 3MPa 时，棉花籽液化的固体残渣收率变化不大；随着液化压力的升高，棉花籽液化的总转化率变化也不明显。

综上分析可知，液化初始压力对棉花籽液化的液化油收率、棉花籽液化的总转化率和固体残渣收率的影响都较小。

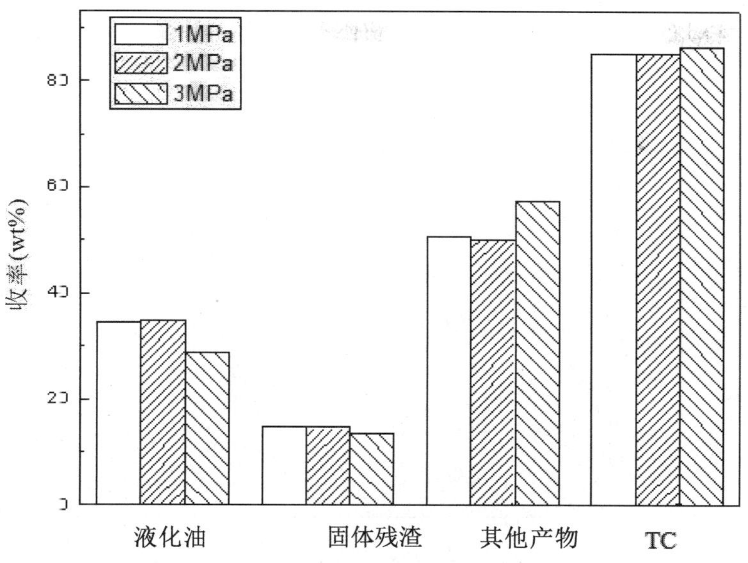

图 7-7　不同液化初压下棉花籽在亚临界水－乙醇中液化的产物分布

Fig.7-7　The distribution of liquefied products of cotton seed at different pressures in sub—Critical water-ethanol

7.1.2　添加物作用下棉花籽在亚临界水－乙醇中液化的产物分布

图 7-8 为添加物作用下棉花籽在亚临界水－乙醇（*V* ∶ *V*，1 ∶ 1）混合溶剂中液化的产物分布，液化条件为：液化温度为 300℃、液化时间为 30min、初压为 2MPa。图 7-8（a）为在添加物作用下，棉花籽的液化油收率的分布。从图 7-8（a）中可以看出，除了 PW_{12} 与 HZSM-5 外，添加物的加入都能使棉花籽的液化油收率增加。无添加物作用时，棉花籽的液化油收率为 35%；加入 PW_{12}/HZSM-5、Co/MS、Ni/MS、麦饭石（MS）、PW_{12}/MS、Co-Mo/MS 和 Mo/MS 都能使液化油收率增加，而且当加入 Mo/MS 时，液化油收率最大为 38.4%；当加入 PW_{12} 或 HZSM-5 时，液化油收率反而下降；此外，加入 PW_{12}/MS 时液化油收率比加入 PW_{12}/HZSM-5 时高，说明改性的麦饭石比改性的 HZSM-5 更有利于液化油的生成。总体来说，加入麦饭石和改性的麦饭石都可以提高棉花籽液化油的收率。图 7-8（b）为添加物作用下，棉花籽液化固体残渣的收率分布。从图 7-8（b）中可以明显看出，加入 Ni/MS 时固体残渣收率最小，为 8.9%；无添加物作用时固体残渣收率为 14.7%。当加入添加物 Ni/MS、PW_{12}/HZSM-5 或 MS 时，棉花籽液化的固体残渣收率小于无添加物作用时的固体收率。图 7-8（c）为添加物作用下，棉花籽液化其他产物的收率分布。从图 7-8（c）中可以看出，当加入 Ni/MS 时，其他产物的收率最高为 55.3%。与无添加物作用时相比，除了 Ni/MS 和 PW_{12}/HZSM-5 外，加入 MS、HZSM-5、PW_{12}、PW_{12}/MS、Co/MS、Mo/MS 和 Co-Mo/MS 使棉花籽液化其他产物的收率降低。图 7-8（d）为添加物作用下，棉花籽液化的总转化率分布。从图 7-8（d）中可以看出，当加入添加物 Ni/MS 时，总转化率最大，为 91.1%。此外，从图中还可以看出，只有当加入 MS、PW_{12}/HZSM-5 和 Ni/MS 时，棉花籽液化的总转化率比无添加物作用时的总转化率高；加入 PW_{12} 时，总转化率最低，为 82.2%；添加 Mo/MS、HZSM-5、Co/MS、Co-Mo/

MS 和 PW_{12}/MS 后会使棉花籽液化的总转化率略微降低。

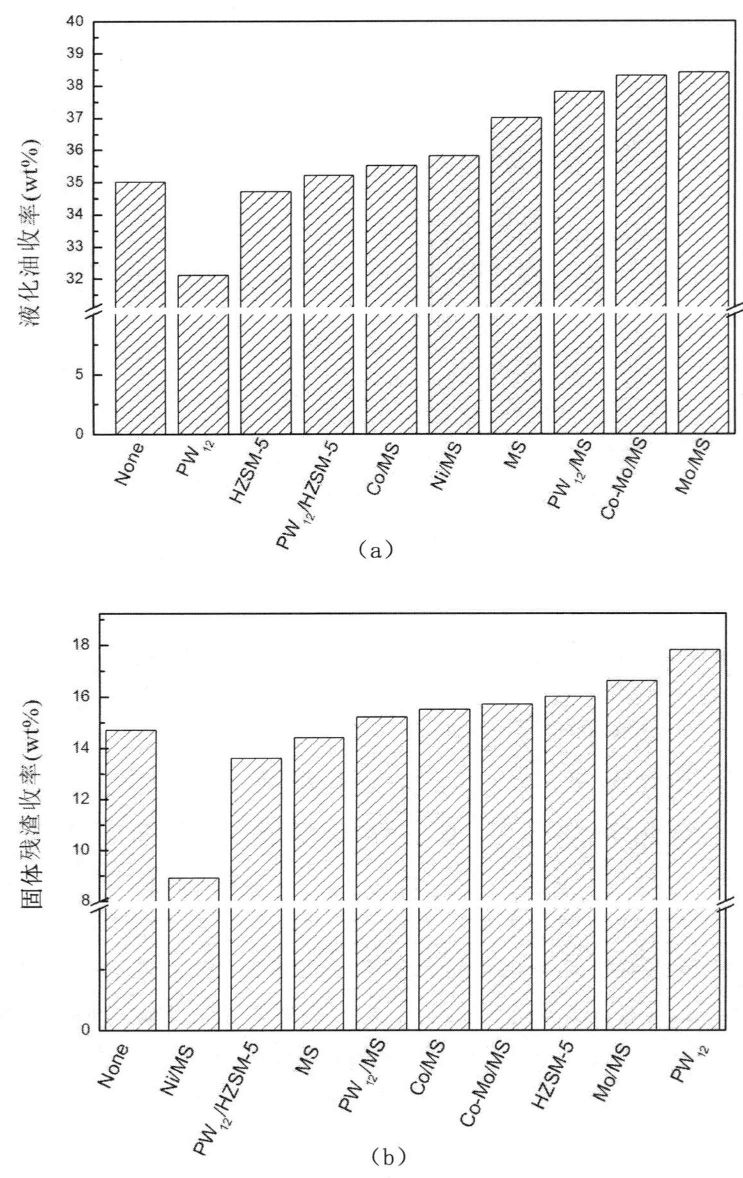

(a)

(b)

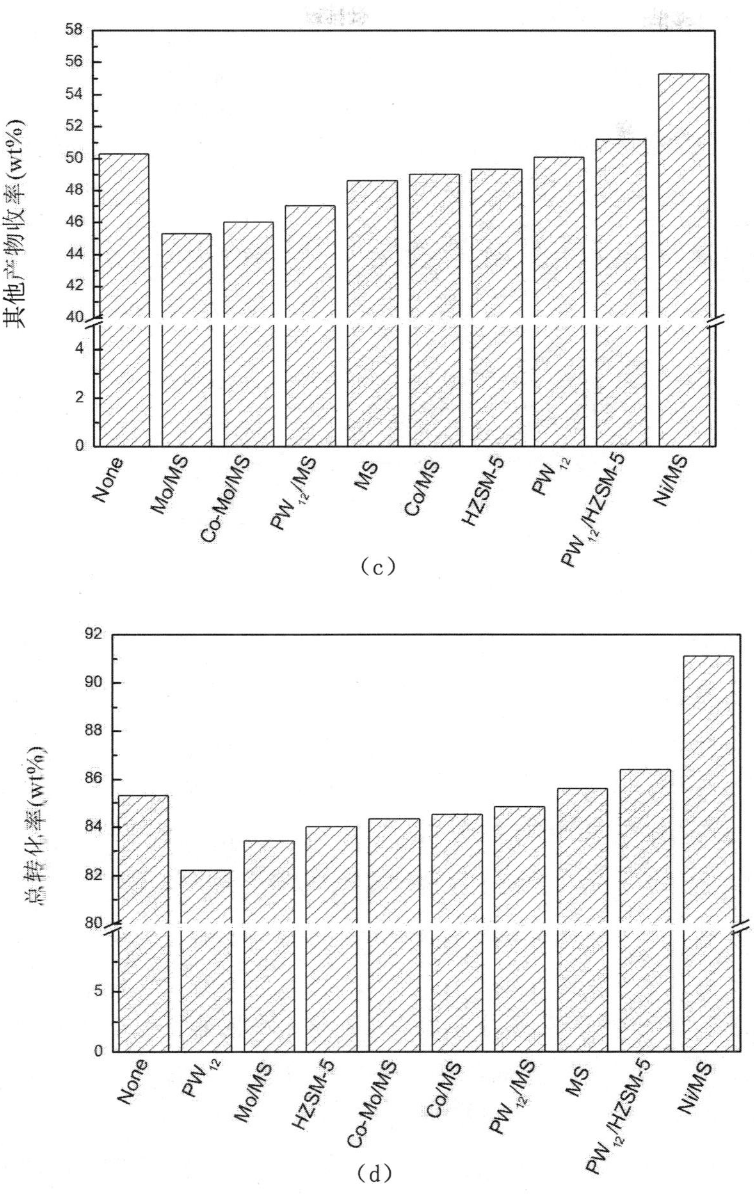

图 7–8 添加物作用下棉花籽在亚临界水 – 乙醇中液化的产物分布

Fig.7–8 The distribution of liquefied products of cotton seed in sub—Critical water–ethanol when adding additives

7.1.3 棉花籽液化的气相产物组成

7.1.3.1 无添加物时，不同温度下棉花籽在亚临界水 – 乙醇中液化的气相产物组成

表 7–3 为液化时间为 30min、初压为 2MPa、无添加物作用时，不同温度下棉花籽在亚临界水 – 乙醇（*V* ∶ *V*，1 ∶ 1）中液化的气相产物组成。从表 7–3 中可以发现，棉花籽液化的气相产物中 CO_2 的相对含量均较高（大于 96%），而 H_2 和 CH_4 的相对含量都很低。随着反应温度的升高，

气相产物中 CO_2 的相对含量一直下降；H_2 的相对含量随着温度的升高逐渐增加，在反应温度为 240℃和 260℃时，均未检测到气相产物中有 CH_4 气体，当温度超过 260℃时，CH_4 的相对含量随着温度的升高而增加。此外，CO 的含量则随着温度的升高先增加后降低。

表 7-3　不同温度下棉花籽在亚临界水 - 乙醇中液化的气相产物组成

Table7-3　Composition and relative content of gas products of cotton seed liquefaction at different temperatures in sub—Critical water-ethanol

（vol%）

温度（℃）	H_2	CH_4	CO_2	CO
240	0.0194	—	97.8218	2.1588
260	0.0306	—	97.7694	2.2000
280	0.1107	0.1669	97.2915	2.4309
300	0.1254	0.1867	96.6215	3.0664
320	0.2235	0.4043	96.3597	3.0125

7.1.3.2　添加物作用下棉花籽在亚临界水 - 乙醇中液化的气相产物组成

图 7-9（a）~ 图 7-9（d）分别是液化温度为 300℃、液化时间为 30min、初压为 2MPa 时，在添加物作用下棉花籽在亚临界水 - 乙醇混合溶剂中液化的气相中 H_2、CH_4、CO_2、CO 的相对含量分布图。从图 7-10（a）中可以看出，添加物的加入均能使气相产物中 H_2 的相对含量增加，而且加入 Mo/MS 时得到的气相产物中 H_2 的相对含量最高，为 0.2235%，当加入添加物 Mo/MS 时，液化油的收率最大；此外，加入 Co-Mo/MS 时，得到的气相产物中 H_2 的相对含量仅低于加入 Mo/MS 时 H_2 的相对含量。从图 7-9（a）中可以看出，加入 Co-Mo/MS 时得到的液化油收率仅低于加入 Mo/MS 时的液化油收率。所以，对于棉花籽在亚临界水 - 乙醇中的液化，加入 Mo/MS 和 Co-Mo/MS 能明显提高液化油收率且使气相产物中 H_2 的相对含量增加。从图 7-9（b）中可以看出，加入添加物使 CH_4 含量降低，且加入 HZSM-5、Ni/MS、PW_{12}/MS、Co-Mo/MS 这四种添加物时未检测到 CH_4 气体，由此可知，加入添加物有利于温室气体 CH_4 的减排。从图 7-9（c）中可以看出，加入添加物使气相产物中 CO_2 的相对含量增加，而高含量的 CO_2 达到了保护氢和以 CO_2 的形式除去氧的目的，也就是说，在得到的液化油中的氧含量较低 。此外，从图 7-9（d）中可以看出，添加物的加入使气相产物中的 CO 含量降低。

H_2含量（vol%）
0.0
0.2
0.4
0.6
0.8
1.0
1.2
None
MS
PW_{12}
PW_{12}/MS
PW_{12}/HZSM-5
HZSM-5
Ni/MS
Co/MS
Co-Mo/MS
Mo/MS

（a）

CH_4含量（vol%）
0.00
0.02
0.04
0.06
0.08
0.10
0.12
0.14
0.16
0.18
0.20
None
HZSM-5
Ni/MS
PW_{12}/MS
Co-Mo/MS
MS
Mo/MS
PW_{12}
PW_{12}/HZSM-5
Co/MS

（b）

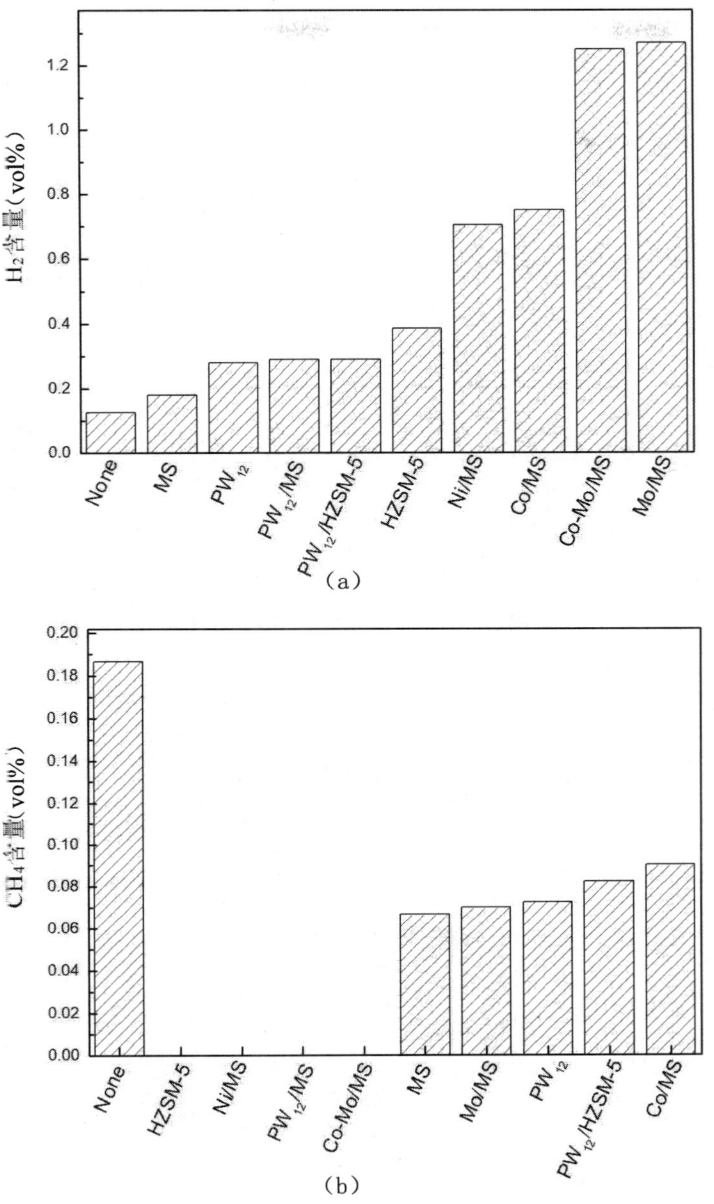

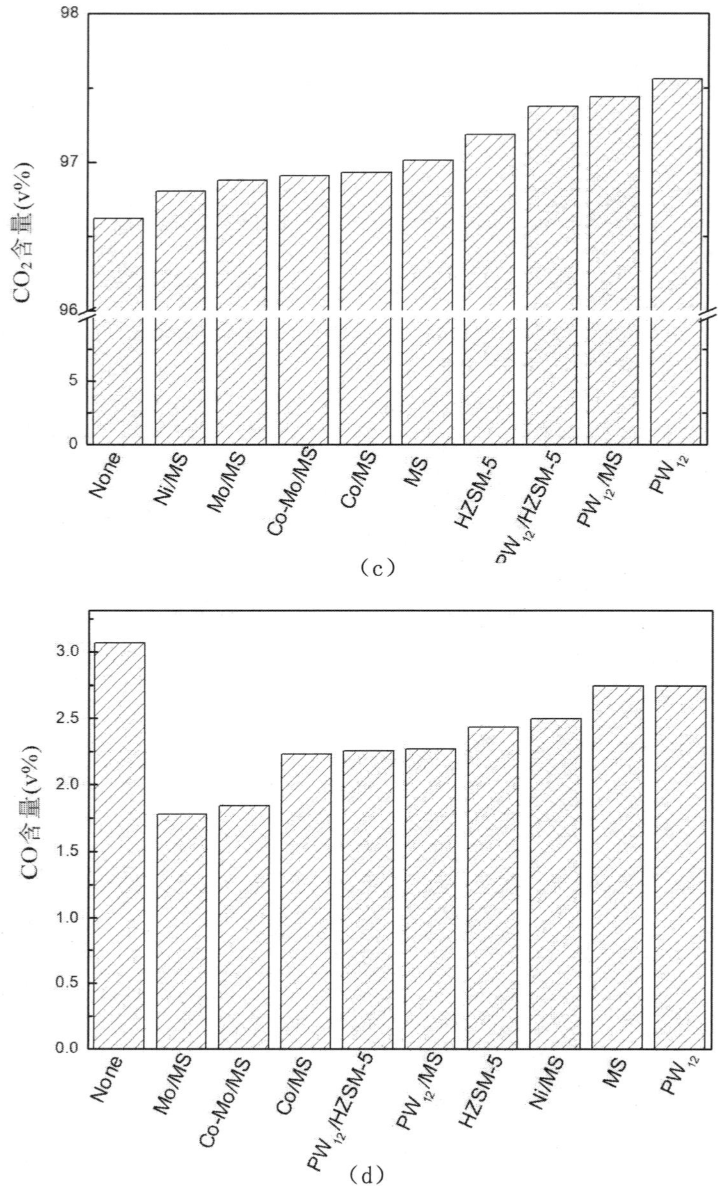

图 7-9　添加物作用下棉花籽在亚临界水－乙醇中液化的气相产物组成

Fig.7-9　Composition and relative content of gas products of cotton seed liquefaction in sub—Critical water-ethanol when adding additives

7.2　添加物作用下杨树花在亚临界水 - 乙醇中的液化行为

7.2.1　杨树花在亚临界水 - 乙醇中液化的产物分布

7.2.1.1　不同温度下杨树花在亚临界水 - 乙醇中液化的产物分布

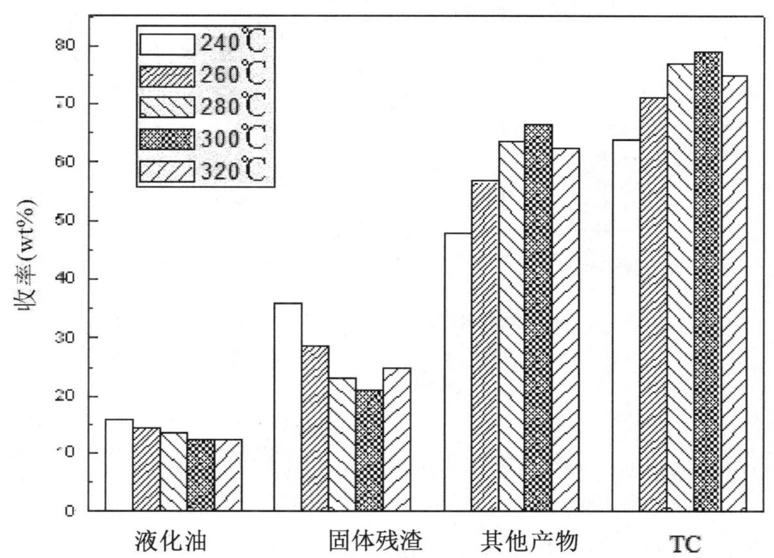

图 7-10　不同温度下杨树花在亚临界水 - 乙醇中液化的产物分布

Fig.7-10　The distribution of liquefied products of flos populi at different temperatures in sub—Critical water-ethanol

图 7-10 是溶剂为亚临界水 - 乙醇（*V* ∶ *V*, 1 ∶ 1）、液化初压为 2MPa、液化时间为 30min 时，杨树花在不同温度下液化的产物分布。由图 7-10 可知，温度为 240℃时液化油收率最高，为 15.9%，当温度从 240℃升至 320℃时，杨树花液化油的收率一直在降低，这可能是由于随着温度的升高生成的液化油有很大一部分分解为气体或重新聚合为其他产物。固体残渣的收率随着温度的升高呈先降低后增加的趋势，在 300℃时固体残渣收率最低为 21%，在 320℃时又增加到 25%。随着温度的升高，其他产物的收率先增高后降低，在 300℃时收率最高为 66.5%，而在 320℃又下降到 62.5%。与其他产物收率变化一致，杨树花液化的总转化率随着温度的升高呈现先增高后降低的趋势，在 240℃时最低，为 63.9%，在 300℃时达到最高，为 79%，在 320℃时又降为 75%。

7.2.1.2　不同反应时间下杨树花在亚临界水 – 乙醇中液化的产物分布

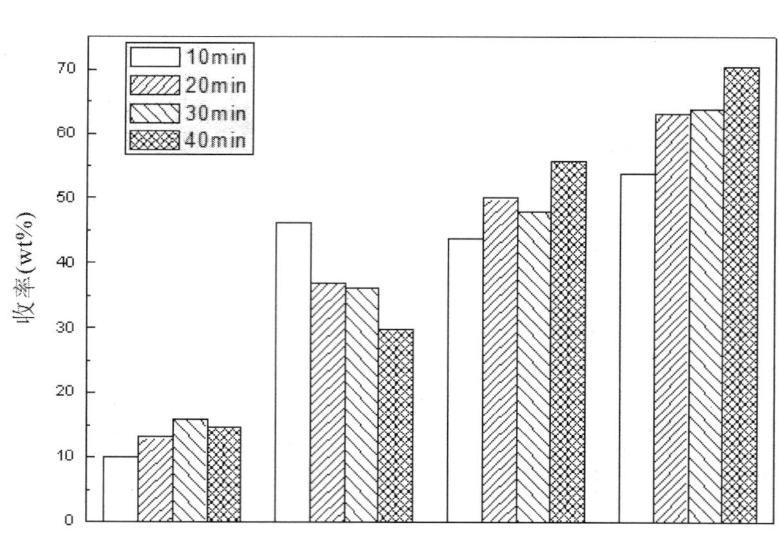

图 7-11　不同反应时间下杨树花在亚临界水 – 乙醇中液化的产物分布

Fig.7-11　The distribution of liquefied products of flos populi at different reaction times in sub—Critical water-ethanol

图 7-11 是液化温度为 240℃、液化初压为 2MPa、以亚临界水 – 乙醇（*V* ∶ *V*，1 ∶ 1）作溶剂、不同反应时间下杨树花液化的产物分布。由图 7-11 可知，当液化时间从 10min 增加到 30min 时，液化油收率一直增高，且在液化时间为 30min 时，液化油收率最高，为 15.9%，但是当液化时间为 40min 时，液化油收率又下降到 14.6%。随着反应时间的增加，杨树花液化的固体残渣收率不断下降，固体残渣收率最低为 29.7%。随着反应时间从 10min 增加到 20min 时，其他产物的收率一直增加，当反应时间为 30min 时又降为 48%，而当反应时间为 40min 时，又增加到 55.7%。随着反应时间的增加，杨树花液化的总转化率一直增加，在 40min 时总转化率最高，为 70%。

7.2.2 添加物作用下杨树花在亚临界水 – 乙醇中液化的产物分布

图 7-12 是实验条件为温度 300 ℃、初始压力 2MPa、液化时间为 30min，加入添加物 MS、PW_{12}、Ni/MS、HZSM-5、PW_{12}/HZSM-5、PW_{12}/MS、Co/MS、Mo/MS 和 Co-Mo/MS 时，杨树花在亚临界水 – 乙醇（*V* ∶ *V*，1 ∶ 1）中液化的产物分布。图 7-12（a）为添加物作用下，杨树花液化油的收率分布。由图 7-12（a）可知，除了 MS 外，添加物 PW_{12}、Ni/MS、HZSM-5、PW_{12}/HZSM-5、PW_{12}/MS、Co/MS、Mo/MS 、Co-Mo/MS 都能使杨树花液化油的收率增高。从图中还可以看出，虽然加入 HZSM-5 时比加入 MS 得到的液化油收率高，但是当加入 PW_{12}/MS 时液化油的收率要比加入 PW_{12}/HZSM-5 时的高，这说明加入经 PW_{12} 改性的麦饭石比经过

改性的 HZSM-5 更有利于液化油的生成，这与前文中得到的结论一致。此外，从图中还发现，改性的添加物比未改性的添加物更有利于液化油的生成；负载了 Co、Mo 的麦饭石复合添加物对提高液化油收率效果更显著，且当加入 Co-Mo/MS 添加物时，液化油收率最大，为 19.2%，其次分别为 Mo/MS 和 Co/MS。添加物作用下，杨树花在亚临界水－乙醇中液化的固体残渣收率分布如图 7-12（b）所示。从图 7-12（b）中可以看出，除了 Mo/MS、Co-Mo/MS 外，添加物 MS、PW_{12}、Ni/MS、HZSM-5、PW_{12}/HZSM-5、PW_{12}/MS、Co/MS 都使固体残渣收率增加。图 7-12（c）为添加物作用下，杨树花液化的其他产物的收率。与无添加物时相比，添加物的加入都使其他产物的收率降低，加入 Co/MS 时收率最低，为 52%，加入 PW_{12} 时收率最高，为 64.8%。图 7-12（d）为添加物作用下，杨树花液化的总转化率。与无添加物作用时相比，加入 Co-Mo/MS 和 Mo/MS 使杨树花液化的总转化率增高；加入 Mo/MS 时，总转化率最大，为 80.8%。综上所述，在杨树花液化时，加入 PW_{12}、Ni/MS、HZSM-5、PW_{12}/HZSM-5、PW_{12}/MS、Co/MS 使杨树花液化的总转化率降低，但是液化油收率却增高，说明添加物的加入抑制了其他产物的生成，得到了更多的液化油和固体残渣。

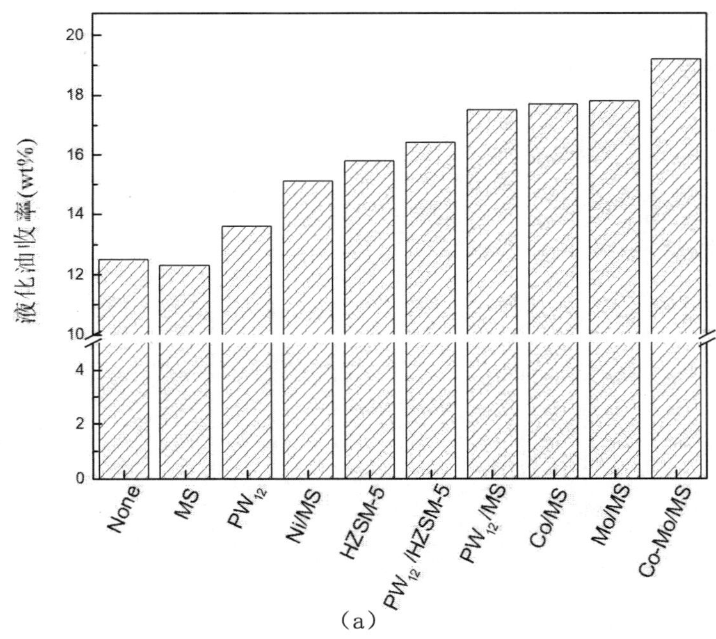

(a)

固体残渣收率(wt%)
30
25
20
15
0
None
Mo/MS
Co-Mo/MS
PW12/HZSM-5
PW12/MS
PW12
HZSM-5
MS
Ni/MS
Co/MS

(b)

其他产物产率(wt%)
70
65
60
55
50
5
0
None
Co/MS
Ni/MS
Co-Mo/MS
PW12/MS
HZSM-5
PW12/HZSM-5
Mo/MS
MS
PW12

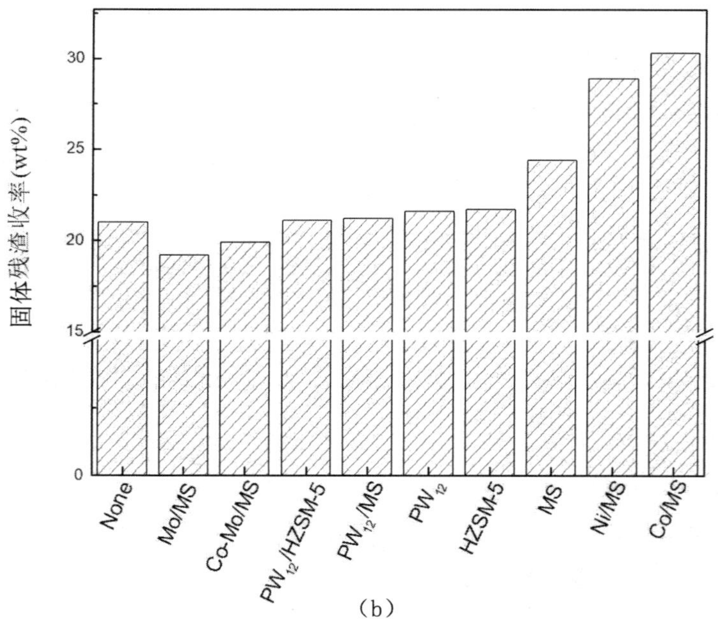

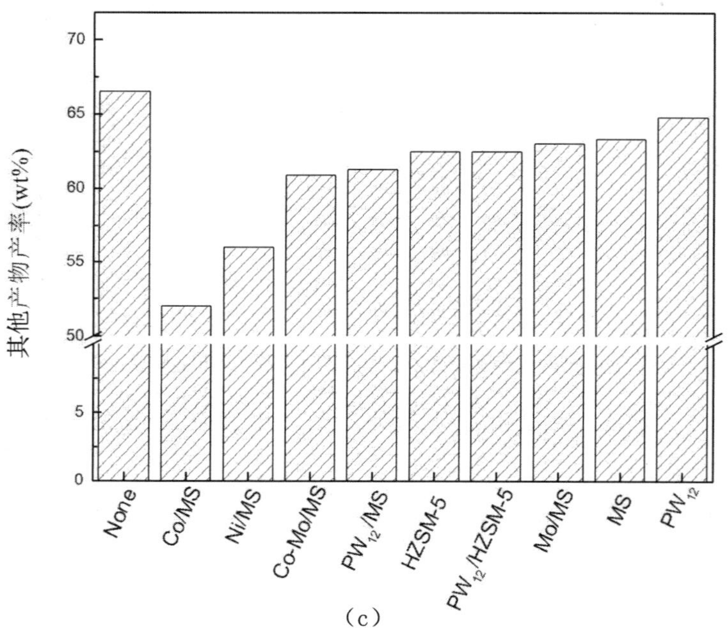

(c)

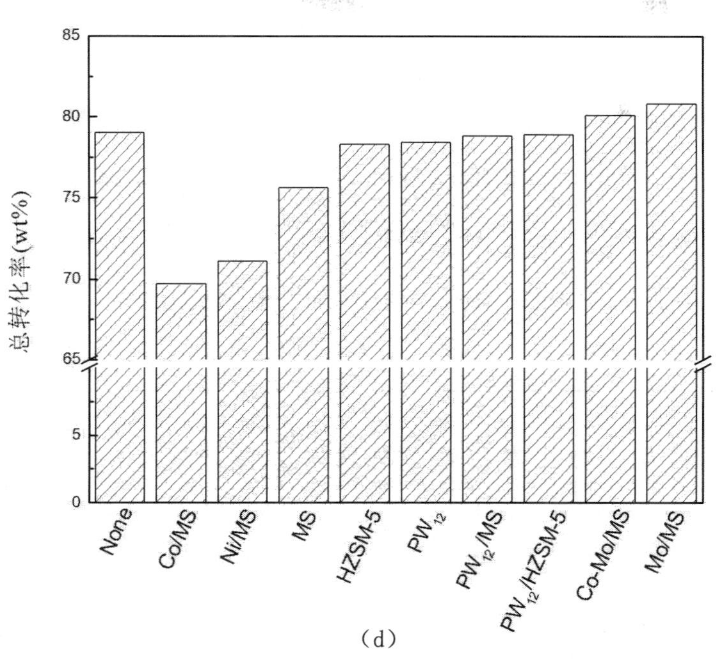

(d)

图 7–12 添加物作用下杨树花在亚临界水 – 乙醇中液化的产物分布

Fig.7–12 The distribution of liquefied products of flos populi in sub—Critical water–ethanol when adding additives

7.2.3 杨树花在亚临界水 – 乙醇中液化的气相产物组成

7.2.3.1 无添加物作用时，不同温度下杨树花在亚临界水 – 乙醇中液化的气相产物组成

表 7–4 为液化时间为 30min、液化初压为 2MPa、无添加物作用时，不同温度下杨树花在亚临界水 – 乙醇（*V* ∶ *V*，1 ∶ 1）中液化的气相产物组成。由表 7–4 可知，杨树花液化的气相产物中 CO_2 的相对含量很高（大于 95%），而棉花籽液化的气相产物中 CO_2 的相对含量也很高（大于 96%），这说明棉花籽和杨树花在亚临界水 – 乙醇（*V* ∶ *V*，1 ∶ 1）中液化的气相产物主要为 CO_2；随着液化温度的升高，CO_2 的相对含量一直下降，而 H_2 和 CH_4 的相对含量则随着液化温度的升高而升高。在液化温度为 240℃、260℃和 280℃时未检测到 CH_4，当温度从 300℃升高到 320℃时，CH_4 的相对含量增加。当温度从 240℃升高到 300℃时，CO 的相对含量一直增加，从 300℃升高到 320℃时有所降低。结合以上分析，对比表 7–3 中棉花籽液化的气相产物组成，发现棉花籽和杨树花液化时，随着反应温度的升高，气相产物中各成分的相对含量的变化趋势基本一致。

表 7-4　不同温度下杨树花在亚临界水－乙醇中液化的气相产物组成

Table7-4　Composition and relative content of gas products of flos populi liquefaction at different temperatures in sub—Critical water-ethanol

（vol%）

温度 /℃	H_2	CH_4	CO_2	CO
240	0.2010	—	97.9170	1.8820
260	0.2860	—	96.8030	2.9110
280	0.4527	—	96.5625	3.8948
300	0.5916	0.0624	95.2761	4.0699
320	0.8279	0.3067	95.1306	3.7348

7.2.3.2　添加物作用下杨树花在亚临界水－乙醇中液化的气相产物组成

图 7-13（a）~图 7-13（d）分别是液化温度为 300℃、液化时间为 30min、初始压力为 2MPa、在添加物作用下杨树花在亚临界水－乙醇（*V* ：*V*，1 ：1）中液化气相产物中 H_2、CH_4、CO_2、CO 的相对含量分布。从图 7-13（a）中可以看出，加入添加物 Ni/MS、Co/MS、Co-Mo/MS 和 Mo/MS 时，使得杨树花液化的气相产物中 H_2 的相对含量增加，且当加入 Mo/MS 时，H_2 的相对含量最高，为 2.4596%，其次分别是 Co/MS 和 Co-Mo/MS。由前文可知，当加入添加物 Co/MS、Mo/MS 和 Co-Mo/MS 时，更有利于液化油的生成。所以，杨树花在亚临界水－乙醇中液化时，加入 Co/MS、Mo/MS 和 Co-Mo/MS 既能提高液化油收率，又能增加气相产物中 H_2 的相对含量。由图 7-13（b）可知，与无添加物作用时相比，添加物的加入都使杨树花液化的气相产物中 CH_4 的相对含量增加，当加入 PW_{12} 时，得到的气相产物中 CH_4 的相对含量最高。从图 7-13（c）中可以发现，加入的添加物中除了 Co/MS、PW_{12} 和 Mo/MS 外，其余添加物的加入都使得气相产物中 CO_2 的相对含量降低。由图 7-13（d）可以看出，与无添加物作用时相比，加入 Mo/MS、Co/MS、PW_{12} 和 PW_{12}/MS 使气相产物中 CO 的相对含量降低，而 PW_{12}/HZSM-5、MS、Ni/MS 和 HZSM-5 的加入使气相产物中 CO 的含量增加。

从表 7-3 和表 7-4 中的结论可知，在无添加物作用时，随着温度的升高，杨树花和棉花籽在亚临界水－乙醇（*V* ：*V*，1 ：1）中单独液化的气相产物中各气体的相对含量的变化趋势一致。与无添加物作用时相比，在温度为 300℃时，加入 Ni/MS 、Co/MS、Mo/MS 和 Co-Mo/MS 既能使棉花籽液化气相产物中 H_2 的相对含量增加，又能使杨树花液化时气相产物中 H_2 的相对含量增加；加入 MS、PW_{12}、PW_{12}/MS、HZSM-5 和 PW_{12}/HZSM-5 能使棉花籽液化气相产物中 H_2 的相对含量增加，却使杨树花液化气相产物中 H_2 的相对含量降低；加入 MS、PW_{12}、Ni/MS、HZSM-5、PW_{12}/HZSM-5、PW_{12}/MS、Co/MS、Mo/MS 和 Co-Mo/MS 都使棉花籽液化气相产物中 CH_4 的相对含量降低，却使杨树花液化气相产物中 CH_4 的相对含量增加。

H₂含量(vol%)
2.5
2.0
1.5
1.0
0.5
0.0
None
PW12
MS
PW12/HZSM-5
HZSM-5
PW12/MS
Ni/MS
Co-Mo/MS
Co/MS
Mo/MS

（a）

CH₄含量(vol%)
0.30
0.25
0.20
0.15
0.10
0.05
0.00
None
MS
Ni/MS
Mo/MS
Co-Mo/MS
PW12/MS
PW12/HZSM-5
HZSM-5
Co/MS
PW12

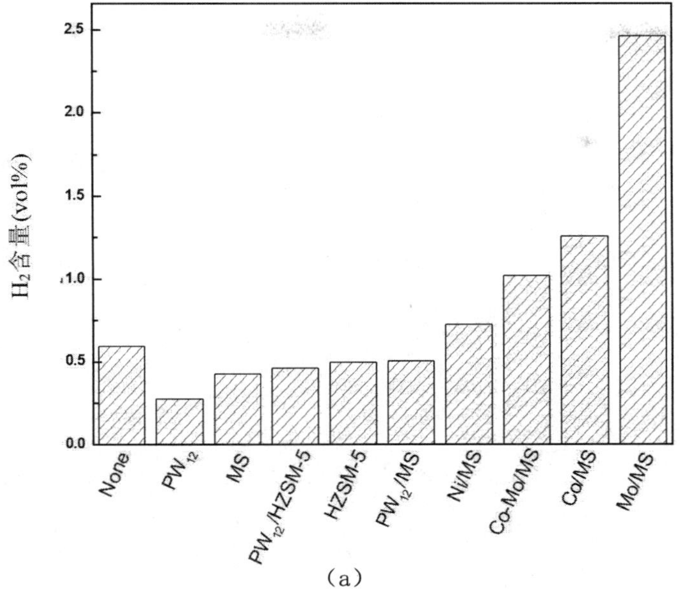

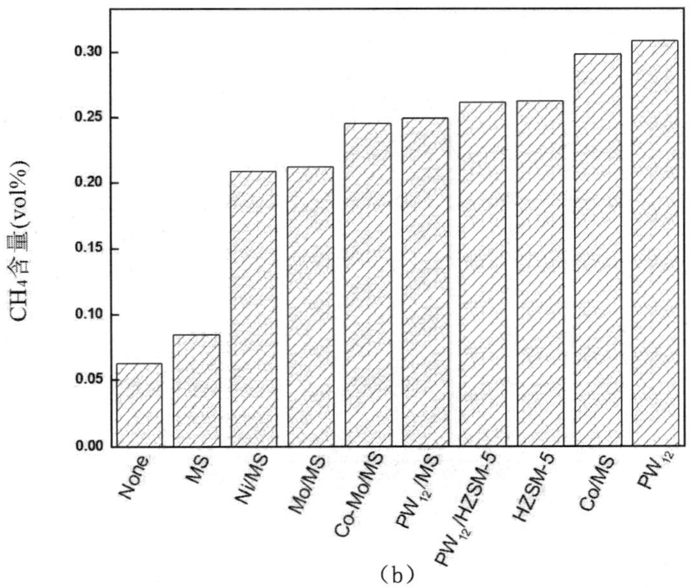

（b）

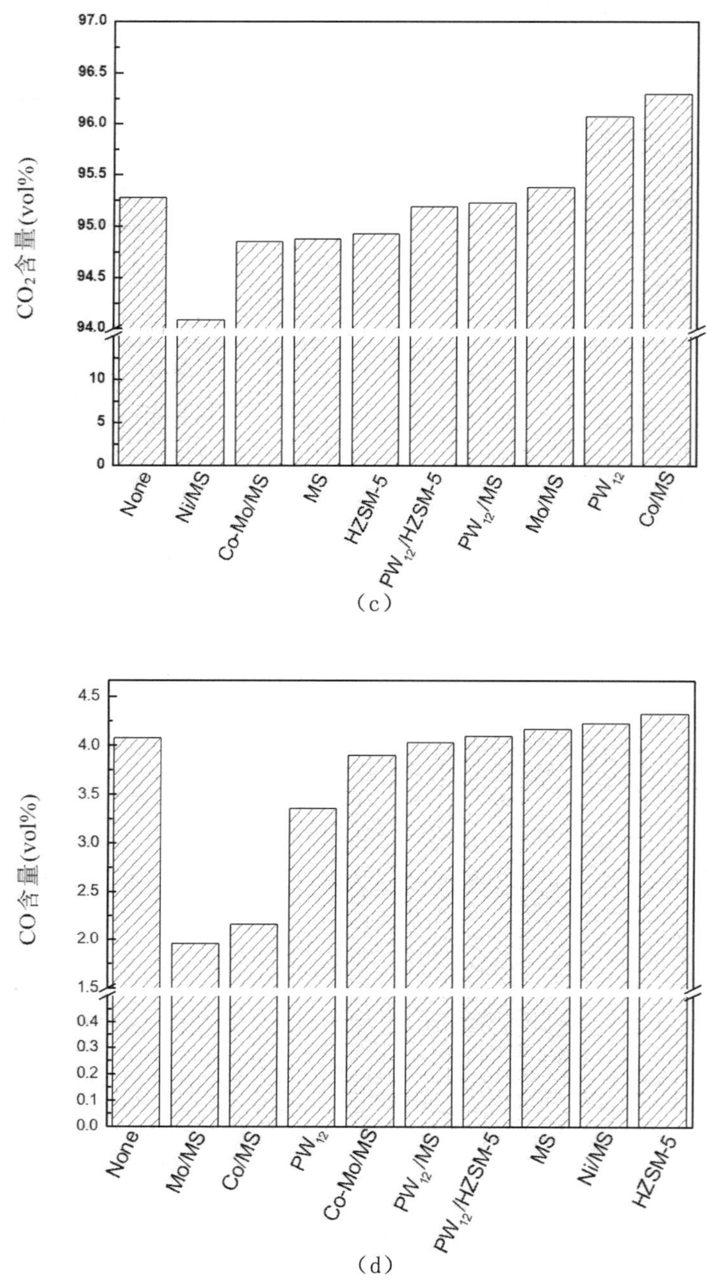

（c）

（d）

图 7-13　添加物作用下杨树花在亚临界水－乙醇中液化的气相产物组成及相对含量

Fig.7-13　Composition and relative content of gas products of flos populi liquefaction in sub—Critical water-ethanol when adding additives

7.3　添加物作用下棉花籽与杨树花在亚临界水－乙醇中共液化

通过第 3 章的研究，发现用亚临界水－乙醇（V ： V，1 ：1）作溶剂更有利于棉花籽的液化，还发现了 PW_{12}/HZSM-5、Co/MS、Ni/MS、MS、PW_{12}/MS、Co - Mo/MS、Mo/MS、PW_{12}、HZSM-5 对棉花籽和杨树花单独液化产物分布都有影响。本章研究了棉花籽与杨树花二者在亚临界水 - 乙醇（V ： V，1 ： 1）中的共液化行为，以及添加物对液化行为的影响。

7.3.1　无添加物作用下棉花籽与杨树花在亚临界水 - 乙醇中共液化

7.3.1.1　不同混合比例下棉花籽在亚临界水 - 乙醇中共液化的产物分布

图 7-14 是以不同比例混合的棉花籽与杨树花混合物在亚临界水 - 乙醇（V ： V，1 ： 1）中共液化的产物分布，液化温度为 280℃、液化初压为 2MPa、液化时间为 30min、无添加物。由图 7-14 可知，随着混合物中杨树花含量的增加，两者共液化的液化油收率降低，在二者比例为 4 ： 1 时，液化油收率最高，为 29.2%，二者比例为 1 ： 4 时，液化油收率最低，为 18.3%；而当棉花籽与杨树花的比例分别为 3 ： 2 和 1 ： 1 时，两者共液化的液化油收率相差不大，分别为 24.6% 和 24.4%。当棉花籽与杨树花的比例为 3 ： 2 时，固体残渣收率最小，为 18.9%，总转化率最高，为 81.6%；在二者比例为 2 ： 3 时，固体残渣收率最大，为 23.4%，总转化率最低，为 76.6%。随着混合物中杨树花含量从 20% 增加到 40% 时，其他产物的收率一直增加，当杨树花含量为 50% 时，其他产物的收率降到最低，当杨树花的含量超过 50% 时，其他产物的收率一直增加。

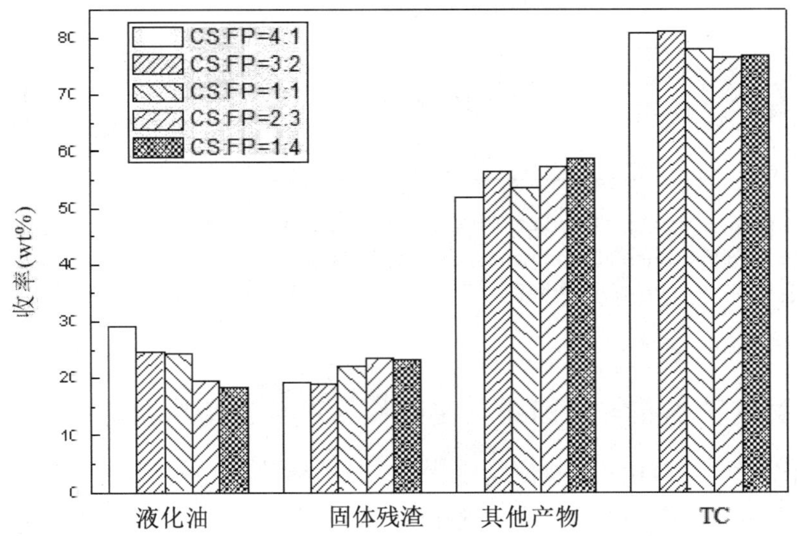

图 7-14　棉花籽和杨树花不同混合比例下两者共液化的产物分布

Fig.7-14　The distribution of products obtained at different mixture ratios during co-liquefaction of cotton seed and flos populi

图 7-15 是当液化温度为 280℃、液化初压为 2MPa、液化时间为 30min、无添加物作用时，不同比例的棉花籽与杨树花在亚临界水 - 乙醇（V ： V，1 ： 1）中共液化产物收率的实验值（Exp，%）与理论值（Cal，%）的差值（Exp—Cal）。实验值（Exp）是指棉花籽与杨树花共液化时所得到的实际液化产物的收率；理论值（Cal）是指假设两者共液化时没有相互作用，两

者共液化的液化产物收率理论上等于棉花籽和杨树花分别单独液化时的加权平均值。实验值与理论值的差值是判断两者是否有相互作用的依据。当实验值大于理论值时，说明棉花籽与杨树花共液化具有协同作用；当实验值小于理论值时，说明棉花籽与杨树花共液化时相互抑制；当实验值等于理论值时，说明二者没有相互作用。由图 7-15 可以看出，在棉花籽与杨树花二者共液化过程中，随着二者混合物中杨树花含量从 20% 增加到 50%，液化油收率的协同作用逐渐增强，此后，随着杨树花的含量增加到 60% 协同作用又减弱，而杨树花的含量增加到 80% 时，协同作用又比含量为 60% 时强；而且当棉花籽与杨树花的比例为 1 ∶ 1 时，二者共液化时液化油收率的协同作用最强。由图 7-15 可知，当棉花籽与杨树花的比例分别为 4 ∶ 1 与 3 ∶ 2 时，二者共液化的总转化率表现出协同作用，且在比例为 3 ∶ 2 时协同作用最大；另外，由图 7-15 还可知固体残渣收率的实验值总小于计算值，进一步说明二者共液化时有协同作用。

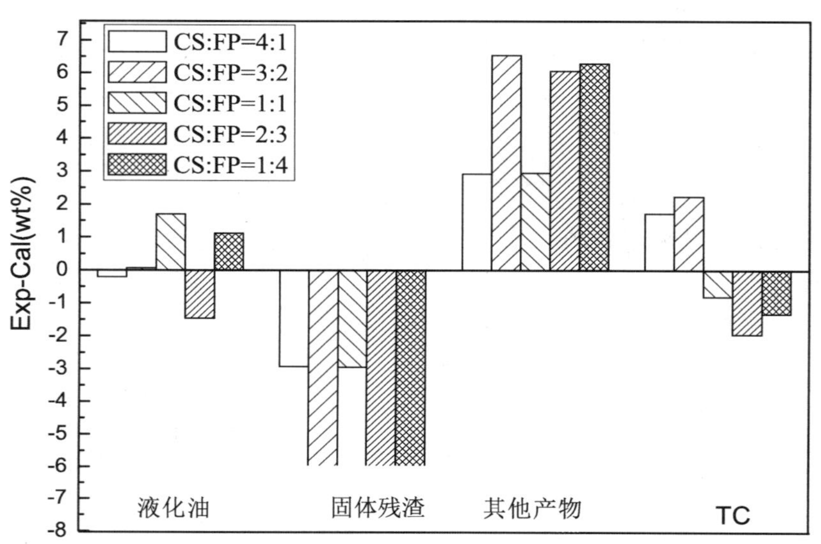

图 7-15　不同比例的棉花籽与杨树花在亚临界水 - 乙醇中共液化产物收率的实验值与理论值的差值

Fig.7-15　Differences of experimental value and calculated value of liquefied products yields from the co-liquefaction of cotton seed and flos populi at different CS/FP blending ratios

7.3.1.2 不同温度下棉花籽与杨树花在亚临界水 - 乙醇中共液化的产物分布

图 7-16 是液化时间为 280℃、液化初压为 2MPa、棉花籽与杨树花的比例为 1 ∶ 1、无添加物作用时，不同温度下棉花籽与杨树花在亚临界水 - 乙醇中（V ∶ V，1 ∶ 1）共液化的产物分布。由图 7-16 可知，当反应温度从 240℃升高到 320℃时，二者共液化的液化油收率呈现先增加后降低的趋势；在反应温度为 280℃时，液化油收率最大为 24.4%，当反应温度为 320℃时，液化油收率最低为 19.5%。随着反应温度的升高，二者共液化的固体残渣收率一直下降。而棉花籽与杨树花二者共液化其他产物的收率则随着液化温度的升高一直增加，当温度为 240℃时，最低收率为 44%，温度为 320℃时，最高收率为 63%，二者共液化的总转化率随着温度的升高一直增加，当温度为 240℃时，最低为 63.8%，当温度到达 320℃时，总转化率达到最高，为 82.5%。

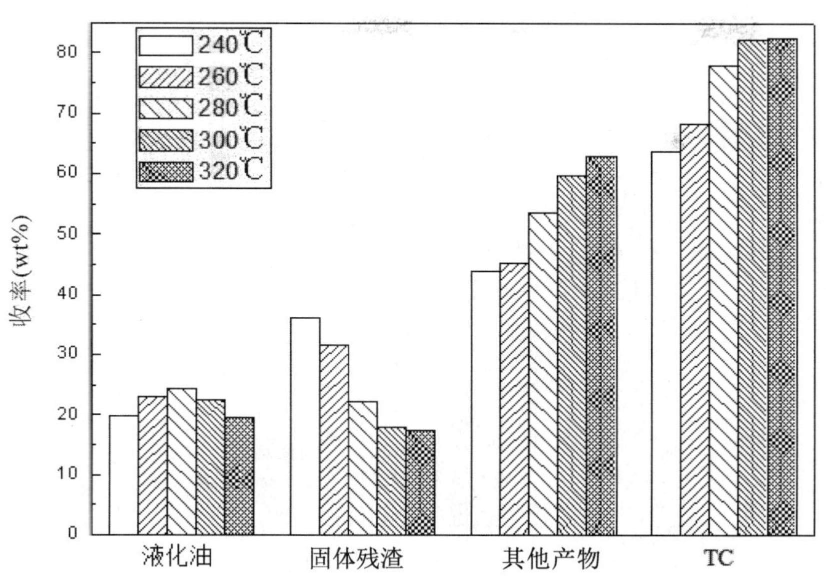

图 7-16　不同温度下棉花籽与杨树花在亚临界水－乙醇中共液化的产物分布

Fig.7-16　The distribution of products obtained at different temperatures during co-liquefaction of cotton seed and flos populi in sub—Critical water-ethanol

7.3.1.3　不同反应时间下棉花籽与杨树花在亚临界水－乙醇中共液化的产物分布

图 7-17 是液化温度为 280℃、液化初压为 2MPa、棉花籽与杨树花的比例为 1 ∶ 1、无添加物作用时，不同反应时间下棉花籽与杨树花在亚临界水－乙醇（*V* ∶ *V*，1 ∶ 1）中共液化的产物分布。从图 7-17 中可知，随着反应时间从 10min 增加到 40min，棉花籽与杨树花二者共液化的液化油收率呈现先增加后降低的趋势；当反应时间为 10min 时，二者共液化的液化油收率最低为 17.5%，当反应时间为 30min 时，二者共液化的液化油收率增加到最大，为 24.4%，反应时间为 40min 时，又降低到 22.4%。随着反应时间的增加，二者共液化的固体残渣收率一直降低。此外，随着反应时间从 10min 增加到 20min，二者共液化其他产物的收率增加，在 30min 时降到最低，为 53.5%，在反应时间为 40min 时，其他产物的收率又升高到 56.4%。随着反应时间的增加，二者共液化的总转化率一直增加，当反应时间为 10min 时，二者共液化的总转化率最低，为 72.5%；反应时间为 30min 时，总转化率为 77.9%；当反应时间增加到 40min 时，总转化率达到最高，为 78.8%。综上所述，在考察范围内，30min 是二者共液化的一个最佳停留时间。

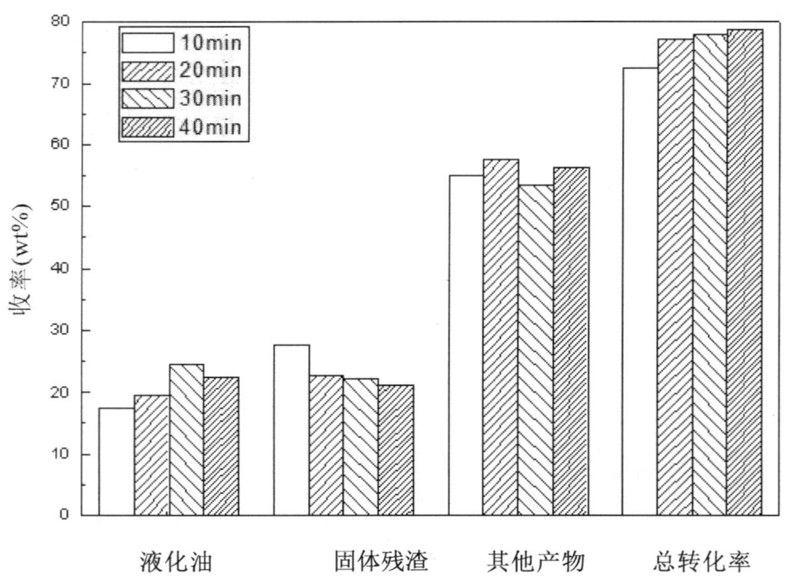

图 7-17 不同反应时间下棉花籽与杨树花在亚临界水 - 乙醇中共液化的产物分布

Fig.7-17 The distribution of products obtained at different reaction times during co-liquefaction of cotton seed and flos populi in sub—Critical water-ethanol

7.3.1.4 不同压力下棉花籽与杨树花在亚临界水 - 乙醇中共液化的产物分布

图 7-18 是液化温度为 280℃、液化时间为 30min、棉花籽与杨树花的比例为 1 ： 1、无添加物作用时，不同初始压力下棉花籽与杨树花在亚临界水 - 乙醇（V ： V，1 ： 1）中共液化的产物分布。由图 7-18 可知，随着液化初始压力从 1MPa 增加到 2MPa，液化油收率从 20.4% 增加到 24.4%，当初始压力继续增加到 3MPa 时，液化油收率又降低到 20.7%。从图 7-18 中还可看出，当初始压力为 1MPa 时，固体残渣收率最高为 23.7%，当初始压力升高到 2MPa 时，固体收率降到最低，为 22.1%，而当初始压力继续升高到 3MPa 时，固体残渣收率又增加到 22.4%。随着压力从 1MPa 升高到 3MPa，其他产物的收率先降低后增加，当初始压力为 2MPa 时，其他产物收率最低，为 53.5%。二者共液化的总转化率随着压力的增大变化不明显，当压力为 1MPa 时总转化率为 76.3%，压力为 2MPa 时总转化率最高，为 77.9%，当压力为 3MPa 时又降低到 77.6%。

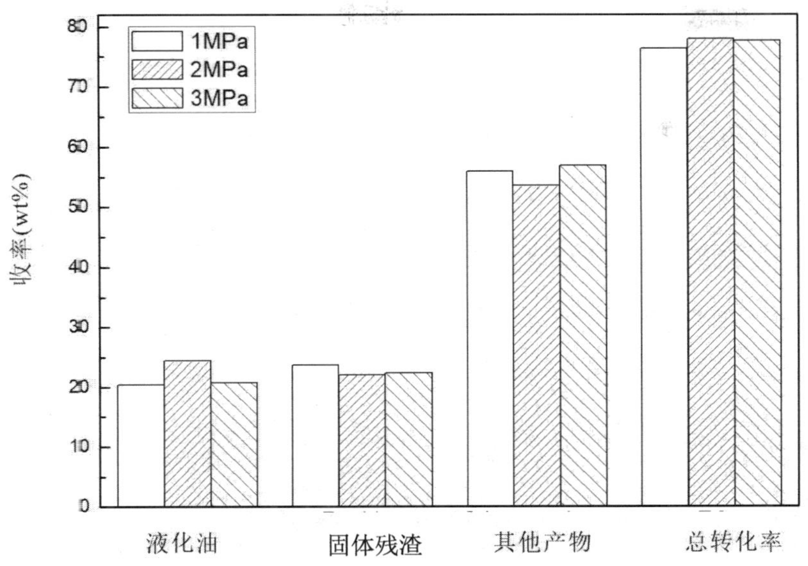

图 7-18　不同液化初压下棉花籽与杨树花在亚临界水 – 乙醇中共液化的产物分布

Fig.7-18　The distribution of products obtained at different pressures during co-liquefaction of cotton seed and flos populi in sub—Critical water-ethanol

7.3.2　添加物作用下棉花籽与杨树花在亚临界水 – 乙醇中共液化的产物分布

图 7-19（a-d）是液化温度为 280℃、初始压力为 2MPa、液化时间为 30min、棉花籽与杨树花的比例为 1 ：1 时，不同添加物作用下二者在亚临界水 – 乙醇（V ：V，1 ：1）中共液化的产物分布。图 7-19（a）是添加物作用下二者共液化的液化油收率分布。从图中可以看出，与无添加物作用相比，除了 MS 外，加入 PW_{12}、Ni/MS、HZSM-5、PW_{12}/HZSM-5、PW_{12}/MS、Co/MS、Mo/MS、Co-Mo/MS 都能使棉花籽与杨树花二者共液化的液化油收率增高，这与前文得到的结论一致；加入 Co-Mo/MS 时，液化油收率最高为 28.8%，其次是加入 Ni/MS 和 HZSM-5 时，液化油收率都为 28.1%；加入 Co/MS 和 Mo/MS 时，液化油收率分别为 26.4% 和 26.3%；此外，虽然加入 HZSM-5 的液化油收率（28.1%）比加入 MS 时的液化油收率（23.4%）高，但是加入改性麦饭石 PW_{12}/MS 时的液化油收率（25.8%）比加入 PW_{12}/HZSM-5 时的收率（25%）要高。图 7-19（b）为添加物作用下二者共液化固体残渣的收率分布，由图可知，与无添加物作用时相比，加入 PW_{12}/MS、PW_{12}/HZSM-5 和 Ni/MS 使二者共液化固体残渣的收率降低，且当加入 PW_{12}/HZSM-5 时，固体残渣的收率最低，为 18.4%。图 7-19（c）为添加物作用下二者共液化其他产物收率的分布，从图中可以看出，与无添加物作用时相比，加入 PW_{12}/HZSM-5 后二者共液化其他产物收率增加；加入 MS、PW_{12}、Ni/MS、HZSM-5、PW_{12}/MS、Co/MS、Mo/MS 和 Co-Mo/MS 使其他产物收率降低，加入 Co-Mo/MS 时，其他产物收率最低，为 47.2%，结合图 7-19（a）可知，加入 Co-Mo/MS 时更有利于生成液化油。图 7-19（d）为添加物作用下二者共液化总转化率分布。棉花籽与杨树花在亚临界水 – 乙醇中共液化时，加入 PW_{12}/MS、Ni/MS 和 PW_{12}/HZSM-5 时使总转化率增加，且加入 PW_{12}/HZSM-5 时，总

转化率最高，为 81.6%。

液化油收率(wt%)
0
2
4
20
22
24
26
28
30
None
MS
PW12/HZSM-5
PW12/MS
PW12
Mo/MS
Co/MS
HZSM-5
Ni/MS
Co-Mo/MS
(a)
固体残渣收率(wt%)
0
1
2
3
4
18
20
22
24
26
None
PW12/HZSM-5
Ni/MS
PW12/MS
MS
Co/MS
Co-Mo/MS
HZSM-5
Mo/MS
PW12
(b)

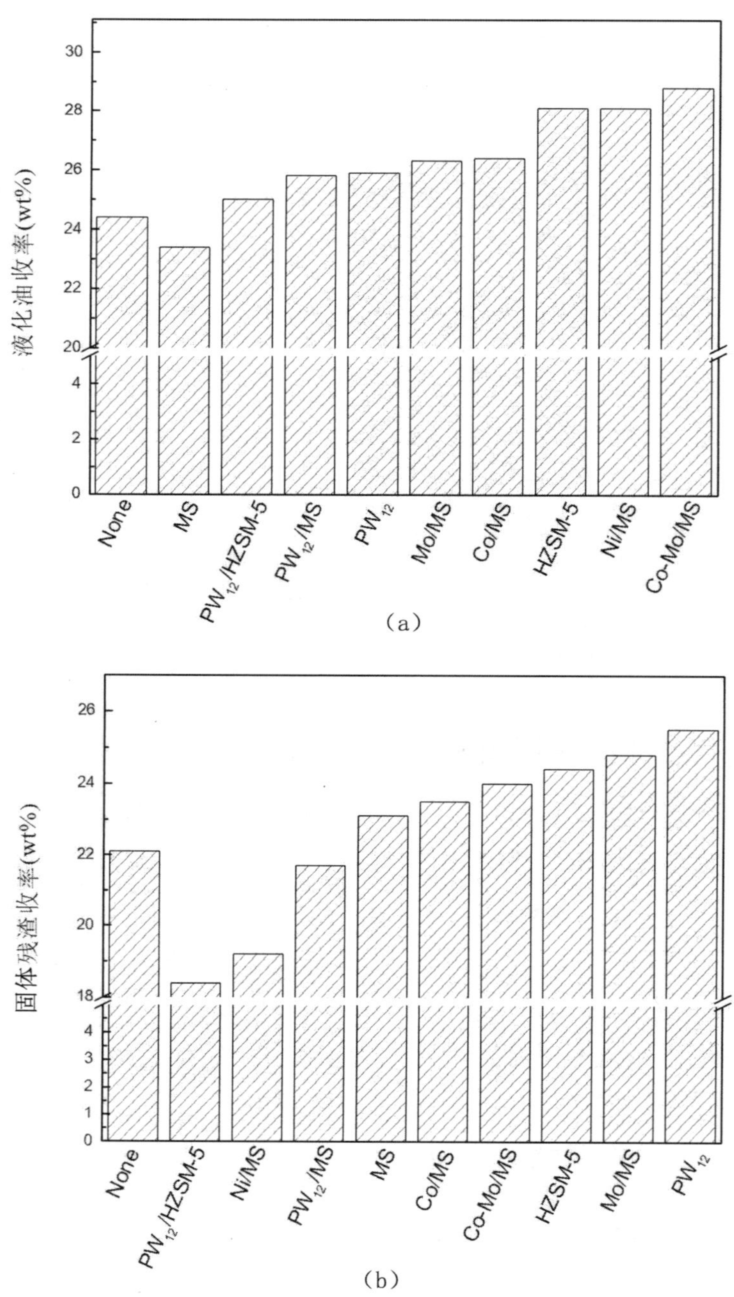

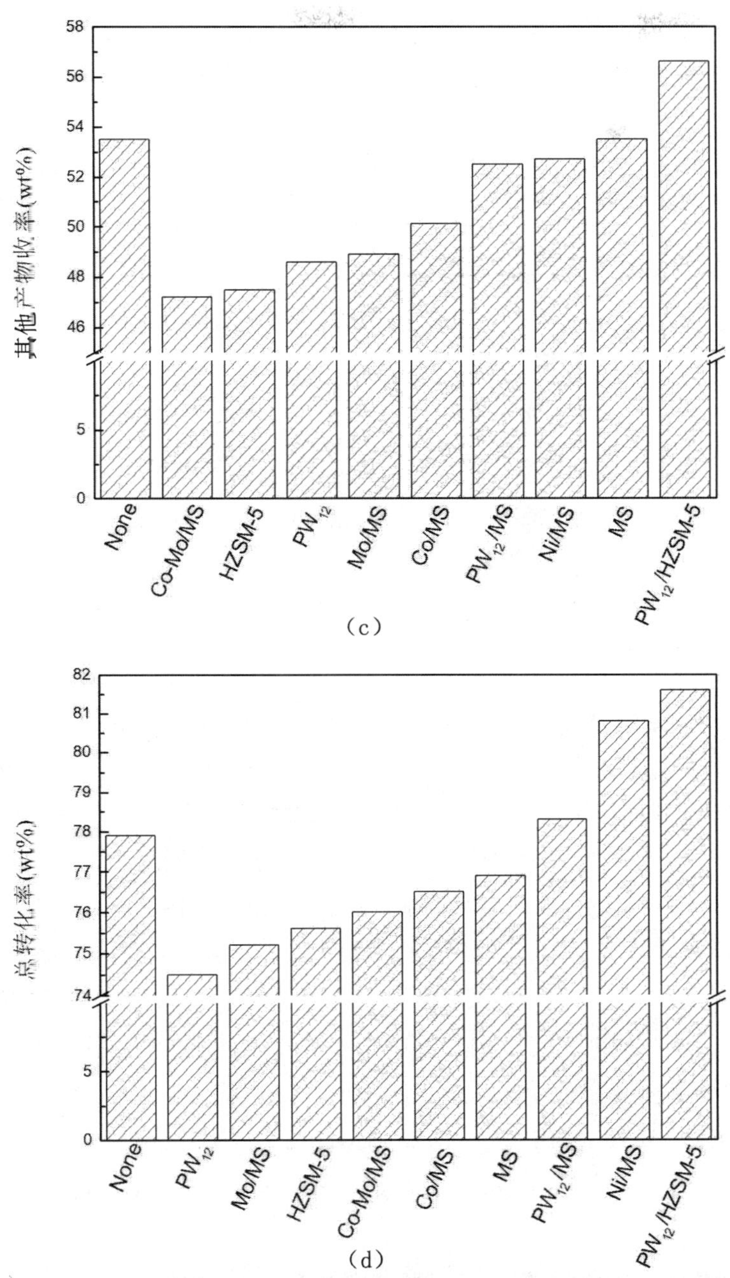

图 7-19　不同添加物作用下棉花籽与杨树花在亚临界水 – 乙醇中共液化的产物分布

Fig.7-19　The distribution of products during co-liquefaction of cotton seed and flos populi in sub—Critical water-ethanol when adding additives

表 7-5 为液化时间为 30min、液化初压为 2MPa、棉花籽与杨树花的比例为 1 ∶ 1、无添加物作用时，不同温度下棉花籽与杨树花在亚临界水 – 乙醇中共液化的气相产物组成。由表 7-5 可知，随着温度从 240℃升高到 320℃，二者共液化气相产物中 H_2 的相对含量一直增加；在液化温度为 240℃与 260℃时，气相产物中均未检测到 CH_4 气体，温度从 280℃升高到 300℃时，CH_4 的相对含量从 0.1021% 降低到 0.0482%，当温度为 320℃时又增加到 0.2826%。而 CO_2 的相对含量则随着温度的升高而降低。随着温度从 240℃升高到 320℃，CO 的相对含量先增加后

降低。

通过上述研究发现，无论是棉花籽与杨树花单一液化，还是二者共液化，随着温度的升高，气相产物中 H_2 的相对含量都是随着温度的升高一直增加，而 CO_2 的相对含量则随着温度的升高而降低。

表 7-5　不同温度下棉花籽与杨树花在亚临界水－乙醇中共液化的气相产物组成

Table 7-5　Composition and relative content （v %） of gas products during co-liquefaction of CS and FP at different temperatures in sub—Critical water-ethanol

单位：%

温度（℃）	H_2	CH_4	CO_2	CO
240	0.1057	—	97.6225	2.2718
260	0.1308	—	97.1110	2.7582
280	0.1782	0.1021	96.6720	3.0477
300	0.2764	0.0482	96.5786	3.0968
320	0.3822	0.2826	96.3414	2.9938

图 7-20（a）～图 7-20（d）分别是液化温度为 280℃、液化时间为 30min、初始压力为 2MPa、在添加物作用下棉花籽与杨树花在亚临界水－乙醇混合溶剂中共液化气相产物中 H_2、CH_4、CO_2、CO 的相对含量分布。从图 7-20（a）中可以看出，与无添加物作用相比，除了 HZSM-5 外，加入 MS、PW_{12}/MS、PW_{12}、PW_{12}/HZSM-5、Ni/MS、Co/MS、Mo/MS 和 Co-Mo/MS 都能使棉花籽与杨树花二者共液化气相产物中 H_2 的相对含量增加；且加入 Co-Mo/MS 时，得到的气相产物中 H_2 的相对含量最高，其次为 Mo/MS、Co/MS；由前文中的结论可知，当加入 Co-Mo/MS 时，二者共液化的液化油收率也最高，因此在二者共液化时，Co-Mo/MS 既可提高液化油收率，也可使气相产物中 H_2 的相对含量增加。由图 7-20（b）可知，添加物 Co/MS、Ni/MS、PW_{12}/MS 能使气相产物中 CH_4 气体的相对含量增加，且加入 Co/MS 时，气相产物中 CH_4 的相对含量最高。从图 7-20（c）中可发现，加入 MS、PW_{12}/MS、PW_{12}、HZSM-5、PW_{12}/HZSM-5、Ni/MS、Co/MS、Mo/MS 和 Co-Mo/MS 都会使气相产物中 CO_2 的相对含量降低。由图 7-20（d）可知，加入 Co-Mo/MS、Mo/MS 后气相产物中 CO 的相对含量降低。

对比棉花籽与杨树花分别单独液化、二者共液化气相产物组成发现，无论是二者分别单独液化还是二者共液化，加入 Co/MS、Mo/MS、Co-Mo/MS 和 Ni/MS 后都会使气相产物中 H_2 的相对含量增加，加入 Co/MS 和 Mo/MS 都会使气相产物中 CO 的相对含量降低。

H_2含量（vol%）
0.0
0.2
0.4
0.6
0.8
None
HZSM-5
MS
PW_{12}/MS
PW_{12}
PW_{12}/HZSM-5
Ni/MS
Co/MS
Mo/MS
Co-Mo/MS
CH_4含量（vol%）
0.00
0.02
0.04
0.06
0.08
0.10
0.12
None
Mo/MS
HZSM-5
MS
PW_{12}
Co-Mo/MS
PW_{12}/HZSM-5
PW_{12}/MS
Ni/MS
Co/MS

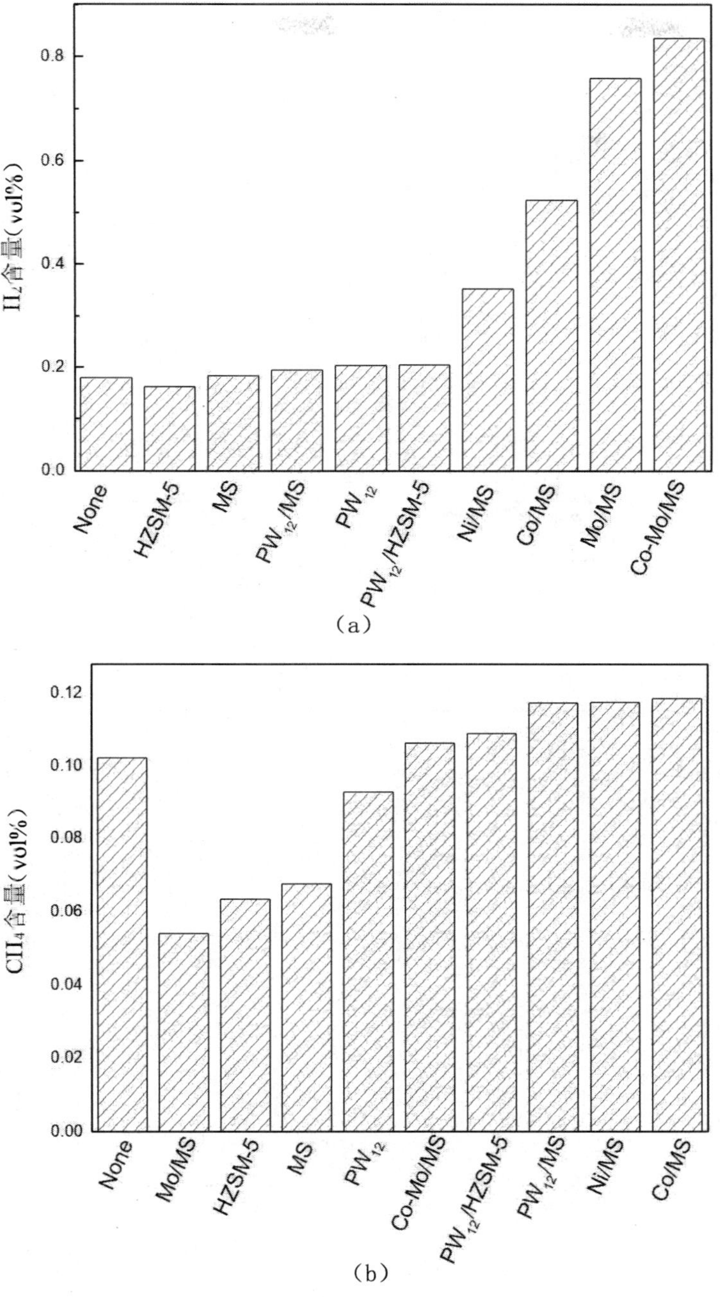

(a)

(b)

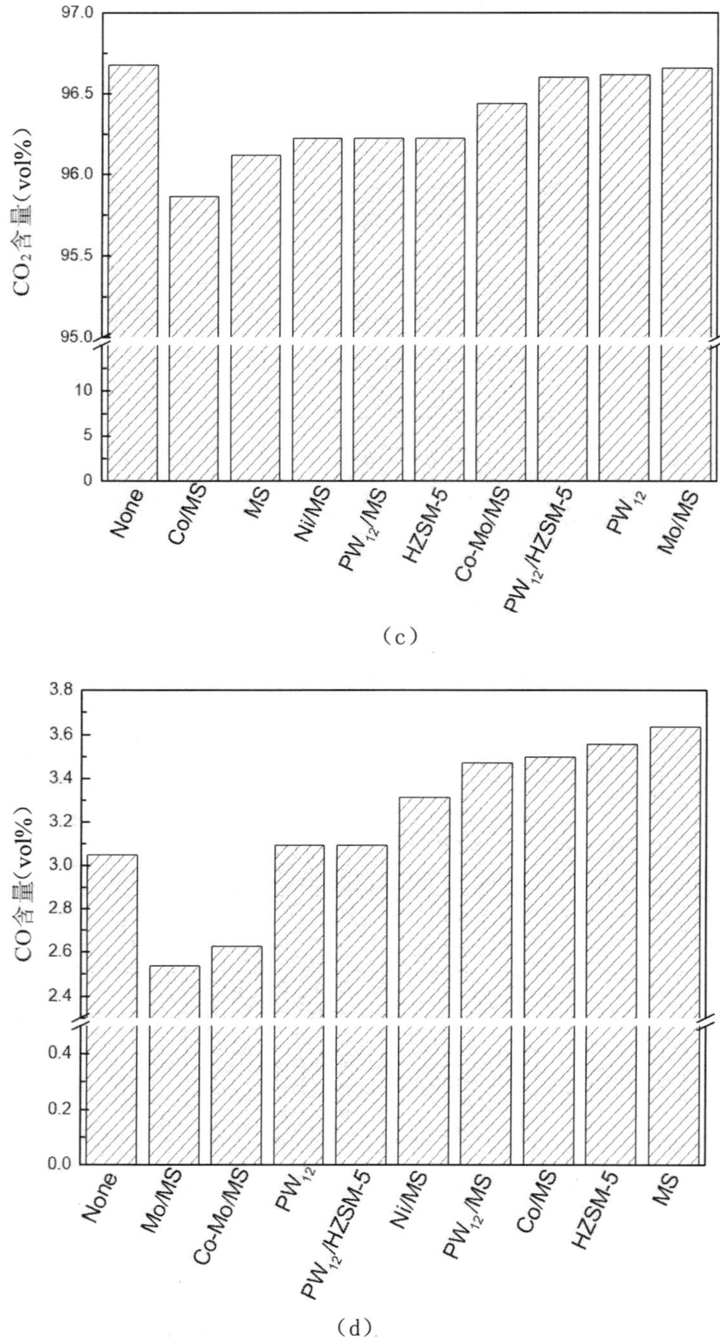

图 7-20　添加物作用下棉花籽与杨树花在亚临界水 - 乙醇中共液化的气相产物组成及相对含量

Fig.7-20　Composition and relative content of gas products during co-liquefaction of cotton seed and flos populi in sub—Critical water-ethanol when adding additives

7.4　液化产物的性质分析及液化机理初探

为了进一步探讨添加物在生物质液化过程中的作用机理，我们对液化产物进行了扫描电镜、红外分析、^{1}H NMR、^{13}C NMR 和 GC—MS 等一系列的分析表征。

7.4.1　液化油的性质分析

7.4.1.1　红外光谱分析

为了了解并分析液化油的成分，我们对实验所得液化油进行了红外光谱分析。根据相关文献，生物质液化油中各种官能团的归属见表 7-6。

图 7-21 是棉花籽分别在亚临界水－乙醇（V ： V，1 ： 1）、亚临界水和乙醇中液化得到的液化油的红外光谱图，液化条件：温度为 300℃、时间为 30min、初始压力为 2MPa、无添加物作用。由图 7-21 可以看出，棉花籽液化油在波数为 3000 ~ 2750cm^{-1}、1800 ~ 1680cm^{-1}、1600 ~ 1500cm^{-1}、1490 ~ 1350cm^{-1}、1300 ~ 1250cm^{-1}、1250 ~ 1000cm^{-1}、900 ~ 600cm^{-1} 区间均有峰出现，说明液化油中含有芳烃、烷烃、烯烃、醇类、酚类、酮、醛和含氮化合物。对比在三种不同溶剂中液化得到的液化油的红外光谱图发现，无添加物作用时，当使用亚临界水－乙醇作为溶剂得到的液化油在波数为 1700cm^{-1} 附近的峰分裂为两个，而且振动峰的强度变强，而在波数为 1700cm^{-1} 处的峰是由于 C=O 振动引起的，说明了液化油中醛类、酮类、有机酸类或酯类化合物的存在；当使用亚临界水－乙醇、乙醇作溶剂时，得到的液化油在波数为 1250 ~ 100cm^{-1} 处有峰出现，而使用水作溶剂得到的液化油在该区间内没有明显的峰，这是由于酚类化合物中 O—H 的变形振动，可见溶剂中乙醇的存在，使液化油中产生了酚类化合物。

表 7-6　生物质液化油的红外谱图吸收峰解析

Table 7-6　Analysis of absorbance peaks of FTIR spectrum of liquefied oil of biomass

波数（cm^{-1}）	对应的官能团
3500 ~ 3000	—OH 伸缩振动
3000 ~ 2750	烷烃 C—H 变形振动
2955 ~ 2885	脂肪族化合物中甲基与亚甲基上 C—H 不对称伸缩振动
2885 ~ 2845	脂肪族化合物中甲基与亚甲基上 C—H 不对称振动
1750 ~ 1650	醛类、醇类及酸类的 C＝O 振动
1700 ~ 1400	C＝C 的伸缩振动
1675 ~ 1575	芳香烃或烯烃中 C＝C 的伸缩振动
1389 ~ 1374	脂肪族化合物中甲基上 C—H 的对称弯曲振动
1300 ~ 900	酚类 O—H 变形振动或 C—O 伸缩振动
900 ~ 600	单环、多环及取代芳烃

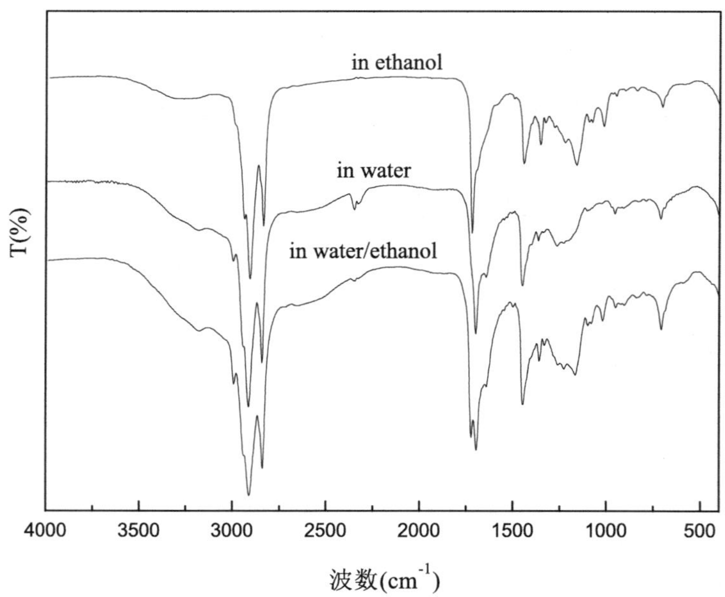

图 7-21　棉花籽在不同溶剂中液化得到的液化油的红外光谱图

Fig.7-21　FTIR spectra of cotton seed liquefied oil obtained in different solvents

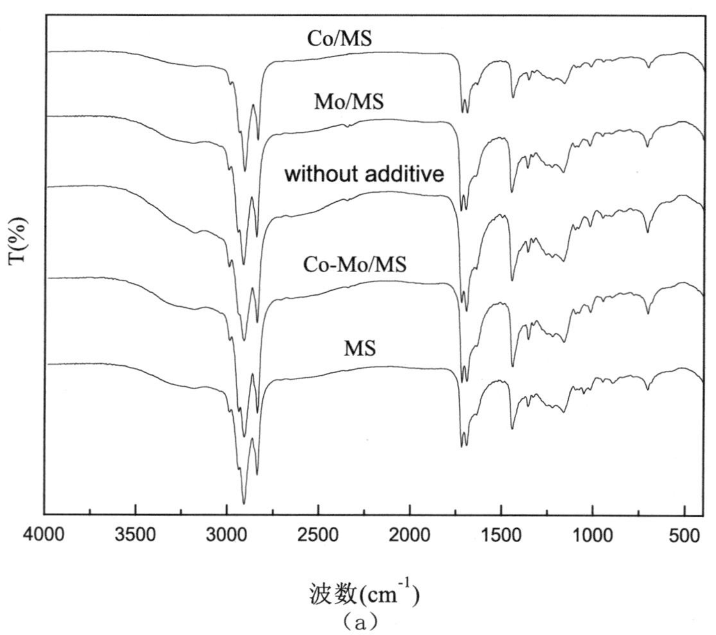

(a)

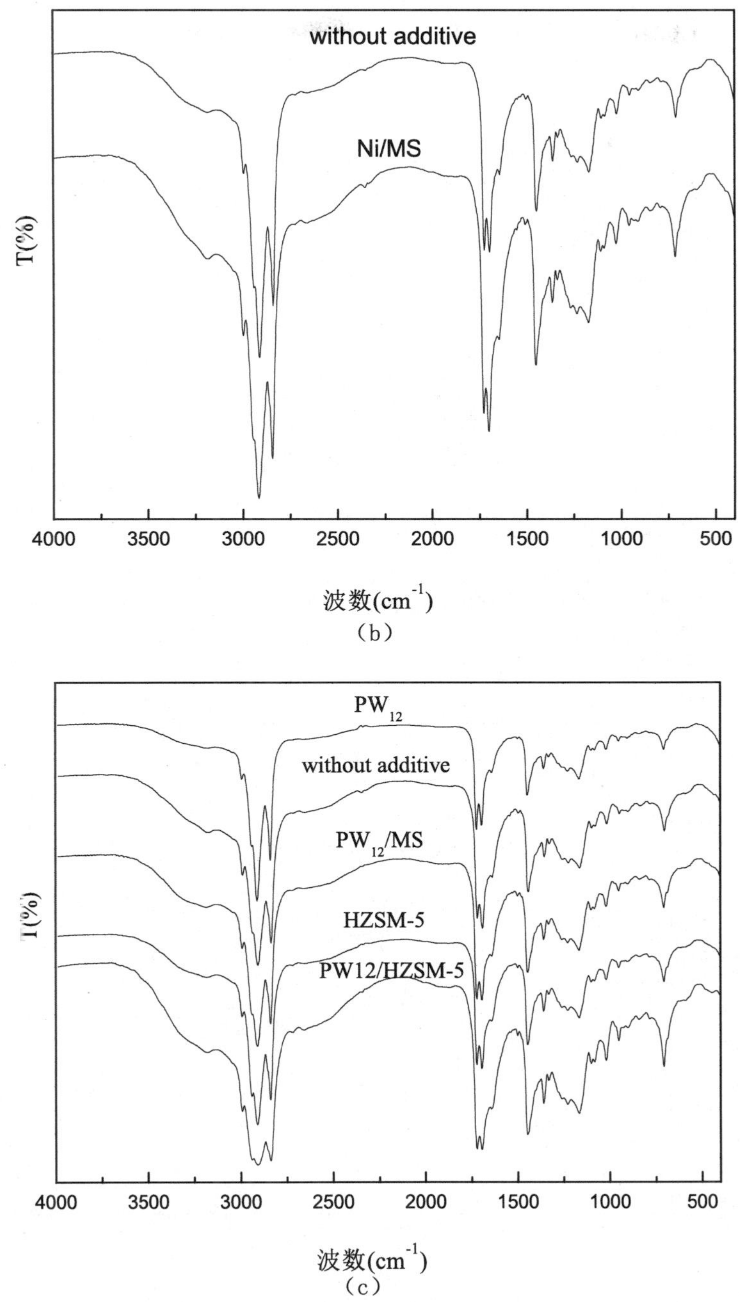

图 7-22　添加物作用下棉花籽液化油的红外光谱图

Fig.7-22　FTIR spectra of cotton seed liquefied oil obtained when adding additives

图 7-22 是添加物作用下棉花籽在亚临界水 - 乙醇（*V* ∶ *V*，1 ∶ 1）中液化得到的液化油的红外光谱图，液化条件：温度为 300℃、时间为 30min、初始压力为 2MPa。由图 7-22（a）可以看出，加入 Co-Mo/MS、Mo/MS 使得液化油在波数为 2901cm^{-1} 处的峰的强度增强，这或许表明添加 Co/MS、Mo/MS 使液化油中脂肪类化合物含量增加。由图 7-22（c）可以看出，加入 PW_{12}/HZSM-5 使得液化油在波数为 3000 ~ 2500cm^{-1} 之间的峰强度明显减弱，说明 PW_{12}/HZSM-5 的加入可能使液化油中脂肪族化合物减少，而加入 PW_{12}/HZSM-5 使得液化油

在波数为 1750 ~ 1600cm^{-1}、900 ~ 600cm^{-1} 之间的峰强度增强，说明加入 PW_{12}/HZSM-5 使得液化油中醛类、酸类、酮类化合物、环类及取代芳烃含量增多，这不利于油品质的改善。

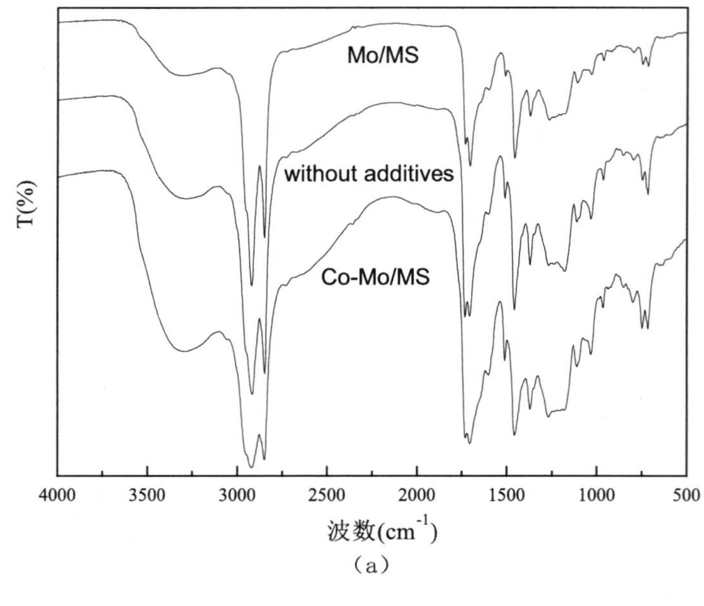

（a）

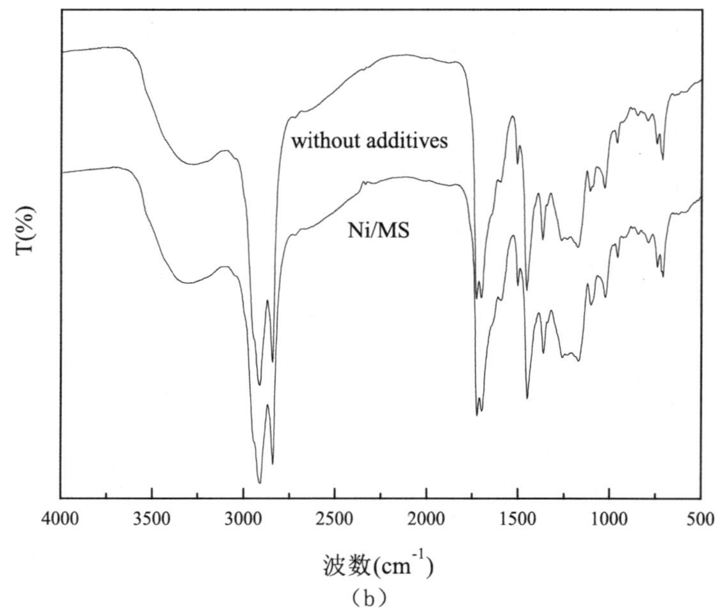

（b）

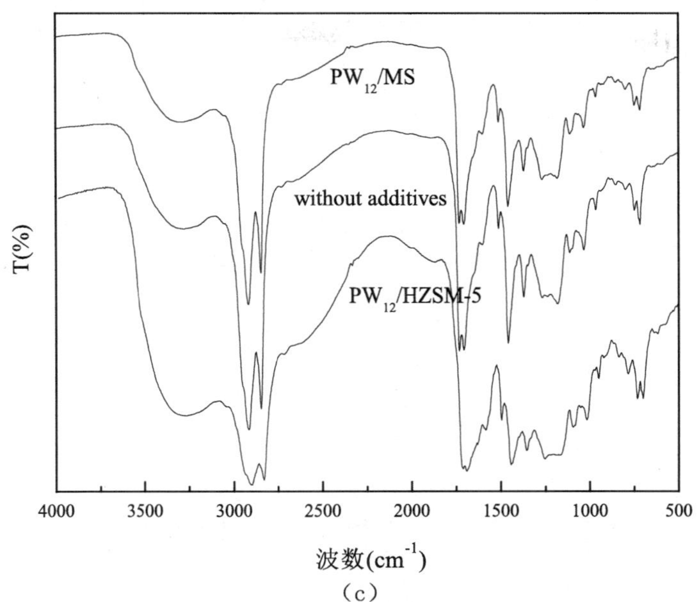

（c）

图 7-23　添加物作用下杨树花液化油的红外光谱图

Fig.7-23　FTIR spectra of flos populi liquefied oil obtained when adding additives

图 7-23 为无添加物和有添加物作用下杨树花在亚临界水 - 乙醇（V ∶ V，1 ∶ 1）中液化得到的液化油的红外光谱图，液化条件：温度为 300℃、时间为 30min、初始压力为 2MPa。由图 7-23 可以明显看出，与棉花籽液化的液化油不同，杨树花液化油在波数为 3000cm^{-1} 处附近出现一个很宽的吸收峰，说明有不饱和碳 C—H 振动，表明杨树花液化油中可能含有不饱和烃。此外，杨树花的液化油在波数为 2914cm^{-1} 处、2947cm^{-1} 处、1698cm^{-1} 处、1732cm^{-1} 处、900 ~ 600cm^{-1} 处及 1500 ~ 1000cm^{-1} 之间都有吸收峰出现，说明杨树花的液化油中含不饱和烃、芳香类、脂肪类、醇类、醛类、酮类或一些酸酐等有机化合物。对比无添加物与有添加物时杨树花液化油的红外光谱图发现，加入 Co-Mo/MS、PW_{12} 会使液化油在波数为 3000 ~ 2750cm^{-1} 之间的双峰强度减弱，说明—CH_3 的 C—H 振动减弱，即液化油中脂肪族化合物含量减少；而加入 Mo/MS 会使液化油在 3000 ~ 2750cm^{-1} 之间的双峰强度增强，使得脂肪族化合物含量增加。此外，加入 PW_{12}/MS、PW_{12}/HZSM-5 能够使液化油在 1500 ~ 1250cm^{-1} 之间的峰强度减弱。

Ni/MS
MS
without additives
T(%)
4000 3500 3000 2500 2000 1500 1000 500
波数(cm^{-1})
Co-Mo/MS
Mo/MS
Co/MS
without additives
T(%)
4000 3500 3000 2500 2000 1500 1000 500
波数(cm^{-1})
（a）
（b）

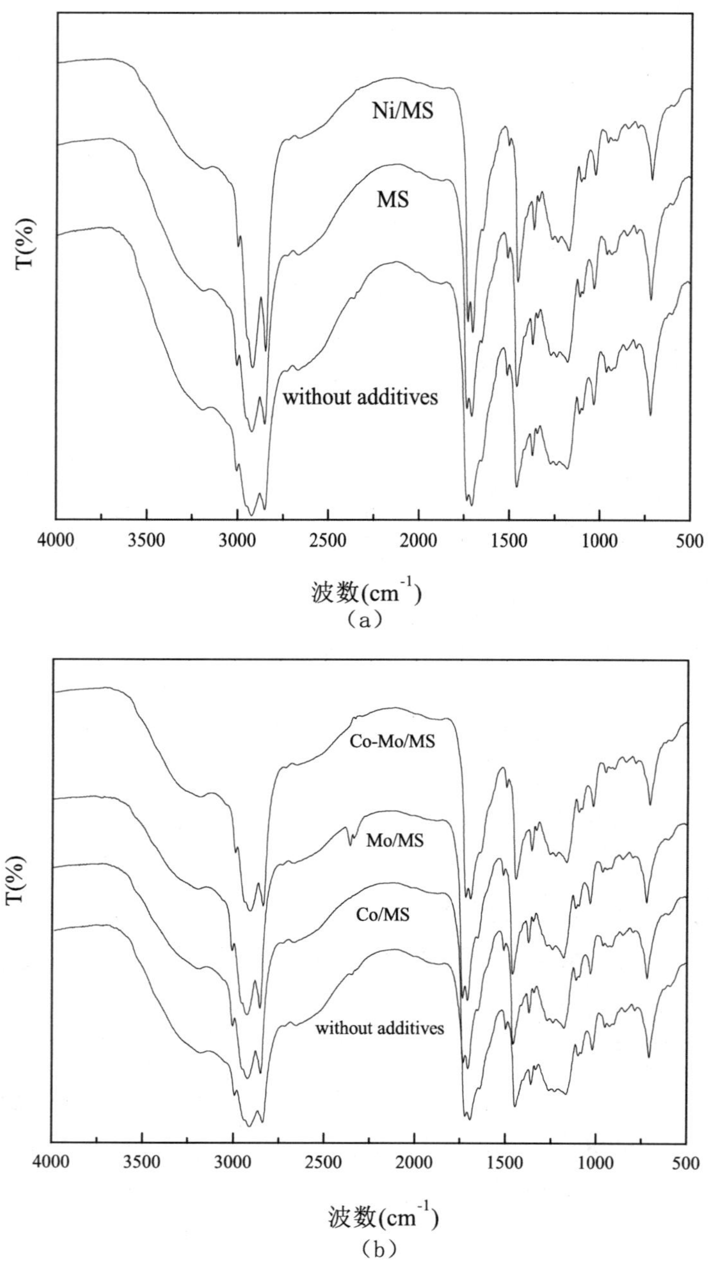

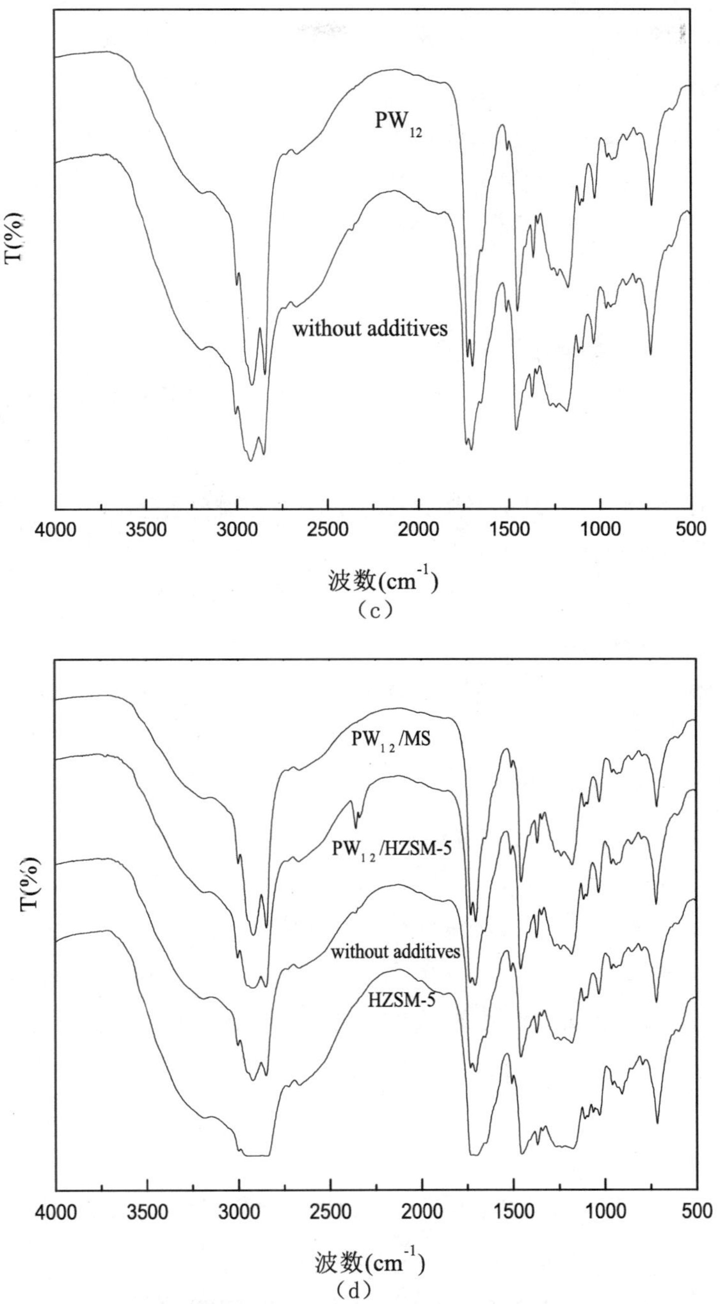

（c）

（d）

图 7–24　添加物作用下棉花籽与杨树花共液化油的红外光谱图

Fig.7–24　FTIR spectra of oil obtained during co–liquefaction of cotton seed and flos populi when adding additives

图 7–24 为有添加物作用下棉花籽与杨树花二者在亚临界水 – 乙醇（*V* ∶ *V*，1 ∶ 1）中共液化得到的液化油的红外光谱图。液化条件：温度为 280℃、时间为 30min、初始压力为 2MPa。从图 7–24 中可以看出，二者共液化的液化油在波数为 3000 ~ 2750cm^{-1} 处、1750 ~ 1500cm^{-1} 处、1500 ~ 1000cm^{-1} 处、900 ~ 600cm^{-1} 之间都出现峰，说明二者共液化的液化油中含有芳香类、脂肪类、醇类、醛类、酮类或一些酸酐等有机化合物，与棉花籽、杨树

花单独液化得到的液化油成分基本一样。对比有添加物或无添加物作用时得到的液化油的红外光谱图发现，加入Ni/MS、PW_{12}都会使液化油在波数为3000 ~ 2750cm^{-1}之间的双峰强度增强，而在波数为900 ~ 600cm^{-1}之间的峰强度减弱，这说明Ni/MS、PW_{12}的加入有利于脂肪族化合物的生成，不利于环类及取代芳烃的生成。加入HZSM−5会使液化油在3000 ~ 2750cm^{-1}之间的双峰变成单峰。此外，加入Ni/MS和PW_{12}/HZSM−5后，液化油在2500 ~ 2250cm^{-1}处出现了小的分裂峰，说明Ni/MS和PW_{12}/HZSM−5的加入使液化油中出现不饱和烃。

7.4.1.2 NMR分析

根据核磁共振波谱图上共振峰的强度、位置可以研究分子的结构，因此对生物质液化的液化油进行了NMR（^{1}H NMR、^{13}C NMR）分析，以便进一步分析液化油的成分。

1. ^{1}H NMR分析

根据有机化合物中各质子在^{1}H NMR谱图上的化学位移的差异，^{1}H NMR谱图中各化学位移区间内质子氢种类归纳与前面分析一致。

图7−25是根据不同条件下得到的棉花籽液化油的^{1}H NMR谱图，进一步计算处理得到的液化油中质子氢的分布。液化条件：温度为300℃、时间为30min、初始压力为2MPa。由图7−25（a）可以看出，无添加物作用时，棉花籽在乙醇中液化得到的液化油在化学位移为0.5 ~ 1.5ppm时质子氢含量为74.1%，比在亚临界水－乙醇（64.9%）和亚临界水（66.2%）中液化时都高，即棉花籽在乙醇中液化得到的液化油中含有的脂肪族化合物的含量比在亚临界水－乙醇或亚临界水中的要高；而在化学位移为1.5 ~ 3.0ppm之间，在不同溶剂中液化得到的液化油中质子氢含量由高到低依次为亚临界水－乙醇、亚临界水、乙醇；在化学位移为3 ~ 4.5ppm区间内，用乙醇作溶剂时得到的液化油中质子氢含量最高，推测用乙醇作溶剂时得到的液化油中脂肪族醇类或醚类的含量较高。在化学位移为4.5 ~ 6.0ppm和6.0 ~ 8.5ppm区间内，在亚临界水－乙醇、水中液化得到的液化油中氢含量都高于在乙醇中液化得到的液化油中氢含量，在这两个区间内的质子氢分别为酚羟基上的氢和芳香族氢。由此可知，棉花籽液化油中氢主要以脂肪氢的形式存在。

对比有添加物作用与无添加物作用时得到的液化油中氢含量，发现除了MS外，PW_{12}、Ni/MS、HZSM−5、PW_{12}/HZSM−5、PW_{12}/MS、Co/MS、Mo/MS和Co−Mo/MS都会使棉花籽在亚临界水－乙醇中液化得到的液化油在化学位移为0.5 ~ 1.5ppm之间的质子氢含量增加。另外，所加入的添加物都会使在4.5 ~ 6.0ppm和6.0 ~ 8.5ppm之间的质子氢含量降低，说明添加物能抑制液化油中酚类和芳香族化合物的产生。

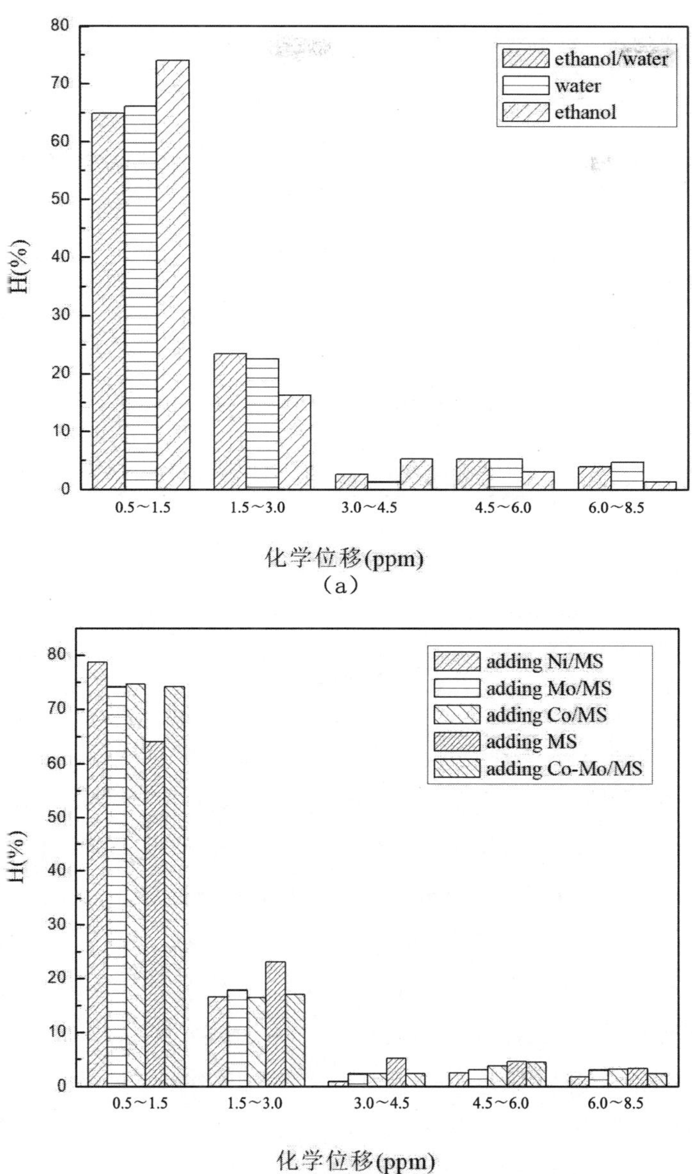
ethanol/water
water
ethanol
H(%)
0.5～1.5
1.5～3.0
3.0～4.5
4.5～6.0
6.0～8.5
化学位移(ppm)
(a)
adding Ni/MS
adding Mo/MS
adding Co/MS
adding MS
adding Co-Mo/MS
H(%)
0.5～1.5
1.5～3.0
3.0～4.5
4.5～6.0
6.0～8.5
化学位移(ppm)
(b)

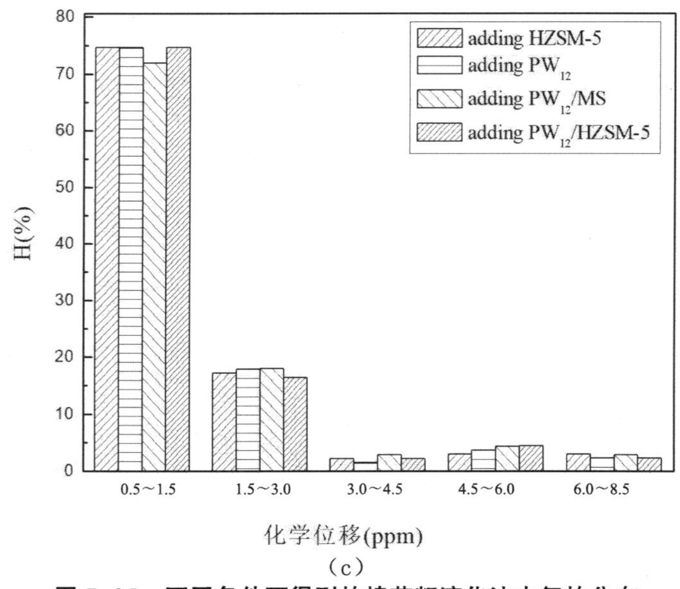

（c）

图 7-25　不同条件下得到的棉花籽液化油中氢的分布

Fig.7-25　^{1}HNMR distribution of functional groups present in cotton seed liquefied oil obtained in different conditions

图 7-26 为添加物作用下杨树花在亚临界水 - 乙醇（V ：V，1 ：1）中液化得到的液化油中质子氢的分布。液化条件：液化温度为 300℃、液化时间为 30min、液化初压为 2MPa。由图 7-26（a）可知，无添加物作用时，杨树花在亚临界水 - 乙醇（V ：V，1 ：1）中液化得到的液化油在化学位移为 0.1 ~ 1.5ppm、1.5 ~ 3.0ppm、3.0 ~ 4.5ppm、4.5 ~ 6.0ppm、6.0 ~ 8.5ppm 区间质子氢的含量分别为 70.6%、21.3%、1.9%、3.1%、3.1%，这说明杨树花液化液化油中含有脂肪族化合物、芳香族、醇类、酚类等化合物，而且脂肪族化合物的含量较高。与无添加物作用相比，加入 Ni/MS、Co/MS、Mo/MS、PW_{12}/MS 会使液化油在化学位移为 0.5 ~ 1.5ppm 区间内质子氢含量增加，说明这些添加物能增加液化油中脂肪族化合物的含量，同时使 1.5 ~ 3.0ppm 区间氢含量降低。此外，从图中可以看出添加物的加入使化学位移为 3.5 ~ 4.0ppm 和 6.0 ~ 8.5ppm 区间内的质子氢含量都略微增加，说明添加物的加入提高了液化油中酚类、芳香族化合物的含量。

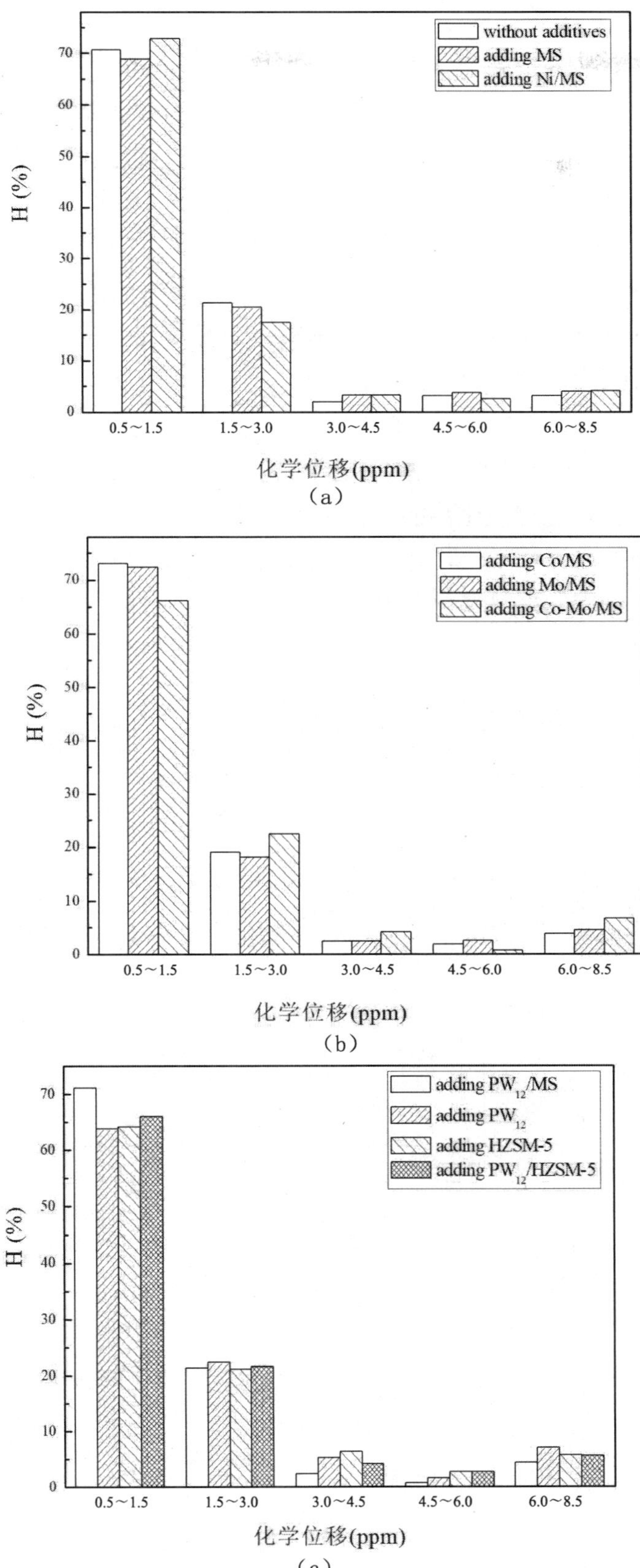

图 7-26　添加物作用下杨树花液化油中氢的分布

Fig.7-26　^{1}H NMR distribution of functional groups present in flos populi liquefied oil obtained when adding additives

图 7-27 为添加物作用下棉花籽与杨树花（1 ∶ 1）二者在亚临界水 - 乙醇中共液化得到的液化油中质子氢的分布。液化条件：温度为 280℃、时间为 30min、初始压力为 2MPa。由图 7-27(a)可以看出，无添加物作用时，二者共液化的液化油在化学位移为 0.1 ~ 1.5ppm、1.5 ~ 3.0ppm、3.0 ~ 4.5ppm、4.5 ~ 6.0ppm、6.0 ~ 8.5ppm 区间内质子氢含量分别为 71.6%、20.5%、1.9%、3.8%、2.2%，说明二者共液化的液化油中含有脂肪族化合物、醇类、酚类、芳香族化合物。此外，与棉花籽、杨树花分别单独液化相似，二者共液化的液化油中脂肪族化合物的含量也很高，且液化油的成分大致相同。对比无添加物与添加物作用下得到的液化油中氢的分布，加入 Ni/MS、Mo/MS、Co-Mo/MS、HZSM-5、PW_{12}/MS 使二者共液化得到的液化油在化学位移为 0.5 ~ 1.5ppm 区间内质子氢含量增加，而加入 MS 使该区间内质子氢含量降低，说明加入 Ni/MS、Mo/MS、Co-Mo/MS、HZSM-5、PW_{12}/MS 能提高液化油中脂肪族化合物含量，而加入 MS 使液化油中脂肪化合物含量降低，因此，经改性的 MS 与未改性的 MS 对二者共液化得到的液体产物的影响不同，在棉花籽液化油的分析中也得到这一结论。加入 MS、Co/MS、PW_{12} 会使二者共液化得到的液化油在化学位移为 1.5 ~ 3.0ppm、3.0 ~ 4.5ppm 区间内的质子氢含量都增加。此外，加入 MS、PW_{12} 降低了液化油中芳香族化合物含量，但是加入 PW_{12}/MS、PW_{12}/HZSM-5 却使芳香族化合物含量增加。

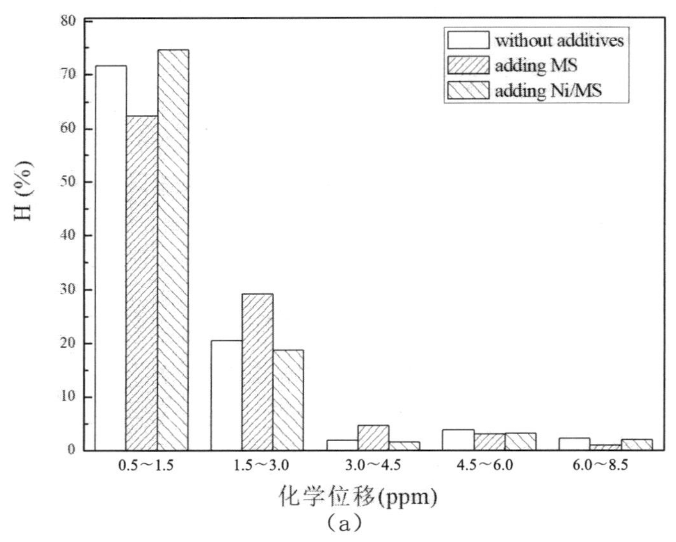

(a)

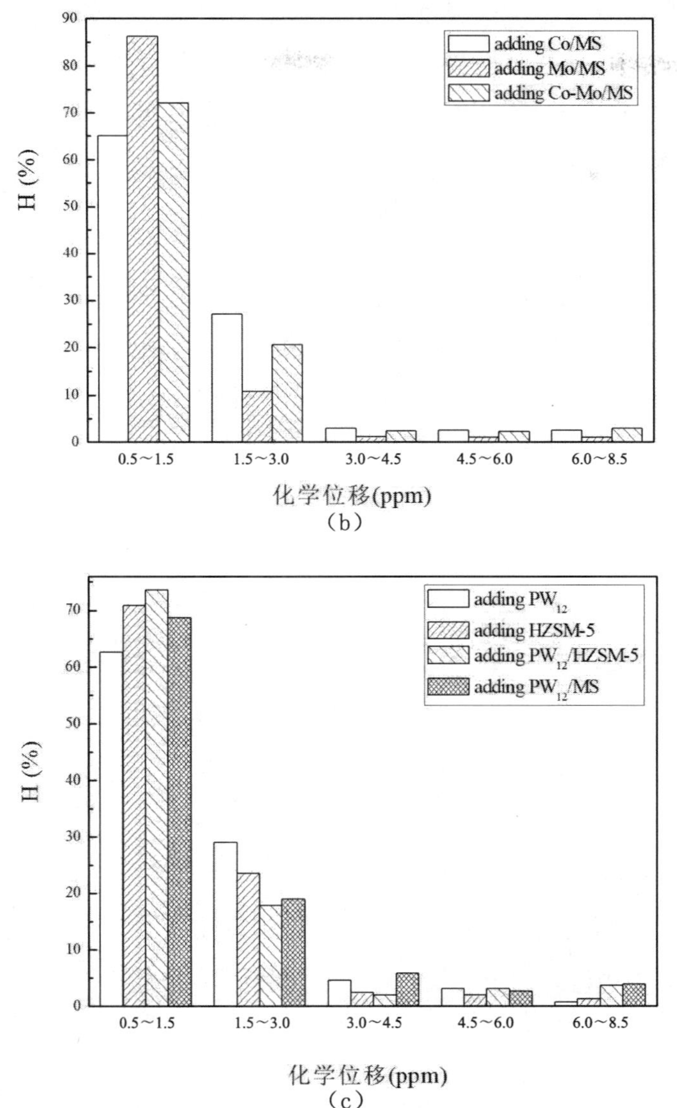

图 7-27　添加物作用下棉花籽与杨树花共液化得到的液化油中的氢分布

Fig.7-27　^{1}H NMR distribution of functional groups present in oil obtained durin co-liquefaction of cotton seed and flos populi when adding additives

2. ^{13}C NMR 分析

根据有机化合物中碳原子在 ^{13}C NMR 谱图上的化学位移的差异，^{13}C NMR 谱图中各化学位移区间内碳的归属与前面分析一致。

图 7-28 是根据不同条件下得到的棉花籽液化油的 ^{13}C NMR 谱图，进一步计算处理得到的液化油中碳的分布。液化条件：温度为 300℃，时间为 30min，初始压力为 2MPa。图 7-28（a）为无添加物作用时，棉花籽在不同溶剂中液化得到的液化油中碳原子的分布。图 7-28（b）和图 7-28（d）为添加物作用下，棉花籽在亚临界水－乙醇中液化得到的液化油中碳原子的分布。由图 7-28 可知，无论有无添加物作用，棉花籽液化油在化学位移为 0 ～ 55ppm 之间碳含量均大于 60%，这说明棉花籽液化得到的液化油中含有大量脂肪族化合物，与氢谱分析得到的结论一致。由图 7-28（a）可知，无添加物作用下，当使用亚临界水－乙醇作溶

剂时，得到的液化油在化学位移为 5 ~ 28ppm 之间碳含量最高，其次是用水作溶剂时。在化学位移为 55 ~ 95ppm 之间，在亚临界水 – 乙醇中液化的液化油中碳含量为 14.8%，在亚临界水中为 13%，在乙醇中为 17.5%。当使用亚临界水 – 乙醇作溶剂时，液化油在化学位移为 95 ~ 165ppm 之间的碳含量最低，即液化油中可能含有的芳香化合物或烯烃较少。化学位移大于 165ppm 时，碳含量很少。由图 7-28 可以看出，当使用亚临界水 – 乙醇作溶剂时，加入 HZSM-5 时，液化油在化学位移为 0 ~ 55ppm 区间碳含量略微增加，说明 HZSM-5 使液化油中脂肪族化合物含量有所增加；加入 Co-Mo/MS 使液化油在化学位移为 55 ~ 95ppm 区间的碳含量增加，说明 Co-Mo/MS 可能会使液化油中酯类、醇类、碳水化合物增多。此外，添加物 MS、PW_{12}、Ni/MS、HZSM-5、PW_{12}/HZSM-5、PW_{12}/MS、Co/MS、Mo/MS 和 Co-Mo/MS 都会使化学位移在 95 ~ 165ppm 之间的碳的含量增加，说明添加物的加入使不饱和化合物和芳香族化合物的含量有所增多。

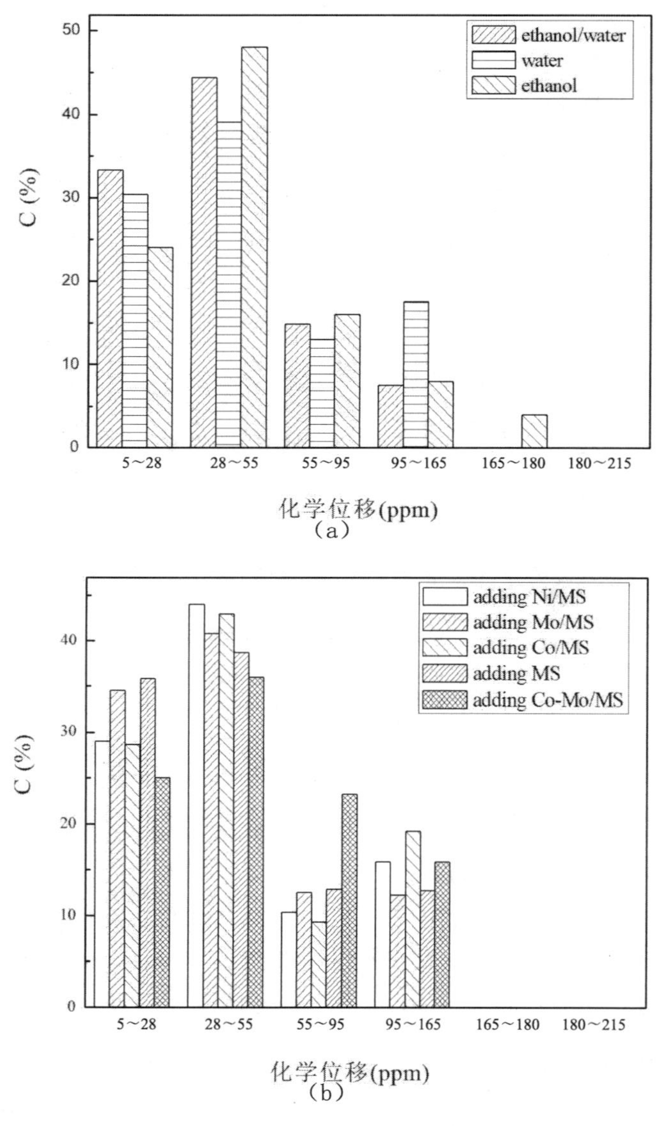

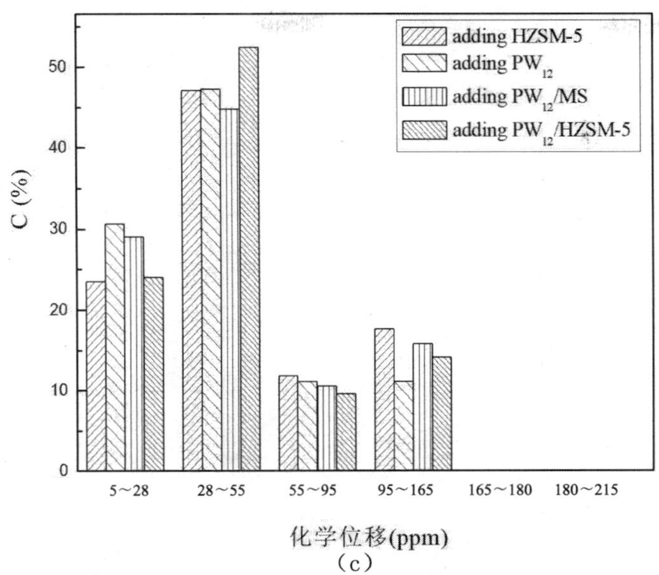

（c）

图 7-28　不同条件下得到的棉花籽液化油中碳的分布

Fig.7-28　^{13}C NMR distribution of functional groups present in cotton seed liquefied oil obtained in different conditions

图 7-29 是添加物作用下，杨树花在亚临界水 - 乙醇中液化得到的液化油中碳的分布。液化条件：温度为 300℃、时间为 30min、初始压力为 2MPa。由图 7-29 可知，无添加物作用时，杨树花在亚临界水 - 乙醇中液化得到的液化油在化学位移为 0 ～ 55ppm 区间碳含量为 52.6%，在 55 ～ 95ppm 区间碳含量为 39.8%，在区间 95 ～ 165ppm 碳含量为 6.5%，在区间 165 ～ 180ppm 碳含量为 0.9%，在区间 180 ～ 215ppm 碳含量为 1.8%，表明在无添加物作用时，杨树花在亚临界水 - 乙醇中液化得到的液化油中含有脂肪族、芳香类化合物，醇类、酯类、少量的酸或酮类、醛类化合物。由图 7-29 可以看出，与无添加物作用时相比，加入 Ni/MS、Co-Mo/MS、PW_{12}/MS 和 PW_{12} 能够使得在化学位移为 0 ～ 55ppm 区间内的碳含量增加，同时使化学位移在 55 ～ 95ppm 区间的碳含量降低，说明加入这四种添加物会使液化油中的脂肪族化合物增加，而酯类或醇类化合物的含量降低；加入 Co/MS、Mo/MS、HZSM-5、PW_{12}/HZSM-5 会使化学位移为 95 ～ 165ppm 区间的碳含量降低，说明 Co/MS、Mo/MS、HZSM-5、PW_{12}/HZSM-5 能降低液化油中芳香族化合物的含量。此外，从图中可以明显看出这些添加物的加入都会使液化油在化学位移为 180 ～ 215ppm 区间的碳含量降低，说明添加物的加入会抑制液化油中酮类或醛类化合物的生成。

C (%)
without additives
adding MS
adding Ni/MS
5～28
28～55
55～95
95～165
165～180
180～215
化学位移(ppm)
adding Co/MS
adding Mo/MS
adding Co-Mo/MS

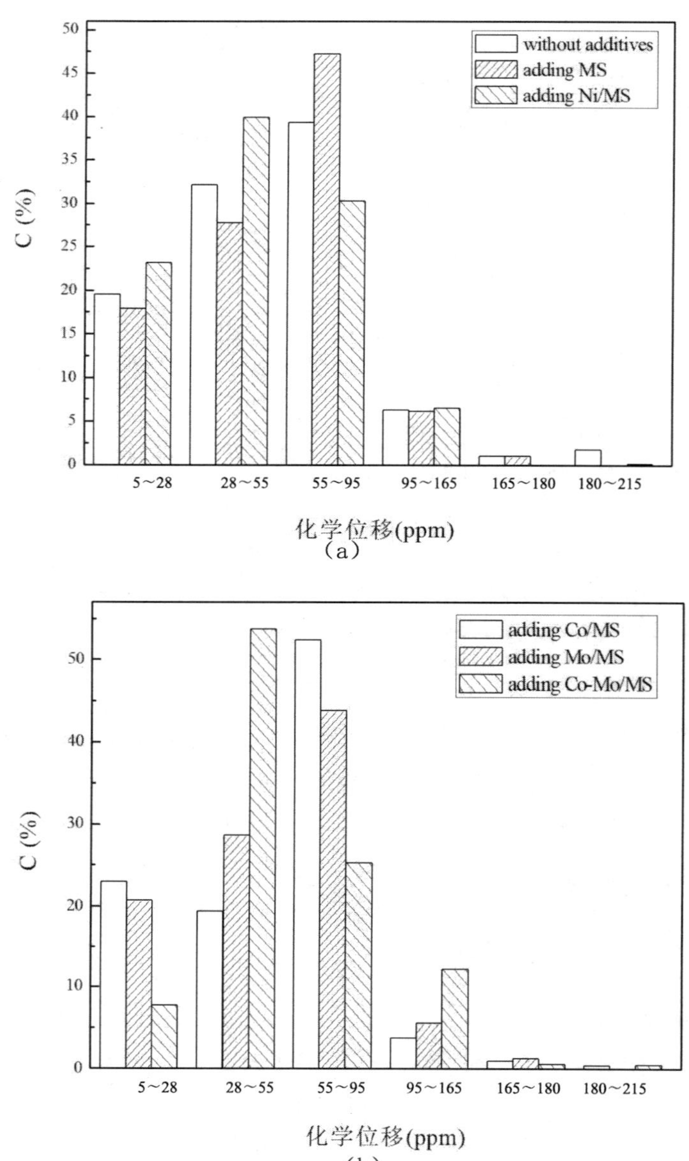

(a)

(b)

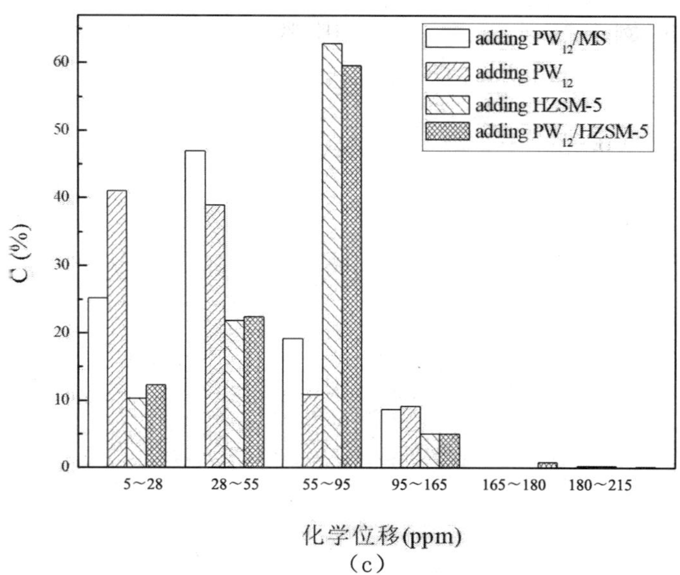

（c）

图 7-29　添加物作用下杨树花液化油中碳的分布

Fig.7-29　^{13}C NMR distribution of functional groups present in flos populi liquefied oil obtained when adding additives

图 7-30 是添加物作用下，棉花籽与杨树花（1 ： 1）在亚临界水 - 乙醇中共液化的液化油中碳的分布。液化条件：温度为 280℃、时间为 30min、初始压力为 2MPa。从图 7-30 中可看出，无添加物作用时，二者共液化的液化油在化学位移为 0 ～ 55ppm、55 ～ 95ppm、95 ～ 165ppm、165 ～ 180ppm、180 ～ 215ppm 区间碳含量分别为 46.2%、48.2%、5.4%、0.0%、0.1%，所以二者共液化的液化油中可能含有脂肪族化合物、酯类、醇类、芳香族化合物等，还有极少量酮类或醛类化合物。与无添加物作用相比，加入 MS、PW_{12}、HZSM-5、PW_{12}/HZSM-5、PW_{12}/MS、Co/MS、Mo/MS 和 Co-Mo/MS 都会使液化油在化学位移为 0 ～ 55ppm 区间碳含量增加，同时使化学位移为 55 ～ 95ppm 区间内的碳含量降低，说明这些添加物能提高液化油中脂肪族化合物的含量，且能降低液化油中酯类或醇类等含氧化合物的含量。从图 7-30 中还可以发现，加入添加物使液化油中出现了极少量的酸类、醛类或酮类化合物。

without additives
adding MS
adding Ni/MS
C (%)
0
10
20
30
40
50
5～28
28～55
55～95
95～165
165～180
180～215
化学位移(ppm)

（a）

adding Co/MS
adding Mo/MS
adding Co-Mo/MS
C (%)
0
5
10
15
20
25
30
35
40
5～28
28～55
55～95
95～165
165～180
180～215
化学位移(ppm)

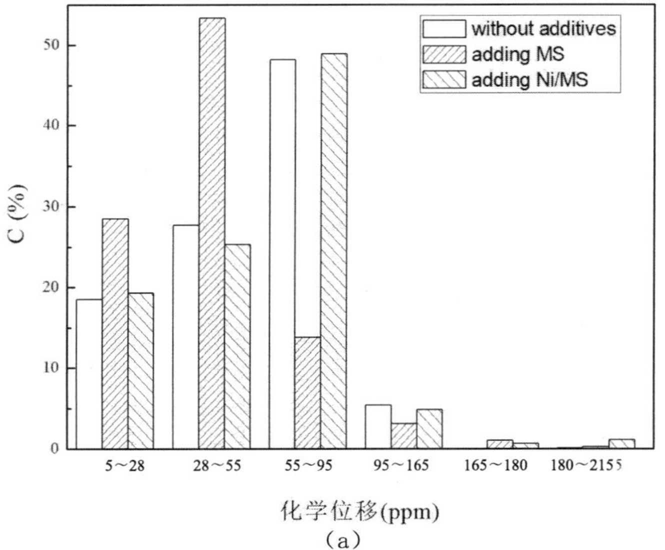

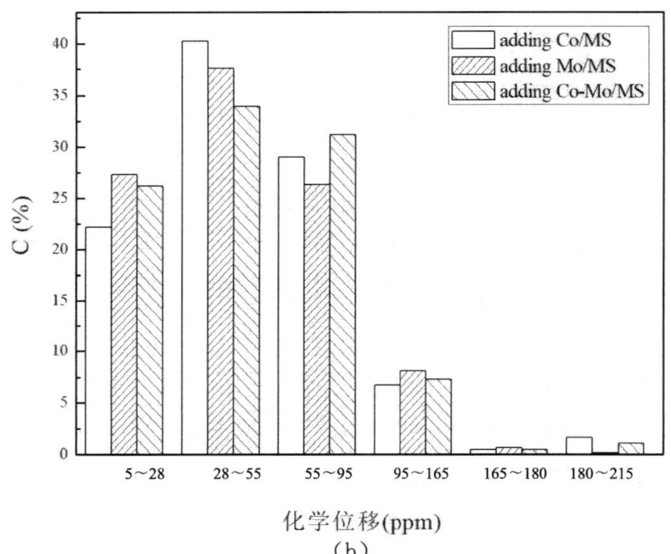

（b）

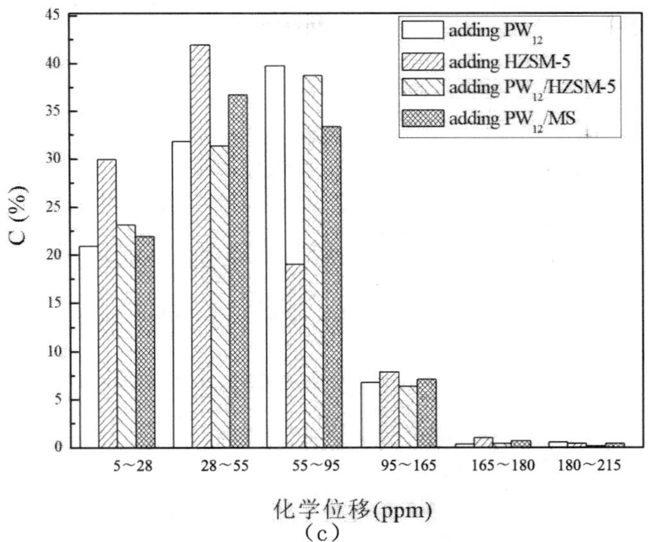

图 7-30　添加物作用下棉花籽与杨树花共液化的液化油中碳的分布

Fig.7-30　^{13}C NMR distribution of functional groups present in oil obtained during co-liquefaction of cotton seed and flos populi when adding additives

7.4.1.3　GC—MS 分析

为了进一步了解液化油的品质，用 GC—MS 分析液化油的化学成分。图 7-31 是温度为 280℃、液化时间为 30min、初始压力为 2MPa 时，分别为无添加物、加入 MS、加入 Co/MS、加入 Co-Mo/MS 时，所得液化油的 GC—MS 总离子流图。

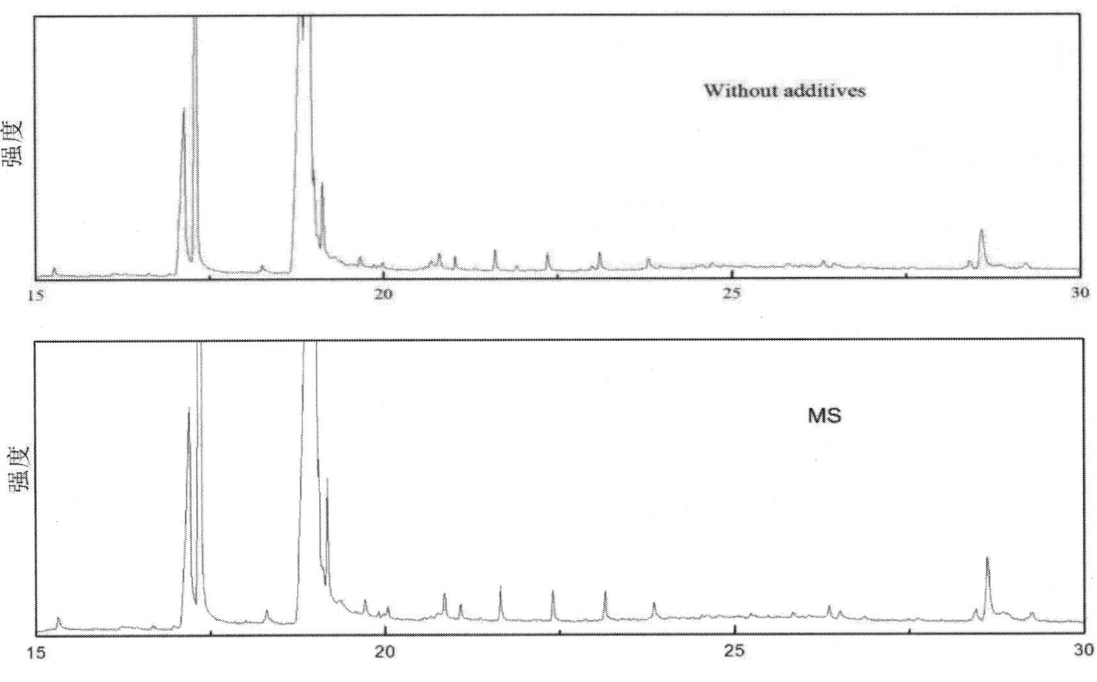

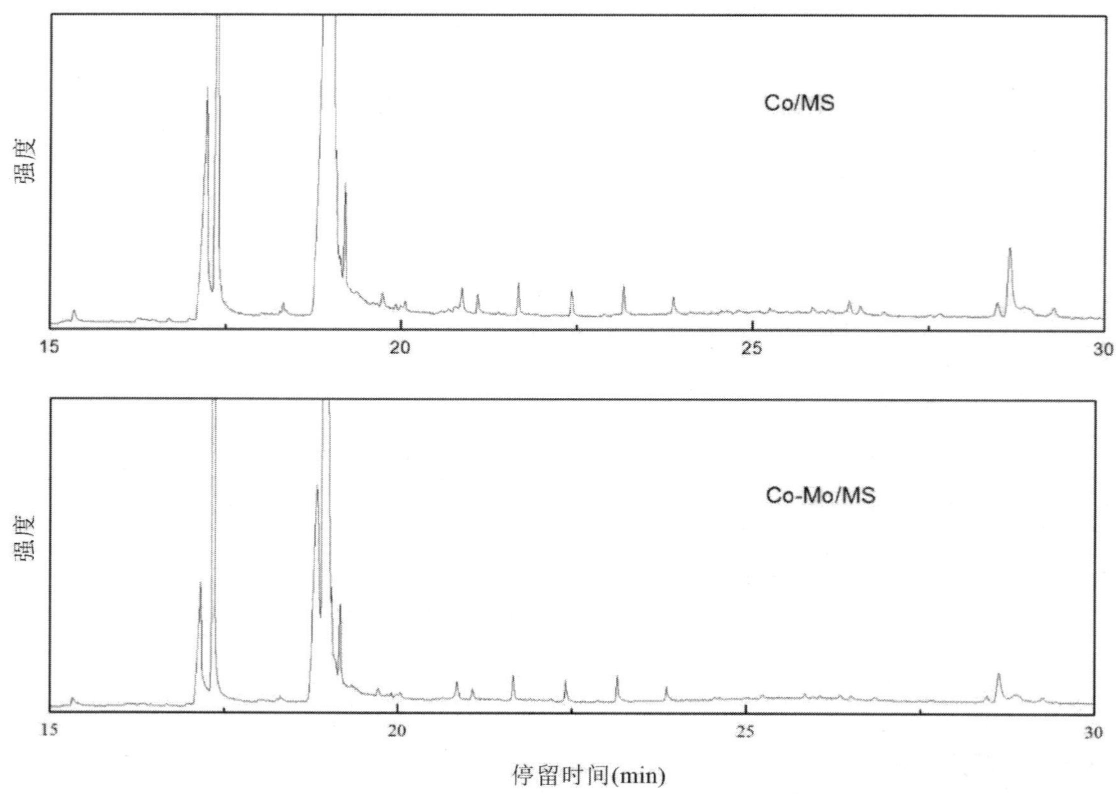

图 7-31　棉花籽与杨树花两者共液化的液化油的 GC—MS 总离子流图

Fig.7-31　Total ion chromatograms from GC—MS analysis of oil obtained during co-liquefaction of cotton seed and fols populi

将图7-31中各峰与NIST谱库中的化合物数据对照可得到棉花籽与杨树花两者在亚临界水/乙醇中共液化的液化油中主要化合物的分子式，见表7-7。从图7-31中可以看出，加入添加物并未改变液化油的主要成分，可能改变了液化油中各成分的含量。从表7-7中可以看出，液化油中含有烷烃、醇类、酸类、酯类、酚类及一些含氮化合物等。

表 7-7　两者共液化的液化油中主要化合物的分子式

Table 7-7　The molecular formula of the main compounds in co-liquefaction oil

保留时间（min）	分子式
17.20	$C_{18}H_{38}$
17.37	$C_{15}H_{29}N$
18.33	$C_{19}H_{40}$
18.88	$C_{16}H_{31}N$
18.96	$C_{20}H_{36}O_2$
19.00	$C_{15}H_{20}N_4$
19.19	$C_{17}H_{36}$
19.92	$C_{11}H_8N$

续表

保留时间（min）	分子式
20.06	$C_{23}H_{48}$
20.86	$C_{22}H_{28}O_3$
21.09	$C_{22}H_{46}$
21.67	$C_{29}H_{60}$
23.88	$C_{26}H_{52}O_2$
25.88	$C_{28}H_{56}O_2$
25.85	$C_{26}H_{54}$
26.38	$C_{31}H_{52}O_2$
28.65	$C_{29}H_{50}O$
28.85	$C_{32}H_{54}O_2$
29.37	$C_{25}H_{28}O_3$
29.80	$C_{28}H_{44}O$

7.4.2　液化残渣的性质分析

7.4.2.1　扫描电镜分析（SEM）

为了研究液化反应前后样品的形貌变化，对原样及液化残渣进行扫描电镜（SEM）分析。根据残渣形状、残渣颗粒大小及其聚集状态，可以简单推断液化反应进行的程度。

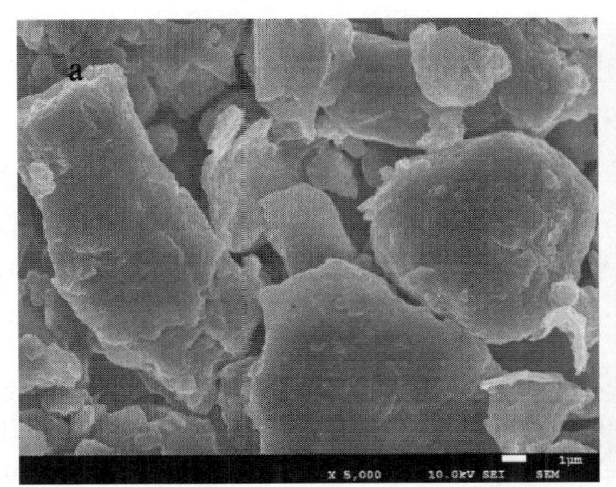

（a）棉花籽原样；（b）棉花籽液化残渣

图 7–32　棉花籽及其液化残渣的扫描电镜图

Fig.7–32　SEM micrographs of cotton seed and its residue

图 7-32（a）是棉花籽原样的扫描电镜图。图 7-32（b）是在液化温度为 300℃、液化时间为 30min、液化初压为 2MPa、无添加物作用时，棉花籽在亚临界水－乙醇（*V*：*V*，1：1）中液化得到的固体残渣的扫描电镜图。对比图 7-32（a）与图 7-32（b），可以看出棉花籽原样的形貌特征是表面较光滑，几乎无间隙，结构致密、均匀，颗粒较大；而经过液化反应后残渣的结构分布杂乱无章，表面粗糙疏松、不规则。这说明了在亚临界水－乙醇中液化后，棉花籽原有形貌结构受到严重破坏。

图 7-33 是液化温度为 300℃、液化时间为 30min、液化初压为 2MPa 时，棉花籽在亚临界水－乙醇中（*V*：*V*，1：1）液化得到的固体残渣的扫描电镜图，其中图 7-33（a）为无添加物作用时的固体残渣，图 7-33（b）为添加 1.00g PW_{12} 时的固体残渣。由图 7-33 可以看出，与无添加物作用相比，加入 PW_{12} 时棉花籽液化残渣颗粒更小，分布更均匀，说明 PW_{12} 的加入使棉花籽中纤维素、半纤维素、木质素分解更容易。

a：无添加物作用；b：添加 1.00gPW_{12}

图 7-33 添加物作用下棉花籽液化残渣的扫描电镜图

Fig.7-33 SEM micrographs of cotton seed liquefaction residues.a without additives.b adding 1.00g PW_{12}

图 7-34 是杨树花原样及其在不同温度下在亚临界水－乙醇（*V*：*V*，1：1）中液化得到的固体残渣的扫描电镜图。图 7-34（a）为杨树花原样，图 7-34（b）～图 7-34（f）分别为液化温度为 240℃、260℃、280℃、300℃和 320℃时的固体残渣。由图 7-34（a）可以看出，杨树花原样结构致密、硬度大、无空隙、分布较均匀。与杨树花原样相比，液化后固体残渣分散成小颗粒，出现不同形状。对比图 7-3（b）～图 7-34（f）与图 7-34（a）可以看出，杨树花在亚临界水－乙醇中经过高温高压液化后，颗粒均变小、分散；当反应温度升高至 240℃时，固体残渣形态与原样有很大的差异，颗粒变小并且分散；温度高于 240℃时，固体残渣中出现一些圆形颗粒，还有一些不规则形状；260℃时的固体残渣与 280℃时的固体残渣形貌没有太大差异；与较低温度下的残渣相比，液化温度为 300℃时得到的固体残渣颗粒变得更集中；320℃时的固体残渣中圆形颗粒基本消失，反而出现了一些棒状结构，这可能是未完全分解的木质素。

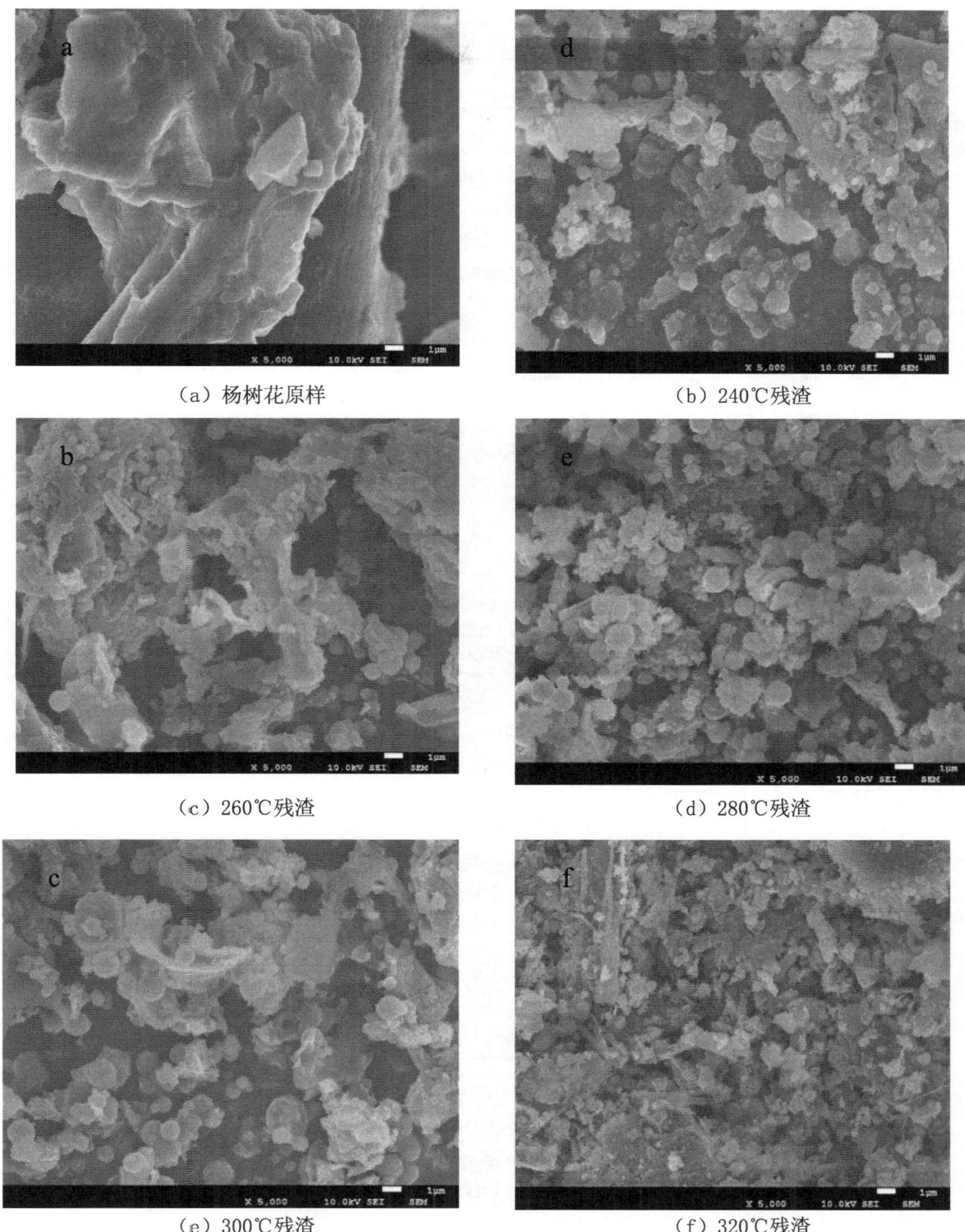

（a）杨树花原样　　（b）240℃残渣

（c）260℃残渣　　（d）280℃残渣

（e）300℃残渣　　（f）320℃残渣

图 7-34　不同温度下杨树花及其液化固体残渣的扫描电镜图

Fig.7-34　SEM micrographs of fols populi and its residues

7.4.2.2　红外光谱分析（FTIR）

为了进一步分析生物质液化反应前后所含官能团的变化以及添加物对固体残渣中所含官能团变化的影响，对原样及固体残渣进行了 FTIR 分析。根据相关文献，生物质的红外谱图中的波峰所对应的主要官能团见表 7-8。

表 7-8　生物质的红外谱图吸收峰解析
Table 7-8　Analysis of absorbance peaks of FTIR spectrum of biomass

波数 cm^{-1}	对应的官能团
3500 ~ 3250	—OH 的伸缩振动
3000 ~ 2750	脂肪类 CH_2 的不对称伸缩振动
2500 ~ 2000	炔烃—CH—伸缩振动
1750 ~ 1650	乙或羰基 C＝O 伸缩振动（聚木糖）
1650 ~ 1500	芳香类、烯烃类 C＝C 的伸缩振动（木质素）
1500 ~ 1250	脂肪类 C—H 弯曲振动（纤维素、半纤维素） 苯环的骨架振动（木质素）
1250 ~ 1000	酚类、醚类或酯类中 C—O 的弯曲振动 醇类 O—H 弯曲振动
1000 ~ 900	乙烯基 CH＝CH_2
900 ~ 650	芳香化合物（芳香环）中 C—H 的弯曲振动（木质素）

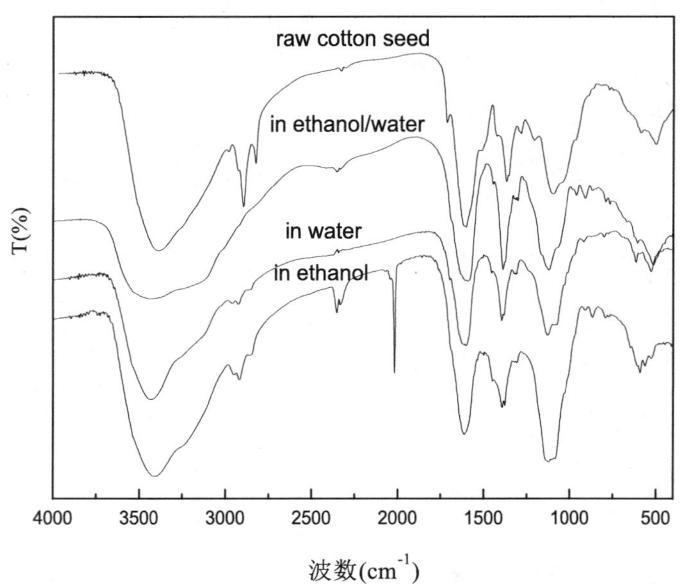

图 7-35　棉花籽原样及其在不同溶剂中液化固体残渣的红外谱图
Fig.7-35　FTIR spectra of cotton seed and its liquefaction residues in different solvents

图 7-36 是棉花籽原样及其分别在亚临界水 - 乙醇（V ∶ V, 1 ∶ 1）、水、乙醇三种不同溶剂中液化得到的固体残渣的红外光谱图，液化温度为 300℃、液化时间为 30min、液化初压为 2MPa、无添加物作用。从图 7-35 中可以看出，棉花籽原样的红外光谱图在波数为 3385cm^{-1} 处、2901cm^{-1} 处、2808cm^{-1} 处、1709cm^{-1} 处、1605cm^{-1} 处、1363cm^{-1} 处、1280cm^{-1} 处、1190cm^{-1} 处、1090cm^{-1} 处、594cm^{-1} 处、503cm^{-1} 处均出现了峰，说明棉花籽中含有酚羟基—OH、—CH_2-、—C≡C—、C＝O、C—O 以及苯环取代芳香基。与棉花籽原样相比，棉花籽在亚临界水 - 乙

醇（*V* ∶ *V*，1 ∶ 1）中液化后的固体残渣在波数为 3500 ~ 3250cm^{-1} 之间的吸收峰强度明显减弱，而此处出现的宽吸收峰是由于棉花籽中的水溶性多糖中 O—H 的伸缩振动造成的，说明在亚临界水 - 乙醇中液化后的固体残渣中的水溶性多糖含量减少；而在乙醇中液化的固体残渣在波数为 3500 ~ 3250cm^{-1} 之间的—OH 振动增强；在水中液化的固体残渣中 3500 ~ 3250cm^{-1} 之间—OH 的振动与棉花籽原样无明显变化。与棉花籽原样相比，在亚临界水 - 乙醇中液化的固体残渣在波数为 3000 ~ 2750cm^{-1} 之间没有吸收峰，说明在区域内没有—CH—及 CH_2 的伸缩振动，即不含有含亚甲基的脂肪族化合物；而在水或乙醇中液化得到的固体残渣在波数为 3000 ~ 2750cm^{-1} 之间的吸收峰强度明显减弱，即此区域内—CH—及—CH_2 的伸缩振动减弱，说明—CH—及 CH_2 的含量减少。此外，与棉花籽原样、在亚临界水 - 乙醇和在水中液化固体残渣相比，在乙醇中液化固体残渣在波数为 1250 ~ 100cm^{-1} 之间的吸收峰强度更强，说明在乙醇中液化固体残渣中的 C—O 振动更强一些。在棉花籽原样中，波数为 1709cm^{-1} 处有一个小的分裂峰是 C=O 的伸缩振动，说明在棉花籽中有醛酸或酮类物质存在，而液化残渣在波数为 1709cm^{-1} 处没有出峰，这可能是由于在液化过程中，大分子物质裂解为小分子物质时有些键断裂，某些官能团的特征峰消失。此外，液化固体残渣在波数为 900 ~ 700cm^{-1} 之间出现了一些特征峰。综上所述，与棉花籽原样相比，液化固体残渣的成分较单一，说明液化使得棉花籽中一些物质转移到其他产物中。

图 7-36 为液化温度为 300℃、液化时间为 30min、液化初压为 2MPa 时，在添加物作用下，棉花籽在亚临界水 - 乙醇（*V* ∶ *V*，1 ∶ 1）中液化得到的固体残渣的红外光谱图。由图 7-36 可以发现，与无添加物作用时相比，加入添加物后液化固体残渣的红外光谱图没有特别明显的差异，这说明有无添加物对液化残渣中成分种类几乎无影响，但是某些特征峰的强度有变化，即某些成分的含量发生了变化。从图 7-36 中可以看出，与无添加物作用时相比，加入 MS、Co/MS、Mo/MS、Co-Mo/MS 都使得残渣在波数为 3500 ~ 3250cm^{-1} 处的峰强度增强，说明—OH 含量增加了，即固体残渣中醇类和酚类增加。而加入 Ni/MS、PW_{12}/MS 和 PW_{12}/HZSM-5 后此处的峰强度减弱。从图 7-36（b）中可以看出，与无添加物作用时相比，加入 Ni/MS 后得到的固体残渣红外光谱中各峰强度都减弱，说明加入 Ni/MS 使有机挥发分含量减少。

without additive
Co/MS
Co-Mo/MS
Mo/MS
MS
T(%)
4000
3500
3000
2500
2000
1500
1000
500
波数(cm^{-1})

（a）

Ni/MS
without aditive
T(%)
4000
3500
3000
2500
2000
1500
1000
500
波数(cm^{-1})

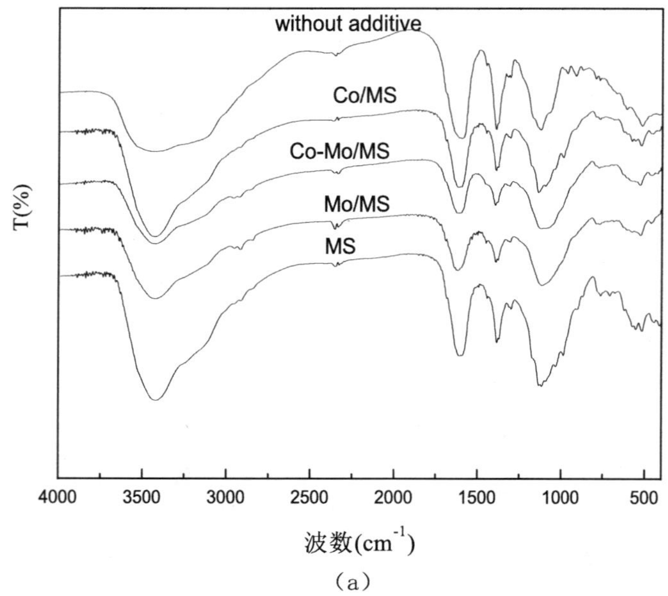

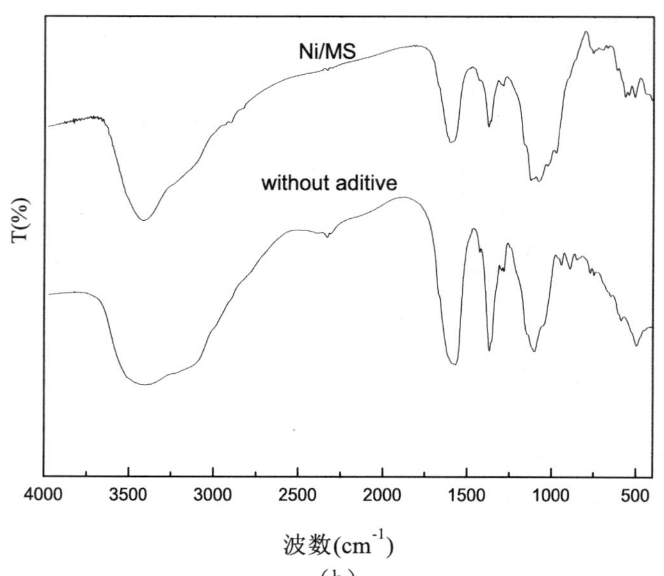

（b）

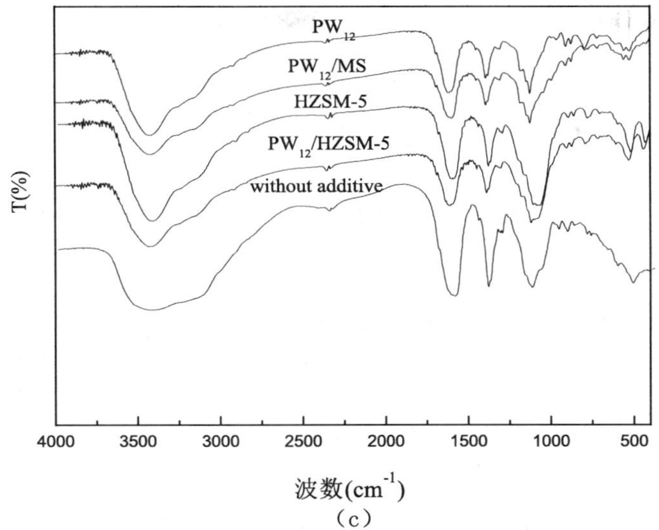

（c）

图 7-36　添加物作用下棉花籽液化固体残渣的红外光谱图

Fig.7-36　FTIR spectra of cotton seed liquefaction residues when adding additives

图 7-37 是杨树花原样及其在亚临界水 - 乙醇（ *V* ∶ *V*，1 ∶ 1）中液化固体残渣的红外光谱图，液化条件：液化温度 300℃、液化时间 30min、液化初始压力 2MPa、有添加物作用。由图 7-37 可知，与原样相比，杨树花在亚临界水 - 乙醇中液化的固体残渣在波数为 3500 ~ 3250cm^{-1} 处、1750 ~ 1500cm^{-1} 处、1500 ~ 1250cm^{-1} 处、1250 ~ 1000cm^{-1} 之间的吸收峰强度均减弱，说明液化固体残渣中—OH 聚合物、含—CH_2 的脂肪族化合物、含 C=C 的芳香烃、含 C—O 的木质素等含量均减少。与杨树花原样相比，液化残渣在波数为 1745cm^{-1} 处没有峰出现。综上可知，与原样相比，杨树花液化固体残渣中所含物质均减少、种类也单一，杨树花经液化后，大部分纤维素、半纤维素发生反应，少量木质素仍未反应，这与棉花籽液化得到的结论相吻合。

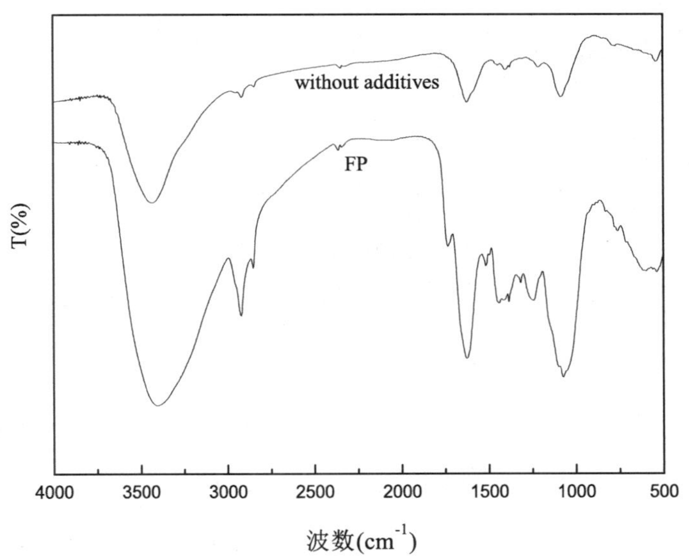

图 7-37　杨树花原样及其液化固体残渣的红外光谱图

Fig.7-37　FTIR spectra of flos populi and its liquefaction residue

图 7-38 为液化温度为 300℃、液化时间为 30min、液化初压为 2MPa 时，在添加物作用下，杨树花在亚临界水 - 乙醇（V ∶ V，1 ∶ 1）中液化得到的固体残渣的红外光谱图。由图 7-38 可以看出，有无添加物的加入，液化残渣的红外光谱图并没有明显的差异，只是在某处的峰强度有微弱变化，这说明添加物的加入并未改变液化固体残渣的组分，只是使各成分的含量有微小变化。

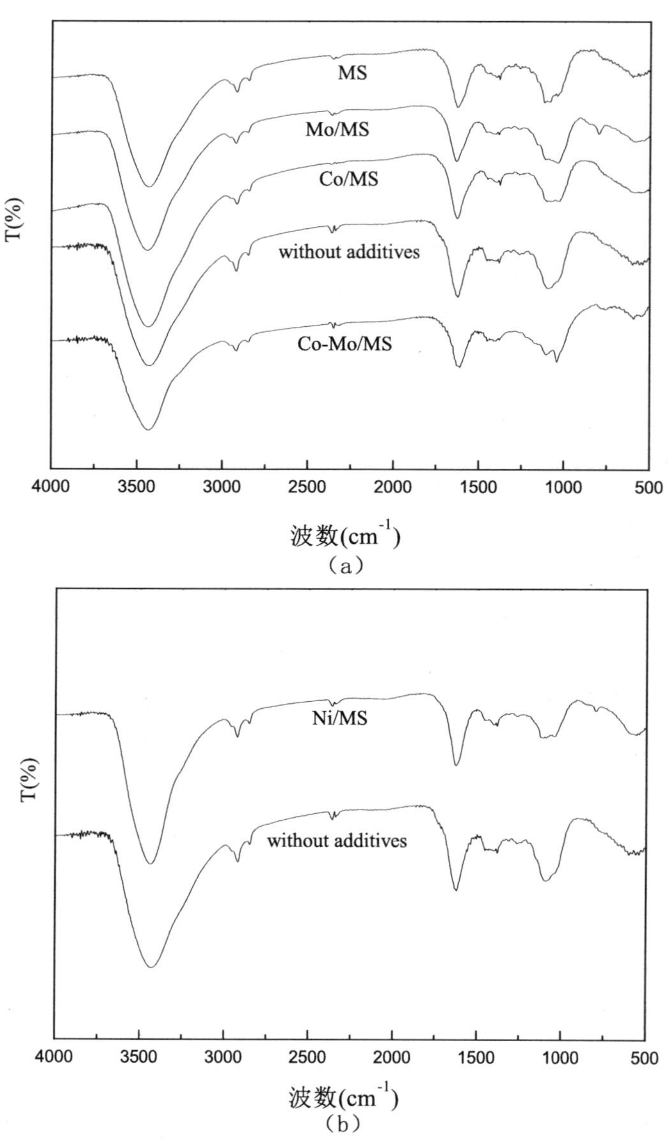

（a）

（b）

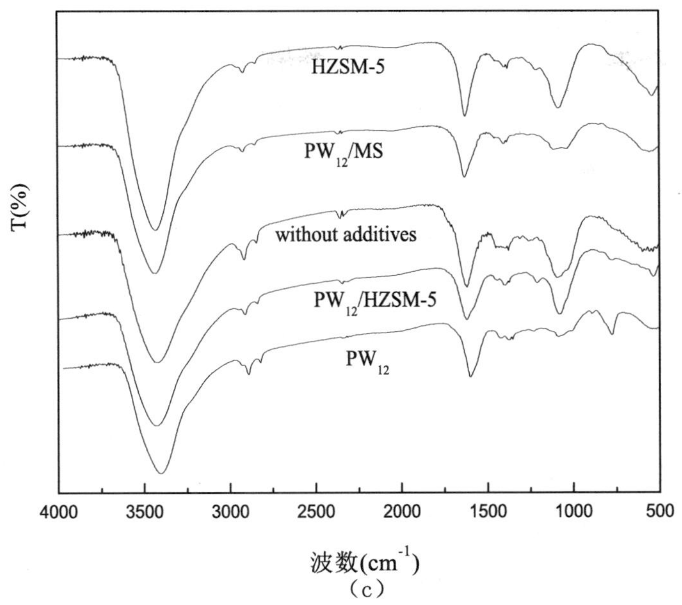

（c）

图 7-38　添加物作用下杨树花液化固体残渣的红外光谱图
Fig.7-38　FTIR spectra of flos populi liquefaction residues when adding additives

图 7-39 为液化温度为 280℃、液化时间为 30min、液化初压为 2MPa 时，在添加物作用下棉花籽与杨树花在亚临界水－乙醇中共液化固体残渣的红外光谱图。由图 7-39（a）可以看出，无添加物作用时两者共液化固体残渣的红外光谱图在波数为 3408cm^{-1} 处、2914cm^{-1} 处、2814cm^{-1} 处、2346cm^{-1} 处、1618cm^{-1} 处、1425cm^{-1} 处、1044cm^{-1} 处、563cm^{-1} 处均有峰出现，残渣中的主要成分可能为脂肪族类、羧酸类、多糖类、酯类等。从图 7-39 可知，加入 MS 时固体残渣在波数为 2914cm^{-1} 处的峰强度减弱，说明 C—H、—CH_2– 伸缩振动减弱。除了 PW_{12}/HZSM-5 外，添加物的加入都使两者液化固体残渣红外光谱图上峰强度有所减弱，说明添加物的加入降低了固体残渣中挥发分的含量，也就是说，添加物的加入促进了棉花籽与杨树花液化过程中液化油或其他产物的生成，促进了纤维素、半纤维素、木质素的分解。

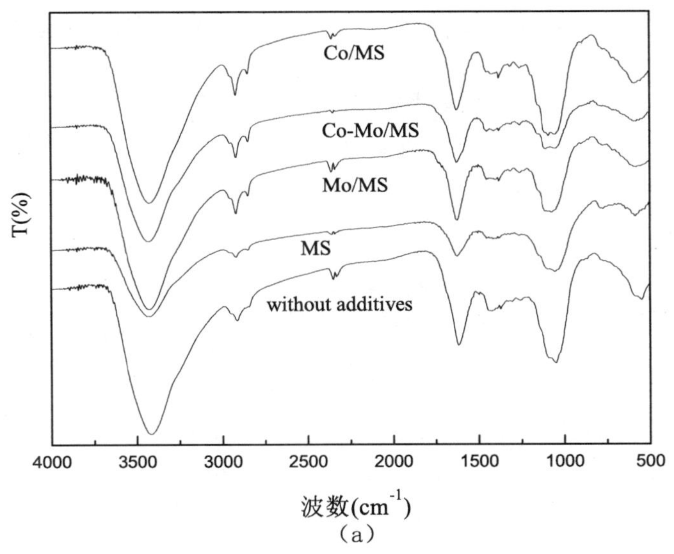

（a）

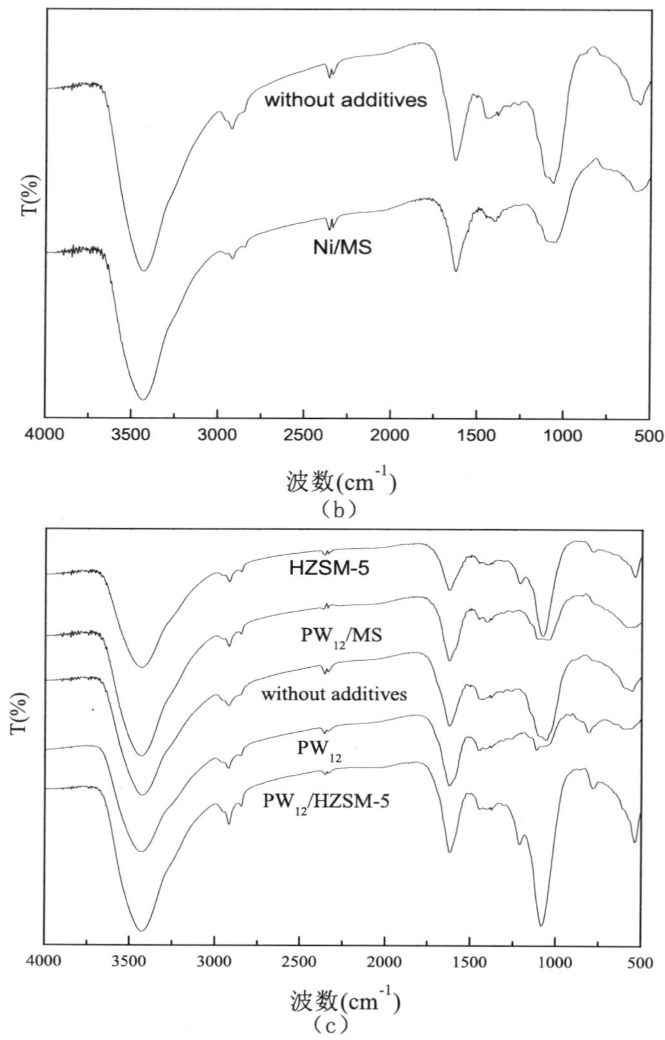

图 7-39 添加物作用下棉花籽与杨树花两者共液化固体残渣的红外光谱图

Fig.7-39 FTIR spectra of residues obtained during co-liquefaction of cotton seed and flos populi when adding additives

7.4.3 添加物作用下生物质在亚临界水 - 乙醇中的液化机理初探

比较两种生物质液化油的收率发现，棉花籽的液化油收率高于杨树花的液化油收率，这可能是由于棉花籽与杨树花中纤维素、半纤维素和木质素的含量不同，半纤维素液化后更易转化为液化油，而木质素较难转化为液化油。另从前文分析可知，棉花籽 H/C 要比杨树花的 H/C 高，H/C 越高越有利于液化油生成，因此棉花籽的液化油收率要高于杨树花的液化油收率。另外，研究发现棉花籽在亚临界水 - 乙醇中液化时，加入 Mo/MS 和 Co-Mo/MS 能明显提高液化油收率且使气相产物中 H_2 的相对含量增加；杨树花在亚临界水 - 乙醇中液化时，加入 Co/MS、Mo/MS 和 Co-Mo/MS 既能提高液化油收率，又能增加气相产物中 H_2 的相对含量；二者共液化时加入 Co-Mo/MS 既可提高液化油收率，又使可气相产物中 H_2 的相对含量增加。此外，加入 Co/MS、Mo/MS 能降低杨树花液化油中芳香族化合物的含量，这有利于油品质的改善。研究还发现，液化反应前后样品的形貌发生了很大的变化，且添加 PW_{12} 后，棉花籽液化固体残渣颗粒更小、更分散；另外，加入 PW_{12} 后棉花籽液化残渣中挥发分含量会减少，据此推测 PW_{12} 能够促进棉花籽中纤维素、半纤维素和木质素等的分解。棉花籽与杨树花二者共液化时，添加物的加入降低了固体残渣中挥发分的含量，说明添加物的加入促进了纤维素、半纤维素和木质素的分解。由前文分析可以初步推断，改性麦饭石特别是负载了 Co、Mo 的麦饭石在生物质液化过程中可以起到催化加氢作用，能够促进液化油的生成并改善液化油品质，其作用机理将在后续工作中进行深入探讨。

7.5　小结

（1）与无添加物作用时相比，在温度为 300℃时，加入 Ni/MS 、Co/MS、Mo/MS 和 Co–Mo/MS 既能使棉花籽液化气相产物中 H_2 的相对含量增加，又能使杨树花液化时气相产物中 H_2 的相对含量增加；加入 MS、PW_{12}、PW_{12}/MS、HZSM–5 和 PW_{12}/HZSM–5 能使棉花籽液化气相产物中 H_2 的相对含量增加，而杨树花液化气相产物中 H_2 的相对含量却降低；加入 MS、PW_{12}、Ni/MS、HZSM–5、PW_{12}/HZSM–5、PW_{12}/MS、Co/MS、Mo/MS 和 Co–Mo/MS 后棉花籽液化气相产物中 CH_4 的相对含量均降低，而杨树花液化气相产物中 CH_4 的相对含量却增加。

（2）通过红外光谱分析，可推断液化油中含有芳香类、脂肪类、醇类、醛类、酚类、酮类或一些酸酐等有机化合物。棉花籽液化时加入 PW_{12}、Ni/MS、HZSM–5、PW_{12}/HZSM–5、PW_{12}/MS、Co/MS、Mo/MS 和 Co–Mo/MS 都使液化油中脂肪族化合物的含量增加。另外，所使用的添加物的加入都能提高液化油中酚类、芳香族化合物的含量。棉花籽与杨树花共液化时加入 Ni/MS、Mo/MS、Co–Mo/MS、HZSM–5 和 PW_{12}/MS 都能提高液化油中脂肪族化合物的含量，而加入 MS 使液化油中脂肪化合物含量降低。此外，加入 MS 和 PW_{12} 降低了液化油中芳香族化合物的含量。

（3）通过 ^{13}C NMR 分析可知，棉花籽液化时加入 Co–Mo/MS 可能会使液化油中酯类、醇类、碳水化合物的含量增多；加入 HZSM–5 会使液化油中脂肪族化合物的含量有所增加。杨树花液化时加入 Ni/MS、Co–Mo/MS、PW_{12}/MS 和 PW_{12} 会使液化油中的脂肪族化合物的含量增加，且使液化油中一些酯类或醇类化合物的含量降低；加入 Co/MS、Mo/MS、HZSM–5 和 PW_{12}/HZSM–5 能降低液化油中芳香族化合物的含量，添加物的加入都会抑制液化油中酮类或醛类化合物的生成。棉花籽与杨树花二者共液化时，加入 MS、PW_{12}、HZSM–5、PW_{12}/HZSM–5、PW_{12}/MS、Co/MS、Mo/MS 和 Co–Mo/MS 均能提高液化油中脂肪族化合物的含量，且能降低液化油中酯类或醇类等含氧化合物的含量。

（4）在考察的反应条件内，液化固体残渣中主要存在脂肪族、羧酸类、多糖类、酯类、醇类、醚类、酮类及芳香类化合物等。棉花籽液化时，加入添加物后液化固体残渣的红外光谱图与无添加物作用时相比，没有特别明显的差异，说明有无添加物对液化残渣中成分种类几乎无影响，但是与无添加物作用相比，加入 Ni/MS 时得到的固体残渣红外光谱图中各峰强度都减弱，说明加入 Ni/MS 使液化残渣中有机挥发分含量减少了。除了 PW_{12}/HZSM−5 外，添加物的加入都使两者液化固体残渣红外光谱图上峰强度都减弱了，说明添加物的加入降低了固体残渣中挥发分的含量，由此可推测添加物的加入促进了纤维素、半纤维素、木质素的分解。改性麦饭石特别是负载了 Co、Mo 的麦饭石在生物质液化过程中可以起到催化加氢的作用，而且能够促进液化油的生成并改善液化油品质。

第 8 章　离子液体作用下生物质与煤在亚临界水中的液化行为及机理

生物质种类繁多，储量丰富，是自然界唯一可再生的碳源。生物质液化制取液体燃料是其利用的主要途径之一。目前，已有一些科研工作者研究了生物质在亚临界水中的液化行为，其中，液化所使用的催化剂或添加剂主要有钴钼镍类、金属卤化物、铁系类等物质。由于离子液体具有许多特殊的物化特性，因此将离子液体作为液化溶剂和催化剂应用于液化领域已引起了研究者的高度关注。本章主要研究 1- 丁基 -3- 甲基咪唑氯盐离子液体作用下小麦秸秆、棉花籽在亚临界水中的液化行为。

8.1　离子液体作用下生物质在亚临界水中的液化行为

本章选取山西临汾小麦秸秆（Wheat Straw）、河北邢台棉花籽（Cotton Seed）、山西临汾河底金沟褐煤（Jingou Lignite）作为实验原料进行研究。将样品在空气中干燥，然后粉碎、研磨、筛分（过 60 目筛子）。实验样品的工业分析和元素分析见表 8-1 和表 8-2，金沟褐煤和小麦秸秆的形态硫分析见表 8-3。

表 8-1　样品的工业分析

Table 8-1　The proximate analysis of the samples

样本	工业分析（wt%）				
	M_{ad}	A_{ad}	V_{ad}	V_{daf}	FC_{ad}
小麦秸秆	7.94	5.33	77.26	89.08	9.47
棉花籽	4.74	4.59	75.33	83.08	15.34
金沟褐煤	11.70	25.75	22.45	32.43	40.10

表 8-2 样品的元素分析
Table 8-2 The ultimate analysis of the samples

样品	元素分析（wt%， ad ）				
	C	H	O*	N	S
小麦秸秆	42.99	5.98	50.09	0.71	0.23
棉花籽	49.50	7.03	38.10	5.08	0.29
金沟褐煤	49.66	3.06	43.58	0.83	2.87

注：* 差减法。

表 8-3 金沟褐煤和小麦秸秆的形态硫分析
Table 8-3 Forms of sulfur in Jingou Lignite and Wheat Straw

样品	$S_{t,\ ad}$（%）	$S_{i,\ ad}$（%）	$S_{o,\ ad}$（%）
小麦秸秆	0.23	0.14	0.09
金沟褐煤	2.87	0.13	2.74

8.1.1 离子液体作用下小麦秸秆在亚临界水中的液化行为

由于温度、压力、时间和反应溶剂都会影响生物质的液化行为，因此本节将分别研究不同温度、压力、时间和反应溶剂等条件下生物质的液化行为。

8.1.1.1 不同温度下小麦秸秆液化时的产物分布

图 8-1 是以亚临界水为溶剂、液化初压为 2MPa、搅拌速率为 400r/min、液化时间为 30min、不添加离子液体时，不同液化温度下小麦秸秆液化产物的分布图。

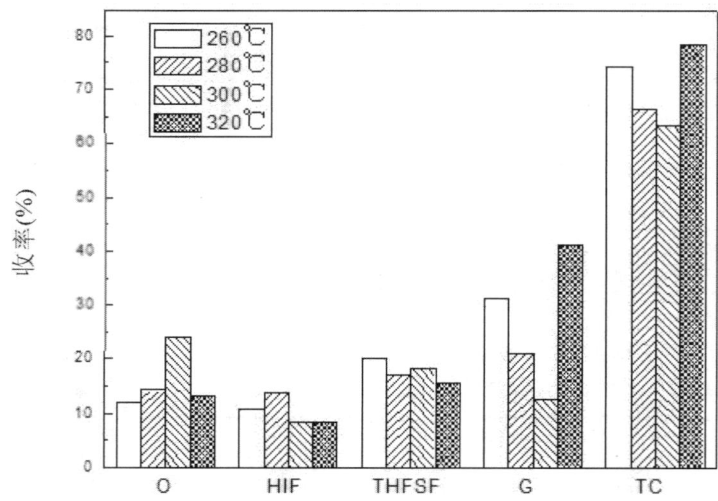

图 8-1 不同温度下无离子液体时小麦秸秆液化产物的分布
Fig.8-1 The distribution of liquefied products at different temperatures without IL

由图 8-1 可知，当温度从 260℃升至 320℃时，小麦秸秆的液化总转化率（Total Conversion，简记为 TC）呈先降低后升高的趋势，在 300℃时最低，仅为 63.4%，当温度为 320℃时，总转化率最高，为 78.6%。油收率（Oil，简记为 O）随温度升高呈先升高后下降的趋势，温度为 300℃时，油收率最高，为 24.0%，升温至 320℃时，油收率降至 13.2%。气体收率随温度升高呈先下降后升高的趋势，温度为 300℃时的气体收率是最小的，升温至 320℃后气体收率大幅上升。对比油收率与气体收率可知，液化反应中两者的收率随温度变化趋势相反，即随温度升高，油收率升高，气体收率下降，在 300℃时分别达到最大值和最小值，然后，温度再升高，油收率降低，气体收率升高。因而我们可推断，小麦秸秆在反应过程中先转化为气体，紧接着气体结合生成油类，而高温会促使油类又分解为气体。260℃和 280℃时正己烷不溶组分（Hexane Insoluble Fractions，简记为 HIF）的收率比 300℃和 320℃时高。四氢呋喃可溶组分（THF Soluble Fractions，简记为 THFSF）随温度变化无明显规律性。

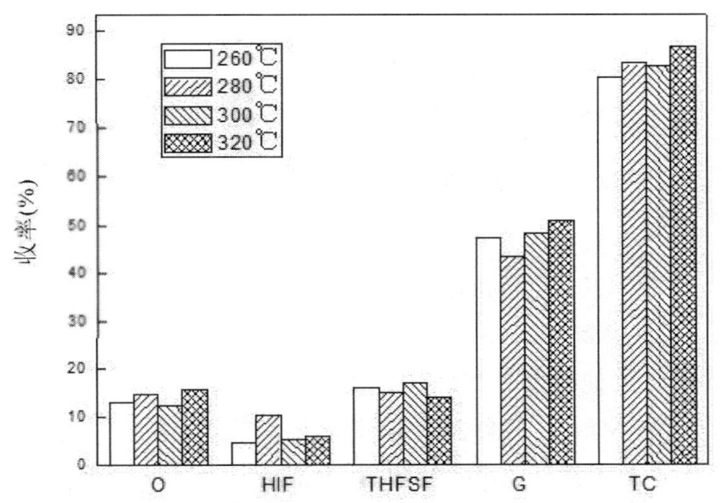

图 8-2　不同温度下添加离子液体时小麦秸秆液化产物的分布

Fig.8-2　The distribution of liquefied products at different temperatures when addingIL

图 8-2 是以亚临界水为溶剂、液化初压为 2MPa、搅拌速率为 400r/min、液化时间为 30min、添加 4.00g[Bmim]Cl 时，不同液化温度下小麦秸秆液化产物的分布图。由图 8-2 可知，温度从 260℃升高至 320℃时，总转化率随温度的升高呈增加趋势，总转化率处于 80.5% ~ 86.6% 的范围内。油收率随温度变化不太明显，260℃、280℃、300℃、320℃下对应的油收率分别为 12.8%、14.6%、12.3%、15.6%。正己烷不溶组分的收率在 280℃时达到最大值，为 10.4%，其余温度时正己烷不溶组分的收率均较小。气体收率随温度变化先降低后升高，而四氢呋喃可溶组分的收率随温度变化无明显规律。

对比图 8-1 与图 8-2 发现，添加 4.00g[Bmim]Cl 之后，正己烷不溶组分与四氢呋喃可溶组分的收率都有所降低，而气体收率却有了大幅度提高，总转化率也有所提高。从而推断出，添加 4.00g[Bmim]Cl 有利于正己烷不溶组分与四氢呋喃可溶组分向气体转化，可提高总转化率。

8.1.1.2　不同压力下小麦秸秆液化时的产物分布

图 8−3 是以亚临界水为溶剂、反应温度为 320℃、搅拌速率为 400r/min、液化时间为 30min、不添加离子液体时，不同压力下小麦秸秆液化产物的分布图。

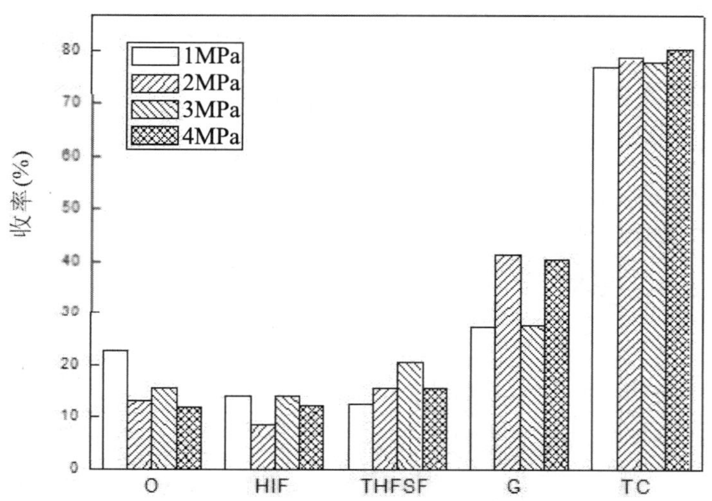

图 8−3　不同压力下无离子液体时小麦秸秆液化产物的分布
Fig.8−3　The distribution of liquefied products under different pressures without IL

由图 8−3 可知，当液化初压为 1MPa 时，油收率最高，达到了 22.7%，之后随压力增大，油收率都有所下降，压力为 2MPa、3MPa、4MPa 时分别为 13.2%、15.6%、12.0%，这可能是因为高压促使油类分解为其他物质。此外，当压力从 1MPa 升高到 4MPa 时，小麦秸秆的总转化率略有变化，在压力为 4MPa 时最高，为 80.4%，说明提高液化初压可以提高液化总转化率。四氢呋喃可溶组分的收率随压力的增大先升高后降低，在 3MPa 时最大为 20.5%。气体收率与正己烷不溶组分的收率随压力改变规律不明显。

图 8−4 是以亚临界水为溶剂、反应温度为 320℃、搅拌速率为 400r/min、液化时间为 30min、添加 4.00g[Bmim]Cl 时，不同压力下小麦秸秆液化产物的分布图。由图 8−4 可知，油收率随压力增加呈先上升后降低的趋势。正己烷不溶组分的收率、气体收率、总转化率随压力的变化均无太明显变化。四氢呋喃可溶组分的收率随压力增大而提高。

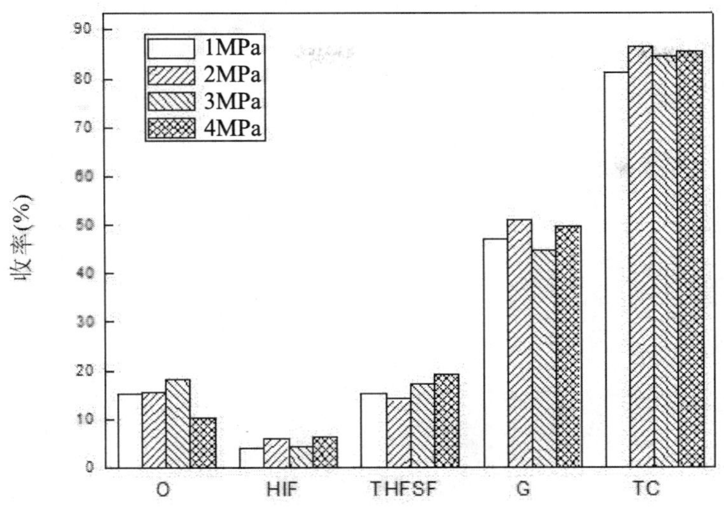

图 8-4　不同压力下添加离子液体时小麦秸秆液化产物的分布

Fig. 8-4　The distribution of liquefied products under different pressures when adding IL

对比图 8-3 与图 8-4 发现，添加 4.00g[Bmim]Cl 后，小麦秸秆的液化总转化率均有所提高，而正已烷不溶组分的收率均下降、气体收率均有所上升，这可能意味着添加 4.00g[Bmim]Cl 会促使正已烷不溶组分转化生成气体。

8.1.1.3　不同时间下小麦秸秆液化时的产物分布

图 8-5 为以亚临界水为溶剂、反应温度为 320℃、搅拌速率为 400r/min、液化初压为 2MPa、不添加离子液体时，不同液化时间下小麦秸秆液化产物的分布图。由图 8-5 可知，随着反应时间的增加，油收率无明显的变化，而气体收率先升高后降低。小麦秸秆的液化总转化率随时间增加而不断提高，表明足够的反应时间是提高液化转化率的必要条件。反之，四氢呋喃可溶组分的收率随时间增加逐渐减小。由此可以推断，反应时，小麦秸秆首先生成四氢呋喃可溶组分，随反应时间的增加，四氢呋喃可溶组分加氢转化为正已烷不溶组分、油类和气体组分，因为在 15min、30min、45min 时，正已烷不溶组分的收率、油收率与气体收率总和分别为 56.6%（14.4%+13.9%+28.3%）、63.0%（8.5%+13.2%+41.3%）、68.2%（15.0%+15.5%+37.7%），呈上升趋势。

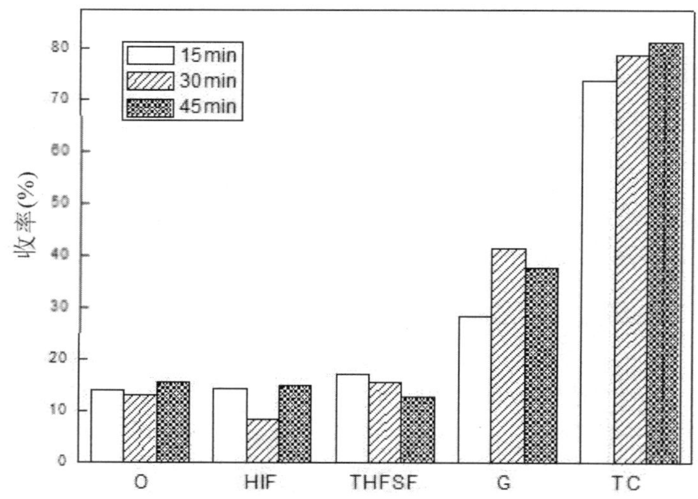

图 8-5 不同时间下无离子液体时小麦秸秆液化产物的分布
Fig.8-5 The distribution of liquefied products at different times without IL

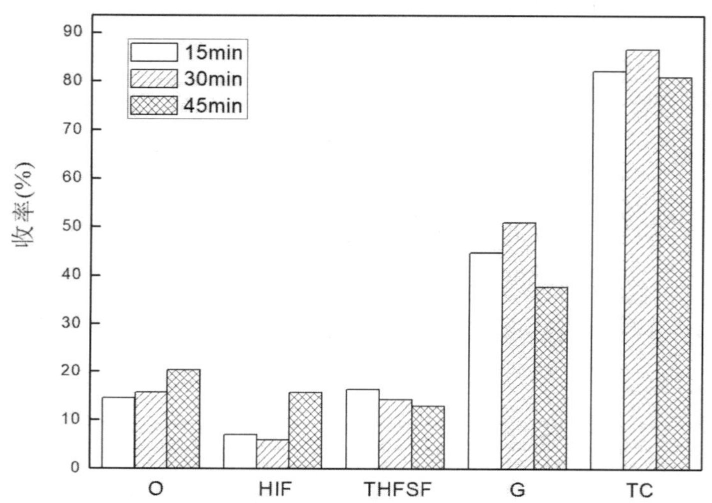

图 8-6 不同时间下添加离子液体时小麦秸秆液化产物的分布
Fig.8-6 The distribution of liquefied products at different times when adding IL

图 8-6 为以亚临界水为溶剂、反应温度为 320℃、搅拌速率为 400r/min、液化初压为 2MPa、添加 4.00g[Bmim]Cl 时，不同液化时间下小麦秸秆液化产物的分布图。由图 8-6 可知，油收率随反应时间的延长不断提高，最高为 20.4%。反而，四氢呋喃可溶组分的收率随时间的推移有所降低。在反应时间为 30min 时，液化总转化率达到了最大值，为 86.6%。正己烷不溶组分的收率与气体收率总是呈此起彼伏的状态，预示着两者之间存在着某些关系。

对比图 8-5 和图 8-6 可得出，相比于不添加离子液体，添加 4.00g[Bmim]Cl 之后的小麦秸秆液化总转化率、气体收率以及油收率均有所提高，而正己烷不溶组分与四氢呋喃可溶组分的收率却均有所降低，因此，添加 4.00g[Bmim]Cl 有助于液化产物中的正己烷不溶组分和四氢呋喃可溶组分转化生成油组分以及气体。

8.1.1.4　不同溶剂下小麦秸秆液化时的产物分布

小麦秸秆在以亚临界水为溶剂、亚临界水－乙醇混合体系（40mL 水与 40mL 乙醇混合）为溶剂时的液化产物分布如图 8-7 所示。反应条件：搅拌速率 400r/min、液化时间 30min、反应温度 320℃、液化初压 2MPa。

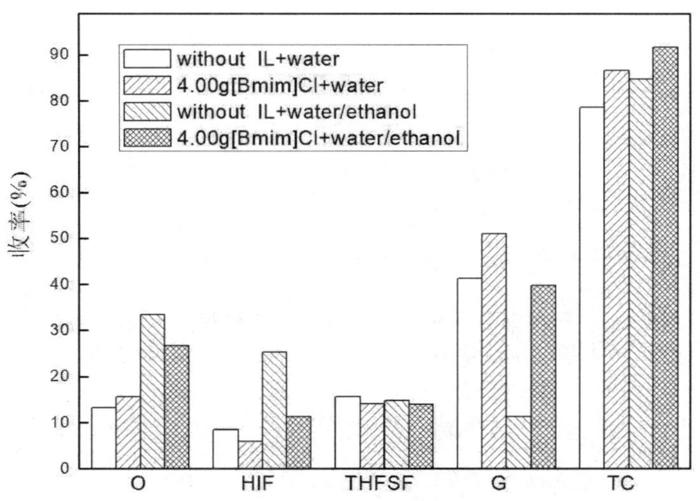

图 8-7　不同溶剂体系下小麦秸秆液化产物的分布

Fig.8-7　The distribution of liquefied products in different solvents

由图 8-7 可知，在不添加离子液体的情况下，亚临界水体系下小麦秸秆的油收率仅为 13.2%，而亚临界水－乙醇混合体系下的油收率却高达 33.5%。说明小麦秸秆在亚临界水－乙醇混合体系下的出油效果更佳，这很可能是因为乙醇可提供更多的氢自由基。在亚临界水－乙醇混合体系下的总转化率要比亚临界水体系下总转化率高，分别为 84.8% 和 78.6%。正己烷不溶组分的收率在亚临界水中为 8.5%，在亚临界水－乙醇混合体系下为 25.3%。四氢呋喃可溶组分在两种体系下的收率变化不太明显。气体在亚临界水－乙醇混合体系条件下 11.2% 的收率远远低于其在亚临界水体系下 41.3% 的收率。因此，在亚临界水中，小麦秸秆更易于生成气体，而在亚临界水－乙醇混合体系下小麦秸秆倾向于生成油类。当添加了 4.00g[Bmim]Cl 之后，液化产物在两种溶剂体系下的分布趋势与不添加离子液体时相同。在亚临界水－乙醇混合体系下，添加 4.00g[Bmim]Cl 之后，液化产物中的油、正己烷不溶组分、四氢呋喃可溶组分的收率均有不同程度的下降，唯有气体收率大幅度提高，从 11.2% 升高至 39.7%。此外，液化总转化率也从原来的 84.8% 上升至 91.6%。由此看来，小麦秸秆在亚临界水、亚临界水－乙醇中液化时，添加离子液体 [Bmim]Cl 可以提高液化总转化率并影响液化产物的分布。

8.1.2　离子液体作用下棉花籽在亚临界水中的液化行为

图 8-8 是以亚临界水为溶剂、液化初压为 2MPa、搅拌速率为 400r/min、液化时间为 30min、不添加离子液体时，不同液化温度下棉花籽液化产物的分布图。

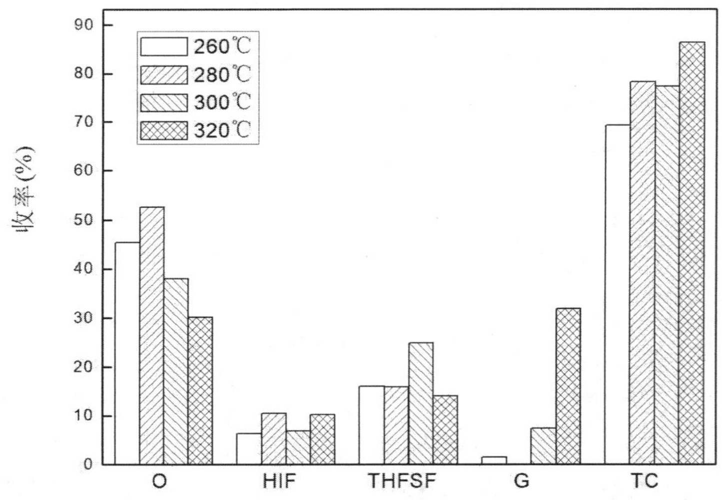

图 8-8 不同温度下无离子液体时棉花籽液化产物的分布

Fig.8-8 The distribution of liquefied products at different temperatures without IL

由图 8-8 可知，当以棉花籽为原料时，随着温度的升高，油收率先升高后降低，在 280℃时油收率最大，为 52.7%。气体收率随温度变化的趋势与油收率刚好相反，260℃和 280℃时气体收率很低，温度升高至 300℃时，气体收率上升，温度继续升高至 320℃时，气体收率为 31.9%，远远高出了其他温度时的收率。因此可以推断，反应时，首先生成气体，进而转化为油类，但温度较高时会使油中分子键断裂成小分子，再次生成气体，这与小麦秸秆在不同温度下液化产物分布结论相一致。正己烷不溶组分的收率随温度升高变化不明显。四氢呋喃可溶组分收率在 300℃时最大，为 24.9%，而总转化率在 320℃时最大，为 86.3%。

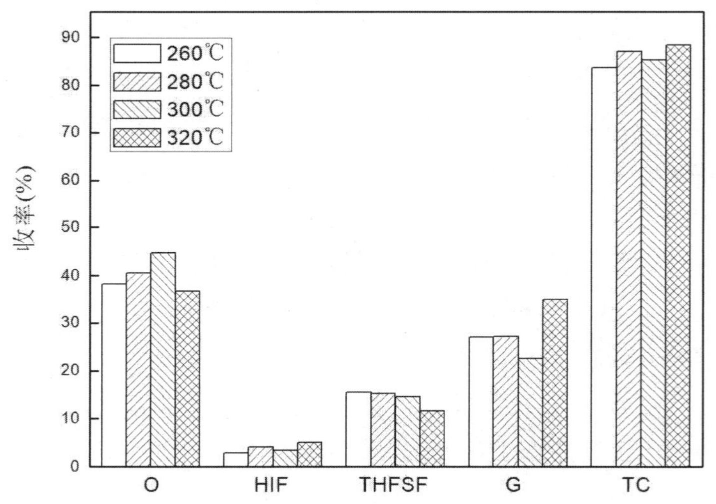

图 8-9 不同温度下添加离子液体时棉花籽液化产物的分布

Fig.8-9 The distribution of liquefied products at different temperatures when adding IL

图 8-9 是以亚临界水为溶剂、液化初压为 2MPa、搅拌速率为 400r/min、液化时间为 30min、添加 4.00g[Bmim]Cl 时，不同液化温度下棉花籽液化产物的分布图。由图 8-9 可知，

油收率随温度升高先升高后降低，300℃时收率最大，为 44.7%；而气体收率随温度变化规律与油收率的变化趋势相反。总转化率、正已烷不溶组分的收率随温度变化无明显规律。此外，四氢呋喃可溶组分的收率随温度的升高有所下降，总转化率在 320℃时最大，为 88.4%，这与不添加离子液体情况相一致。

对比图 8-8 和图 8-9，可以看到，添加 4.00g[Bmim]Cl 之后的正已烷不溶组分的收率较不添加离子液体的正已烷不溶组分整体均有所下降，而气体收率却有所提高，这或许是因为添加了 4.00g[Bmim]Cl 有助于正已烷不溶组分向其他产物转化，同时有利于总转化率的提高。

8.1.3　离子液体作用下两种生物质在亚临界水中液化行为的对比

图 8-10 对小麦秸秆和棉花籽在亚临界水中的液化产物分布作了对比。反应条件：液化初压为 2MPa、搅拌速率为 400r/min、液化时间为 30min、反应温度为 320℃。由图 8-10 可知，相比不添加离子液体，添加 4.00g[Bmim]Cl 均可提高两种生物质的油收率、气体收率、总转化率，但会降低正已烷不溶组分与四氢呋喃可溶组分的收率。无论是否添加离子液体，棉花籽的油收率、气体收率与总转化率总是高于小麦秸秆的，而棉花籽的正已烷不溶组分的收率与四氢呋喃可溶组分的收率却总是低于小麦秸秆的。添加 4.00g[Bmim]Cl，有利于生物质生成油类与气体，可提高总转化率，但不利于正已烷不溶组分与四氢呋喃可溶组分的生成。

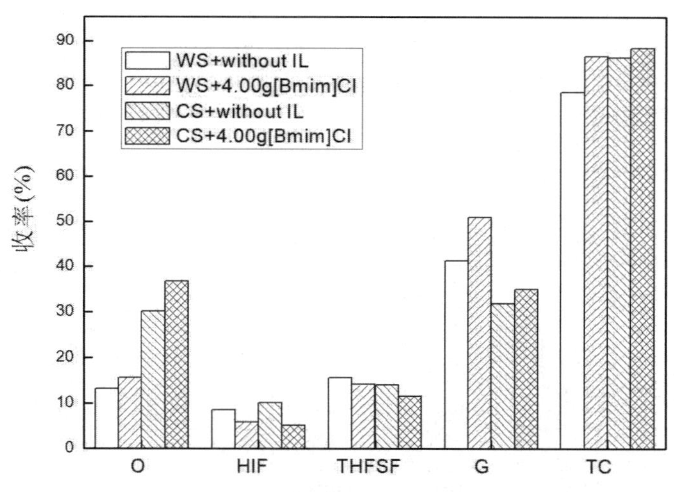

图 8-10　小麦秸秆和棉花籽液化产物的分布对比

Fig.8-10　Comparison of distributions of liquefied products of wheat straw and cotton seed

8.2　离子液体作用下小麦秸秆与煤在亚临界水中共液化行为

由前述可知，小麦秸秆和棉花籽在亚临界水中液化时添加 1- 丁基 -3- 甲基咪唑氯盐离子液体会影响液化产物分布，添加 1- 丁基 -3- 甲基咪唑氯盐离子液体提高了小麦秸秆与棉花籽的液化总转化率和气体收率，同时降低了正已烷不溶组分的收率和四氢呋喃可溶组分的收率。

在生物质与煤共液化过程中 1- 丁基 -3- 甲基咪唑氯盐离子液体对液化行为又会有怎样的影响呢？本章对 1- 丁基 -3- 甲基咪唑氯盐离子液体作用下小麦秸秆与煤在亚临界水中共液化时的产物分布作了研究。另外，还讨论了 1- 丁基 -3- 甲基咪唑氯盐离子液体作用下小麦秸秆与煤在亚临界水中共液化时硫的变迁行为。

8.2.1 离子液体作用下小麦秸秆与煤在亚临界水中的共液化行为

8.2.1.1 不同温度下小麦秸秆与煤共液化时的产物分布

图 8-11 是以亚临界水为溶剂、液化初压为 2MPa、搅拌速率为 400r/min、液化时间为 30min、不添加离子液体、小麦秸秆与煤的质量比为 3 ：2（样品总量 10.00g）时，不同温度下小麦秸秆与煤的共液化产物分布图。由图 8-11 可知，当温度从 260℃升高至 320℃时，油收率先降低后升高，正已烷不溶组分的收率、气体收率和总转化率先升高后降低。气体收率、总转化率对温度比较敏感，在 260℃时，气体收率为 6.0%，继续升高温度至 280℃时，气体收率提高到 8.1%，而当温度为 300℃时，气体收率明显增加至 18.0%，当温度为 320℃时，气体收率陡然下降至 0.9%，下降幅度很大。总转化率在 260℃、280℃时分别为 42.3%、43.1%，继续升温至 300℃，总转化率大幅上升至 50.3%，但继续升高温度至 320℃时，总转化率却又降至 34.8%。当温度为 300℃时气体收率和总转化率达到最大值。

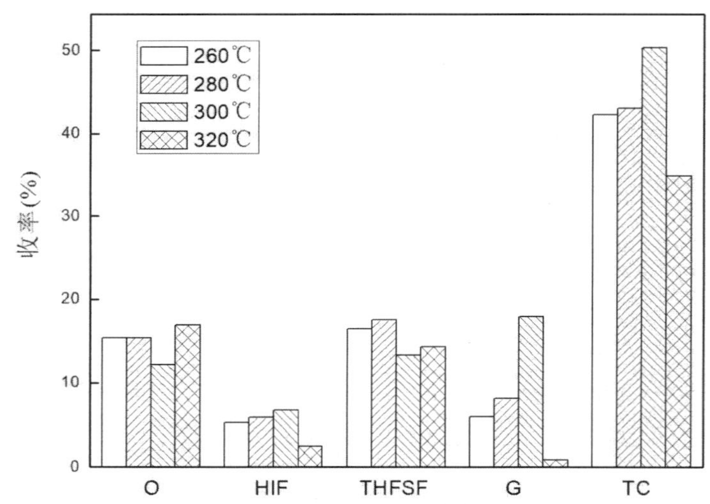

图 8-11 不同温度下无离子液体时小麦秸秆与煤的共液化产物分布

Fig.8-11 The distribution of co-liquefied products at different temperature without IL

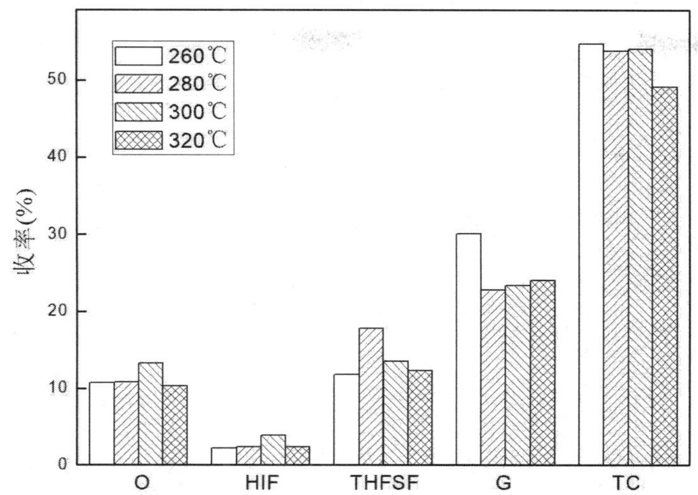

图 8-12　不同温度下添加离子液体时小麦秸秆与煤的共液化产物分布

Fig.8-12　The distribution of co-liquefied products at different temperature when adding IL

图 8-12 是以亚临界水为溶剂、液化初压为 2MPa、搅拌速率为 400r/min、液化时间为 30min、添加 4.00g[Bmim]Cl、小麦秸秆与煤的质量比为 3 ∶ 2（样品总量 10.00g）时，不同温度下小麦秸秆与煤的共液化产物分布图。与不添加离子液体时有所不同，添加 4.00g[Bmim]Cl 后的油收率在 300℃时达到最大值 13.3%，在温度为 260℃、280℃、300℃时油收率分别为 10.7%、10.6%、10.3%，略有降低。在 320℃时，总转化率为 24.1%，比其他温度都低。260℃时，气体收率达到了最高值 30.1%，继续升高温度，气体收率降低。

对比图 8-11 和图 8-12 可以看出，添加 4.00g[Bmim]Cl 之后，正已烷不溶组分的收率均有所下降，气体收率均有所上升，总转化率也有不同程度的提高，说明添加 4.00g[Bmim]Cl 可促使正已烷不溶组分的分解，有利于气体产生，且使总转化率有所升高，这与单一生物质液化时结论一致。

8.2.1.2　不同比例下小麦秸秆与煤共液化时的产物分布

图 8-13 是以亚临界水为溶剂、液化初压为 2MPa、搅拌速率为 400r/min、液化时间为 30min、反应温度为 300℃、小麦秸秆与煤的质量比为 3 ∶ 2（样品总量 10.00g）、添加与不添加离子液体时小麦秸秆与煤的共液化产物分布图。由图 8-13 可知，添加 4.00g [Bmim]Cl 后，液化产物中油收率、气体收率、总转化率均有所提高，正已烷不溶组分的收率有所下降，四氢呋喃可溶组分的收率几乎没有变化。

图 8-14 是以亚临界水为溶剂、液化初压为 2MPa、搅拌速率为 400r/min、反应温度为 300℃、液化时间为 30min、添加 4.00g[Bmim]Cl 时，不同比例下（样品总量为 10.00g，小麦秸秆与煤的质量比分别为 4 ∶ 1、3 ∶ 2、1 ∶ 1、2 ∶ 3、1 ∶ 4）小麦秸秆与煤的共液化产物分布图。由图 8-14 可知，随着混合样品中煤比例的增加，小麦秸秆比例的减少，气体收率、正已烷不溶组分的收率、四氢呋喃可溶组分的收率与总转化率均呈现下降趋势，正已烷不溶组分的收率从 3.9% 降至 0.2%，四氢呋喃可溶组分的收率从 13.5% 降至 9.3%，气体收率从 40.6% 降至 8.1%，总转化率则从 70.5% 降至 24.5%。当小麦秸秆与煤的质量比为 3 ∶ 2 时，油收率最高，

为 13.3%，当小麦秸秆比例继续减小时油收率降低。由此得出结论，小麦秸秆比煤更容易液化。由于小麦秸秆的主要成分为纤维素、半纤维素和木质素，结构简单，所以容易液化，而煤则是由带脂肪侧链的大芳环和稠环所组成的，结构比较复杂，因此，在同样的反应条件下小麦秸秆的转化率总是高于煤的转化率。

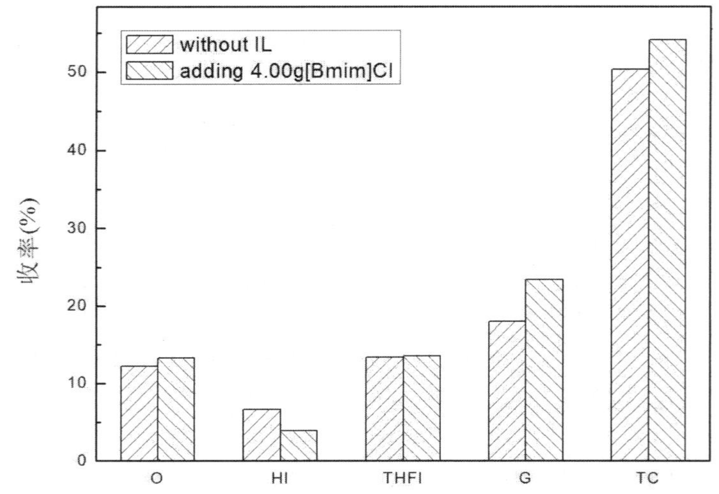

图 8-13　小麦秸秆与煤的共液化产物分布

Fig.8-13　The distribution of co-liquefied products of wheat straw and coal

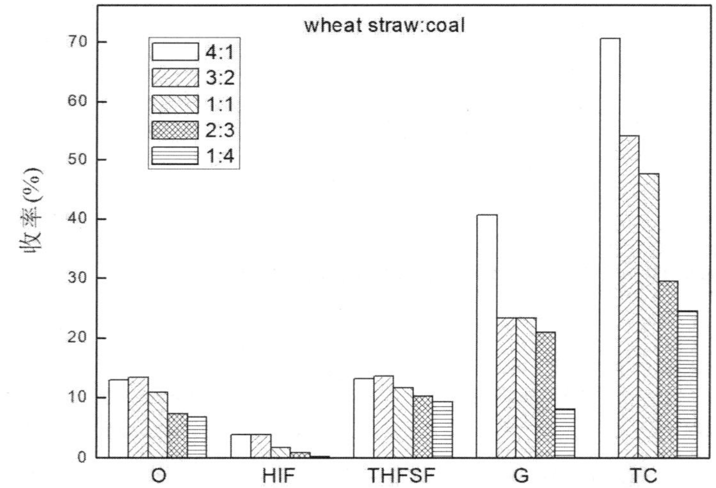

图 8-14　不同比例下添加离子液体时小麦秸秆与煤的共液化产物分布

Fig.8-14　The distribution of co-liquefied products at different blending ratio when adding IL

8.2.2　离子液体作用下小麦秸秆与煤在亚临界水中共液化时硫的变迁行为

由表 8-3 可知，小麦秸秆的硫含量为 0.23%，其中无机硫含量为 0.14%，有机硫含量为 0.09%；金沟褐煤的硫含量为 2.87%，其中无机硫含量为 0.13%，有机硫含量为 2.74%。在小麦秸秆与煤的共液化过程中，硫会以不同形式赋存在不同的液化产物中；随着液化条件的不同，硫元素在不同产物中的含量会有所差异。液化产物中的硫在其后续使用过程中会造成环境污染，因此研究液化过程中硫的变迁以及在产物中的赋存形态具有重要意义。

8.2.2.1　不同温度下离子液体对硫变迁行为的影响

图 8-15 是以亚临界水为溶剂、液化初压为 2MPa、搅拌速率为 400r/min、液化时间为 30min、小麦秸秆与煤的质量比为 3 ： 2（样品总量 10.00g）、不添加离子液体时，不同反应温度下小麦秸秆与煤的共液化产物中硫的分布图。如图 8-15 所示，残渣中有机硫的相对含量随温度的升高先降低后升高，300℃时残渣中有机硫的相对含量最小，为 90.0%，320℃时达到最大值 100%。300℃时，残渣中的无机硫的相对含量最多，为 3.5%。其他产物中硫的相对含量随温度升高先升高后降低，在 300℃时最高，为 6.5%，在 320℃时降为零。在 320℃时，硫全部以有机硫的形式富集在残渣中。

图 8-16 为以亚临界水为溶剂、液化初压为 2MPa、搅拌速率为 400r/min、液化时间为 30min、小麦秸秆与煤的质量比为 3 ： 2（样品总量 10.00g）、添加 4.00g[Bmim]Cl 时，不同反应温度下小麦秸秆与煤的共液化产物中硫的分布图。如图 8-16 所示，与不添加离子液体的情况相比，添加之后产物中硫的分布明显不同。残渣中有机硫的相对含量随温度的升高而增加，其相对含量在 320℃时达到最大值，为 84.7%，在这个温度下，残渣中无机硫的相对含量也是最大，为 9.5%。此时，其他产物中硫的相对含量最低。在 300℃时，样品中有 84.2% 的硫以有机硫的形式转移到残渣中，其余 15.8% 的硫转移到其他液化产物中。

对比图 8-15 与图 8-16 可以看出，添加 4.00g[Bmim]Cl 之后，残渣中有机硫的相对含量减少，残渣中无机硫的相对含量与其他液化产物中总的硫的相对含量增加，这意味着添加 4.00g[Bmim]Cl 可促使样品中的硫向其他液化产物中转移，也可能促使有机硫分解为气体或形成无机硫。

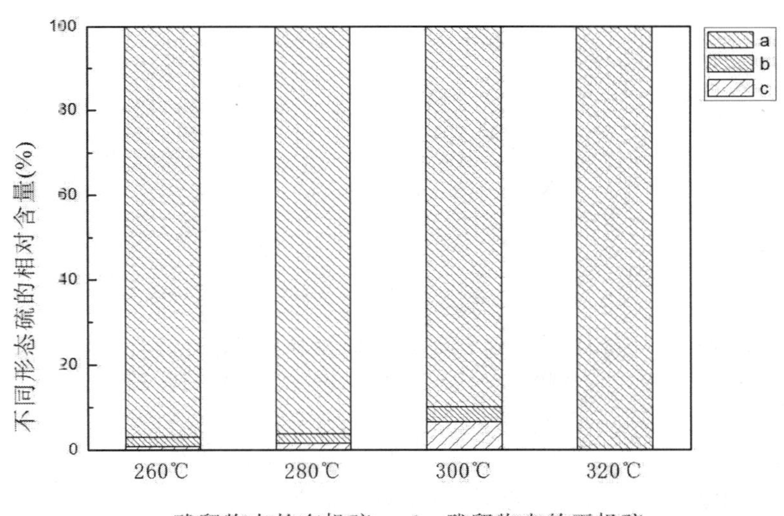

a. 残留物中的有机硫　　b. 残留物中的无机硫

c. 其他产物中的硫

图 8-15　不同温度下无离子液体时小麦秸秆与煤共液化产物中硫的分布

Fig.8-15　The distribution of sulfur in products at different temperatures without IL

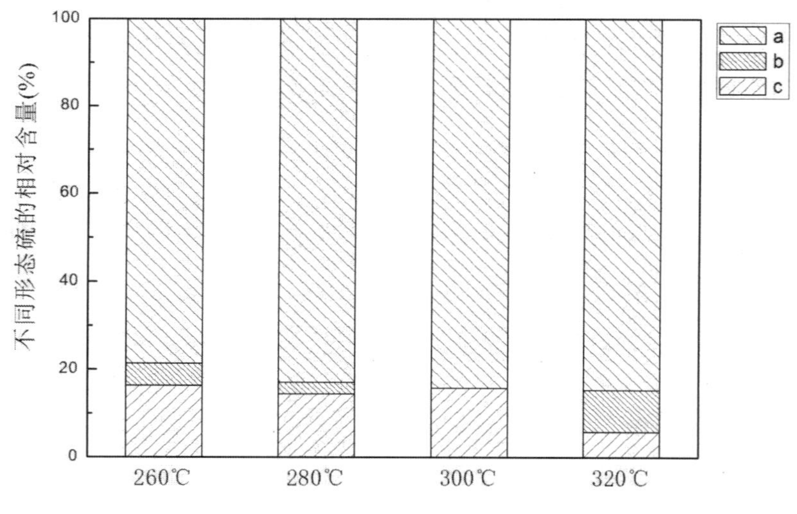

图 8-16　不同温度下添加离子液体时小麦秸秆与煤共液化产物中硫的分布
Fig.8-16　The distribution of sulfur in products at different temperatures when adding IL

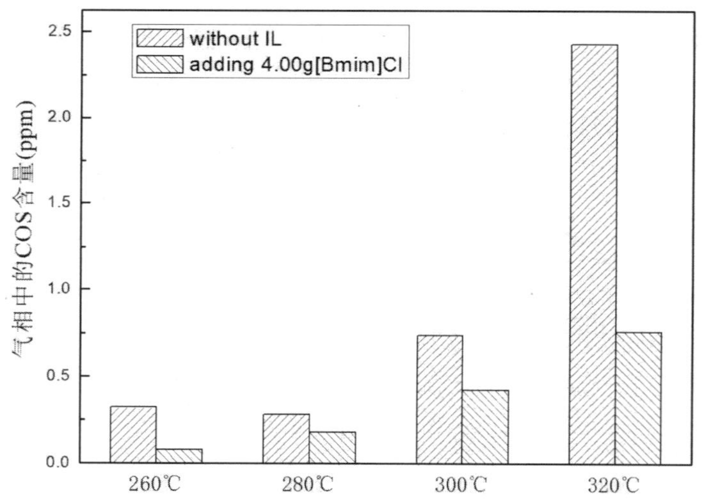

图 8-17　不同温度下小麦秸秆与煤共液化气相产物中 COS 的含量
Fig.8-17　The COS content in gas-phase products at different temperatures

图 8-17 为以亚临界水为溶剂、液化初压为 2MPa、搅拌速率为 400r/min、液化时间为 30min、小麦秸秆与煤的质量比为 3 ∶ 2（样品总量 10.00g）时，不同反应温度下小麦秸秆与煤的共液化气相产物中 COS 的含量图。由图 8-17 可知，不添加离子液体时，气相中的 COS 含量随温度升高先降低后升高；添加离子液体之后，气相中的 COS 含量随温度升高而升高。在 320℃时，不添加离子液体的情况下，气相中 COS 的含量为 2.43ppm，加入 4.00g[Bmim]Cl 之后，降至 0.76ppm。

图 8-18 为以亚临界水为溶剂、液化初压为 2MPa、搅拌速率为 400r/min、液化时间为 30min、小麦秸秆与煤的质量比为 3 ： 2（样品总量 10.00g）时，不同反应温度下小麦秸秆与煤的共液化气相产物中 H_2S 的含量图。由图 8-18 可知，不添加离子液体时，H_2S 含量随温度的升高先降低后升高，温度为 260℃和 280℃时，H_2S 含量很小，继续升高温度，H_2S 含量大幅升高，说明温度升高会促使反应生成 H_2S。添加离子液体后，H_2S 含量随温度升高而升高，在 260℃时含量为零，在 320℃时含量最高，为 3.59%。

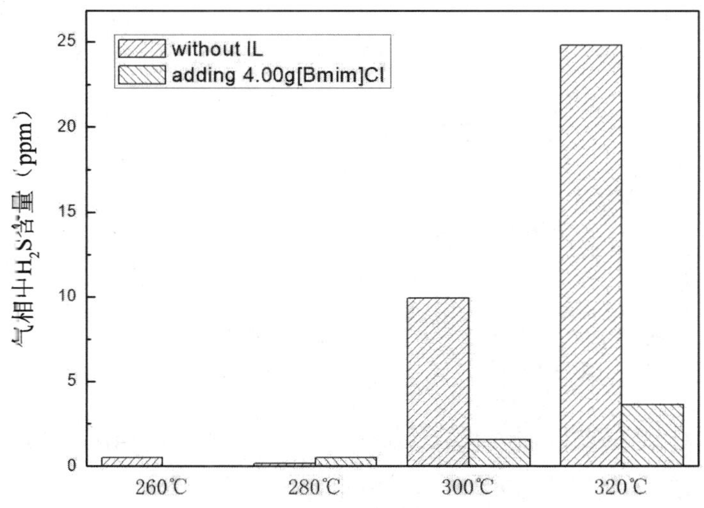

图 8-18　不同温度下小麦秸秆与煤共液化气相产物中 H_2S 的含量

Fig.8-18　The H_2S content in gas-phase products at different temperatures

8.2.2.2 不同比例下离子液体对硫变迁行为的影响

图 8-19 是以亚临界水为溶剂、液化初压为 2MPa、搅拌速率为 400r/min、反应温度为 300℃、液化时间为 30min、添加 4.00g[Bmim]Cl 时，不同比例下（样品总量为 10.00g，小麦秸秆与煤的质量比分别为 4 ： 1、3 ： 2、1 ： 1、2 ： 3、1 ： 4）小麦秸秆与煤的共液化产物中硫的分布图。由图 8-19 可知，随样品中煤比例的增加，残渣中硫的相对含量不断增加，其他产物中硫的相对含量总体上呈减小的趋势。在小麦秸秆与煤的质量比为 1 ： 4 时，原样中有 88.2% 的硫转移到残渣中。当小麦秸秆与煤的质量比为 3 ： 2 时，残渣中有机硫的相对含量最高，为 84.2%，而残渣中不存在无机硫，在其他比例下残渣中存在无机硫。

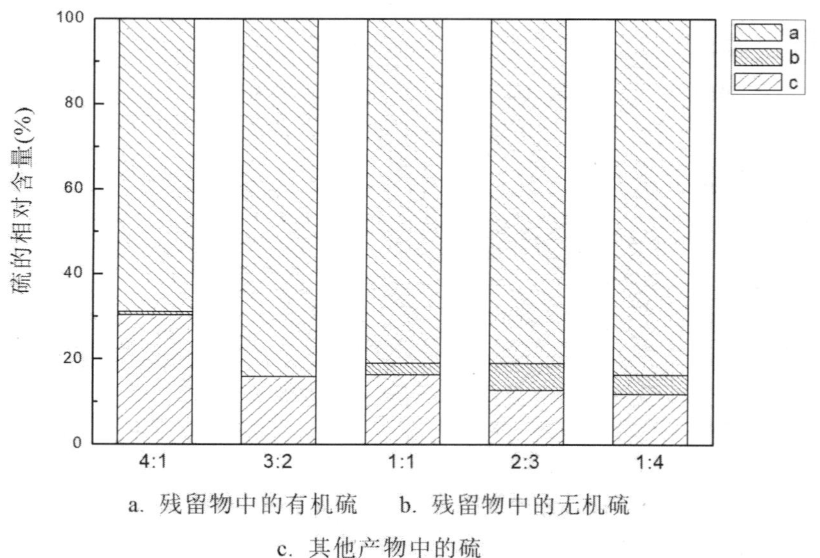

a. 残留物中的有机硫　　b. 残留物中的无机硫

c. 其他产物中的硫

图 8-19　不同比例下小麦秸秆与煤共液化产物中硫的分布

Fig.8-19　The distribution of sulfur in products at different blending ratio

图 8-20 与图 8-21 分别是以亚临界水为溶剂、液化初压为 2MPa、搅拌速率为 400r/min、反应温度为 300℃、液化时间为 30min、添加 4.00g[Bmim]Cl 时，不同比例下（样品总量为 10.00g，小麦秸秆与煤的质量比为 4 ∶ 1、3 ∶ 2、1 ∶ 1、2 ∶ 3、1 ∶ 4）小麦秸秆与煤的共液化气相产物中 COS 和 H_2S 的含量图。由图 8-20 与图 8-21 可知，当小麦秸秆与煤的质量比为 4 ∶ 1 时，气相中 COS 和 H_2S 的含量均是最高的。随样品中小麦秸秆比例减少、煤比例的增加，气相中 COS 与 H_2S 的含量大幅减少：COS 的含量由起初的 2.93ppm 降至 0.40ppm 左右；H_2S 的含量由起初的 12.72ppm 降至 2.40ppm 以下，在小麦秸秆与煤的质量比为 2 ∶ 3 时甚至为零。这可能意味着小麦秸秆中的硫更容易转移到气体中，而煤中的硫更倾向于富集在残渣和气相中。

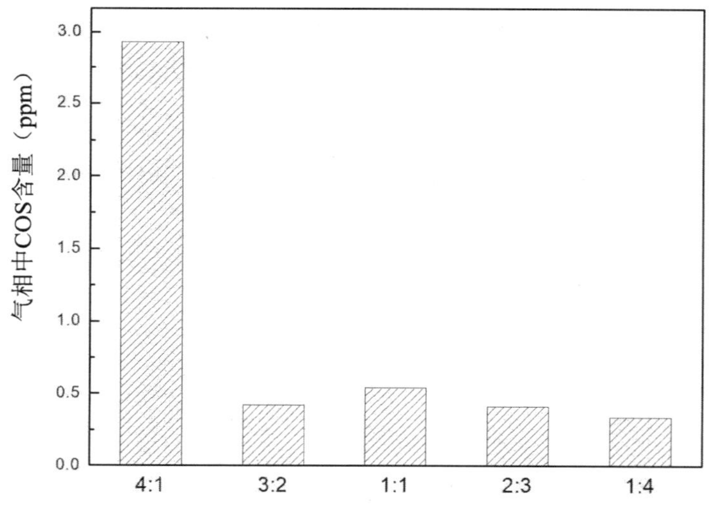

图 8-20　不同比例下小麦秸秆与煤共液化气相产物中 COS 的含量

Fig.8-20　The COS content in gas-phase products at different blending ratio

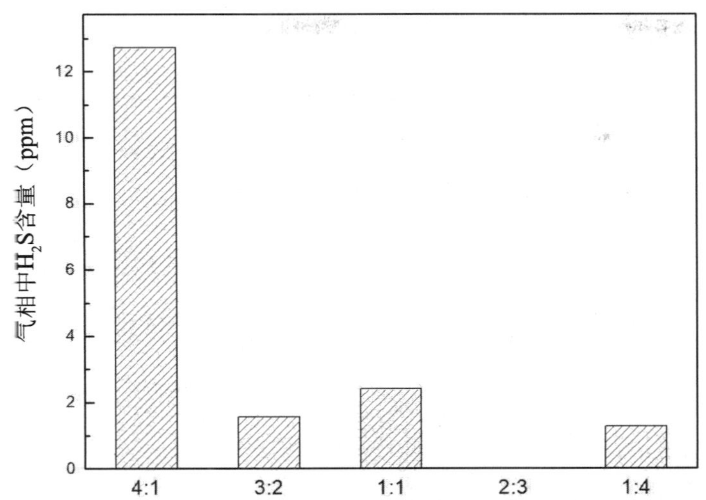

图 8-21　不同比例下小麦秸秆与煤共液化气相产物中 H_2S 的含量

Fig.8-21　The H_2S content in gas-phase products at different blending ratio

8.3　液化产物的性质分析

为了进一步探讨 1- 丁基 -3- 甲基咪唑氯盐离子液体在生物质与煤液化过程中的作用机理，我们对液化产物进行灰分测定、扫描电镜、红外光谱、程序升温脱附、^{1}H NMR 一系列分析。

8.3.1　液化残渣的性质分析

8.3.1.1　灰分含量的测定

表 8-4 是以亚临界水为溶剂、液化初压为 2MPa、搅拌速率为 400r/min、液化时间为 30min、不添加离子液体时，不同温度下小麦秸秆液化残渣的灰分含量。由表 8-4 可知，随反应温度升高，小麦秸秆液化残渣的灰分含量先升高后降低。小麦秸秆残渣在 260℃的灰分含量最低，为 5.83%，温度在 280℃、300℃时灰分含量分别升至 6.31%、6.46%，温度为 320℃时，其灰分含量降低，为 6.12%。

表 8-4　不同温度下小麦秸秆液化残渣的灰分含量

Table 8-4　The ash content of wheat straw residues at different temperatures

温度	小麦秸秆液化残渣			
	260℃	280℃	300℃	320℃
A_{ad}（wt/%）	5.83	6.31	6.46	6.12

表 8-5 是以亚临界水为溶剂、液化初压为 2MPa、搅拌速率为 400r/min、反应温度为 300℃、液化时间为 30min、添加 4.00g[Bmim]Cl 时，不同比例（质量比，总量 10.00g）下小麦

秸秆与煤共液化残渣的灰分含量。由表 8-5 可知，不同比例下的共液化残渣的灰分含量无明显规律，这是因为煤中灰分含量多、小麦秸秆灰分含量少，且共液化时两者有相互作用。

表 8-5 不同比例下小麦秸秆与煤的共液化残渣的灰分含量
Table 8-5 The ash content of co-liquefied residues at different blending ratio

混合比例	小麦秸秆与煤共液化残渣			
	小麦秸秆：煤=4 ：1	小麦秸秆：煤=1 ：1	小麦秸秆：煤=2 ：3	小麦秸秆：煤=1 ：4
Aad（wt/%）	11.79	16.13	15.42	17.37

表 8-6 是以亚临界水为溶剂、液化初压为 2MPa、搅拌速率为 400r/min、液化时间为 30min、反应温度为 300℃、小麦秸秆与煤的质量比为 3 ：2（样品总量 10.00g）时，添加不同量的离子液体情况下小麦秸秆与煤的共液化残渣的灰分含量。由表 8-6 可知，随着离子液体添加量的增大，残渣中灰分的含量越来越少。

表 8-6 添加不同量的离子液体情况下小麦秸秆与煤的共液化残渣的灰分含量
Table 8-6 The ash content of co-liquefied residues under different amounts of IL

IL 用量	小麦秸秆与煤共液化残渣		
	无添加 IL	添加 8.00g[Bmim]Cl	添加 12.00g[Bmim]Cl
A_{ad}（wt./%）	15.44	14.98	13.92

8.3.1.2 扫描电镜分析

为研究液化反应前后样品形貌，对样品及液化残渣做了扫描电镜（SEM）分析。

图 8-22 是小麦秸秆及其以亚临界水为溶剂、液化初压为 2MPa、搅拌速率为 400r/min、反应温度为 320℃、液化时间为 30min、添加 4.00g[Bmim]Cl 时所得的液化残渣的扫描电镜图。由图 8-22（a）可知，反应前的小麦秸秆粉末微观结构均匀、致密、表面光滑无孔隙，呈长棒状。由图 8-22（b）可知，液化反应之后，小麦秸秆杂乱无章，呈细颗粒状、表面比较粗糙，原先的致密结构不复存在。说明液化反应深度破坏了小麦秸秆原有的形貌。

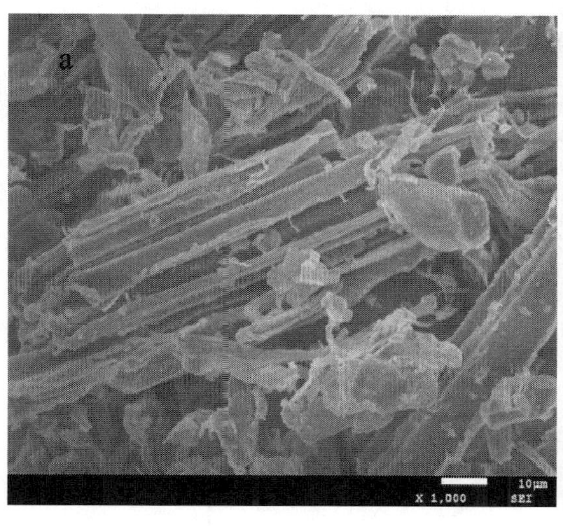

a. 小麦秸秆原样

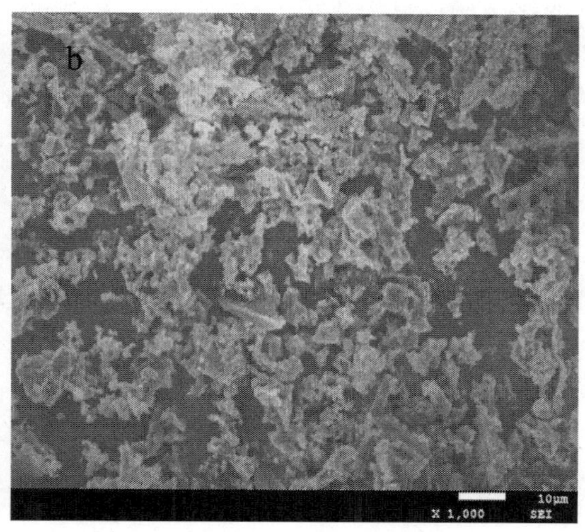

b.小麦秸秆液化残渣

图 8-22　小麦秸秆及其液化残渣的扫描电镜

Fig.8-22　SEM micrographs of wheat straw and its residue

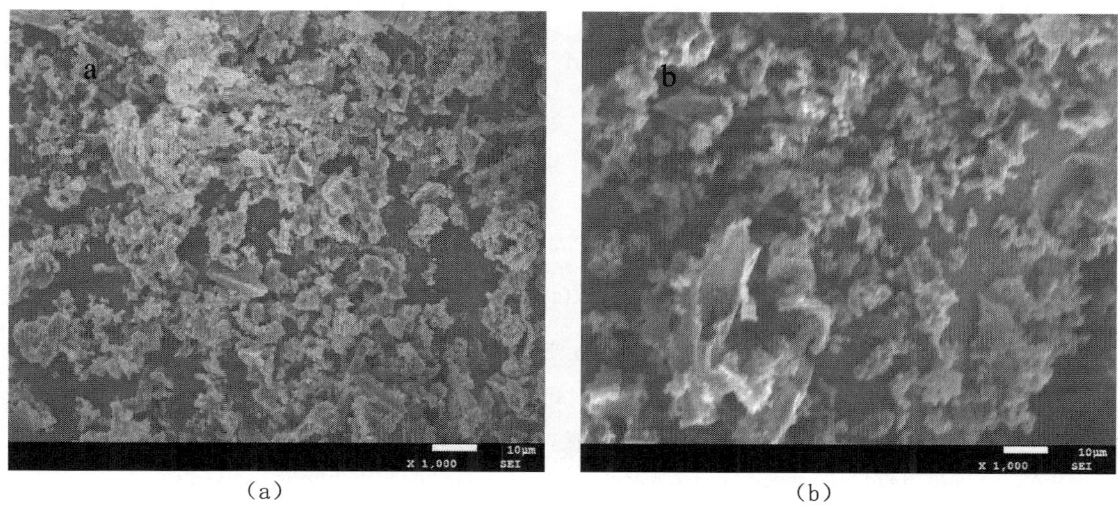

（a）　（b）

图 8-23　小麦秸秆液化残渣的扫描电镜

Fig. 8-23　SEM micrographs of wheat straw liquefied residues

图 8-23 为以亚临界水为溶剂、液化初压为 2MPa、搅拌速率为 400r/min、反应温度为 320℃、液化时间为 30min 时，添加与不添加离子液体的条件下小麦秸秆液化残渣的扫描电镜图。对比图 8-23 中的（a）、（b）两幅图可知，添加 4.00g[Bmim]Cl 之后的液化残渣颗粒比不添加离子液体时的液化残渣颗粒更细小，表明添加离子液体会使反应残渣分散、溶解。

8.3.1.3　红外光谱分析

从扫描电镜图可以明显看出反应前后样品的形貌变化，为了进一步探讨反应过程中分子间的作用及官能团的变化，对残渣做了红外光谱分析。

根据文献，将小麦秸秆与棉花籽中各官能团的峰归纳如下。在 3600 ~ 3200cm^{-1} 处是—OH

的伸缩振动峰，暗示着—OH 聚合物、水杂物的存在；在 1780 ~ 1640cm^{-1} 处为 C═O 的伸缩振动峰，意味着酮类、醛类、羧酸类物质的存在；在 1640 ~ 1400cm^{-1} 处的峰为苯环的特征峰，证实了小麦秸秆中木质素的存在；在 1200 ~ 1000cm^{-1} 处的峰为 C—O 的伸缩振动，证实存在酚类、醇类、醚类物质；900 ~ 650cm^{-1} 处是 C—H 的弯曲振动峰，意味着芳环化合物的存在。

图 8-24 为小麦秸秆与其在亚临界水、亚临界水 - 乙醇中液化残渣的红外光谱图，反应条件：液化初压为 2MPa、搅拌速率为 400r/min、反应温度为 320℃、液化时间为 30min、不添加离子液体。在 899cm^{-1} 处的峰为 ═C—H 的面外弯曲振动，是木质素存在的证据，a 中在 899cm^{-1} 处的峰很强，但反应残渣 b、c 中，此处的减弱，证明木质素参与了反应转化为其他物质。

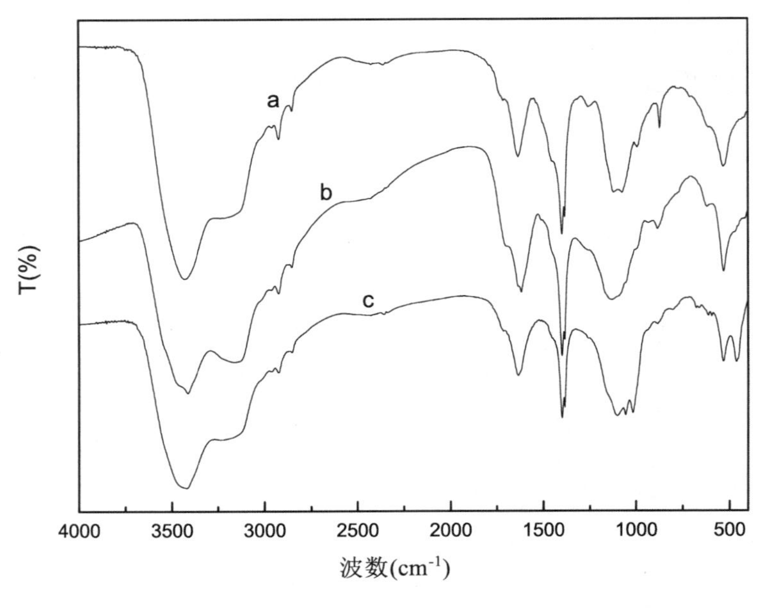

a.原小麦秸秆　　b.亚临界水中的残留物

c.亚临界水/乙醇中的残留物

图 8-24　小麦秸秆及其在不同溶剂中液化后残渣的红外光谱图

Fig. 8-24　IR spectra of the wheat straw and its residues in different solvents

图 8-25 中的 a ~ d 分别是小麦秸秆在亚临界水、添加了 4.00g[Bmim]Cl 的亚临界水、亚临界水 - 乙醇、添加了 4.00g[Bmim]Cl 的亚临界水 - 乙醇中液化残渣的红外曲线，反应条件：液化初压为 2MPa、搅拌速率为 400r/min、反应温度为 320℃、液化时间为 30min。1163cm^{-1} 处为 C—O—C 的不对称伸缩振动，是存在纤维素与半纤维素的证据，添加 4.00g[Bmim]Cl 之后，此处的峰有所加强，证明离子液体可抑制纤维素与半纤维素的转化。

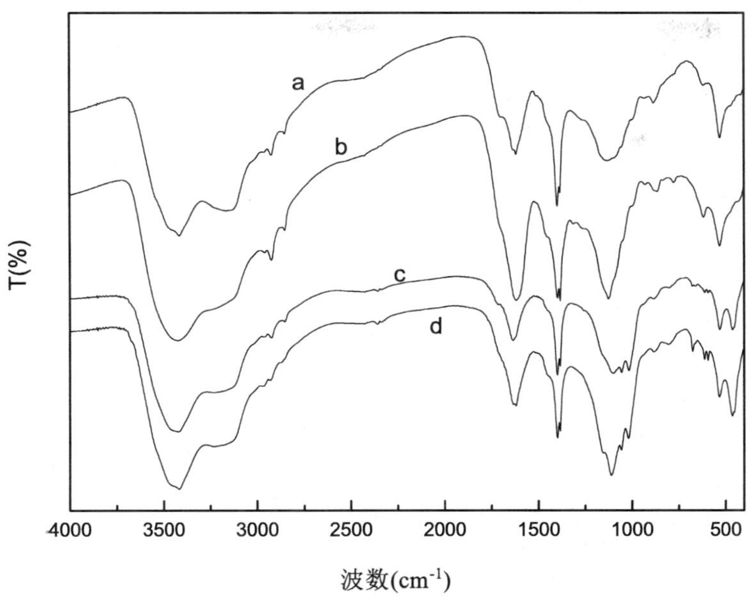

a.亚临界水中的残留物　b.亚临界水中的残留物（IL）
c.亚临界水/乙醇中的残留物　d.亚临界水/乙醇中的残留物　（IL）

图 8-25　不同条件下小麦秸秆液化残渣的红光外谱图

Fig. 8-25　IR spectra of the wheat straw residues under different conditions

图 8-26 是小麦秸秆、煤及两者在亚临界水、添加了 4.00g[Bmim]Cl 离子液体的亚临界水中共液化残渣的红外曲线. 反应条件：液化初压为 2MPa、搅拌速率为 400r/min、反应温度为 300℃、液化时间为 30min、添加离子液体 4.00g[Bmim]Cl、小麦秸秆与煤的质量比为 3 ：2（样品总量 10.00g）。其中，波数在 3350 ~ 3100cm^{-1} 范围内是属于—OH 组分的特征带，3000 ~ 2700cm^{-1} 是脂肪链中 C—H 的伸缩振动，1800 ~ 1000cm^{-1} 是含氧官能团的特征带，900 ~ 700cm^{-1} 是芳香环中 C—H 的面外变形振动的特征带。在亚临界水为溶剂的液化残渣 c 中，2860cm^{-1} 处出现明显的峰，此处是环烷烃或脂肪烃中—CH_3 的振动，这意味着反应生成了烃类。相比于原煤 b，反应残渣 c、d 中在 1460cm^{-1} 处的峰有所减弱，此处是—CH_2 和—CH_3 或无机碳酸盐的峰谱，意味着反应使原煤中无机碳酸盐转移到其他产物中或反应破坏了原煤中的—CH_2、—CH_3 官能团。

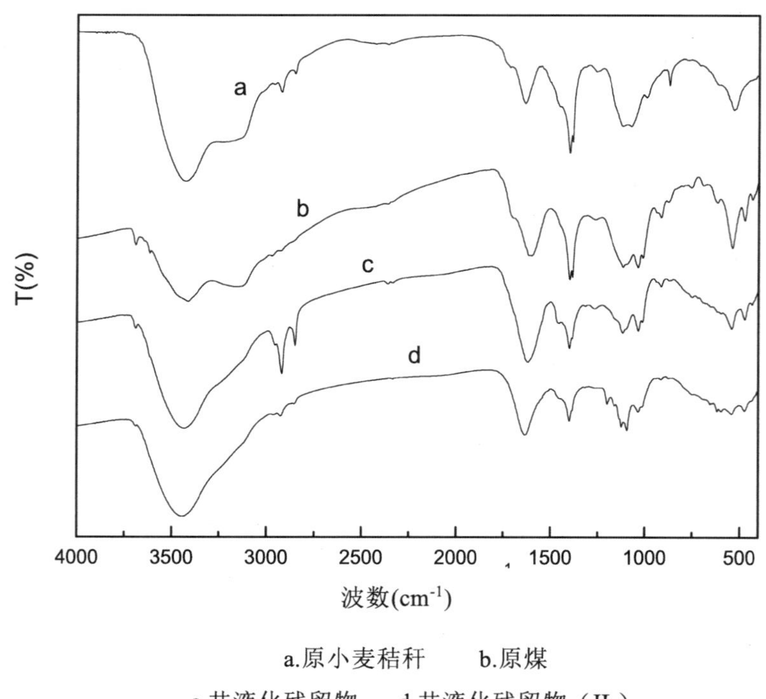

a.原小麦秸秆　　b.原煤

c.共液化残留物　　d.共液化残留物（IL）

图 8-26　小麦秸秆、煤及其共液化残渣的红外光谱图

Fig. 8-26　IR spectra of the wheat straw and coal and its co-liquefied residues

8.3.1.4　脱附性能分析

图 8-27 是小麦秸秆在亚临界水、添加了 4g[Bmim]Cl 的亚临界水、亚临界水 - 乙醇、添加了 4.00g[Bmim]Cl 的亚临界水 - 乙醇中液化残渣的脱附曲线。反应条件：液化初压为 2MPa、搅拌速率为 400r/min、反应温度为 320℃、液化时间为 30min。TCD 值的大小反映了液化残渣脱附性能的强弱，TCD 值越大，液化残渣的脱附性能越强。脱附性能的强弱又间接地反映了液化残渣吸附性能的强弱，因为残渣在吸附了气体之后才进行脱附，吸附性能强则脱附性能也强。液化残渣中的孔结构丰富，它就会有很好的吸附性能。曲线 c、d 是小麦秸秆在溶剂为亚临界水 - 乙醇中的液化残渣，曲线 a、b 是小麦秸秆在溶剂为亚临界水中的液化残渣，由图 8-27 可知，小麦秸秆在亚临界水中液化时，添加离子液体会使残渣的 TCD 信号值增大（$T > 600$℃），脱附性能增强。从图中还可以看到，在 700 ~ 800℃范围内，c、d 曲线的 TCD 信号明显低于 a、b 曲线的 TCD 信号，这表明小麦秸秆在溶剂为亚临界水 - 乙醇中的液化残渣的脱附性能小于小麦秸秆在溶剂为亚临界水中的液化残渣的脱附性能，说明小麦秸秆在溶剂为亚临界水 - 乙醇中的液化残渣的孔结构不如小麦秸秆在溶剂为亚临界水中的液化残渣的孔结构丰富，这可能是由于小麦秸秆在溶剂为亚临界水 - 乙醇中反应比其在亚临界水中的反应更剧烈，剧烈的反应堵塞了残渣的孔结构，使其脱附性能降低。

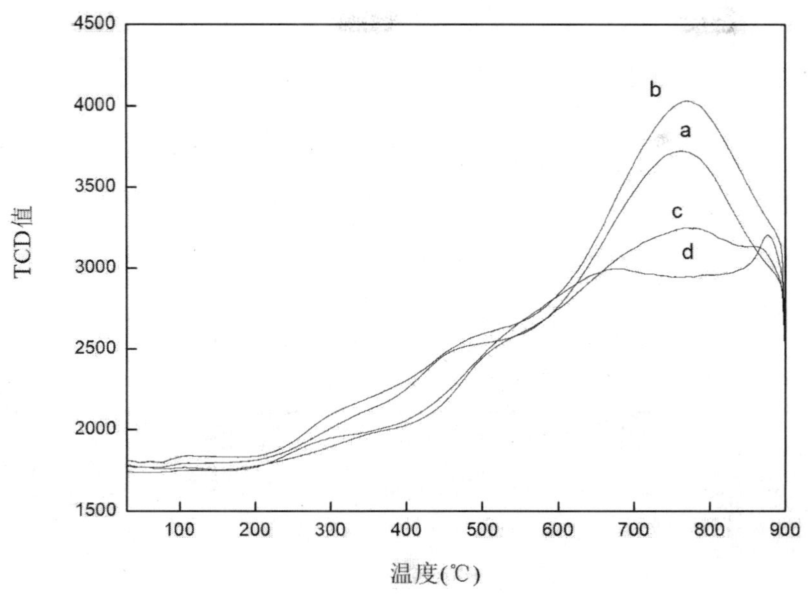

a.亚临界水中的残留物　b.亚临界水中的残留物（IL）

c.亚临界水/乙醇中的残留物　d.亚临界水/乙醇中的残留物　（IL）

图 8-27　液化残渣的脱附曲线

Fig.8-27　Desorption curves of the residues

8.3.2　液化油的性质分析

8.3.2.1　^{1}H NMR 分析

核磁共振是指处于外磁场中的物质原子核系统受到相应频率的电磁波作用时，在其磁能级之间发生的共振跃迁现象。检测电磁波被吸收的情况就可以得到核磁共振波谱。因此，就本质而言，核磁共振波谱与红外及紫外吸收光谱一样，是物质与电磁波相互作用而产生的，属于吸收光谱（波谱）范畴。根据核磁共振波谱图上共振峰的位置，强度和精细结构可以研究分子结构。借助 ^{1}H NMR 谱图，可得到液化油中有关氢原子结合情况的直接信息。根据有机化合物中各种质子在 ^{1}H NMR 谱图上化学位移（δ）的差异，^{1}H NMR 谱的区域划分如下：即 δ=6.0 ~ 9.0 处的峰为芳香氢（H_{ar}）的吸收峰；δ=0.5 ~ 4.0 处的峰为饱和氢（H_{ali}）的吸收峰：其中，δ=0.5 ~ 1.0 处的峰为芳香环 γ 位的 CH_3 基团上的氢和链烷烃端基 CH_3 基团上的氢的吸收峰；δ=1.0 ~ 2.0 处的峰为芳香环 β 位的氢和链烷烃中 CH_2 基团上的氢的吸收峰；δ=2.0 ~ 4.0 处的峰为芳香侧链的 α 氢的吸收峰。对各氢谱图分段积分，按照归一法计算百分比，结果见表 8-7 中。

表 8-7 不同条件下小麦秸秆液化油中氢的分布

Table 8-7 H distribution of the oil obtained from liquefaction under different conditions

种类	化学位移	液化油中的氢原子百分比（%）			
		I	II	III	IV
H_γ	0.5 ~ 1.0	21.09	18.24	18.55	24.88
H_β	1.0 ~ 2.0	71.21	64.87	65.12	73.41
H_α	2.0 ~ 4.0	5.53	15.45	15.47	1.51
H_{ali}	0.5 ~ 4.0	97.83	98.56	99.14	99.80
H_{ar}	6.0 ~ 9.0	2.17	1.44	0.86	0.20

注：Ⅰ的条件：亚临界水为溶剂不添加离子液体 Ⅱ的条件：亚临界水为溶剂添加离子液体；Ⅲ的条件：亚临界水－乙醇为溶剂不添加离子液体；Ⅳ的条件：亚临界水－乙醇为溶剂添加离子液体。

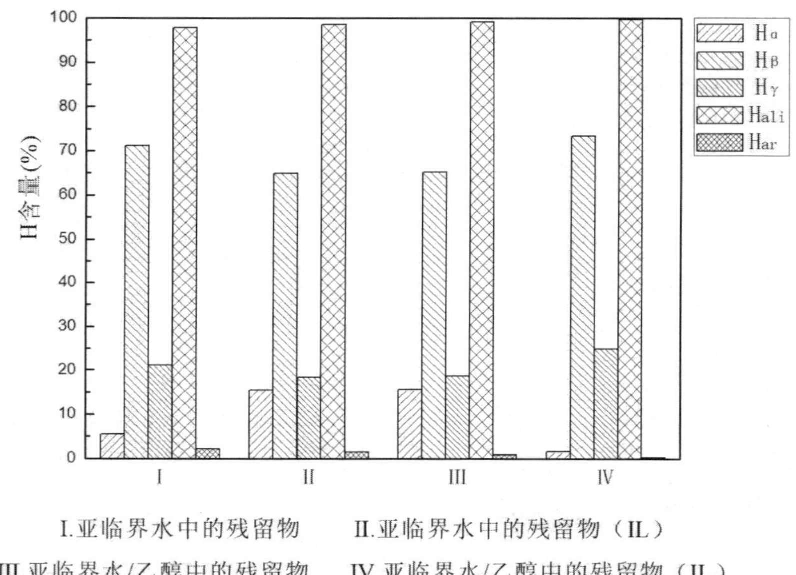

I.亚临界水中的残留物　II.亚临界水中的残留物（IL）

III.亚临界水/乙醇中的残留物　IV.亚临界水/乙醇中的残留物（IL）

图 8-28 不同条件下小麦秸秆液化油中氢分布的影响

Fig.8-28 Effect on the H distribution of the liquefied oil obtained under different conditions

图 8-28 中Ⅰ、Ⅱ、Ⅲ、Ⅳ分别是在亚临界水、添加了 4.00g[Bmim]Cl 的亚临界水、亚临界水－乙醇、添加了 4.00g[Bmim]Cl 的亚临界水－乙醇中小麦秸秆液化油脂肪氢和芳香氢的变化趋势。反应条件：液化初压为 2MPa、搅拌速率为 400r/min、反应温度为 320℃、液化时间为 30min。由图 8-28 可知，脂肪氢在以亚临界水为溶剂获得的液化油（Ⅰ、Ⅱ）中的含量低于以亚临界水－乙醇为溶剂获得的液化油（Ⅲ、Ⅳ）中的含量，其在添加了 4.00g[Bmim]Cl 的溶剂（Ⅱ、Ⅳ）中获得的液化油的含量高于不添加离子液体的溶剂（Ⅰ、Ⅲ）中获得的液化油的含量；液化油中芳香氢的含量与此规律相反。芳香氢侧链热解断裂、芳环加氢开环会使更多的芳香氢转变为脂肪氢。在所有条件中，H_β 的含量均是最高的，H_γ 次之，H_α 的含量紧随 H_γ 之后，H_{ar} 的

含量最小。液化油中脂肪氢的含量在 97.83% ~ 99.80% 范围内，芳香氢的含量仅在 0.20% ~ 2.17% 范围内波动。由此可见，液化油中的氢绝大多数以脂肪氢的形式存在。

8.3.2.2　红外光谱分析

依据相关文献，将液化油中各种官能团的分布信息归纳如下：波数在 3500 ~ 3150cm^{-1} 的区段为—OH 的伸缩振动；3095 ~ 2885cm^{-1} 是芳香环的伸缩振动峰；3000 ~ 2800cm^{-1} 范围内的是 C—H 的伸缩振动，其中 2955 ~ 2885cm^{-1} 是脂肪族化合物中甲基与亚甲基上 C—H 的不对称伸缩振动，2885 ~ 2845cm^{-1} 是脂肪族化合物中甲基与亚甲基上 C—H 的对称振动；1750 ~ 1650cm^{-1} 是属于 C═O 的特征峰，象征着醛类、酸类以及酮类物质的存在；1700 ~ 1400cm^{-1} 区域内是属于 C═C 双键的伸缩振动峰，其中 1675 ~ 1575cm^{-1} 是属于芳香烃或烯烃中 C═C 双键的伸缩振动；1389 ~ 1374cm^{-1} 是脂肪族化合物中甲基上 C—H 的对称弯曲振动；1300 ~ 900cm^{-1} 是酚类化合物中 O—H 的变形振动或 C—O 的伸缩振动；900 ~ 600cm^{-1} 范围内的峰是存在单环、多环及取代芳香烃的有力证据。

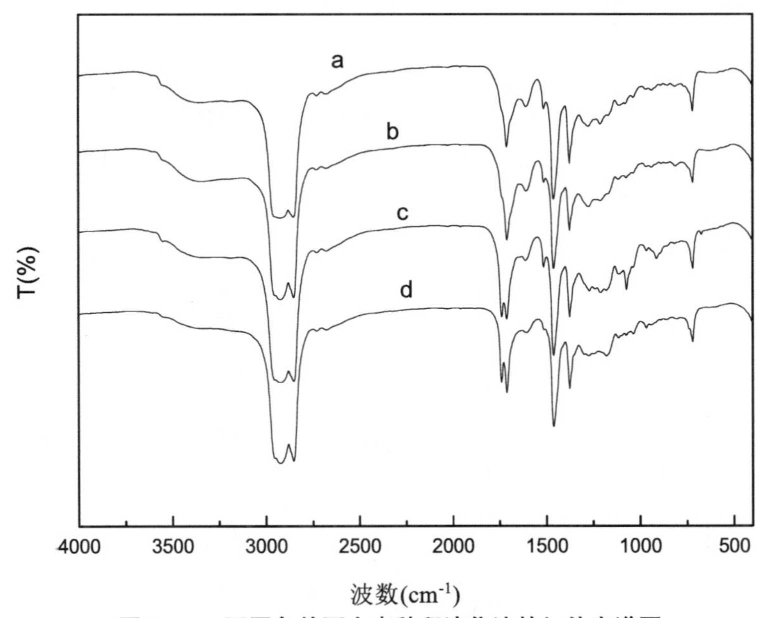

图 8-29　不同条件下小麦秸秆液化油的红外光谱图

Fig.8-29　IR spectra of the wheat straw liquefied oil under different conditions

图 8-29 中 a ~ d 分别是小麦秸秆在亚临界水、添加了 4g[Bmim]Cl 的亚临界水、亚临界水 - 乙醇、添加了 4.00g[Bmim]Cl 的亚临界水 - 乙醇中液化油的红外曲线。反应条件：液化初压为 2MPa、搅拌速率为 400r/min、反应温度为 320℃、液化时间为 30min。波数为 1705cm^{-1} 是 C═O 的伸缩振动峰，亚临界水与乙醇体系下的液化油在此出现了峰的分裂，而亚临界水中的液化油在此处只有单一峰。不添加离子液体、亚临界水与乙醇条件下，图 8-29 中 c 在波数为 1074cm^{-1} 处有一个较为明显的峰出现，其他条件下没有出现。

图 8-30 是溶剂为亚临界水、液化初压为 2MPa、搅拌速率为 400r/min、反应温度为 320℃、液化时间为 30min、添加与不添加离子液体时棉花籽液化油的红外光谱图。添加 4.00g[Bmim]

Cl 使得液化油在波数为 1100cm^{-1} 的峰增强，这或许表明添加 4.00g[Bmim]Cl 会使液化油中酚类化合物含量增加。此外，添加 4.00g[Bmim]Cl 使得液化油在波数为 717cm^{-1} 处峰有所减弱。

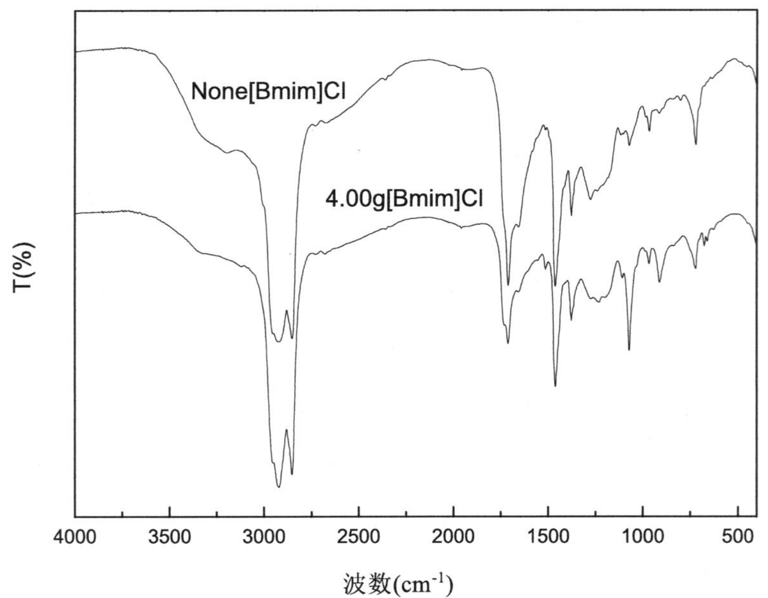

图 8-30 棉花籽液化油的红外光谱图

Fig.8-30 IR spectra of the cotton seed liquefied oil

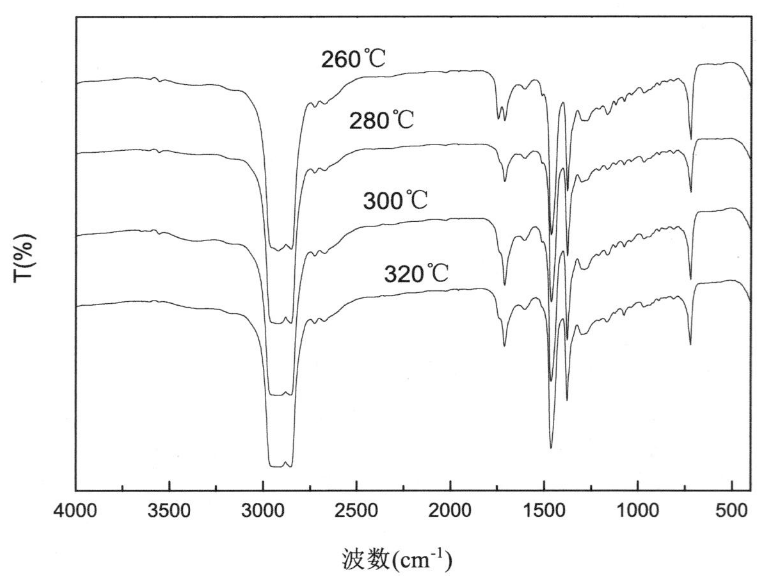

图 8-31 不同温度下添加离子液体时小麦秸秆与煤共液化油的红外光谱图

Fig.8-31 IR spectra of co-liquefied oil at different temperatures

图 8-31 是小麦秸秆与煤的质量比为 3 ： 2（样品总量 10.00g）、添加 4.00g[Bmim]Cl、液化初压为 2MPa、搅拌速率为 400r/min、液化时间为 30min 时，不同温度下小麦秸秆与煤共液化油的红外光谱图。在反应温度为 260℃时，波数为 1708cm^{-1} 处出现了峰的分裂，这在其他温度下没有出现。

图 8-32 是小麦秸秆与煤的质量比为 3 ∶ 2（样品总量 10.00g）、反应温度为 300℃、液化初压为 2MPa、搅拌速率为 400r/min、液化时间为 30min、添加不同量离子液体时小麦秸秆与煤共液化油的红外光谱图，由图可知，添加离子液体之后，原本处于波数为 1519cm^{-1} 的峰消失不见。共液化油在波数为 1500 ~ 1250cm^{-1} 附近的峰明显多于小麦秸秆液化油或棉花籽液化油在此处的峰，此处为芳香结构的骨架振动，这表明，共液化油中含有大量的芳香类物质。

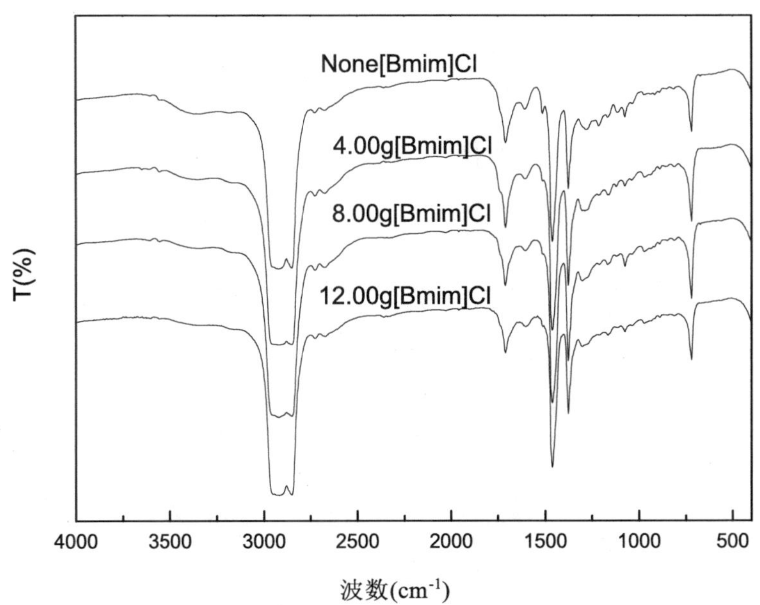

图 8-32　不同量离子液体下小麦秸秆与煤共液化油的红外谱图
Fig.8-32　IR spectra of co-liquefied oil under different amount of IL

8.3.2.3　四氢呋喃可溶组分的性质分析

图 8-33 是小麦秸秆液化产物中四氢呋喃可溶组分的红外光谱图，a ~ d 分别是亚临界水、添加了 4.00g[Bmim]Cl 的亚临界水、亚临界水 - 乙醇、添加了 4.00g[Bmim]Cl 的亚临界水 - 乙醇中四氢呋喃可溶组分的红外曲线。反应条件：液化初压为 2MPa、反应温度为 320℃、搅拌速率为 400r/min、液化时间为 30min。波数在 3600 ~ 3200cm^{-1} 处是—OH 的伸缩振动峰，暗示着—OH 聚合物、水杂物的存在。在 1700 ~ 1400cm^{-1} 区域内是属于 C═C 双键的伸缩振动峰；在 1300-900cm^{-1} 是酚类化合物中 O—H 的变形振动或 C—O 的伸缩振动。b、d 曲线中，在波数为 3000 ~ 2800cm^{-1} 范围内出现了较为明显的峰，此处是属于烷烃中 C—H 伸缩振动的特征峰，这表明添加离子液体之后，四氢呋喃可溶组分中出现了烷烃类物质，而不添加离子液体无烷烃出现或烷烃含量较少。d 曲线在波数为 1468cm^{-1} 处出现了一个较强的峰，此处是取代苯类物质中环形骨架上 C═C 振动的特征峰，表明四氢呋喃可溶物中出现了取代苯。

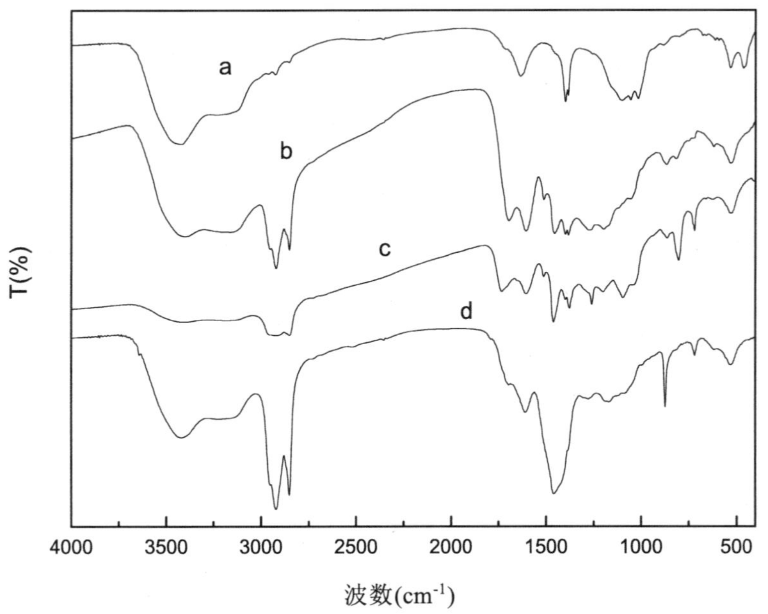

图 8-33　不同条件下小麦秸秆液化产物中四氢呋喃可溶组分的红外谱图

Fig.8-33　IR spectra of THFSF of the wheat straw under different conditions

图 8-34 是溶剂为亚临界水、液化初压为 2MPa、搅拌速率为 400r/min、反应温度为 320℃、液化时间为 30min、添加与不添加离子液体时棉花籽液化产物中四氢呋喃可溶组分的红外光谱图。由图可知，添加离子液体之后，四氢呋喃可溶组分在波数为 3000 ~ 2800cm^{-1} 范围内的峰明显增强，此处是烷烃中 C—H 伸缩振动的特征峰，这表明添加 4.00g[Bmim]Cl 会提高四氢呋喃可溶组分中出烷烃类物质的含量。添加 4.00g[Bmim]Cl 之后，原本出现在波数为 1696cm^{-1} 处的峰有向低波数转移的趋势。

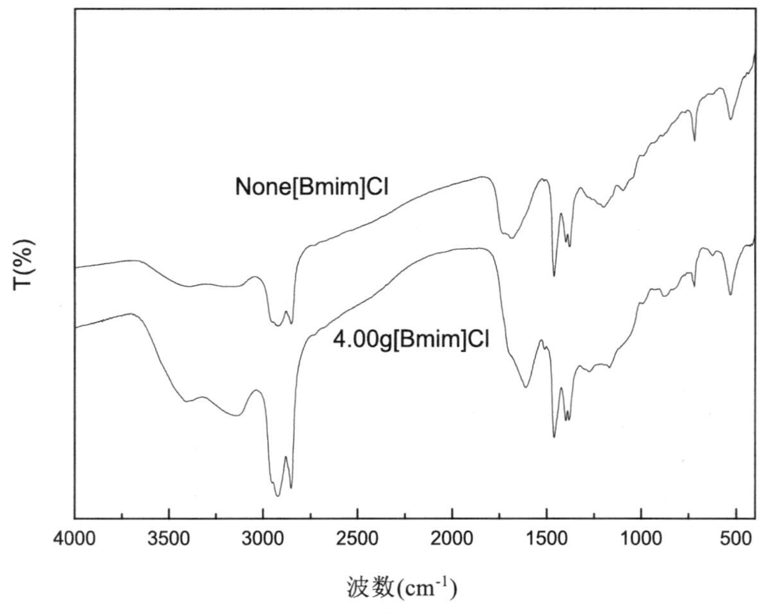

图 8-34　添加与不添加离子液体下棉花籽液化产物中四氢呋喃可溶组分的红外光谱图

Fig.8-34　IR spectra of THFSF of the cotton seed under different amounts of IL

8.4 小结

（1）当以亚临界水为溶剂、液化初压为 2MPa、搅拌速率为 400r/min、液化时间为 30min、小麦秸秆与煤的质量比为 3 ：2（样品总量 10.00g）时，液化产物中油收率随温度升高先降低后升高，正己完不溶组分的收率、气体收率以及总转化率随温度的升高先升高后降低；添加 4.00g[Bmim]Cl 之后，油收率、正己烷不溶组分的收率以及四氢呋喃可溶组分的收率随温度的升高先升高后降低，气体收率随温度的升高先降低后升高；与不添加离子液体相比，添加 4.00g[Bmim]Cl 会降低正己烷不溶组分的收率，但可以提高气体收率与总转化率。

（2）当以亚临界水为溶剂、液化初压为 2MPa、搅拌速率为 400r/min、反应温度为 300℃、液化时间为 30min、添加 4.00g[Bmim]Cl 时，随样品中小麦秸秆比例的减少，油收率、正己烷不溶组分的收率、四氢呋喃可溶组分的收率、气体收率与总转化率均呈下降趋势。

（3）当以亚临界水为溶剂、液化初压为 2MPa、搅拌速率为 400r/min、液化时间为 30min、小麦秸秆与煤的质量比为 3 ：2（样品总量 10.00g）时，残渣中有机硫的相对含量随温度的升高先降低后升高，其他产物中硫的相对含量随温度升高先升高后降低；添加 4.00g[Bmim]Cl 之后，残渣中有机硫的相对含量随温度的升高而增加；在考察的温度范围内，与不添加离子液体相比，添加 4.00g[Bmim]Cl 会使残渣中有机硫的相对含量减少。

（4）当以亚临界水为溶剂、液化初压为 2MPa、搅拌速率为 400r/min、液化时间为 30min、小麦秸秆与煤的质量比为 3 ：2（样品总量 10.00g）时，气相中的 COS、H_2S 含量随温度升高先降低后升高，添加 4.00g[Bmim]Cl 之后气相中的 COS、H_2S 含量随温度升高而升高；与不添加离子液体相比，添加 4.00g[Bmim]Cl 可降低气相中 COS 的含量，温度越高效果越明显；在 280℃时，与不添加离子液体相比，添加 4.00g[Bmim]Cl 之后 H_2S 的含量升高，而在其他温度时，添加 4.00g[Bmim]Cl 之后 H_2S 的含量均降低。

（5）当以亚临界水为溶剂、液化初压为 2MPa、搅拌速率为 400r/min、反应温度为 300℃、液化时间为 30min、添加 4.00g[Bmim]Cl 时，随样品中煤比例的增加，残渣中硫的相对含量总体上不断增加，其他产物中硫的相对含量总体上呈减小的趋势；当小麦秸秆与煤的质量比为 4 ：1 时，气相产物中 COS、H_2S 含量最高。

第 9 章 生物质、煤与废塑料三者共液化

生物质和废塑料是城市固体废弃物的主要成分。目前，我国每年有大量生物质和废塑料产生，并且每年产生的数量都在增加，对它们的降解处理是治理环境的难点之一。目前的主要处理方法是焚烧或者物理掩埋，但是这并不能彻底解决环境问题。废弃生物质与废塑料都富含氢元素，可以为煤液化供氢，可以在一定程度上降低液化成本。因此，研究亚临界水中煤、生物质和废塑料的共液化特性具有重要的现实与理论意义。本章将探究不同溶剂、比例、液化温度、液化时间、液化压力及不同添加剂等条件下金沟褐煤、小麦秸秆和废塑料（PET）三者共液化情况。

9.1 煤、生物质与废塑料三者在不同溶剂中共液化

本文选用金沟褐煤（JG）、临汾小麦秸秆（WS）和废塑料——聚对苯二甲酸乙二醇酯（PET）作为实验原料。将金沟褐煤、小麦秸秆和废塑料首先进行粉碎、研磨及筛分，然后选取 80 目以下的样品进行液化实验。实验样品的工业分析和元素分析见表 9-1 和表 9-2，金沟褐煤的形态硫分析见表 9-3。

表 9-1 样品的工业分析

Table9-1 The proximate analysis of the samples

样品	工业分析（wt%）				
	M_{ad}	A_{ad}	V_{ad}	V_{daf}	FC_{ad}
金沟褐煤	11.70	25.75	22.45	32.43	7.67
小麦秸秆	7.94	5.33	24.05	27.73	34.95
PET	0.14	0.04	90.8	90.96	9.02

表 9-2 样品的元素分析
Table 9-2 The ultimate analysis of the sample

样品	元素分析（wt%，ad）				
	C	H	O*	N	S
金沟褐煤	49.66	3.06	43.58	0.83	2.87
小麦秸秆	40.48	5.60	52.93	0.85	0.23
PET	61.88	4.29	33.76	0.03	0.04

注：* 差减法。

表 9-3 金沟褐煤的形态硫分析
Table 9-3 Forms of sulfur in JG coal

样品	$S_{t,ad}$（%）	$S_{i,ad}$（%）	$S_{o,ad}$（%）
金沟褐煤	2.87	0.13	2.74

9.1.1 不同混合物比例下煤、生物质与废塑料三者共液化

图 9-1 是金沟褐煤、小麦秸秆、废塑料三者分别单独在亚临界水中液化时液化产物分布图，此时的液化温度为 300℃，液化压力为 2MPa，液化时间为 30min，无任何添加剂。其中 JG 代表金沟褐煤；WS 代临汾小麦秸秆；PET 代表废塑料——聚对苯二甲酸乙二醇酯。从图中可以看出，在相同液化条件下，小麦秸秆最容易液化，液化总转化率为 79.2%，废塑料次之，液化总转化率为 44.3%，煤最难液化，液化总转化率为 13.1%。其中小麦秸秆、废塑料、金沟褐煤的油产率依次降低，分别为 17.4%、9.1% 和 6.7%；沥青烯产率依次降低，分别为 25.2%、2.7% 和 1.7%；气体产率依次降低，分别为 24.3%、10.7% 和 0.3%。废塑料的最高，为 21.8%，生物质的前沥青烯产率为 12.3%，金沟褐煤的前沥青烯产率最低，为 4.4%。

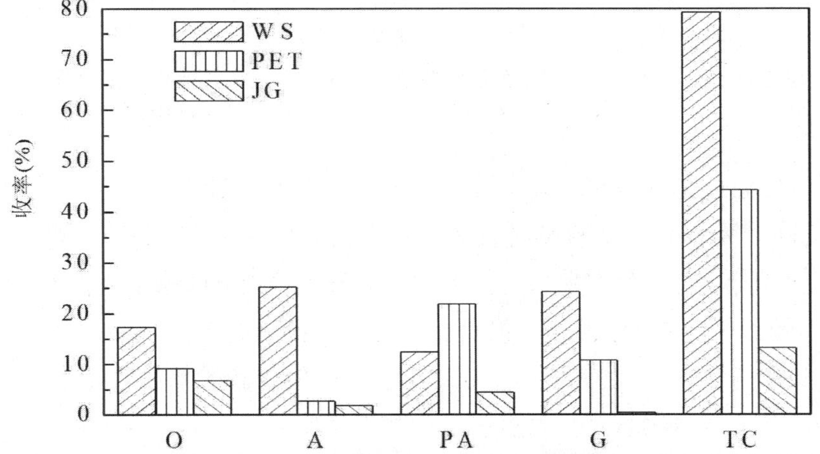

图 9-1 金沟褐煤、小麦秸秆和废塑料在亚临界水中单独液化的液化产物的分布
Fig.9-1 The distribution of products during individual liquefaction

图 9-2 是金沟褐煤、小麦秸秆和废塑料以不同比例在亚临界水中共液化产物的分布图，此时的液化温度为 300℃，液化压力为 2MPa，液化时间为 30min，无任何添加剂。由图 9-2 可知金沟褐煤与废塑料以 1 ∶ 1 的比例共液化时的总转化率为 39.6%，金沟褐煤与小麦秸秆以 1 ∶ 1 的比例共液化时总转化率为 39.3%，相差不大；当金沟褐煤、小麦秸秆和废塑料三者共液化的比例为 5 ∶ 1 ∶ 4 时液化总转化率为 51.4%；当三者液化比例为 5 ∶ 2 ∶ 3（JG ∶ WS ∶ PET）时，总转化率为 50.6%；当三者共液化比例为 5 ∶ 2.5 ∶ 2.5（JG ∶ WS ∶ PET）时总转化率为 47.5%；当三者比例为 5 ∶ 4 ∶ 1（JG ∶ WS ∶ PET）时共液化转化率为 46.8%，均高于两者共液化总转率。这说明与两者共液化相比，三者共液化具有较高的总转化率，能更有效地利用转化各组分。当金沟褐煤、小麦秸秆和废塑料三者共液化时，随着混合物中小麦秸秆含量从 10% 增加到 40%，沥青烯产率从 1.1% 增加到 3.6%，呈现增加的趋势；液化的总转化率和前沥青烯产率都降低，即当三者液化比例为 5 ∶ 1 ∶ 4（JG ∶ WS ∶ PET）时液化总转化率和前沥青烯产率最高，分别为 51.4% 和 37.9%；当三者液化比例为 5 ∶ 4 ∶ 1（JG ∶ WS ∶ PET）时液化总转化率和前沥青烯产率最低，分别为 46.8% 和 20.7%；当三者液化比例为 5 ∶ 4 ∶ 1（JG ∶ WS ∶ PET）时，油产率 13.8% 和气体产率 8.7%，均为最高；而当三者液化比例为 5 ∶ 2.5 ∶ 2.5（JG ∶ WS ∶ PET）时，气体产率最低，为 2.7%；当三者液化比例为 5 ∶ 1 ∶ 4（JG ∶ WS ∶ PET）时，油产率最低，为 7%。

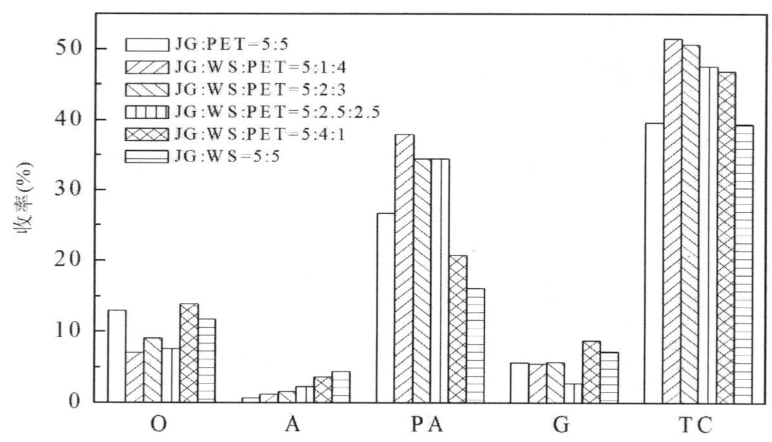

图 9-2　金沟褐煤、小麦秸秆和废塑料不同比例下三者共液化产物的分布

Fig.9-2　The distribution of products at different mixture ratio during co-liquefaction

图 9-3 是当液化温度为 300℃，液化压力为 2MPa，液化时间为 30min，在亚临界水中不同比例的金沟褐煤、小麦秸秆和废塑料三者共液化时实验值（Exp）与理论值（Cal）的差值（Exp—Cal）。其中实验值（Exp）是指金沟褐煤、小麦秸秆和 PET 共液化时所得到的实际液化产品产率；理论值（Cal）：假设三者共液化过程中没有相互作用，三者共液化的液化产品产率理论上等于金沟褐煤、小麦秸秆和 PET 三者单独液化时的加权平均值。实验值与理论值的差值是判断金沟褐煤、小麦秸秆和 PET 共液化时是否具有相互作用的依据。当实验值与理论值的差值为正值时，说明金沟褐煤、小麦秸秆和 PET 共液化时具有协同作用；当实验值与理论值的差值为负值时，说明金沟褐煤、小麦秸秆和 PET 共液化时三者互相抑制彼此发生液化反应；当实验值与理论值

的差值为零时，说明三者没有相互作用。由图可知，在金沟褐煤、小麦秸秆和废塑料三者共液化过程中，随着混合物中小麦秸秆含量从 10% 增加到 40% 时，总转化率的协同作用逐渐减弱，即当金沟褐煤、小麦秸秆和 PET 的比例为 5 ： 4 ： 1 时，总转化率的协同作用最弱，但此时油产率的协同作用最强；而金沟褐煤与小麦秸秆两者在该条件下共液化时，它们互相抑制彼此发生液化，没有协同作用。另外，结合图 9-2 和图 9-3 可知，相同条件下金沟褐煤与废塑料两者共液化虽然具有协同作用，但是总转化率远低于三者共液化时的转化率，油产率也低于当金沟褐煤、小麦秸秆和 PET 比例为 5 ： 4 ： 1 时液化的油产率。

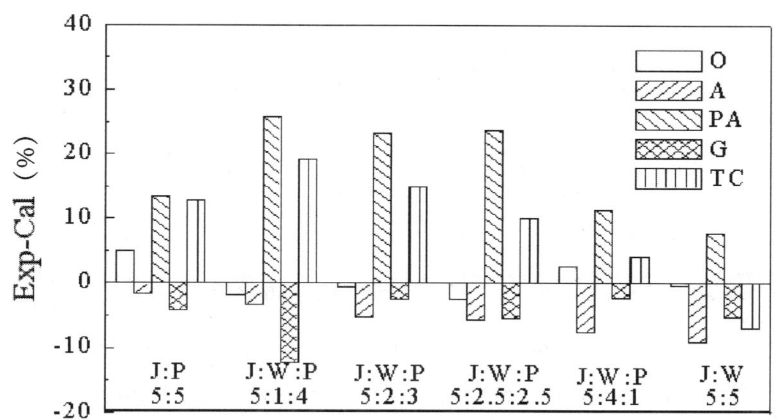

图 9-3 金沟褐煤、小麦秸秆和废塑料不同比例共液化时液化产物实验值与理论值的差值

Fig.9-3 （Exp—Cal）differences of liquefied product yields from the co-liquefaction of Jingou coal, wheat straw and PET at different coal/wheat straw/PET blenging ratios

综上所述，与两者共液化相比，金沟褐煤、小麦秸秆和废塑料三者在亚临界水中共液化时总转化率更高；三者在亚临界水中共液化时存在协同作用，而且当金沟褐煤、小麦秸秆和废塑料三者比例为 5 ： 4 ： 1 时，液化的油产率最高。

9.1.2 不同温度下煤、生物质与废塑料三者共液化

9.1.2.1 不同温度下无添加剂时煤、生物质与废塑料三者共液化

图 9-4 是溶剂为亚临界水，初始压力为 2MPa，液化时间为 30min，且煤、生物质与废塑料三者比例为 5 ： 4 ： 1 时不同液化温度下三者共液化产物分布。由图 9-4 可知，当温度从 260℃升至 320℃时，三者共液化的总转化率呈现先增加后减少的趋势，在 300℃时转化率最高，为 46.4%；随着液化温度的升高，沥青烯和气体的产率都增加，在 260℃时沥青烯和气体的产率分别为 3.3% 和 5.3%，在 320℃时又分别为 4.5% 和 10.7%。三者共液化油产率在 280℃时则呈现一个最低值，为 9.7%，后随温度增加而增加，在 320℃时最高，为 14.7%。三者共液化当温度由 260℃升至 280℃时，前沥青烯产率升高至最大值，为 21.1%，后随着温度继续升高到 320℃时，前沥青烯产率降低，且在 320℃时最小，为 12.6%。

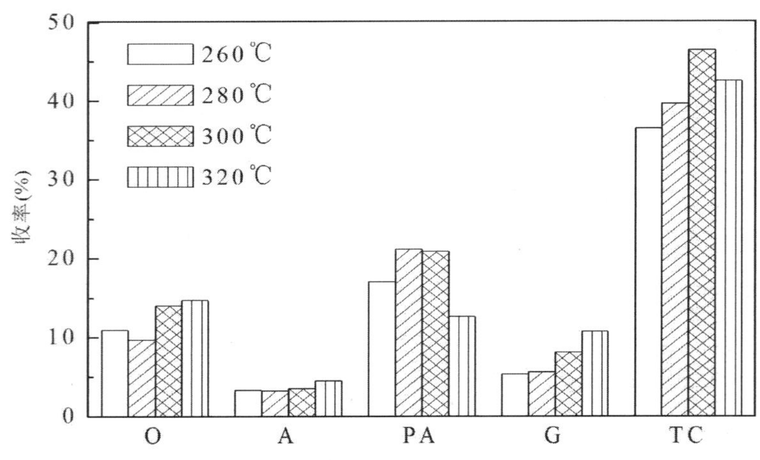

图 9-4　不同温度下无添加剂时三者共液化产物的分布

Fig.9-4　The distribution of products at different temperature during co-liquefaction

9.1.2.2　不同温度下有添加剂时煤、生物质与废塑料三者共液化

图9-5是初始压力为2MPa，液化时间为30min，煤、生物质与废塑料三者比例为5 ∶ 4 ∶ 1时，以亚临界水为溶剂，以 Fe_2O_3（0.3g）+ S（0.12g）为添加剂时不同温度下煤、生物质与废塑料三者共液化产物分布图。当以 Fe_2O_3+S 为添加剂时，随着温度由260℃升至320℃，三者共液化的总转化率逐渐增大，并且油产率和气体产率也逐渐增加，当温度为260℃时，总转化率为36.27%，油产率为6.04%，气体产率为12.18%；当温度为320℃时总转化率为45.29%，油产率为10.65%，气体产率为21.20%；而沥青烯产率随着温度的升高逐渐降低，当温度为260℃时为3.35%，温度为320℃时为1.53%；当温度由260℃升高至300℃时，前沥青烯产率降至最低，为11.32%，后随温度升高而升高。

图9-6是液化初始压力为2MPa，液化时间为30min，煤、生物质与废塑料三者比例为5 ∶ 4 ∶ 1时，以亚临界水为溶剂，以电气石（0.3g）为添加剂时不同液化温度下煤、生物质与废塑料三者共液化产物分布图。由图9-6可知，当添加电气石时，随着温度的升高，液化总转化率先增加后减少，在300℃时达到最高的转化率为43.57%，与沥青烯的变化规律一致，沥青烯的最高产率为3.36%。当液化温度升高时，液化所产生的油产率降低，在260℃时，油产率最高，为14%，320℃时，油产率最低，为8.06%，由此可知，添加电气石时，低温更有利于油的产生。随着温度的升高，气体产率增加，260℃时产率最低为4.35%，320℃时气体产率最高，为12.9%；前沥青烯产率先减小后增大，280℃时最小，为12.03%。从图9-5与图9-6可知，当温度升高时，电气石对液化反应的影响与传统的催化剂不同，添加电气石时，低温有利于油产率的提高。由于电气石具有永久的自发极化效应，而且其周围存在静电场，因此电气石具有发送远红外线、释放负离子、电磁屏蔽和水处理等优良的特性。在电气石周围的电场作用下，水分子可以发生电解，形成活性分子 H_3O^+，提高了水的界面活性，因此电气石在低温时可以提高油产率。

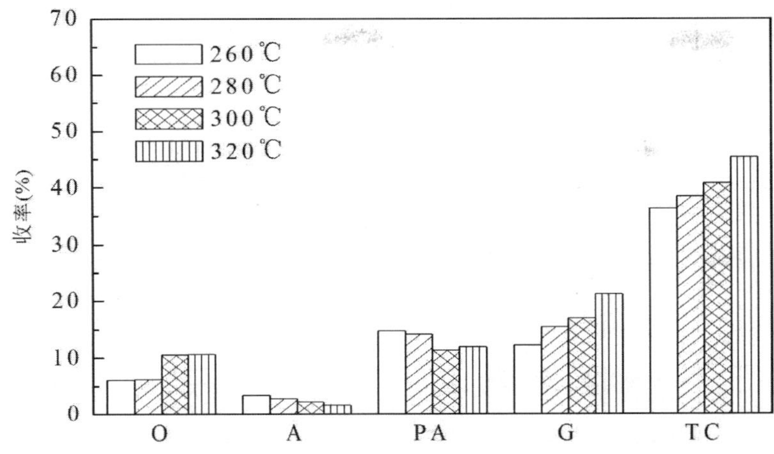

图 9-5　不同温度下添加 Fe_2O_3+S 时三者共液化产物的分布

Fig.9-5　The distribution of product at different temperatures when adding Fe_2O_3+S

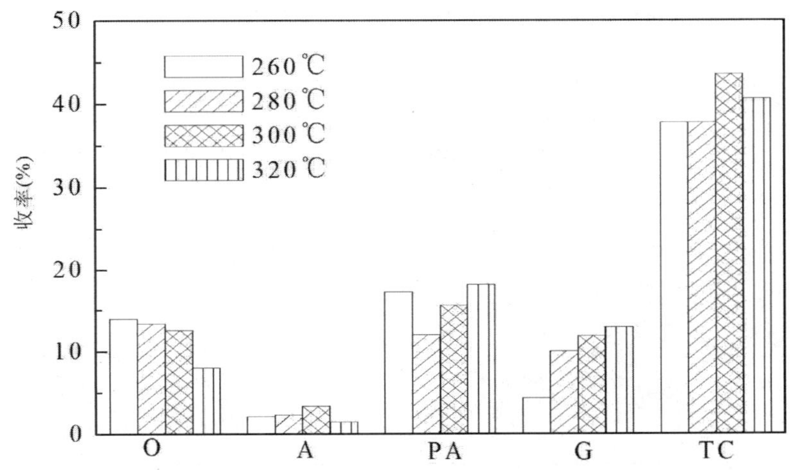

图 9-6　不同温度下添加电气石时三者共液化产物的分布

Fig.9-6　The distribution of product at different temperatures when adding tourmaline

9.1.2.3　不同液化初压（氮气）时煤、生物质与废塑料三者共液化

图 9-7 为液化温度为 300℃，液化时间为 30min，煤、生物质与废塑料三者比例为 5 ∶ 4 ∶ 1，以亚临界水为溶剂，不同液化初压时煤、生物质与废塑料三者共液化产物分布图。随着液化初压从 2.0MPa 增加到 5.0MPa，三者共液化的总转化率降低，从 2MPa 时的 46.8% 减少到 5MPa 时的 40.8%；当初始压力从 2.0MPa 增加到 3.0MPa 时，油产率从 13.8% 提高至 15.8%，当初压继续增加到 5MPa 时，油的产率从 15.8% 一直下降到 10.0%；前沥青烯产率随着压力的增大先增加后减小，当初压为 4.0MPa 时，前沥青烯的产量最大，为 23.4%；随着液化初压的增加，气体产率先减小后增大，在 280℃时最小，为 1%。

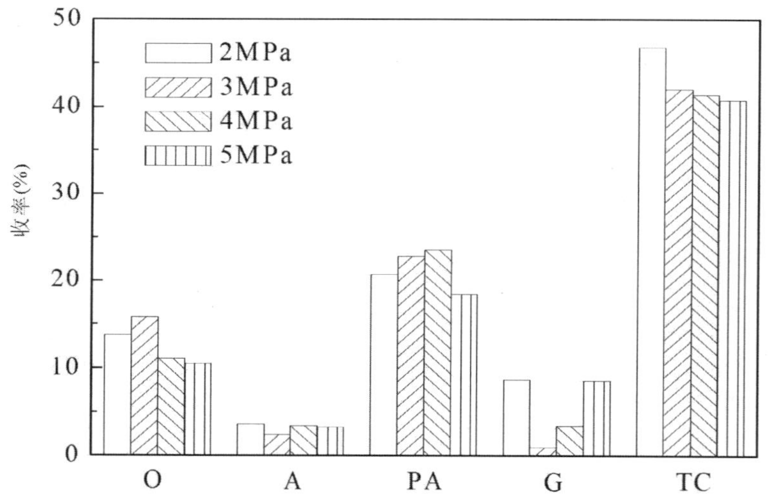

图 9-7 不同液化初始压力下三者共液化产物的分布

Fig.9-7 The distribution of products at different initial pressure during co-liquefaction

9.1.2.4 不同液化时间下煤、生物质与废塑料三者共液化

图9-8是液化温度为300℃,液化压力为2MPa,煤、生物质与废塑料三者比例为5 : 4 : 1时,以亚临界水为溶剂,不同液化时间下煤、生物质与废塑料三者共液化产物分布图。由图9-8可知,随着液化时间从10min增加到60min,三者共液化时的总转化率不断增加,但在40min时不符合该规律。当液化时间为60min时液化油产率最高,为18%;当液化时间为10min时液化油产率最低,为13%;当液化时间为30min时,前沥青烯产率最高,为22.8%,气体产率最低,为1%;当液化时间为40min时,前沥青烯产率最低,为8.1%,气体产率最高,为12.7%。

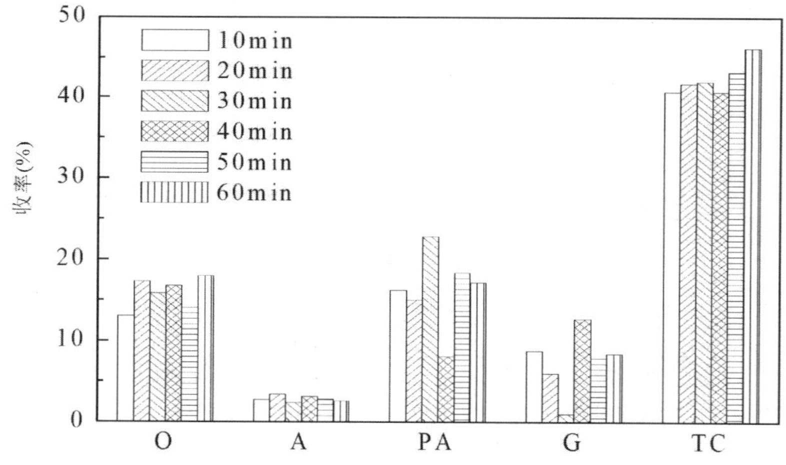

图 9-8 不同液化时间下三者共液化产物的分布

Fig.9-8 The distribution of products at different times during co-liquefaction

9.1.3 不同添加剂对煤、生物质与废塑料三者共液化产物分布的影响

图 9-9 是实验条件温度为 300℃，初始压力为 2MPa，液化时间为 30min，煤、生物质和废塑料三者比例为 5 ： 4 ： 1，溶剂为亚临界水时，不同添加剂作用下煤、生物质和废塑料三者共液化产物分布图。添加剂分别为电气石（tourmaline）、Fe_2O_3（S 为助催化剂）、FeS（无助催化剂）、FeS（S 为助催化剂），添加剂的添加量为液化样品量的 3%，助催化剂的添加量为添加剂量的 0.4 倍。由图可知，电气石（tourmaline）、Fe_2O_3（S 为助催化剂）、FeS（无助催化剂）、FeS（S 为助催化剂）等添加剂并不能提高三者共液化的液化总转化率、油产率、沥青烯产率、前沥青烯产率，但是提高了气体的产率。FeS（S 为助催化剂）为添加剂时对总转化率、油产率、沥青烯产率、前沥青烯产率以及气体产率都有抑制作用。Hengfu Shui 等发现催化剂的活性在两者共液化时与煤、生物质单独液化时不同。本实验发现，在亚临界水中，传统催化剂并不能有效地促进煤、生物质与废塑料的共液化，反而抑制了它们共液化。这是由于传统的催化剂都含有 S，一般的催化机理认为，S 与氢自由基结合生成 H_2S，催化液化反应。在本液化系统，氢来源于生物质、废塑料、亚临界水等，氢含量相对较低，被 S 消耗后，不能更好地催化液化反应，导致液化转化率降低。因此需要研发新的液化催化剂，更有效地促进煤、生物质与废塑料共液化，提高油产率。

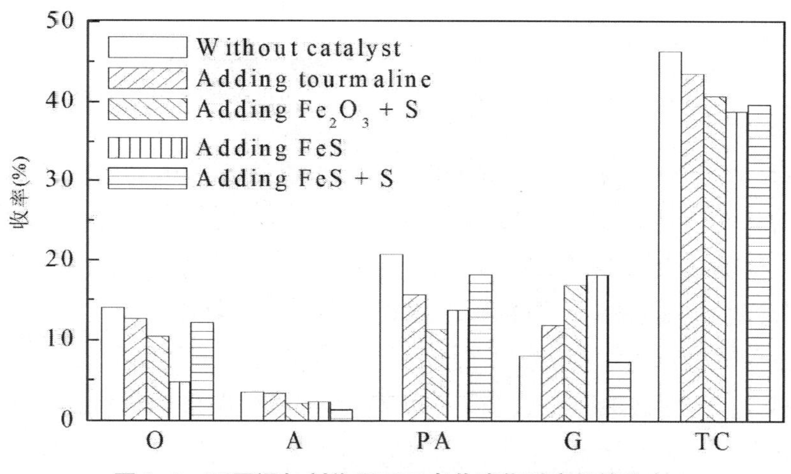

图 9-9　不同添加剂作用下三者共液化时产物的分布

Fig.9-9　The distribution of products when adding different additives during co-liquefaction

9.2 煤、生物质与废塑料三者共液化过程中硫的变迁行为

9.2.1 不同混合物比例下三者共液化产物中硫分布

煤、生物质与废塑料中均含有一定量的硫，在煤、生物质与废塑料的利用过程中这些硫会以不同的形式释放到外部环境中，破坏生态平衡、损坏建筑物并危害人类健康。因此，研究煤、生物质与废塑料三者共液化过程中硫的变迁行为及规律对维护生态平衡、保护人类健康具有非

常重要的理论和现实意义。本章主要研究不同比例、不同温度、不同压力、不同时间、不同溶剂以及不同添加剂对金沟褐煤、小麦秸秆和废塑料三者共液化产物中硫变迁行为的影响。

图 9-10 为液化温度为 300℃，初始压力为 2MPa，液化时间为 30min，金沟褐煤、小麦秸秆和废塑料的比例为 5 ：4 ：1 时，不同溶剂对三者共液化时产物中 S 分布的影响。

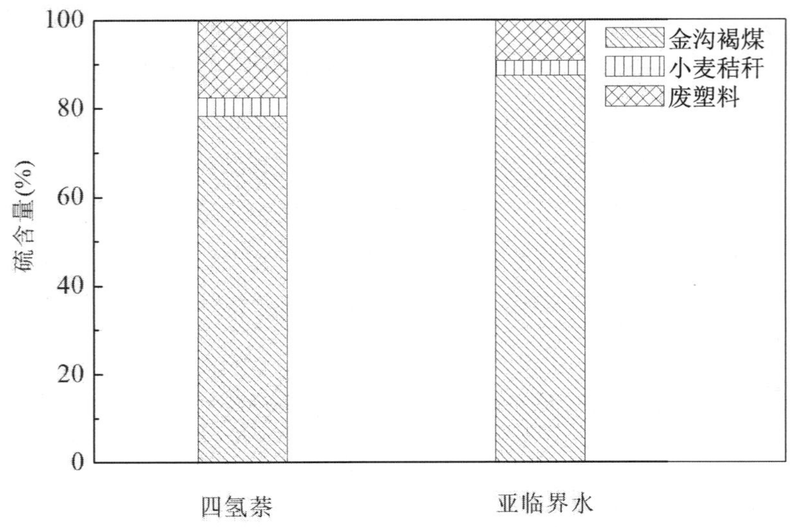

图 9-10 不同液化溶剂下三者共液化产物中硫的分布

Fig.9-10 The distribution of sulfur in products when using different solvents

由图 9-10 可知，当以四氢萘为溶剂共液化时，83% 的硫转移到残渣中；而以亚临界水为溶剂时，残渣中的硫约占样品中总硫的 90.7%。由此可知，亚临界水可以使硫更多地富集在液化残渣中，使其他的液化产品中硫含量较低。金沟褐煤中有机硫含量为 95.5%，无机硫含量为 4.41%。麦秸秆和废塑料中硫主要以有机硫的形式赋存。与以亚临界水为溶剂相比，以四氢萘为溶剂可以使更多的有机硫转移到液化油、沥青烯和前沥青烯等液化产物中。

图 9-11 为液化温度为 300℃，液化初压为 2MPa，液化时间为 30min，金沟褐煤、小麦秸秆和废塑料的比例为 5 ：4 ：1 时，不同溶剂对三者共液化气相产物中 H_2S 和 COS 含量的影响。由图可知，以四氢萘为溶剂时气相产物中的 H_2S 和 COS 含量分别为 22.3ppm 和 15.1ppm，而以亚临界水为溶剂时气相产物中的 H_2S 和 COS 的含量分别为 6.1ppm 和 2.4ppm，比以四氢萘为溶剂时低。

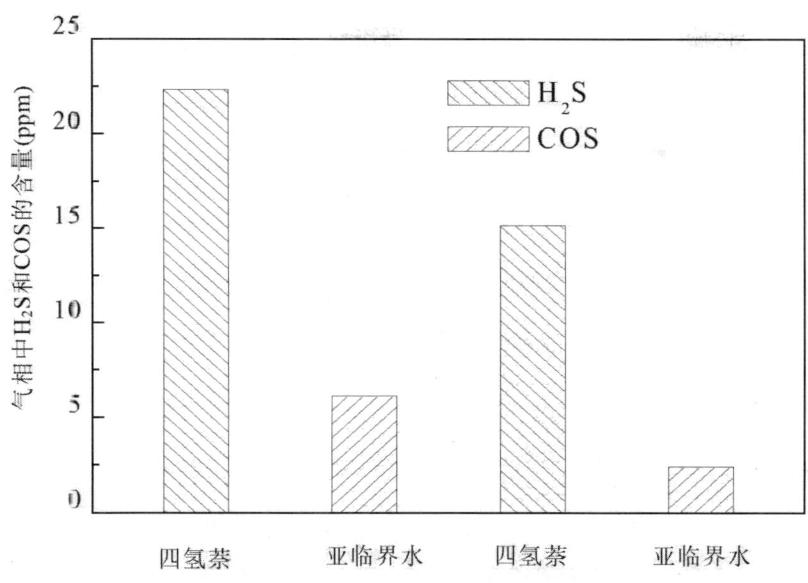

图 9-11　不同液化溶剂下三者共液化时气相产物中 H_2S 和 COS 的含量
Fig.9-11　H_2S and COS content in the gas when using different solvents

图 9-12 是金沟褐煤、生物质和废塑料三者不同比例共液化时，液化产物中硫的分布图，此时的实验条件是，液化温度为 300℃，液化时间为 30min，液化压力为 2MPa，溶剂为亚临界水。由图 9-12 可知，在金沟褐煤、小麦秸秆和废塑料共液化过程中，有大量的硫富集于液化残渣中，其中当比例为 5 ： 4 ： 1（JG ： WS ： PET）时残渣中硫占液化前样品中硫百分比最多，为 90%，当比例为 5 ： 1 ： 4（JG ： WS ： PET）时占原料中硫最少，为 86%，有机硫含量较多，大于 83%，无机硫含量较少，小于 3%。金沟褐煤中有机硫含量为 95.5%，无机硫含量为 4.41%；金沟褐煤在该条件下单独液化时，液化残渣中有机硫含量为 88.35%，无机硫为 3.38%，残渣中硫占原料中硫的 91.74%。由此可知，三者在亚临界水中共液化时，有较多的硫残留在液化残渣中，占有机硫含量的 90%，样品中无机硫较多地转移到除液化残渣外的其他液化产物中。当金沟褐煤、麦秸秆和废塑料三者比例为 5 ： 4 ： 1 时，与其他比例相比，有更多的硫赋存在液化残渣中。

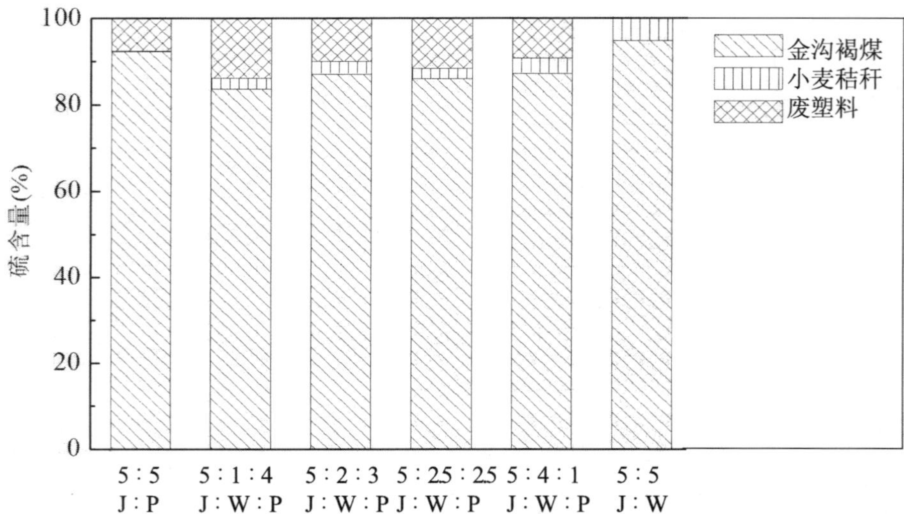

图 9-12　不同混合物比例下三者共液化产物中硫的分布

Fig.9-12　The distribution of sulfur in products at different mixture ratio

图 9-13 为金沟褐煤、生物质和废塑料三者不同比例共液化时，液化气体中 H_2S 和 COS 的含量。此时的实验条件是液化温度为 300℃，液化初始压力为 2MPa，液化时间为 30min，溶剂为亚临界水。由图 9-13 可知，在该条件下液化时，气相产物中硫含量较低，H_2S 和 COS 含量均低于 7ppm，而且其中 COS 含量低于 H_2S 含量。当液化比例为 5 ：4 ：1 时，气体中 COS 和 H_2S 的含量较其他比例时的高。另外，当液化比例为 5 ：4 ：1 时，与其他比例下三者共液化相比较，有最多的硫残留在液化残渣中，而且气相产物中的硫含量也比其他比例时的高，因此当金沟褐煤、小麦秸秆和废塑料三者比例为 5 ：4 ：1 共液化时，有较少的硫转移到液化油、沥青烯、前沥青烯中，对液化油等的后续处理与利用有利。

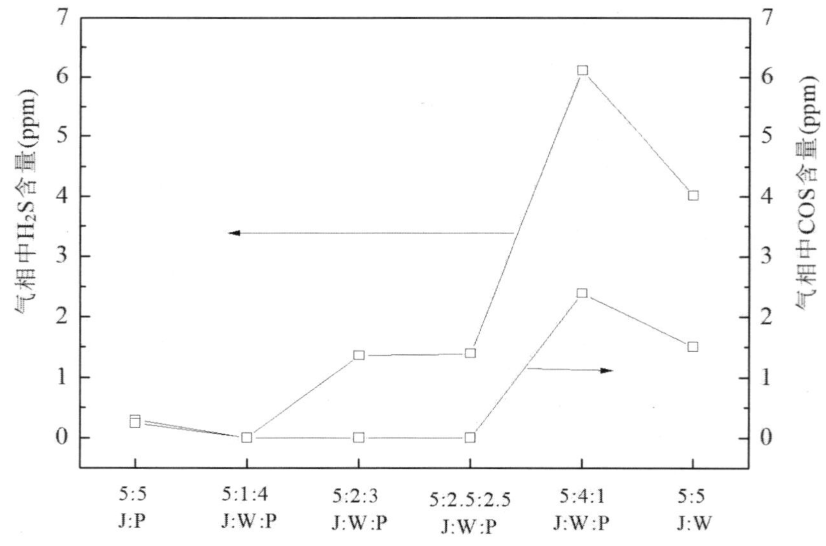

图 9-13　不同混合物比例下三者共液化气相产物中 H_2S 和 COS 的含量

Fig.9-13　H_2S and COS content in the gas at different mixture ratio

9.2.2 不同液化温度下三者共液化过程中硫变迁行为

9.2.2.1 无添加剂时液化温度对硫变迁的影响

图 9-14 是无添加剂时，不同液化温度对三者共液化产物中硫分布的影响。液化条件：液化时间为 30min，液化压力为 2MPa，金沟褐煤、小麦秸秆和废塑料的比例为 5 ∶ 4 ∶ 1，液化溶剂为亚临界水。随着温度的升高，液化残渣中硫的含量先降低，后升高，在 300℃时最低，为 90.7%。温度较低时，硫大部分残留在液化残渣中。

图 9-15 为无添加剂时，液化温度对三者共液化时气相产物中 H_2S 和 COS 含量的影响曲线图。液化条件：液化玉力为 2MPa，液化时间为 30min，金沟褐煤、小麦秸秆和废塑料的比例为 5 ∶ 4 ∶ 1，液化溶剂为亚临界水。随着温度的升高，气相中 H_2S 和 COS 的含量不断增加，而且 H_2S 的含量高于 COS 的含量。

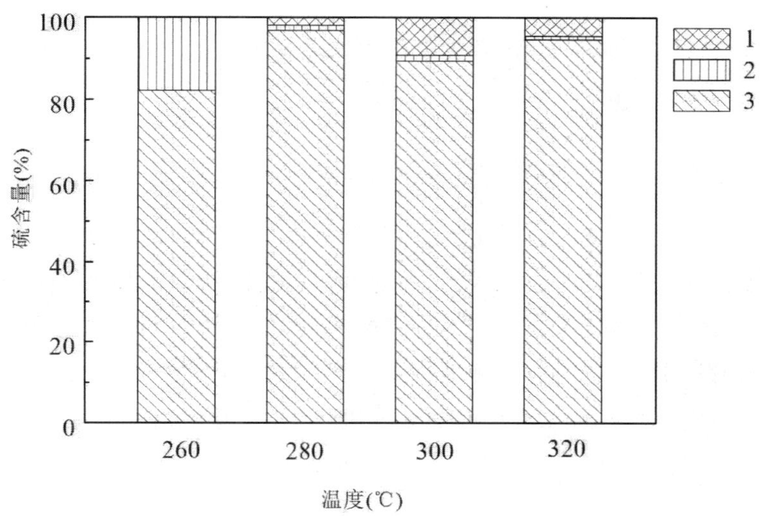

1. 气相和液相中的硫 2. 残渣中的无机硫 3. 残渣中的有机硫

图 9-14 不同温度下三者共液化产物中硫的分布

Fig.9-14 The distribution of sulfur at different temperatures during co-liquefaction

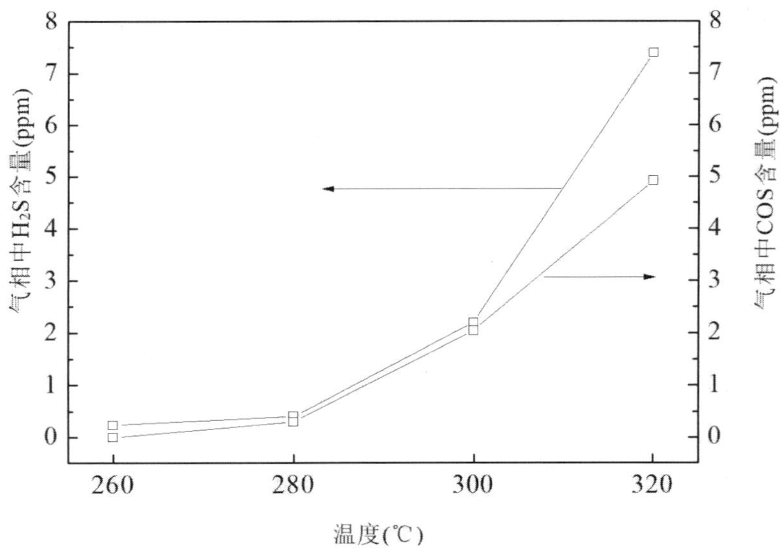

图 9-15 不同温度下三者共液化时气相产物中 H_2S 和 COS 的含量
Fig.9-15 H_2S and COS content in the gas at different temperatures during co-liquefaction

9.2.2.2 有添加剂时液化温度对硫变迁的影响

图 9-16 为添加 Fe_2O_3（0.3g）+S（0.12g）后，液化温度对三者共液化产物中硫分布的影响。液化条件：液化压力为 2MPa，液化时间为 30min，金沟褐煤、小麦秸秆和废塑料的比例为 5 ∶ 4 ∶ 1，溶剂为亚临界水。由图可知，添加 Fe_2O_3+S 后，随着液化温度的升高有越来越多的硫转移到除液化残渣外的其他（液化产物液化油、沥青烯、前沥青烯和气体）中，其中，无机硫随温度的升高也更多地转移到除液化残渣外的其他液化产物中。由图可知，添加剂（Fe_2O_3+S）可以促使更多的硫转移到液化油、沥青烯、前沥青烯和气体中。

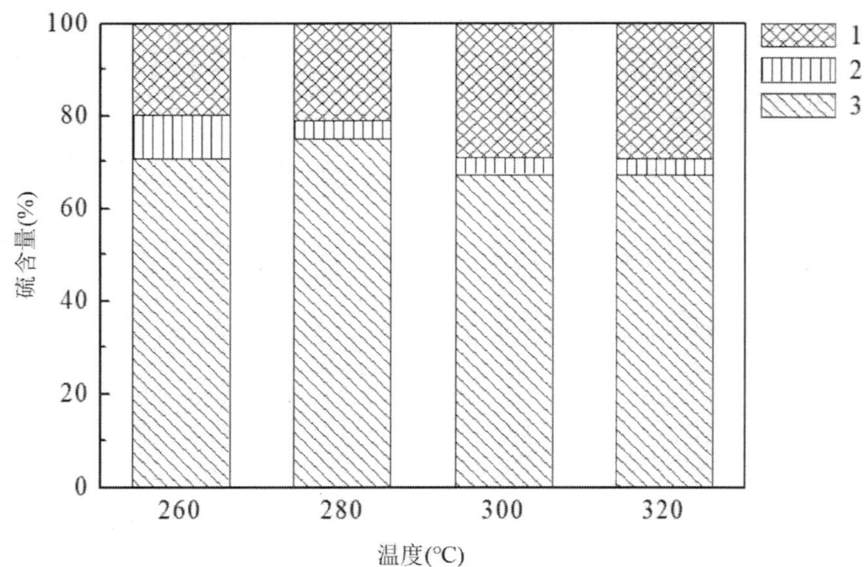

1. 气相和液相中的硫 2. 残渣中的无机硫 3. 残渣中的有机硫
图 9-16 添加（Fe_2O_3+S）时不同温度下三者共液化产物中硫的分布
Fig.9-16 The distribution of sulfur at different temperatures when adding Fe_2O_3+S

图 9-17 为添加 Fe_2O_3（0.3g）+S（0.12g）后，液化温度对三者共液化气相产物中 H_2S 和 COS 含量的影响。该液化实验的条件是液化压力为 2MPa，液化时间为 30min，煤、生物质和废塑料的比例为 5 ∶ 4 ∶ 1，溶剂为亚临界水。由图可知，添加 Fe_2O_3+S 后，随着液化温度的升高，气体中 H_2S 和 COS 含量不断增加，其中 H_2S 含量高于 COS。而且添加 Fe_2O_3+S 后，气体中 H_2S 和 COS 含量远高于不添加催化剂时气体中硫的含量。这是由于助催化剂中含有硫，硫与液化体系中氢自由基等反应，导致其气相产物中的含硫组分增加。

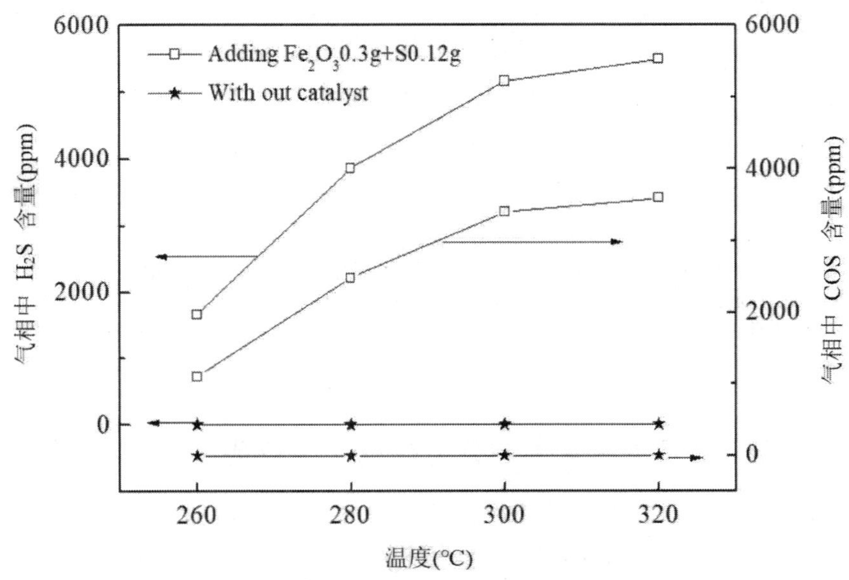

图 9-17 添加 Fe_2O_3+S 时不同温度下三者共液化气相产物中 H_2S 和 COS 的含量

Fig.9-17 H_2S and COS content in the gas at different temperatures when adding Fe_2O_3+S

9.2.2.3 不同压力下三者共液化时硫的变迁行为

图 9-18 为不同液化初始压力对煤、生物质和废塑料共液化过程中液化产物中硫的分布影响。该液化实验的条件为液化温度为 300℃，液化时间为 30min，煤、生物质和废塑料的比例为 5 ∶ 4 ∶ 1，溶剂为亚临界水。由图可知，随着液化压力的增加，有更多的硫残留在液化残渣中，其中，残渣中有机硫的残余量和无机硫的残余量都在增加；在 2MPa 时，约有 90.7% 的硫富集在液化残渣中；当压力升至 5MPa 时，有更多的硫富集在液化残渣中，约占硫总量的 98.8%。综上所述，压力升高，可以使硫更多地残留在液化残渣中。但在 3MPa 时，液化产物中的硫不符合该规律。

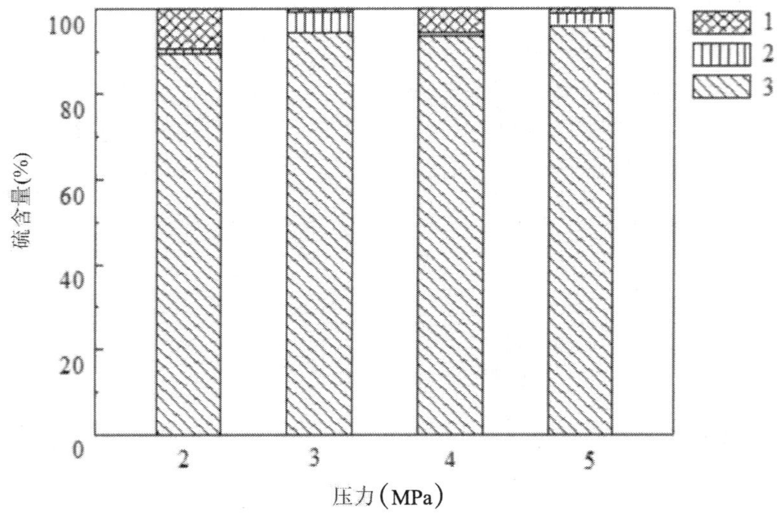

1. 气相和液相中的硫 2. 残渣中的无机硫 3. 残渣中的有机硫
图 9-18　不同初始压力下三者共液化时产物中硫的分布
Fig.9-18　The distribution of sulfur at different initial pressures during co-liquefaction

9.2.2.4　不同液化时间下三者共液化时硫的变迁行为

图 9-19 是实验条件：液化温度为 300℃，液化初始压力为 3MPa，液化时间为 30min，煤、生物质和废塑料的比例为 5 ∶ 4 ∶ 1，溶剂为亚临界水，不同液化时间下三者共液化产物中硫的分布。由图可知，当反应时间为 10min 时，由于液化时间短，液化反应不完全，硫更多地留在残渣中；随着液化时间的延长，越来越多的硫转移到液化油、沥青烯、前沥青烯和气体等产物中，当液化时间为 30min 时，99.2% 的硫在残渣中富集；时间继续延长，硫的分布没有明显的规律性。

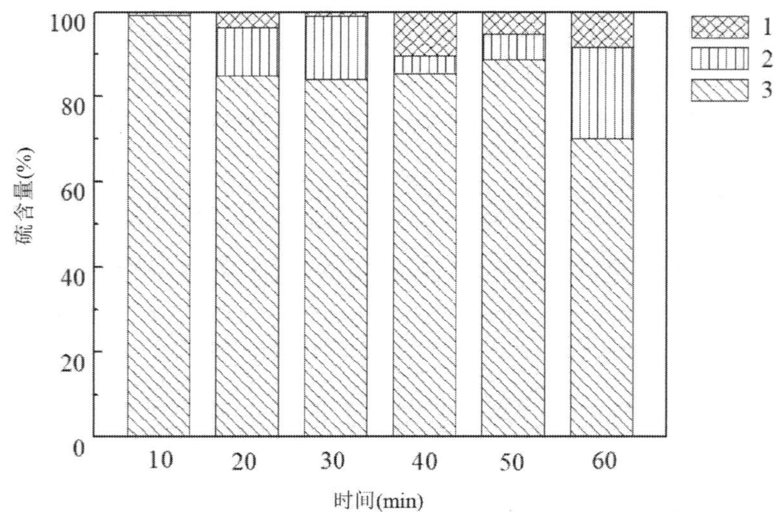

1. 气相和液相中的硫 2. 残渣中的无机硫 3. 残渣中的有机硫
图 9-19　共液化时不同液化时间下液化产物中硫的分布
Fig.9-19　The distribution of sulfur at different resident times during co-liquefaction

图 9-20 为不同液化时间下三者共液化时气相产物中 H_2S 和 COS 的含量，此时的液化温度为 300℃，液化初始压力为 3MPa，溶剂为亚临界水，煤、生物质与废塑料的比例为 5 ： 4 ： 1。随着液化时间的延长，气相中 H_2S 的含量先增加后减少，在 30min 时最大，为 6.15ppm；随着时间的延长，COS 的含量先减少后增加，在 30min 时最小，为 0.04ppm。总体来说，H_2S 含量比 COS 的含量高。

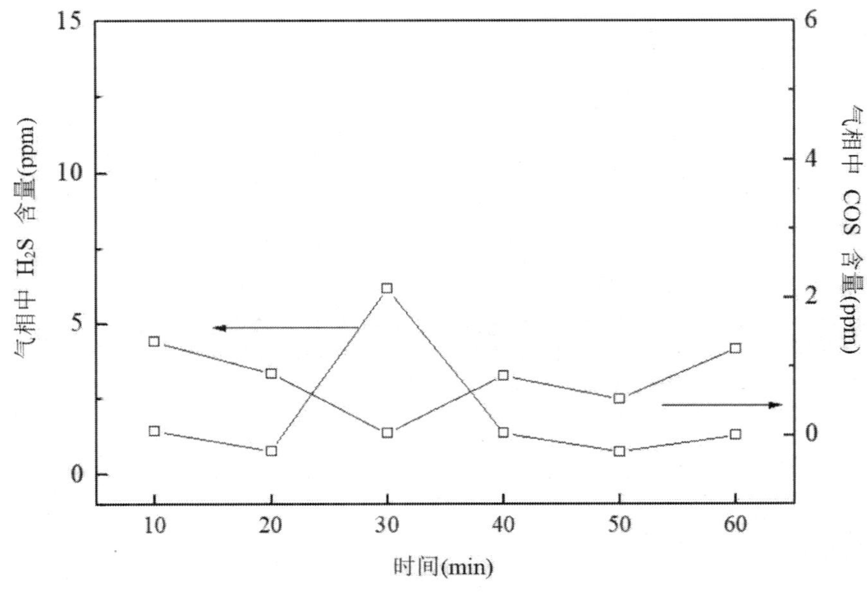

图 9-20 不同时间下三者共液化时气相产物中 H_2S 和 COS 含量
Fig.9-20 H_2S and COS content in the gas at different resident times

9.2.2.5 不同添加剂对三者共液化过程中硫变迁行为的影响

图 9-21 为不同的添加剂对三者共液化时液化产物中硫分布的影响。液化条件：液化温度为 300℃，液化初始压力为 2MPa，液化时间为 30min，煤、小麦秸秆、废塑料的比例为 5 ： 4 ： 1，溶剂为亚临界水。添加电气石和 FeS 会使硫更多地残留在液化残渣中，使得液化油、沥青烯、前沥青烯和气体中的硫含量较低。Fe_2O_3+S 使硫更多地从固相转移到液相和气相中。

图 9-22 为添加不同添加剂时，三者共液化气相产物中 H_2S 和 COS 含量的变化图。此时的液化条件：液化温度为 300℃，液化压力为 2MPa，液化时间为 30min，煤、小麦秸秆和废塑料的比例为 5 ： 4 ： 1，溶剂为亚临界水。由图可知，添加了各种添加剂后，共液化所产生的气体中 H_2S 和 COS 的含量都高于未添加催化剂时， H_2S 含量最高为 5163ppm，COS 含量为 3410ppm，且 H_2S 含量总是高于 COS 含量。由此可知，添加剂促使体系中的硫与氢结合，消耗了液化体系中的氢，使更多的硫转移到液化气体中，而液化中间过程产生的大分子自由基不能与氢结合，使共液化的转化率降低。

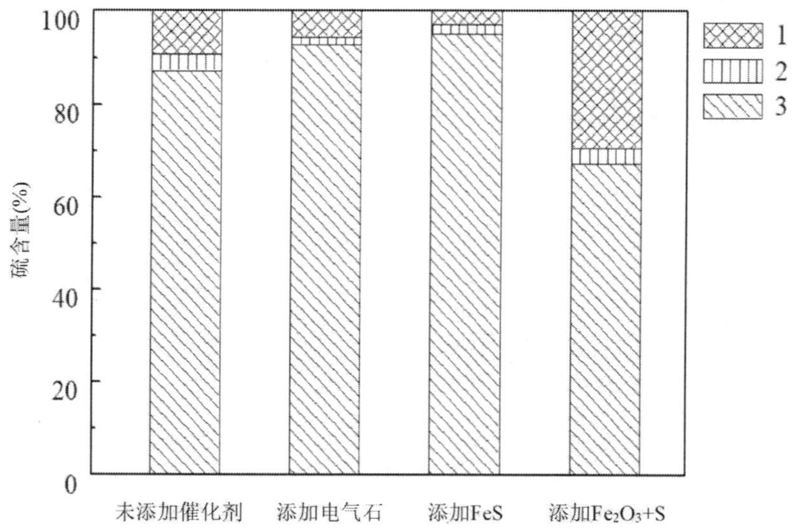

1. 气相和液相中的硫 2. 残渣中的无机硫 3. 残渣中的有机硫

图 9-21　不同添加剂存在时液化产物中硫的分布

Fig 9-21　The distribution of sulfur in liquefied products when adding different additives

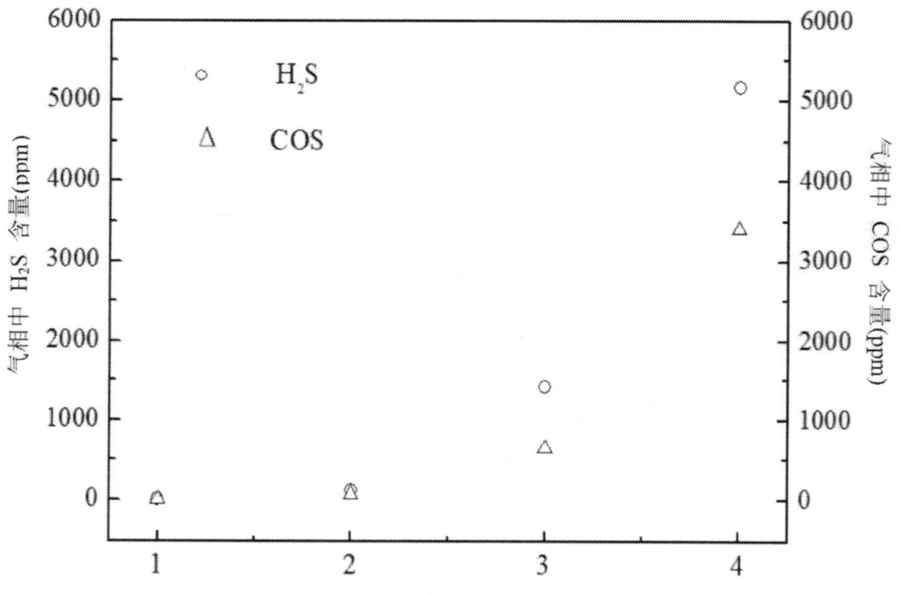

图 9-22　不同添加剂存在时气相产物中 H_2S 和 COS 含量

Fig.9-22　H_2S and COS content in the gas when adding different additives during co-liquefaction

9.3　金沟褐煤、小麦秸秆和废塑料共液化产物性质分析以及机理初探

由前面分析可知，在煤、生物质和废塑料共液化过程中，三者存在一定的相互作用。那么

它们之间的作用到底如何？我们对其液化产物进行了热重分析、灰分含量测定、红外分析、电镜扫描、TPD、^{1}H NMR、元素分析等分析表征，初步探讨其液化机理。

9.3.1 金沟褐煤、小麦秸秆和废塑料供热解中的相互作用

生物质和废塑料中的氢碳比均比煤高，在煤与生物质和废塑料的共处理过程中可促使协同作用发生，进一步提高煤的转化效率。因此，研究煤、生物质和废塑料三者共处理过程中的协同作用具有非常重要和积极的意义。本节我们通过热重分析实验来考察金沟褐煤、小麦秸秆和废塑料供热解过程中是否存在协同作用。

煤、生物质和废塑料都是复杂的大分子化合物，在惰性气氛下热解会发生一系列的物理和化学变化。图 9-23 为金沟褐煤、小麦秸秆和废塑料单独热解时的 TG/DTG 曲线。由图可知小麦秸秆在 200℃左右时开始热解，失重明显，挥发分快速析出，在 450℃左右时主要失重过程结束。在该过程中，小麦秸秆失重 70%，这是由于生物质中的半纤维素和纤维素发生热解，导致较大的失重值。之后小麦秸秆热解是一个缓慢的失重过程，该阶段主要是残余物（木质素等）热解。废塑料的主要失重区间是 400 ~ 500℃，失重约为 84%。金沟褐煤的主要失重区间是 350 ~ 800℃，失重为 40%，这个阶段的煤主要发生解聚和分解反应，之后是煤中大分子结构的缩聚反应，失重逐渐趋于平缓。由此可知，废塑料热解时逸出的挥发分最多，小麦秸秆次之，煤最少。

在煤、小麦秸秆和废塑料单独热解过程中，小麦秸秆的热解温度最低，塑料次之，煤最高。由 DTG 值可知，小麦秸秆的最大失重峰温为 317℃，废塑料的最大失重峰温为 438℃，金沟褐煤的最大失重峰温为 502℃。从这里可以知道小麦秸秆最容易热解，废塑料次之，煤最难热解。因此推断，三者在 300℃单独液化时，小麦秸秆的液化总转化率最高，废塑料次之，煤的液化总转化率最低，这与前面的结果相吻合。

为了研究煤、小麦秸秆和废塑料三者共处理时是否有协同作用，我们将煤、小麦秸秆和废塑料以 5 ∶ 4 ∶ 1 的比例混合后热解，所得 TG/DTG 曲线如图 9-24 所示。其中 Exp 代表热解实验值，Cal 是由图 9-23 中的煤、麦秸秆和废塑料单独热解的 TG/DTG 曲线经过加权计算而得到的三者供热解时的理论值。由图 9-24 可知，当煤、小麦秸秆和废塑料以 5 ∶ 4 ∶ 1 供热解时，有三个失重点，100℃以下是第一次失重，主要是样品的干燥脱气；从 200℃时开始第二次失重，最大失重峰温为 318℃，主要为混合物中易热解的纤维素和半纤维素等热解；第三次失重从 380℃开始，最大失重峰温为 434℃，主要为混合物中较难热解的物质热解（主要为 PET、小麦秸秆中的木质素和煤等）。由计算得到的理论值的第二个失重峰温为 324℃，第三个失重峰温为 424℃，与实验值之间存在一定的差别，即煤、麦秸秆和废塑料供热解时，它们之间存在相互作用，因此可以推断在三者共液化过程也存在相互作用。

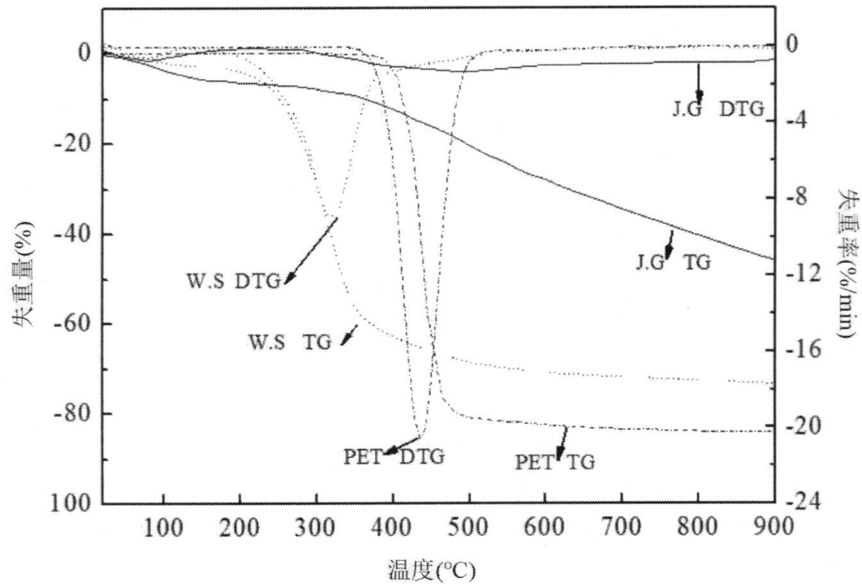

图 9-23　金沟褐煤、小麦秸秆和废塑料单独热解时的 TG/DTG 曲线
Fig.9-23　The TG/DTG curves of coal， wheat straw and PET

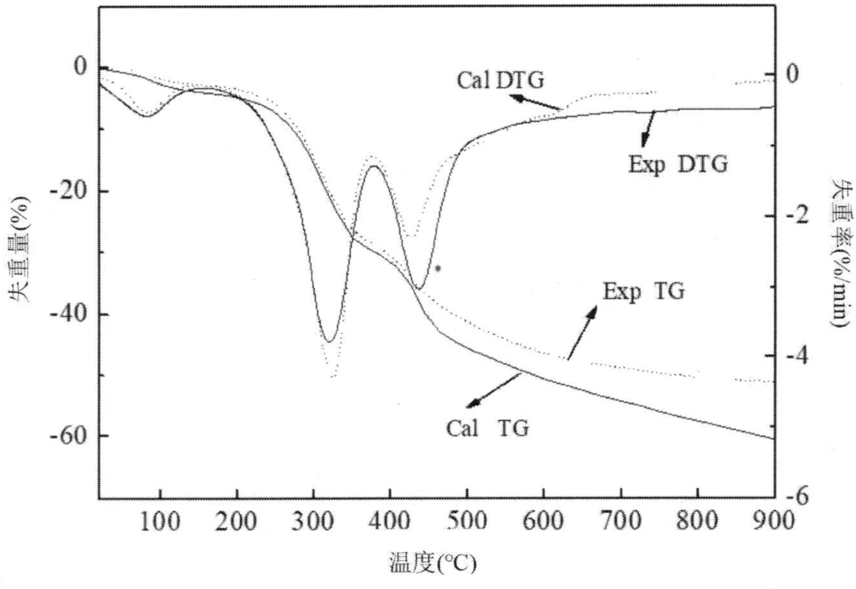

图 9-24　金沟褐煤、小麦秸秆和废塑料三者比例为 5 ： 4 ： 1 时的 TG/DTG 曲线对照
Fig.9-24　Experimental and calculated TG/DTG curves of JG， WS and PET mixture

9.3.2　液化残渣的性质分析

为了进一步探讨煤、小麦秸秆和废塑料三者共液化的液化机理，我们对液化残渣进行了灰分含量测定、热重分析、TPD 脱附性能分析、电镜扫描分析和红外分析等。

9.3.2.1 灰分含量测定

表 9-4 为不同液化条件下煤、小麦秸秆和废塑料共液化残渣的灰分含量（其中液化温度为 300℃，液化时间为 30min，液化压力为 2MPa）。当以亚临界水为溶剂时，残渣中灰分的含量高于以四氢萘为溶剂时的含量。添加不同添加剂后，所得残渣中灰分含量接近，与未加入添加剂时相比灰分含量都降低。

表 9-4 不同条件下液化残渣灰分含量

Table 9-4 The ash content of residue at different conditions

溶剂	添加剂	A_{ad}（wt. %）
亚临界水	—	82.66
四氢萘	—	77.52
亚临界水	FeS	79.61
亚临界水	Fe_2O_3+S	79.50
亚临界水	电气石	79.53

注：—表示没有添加剂。

9.3.2.2 热重分析

图 9-25 为液化温度为 300℃，初始压力为 2MPa，时间为 30min，煤、小麦秸秆和废塑料三者比例为 5 ∶ 4 ∶ 1，以亚临界水和四氢萘为溶剂共液化时所得液化残渣的 TG/DTG 曲线图。由图可知，以亚临界水为溶剂时，液化残渣的 TG 曲线有三次失重过程，第一次失重过程是室温到 300℃，失重曲线比较平缓，失重不明显；第二次失重是 300℃到 700℃，这是残渣的主要失重阶段，最大失重峰温为 500℃；第三次失重是 700℃到 900℃，这个阶段的失重不明显。以四氢萘为溶剂时，所得液化残渣的失重过程比较复杂，有 5 个失重峰温，分别为 100℃、380℃、500℃、570℃和 600℃，液化残渣的成分较复杂。由此可见，以四氢萘为溶剂时，液化反应不彻底，而以亚临界水为溶剂时，液化转化率较高。

图 9-26 为液化温度为 300℃，初始压力为 2MPa，时间为 30min，煤、小麦秸秆和废塑料三者比例为 5 ∶ 4 ∶ 1，以亚临界水为溶剂，分别添加 Fe_2O_3+S、FeS 及电气石共液化时所得液化残渣的 TG/DTG 曲线图。由图可知，残渣的 TG 曲线都有三次失重过程，第一次失重过程是室温到 300℃，失重曲线比较平缓，失重不明显；第二次失重是 300℃到 700℃，这是残渣的主要失重阶段，最大失重峰温为 500℃，残渣的 DTG 曲线在 610℃有一个肩峰，而且不加添加剂和以 FeS 为添加剂时，肩峰较明显；第三次失重是 700℃到 900℃，这个阶段的失重曲线比较平缓。由图 9-26 可知，添加 Fe_2O_3+S 失重为 25.1%，添加 FeS 后残渣失重为 23.2%，添加电气石后残渣失重为 22.7%。由此可知，加入添加剂对液化残渣的热解特性影响不明显。

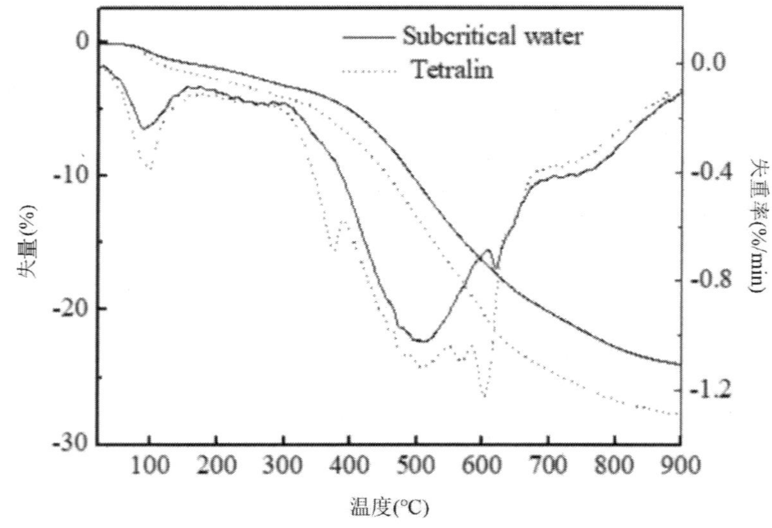

图 9-25　不同液化溶剂时所得液化残渣的 TG/DTG 曲线图

Fig.9-25　The TG/DTG curves of residues when co-liquefacton in differet solvents

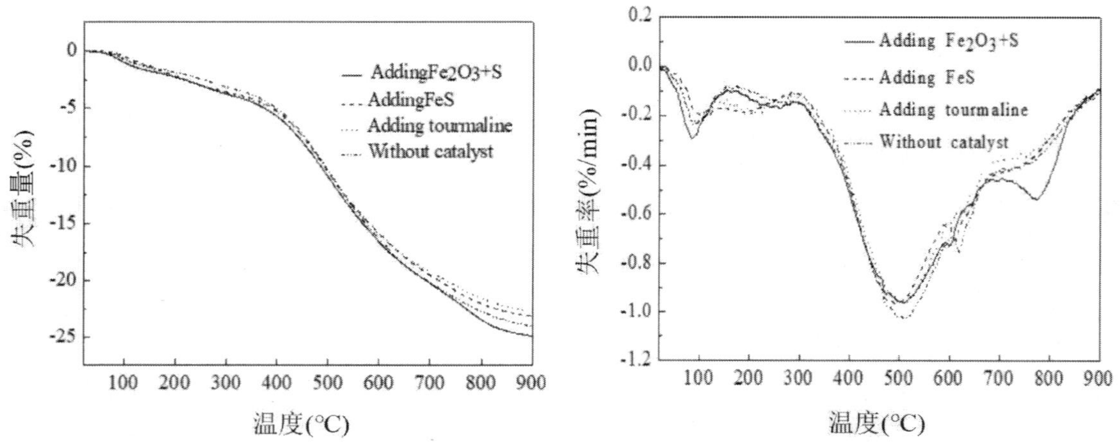

图 9-26　不同添加剂时三者共液化残渣的 TG/DTG 曲线图

Fig.9-26　The TG/DTG curves of residue when adding different additives during co-liquefaction

9.3.2.3　TPD 脱附性能分析

图 9-27 是金沟褐煤、小麦秸秆和废塑料以 5 ∶ 4 ∶ 1 混合后，在液化温度为 300℃，液化压力为 2MPa，液化时间为 30min 时，以不同溶剂或加入不同添加剂时，共液化残渣的脱附实验结果。由图可知，在相同的液化条件下，以亚临界水为溶剂的残渣 TCD 值大于以四氢萘为溶剂的 TCD 值，而 TCD 值可以衡量残渣脱附能力（TCD 值越大脱附能力越大），即以亚临界水为溶剂时所得的残渣的脱附能力较强。添加不同添加剂后，脱附峰温相近，残渣的 TCD 值依次为无添加剂 > 添加电气石 > 添加 Fe_2O_3+S > 添加 FeS。由以上可知，添加添加剂后，添加电气石所得的残渣脱附能力最强，添加 Fe_2O_3+S 次之，添加 FeS 最小，添加添加剂所得的液化残渣的脱附能力都比未加入添加剂时低。由此可见，不同液化条件得到的液化残渣的脱附性能是不同的。而且以亚临界水为溶剂时，残渣的脱附性能最强，说明在液化过程中有较多的物质会发

生反应，在相同的条件下，液化转化率高。

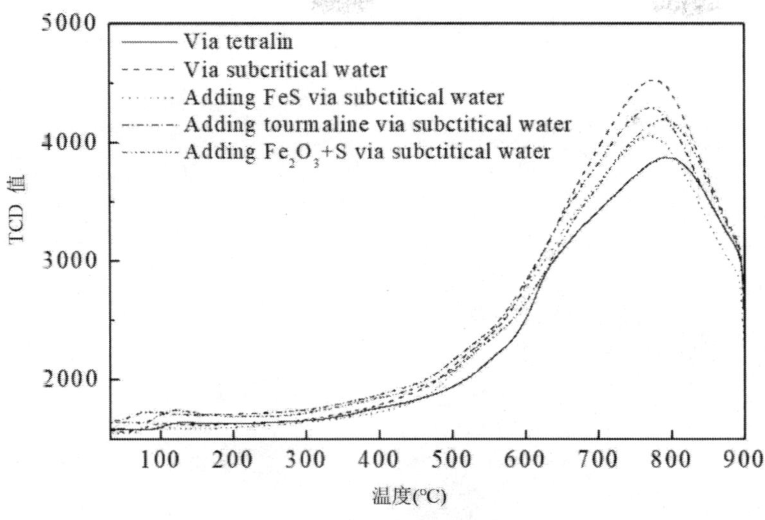

图 9-27 液化残渣的脱附曲线

Fig. 9-27 Desorption curves of the residue

9.3.2.4 电镜扫描与红外光谱分析

为了研究液化反应前后金沟褐煤、小麦秸秆和废塑料以及其混合物所发生的变化，我们对液化反应前的样品和液化残渣做了电镜扫描和红外光谱分析。图 9-28 为金沟褐煤、小麦秸秆和废塑料及其单独液化残渣的扫描电镜图，(a)为金沟褐煤，(b)为金沟褐煤单独液化残渣，(c)为小麦秸秆，(d)为小麦秸秆单独液化残渣，(e)为废塑料，(f)为废塑料单独液化残渣，其液化条件：温度为 300℃，初始压力为 2MPa，时间为 30min，溶剂为亚临界水，无添加剂。由图 9-28（a）发现，金沟褐煤表面不光滑、有裂痕，由图 9-28（b）发现金沟褐煤液化残渣表面附着物少、较光滑。金沟褐煤在亚临界水中经过高温高压液化后，颗粒表面较未反应时光滑，其他变化不明显，说明较小的颗粒有利于液化反应的发生。由图 9-28（c）观察可以得到，小麦秸秆在反应前结构比较有规律而且比较光滑，从图 9-28（d）发现，小麦秸秆的液化残渣表面粗糙，没有规律整洁的外形。综上所述，小麦秸秆经过高温高压液化，发生了剧烈的化学反应，失去原来明显的植物特征，由金黄色转化为黑色粉末，粉末表面粗糙。从图 9-28（e）发现，废塑料是一种表面光滑、圆润的材料，由图 9-28（f）可知废塑料经过液化后，其液化残渣表面平整，有棱角。由此可以推断，废塑料在亚临界水中经过高温高压液化，反应剧烈，改变了其原来的结构特征。

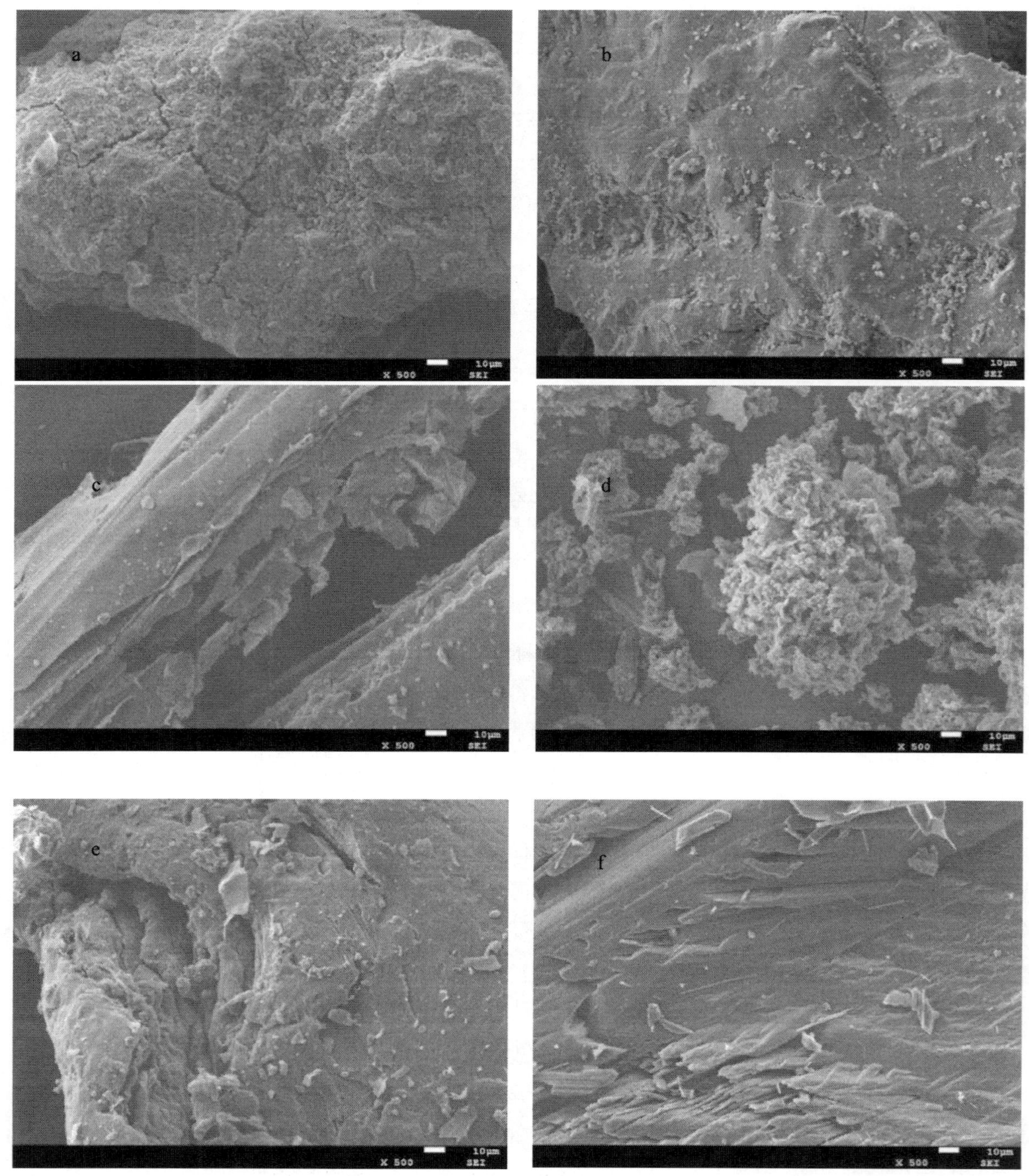

图 9-28 金沟褐煤、小麦秸秆、废塑料及其单独液化残渣的电镜扫描图
Fig.9-28 SEM micrographs of the samples

为了进一步了解液化残渣的结构特征，对残渣进行了红外光谱分析。图 9-29 为金沟褐煤及其液化残渣的红外光谱图。已有研究表明，脂肪链上的甲基、苯环上的甲基、环烷烃及脂肪烃等在加氢液化中易断裂，发生分解、加氢、缩聚、脱氢和脱氧等反应，形成液化油的主体部分。图中，液化残渣在 $3420cm^{-1}$ 的—OH 的振动明显减弱，说明液化残渣中—OH 含量减少，在 $1106cm^{-1}$ 处、$689cm^{-1}$ 处减弱，说明取代芳烃—CH—减弱。综上所述，金沟褐煤中所含的环烷烃、脂肪烃、甲基等经过液化反应在液化残渣中含量降低，由此可知，金沟褐煤中的环烷烃、脂肪烃、甲基大量转移到其他液化产物中。

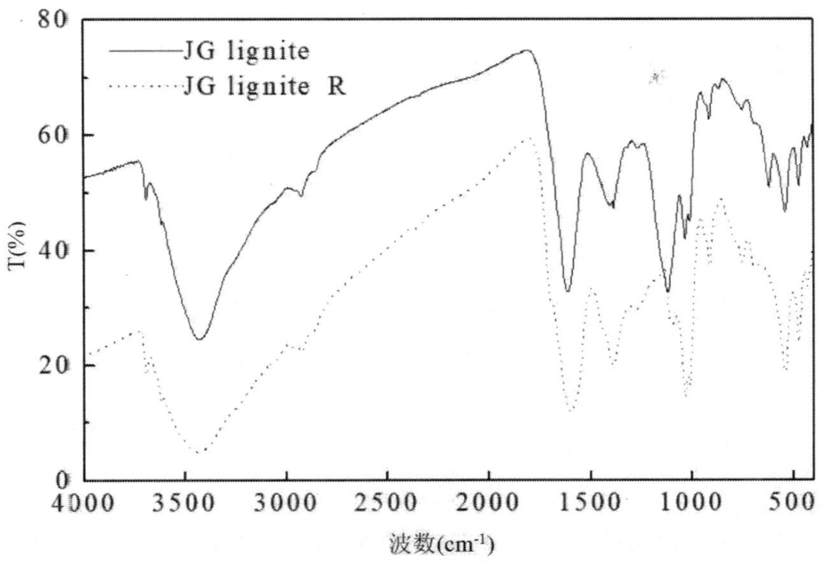

图 9-29　金沟褐煤及其液化残渣的红外光谱图
Fig.9-29　IR spectra of the JG and its residue

图 9-30 为小麦秸秆在液化反应前后的红外光谱图（液化温度为 300℃，时间为 30min，压力为 2MPa，溶剂为亚临界水）。由图可知，液化残渣比小麦秸秆中 $2926cm^{-1}$ 处峰增强，即—CH—和—CH_2—伸缩振动增强；在 $1637cm^{-1}$ 处峰较小麦秸秆谱图中的强，为残渣中的 C═C 的伸缩振动增强；在 $1421cm^{-1}$ 处峰强增加，为—CH_2- 的弯曲振动增强；在 $1112cm^{-1}$ 处峰增强，$1048cm^{-1}$ 处峰消失，说明—C—O—键消失。由此可以得出，小麦秸秆经过液化后，其中大量的纤维素和半纤维素发生反应，木质素较难反应，在残渣中含量较高。

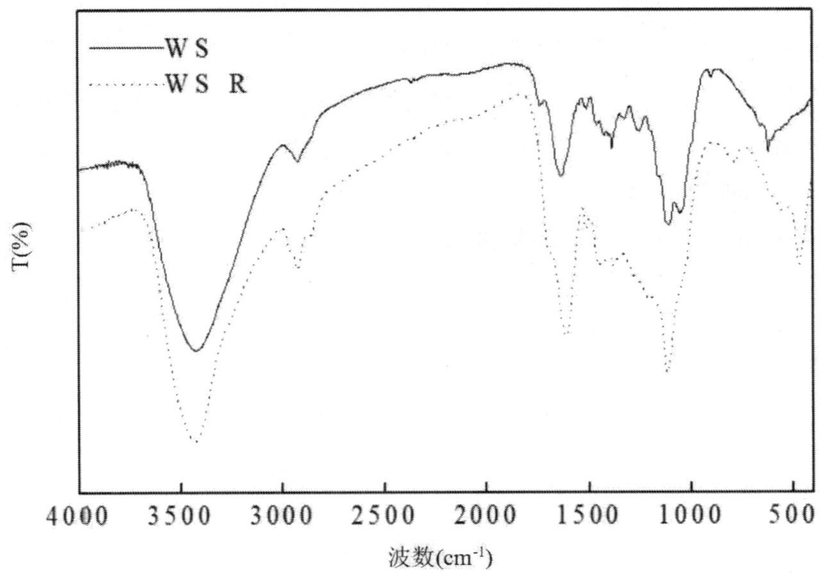

图 9-30　小麦秸秆液化反应前后的红外光谱图
Fig.9-30　IR spectra of the WS and its residue

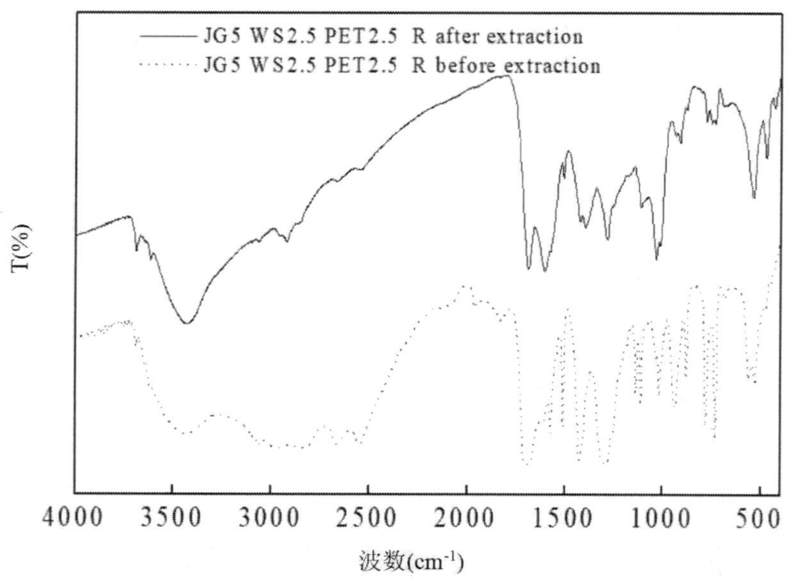

图 9-31 金沟褐煤、小麦秸秆、废塑料三者共液化残渣的红外光谱图
Fig.9-31 IR spectra of the residues

图 9-31 和图 9-32 为不同液化条件时，金沟褐煤、小麦秸秆和废塑料三者共液化残渣的红外光谱图。其液化条件温度为 300℃，时间为 30min，压力为 2MPa，金沟褐煤、小麦秸秆和废塑料比例为 5 ： 4 ： 1。无论是以亚临界水为溶剂，还是以四氢萘为溶剂，抑或是添加不同的添加剂，所得到的残渣的红外光谱图是相似的，由此可知，不同液化条件下得到残渣的结构是相似的。无添加剂时，以亚临界水和四氢萘为溶剂得到的液化残渣的红外光谱各个峰的位置相同，只有在 2926cm^{-1} 和 2850cm^{-1} 处甲基—CH_3 的 H 的伸缩振动减弱，芳香亚甲基和含氧环烷—CH_2—中 H 的不对称伸缩振动减弱，1616cm^{-1} 处氢键合的羟基…HO—的振动增强，因此，以亚临界水为溶剂与以四氢萘为溶剂相比，原料中有更多的—CH_3 和—CH_2—中的氢转移到其他的液化产物中，而且残渣中的氢键合的羟基…HO—增强。

在液化过程中加入 FeS、Fe_2O_3+S、电气石等添加剂后，与没有添加剂时相比在 3420cm^{-1}、1616cm^{-1}、1118cm^{-1} 处峰强减弱，即加入添加剂后的残渣中的羟基—OH 的伸缩振动减弱，氢键合的羟基…HO—的振动减弱，芳烃中—CH—振动减弱。综上所述，在液化中加入 FeS、Fe_2O_3+S、电气石等添加剂有助于液化原料中 H 转移到其他的液化产物中。

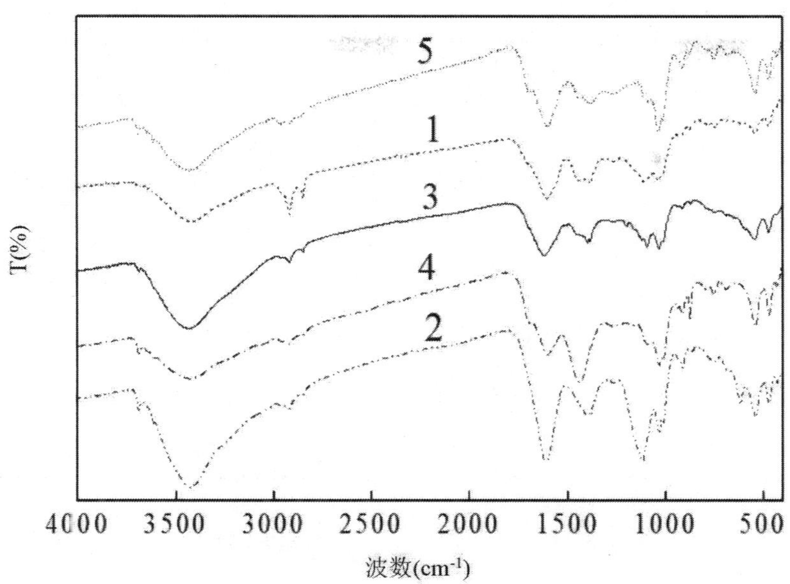

图 9-32 不同条件液化残渣红外光谱图

Fig.9-32 IR spectra of the residue at different conditions

9.3.3 液化油性质分析

为了对液化油的性质进行分析，我们对液化油做了 ^{1}H NMR 分析。^{1}H NMR 与其他分析技术相比，在研究煤液化产物的结构方面，具有很高的优越性，^{1}H NMR 可以给出煤液化油中氢分布的信息。根据相关文献对氢化学位移进行了归属，结果见表 9-5。

表 9-5 ^{1}H NMR 质子化学位移归属

Table 9-5 Assignments of proton chemical shifts in ^{1}H NMR

标志	化学位移	氢种类
H_α	2 ~ 4	R—CH_3（R=Ar，X，O，）
H_β	1 ~ 2	—C—CH_2—C— ≡ CH ≡ C—CH_3 = C—CH_3C（C_3）—H C—CH_3
H_γ	0.5 ~ 1	—C—CH_3
H_{ar}	6 ~ 9	ArO—H Ar—H

对金沟褐煤、小麦秸秆和废塑料在液化温度为 300℃，液化初始压力为 2MPa，液化时间为 30min，不同溶剂或不同添加剂条件下液化所得到的液化油的 ^{1}H NMR 谱图（附录 A）进行积分处理，并由此计算各种氢的百分比含量，结果见表 9-6。

表 9-6 从 ^{1}H NMR 计算出的各参数

Table 9-6 Various parameters based on ^{1}H NMR

样品	溶剂	添加剂	ω（H_α）（%）	ω（H_β）（%）	ω（H_γ）（%）	ω（H_{ar}）（%）
WS	亚临界水	无	10.74	57.99	23.87	7.40

续表

样品	溶剂	添加剂	ω(H_α)(%)	ω(H_β)(%)	ω(H_γ)(%)	ω(H_{ar})(%)
JG	亚临界水	无	2.39	71.60	23.86	2.15
PET	亚临界水	无	2.38	67.85	28.57	1.20
JG ∶ WS ∶ PET 5 ∶ 4 ∶ 1	亚临界水	无	7.78	74.52	8.05	14.64
	亚临界水	电气石	1.43	73.38	22.46	0.73
	亚临界水	FeS	1.98	73.02	24.75	0.25
	亚临界水	Fe_2O_3+S	6.79	66.87	11.81	14.53
	四氢萘	无	3.81	74.94	24.48	0.57

由表 9-6 可知，与单独液化相比，金沟褐煤、小麦秸秆和废塑料三者在温度为 300℃、初压为 2MPa、时间为 30min、在亚临界水中共液化时，液化油 H_α、H_β、H_{ar} 的含量都增加了，只有 H_γ 的含量降低了，其中芳香氢增加明显。这充分说明在金沟褐煤、生物质和废塑料共液化过程中存在相互作用。与以四氢萘为溶剂相比，以亚临界水为溶剂时，液化油中含有较多的 H_α 和 H_{ar} 以及较少的 H_γ，因此以四氢萘为溶剂时，液化反应中发生了更多的开环反应，使液化油的芳香氢含量降低。以电气石和 FeS 为添加剂时，液化油中各种氢的含量相接近，与不加添加剂时相比 H_α 和 H_{ar} 含量大幅降低，H_γ 含量增加，H_β 含量变化不明显。由此推断，添加电气石和 FeS 使液化反应中发生较多的开环反应，使芳香环断开形成尾端含甲基的烃类，改善了油的质量，为液化油的直接使用提供了可能。以 Fe_2O_3+S 为添加剂，与无添加剂相比液化油中各类氢含量变化不明显。

9.3.4 前沥青烯性质分析

9.3.4.1 元素分析

表 9-7 为不同液化条件（液化温度为 300℃，液化时间为 30min，液化压力为 2MPa，金沟褐煤、小麦秸秆和废塑料比例为 5 ∶ 4 ∶ 1）下所得前沥青烯的元素分析。由表 9-2 和 9-3 可知，在前沥青烯中 C、H 含量明显高于原料中的 C、H 含量。说明液化反应将较多的 C、H 转移到前沥青烯中。由表 9-7 可知，当以四氢萘为溶剂时，与以亚临界水为溶剂相比，前沥青烯中含有较多的 C、H、N、S 等原子。这说明在以四氢萘为溶剂时，原料中的 S、N 等杂原子较多转移到前沥青烯中。以亚临界水为溶剂时前沥青烯的 H/C 与以四氢萘为溶剂时相近。从表中还可以看到，以电气石和 FeS 为添加剂时，前沥青烯中 C 和 H 的含量较加入其他添加剂低，而且含有较多的 S、N、O 等杂原子。由此可知，电气石和 FeS 可以使杂原子较多地转移到前沥青烯中。添加添加剂后，前沥青烯中 H/C 比降低，加入添加剂后促使更多的氢转移到了液化气体、液化油和沥青烯中。与不加添加剂相比，加入添加剂后，杂原子 S 含量增加，因此在共液化过程中加添加剂，可以使硫更多地转移到前沥青烯中。

表 9-7 前沥青烯元素分析

Table 9-7 Ultimate analysis of preasphalenes

PA		C（%）	H（%）	O*(%)	N（%）	S（%）	H/C
溶剂	添加剂						
亚临界水	—	68.800	7.149	23.554	0.345	0.152	0.104
四氢萘	—	71.775	7.692	19.695	0.490	0.348	0.107
亚临界水	FeS	63.935	5.503	30.013	0.300	0.249	0.086
亚临界水	Fe2O3+S	66.125	6.344	26.404	0.832	0.295	0.096
亚临界水	电气石	64.560	5.804	29.214	0.265	0.157	0.090

注：* 表示差减法计算所得。

9.3.4.2 红外光谱分析

图 9-33 为在液化温度为 300 ℃，压力为 2MPa，时间为 30min 时，金沟褐煤、小麦秸秆和废塑料以 5 ：4 ：1 混合后，在不同溶剂和添加剂的条件下共液化得到前沥青烯的红外光谱图。从图中可以观察到，不论是以亚临界水为溶剂，还是以四氢萘为溶剂，抑或是加入不同的添加剂，所得到的前沥青烯的红外光谱图是相似的。由此可知，不同条件下得到的前沥青烯结构是相似的。以 FeS 为添加剂所得的 PA 红外光谱图中 3400cm^{-1} 处是—OH 键，而且这个键有向低波数移动的趋势，这说明在该前沥青烯中存在较强的：OH 与醚中 O 相结合的氢键。表 9-7 说明添加 FeS 后，前沥青烯 中含有的 O 较其他添加剂高。从以上可以推测：有大量醚和酯中的 O 存在于以 FeS 为添加剂所得的前沥青烯中，FeS 将醚 / 酯中 O 转移的催化活性较低。从图 9-33 可知在 3400cm^{-1} 和 2920cm^{-1} 附近有较强的键，这两个键属于脂肪族 C—H 键的拉伸振动。

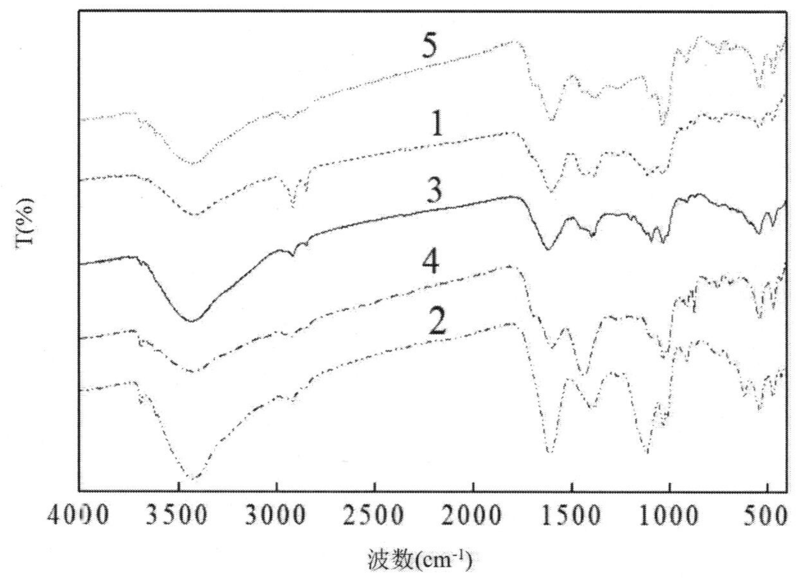

图 9-33 不同液化条件下产生的前沥青烯红外光谱图

Fig.9-33 IR spectra of the preasphalenes at different conditions

9.4 小结

（1）通过对金沟褐煤、小麦秸秆和废塑料进行热重分析发现，在金沟褐煤、小麦秸秆与废塑料供热解过程中存在协同作用，而且，在三者供热解时存在两个比较大的失重峰，由此推断，在金沟褐煤、小麦秸秆和废塑料共液化过程中有两个比较剧烈的反应阶段。

（2）结合红外光谱、电镜扫描、热重分析和 ^{1}H NMR 等分析表征发现，与单独液化相比较，金沟褐煤、小麦秸秆和废塑料共液化反应更为复杂，液化产物的形态、性质等都发生了变化。

（3）与以四氢萘为溶剂相比，在共液化过程中以亚临界水为溶剂时液化残渣中灰分含量高，有更多样品进行了液化反应；液化残渣的失重峰温简单，组分较简单，TPD 脱附中 TCD 值较高，残渣脱附性能强；残渣的红外光谱中含氢峰的振动减弱；液化油中芳香氢含量低，与甲基相连的氢含量高。因此与以四氢萘为溶剂相比，以亚临界水为溶剂时总转化率较高，但是油产率较低，有较多的氢转移到气体、沥青烯和液化油中。

（4）在液化过程中加入电气石、FeS、Fe_2O_3+S 等添加剂，尽管所得的残渣结构相似、前沥青烯的结构也相似，但是液化产物的性质却不完全一致。加电气石、FeS、Fe_2O_3+S 等添加剂使液化残渣中氢键减弱，含氢量减少，其对应的气体中 H_2S 含量增加，说明电气石、FeS、Fe_2O_3+S 等使氢大量转移到气体中；添加 Fe_2O_3+S、FeS 及电气石使液化残渣的脱附性能减弱；添加电气石和 FeS 使液化油中 $H_{\alpha r}$ 和 H_α 含量降低，H_γ 含量升高，使液化反应中发生较多的开环反应。

（5）金沟褐煤、小麦秸秆和废塑料三者共液化存在协同作用，相互作用复杂，传统的煤单独液化模型不再适用三者共液化，需要建立更加完善的液化模型。

第 10 章　煤泥和污泥的水热碳化特性

水热碳化是指碳水化合物在高温高压反应釜中，以水或水溶液为介质，在一定温度内、自产生的压力及反应时间的条件下与水发生溶解及碳化的过程，是一种近年来新兴的工艺。水热碳化法因具有反应设备简单、反应条件温和、原料适用广泛等优点而备受关注，水热碳化的原材料可以包括几乎所有有机固体废弃物，如纤维素、木质素、污泥、厨余垃圾等。水热碳化的产物水热炭具有稳定、无污染、易于运输等优点，可用于吸附污染物、改善土壤环境及作为燃料掺混燃烧。水热处理不仅对污泥的处理处置效果更加优越，而且对技术和设备的要求不高，这就意味着水热碳化法可以作为煤泥、污泥处理处置的手段，且具有传统处置方法不具有的优势和潜力，但是在水热碳化处理处置技术还需要深入研究。

10.1　污泥水热碳化产物分布特性

本章所用样品为山西太原城市污泥（SS）和平朔煤泥（CS）。煤泥经过破碎、筛分、干燥后制成粒径在 60 ~ 80 目的样品，置于塑封袋中备用。煤泥、污泥的工业分析、硫含量以及热值见表 10-1。本论文所用的实验试剂主要是浓硫酸（AR），柠檬酸（AR），无水乙醇（AR）。

表 10-1　样品的工业分析和元素分析

Table 10-1　Industrial analysis and elemental analysis of samples

样品	工业分析（%）				元素分析（wt%）					热值（kJ/kg）
	M_{ar}	A_d	Vd	FC_d^*	C_d	H_d	O_d^*	N_d	S_d	
煤泥	11.41	42.68	50.64	6.68	48.36	3.72	11.05	0.83	1.21	18787
污泥	82.97	54.28	45.59	0.13	28.11	3.85	18.45	4.06	1.44	9414

注：* 表示差减法计算所得。

10.1.1　不同反应温度下污泥水热碳化产物分布

污泥在不同水热温度下反应 60min 时的水热碳化产物分布如图 10-1 所示。从图 10-1 中可以看出，当水热碳化温度从 160℃升高到 320℃时，固相产物收率从 78.58% 下降到 66.28%，而气相和液相产物收率从 21.42% 升高到 33.72%；随着水热碳化温度升高，固相产物收率显著降低，气相和液相产物的收率增加。此外，从图 10-1 中还可以看出，当用硫酸调节 pH 为 2 时，在 160℃时，固相产物收率为 65.78%，320℃时为 56.68%，pH 为 2 时在相同温度、相同反应时间下固相产物收率明显降低，说明酸性环境下污泥中碳水化合物、蛋白质等的水解葡萄糖、果糖等物质更加充分。因此，反应温度和 pH 是影响污泥水热碳化实验的关键因素。

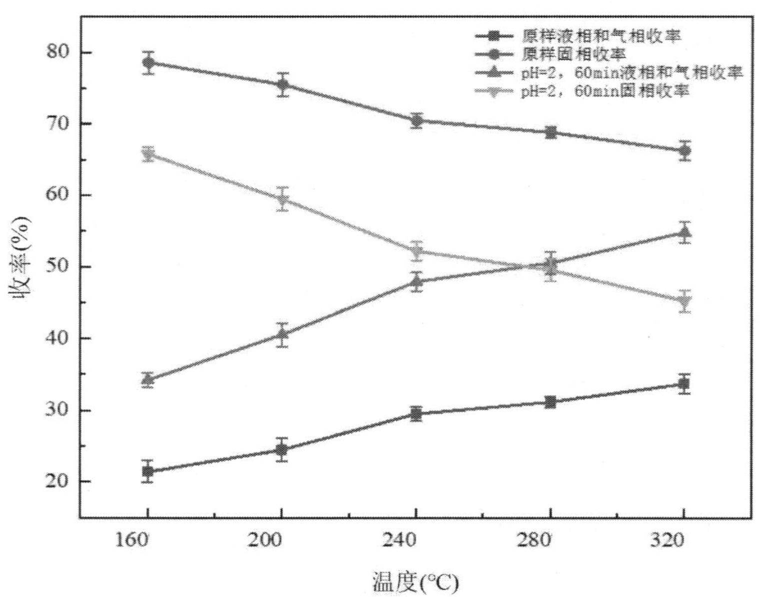

图 10-1　污泥在不同水热温度下反应 60min 时的水热碳化产物分布

Fig.10-1　Distribution of hydrochar products of sewage sludge at 60min reaction temperature

10.1.2　不同反应时间下污泥水热碳化产物分布

污泥在 240℃下反应不同时间时的水热碳化产物分布如图 10-2 所示。从图 10-2 中可以看出，当水热碳化时间从 60min 延长到 360min 时，固相产物收率从 78.58% 下降到 70.41%，而气相和液相产物收率从 21.42% 升高到 29.59%；随着水热碳化时间的延长，固相产物收率显著降低，气相和液相产物的收率增加。此外，从图 10-2 中还可以看出，当用硫酸调解 pH 为 2 时，在 60min 时，固相产物收率为 61.82%，320min 时为 52.17%，柠檬酸调节 pH 为 2 时，在 60min 时，固相产物收率为 57.65%，320min 时下降至 50.78%。由此可以得出，随着水热反应时间的延长，污泥中的固体会更多地水解至液相和气相中，相同反应时间下加入酸的固相收率更低，表明在硫酸、柠檬酸调节反应环境后污泥中的有机物分解加剧，水热反应时间以及所加酸均对污泥水热碳化产物分布有较大的影响。

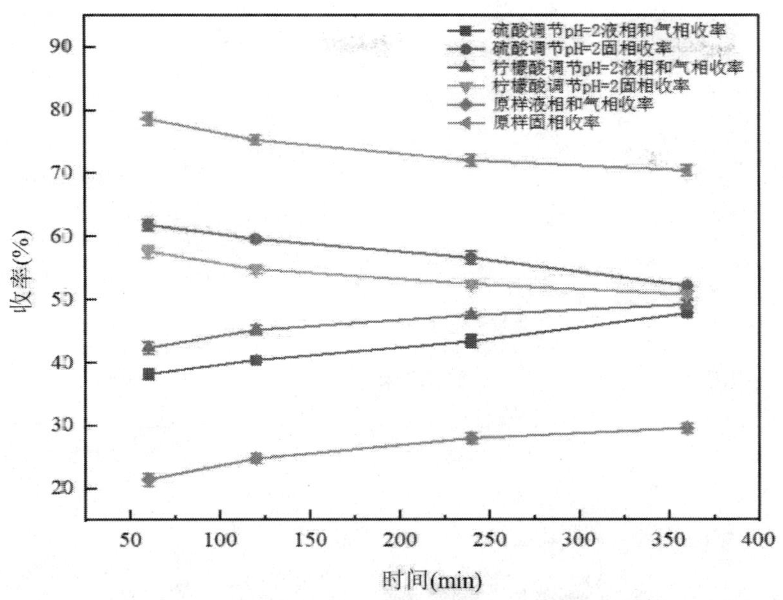

图 10-2　污泥在 240℃下反应不同时间时的水热碳化产物分布

Fig.10-2　Distribution of hydrochar products of sewage sludge at 240℃ reaction time

10.1.3　污泥水热炭性质分析

10.1.3.1　污泥水热炭的微观形貌分析

图 10-3 为污泥原样及污泥在硫酸调节 pH=2 不同水热温度下反应 60min 的水热炭的 SEM 图。从图 10-3 可以看出污泥的表面呈现不规则、不平整的状态，在经过硫酸调节 pH=2 的水热碳化反应后，水热炭中开始有微球颗粒形成，其表面光滑，比较图 10-3 中（b ~ f）可知，在 160℃和 200℃形成了少量尺寸较大的微球，在 240℃形成了大量、粒径较小且团聚的微球，且大小较为均匀，在 280℃和 320℃形成了少量、分散且尺寸较大的微球。

图 10-4 为污泥在硫酸调节 pH=2 不同水热温度下反应 120min 的 SEM 图，比较图 10-4 中 a ~ e 可知，在此条件下在各个温度下得到的水热炭均有大量的微球出现，分散性较好，可以看出在 240℃以下形成的微球颗粒较小且比较团聚，在 240℃以上形成尺寸较大且分散的微球。SEM 结果表明，在污泥水热碳化过程中，水热反应温度、水热反应时间、pH 以及调节 pH 所用酸对水热炭表面形貌有极大的影响。

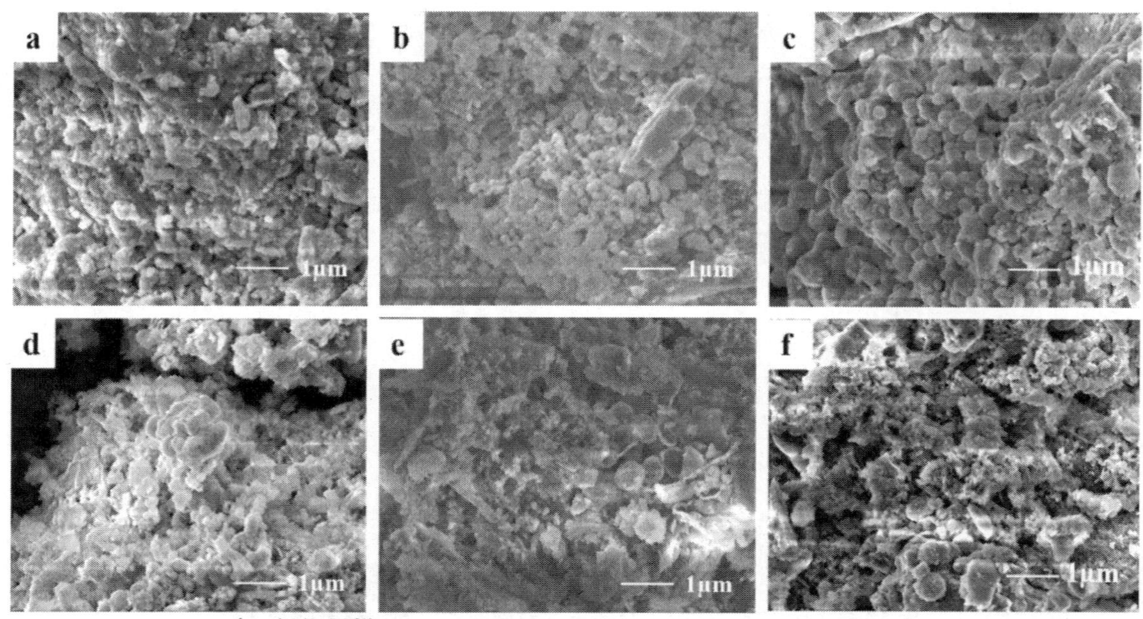

（a. 污泥原样；b ～ f. 160℃、200℃、240℃、280℃、320℃）

图 10-3　污泥在不同水热温度下反应 60min 的水热炭的 SEM 图

Fig.10-3　SEM spectrum of the hydrothermal carbon of sewage sludge at different hydrothermal temperatures at 60min

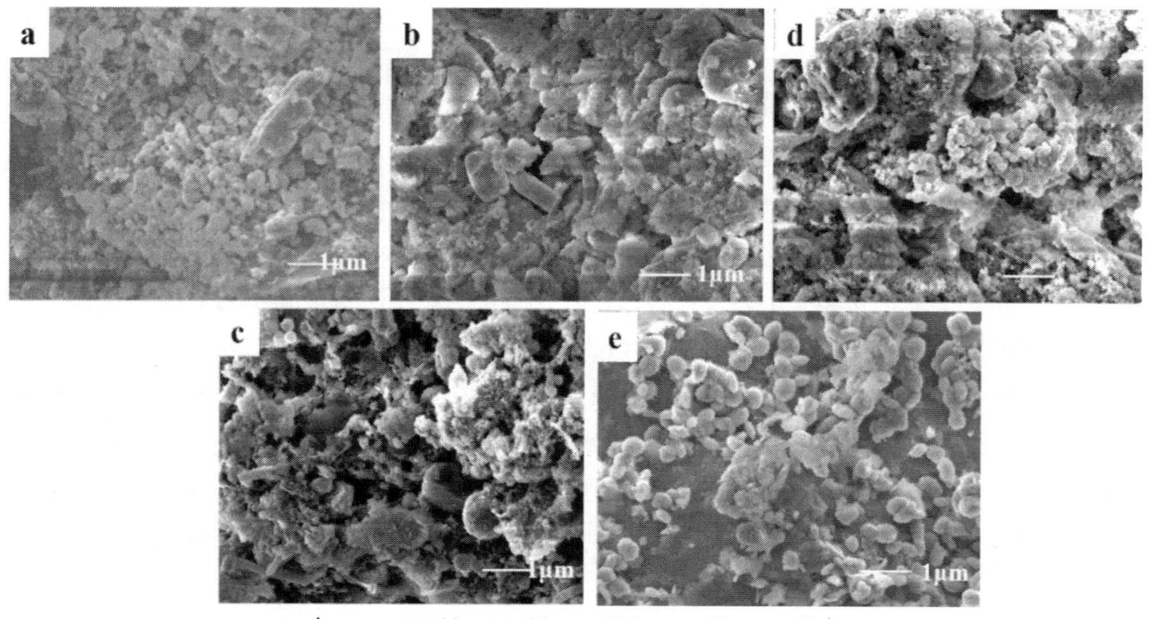

（a ～ e.160℃、200℃、240℃、280℃、320℃）

图 10-4　污泥在不同水热温度下反应 120min 的 SEM 图

Fig.10-4　SEM spectrum of the hydrothermal carbon of sewage sludge at different hydrothermal temperatures at 120min

图 10-5 和图 10-6 为污泥在硫酸、柠檬酸调节 pH=2 在不同水热温度下反应不同时间的 SEM 图，可以看出在加入硫酸后在四个时间段均有微球形成，且在 60min、120min 形成的微球较为密集且团聚，随着时间延长至 240min、360min，微球开始变得分散，且粒径变大，说明随着时间的延长，微球的生长更加充分。在加入柠檬酸后并没有出现微球，但是其相对污泥原

样来讲，表面变得致密、光滑，并且随着时间的延长表面的团聚现象更加明显。

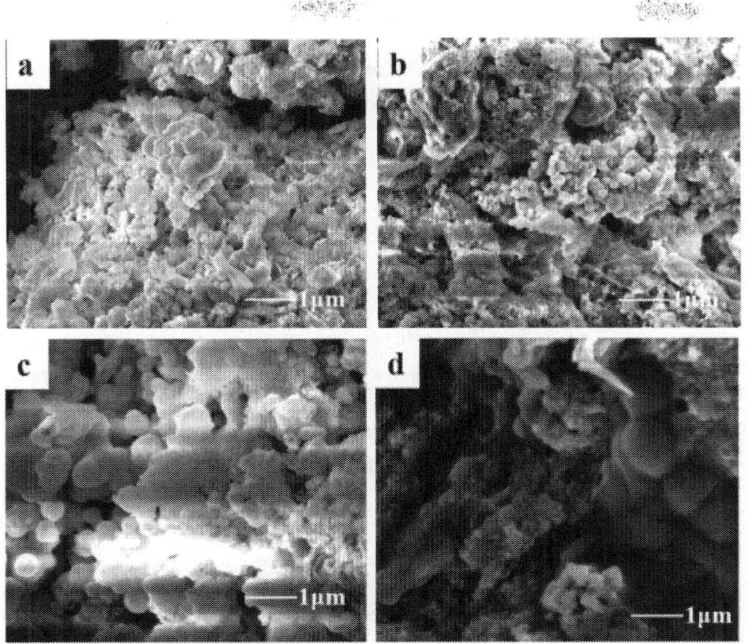

（a ~ d. 60min、120min、240min、360min）

图 10-5　污泥在硫酸调节 pH 下在 240℃反应不同时间时的水热炭的 SEM 图

Fig.10-5　SEM image of hydrothermal carbon of sewage sludge reaction time at 240℃ under sulfuric acid adjusted pH

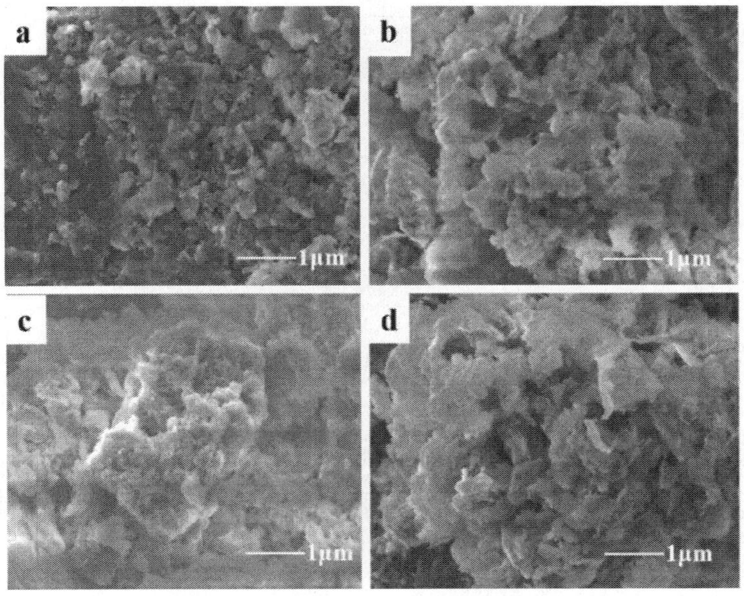

（a ~ d. 60min、120min、240min、360min）

图 10-6　污泥在柠檬酸调节 pH 下在 240℃反应不同时间时的水热炭的 SEM 图

Fig.10-6　SEM image of the hydrothermal carbon of sewage sludge at 240℃ with citric acid as the adjusting pH for different time

10.1.3.2　污泥水热炭的官能团分析

红外光谱区分为两个区域，分别是红外区（4000 ~ 1350cm^{-1}）和指纹区（1350 ~ 400cm^{-1}），主要分析的基团频率在 4000 ~ 1350cm^{-1}，指纹区的振动类型复杂且特征性不明显，但是对分子结构的变化较为敏感，可以明显看出分子结构的微小变化。

污泥原样及在不同水热温度以及 pH 下制得的水热炭的傅里叶变化红外光谱如图 10-7 ~图 10-9 所示。从图中可以看出污泥原样及水热炭在波数为 3200 ~ 3600cm^{-1} 的范围内有宽而强的吸收峰，主要是 O—H 和 N—H 伸缩振动吸收峰，表明污泥及水热炭中有大量的如醇类、羧酸等物质。波数在 2926cm^{-1} 和 2856cm^{-1} 处也有很强的 C—H 振动吸收峰，这表明污泥及水热炭中具有 C—H 的环烷烃类或者脂肪烃类化合物。随着温度的升高，波数在 1636cm^{-1} 处的特征峰呈现逐渐减弱的趋势，主要是酮类或者酰胺类的 C═O 伸缩振动峰，表明酮类或酰胺类物质水解。波数在 1520cm^{-1} 处的特征峰随着温度的升高逐渐减弱，在温度升高至 280℃以上时此特征峰基本消失，对应的是芳环 C═C 伸缩振动，表明在水热碳化过程中随着温度的提高芳香类物质逐渐减少，这就是随着水热温度的提高水热产物类咖啡味减小的原因。波数在 1000 ~ 1266cm^{-1} 处的特征峰对应的是无机矿物质化合物中的 O—H 基振动峰、芳香类 C═O 伸缩振动基团以及 Si—O 伸缩振动峰。波数在 1000 ~ 1266cm^{-1} 处的特征峰对应的是无机矿物质化合物中的 O—H 基振动峰、芳香类 C═O 伸缩振动基团以及 Si—O 伸缩振动峰，水热炭中该特征峰强度比较弱。波数在 534cm^{-1} 处的特征峰对应芳香类 C—H 基团，主要对应无机物成分。总体来说，水热碳化后水热炭的官能团与原污泥相比没有太大的变化。

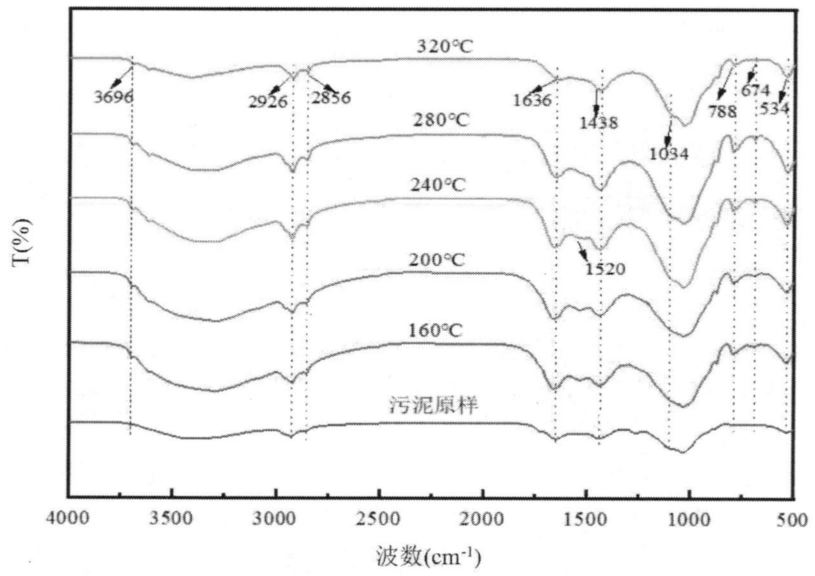

图 10-7 污泥原样在不同水热温度下反应 60min 的 FTIR 谱图

Fig.10-7 FTIR spectra of the original sewage sludge samples under different hydrothermal temperatures for 60min

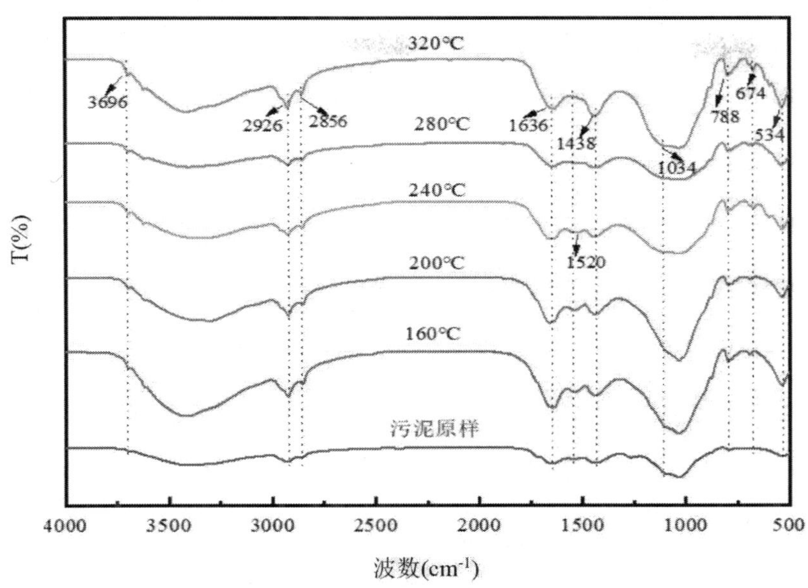

图 10-8　污泥在硫酸调节 pH 在不同水热温度下反应 60min 的 FTIR 谱图

Fig.10-8　FTIR spectra of sewage sludge reaction at different hydrothermal temperatures for 60min with pH adjusted by sulfuric acid

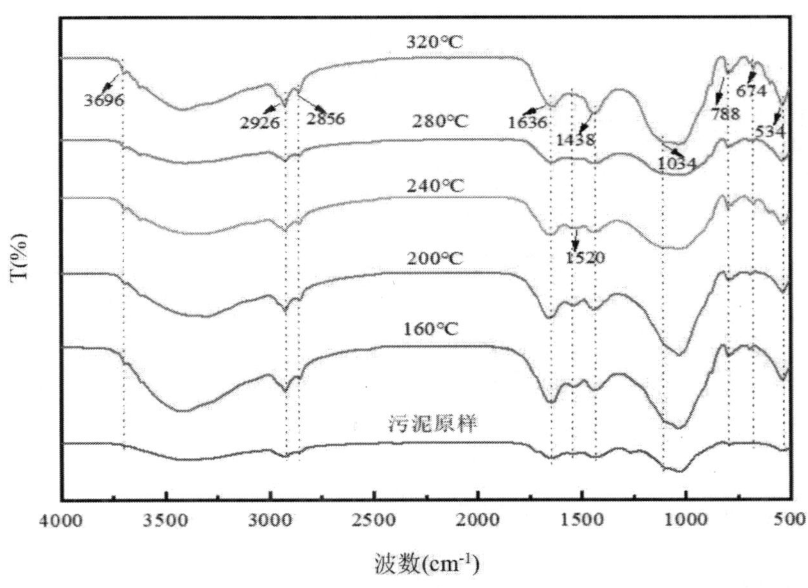

图 10-9　污泥在硫酸调节 pH 在不同水热温度下反应 120min 的 FTIR 谱图

Fig.10-9　FTIR spectra of Sewage sludge reaction at different hydrothermal temperatures for 120min with pH adjusted by sulfuric acid

污泥原样在不同水热反应时间、不同酸调节 pH 下制得的水热炭的傅里叶变化红外光谱如图 10-10 和图 10-11 所示。从图 10-10 和图 10-11 可以看出在不同水热反应时间以及不同酸所制得水热炭与污泥原样相比，整体上吸收峰的位置基本相同，二者的区别在于在 2926cm^{-1} 和 2856cm^{-1} 处吸收峰的强弱不同，硫酸调节 pH 条件在随着时间的延长上述两处的峰值减弱，表明在此条件下随着时间的延长污泥中的环烷烃类或者脂肪烃类化合物水解加剧，而在柠檬酸调节 pH 条件下二者的区别在于在 2926cm^{-1} 和 2856cm^{-1} 处吸收峰的强弱不同，硫酸调节 pH 条件在随着时间的延长上述两处的峰值减弱，表明在此条件下随着时间的延长污泥中的环烷烃类或者脂肪烃类化合物水解加剧，而在柠檬酸调节 pH 条件下这两处峰与污泥原样相比呈现加强的趋势，但是随时间的变化不明显，推测可能在水热碳化过程中生成了环烷烃类或者脂肪烃类化合物。

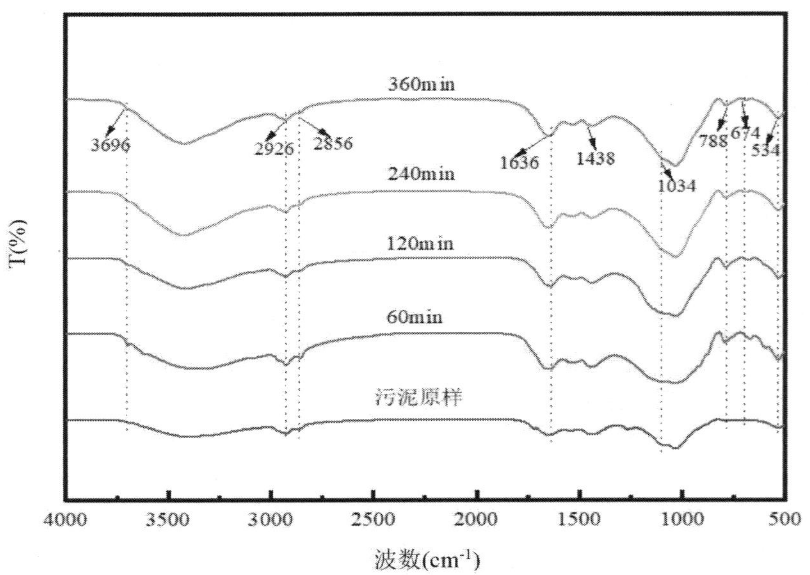

图 10-10　污泥在硫酸调节 pH 下在 240℃反应不同时间时的水热炭的 FTIR 图

Fig.10-10　FTIR diagram of the hydrothermal carbon of the sewage sludge under the condition of sulfuric acid adjusted pH at 240℃ for different time

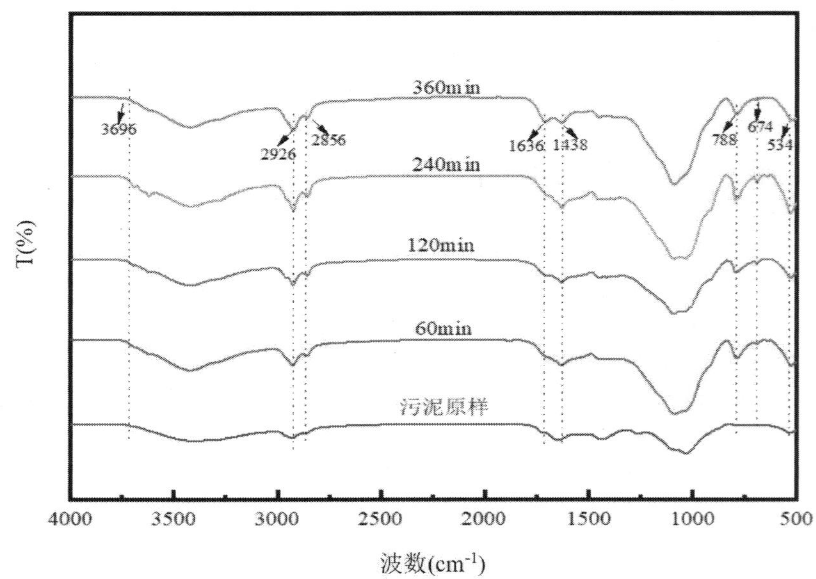

图 10-11　污泥在柠檬酸调节 pH 下在 240℃反应不同时间时的水热炭的 FTIR 图

Fig.10-11　FTIR diagram of hydrochar of sewage sludge at 240℃ with pH adjusted by citric acid for different time

10.1.3.3　污泥水热炭的晶相结构分析

图 10－12 和图 10－13 是污泥原样及制得的水热炭的 XRD 图。由图 10－12 和图 10－13 可知污泥的特征谱线的强度均比较高，分布较为均匀，并且原样和制得的水热炭没有出现明显的差异，由图 10－12 和图 10－13 分析可知污泥及硫酸调节 pH 制得的水热炭中有 2θ 为 21.56°、25.52°、26.66°、29.41° 处的特征峰，在 21.56°、26.66° 出现的特征峰说明 Si 元素主要存在于石英(SiO_2)中，污泥中有较高含量的沙砾，因此污泥及其制得的水热炭中有二氧化硅的晶相，在 21.56° 处出现的特征衍射峰随着水热碳化温度从 160℃升高到 320℃时而减弱，在 26.66° 处出现的特征衍射峰在 240℃以下随着水热碳化温度从 160℃升高到 320℃时而增强，当温度继续升高时，该峰减弱。在 2θ 为 25.52 处出现了一个衍射峰，表明水热炭中生成了 $CaSO_4$，此处的衍射峰随着水热碳化温度从 160℃升高到 320℃时没有明显的变化。在 2θ 为 29.41° 处出现了 $CaCO_3$ 的衍射峰，表明污泥及其制得的水热炭中有黏土成分的存在。污泥在不同条件的水热碳化处理下，存在方解石、石英等物质。

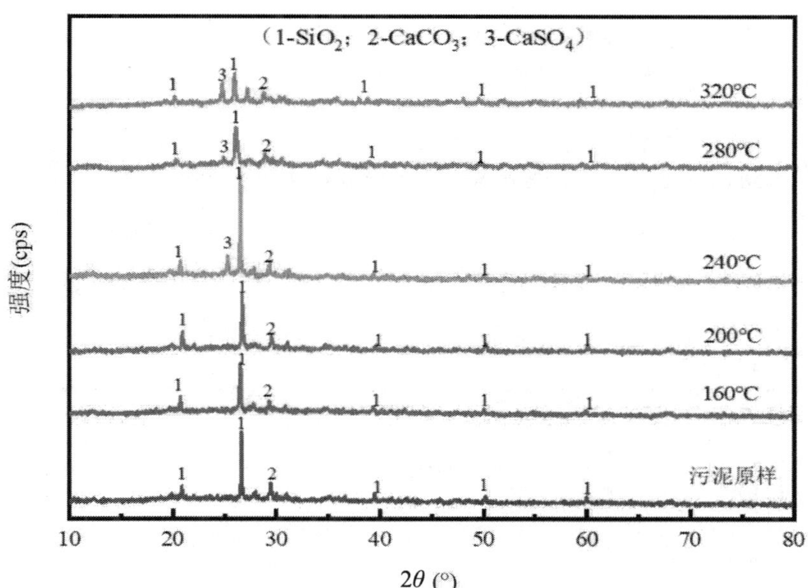

图 10－12　污泥在硫酸调节 pH 在不同水热温度下反应 60min 的 XRD 图

Fig.10－12　XRD pattern of sewage sludge reaction at different hydrothermal temperature for 60min with pH adjusted by sulfuric acid

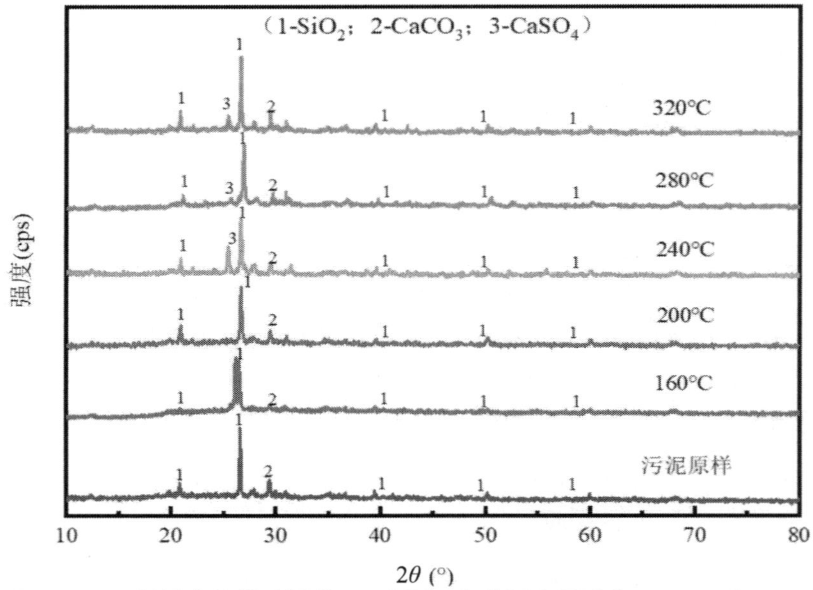

图 10-13　污泥在柠檬酸调节 pH 在不同水热温度下反应 120min 的 XRD 图

Fig.10-13　XRD pattern of sewage sludge reaction at different hydrothermal temperature for 120min with pH adjusted by sulfuric acid

10.1.3.4　水热反应时间对污泥水热炭晶相结构的影响

图 10-14、图 10-15 是污泥在硫酸、柠檬酸调节 pH=2 在 240℃反应不同时间的 XRD 图，从图中可以看出污泥在经过硫酸、柠檬酸调节 pH 后在不同水热时间下的 XRD 图均没有表现出明显的差异，二者的区别在于硫酸调节 pH 的情况下水热炭中生成了 $CaSO_4$。

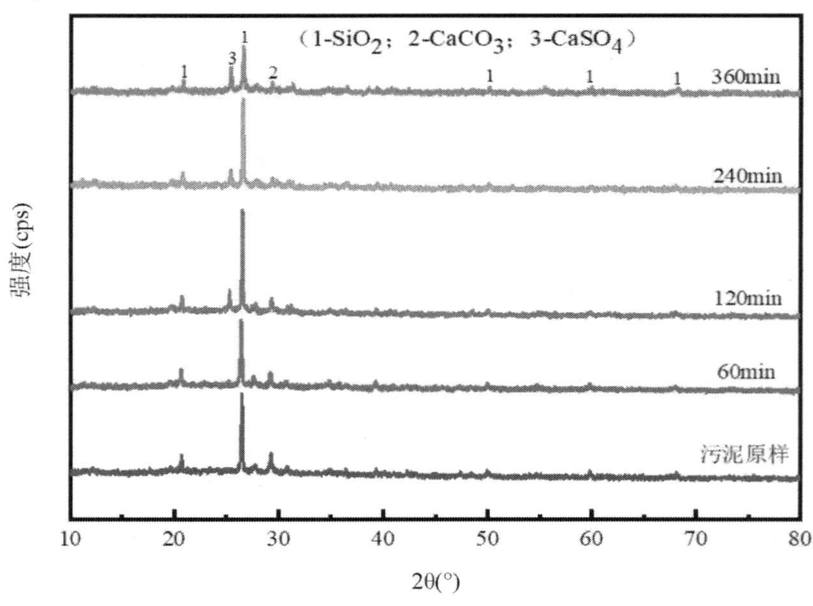

图 10-14　污泥在硫酸调节 pH 下在 240℃反应不同时间时的水热炭的 XRD 图

Fig.10-14　XRD patterns of hydrochar when sewage sludge is reacted for different time at 240℃ under pH adjustment of citric acid sulfuricacid

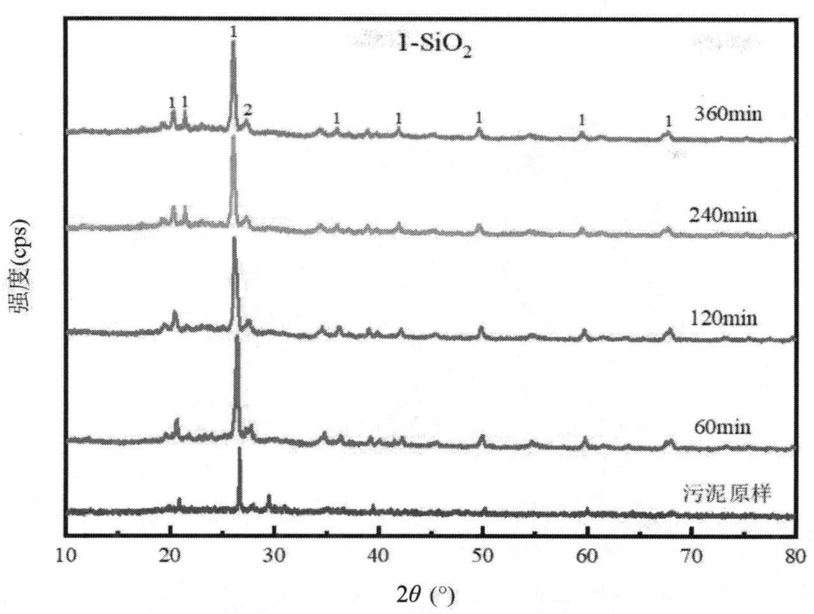

图 10-15 污泥在柠檬酸调节 pH 下在 240℃时反应不同时间时的水热炭的 XRD 图

Fig.10-15 XRD patterns of hydrochar when sewage sludge is reacted for different time at 240℃ under pH adjustment of citric acid

10.1.3.5 污泥热值分析

污泥原样及在不同水热温度下制得的水热炭的热值如图 10-16 所示，从污泥及其在不同条件下制得的水热炭的热值图中可以看出，污泥经过水热碳化后热值降低，且随着温度的升高，水热炭热值呈现降低的趋势（不加酸条件下从 8456kJ/kg 下降到 6735kJ/kg，加硫酸反应 60min 从 8507kJ/kg 下降到 8016kJ/kg，加硫酸反应 120min 从 8425kJ/kg 下降到 7265kJ/kg），这可能是由于污泥经过水热碳化反应发生了脱羧及还原反应后有机物溶解在液相中，水热炭中有机物含量变低，灰分含量增加，固定碳的含量减少，因此水热炭的热值呈现降低的趋势。经过对比可以发现在同等条件下在加入硫酸后污泥水热炭的热值有一定的提升，说明硫酸有助于水热炭保存污泥的大部分热值。

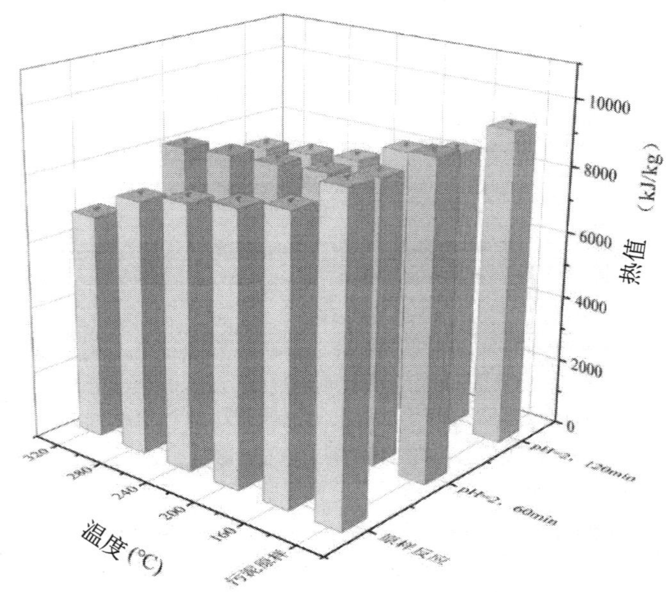

图 10-16　污泥原样及在硫酸调节 pH 在不同温度下反应生成的水热炭的热值图

Fig.10-16　The calorific value diagram of the original sewage sludge sample and the hydrothermal carbon generated by the reaction of pH under different temperatures with sulfuric acid

图 10-17 是污泥在不同酸调节 pH 条件下在不同水热反应时间下制得水热炭的热值图，从图中可以看出在硫酸调节 pH 条件下随着时间的延长污泥水热炭的热值降低，热值从 9414kJ/kg 降低至 7220kJ/kg，可以推测随着时间的延长污泥的脱羧等反应更加充分，在柠檬酸调节 pH 条件下随着时间的延长污泥水热炭的热值升高，热值从 9414kJ/kg 升高至 12821kJ/kg，这与柠檬酸（$C_6H_8O_7 \cdot H_2O$）的主要成分有关，柠檬酸中有碳元素，经过水热反应后碳元素保存在水热炭中，从而使水热炭的热值升高。

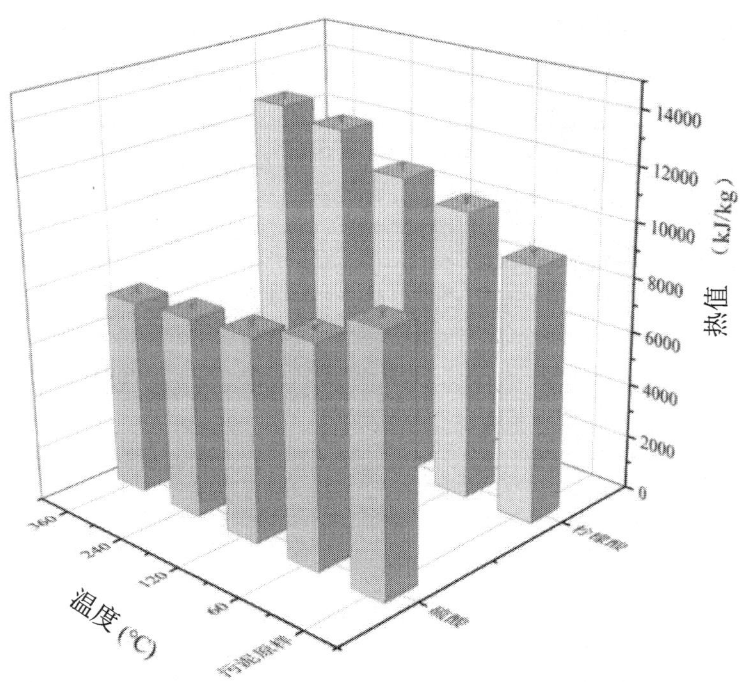

图 10-17　污泥原样及在硫酸、柠檬酸调节 pH 在 240℃下反应不同时间生成的水热炭的热值图

Fig.10-17　The calorific value diagram of the original sewage sludge and the hydrochar generated by the reaction of sulfuric acid and citric acid to adjust the pH at 240℃ for different time

10.1.3.6　污泥水热炭的 XPS 分析

图 10-18 为污泥原样及水热炭的 XPS 图。通过对图 10-18 中各谱图进行积分，计算出 S 的相对含量。经过硫酸调节 pH 制备的水热炭样品中，硫含量较高，见表 10-2。

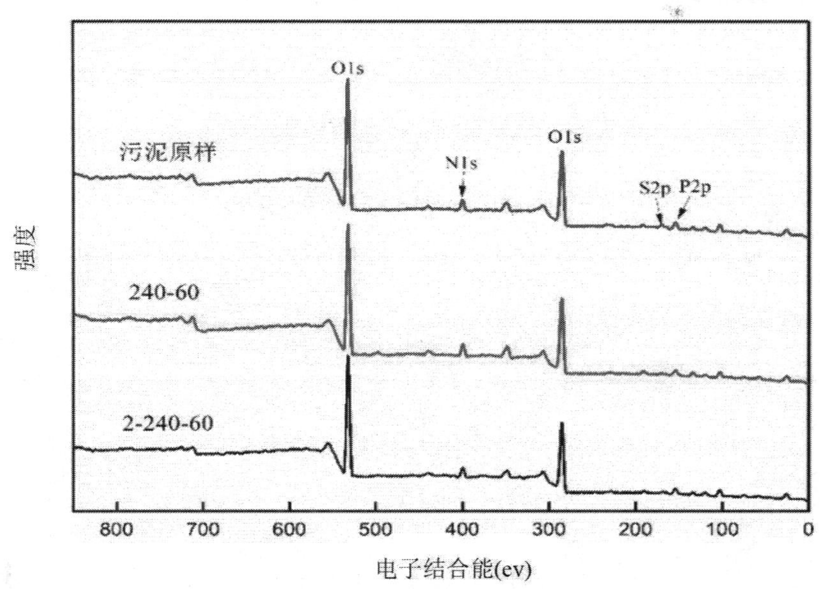

图 10-18　污泥原样及水热炭的 XPS 图

Fig.10-18　XPS drawing of original sewage sludge sample and hydrothermal carbon

表 10-2　不同样品的表面硫含量

Table 10-2　Surface sulfur content of different samples

样品	污泥原样	SS-240-60	SS-2-240-60
硫含量（%）	1.51	1.2	2.25

为了更好地了解各样品中的 S 的存在形态和含量，采用 XPS Peak fit 软件对 S 的精细谱图进行了分峰拟合，基线类型选择 shirley，Peak type 为 P。图 10-19 为污泥原样及水热炭所含硫的形态 XPS 图，图 10-20 为不同样品中不同形态硫的相对含量，所测污泥原样 SS-Raw 中的含硫化合物主要包括噻吩、硫化物、砜和硫酸盐四种，其中硫化物有 26.46%，噻吩 24.85%，砜 36.42%，硫酸盐 12.27%。经过水热碳化后，SS—HTC 中的硫酸盐硫的含量明显增加，而砜的含量明显降低。通过硫酸辅助水热碳化后，SS—HTC—Acid 中的噻吩硫增加，以硫化物形态存在的硫明显降低，硫酸盐的含量明显增加。而单质硫辅助水热碳化后，SS—HTC—Sulfur 中硫化物的含量增加显著，另外三种形态的硫均减少。

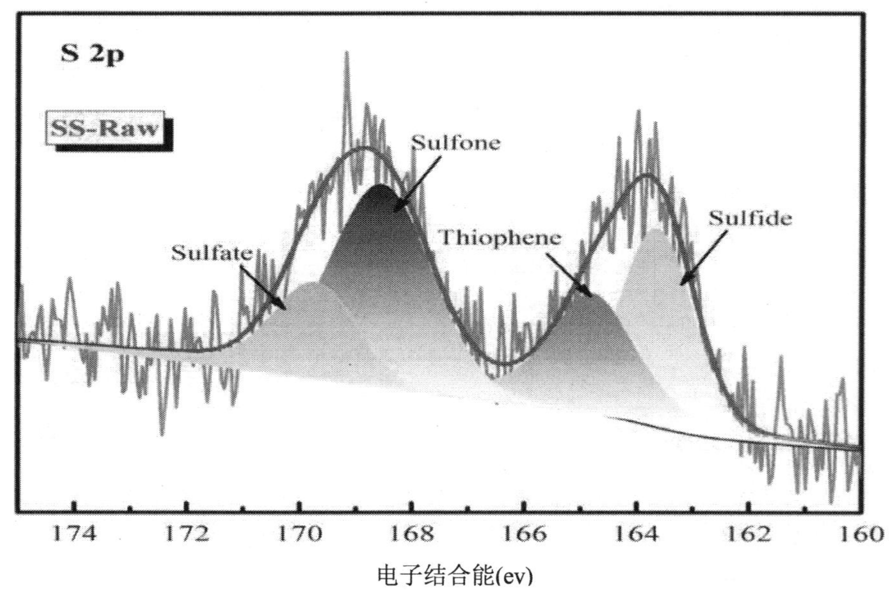

（a）污泥原样的 XPS 图

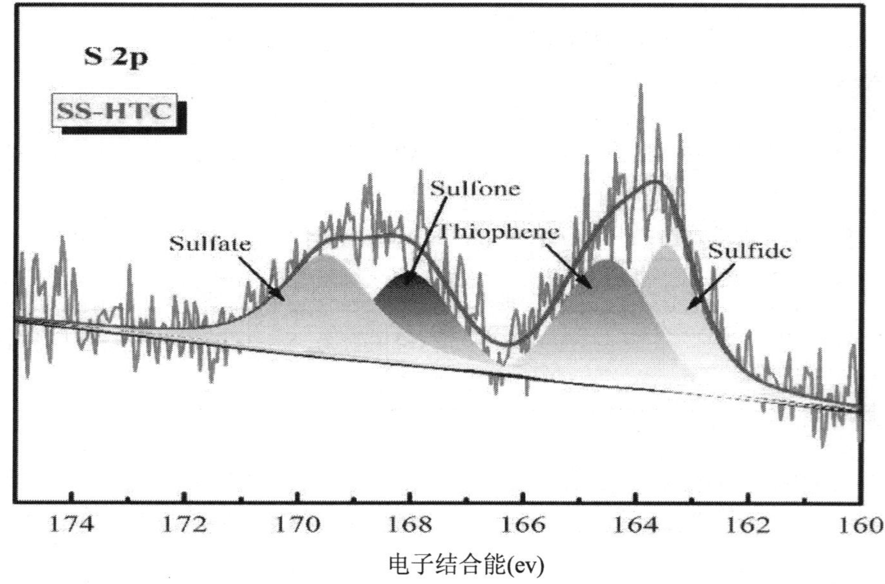

（b）污泥水热炭 XPS 图

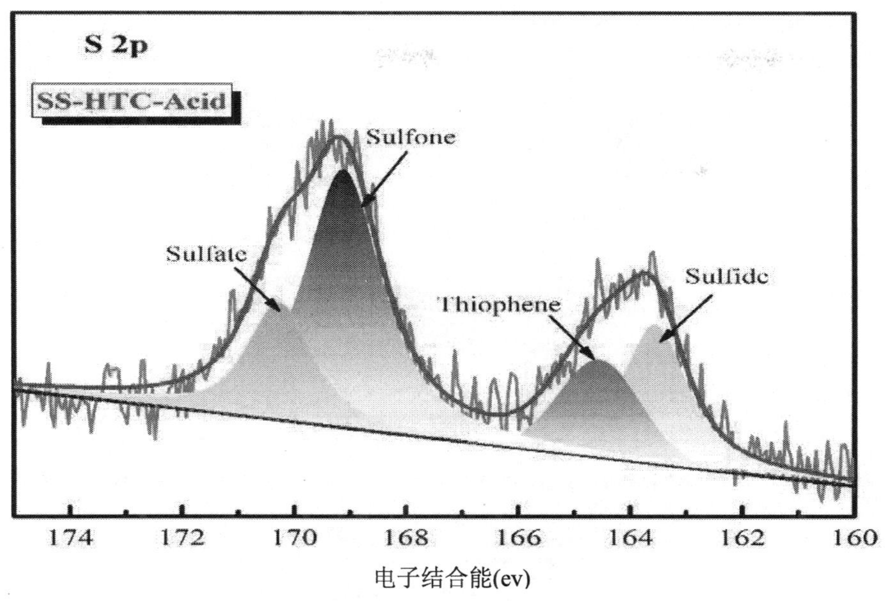

（c）污泥 2-240-60 水热炭 XPS 图

图 10-19　污泥原样及水热炭所含硫的形态

Fig.10-19　The original sewage sludge and the form of sulfur contained in the hydrochar

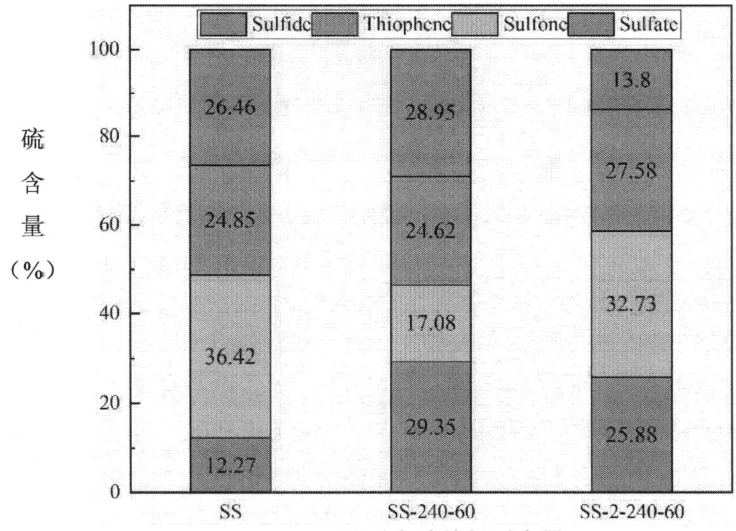

图 10-20　不同形态硫的相对含量

Fig.10-20　Relative contents of different sulfur forms

10.1.4　污泥水热碳化液相产物荧光光谱分析

污泥在经过不同水热反应温度所得液相的色度变化如图 10-21 和图 10-22 所示，污泥经过水热反应处理后，液相的色度发生了明显的变化，在 160℃时呈现淡黄色，随着水热温度的提高颜色逐渐加深，在 240℃时颜色发生了突变，在 320℃时上清液的颜色接近黑褐色。研究表明，液相中呈现黑褐色的物质是美拉德反应产物。美拉德反应又称为棕色反应，是反应原料中的还原糖与蛋白质发生非酶促缩合反应，且温度越高美拉德反应越剧烈，美拉德反应会生成棕色含氮聚合物和共聚物的类黑色素，这种反应在低温时可以发生，但是在高温时反应更快。

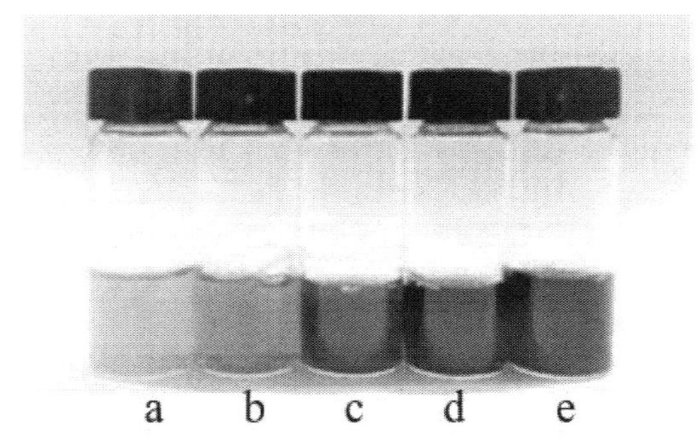

（a.160℃；b.200℃；c.240℃；d.280℃；e：320℃）

图 10-21　污泥在不同温度下反应 60min 的液相产物图片

Fig.10-21　Picture of liquid-phase products of 60min sewage sludge at different temperatures

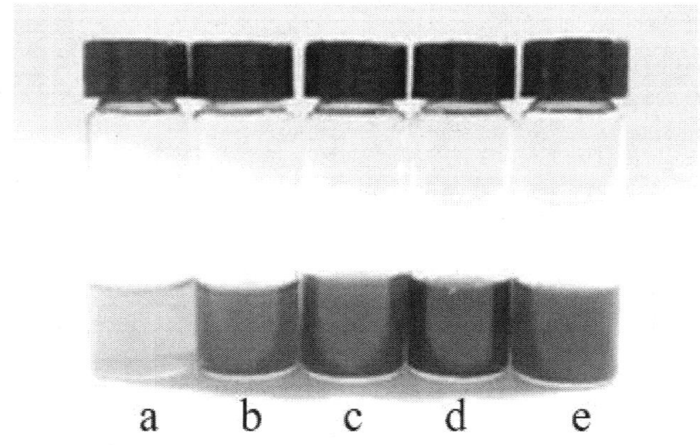

（a.160℃；b.200℃；c.240℃；d.280℃；e.320℃）

图 10-22　污泥在不同温度下反应 120min 的液相产物图片

Fig.10-22　Picture of liquid-phase products of 60min Sewage sludge at different temperatures

根据不同有机物激发 / 发射波长（Ex/Em）的不同，三维荧光光谱图可分为四类。Peak Ⅰ以 Ex/Em 330/420nm 为中心（Ex250nm ~ 400nm，Em380nm ~ 500nm），被认为是类似于腐殖质的有机物质；Peak Ⅱ（Ex220nm ~ 250nm，Em380nm ~ 450nm）是和类富里酸物质有关；Peak Ⅲ以 280/370nm 为中心（Ex250nm ~ 400nm，Em280nm ~ 380nm），是由类似可溶性微生物副产物物质引起的；Peak Ⅳ，以 220/360nm 为中心（Ex220nm ~ 250nm，Em330nm ~ 380nm）；可以归因于芳香族蛋白类物质。

污泥水热碳化液相产物的三维荧光光谱如图 10-23 所示，根据图 10-23（a），我们发现，当水热反应的温度为 160℃时，液相中存在的有机物较少，基本没有出现荧光特征峰。然而水热温度为 280℃时［图 10-23（b）］，出现了明显的特征峰，并且 Peak Ⅱ位置的峰最强，说明液相中有机物含有较多的类富里酸。另外，随着水热反应温度的升高，同时出现了类腐殖质、芳香族蛋白类等物质。当水热反应来到 320℃时［图 10-23（c）］，荧光特征峰进一步变强，Peak Ⅰ和 Peak Ⅱ显著增强，说明随着温度的升高，类腐殖质和类富里酸含量升高。以上分析说明，污泥水热碳化反应后的液相产物中，含有类腐殖质、类富里酸以及芳香族蛋白类等有机物。并且水热反应的温度越高，液相中该类有机物的含量越多。这为后续实现水热碳化反应液相产物的循环利用提供了一定的参考。

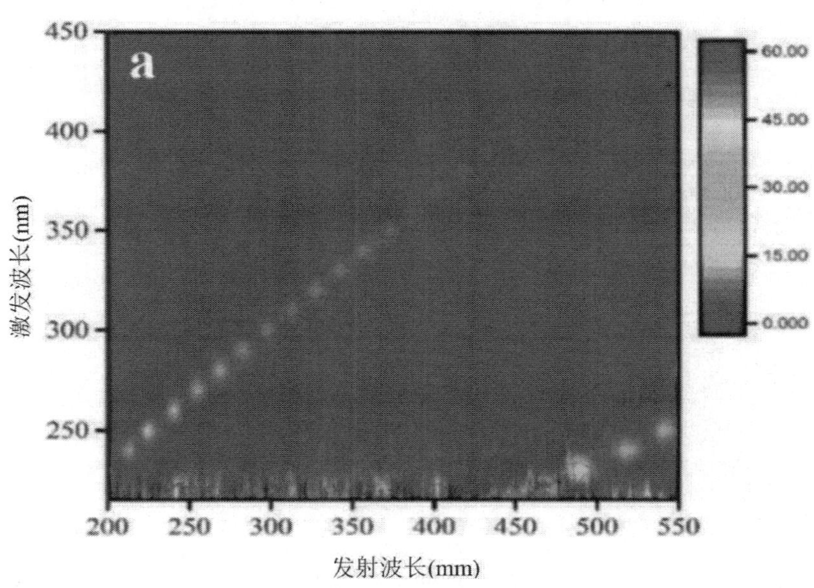

（a）污泥在 160℃水热碳化液相产物荧光光谱
（a）Fluorescence spectrum of liquid phase product of sludge hydrothermal carbonization at 160℃

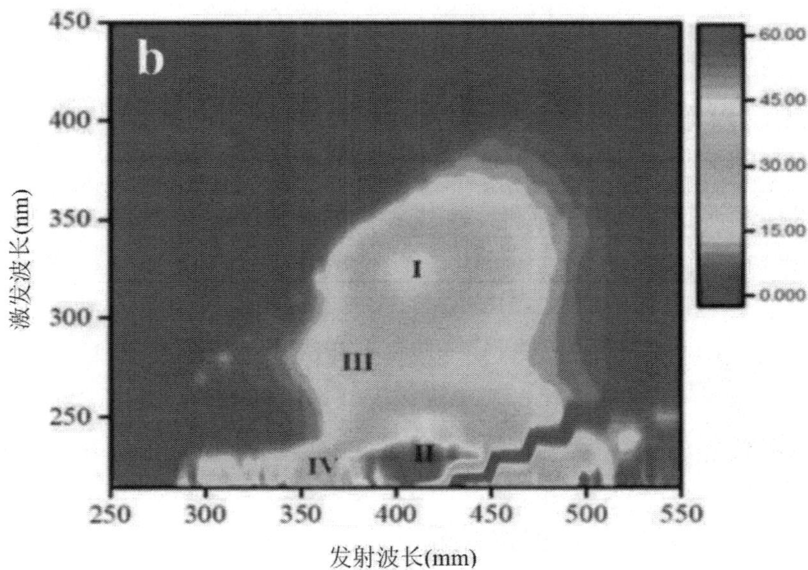

（b）污泥在 280℃水热碳化液相产物荧光光谱
（b）Fluorescence spectrum of liquid phase product of sludge hydrothermal carbonization at 280℃

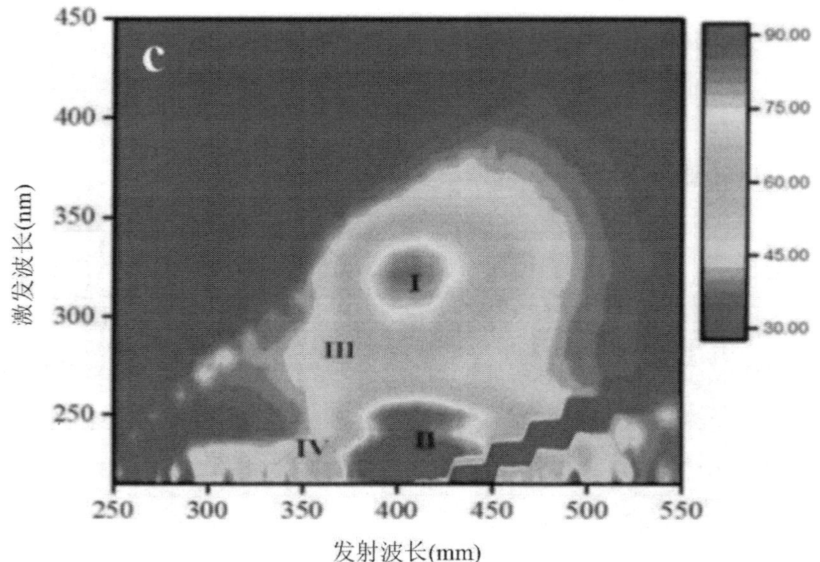

（c）污泥在 320℃水热碳化液相产物荧光光谱

（c）Fluorescence spectrum of liquid phase product of sludge hydrothermal carbonization at 320℃

图 10-23　污泥水热碳化液相荧光光谱

Fig.10-23　Fluorescence spectrogram of sewage sludge hydrochar liquid phase

10.2　煤泥的水热碳化特性研究

水热处理能够有效改善煤泥的脱水性，在煤泥的水热碳化过程中，煤泥内部的含氧基团会发生分解，制得的水热炭重复吸水能力大为降低，从而可以长久保存。本章主要研究在不同温度、不同反应时间、pH 以及添加不同酸所制得的煤泥水热炭的特性，并考察了不同水热碳化条件下煤泥水热炭理化性质的变化规律。

10.2.1　煤泥水热碳化产物分布特性

10.2.1.1　不同反应温度下煤泥水热碳化产物分布

煤炭在自然界的变质过程中，首先是煤分子结构中的甲氧基（-OCH）先经脱甲氧基作用转化为酚羟基（—OH），而后酚羟基（—OH）再通过脱羟基作用从煤分子芳香环上被脱除，煤炭的水热改质过程类似煤炭在自然界的变质过程。

煤泥与去离子水及在硫酸调节 pH 为 2（液固比均为 4 ：1）条件下，在不同的水热温度下反应 60min 时的水热碳化产物收率如图 10-24 所示，从图 10-24 可以看出煤泥与去离子水（液固比为 4 ：1）、pH=2 的硫酸在不同温度下反应时随着温度的升高收率降低，煤泥在与去离子水水热反应时当水热碳化温度从 160℃升高到 320℃时，固相收率从 93.2% 下降到 90.2%。此外，从图 10-24 还可以看出煤泥与 pH=2 的硫酸水热反应时，当水热碳化温度从 160℃升高到

320℃时，固相收率从 91.8% 下降至 87.7%，在相同条件下，加入硫酸后固相收率降低，以上现象说明随着水热温度的升高以及 pH 的降低会促进煤泥中较弱的分子键断裂，煤泥热分解加剧，生成少量气体和有机烃类。

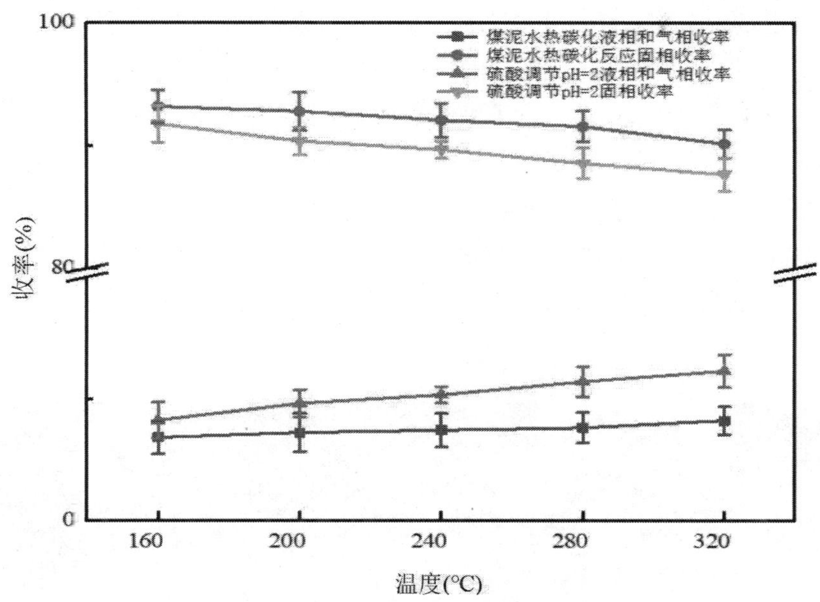

图 10-24　煤泥在不同水热温度下反应 60min 时的水热碳化产物分布

Fig.10-24　Hydrochar product distribution of coal slime under different hydrothermal temperature for 60min

10.2.1.2　水热反应时间对煤泥水热碳化产物分布

图 10-25 是煤泥在 240℃下反应不同时间时的水热碳化产物分布，从图 10-25 可以看出煤泥在温度不变时固相收率随着水热反应时间的延长而降低，其收率从 89.7% 下降到 86.8%，变化幅度不是很大，说明随着水热反应时间的延长，煤泥中有更多的固相分解。

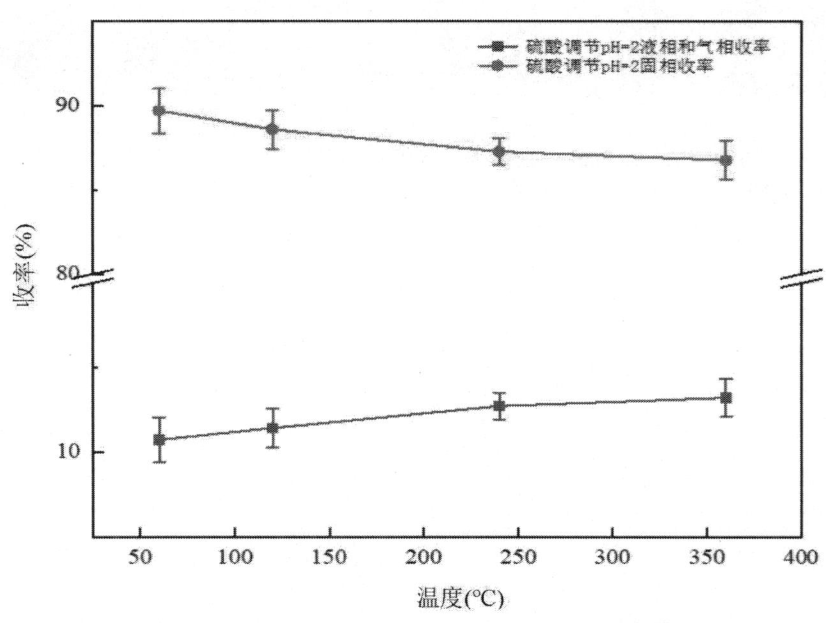

图 10-25　煤泥在 240℃下反应不同时间时的水热碳化产物分布

Fig.10-25　Distribution of hydrochar products of coal slime at 240℃ reaction time

10.2.2 煤泥水热炭的理化性质分析

10.2.2.1 煤泥水热炭的微观形貌分析

图 10-26 为平朔煤泥的原样及煤泥原样在不同水热温度下反应 60min 的 SEM 图，从图 10-26 可以看出煤泥的表面粗糙不平整、疏松且不规则。在经过水热碳化后煤泥水热炭的表面形貌变化不明显，比较图 10-26 中 b ~ f 可以看出煤泥水热炭在 200℃时有轻微的表面结构致密化的现象，当水热温度提高到 240℃以上时，水热炭表面结构致密化的现象增强。图 10-27 为平朔煤泥在硫酸调节 pH=2 时在不同水热温度下反应 60min 的 SEM 图，比较图 10-27a ~ e 中可以看出在硫酸的催化下，水热炭在 160℃就表现出表面结构致密化的现象，且水热炭表面变得更加细碎，表面断裂呈现加强的趋势。SEM 结果表明煤泥水热炭的形貌与水热温度、pH 有关。

（a. 煤泥原样；b ~ f.160℃、200℃、240℃、280℃、320℃）

图 10-26 煤泥原样在不同水热温度下反应 60min 的 SEM 图

Fig.10-26 SEM spectra of coal slime samples reacting for 60min at different hydrothermal temperatures

（a ~ e.160℃、200℃、240℃、280℃、320℃）

图 10-27 煤泥在硫酸调节 pH 在不同水热温度下反应 60min 的 SEM 图

Fig.10-27 SEM spectrum of coal slime reacting for 60min at different hydrothermal pH sulfuric acid regulation

煤泥经过不同水热反应时间的形貌变化如图 10-28 所示，可以看出在此条件下随着水热反应时间的延长，煤泥水热炭表面变得细碎且致密，表面断裂随着时间延长呈现加强的趋势，由此可以看出煤泥水热炭的形貌与水热反应时间有关。

（a ~ d. 60min、120min、240min、360min）

图 10-28 煤泥在硫酸调节 pH 下在 240℃反应不同时间时的水热炭的 SEM 图

Fig.10-28 SEM diagram of hydrothermal carbon of coal slime at 240℃ under sulfuric acid regulation

10.2.2.2 煤泥水热炭官能团分析

图 10-29 和图 10-30 是煤泥在不同温度下制得的水热炭的红外光谱图，通过图 10-29 和图 10-30 可以看出水热改性后煤泥水热炭产物的红外光谱图总体上与原煤泥的红外光谱图类似，峰的位置、形状几乎没有大的变化。图 10-29 是煤泥与去离子水在不同水热温度下反应 60min 的红外光谱图，图 10-30 是煤泥经过硫酸调节 pH=2 水热处理后的红外光谱图，煤泥的红外光谱主要分为四种类型：羟基结构特征吸收峰，脂肪族结构特征吸收峰，含氧、氮等杂原子官能团特征吸收峰和芳香烃结构的特征吸收峰。分析平朔煤泥的红外光谱可知，其在 3700cm^{-1} 和 3618cm^{-1} 处存在羟基吸收峰，与原煤泥相比经过水热碳化后的水热炭强度变弱，而不同水热碳化温度、时间下制得的水热炭的羟基吸收峰区别不大；在 2924cm^{-1} 和 2854cm^{-1} 处存在烷基侧链和环烷的吸收峰，属于脂肪烃的吸收峰；在 1440cm^{-1} ~ 1634cm^{-1} 范围内的含氧官能团振动吸收峰较为明显，并且随着水热温度的提高而呈现减弱的趋势，表明随着水热温度的升高，煤泥中所含的含氧官能团分解变得剧烈；在 1350cm^{-1} ~ 400cm^{-1} 属于指纹区，该范围对应芳环取代区，有两个明显的峰，分别位于 1024cm^{-1}、914cm^{-1}，此范围原煤与水热碳化后的水热炭区别不明显。

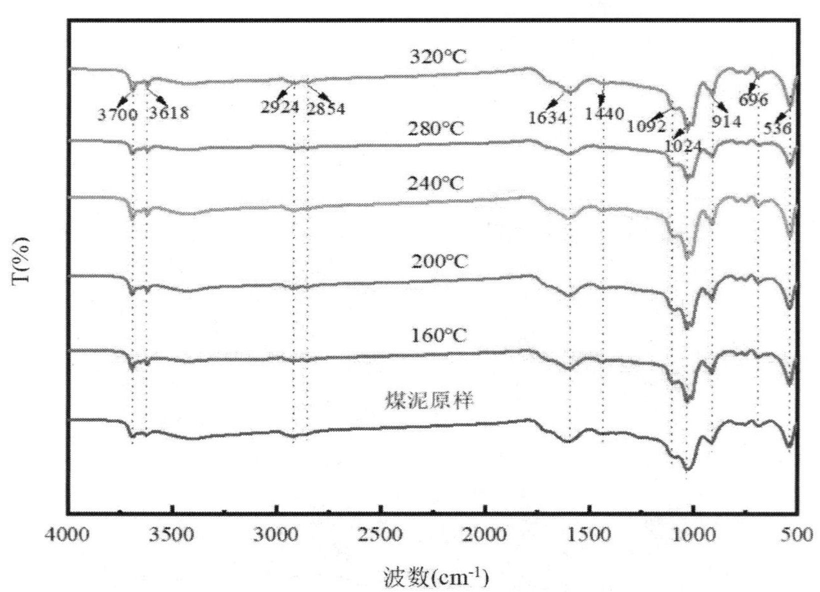

图 10-29 煤泥与去离子水在不同水热温度下反应 60min 的 FTIR

Fig. 10-29 FTIR spectrum of 60min reaction between slime and deionized water at different hydrothermal temperatures

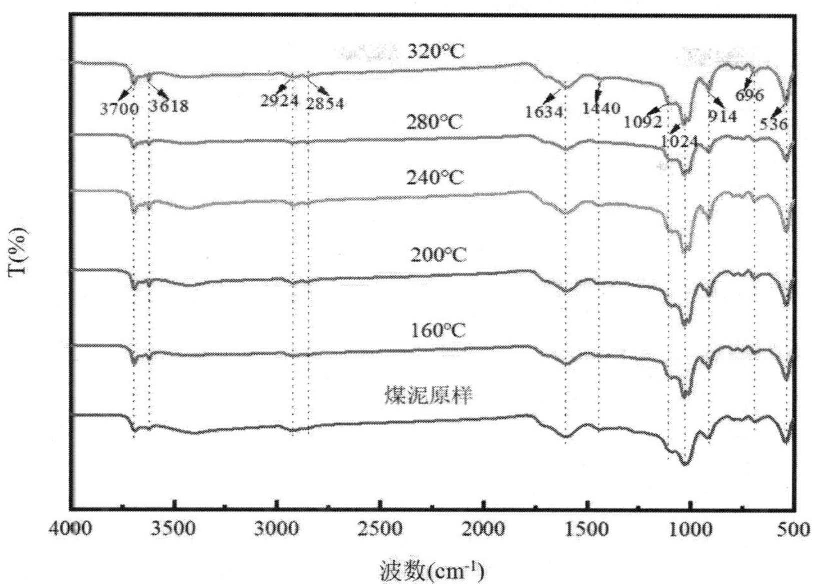

图 10-30　煤泥在硫酸调节 pH 在不同水热温度下反应 60min 的 FTIR
Fig.10-30　FTIR spectrum of coal slime reacting for 60min at different hydrothermal temperature under sulfuric acid regulated pH

图 10-31 是煤泥与 pH 为 2 的稀硫酸在 240℃条件下反应不同水热时间的水热炭的红外光谱图，通过图 10-31 可以看出煤泥水热炭产物的红外光谱图总体上与原煤泥的红外光谱图类似，分析可知，与原煤泥相比水热炭在 $3700cm^{-1}$ 和 $3618cm^{-1}$ 的羟基吸收峰强度变弱；在 $2924cm^{-1}$ 和 $2854cm^{-1}$ 的烷基侧链和环烷的吸收峰强度随着时间的延长先变强后减弱；$1440cm^{-1}$ ～ $1634cm^{-1}$ 范围内的含氧官能团振动吸收峰较为明显，并且随着时间的延长而呈现减弱的趋势，表明随着反应时间的延长，煤泥中所含的含氧官能团分解变得剧烈；在指纹区范围内原煤与水热碳化后的水热炭区别不明显。

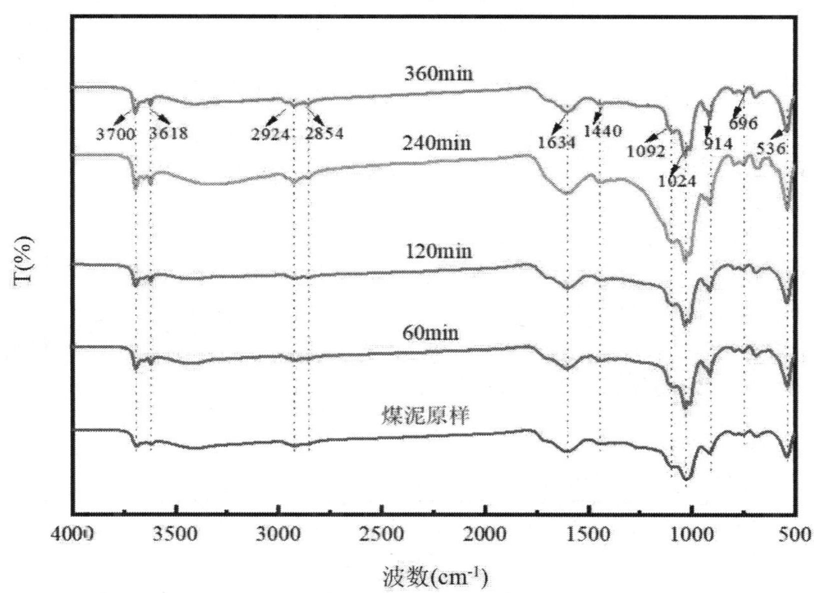

图 10-31　煤泥在硫酸调节 pH 在 240℃反应不同时间的 FTIR
Fig.10-31　FTIR spectra of different reaction times of slime in sulfuric acid with adjusted pH at 240℃

10.2.2.3 煤泥水热炭的晶相矿物分析

图 10−32 和图 10−33 是煤泥原样及制得的水热炭的 XRD 图，对煤泥及其制得的水热炭的矿物组成形式进行 XRD 分析，由图 10−32、图 10−33 可知煤泥的特征谱线的强度均比较高，分布较为均匀，并且煤泥原样和制得的水热炭没有出现明显的差异，由图 10−32 和图 10−33 分析可知煤泥及其制得的水热炭中有许多高岭石的峰，说明煤泥中含有较多的高岭石黏土成分，在 2θ 出现 26.66° 的峰，说明 Si 元素主要存在于石英（SiO_2）中。在 2θ 为 29.43° 处出现了 $CaCO_3$ 的衍射峰，表明煤泥及其制得的水热炭中有黏土成分的存在。在不同条件的水热碳化处理下，存在高岭石、石英等物质。

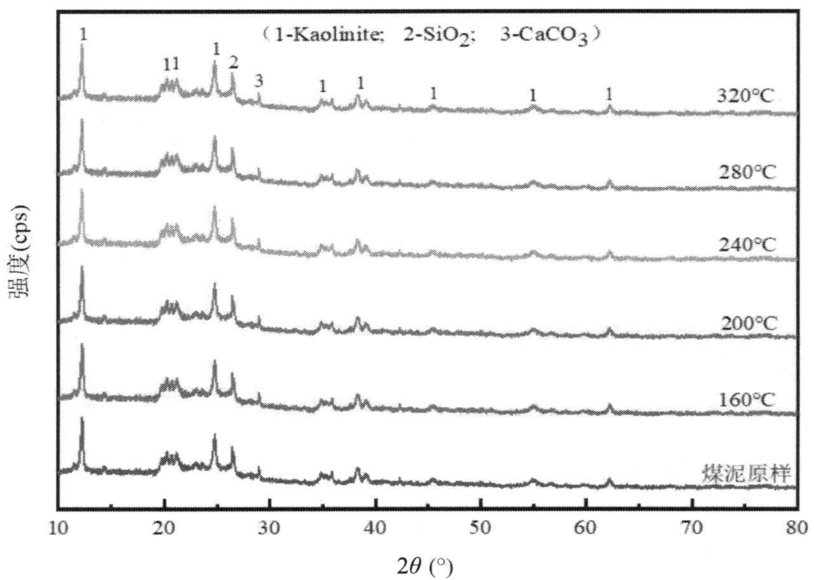

图 10−32　煤泥与去离子水在不同水热温度下反应 60min 的 XRD 图

Fig.10−32　XRD pattern of coal slime in original sample under different hydrothermal temperature for 60min

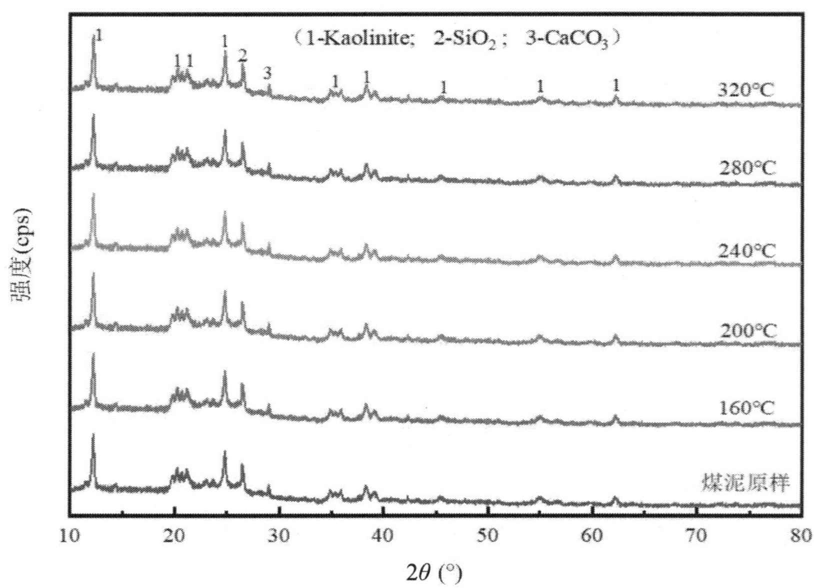

图 10−33　煤泥在硫酸调节 pH 不同水热温度下反应 60min 的 XRD 图

Fig.10−33　XRD pattern of coal slime reacting for 60min at different hydrothermal temperatures under H_2SO_4 catalysis

图 10-34 是煤泥在 240℃下反应不同时间时制得的水热炭的 XRD 图，对煤泥及其制得的水热炭的矿物组成形式进行 XRD 分析，由图 10-34 可知煤泥的特征谱线的强度均比较高，分布较为均匀，与在不同温度下制得的水热炭的峰相类似，表明煤泥在不同时间的水热碳化处理下，存在高岭石、石英等物质。

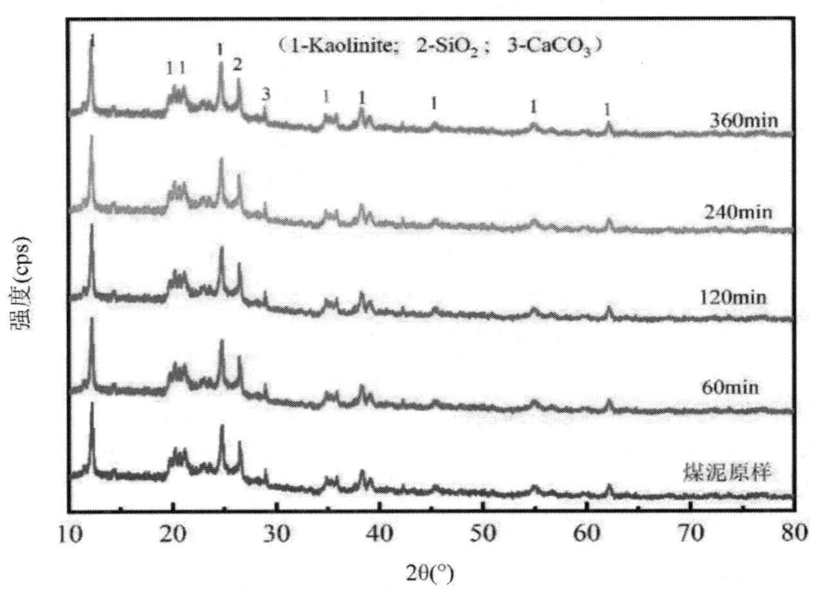

图 10-34　煤泥在硫酸调节 pH 在 240℃反应不同时间的 XRD 图

Fig.10-34　XRD patterns of different reaction times of slime in sulfuric acid with pH adjusted at 240℃

10.2.2.4　煤泥水热炭热值分析

图 10-35 是煤泥及其在不同条件制得的水热炭的热值图，从图中可以看出，经过水热碳化后，水热炭的热值升高，且随着水热温度的升高，热值在增加（在不加酸的条件下从 21452kJ/kg 升高到 23662kJ/kg，加酸条件下从 22581kJ/kg 升高到 24859kJ/kg）。这是由于煤泥在水热反应过程中，较低能量的化学键如　C　O、　C　H 通过反应生成了更高能量的化学键，使得煤泥水热炭的热值得以提升。

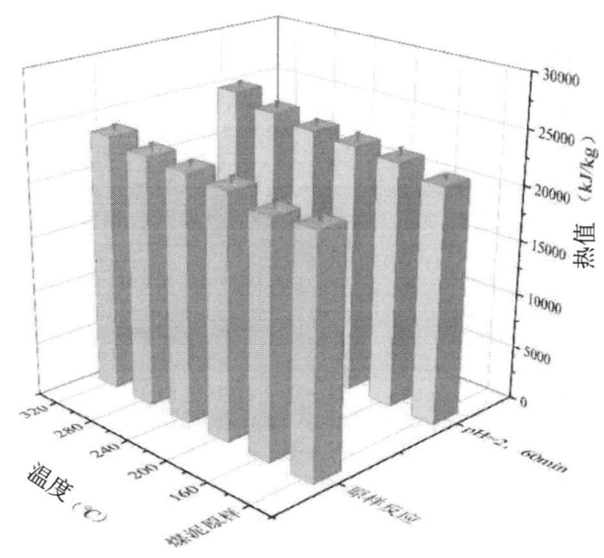

图 10-35 煤泥在不同水热反应温度下反应 60min 的热值图
Fig.10-35 Calorific value diagram of coal slime at different hydrothermal reaction temperatures for 60min

10.3 污泥和煤泥的共水热碳化特性研究

前期的实验对污泥、煤泥在不同条件下单独水热碳化进行了一系列实验与表征，研究发现污泥和煤泥经过水热碳化后的形貌、热值以及燃烧特性有较大的变化，已有研究发现，在金沟褐煤与污泥共水热碳化过程中表现出较好的协同特性，比原料单独水热碳化更有优势。本章主要研究污泥、煤泥共水热碳化的特性研究，探究煤泥掺混污泥进行水热碳化得到的水热炭的性质，利用污泥、煤泥在不同的原料比例、温度梯度、水热反应时间进行水热反应来探究煤泥与污泥水热处理前后各种性质的变化，探究二者共水热碳化是否具有协同效果。

10.3.1 污泥与煤泥共水热碳化产物分布特性

10.3.1.1 污泥与煤泥在不同掺混比例下共水热碳化产物

污泥与煤泥在不同掺混比例下（2 ∶ 1、1 ∶ 1、1 ∶ 2）在 pH=2，水热温度为 240℃的条件下反应 240min 制得的共水热炭的收率如图 10-36 所示，共水热炭的炭收率分别为 78.98%、86.35% 和 88.52%，收率逐渐接近煤泥单独水热碳化的收率，比理论值分别提高 11.65%、14.03%、11.21%，分析原因可能是在煤泥污泥共水热碳化过程中，污泥中含有的一些物质如金属以及丰富的多孔结构会影响水热反应过程中的缩聚反应，煤泥表面会存在凝结点增强污泥水热碳化为水热炭的能力。三者的协同系数分别为 17.3%、19.4%、11.48%，可以得出在煤泥与污泥的比例为 1 ∶ 1 时两者的收率协同系数最高，因此选定 1 ∶ 1 的比例来对比共水热炭收率随水热温度和时间的变化。

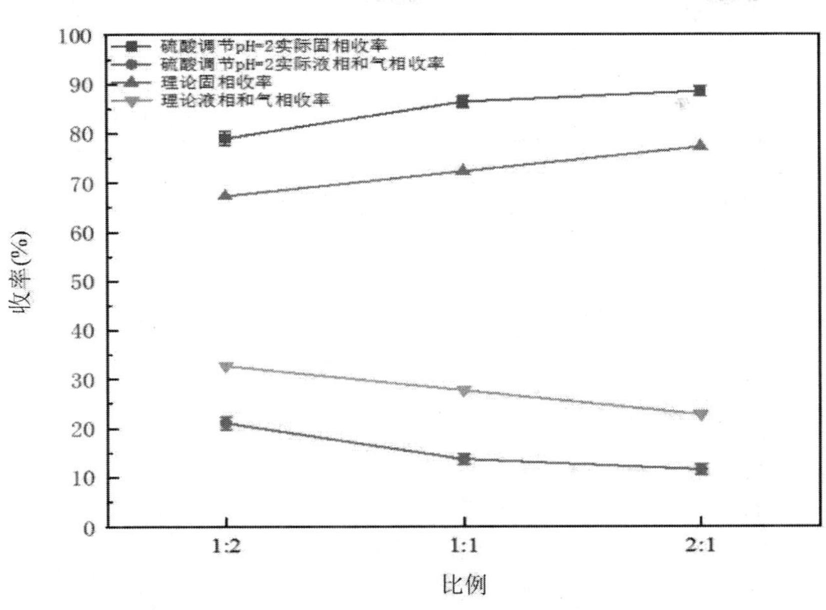

图 10-36　煤泥协同污泥在不同比例下在 240℃反应 240min 水热碳化产物分布图

Fig.10-36　The distribution of hydrochar products of coal sewage sludge and sewage sludge in different ratios at 240℃ for 240min

10.3.1.2　不同反应温度及时间对共水热碳化产物分布

煤泥与污泥水热碳化在 1 ： 1 比例下于硫酸催化下在不同反应温度条件下反应 240min 制得的水热碳化产物分布如图 10-37 所示，共水热碳固相收率随着温度的提升从 88.7% 下降至 79.3%，煤泥协同污泥水热碳化在 1 ： 1 比例下在 240℃条件下反应不同时间制得水热炭分布图如图 10-38 所示，可以看出水热炭的收率从 77.2% 下降到 71.8%，共水热炭固相收率随着时间的延长从 87.9% 下降至 83.8% ，这与煤泥、污泥单独水热碳化的规律相同。

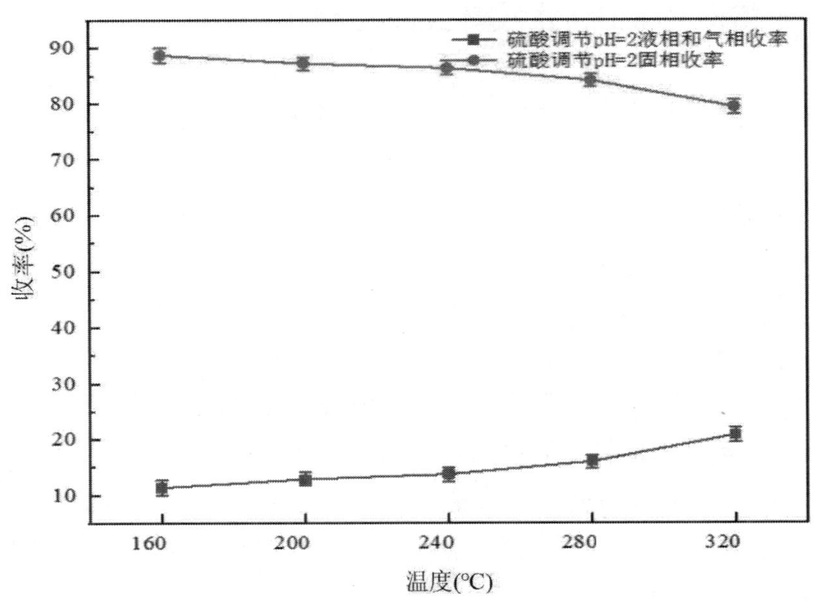

图 10-37 煤泥协同污泥在 1 ∶ 1 比例下于不同反应温度下反应 240min 水热碳化产物分布
Fig.10-37 The hydrothermal carbon yield diagram was obtained by the reaction of coal slime and sewage sludge catalyzed by H_2SO_4at the ratio of 1 ∶ 1 at different reaction temperatures for 240min

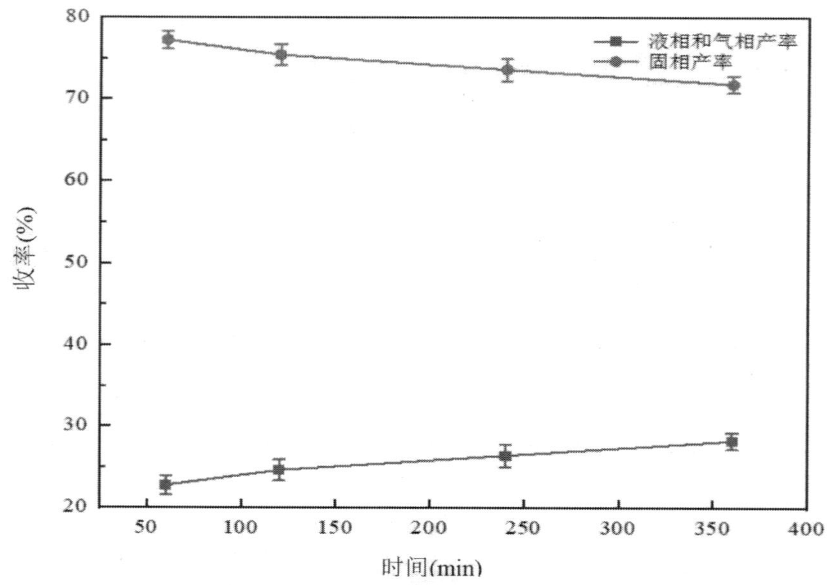

图 10-38 煤泥协同污泥在 1 ∶ 1 比例下在 240℃反应不同时间水热碳化产物分布
Fig.10-38 The distribution of hydrochar products under the reaction of coal sewage sludge and sewage sludge at a ratio of 1 ∶ 1 at 240℃ for different times

10.3.2 煤泥协同污泥水热炭理化性质分析

10.3.2.1 煤泥协同污泥共水热炭的微观形貌分析

图 10-39 是在煤泥：污泥为 1 ∶ 2、1 ∶ 1、2 ∶ 1 三个比例下制得的共水热炭的 SEM 形貌图，可以清楚地观察到在三个比例下制得的水热炭表面比二者单独制得的水热炭表面结构更加紧密，并且在 1 ∶ 1 的比例下形成了表面粗糙、大小较为均一、形貌较好的微球，在煤泥比污泥为 1 ∶ 2 时制得的水热炭有少量的微球形成，比例为 2 ∶ 1 时没有明显的微球形成，但是表面更加致密。说明煤泥与污泥掺混确实能够影响水热炭的表面形貌。图 10-40 是煤泥与污泥在 1 ∶ 1 的比例下于 240℃条件下反应不同时间（60min ~ 360min）制得的水热炭的 SEM 图，可以看出在 60min 时没有明显的微球形成，但是已经有形成微球的趋势，在 120min 时已有少量、大小均一的微球形成，在 240min 时形成大量表面粗糙且大小较为均一的微球，当时间延长至 360min 时，形成的微球开始变得分散。说明随着反应时间的延长水热炭中的微球分散性变好，且在煤泥与污泥为 1 ∶ 1 的比例下在 240℃条件下反应 240min 制得的水热炭的形貌较好。

图 10-39 煤泥协同污泥不同比例下在硫酸调节 pH 在 240℃下反应 240min 制得水热炭 SEM 图（a ~ c 分别为煤泥：污泥为 1 ：2，煤泥：污泥为 1 ：1，煤泥：污泥为 2 ：1）

Fig.10-39 The SEM images of hydrochar produced by coal sewage sludge synergistic sewage sludge in different ratios, pH adjusted by sulfuric acid, and reaction at 240℃ for 240min

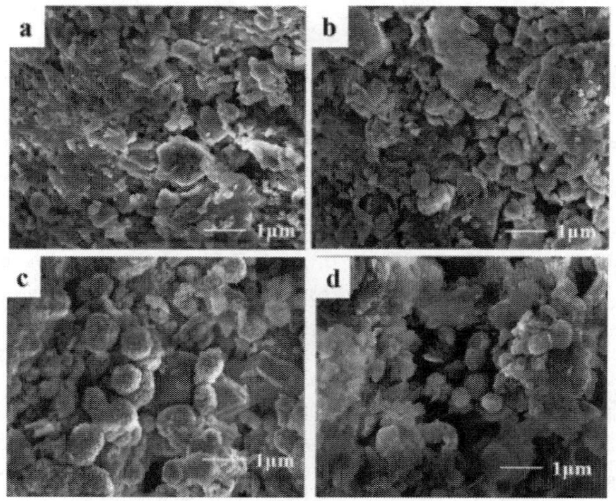

图 10-40 煤泥与污泥在 1 ：1 比例下硫酸调节 pH 在 240℃下反应不同时间下制得水热炭 SEM 图

Fig.10-40 SEM images of hydrochar prepared from coal sewage sludge co-sewage sludge under 1 ：1ratio of sulfuric acid to adjust pH and react at 240℃ for different time

10.3.2.2 煤泥与污泥共水热炭的官能团分析

图 10-41 是煤泥掺混污泥在不同比例下制得共水热炭的 FTIR 图，从图中可以看出，煤泥与污泥制得的共水热炭相较污泥原样，在 3692cm^{-1} 和 3620cm^{-1} 处出现羟基吸收峰；在 3410cm^{-1} 处的光谱吸收峰的强度随着煤泥和污泥的比例减小而明显减弱，这主要是由于煤泥和污泥混合物在水热碳化过程中脱除了大量的水分；而共水热碳化产物在 2926cm^{-1} 和 2852cm^{-1} 处的峰值变化不明显；在 1630cm^{-1} 处的相对光谱吸收强度表现出先增强后减弱的趋势，表明煤泥与污泥共水热过程中发生了脱羧反应，随着煤泥掺混量的减小，脱羧反应的程度也发生了变化；1442cm^{-1} 处的光谱吸收强度先增强后减弱，吸收峰最强对应着煤泥与污泥的掺混比例为 1 ：1 时，这主要与蛋白质、氨基酸在污泥中大量存在有关；在 1108cm^{-1} 和 1034cm^{-1} 附近光谱吸收峰的强度逐渐增强，这与脂肪族和醇类有机化合物大量存在于污泥中有关，当煤泥掺混量超过 50% 后，910cm^{-1} 处吸收峰的强度显著减弱，主要是因为污泥中含有的芳香族化合物相对较低。

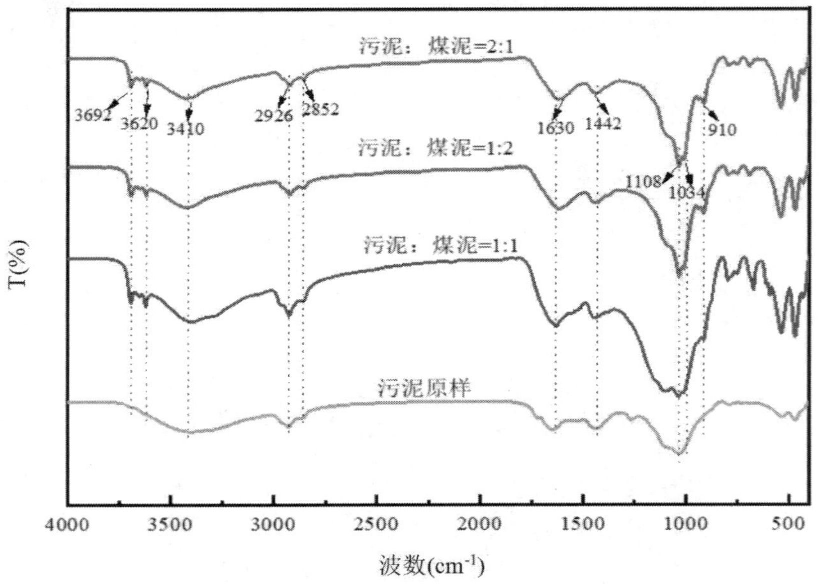

图 10-41　煤泥协同污泥在不同比例下在 240℃条件下反应 240min 制得水热炭 FTIR 图
Fig.10-41　The FTIR diagram of hydrochar produced by the reaction of coal sewage sludge and sewage sludge in different ratios at 240℃ for 240min

10.3.2.3　煤泥与污泥共水热炭的晶相矿物分析

对共水热炭的矿物组成形式进行 XRD 分析，如图 10-42 所示，水热炭有 2θ 为 26.66° 的强尖峰，说明 Si 元素主要存在于石英（SiO_2）中；水热炭中含有黏土成分结构峰值，表现为 2θ 为 24.69°、28.75° 等衍射峰，体现出方解石、石膏结构特征。煤泥协助污泥水热碳化形成的水热炭与污泥水热炭有着相似的衍射峰。

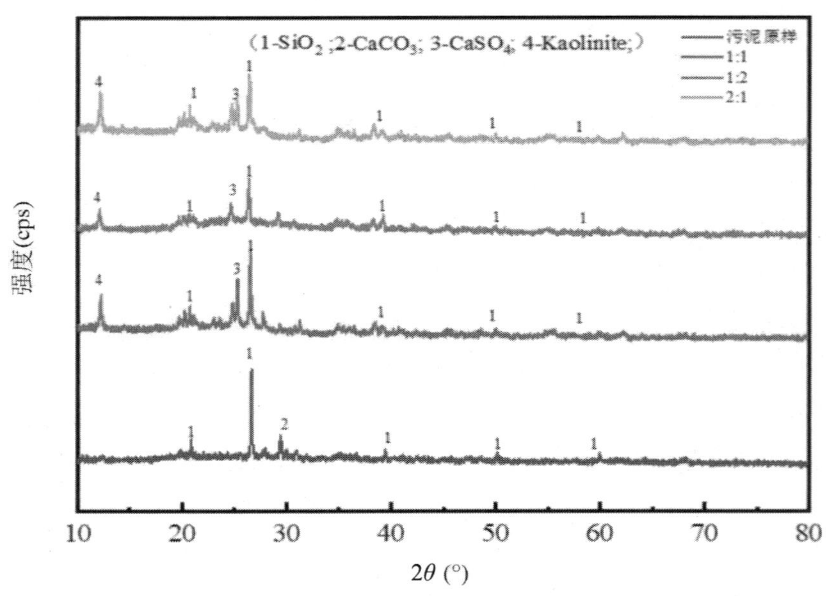

图 10-42　煤泥协同污泥在不同比例下硫酸调节 pH 在 240℃下反应 240min 下制得水热炭 XRD 图
Fig.10-42　The XRD pattern of hydrochar was prepared by the coal slime synergistic sewage sludge in different

ratios in sulfuric acid to adjust the pH and react at 240℃ for 240min

10.3.2.4　煤泥与污泥共水热炭拉曼分析

拉曼光谱图中 1300cm^{-1} 和 1590cm^{-1} 两个峰最受关注，光谱图中出现在 1300cm^{-1} 附近的峰称为 D 峰，代表该物质中乱层结构以及不小于六个环的多环芳烃；出现在 1590cm^{-1} 的两个峰称为 G 峰，代表稠芳环结构以及类石墨微晶的振动。拉曼光谱通过确认是否有 D 峰来确定缺陷和无序性。因为在单晶石墨中只有 1 个峰 G 峰，而无序的石墨有 2 个峰：在 1580 ~ 1600cm^{-1} 的 G 峰和 1350cm^{-1} 附近的 D 峰。图 10-43 所示为污泥及共水热炭的拉曼光谱图，两种材料含有明显的 G 峰和 D 峰。其中 G 峰与共面 sp^2 杂化碳对所成键的振动有关，它发生在 sp^2 杂化的芳香或者烯烃的分子中。在 1350cm^{-1} 处的 D_1 带总是代表不规则结构带，其表示材料不规则混乱的结构，例如缺陷和杂原子，1230cm^{-1} 处的 D_2 带被认为与无定形的程度有关，可归因于石墨微晶周围形成的 sp^2 或 sp^3 键，D_3 波段约位于 1450cm^{-1} 处，可归因于无定形碳的 sp^2 杂化，如官能团等。

表 10-3 是部分样品的各特征峰比例，其中 R 为 D 峰和 G 峰的积分面积的比值，R 越大，说明样品中的缺陷、无序化程度越高。当污泥与煤泥协同水热处理后，其水热炭的 G 峰明显增强，其 R 值降低，表明石墨化程度提高，可能是由于煤泥的石墨化程度比污泥高，也有学者认为水热碳化过程中脱水和脱羧反应可提高生物炭的芳香性，进而提高了其石墨化程度。

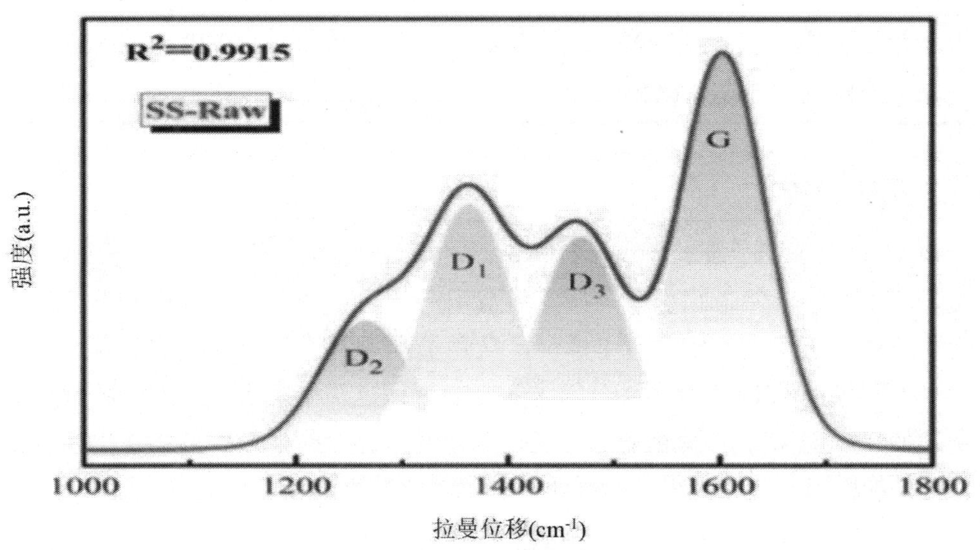

（污泥原样的拉曼特征光谱）
(Raman characteristic spectrum of the original sludge)

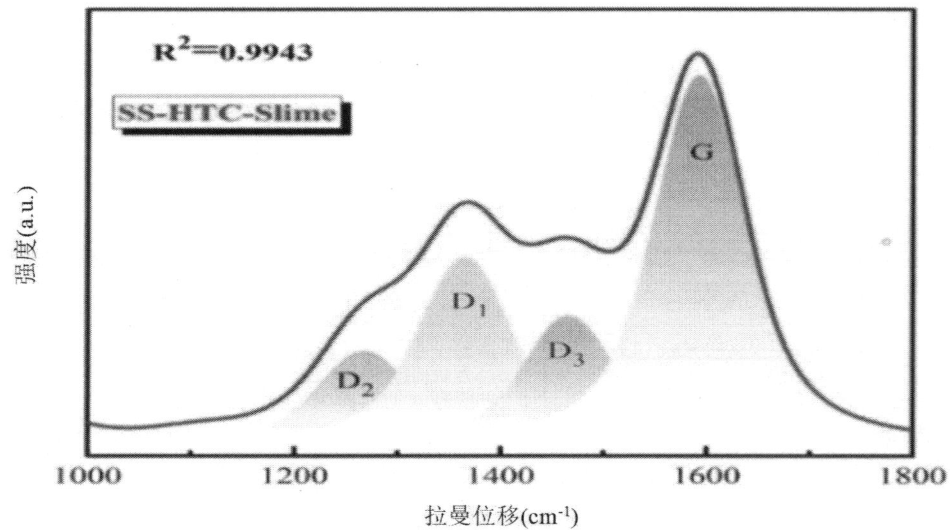

（煤泥掺混污泥共水热炭的拉曼特征光谱）
（Raman Characteristic Spectra of Coal Slurry Blended with Sludge CO—Hydrothermal Charcoal）
图 10-43 污泥及共水热炭的拉曼特征光谱图
Fig.10-43 Raman characteristic spectra of sewage sludge and cO—Hydrothermal carbon

表 10-3 不同样品中各特征峰的比例
Table 10-3 The proportion of each characteristic peak in different samples

类型	D_1	D_2	D_3	G	R
污泥原样	25.01	13.15	21.65	40.19	1.49
共水热炭	22.83	11.63	15.82	44.77	1.23

10.3.2.5 元素分析

污泥、煤泥及水热炭的元素分析见表 10-4，可以看出污泥水热炭的碳含量要比污泥原样少，这与污泥的燃烧特性分析结果相符，污泥水热炭中灰分含量增多，碳含量所占百分比降低，煤泥水热炭以及二者共水热炭的碳含量增多，H 含量呈现降低的趋势。随着煤泥掺混量的增加，共水热炭的 H/C 呈现降低的趋势，这是因为在水热碳化过程中发生了脱羧基和脱羟基反应，原料中大部分 H 原子以 H_2O 的形式被脱除，使得煤阶参数逐渐降低，提高了煤化程度。由于煤泥催化了更多的脱羧反应，因此使得二者共水热炭的煤化程度提高。

表 10-4 水热碳化原料及水热炭元素分析
Table 10-4 Hydrochar raw materials and hydrothermal carbon element analysis

样品名称	C_d（%）	N_d（%）	H_d（%）	S_d（%）	H/C
SS-Raw	28.11	4.06	3.85	1.44	0.14
CS-Raw	48.36	0.83	3.72	1.21	0.077
SS2-240-60	19.21	2.47	2.73	1.92	0.1421

SS2-240-120	19.19	2.25	2.74	2.24	0.1428
SS2-240-240	19.17	1.77	2.75	2.56	0.1435
CS2-240-60	51.48	0.9	3.61	0.73	0.0701
CS2-240-120	53.27	0.93	3.72	0.8	0.0698
CS2-240-240	55.86	1.05	3.64	1.26	0.0652
mix1 ： 1 2-240-60	42.08	1.44	3.25	1.03	0.0772
mix2 ： 1 2-240-240	41.69	1.25	3.16	1.46	0.0758
mix1 ： 1 2-240-240	38.85	1.23	3.07	1.84	0.0790
mix1 ： 2 2-240-240	38.68	1.48	3.11	1.13	0.0804

10.3.2.6　共水热炭的燃烧特性

图 10−44 是煤泥与污泥混合物燃烧过程的 TG 和 DTG 曲线，表 10−5 是煤泥掺混污泥共水热炭的特征温度和综合燃烧指数。从 TG 曲线可以看出，随着煤泥量的增加，在硫酸调节 pH=2，在 240℃条件下反应 240min 的水热炭燃烧后的残渣率从污泥单独水热碳化的 70.5% 分别下降到 38.40%（2 ： 1）、41.26%（1 ： 1）、44.33%（1 ： 2），这与灰分含量的变化一致。从 DTG 曲线可以看出，共水热炭的燃烧曲线更接近于煤泥的燃烧曲线，说明煤泥在共水热炭的燃烧中占主要地位，DTG 曲线仅有一个失重峰，这可能是由于煤泥中重质挥发分的引入促使污泥中的轻质挥发分发生再缩合反应并向高温段释出，从而使混合物的燃烧过程变得更加稳定，最大失重速率随着煤泥添加量的增加而逐渐增强，其对应的最大失重峰温左移，这表明煤泥量的增加会加剧共水热碳化过程中的缩合、碳化反应，从而使得固定碳更多地保留在固相产物中，进而燃烧性能更好，燃烧更为剧烈。并且共水热炭的 T_m 与煤泥及其水热炭的 T_m 更接近，整体燃烧趋势向低温段区间移动，挥发分燃烧过程减弱可使整体燃烧火焰更加稳定，燃烧过程更加集中。随着煤泥掺混量按照 1 ： 2、1 ： 1、2 ： 1 的比例增加，共水热炭的综合燃烧指数（S）提高到 $2.46 \times 10^{-8}min^{-2} \cdot ℃^{-3}$、$2.96 \times 10^{-8}min^{-2} \cdot ℃^{-3}$、$3.36 \times 10^{-8}min^{-2} \cdot ℃^{-3}$，当煤泥与污泥的比例为 2 ： 1 时，综合燃烧指数相对来说最高，表明在此条件下制得的水热炭的燃烧更加稳定、充分。

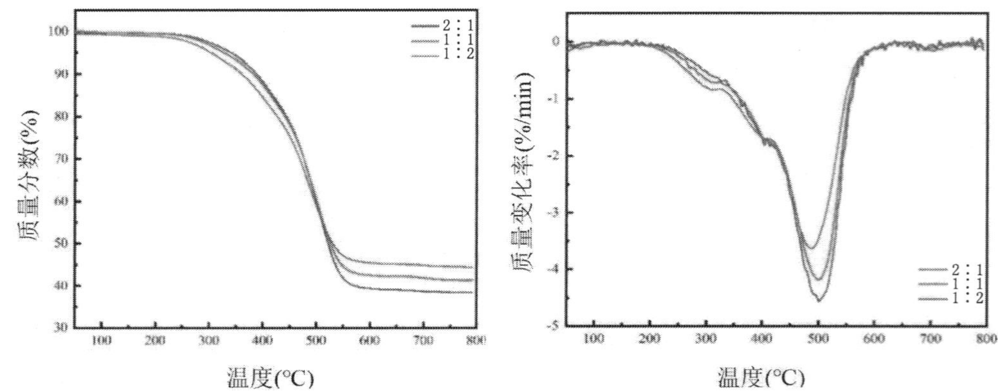

图 10-44　煤泥和污泥在不同比例下在 240℃下反应 240min 的 TG/DTG 图

Fig.10-44　TG/DTG diagram of the reaction of coal slime and sewage sludge at different proportions at 240℃ for 240min

表 10-5　煤泥掺混污泥共水热炭的特征温度和综合燃烧指数

Table 10-5　Characteristic temperature points and comprehensive combustion index of sewage sludge and its hydrothermal carbon

样品	剩余量（%）(mass)	T_i（℃）	T_m（℃）	T_b（℃）	$(dw/dt)_{max}$（%(mass)·min^{-1}）	$(dw/dt)_{mean}$（%(mass)·min^{-1}）	$S\times10^8$（min^{-2}·℃$^{-3}$）
2 ： 1	38.40	415.09	500.79	661.86	4.67	0.82	3.36
1 ： 1	41.26	413.07	502.58	662.63	4.23	0.79	2.96
1 ： 2	44.33	402.25	489.47	675.24	3.63	0.74	2.46

10.4　小结

本章主要研究了污泥掺混煤泥在不同温度（160 ~ 320℃）、不同反应时间（60 ~ 360min）、不同比例（1 ： 2、1 ： 1、2 ： 1）对共水热碳化产物分布及理化性质的影响，主要结论如下。

（1）从共水热炭的收率结果可知，共水热炭固相产物收率随着水热反应温度的升高以及反应时间的延长有降低的趋势，且随着煤泥掺混比例的增加，收率逐渐接近煤泥单独水热碳化的收率，收率要比理论值高，在煤泥与污泥的比例为 1 ： 1 时，二者收率的协同系数最高。

（2）从 SEM 分析结果可知，煤泥掺混污泥制得的水热炭的表面比二者单独制得的水热炭表面结构更加紧密，并且在 1 ： 1 的比例下形成了表面粗糙、大小较为均一、形貌较好的微球，且随着反应时间的延长，水热炭中的微球分散性变好；从 FTIR 分析结果可知，共水热炭的红外光谱图与污泥原样很相似；从 XRD 图上可知共水热炭中存在高岭石、方解石、石膏等物质。

（3）从热值分析结果可知，随着煤泥添加量的增加，煤泥协同污泥水热炭的热值也逐渐升高，且比理论值高，在煤泥与污泥的掺混比例为 1 ： 1 时协同系数最高，共水热炭的煤化程度提高，煤泥和污泥共水热碳化可以制备出热值更高的高品质水热炭；从拉曼分析结果可知，其水热炭石墨化程度提高；从元素分析结果可知，随着煤泥掺混量的增加，共水热炭的 H/C 呈降低趋势，共水热炭煤阶参数逐渐降低、煤化程度提高。

（4）由热重分析结果可知，共水热炭的燃烧峰随着煤泥添加量的增加而逐渐增强，共水热炭的燃烧性能更好，燃烧过程更加集中，当煤泥与污泥的比例为 2 ：1 时，综合燃烧指数相对来说最高，在此条件下制得的水热炭的燃烧更加稳定。

第三篇　燃烧及污染物控制篇

第 11 章　煤矸石和煤泥在 O_2/CO_2 气氛下的催化燃烧特性

在煤炭的开采和洗选过程中产生了大量的煤矸石和煤泥，而且煤矸石、煤泥的产量在逐年增加。煤矸石、煤泥燃烧会排放出大量的 SO_2、NO_x 和重金属等污染物，不仅对大气环境造成严重污染，而且对人体健康也会产生巨大危害。因此，煤矸石煤泥清洁高效燃烧特别是富氧燃烧和催化燃烧的研究已越来越引起研究者的关注。此外，富氧燃烧是一种通过氧气和再循环烟气混合替代传统空气的燃料燃烧方式，燃烧后烟气中 CO_2 体积浓度高达 95%，利于 CO_2 的捕集。同时富氧燃烧技术还具有控制 SO_2 和 NO_x 的排放量、提高火焰温度、降低燃点温度、加快燃烧速度、促进完全燃烧和提高热量利用率等优点。

催化燃烧是典型的气—固相催化反应，催化燃烧具有降低燃料的着火温度、燃烧充分完全、削减消耗量及烟气污染物排放低等优势。催化燃烧被认为是处理劣质煤燃烧的较为理想的方法之一。催化燃烧过程中比较常用的催化剂主要有负载型催化剂和金属氧化物催化剂等。目前针对煤的富氧燃烧和催化燃烧已有大量的文献报道，然而对煤矸石、煤泥等低热值煤的富氧燃烧和催化燃烧还需要进一步的研究。本章主要研究煤矸石和煤泥在 O_2/CO_2 气氛下的催化燃烧特性以及 SO_2 和 NO_x 的排放特性。

11.1　煤矸石催化燃烧特性

11.1.1　空气气氛下煤矸石催化燃烧特性

图 11−1（a）~图 11−1（c）分别是在空气气氛下煤矸石单独燃烧、添加 Mo/MS 以及添加 Mo/HZSM−5 燃烧时的 TG−DTG 曲线。由图 11−1（a）可知，煤矸石在空气气氛下的燃烧温度范围在 300 ~ 700℃，在该温度范围内有明显的失重，其失重率为 53.55%，与挥发性碳和固定碳含量（V_{ad} + FC_{ad}）一致，Deng 也得到类似的结果。从 DTG 曲线仅观察到一个明显的峰，这与其他文献报道结果相似，可能是挥发物着火导致固定碳着火，挥发性物质的燃烧与固定碳的燃烧同时发生，因此煤矸石燃烧过程中只能观察到一个明显失重峰。空气气氛下煤矸石的着火温度为 440.4℃，燃尽温度为 556.3℃；最大燃烧反应速率对应的温度为 507.9℃，最大燃烧反

应速率为4.24%/min。由图11-1（b）可知，煤矸石添加Mo/MS燃烧时其失重率为51.30%，着火温度为432.3℃，燃尽温度为536.2℃；最大燃烧反应速率对应的温度为488.5℃，最大燃烧反应速率为4.23%/min。与煤矸石单独燃烧时相比，添加Mo/MS使煤矸石着火温度和燃尽温度降低、最大燃烧反应速率减小、最大燃烧反应速率对应的温度降低。这是由于Mo/MS催化剂的加入促进了煤矸石中挥发分的析出；同时Mo/MS催化剂中金属氧化物在燃烧过程中充当氧气的载体，可以促进氧气向煤矸石表面扩散，使煤矸石表面的焦炭与氧气更容易接触，致使着火温度降低。说明添加Mo/MS可以使煤矸石更容易着火，并且还可以促进煤矸石燃烧。由图11-1（c）可知，煤矸石添加Mo/HZSM-5燃烧时其失重率为51.10%，着火温度为430.3℃，燃尽温度为543.7℃；最大燃烧反应速率对应的温度为488.8℃，最大燃烧反应速率为3.91%/min。与煤矸石单独燃烧时相比，添加Mo/HZSM-5也使煤矸石着火温度降低和燃尽温度降低。与添加Mo/MS催化作用相类似，添加Mo/HZSM-5也促进了煤矸石中挥发分的析出，同时催化剂中金属氧化物在燃烧过程中充当氧气的载体，可以促进氧气向煤矸石表面扩散，使煤矸石表面的焦炭与氧气更容易接触，致使着火温度降低。说明添加Mo/HZSM-5也可使煤矸石更容易着火，并促进煤矸石燃烧。通过对比煤矸石中分别添加Mo/MS与Mo/HZSM-5时的燃烧特性，结果发现添加Mo/MS时煤矸石的最大燃烧反应速率对应的温度有所降低，最大燃烧反应速率有所增大，着火温度有所降低，燃尽温度有所降低；说明添加Mo/HZSM-5更有利于煤矸石的着火，而添加Mo/MS更有利于煤矸石的燃尽。

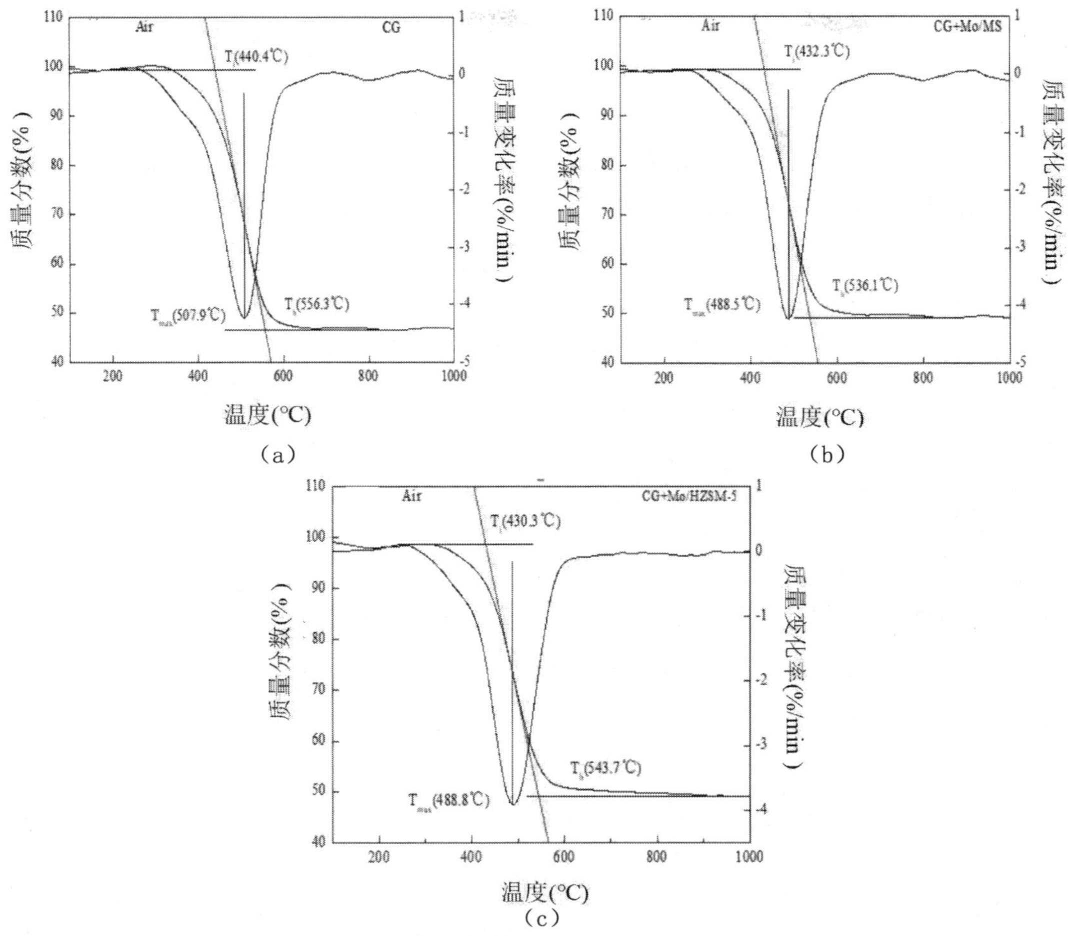

图 11-1　空气气氛下煤矸石燃烧时的 TG-DTG 曲线

Fig. 11-1　TG-DTG curves of coal gangue during combustion in air atmosphere

11.1.2　O_2/CO_2 气氛下煤矸石催化燃烧特性

图 11-2（a）~图 11-2（c）分别是 O_2/CO_2 气氛下煤矸石单独燃烧、添加 Mo/MS 以及添加 Mo/HZSM-5 燃烧时的 TG-DTG 曲线。由图 11-2（a）可知，煤矸石在 O_2/CO_2 气氛下的燃烧温度范围在 300 ~ 700℃，在该温度范围内有明显的失重，其失重率为 54.60%。从 DTG 曲线仅观察到一个明显的峰，这与 Meng 得到的结果相似。与空气气氛下煤矸石燃烧规律相类似。煤矸石在 O_2/CO_2 气氛下的着火温度为 462.8℃，燃尽温度为 565.5℃。最大燃烧反应速率对应的温度为 518.1℃，最大燃烧反应速率为 3.54%/min。由图 11-2（b）可知，煤矸石在 O_2/CO_2 气氛下添加 Mo/MS 燃烧时其失重率为 50.00%，着火温度为 442.9℃，燃尽温度为 535.7℃；最大燃烧反应速率对应的温度为 493.3℃，最大燃烧反应速率为 4.01%/min。与煤矸石在 O_2/CO_2 气氛下单独燃烧时相比，添加 Mo/MS 使煤矸石着火温度和燃尽温度降低、最大燃烧反应速率增大、最大燃烧反应速率对应的温度降低。这与空气气氛下煤矸石添加 Mo/MS 催化燃烧过程

相类似，Mo/MS 的加入促进了煤矸石中挥发分的析出，同时催化剂中金属氧化物在燃烧过程中充当氧气的载体，可以促进氧气向煤矸石表面扩散，使煤矸石表面的焦炭与氧气更容易接触，致使着火温度降低。说明 O_2/CO_2 气氛下添加 Mo/MS 可以使煤矸石更容易着火，并且还可以促进煤矸石燃烧。由图 11-2（c）可知，煤矸石在 O_2/CO_2 气氛下添加 Mo/HZSM-5 燃烧时其失重率为 47.60%，着火温度为 447.8℃，燃尽温度为 538.4℃；最大燃烧反应速率对应的温度为 495.5℃，最大燃烧反应速率为 4.21%/min。与煤矸石在 O_2/CO_2 气氛下燃烧时相比，添加 Mo/HZSM-5 也使煤矸石着火温度降低和燃尽温度降低。说明在 O_2/CO_2 气氛下添加 Mo/HZSM-5 也可使煤矸石更容易着火，并促进煤矸石燃烧。与空气气氛下煤矸石添加 Mo/HZSM-5 催化燃烧过程相类似。通过对比 O_2/CO_2 气氛下煤矸石中分别添加 Mo/MS 与 Mo/HZSM-5 时的燃烧特性，结果发现，在 O_2/CO_2 气氛下添加 Mo/MS 时煤矸石的失重率比添加 Mo/HZSM-5 时更大，最大燃烧反应速率对应的温度有所降低，最大燃烧反应速率有所减小、着火温度有所降低，燃尽温度有所降低；说明 O_2/CO_2 气氛下添加 Mo/MS 更有利于煤矸石的着火和燃尽。

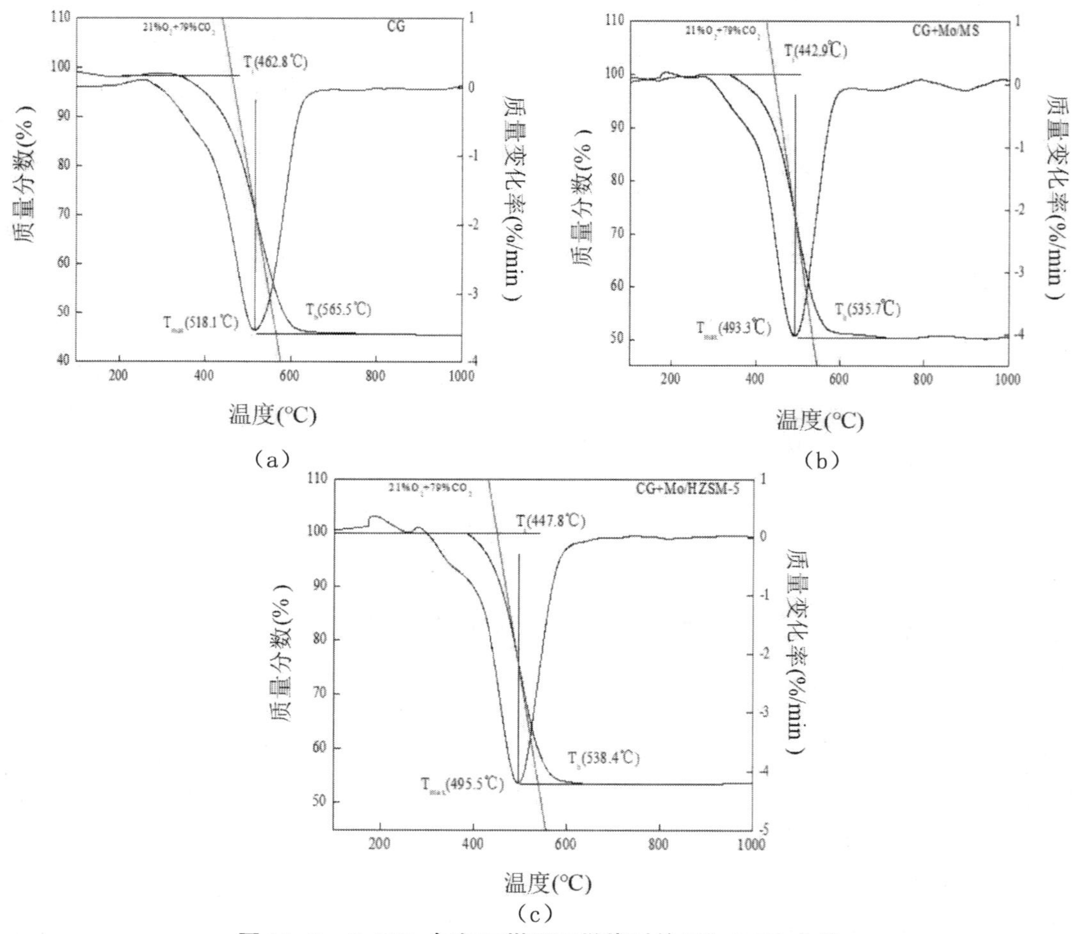

图 11-2　O_2/CO_2 气氛下煤矸石燃烧时的 TG-DTG 曲线

Fig.11-2　TG-DTG curve of coal gangue combustion in O_2/CO_2 atmosphere

表 11-1 是煤矸石燃烧的特征参数。由表 11-1 可知，与空气气氛下相比，O_2/CO_2 气氛下煤矸石燃烧过程中着火温度和燃尽温度升高、失重率增大、最大燃烧反应速率降低、最大燃烧

反应速率对应的温度升高。这可以归因于 CO_2 的比热容高于 N_2，CO_2 高的比热容使气体温度显著降低；O_2 在 N_2 和 CO_2 中的扩散率不同，CO_2 中的 O_2 扩散速率是 N_2 中的 0.8 倍，与 N_2 中相比，CO_2 中 O_2 的较低扩散率会影响 O_2 向颗粒表面的传输，从而导致燃烧速率降低，进而影响了煤矸石释放的挥发性物质的燃烧。空气气氛下煤矸石中添加 Mo/MS 与 Mo/HZSM-5 催化剂后，煤矸石的着火温度分别降低了 8.1℃和 10.1℃、燃尽温度分别降低了 20.1℃和 12.6℃、最大燃烧反应速率对应的温度降低了 19.4℃和 19.1℃；说明添加 Mo/MS 与 Mo/HZSM-5 有利于煤矸石的着火。由综合燃烧指数 S 和 H 可知，添加 Mo/MS 与 Mo/HZSM-5 可以提高煤矸石的燃烧性能。O_2/CO_2 气氛下煤矸石中添加 Mo/MS 与 Mo/HZSM-5，煤矸石的着火温度分别降低了 19.9℃和 15.0℃，燃尽温度分别降低了 29.8℃和 27.1℃，最大燃烧反应速率对应的温度降低了 24.8℃和 22.6℃，最大燃烧反应速率增大；说明 O_2/CO_2 气氛下添加 Mo/MS 与 Mo/HZSM-5 有利于煤矸石的着火。由综合燃烧指数 S 和 H 可知，添加 Mo/MS 与 Mo/HZSM-5 可以提高煤矸石的燃烧性能。由此可见，空气气氛和 O_2/CO_2 气氛下添加 Mo/MS 与 Mo/HZSM-5 都可以改善煤矸石的燃烧性能，其中，空气气氛下添加 Mo/MS 与 Mo/HZSM-5 使煤矸石更容易着火。

表 11-1　煤矸石燃烧的特征参数

Table11-1　Characteristic parameters of coal gangue combustion

气氛	样品	T_i（℃）	T_b（℃）	T_{max}（℃）	DTG_{max}（%/min）	H	S ×10^{-7}
Air	CG	440.4	556.3	507.9	4.24	1.63	2.47
	CG + Mo/MS	432.3	536.2	488.5	4.23	1.53	2.79
	CG + Mo/HZSM-5	430.3	543.7	488.8	3.91	1.62	2.38
O_2/CO_2	CG	462.8	565.5	518.1	3.54	1.88	1.69
	CG + Mo/MS	442.9	535.7	493.3	4.01	1.63	2.66
	CG + Mo/HZSM-5	447.8	538.4	495.5	4.21	1.57	2.93

11.2　煤泥催化燃烧特性

11.2.1　空气气氛下煤泥催化燃烧特性

图 11-3（a）~ 图 11-3（c）分别是空气气氛下煤泥单独燃烧、添加 Mo/MS 以及添加 Mo/HZSM-5 燃烧时的 TG-DTG 曲线。由图 11-3（a）可知，煤泥在空气气氛下的燃烧温度范围在 300 ~ 700℃，在该温度范围内有明显的失重，其失重率为 61.74%。从 DTG 曲线仅观察到一个明显的峰，这与空气气氛下煤矸石燃烧过程相类似，可能是挥发物着火致使固定碳着火，导致挥发性物质的燃烧与固定碳的燃烧同时发生，因此煤泥燃烧过程中只能观察到一个明显失重峰。煤泥在空气气氛下的着火温度为 420.1℃，燃尽温度为 594.6℃；最大燃烧反应速率对应的温度为 507.9℃，最大燃烧反应速率为 3.63%/min。由图 11-3（b）可知，煤泥添加 Mo/MS 燃烧时其失重率为 53.80%，着火温度为 416.0℃，燃尽温度为 557.0℃；最大燃烧反应速率对应的温度为 485.4℃，最大燃烧反应速率为 4.17%/min。与煤泥单独燃烧时相比，添加 Mo/MS 使煤泥着火温度和燃尽温度降低，最大燃烧反应速率增大，最大燃烧反应速率对应的温度降低。

这与煤矸石中添加 Mo/MS 催化剂燃烧过程及催化作用相类似。说明添加 Mo/MS 可以使煤泥更容易着火，并且还可以促进煤泥燃烧。由图 11-3（c）可知，煤泥添加 Mo/HZSM-5 燃烧时其失重率为 59.09%，着火温度为 417.6℃，燃尽温度为 553.0℃；最大燃烧反应速率对应的温度为 481.7℃，最大燃烧反应速率为 4.4%/min。与煤泥单独燃烧时相比，添加 Mo/HZSM-5 也使煤泥着火温度和燃尽温度降低。说明添加 Mo/HZSM-5 也可使煤泥更容易着火，并促进煤泥燃烧。这与煤矸石中催化燃烧过程中添加 Mo/HZSM-5 的催化作用机理相类似。通过对比煤泥中分别添加 Mo/MS 与 Mo/HZSM-5 时的燃烧特性，结果发现，添加 Mo/MS 时煤泥着火温度比添加 Mo/HZSM-5 时有所降低、燃尽温度有所升高、失重率有所降低。说明添加 Mo/MS 有利于煤泥的着火，添加 Mo/HZSM-5 则有利于煤泥的燃尽。

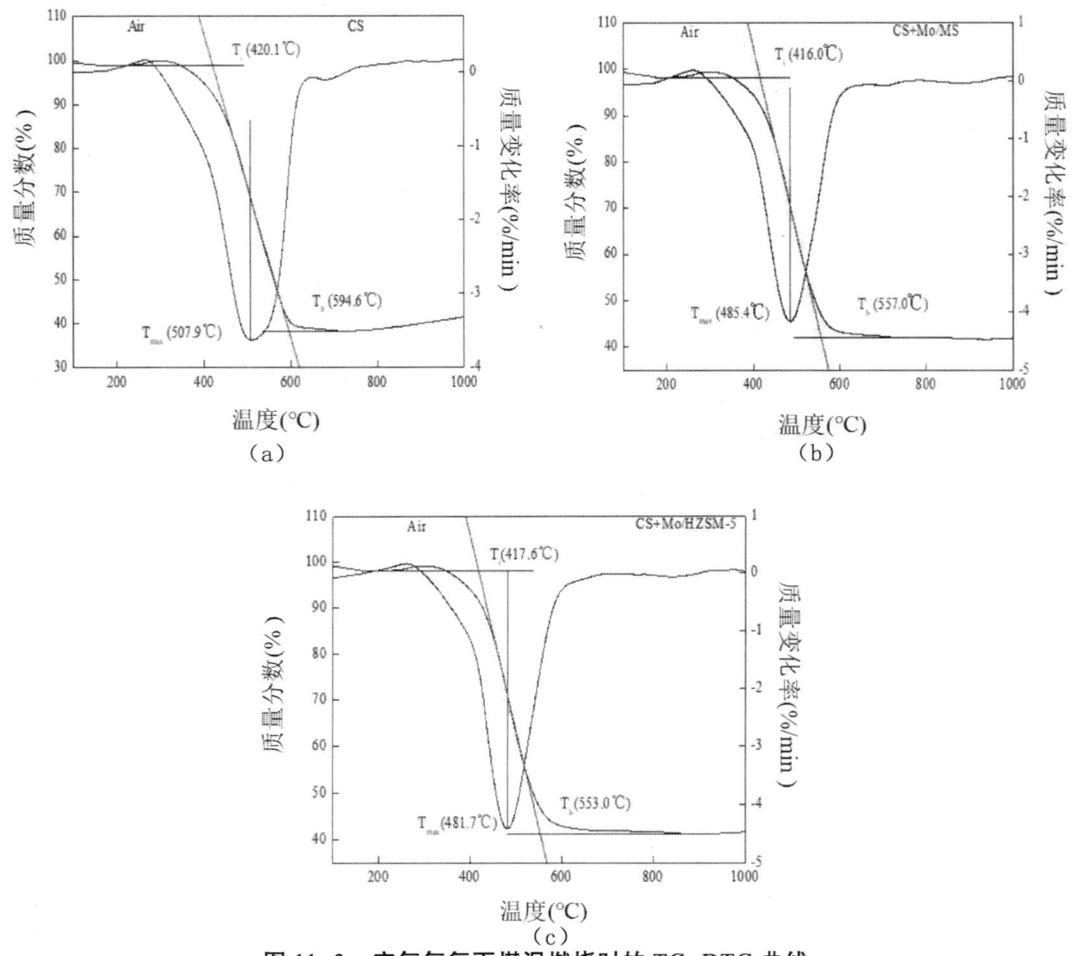

图 11-3　空气气氛下煤泥燃烧时的 TG-DTG 曲线

Fig.11-3　TG-DTG curve of coal washery reject combustion in air atmosphere

11.2.2　O_2/CO_2 气氛下煤泥催化燃烧特性

图 11-4（a）~图 11-4（c）分别是 O_2/CO_2 气氛下煤泥单独燃烧、添加 Mo/MS 时煤泥燃烧以及添加 Mo/HZSM-5 燃烧时的 TG-DTG 曲线。由图 11-4（a）可知，煤泥在 O_2/CO_2 气氛下的燃烧温度范围在 300 ~ 700℃，在该温度范围内有明显的失重，其失重率为 64.50%。

从 DTG 曲线仅观察到一个明显的峰，这与空气气氛下煤泥燃烧过程和 O_2/CO_2 气氛下煤矸石燃烧过程相类似。煤泥的着火温度为 456.3℃，燃尽温度为 582.1℃。最大燃烧反应速率对应的温度为 507.7℃，最大燃烧反应速率为 3.29%/min。由图 11-4（b）可知，O_2/CO_2 气氛下煤泥添加 Mo/MS 燃烧时其失重率为 58.30%，着火温度为 429.2℃，燃尽温度为 568.8℃，最大燃烧反应速率对应的温度为 497.8℃，最大燃烧反应速率为 3.74%/min。与 O_2/CO_2 气氛下煤泥单独燃烧时相比，添加 Mo/MS 使煤泥着火温度和燃尽温度降低，失重率降低，最大燃烧反应速率增大，最大燃烧反应速率对应的温度降低。这与 O_2/CO_2 气氛下煤矸石中添加 Mo/MS 催化燃烧作用机理相类似，可能是由于 Mo/MS 催化剂的加入也促进了煤泥中挥发分的析出，同时催化剂中的金属氧化物在燃烧过程中充当氧气的载体，可以促进氧气向煤泥表面扩散，使煤泥表面的焦炭与氧气更容易接触，致使着火温度降低。说明 O_2/CO_2 气氛下添加 Mo/MS 可以使煤泥更容易着火，并且还可以促进煤泥燃烧。由图 11-4（c）可知，O_2/CO_2 气氛下煤泥添加 Mo/HZSM-5 燃烧时其失重率为 59.40%，着火温度为 483.3℃，燃尽温度为 567.8℃；最大燃烧反应速率对应的温度为 498.6℃，最大燃烧反应速率为 3.47%/min。与 O_2/CO_2 气氛下煤泥单独燃烧时相比，添加 Mo/HZSM-5 也使煤泥着火温度、燃尽温度和失重率降低。这与 O_2/CO_2 气氛下煤矸石中添加 Mo/HZSM-5 催化燃烧过程相类似，一方面 Mo/HZSM-5 的加入也促进了煤泥中挥发分的析出，另一方面催化剂中金属氧化物在燃烧过程中充当氧气的载体，可以促进氧气向煤泥表面扩散，使焦炭与氧气更容易接触，致使着火温度降低。说明 O_2/CO_2 气氛下添加 Mo/HZSM-5 也可使煤泥更容易着火。这与 O_2/CO_2 气氛下煤矸石中添加 Mo/HZSM-5 催化燃烧过程相类似。通过对比 O_2/CO_2 气氛下煤泥中分别添加 Mo/MS 与 Mo/HZSM-5 时的燃烧特性，结果发现，O_2/CO_2 气氛下添加 Mo/MS 时煤泥着火温度和失重率比添加 Mo/HZSM-5 时有所降低。说明 O_2/CO_2 气氛下添加 Mo/MS 则更有利于煤泥的着火，添加 Mo/HZSM-5 更有利于煤泥的燃尽。

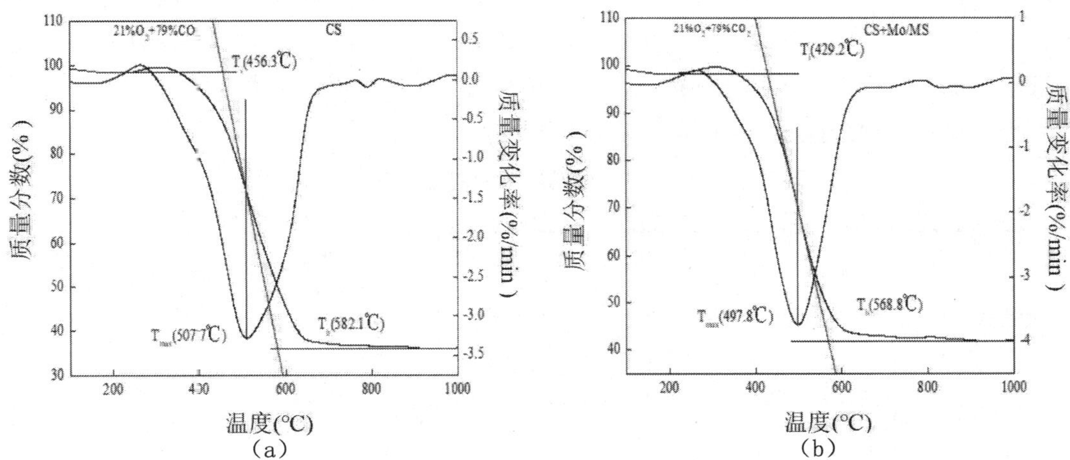

（a）　（b）

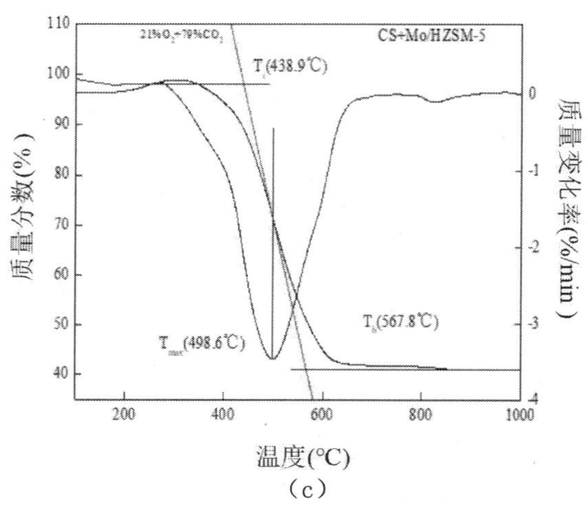

(c)

图 11-4 O_2/CO_2 气氛下煤泥燃烧时的 TG-DTG 曲线

Fig.11-4 TG-DTG curve of coal washery reject combustion in O_2/CO_2 atmosphere

表 11-2 是煤泥燃烧的特征参数。由表 11-2 可知，与空气气氛下相比，O_2/CO_2 气氛下煤泥燃烧过程中着火温度升高、失重率增大、最大燃烧反应速率降低、最大燃烧反应速率对应的温度升高。与空气气氛下煤泥中添加 Mo/MS 与 Mo/HZSM-5 催化剂相比，煤泥的着火温度分别降低了 4.1℃和 2.5℃、燃尽温度分别降低了 37.6℃和 41.6℃、最大燃烧反应速率分别增大了 0.54%/min 和 0.77%/min、最大燃烧反应速率对应的温度分别降低了 22.5℃和 26.2℃；说明添加 Mo/MS 与 Mo/HZSM-5 有利于煤泥的着火。由综合燃烧指数 S 和 H 可知，添加 Mo/MS 与 Mo/HZSM-5 可以提高煤泥的燃烧性能。O_2/CO_2 气氛下煤泥中添加 Mo/MS 与 Mo/HZSM-5 催化剂，煤泥的着火温度分别降低了 27.1℃和 18.0℃，燃尽温度分别降低了 13.3℃和 14.3℃，最大燃烧反应速率分别增大了 0.45%/min 和 0.18%/min，最大燃烧反应速率对应的温度分别降低了 9.9℃和 9.1℃；说明 O_2/CO_2 气氛下添加 Mo/MS 与 Mo/HZSM-5 有利于煤泥的着火。由综合燃烧指数 S 和 H 可知，添加 Mo/MS 与 Mo/HZSM-5 可以提高煤泥的燃烧性能。由此可见，在空气气氛和 O_2/CO_2 气氛下添加 Mo/MS 与 Mo/HZSM-5 可以改善煤泥的燃烧特性；空气气氛下添加 Mo/MS 与 Mo/HZSM-5 使煤泥更容易着火。

表 11-2 煤泥燃烧的特征参数

Table 11-2 Characteristic parameters of coal washery reject combustion

气氛	样品	T_i (℃)	T_b (℃)	T_{max} (℃)	DTG_{max} (%/min)	H	S $\times 10^{-7}$
Air	CS	420.1	594.6	507.9	3.63	1.90	1.67
	CS + Mo/MS	416.0	557.0	485.4	4.17	1.65	2.38
	CS + Mo/HZSM-5	417.6	553.0	481.7	4.40	1.56	2.56
O_2/CO_2	CS	456.3	582.1	507.7	3.29	2.04	1.25
	CS + Mo/MS	429.2	568.8	497.8	3.74	1.80	1.85
	CS + Mo/HZSM-5	438.3	567.8	498.6	3.47	1.89	1.59

由表 11-1、表 11-2 可知，煤泥与煤矸石燃烧规律相类似，均是与空气气氛下相比，O_2/CO_2 气氛下煤矸石、煤泥燃烧过程中着火温度升高、失重率增大、最大燃烧反应速率降低。在空气气氛下和 O_2/CO_2 气氛下添加 Mo/MS 与 Mo/HZSM-5 使煤矸石、煤泥的着火温度和燃尽温度降低。

通过以上研究发现，煤矸石与煤泥催化燃烧过程相类似。相同条件下煤矸石的总失重率低于煤泥的总失重率，这是由于煤矸石中灰分（45.52%）高于煤泥中的灰分（36.28%）。空气气氛下煤矸石的着火温度为 440.4℃，燃尽温度为 556.3℃；空气气氛下煤泥的着火温度为 420.1℃，燃尽温度为 594.6℃。O_2/CO_2 气氛下煤矸石的着火温度为 462.8℃，燃尽温度为 565.5℃；O_2/CO_2 气氛下煤泥的着火温度为 440.4℃，燃尽温度为 556.3℃。说明空气气氛下煤泥更容易着火。

11.2.3　煤矸石、煤泥催化燃烧时的动力学分析

煤矸石与煤泥燃烧过程相类似，而且煤矸石、煤泥燃烧是一个复杂的过程，本章采用 Arreheniu 方程和 Coats - Redfern 近似法来求动力学参数。非等温热重实验的反应速率方程表示如下：

$$\frac{d_\alpha}{d_T}=\frac{A}{\beta}\exp\left[\frac{-E}{(RT)}\right](1-\alpha)^n \tag{11-1}$$

$$\alpha=\frac{m_0-m_t}{m_0-m_\infty} \tag{11-2}$$

其中 α 为样品的转化率（%），m_0、m_1、m_2 分别为样品最初的质量、瞬时的质量和最终的质量，单位为 mg，β 为升温速率（K/min），R 为摩尔气体常量（J/mol · K），T 为热力学温度（K），E 为表观活化能（J/mol），A 为频率因子（1/min）。

采用 Coats - Redfern 近似法对式（11-1）进行积分，得到：

若 n=1 时，

$$\ln\frac{-\ln(1-\alpha)}{T^2}=\ln\frac{AR}{\beta E}\left[1-\frac{2RT}{E}\right]-\frac{E}{RT} \tag{11-3}$$

若 $n\neq1$ 时，

$$\ln\frac{1-(1-\alpha)^{1-n}}{(1-n)T^2}=\ln\frac{AR}{\beta E}\left[1-\frac{2RT}{E}\right]-\frac{E}{RT} \tag{11-4}$$

由于 $\frac{E}{RT}$ 远大于 1，则 $1-\frac{2RT}{E}\approx1$，故式（11-3）和式（11-4）又可写为：

若 n=1 时，

$$\ln\frac{-\ln(1-\alpha)}{T^2}=\ln\frac{AR}{\beta E}-\frac{E}{RT} \tag{11-5}$$

若 $n \neq 1$ 时，

$$\ln\frac{1-(1-\alpha)^{1-n}}{(1-n)T^2}=\ln\frac{AR}{\beta E}-\frac{E}{RT} \tag{11-6}$$

煤矸石、煤泥的燃烧反应通常为一级反应。对 $-\ln[\frac{-\ln(1-\alpha)}{T^2}]-\frac{1}{T}$ 图，应为一条直线，进而通过该直线的斜率和截距即可求得动力学参数和 A。经拟合得到的动力学参数见表 11-3、表 11-4。

表 11-3 是煤矸石燃烧动力学参数。由表 11-3 可知，回归系数 R^2 在 0.90742 ~ 0.99422，表明实验的结果在可接受范围内。空气气氛下煤矸石添加催化剂以后，活化能都有所降低，但是降低幅度有所不同。添加 Mo/MS 后活化能从 83.98kJ/mol 降为 59.64kJ/mol，降低了 24.34kJ/mol；添加 Mo/HZSM-5 后活化能从 83.98kJ/mol 降为 54.76kJ/mol，降低了 29.22kJ/mol。O_2/CO_2 气氛下煤矸石添加催化剂以后，活化能有所降低，添加 Mo/MS 后活化能从 73.80kJ/mol 降为 72.71kJ/mol，降低了 1.09kJ/mol；添加 Mo/HZSM-5 后活化能从 73.80kJ/mol 降为 73.41kJ/mol，降低了 0.39kJ/mol。由此可见，添加 Mo/MS 和 Mo/HZSM-5 催化剂减小了反应体系表观活化能，提高了反应速率，从而体现出一定的催化助燃效果。指前因子 A 随着活化能 E 的减小而减小，说明两者存在一定的线性关系。

表 11-3　煤矸石燃烧动力学参数

Table 11-3　Kinetic parameters of coal gangue combustion

气氛	样品	E（kJ/mol）	A（$10^{-5}\cdot min^{-1}$）	R^2
Air	CG	83.98	17.49	0.99358
	CG+Mo/MS	59.64	0.26	0.95005
	CG+Mo/HZSM-5	54.76	0.11	0.97520
O_2/CO_2	CG	73.80	2.42	0.99422
	CG+Mo/MS	72.71	1.94	0.90742
	CG+Mo/HZSM-5	73.41	3.85	0.96511

表 11-4 是煤泥燃烧动力学参数。由表 11-4 可知，回归系数 R^2 在 0.96001 ~ 0.99643，表明实验的结果在可接受范围内。空气气氛下煤泥添加催化剂以后，活化能都有所降低，但是降低幅度有所不同。添加 Mo/MS 后活化能从 82.48kJ/mol 降为 69.96kJ/mol，降低了 12.52kJ/mol；添加 Mo/HZSM-5 后活化能从 82.48kJ/mol 降为 70.02kJ/mol，降低了 12.46kJ/mol。O_2/CO_2 气氛下煤泥添加催化剂以后，活化能都有所降低，添加 Mo/MS 后活化能从 67.18kJ/mol 降为 65.45kJ/mol，降低了 1.73kJ/mol；添加 Mo/HZSM-5 后活化能从 67.18kJ/mol 降为 59.33kJ/mol，降低了 7.85kJ/mol。说明添加 Mo/MS 和 Mo/HZSM-5 减小了反应体系表观活

化能，提高了反应速率，有一定的催化助燃效果。指前因子 A 随着活化能 E 的减小而减小，说明两者存在一定的线性关系。结合煤泥燃烧分析结果可知，煤泥与煤矸石催化燃烧特性相似。

表 11-4　煤泥燃烧动力学参数

Table 11-4　Kinetic parameters of coal washery reject combustion

气氛	样品	E（kJ/mol）	A（$10^{-5}\cdot min^{-1}$）	R^2
Air	CS	82.48	10.82	0.98718
	CS+Mo/MS	69.96	1.51	0.97767
	CS+Mo/HZSM-5	70.02	1.76	0.98824
O_2/CO_2	CS	67.18	0.60	0.99643
	CS+Mo/MS	65.45	0.54	0.96001
	CS+Mo/HZSM-5	59.33	0.20	0.98153

11.3　煤矸石、煤泥催化燃烧时 SO_2 排放特性

煤中硫主要以硫酸盐、有机硫、黄铁矿硫等形式存在，在燃烧过程中主要以 SO_2 的形式释放出来，对环境造成了严重污染。煤矸石、煤泥与煤的燃料性质相似，在燃烧过程中，S 主要也是以 SO_2 的形式释放。本节将研究在 Mo/MS 和 Mo/HZSM-5 作用下煤矸石、煤泥燃烧时 SO_2 的排放特性，考察在不同气氛、不同温度下分别添加 Mo/MS 和 Mo/HZSM-5 后煤矸石、煤泥燃烧过程中 SO_2 的排放规律。

11.3.1　煤矸石催化燃烧时 SO_2 的排放特性

11.3.1.1　空气气氛下煤矸石催化燃烧时 SO_2 的排放特性

图 11-5（a）～图 11-5（d）是空气气氛下煤矸石分别在 500 ～ 700℃和 1000℃时添加 Mo/MS 和 Mo/HZSM-5 燃烧时 SO_2 的释放曲线。通过对煤矸石硫的形态分析可知，煤矸石中硫的主要的赋存形态是有机硫、黄铁矿硫和硫酸盐，有机硫占总硫 48.61%、黄铁矿硫占总硫 45.83%。硫酸盐在低温区较稳定不易分解，因此在低于 700℃时主要是黄铁矿硫和有机硫分解且只出现一个释放峰，在高温区出现两个释放峰。由图 11-5（a）可知，煤矸石在 500℃燃烧时 SO_2 释放时间为 1770s；煤矸石中添加 Mo/MS 燃烧时 SO_2 释放时间为 660s；煤矸石中添加 Mo/HZSM-5 燃烧时 SO_2 释放时间为 420s，添加 Mo/MS 和 Mo/HZSM-5 均使煤矸石燃烧时 SO_2 释放时间缩短。煤矸石燃烧在 210s 时 SO_2 瞬时释放峰值浓度为 417.0mg/m^3；煤矸石中添加 Mo/MS 燃烧在 270s 时 SO_2 瞬时释放浓度最高，峰值浓度为 177.2mg/m^3；煤矸石中添加 Mo/HZSM-5 燃烧在 300s 时 SO_2 瞬时释放浓度最高，峰值浓度为 40.0mg/m^3。由此可见，添加 Mo/MS 和 Mo/HZSM-5 使煤矸石燃烧时 SO_2 瞬时释放浓度降低。由图 11-5（b）可知，煤矸

石在 600℃燃烧时 SO_2 释放时间为 240s，煤矸石中添加 Mo/MS 燃烧时 SO_2 释放时间为 270s，煤矸石中添加 Mo/HZSM-5 燃烧时 SO_2 释放时间为 240s，添加 Mo/MS 使煤矸石燃烧时 SO_2 释放时间略有延长。煤矸石燃烧在 150s 时 SO_2 瞬时释放浓度最高，峰值浓度为 143.0mg/m^3；煤矸石中添加 Mo/MS 燃烧在 210s 时 SO_2 瞬时释放浓度最高，峰值浓度为 97.2mg/m^3；煤矸石中添加 Mo/HZSM-5 燃烧在 180s 时 SO_2 瞬时释放浓度最高，峰值浓度为 137.2mg/m^3。由此可见，添加 Mo/MS 和 Mo/HZSM-5 均可使煤矸石燃烧时 SO_2 瞬时释放浓度降低。由图 11-5（c）可知，煤矸石在 700℃燃烧时 SO_2 释放时间大于 1800s；煤矸石中添加 Mo/MS 燃烧时 SO_2 释放时间为 1710s；煤矸石中添加 Mo/HZSM-5 燃烧时 SO_2 释放时间为 1560s，添加 Mo/MS 和 Mo/HZSM-5 使煤矸石燃烧时 SO_2 释放时间缩短。煤矸石燃烧在 180s 时 SO_2 瞬时释放浓度最高，峰值浓度为 525.8mg/m^3；煤矸石中添加 Mo/MS 燃烧在 180s 时 SO_2 瞬时释放浓度最高，峰值浓度为 388.6mg/m^3；煤矸石中添加 Mo/HZSM-5 燃烧在 120s 时 SO_2 瞬时释放浓度最高，峰值浓度为 285.8mg/m^3。由此可见，700℃时添加 Mo/MS 和 Mo/HZSM-5 均使煤矸石燃烧时 SO_2 瞬时释放浓度降低。由图 11-5（d）可知，煤矸石在 1000℃燃烧过程中 SO_2 出现两个释放峰，这是由于不同形态的硫分解温度不同。停留时间在 0 ~ 540s 范围内出现第一个释放峰，是随着煤矸石中的挥发分大量析出，键能较低的有机硫化学键迅速断裂而形成，其中煤矸石燃烧在 90s 时 SO_2 瞬时释放浓度最高，峰值浓度为 320.0mg/m^3；煤矸石中添加 Mo/MS 燃烧在 90s 时 SO_2 瞬时释放浓度最高，峰值浓度为 274.4mg/m^3；煤矸石中添加 Mo/HZSM-5 燃烧在 90s 时 SO_2 瞬时浓度最高，此时释放峰值浓度为 223.0mg/m^3。由此可见，在此范围内添加 Mo/MS 和 Mo/HZSM-5 使煤矸石燃烧时 SO_2 瞬时释放浓度降低。停留时间在 540 ~ 1350s 范围内出现第二个释放峰，其 SO_2 的瞬时释放浓度低于第一个释放峰；煤矸石中添加 Mo/HZSM-5 燃烧时 SO_2 释放析出峰比煤矸石燃烧时提前了 30s，比煤矸石中添加 Mo/MS 燃烧时提前了 60s，说明添加 Mo/HZSM-5 使煤矸石燃烧时 SO_2 释放析出峰提前。

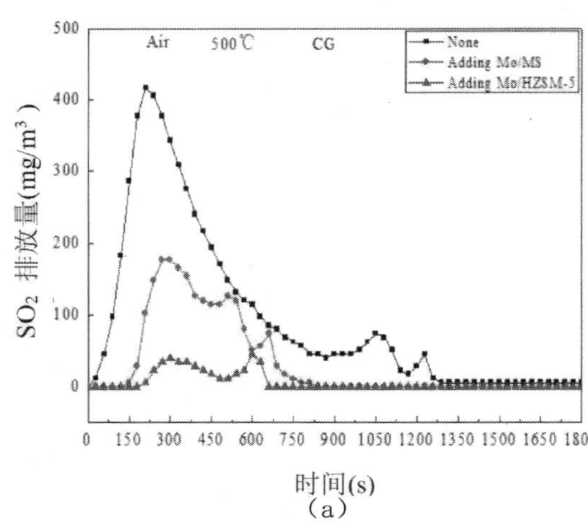

（a）

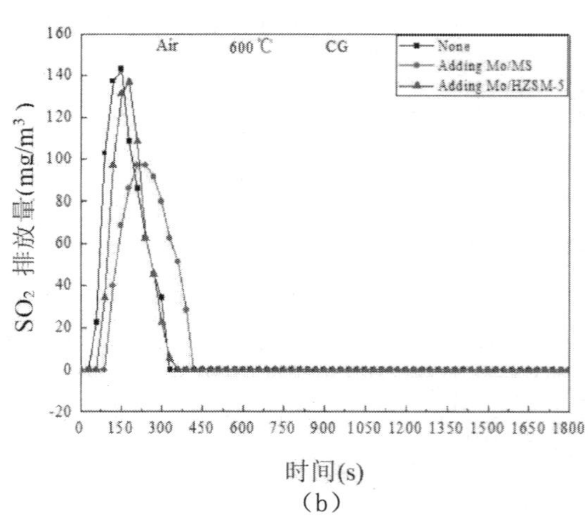

（b）

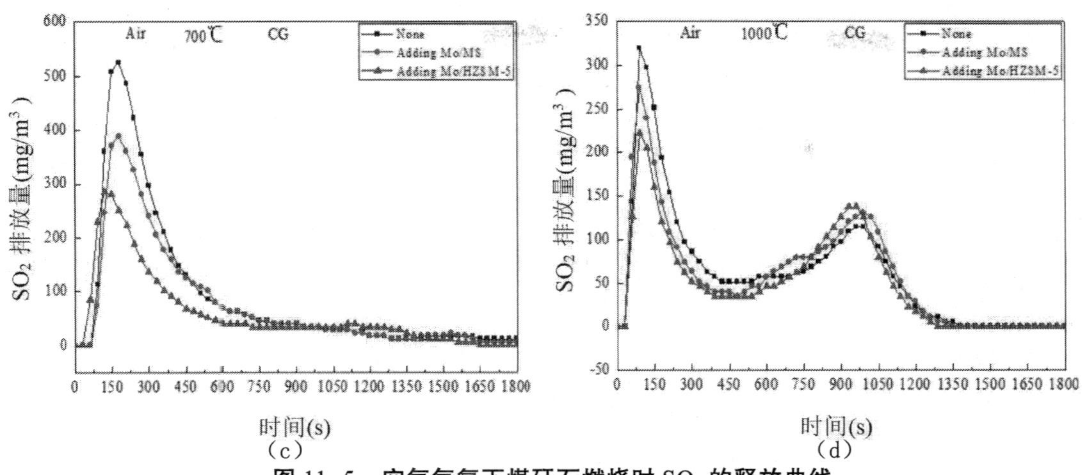

图 11-5　空气气氛下煤矸石燃烧时 SO_2 的释放曲线

Fig.11-5　Emission curve of SO_2 during coal gangue combustion at air atmospheres

图 11-6（a）~图 11-6（d）是空气气氛下煤矸石在 500 ~ 700℃以及 1000℃时添加 Mo/MS 和 Mo/HZSM-5 燃烧时 SO_2 的转化曲线。由图 11-6（a）可知，煤矸石 500℃燃烧时 SO_2 转化率为 35.40%；煤矸石中添加 Mo/MS 燃烧时 SO_2 转化率为 12.44%；煤矸石中添加 Mo/HZSM-5 燃烧时 SO_2 转化率为 2.51%。说明添加 Mo/MS 和 Mo/HZSM-5 都可以降低煤矸石燃烧时 SO_2 转化率，而且添加 Mo/HZSM-5 燃烧时 SO_2 转化率更低。由图 11-6（b）可知，煤矸石在 600℃燃烧时 SO_2 转化率为 4.97%；煤矸石中添加 Mo/MS 燃烧时 SO_2 转化率为 4.69%；煤矸石中添加 Mo/HZSM-5 燃烧时 SO_2 转化率为 4.38%。说明添加 Mo/MS 和 Mo/HZSM-5 可以降低煤矸石燃烧时 SO_2 转化率，而且添加 Mo/HZSM-5 燃烧时 SO_2 转化率更低。由图 11-6（c）可知，煤矸石在 700℃燃烧时 SO_2 转化率为 36.79%；煤矸石中添加 Mo/MS 燃烧时 SO_2 转化率为 28.61%；煤矸石中添加 Mo/HZSM-5 燃烧时 SO_2 转化率为 22.56%。说明添加 Mo/MS 和 Mo/HZSM-5 可以降低煤矸石燃烧时 SO_2 转化率，其中煤矸石中添加 Mo/HZSM-5 燃烧时 SO_2 转化率更低一些。由图 11-6（d）可知，煤矸石在 1000℃单独燃烧时 SO_2 转化率为 22.96%；煤矸石中添加 Mo/MS 燃烧时 SO_2 转化率为 22.05%；煤矸石中添加 Mo/HZSM-5 燃烧时 SO_2 转化率为 19.10%。由此可见在 1000℃时添加 Mo/MS 和 Mo/HZSM-5 也可以降低煤矸石燃烧时 SO_2 转化率，而且添加 Mo/HZSM-5 燃烧时 SO_2 转化率更低一些。

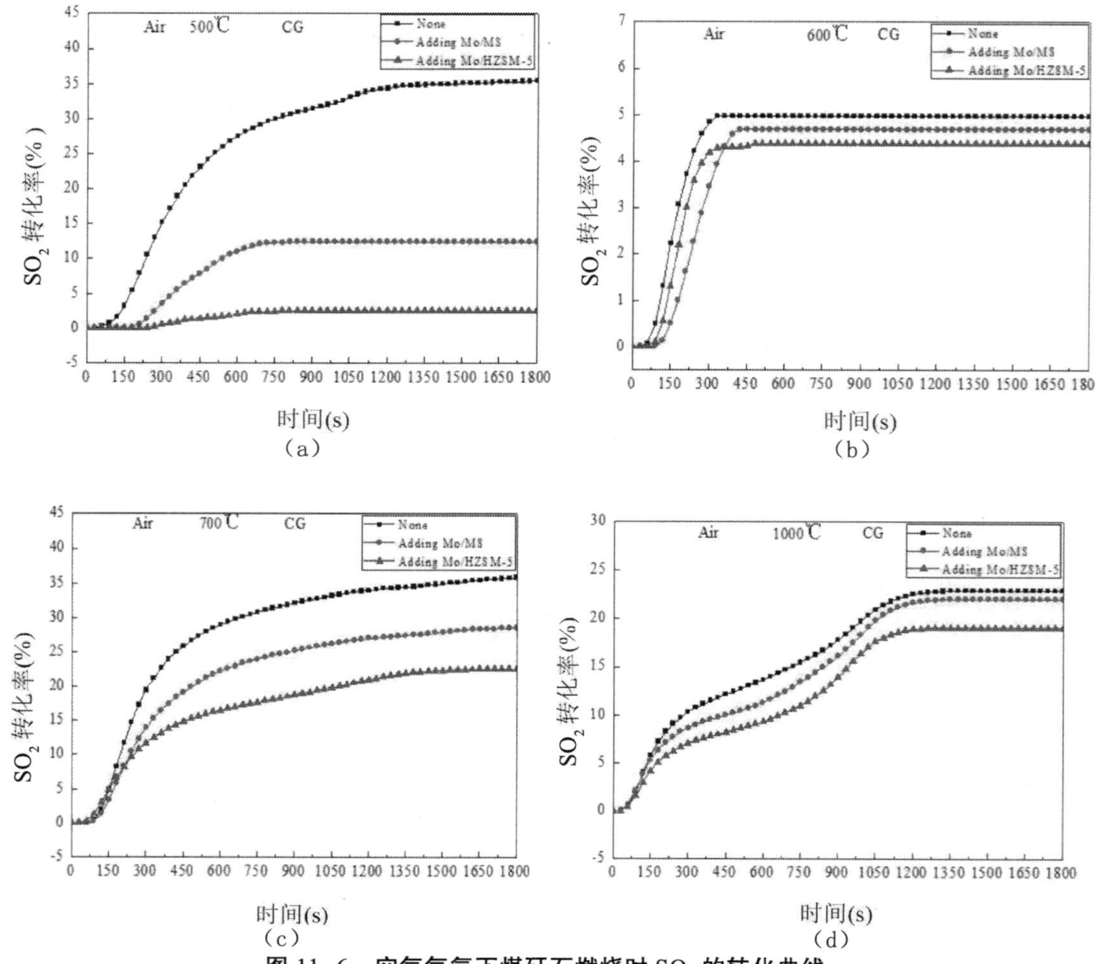

图 11-6 空气气氛下煤矸石燃烧时 SO_2 的转化曲线

Fig.11-6 Conversion rate curve of SO_2during coal gangue combustion at air atmosphere

11.3.1.2 O_2/CO_2 气氛下煤矸石催化燃烧时 SO_2 的排放特性

图 11-7（a）~图 11-7（d）是 O_2/CO_2 气氛下煤矸石在 500 ~ 700℃以及 1000℃时添加 Mo/MS 和 Mo/HZSM-5 燃烧时 SO_2 的释放曲线。由图 11-7（a）可知，O_2/CO_2 气氛下煤矸石在 500℃燃烧时 SO_2 释放时间为 1140s；煤矸石中添加 Mo/MS 燃烧时 SO_2 释放时间为 420s；煤矸石中添加 Mo/HZSM-5 燃烧时 SO_2 释放时间为 240s，添加 Mo/MS 和 Mo/HZSM-5 均使煤矸石燃烧时 SO_2 释放时间缩短，且添加 Mo/HZSM-5 时 SO_2 的释放时间更短。O_2/CO_2 气氛下煤矸石燃烧在 270s 时 SO_2 瞬时释放浓度最高，峰值浓度为 257.2mg/m^3；O_2/CO_2 气氛下煤矸石中添加 Mo/MS 燃烧在 270s 时 SO_2 瞬时释放浓度最高，峰值浓度为 137.2mg/m^3；O_2/CO_2 气氛下煤矸石中添加 Mo/HZSM-5 燃烧在 360s 时 SO_2 瞬时释放浓度最高，峰值浓度为 85.8mg/m^3。由此可见，O_2/CO_2 气氛下添加 Mo/MS 和 Mo/HZSM-5 使煤矸石燃烧时 SO_2 瞬时释放浓度降低。与空气气氛下煤矸石在 500℃催化燃烧时 SO_2 排放规律相似。由图 11-7（b）可知，O_2/CO_2 气氛下煤矸石 600℃燃烧时 SO_2 释放时间为 450s；煤矸石中添加 Mo/MS 燃烧时 SO_2 释

放时间为 510s；煤矸石中添加 Mo/HZSM-5 燃烧时 SO_2 释放时间为 420s，添加 Mo/MS 使煤矸石燃烧时 SO_2 释放时间延长。O_2/CO_2 气氛下煤矸石燃烧在 180s 时 SO_2 瞬时释放浓度最高，峰值浓度为 188.6mg/m^3；O_2/CO_2 气氛下煤矸石中添加 Mo/MS 燃烧在 150s 时 SO_2 瞬时释放浓度最高，峰值浓度为 160.0mg/m^3；O_2/CO_2 气氛下煤矸石中添加 Mo/HZSM-5 燃烧在 120s 时 SO_2 瞬时释放浓度最高，峰值浓度为 62.8mg/m^3。由此可见，O_2/CO_2 气氛下添加 Mo/MS 和 Mo/HZSM-5 均可使煤矸石燃烧时 SO_2 瞬时释放浓度降低；与空气气氛下煤矸石在 600℃催化燃烧时 SO_2 排放规律相似。由图 11-7（c）可知，O_2/CO_2 气氛下煤矸石在 700℃燃烧时 SO_2 释放时间为 660s；煤矸石中添加 Mo/MS 燃烧时 SO_2 释放时间为 630s；煤矸石中添加 Mo/HZSM-5 燃烧时 SO_2 释放时间为 330s，添加 Mo/MS 和 Mo/HZSM-5 均使煤矸石燃烧时 SO_2 释放时间缩短，而且添加 Mo/HZSM-5 时 SO_2 的释放时间最短。O_2/CO_2 气氛下煤矸石燃烧在 120s 时 SO_2 瞬时释放浓度最高，峰值浓度为 423.0mg/m^3；O_2/CO_2 气氛下煤矸石中添加 Mo/MS 和 Mo/HZSM-5 燃烧时均在 120s 时 SO_2 瞬时释放浓度最高，峰值浓度分别为 331.6mg/m^3 和 165.8mg/m^3。由此可见，O_2/CO_2 气氛下添加 Mo/MS 和 Mo/HZSM-5 使煤矸石燃烧时 SO_2 瞬时释放浓度降低。与空气气氛下煤矸石在 700℃催化燃烧时 SO_2 排放规律相似。由图 11-7（d）可知，O_2/CO_2 气氛下煤矸石在 1000℃燃烧过程中 SO_2 出现两个释放峰，这是由于不同形态的硫分解温度不同。与空气气氛下煤矸石燃烧过程中 SO_2 排放规律相似。O_2/CO_2 气氛下停留时间在 0 ～ 570s 范围内出现第一个释放峰，其中煤矸石燃烧在 60s 时 SO_2 瞬时释放浓度最高，峰值浓度为 257.2mg/m^3；煤矸石中添加 Mo/MS 燃烧在 120s 时 SO_2 瞬时释放浓度最高，峰值浓度为 234.4mg/m^3；煤矸石中添加 Mo/HZSM-5 燃烧在 60s 时 SO_2 瞬时浓度最高，此时释放峰值浓度为 245.8mg/m^3，由此可见，在此范围内添加 Mo/MS 和 Mo/HZSM-5 使煤矸石燃烧时 SO_2 瞬时释放浓度降低。O_2/CO_2 气氛下停留时间在 570 ～ 1230s 范围内出现第二个释放峰，其 SO_2 的瞬时释放浓度低于第一个释放峰；煤矸石添加 Mo/HZSM-5 燃烧时 SO_2 释放析出峰比煤矸石单独燃烧时提前了 30s，比添加 Mo/MS 煤矸石燃烧时提前了 90s，说明添加 Mo/HZSM-5 使煤矸石燃烧时 SO_2 释放析出峰提前。

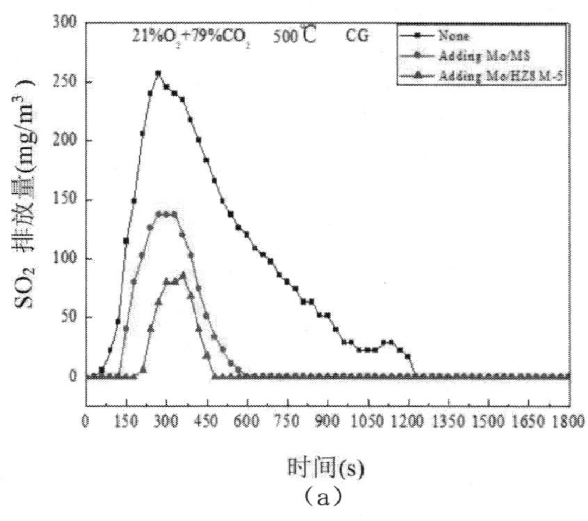

（a）

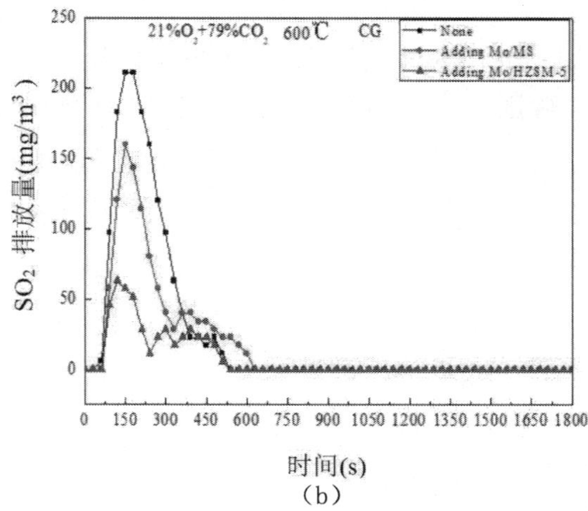

（b）

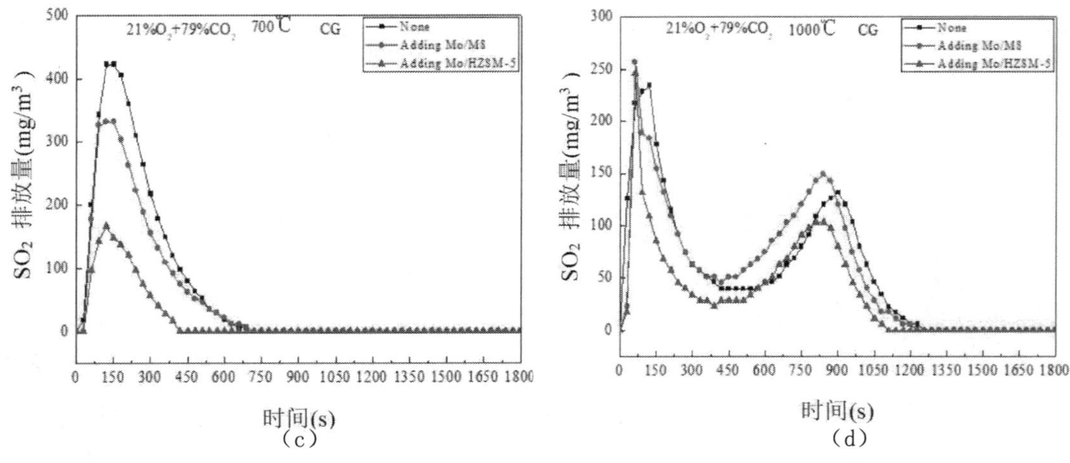

图 11-7 O_2/CO_2 气氛下煤矸石燃烧时 SO_2 的释放曲线

Fig.11-7 Emission curve of SO_2 during coal gangue combustion at O_2/CO_2 atmosphere

图 11-8（a）~图 11-8（d）是 O_2/CO_2 气氛下煤矸石在 500 ~ 700℃以及 1000℃时添加 Mo/MS 和 Mo/HZSM-5 燃烧时 SO_2 的转化曲线。由图 11-8（a）可知，O_2/CO_2 气氛下煤矸石在 500℃燃烧时 SO_2 转化率为 27.48%；煤矸石中添加 Mo/MS 燃烧时 SO_2 转化率为 7.94%；煤矸石中添加 Mo/HZSM-5 燃烧时 SO_2 转化率为 3.19%。说明 O_2/CO_2 气氛下在 500℃时添加 Mo/MS 和 Mo/HZSM-5 可以降低煤矸石燃烧时 SO_2 转化率，而且煤矸石中添加 Mo/HZSM-5 燃烧时 SO_2 转化率要更低一些。由图 11-8（b）可知，O_2/CO_2 气氛下煤矸石在 600℃燃烧时 SO_2 转化率为 8.99%；煤矸石中添加 Mo/MS 燃烧时 SO_2 转化率为 7.03%；煤矸石中添加 Mo/HZSM-5 燃烧时 SO_2 转化率为 2.97%。说明 O_2/CO_2 气氛下在 600℃时添加 Mo/MS 和 Mo/HZSM-5 也可以降低煤矸石燃烧时 SO_2 转化率，也是添加 Mo/HZSM-5 燃烧时 SO_2 转化率要更低一些。由图 11-8（c）可知，O_2/CO_2 气氛下煤矸石在 700℃燃烧时 SO_2 转化率为 25.44%；煤矸石中添加 Mo/MS 燃烧时 SO_2 转化率为 19.88%；煤矸石中添加 Mo/HZSM-5 燃烧时 SO_2 转化率为 7.53%。说明 O_2/CO_2 气氛下在 700℃时添加 Mo/MS 和 Mo/HZSM-5 也可以降低煤矸石燃烧时 SO_2 转化率，也是添加 Mo/HZSM-5 燃烧时 SO_2 转化率更低一些。由图 11-8（d）可知，O_2/CO_2 气氛下煤矸石在 1000℃燃烧时 SO_2 转化率为 22.62%；煤矸石中添加 Mo/MS 燃烧时 SO_2 转化率为 21.98%；煤矸石中添加 Mo/HZSM-5 燃烧时 SO_2 转化率为 14.47%。说明 O_2/CO_2 气氛下在 1000℃时添加 Mo/MS 和 Mo/HZSM-5 也可以降低煤矸石燃烧时 SO_2 转化率，而且煤矸石中添加 Mo/HZSM-5 燃烧时 SO_2 转化率更低一些。

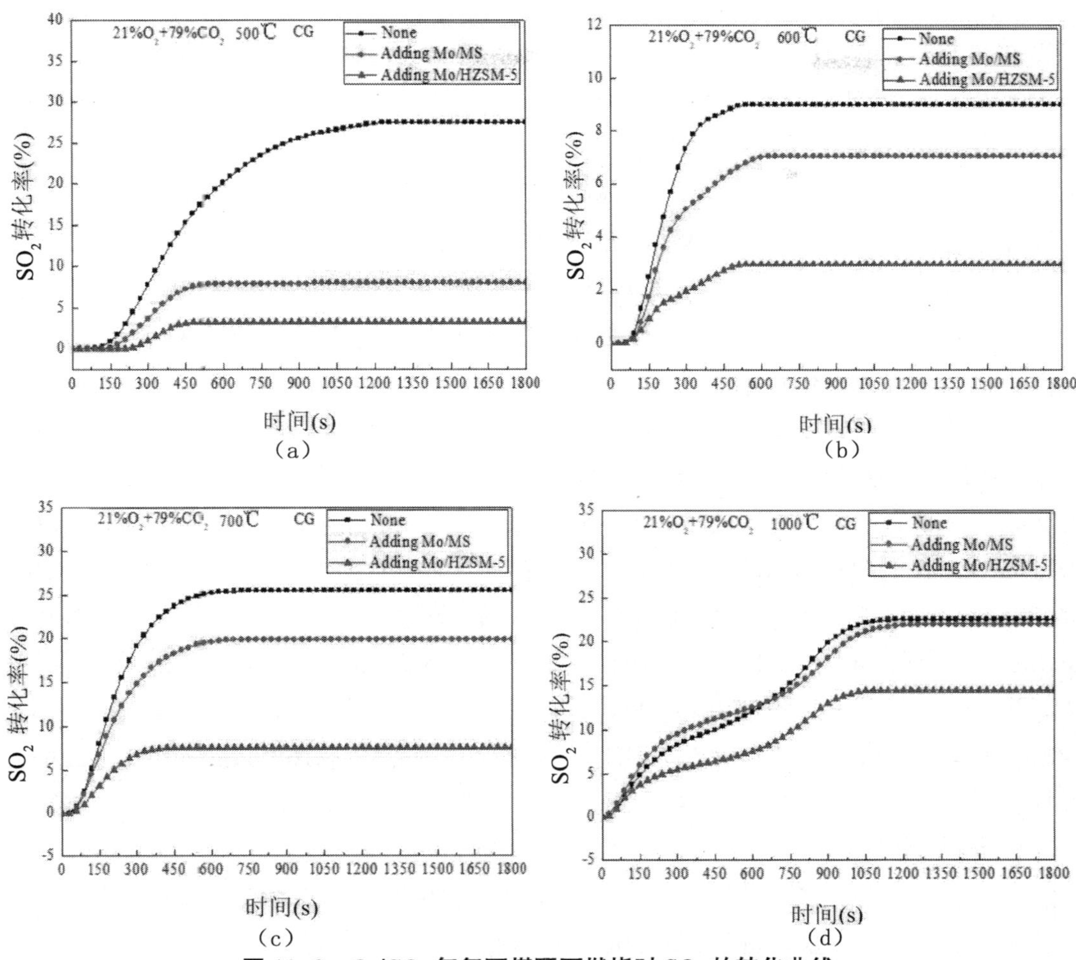

图 11-8　O_2/CO_2 气氛下煤矸石燃烧时 SO_2 的转化曲线

Fig.11-8　Conversion rate curve of SO_2 during coal gangue combustion at O_2/CO_2 atmosphere

通过以上研究可知，O_2/CO_2 气氛下煤矸石燃烧 SO_2 排放规律与空气气氛下相似。与空气气氛相比，O_2/CO_2 气氛下煤矸石燃烧时 SO_2 释放浓度和转化率较低，是由于在 O_2/CO_2 气氛下，局部还原性气氛下，煤矸石中的硫更多地转化为 H_2S、COS 和 CS 以及生成的 SO_2 又被还原。空气气氛和 O_2/CO_2 气氛下添加 Mo/MS 和 Mo/HZSM-5 催化剂都可以降低煤矸石燃烧时 SO_2 的释放浓度，缩短释放时间和降低 SO_2 转化率，而且煤矸石中添加 Mo/HZSM-5 燃烧时 SO_2 转化率更低一些。可能是由于添加 Mo/MS 和 Mo/HZSM-5 促进了燃烧过程中 SO_2 转化成 SO_3 和其他形式的硫化物，从而降低了 SO_2 的释放浓度和转化率。

11.3.2　煤泥催化燃烧时 SO_2 的排放特性

11.3.2.1　空气气氛下煤泥催化燃烧时 SO_2 的排放特性

图 11-9（a）~图 11-9（d）是空气气氛下煤泥在 500 ~ 700℃以及 1000℃时添加 Mo/MS 和 Mo/HZSM-5 燃烧时 SO_2 的释放曲线。通过煤泥中硫的形态分析可知，煤泥中黄铁矿硫占总硫 48.65%、有机硫占总硫 43.24%。硫酸盐在低温区较稳定不易分解，因此在低于 700℃时主

要是黄铁矿硫和有机硫分解且只出现一个释放峰，在高温区出现两个释放峰。由图 11–9（a）可知，煤泥在 500℃单独燃烧时 SO_2 释放时间大于 1800s；煤泥中添加 Mo/MS 燃烧时 SO_2 释放时间为 630s；煤泥中添加 Mo/HZSM–5 燃烧时 SO_2 释放时间为 360s，添加 Mo/MS 和 Mo/HZSM–5 均使煤泥燃烧时 SO_2 释放时间缩短。煤泥单独燃烧在 150s 时 SO_2 瞬时释放峰值浓度为 608.8mg/m^3；添加 Mo/MS 和 Mo/HZSM–5 后煤泥燃烧在 240s 时 SO_2 瞬时释放浓度最高，峰值浓度分别为 122.9mg/m^3 和 82.9mg/m^3。由此可见，添加 Mo/MS 和 Mo/HZSM–5 使煤泥燃烧时 SO_2 瞬时释放浓度降低。这与煤矸石在 500℃时催化燃烧过程中 SO_2 排放规律相似。由图 11–9（b）可知，煤泥在 600℃单独燃烧时 SO_2 释放时间为 270s；煤泥中添加 Mo/MS 燃烧时 SO_2 释放时间为 420s；煤泥中添加 Mo/HZSM–5 燃烧时 SO_2 释放时间为 630s，添加 Mo/MS 和 Mo/HZSM–5 均使煤泥燃烧时 SO_2 释放时间延长。煤泥单独燃烧在 90s 时 SO_2 瞬时释放浓度最高，峰值浓度为 294.4mg/m^3；添加 Mo/MS 和 Mo/HZSM–5 后煤泥燃烧在 150s 时 SO_2 瞬时释放浓度最高，峰值浓度分别为 125.8mg/m^3 和 111.5mg/m^3。由此可见，添加 Mo/MS 和 Mo/HZSM–5 均可使煤泥燃烧时 SO_2 瞬时释放浓度降低。由图 11–9（c）可知，煤泥在 700℃单独燃烧时 SO_2 释放时间为 750s；煤泥中添加 Mo/MS 燃烧时 SO_2 释放时间为 720s；煤泥中添加 Mo/HZSM–5 燃烧时 SO_2 释放时间为 570s，添加 Mo/MS 和 Mo/HZSM–5 均使煤泥燃烧时 SO_2 释放时间缩短。煤泥单独燃烧在 90s 时 SO_2 瞬时释放峰值浓度为 208.6mg/m^3；添加 Mo/MS 和 Mo/HZSM–5 后煤泥燃烧在 90s 时 SO_2 瞬时释放峰值浓度分别为 168.6mg/m^3 和 122.9mg/m^3。由此可见，添加 Mo/MS 和 Mo/HZSM–5 使煤泥燃烧时 SO_2 瞬时释放浓度降低。这与煤矸石在 700℃时催化燃烧过程中 SO_2 排放规律相似。由图 11–9（d）可知，煤泥在 1000℃燃烧过程中 SO_2 出现两个释放峰，这与煤矸石在 1000℃燃烧过程中 SO_2 排放规律相似，都是由于不同形态的硫分解温度不同。停留时间在 0 ~ 300s 范围内出现第一个释放峰，煤泥单独燃烧在 60s 时 SO_2 瞬时释放浓度最高，峰值浓度为 485.9mg/m^3；煤泥添加 Mo/MS 燃烧在 30s 时 SO_2 瞬时释放峰值浓度为 182.0mg/m^3；添加 Mo/HZSM–5 后煤泥燃烧在 60s 时 SO_2 瞬时释放浓度最高，此时释放峰值浓度为 214.4mg/m^3。由此可见，在此范围内添加 Mo/MS 和 Mo/HZSM–5 使煤泥燃烧时 SO_2 瞬时释放浓度降低。停留时间在 300 ~ 1800s 范围内出现第二个释放峰，煤泥添加 Mo/MS 燃烧时 SO_2 释放析出峰比煤泥单独燃烧时提前了 30s，比添加 Mo/HZSM–5 煤泥燃烧时提前了 240s，说明添加 Mo/MS 使煤泥燃烧时 SO_2 释放析出峰提前。

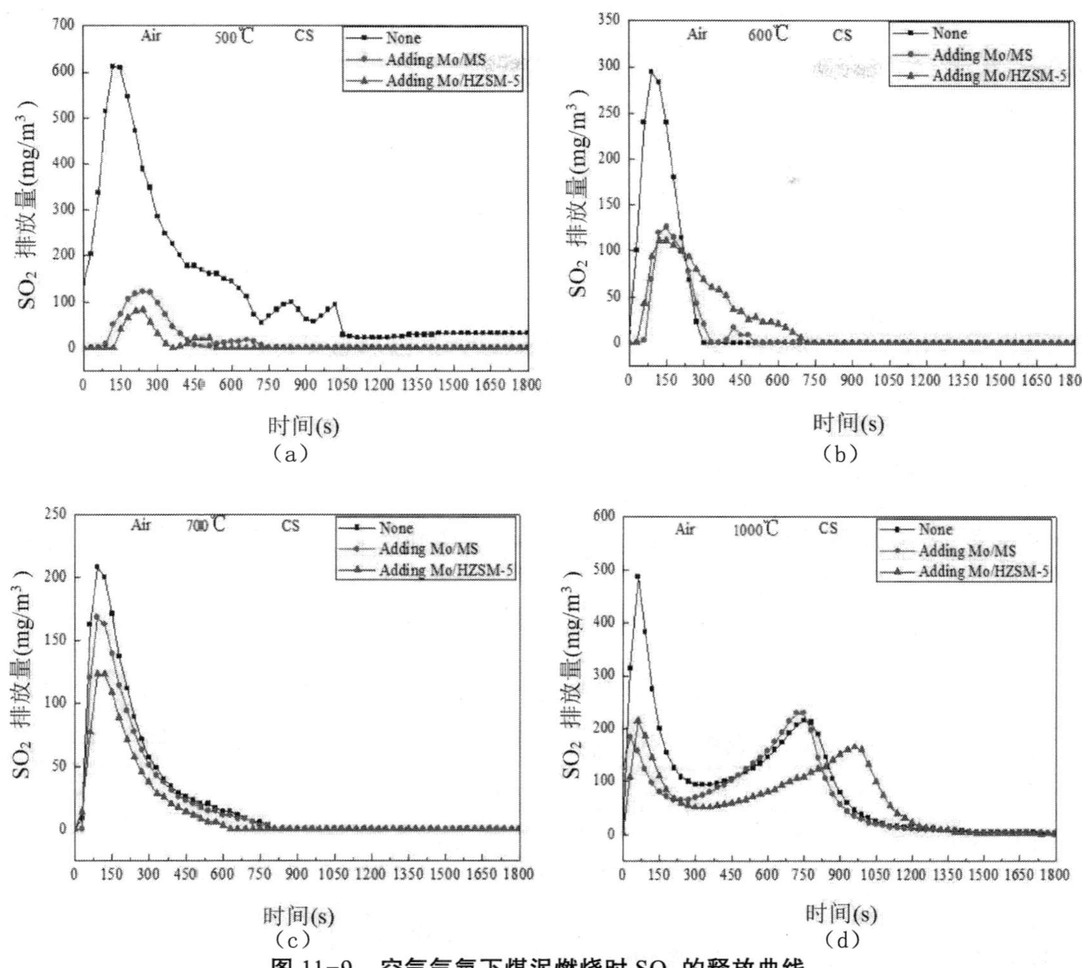

图 11-9　空气气氛下煤泥燃烧时 SO_2 的释放曲线

Fig.11-9　Emission curve of SO_2 during coal washery reject combustion at air atmosphere

图 11-10（a）~ 图 11-10（d）是空气气氛下煤泥在 500 ~ 700℃、1000℃时添加 Mo/MS 和 Mo/HZSM-5 燃烧时 SO_2 转化曲线。由图 11-10（a）可知，煤泥在 500℃单独燃烧时 SO_2 转化率为 57.86%；煤泥中添加 Mo/MS 燃烧时 SO_2 转化率为 6.33%；煤泥中添加 Mo/HZSM-5 燃烧时 SO_2 转化率为 2.88%，说明在 500℃下添加 Mo/MS 和 Mo/HZSM-5 可以降低煤泥燃烧时 SO_2 转化率，而且煤泥中添加 Mo/HZSM-5 燃烧时 SO_2 转化率更低一些。这与煤矸石在 500℃催化燃烧过程中 SO_2 转化率规律相类似。由图 11-10（b）可知，煤泥在 600℃单独燃烧时 SO_2 转化率为 10.12%；煤泥中添加 Mo/MS 燃烧时 SO_2 转化率为 4.67%；煤泥中添加 Mo/HZSM-5 燃烧时 SO_2 转化率为 7.95%。说明在 600℃下添加 Mo/MS 和 Mo/HZSM-5 可以降低煤泥燃烧时 SO_2 转化率，其中煤泥中添加 Mo/MS 燃烧时 SO_2 转化率更低一些。由图 11-10（c）可知，煤泥在 700℃单独燃烧时 SO_2 转化率为 10.14%；煤泥中添加 Mo/MS 燃烧时 SO_2 转化率为 8.39%；煤泥中添加 Mo/HZSM-5 燃烧时 SO_2 转化率为 5.84%。说明在 700℃时添加 Mo/MS 和 Mo/HZSM-5 可以降低煤泥燃烧时 SO_2 转化率，其中煤泥中添加 Mo/HZSM-5 燃烧时 SO_2 转化率更低一些。这与煤矸石在 700℃催化燃烧过程中 SO_2 转化率规律相类似。由图 11-10（d）可知，煤泥在 1000℃单独燃烧时 SO_2 转化率为 36.57%；煤泥中添加 Mo/MS 燃烧时 SO_2 转化

率为 27.25%；煤泥中添加 Mo/HZSM-5 燃烧时 SO_2 转化率为 25.84%。说明在 1000℃时添加 Mo/MS 和 Mo/HZSM-5 也可以降低煤泥燃烧时 SO_2 转化率，其中煤泥中添加 Mo/HZSM-5 燃烧时 SO_2 转化率更低一些；这与煤矸石在 1000℃催化燃烧过程中 SO_2 转化率规律相类似。

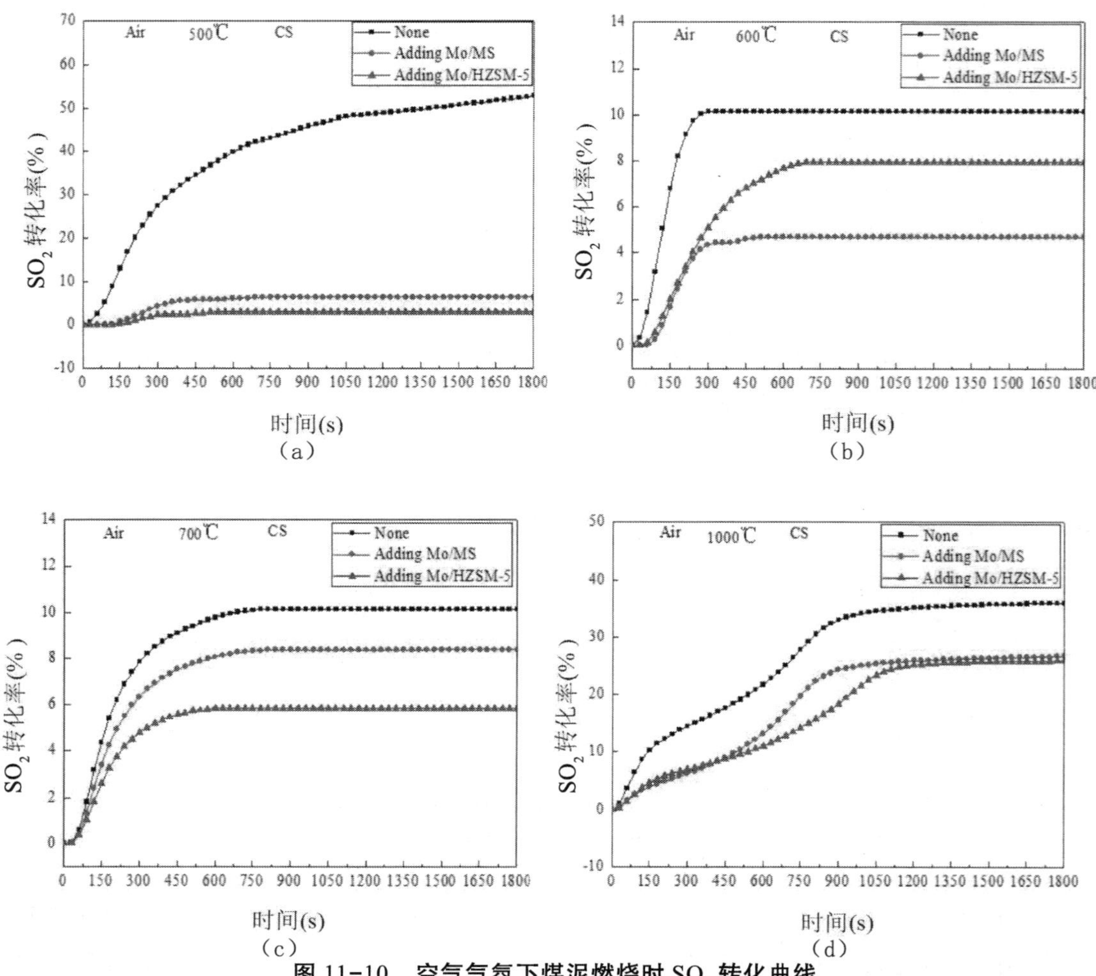

图 11-10　空气气氛下煤泥燃烧时 SO_2 转化曲线

Fig. 11-10　Conversion rate curve of SO_2 during coal washery reject combustion at air atmosphere

11.3.2.2　O_2/CO_2 气氛下煤泥催化燃烧时 SO_2 的排放特性

图 11-11（a）～图 11-11（d）是 O_2/CO_2 气氛下煤泥在 500 ～ 700℃以及 1000℃时添加 Mo/MS 和 Mo/HZSM-5 燃烧时 SO_2 的释放曲线。由图 11-11（a）可知，O_2/CO_2 气氛下煤泥在 500℃单独燃烧时 SO_2 释放时间为 1020s；煤泥中添加 Mo/MS 燃烧时 SO_2 释放时间为 990s；煤泥中添加 Mo/HZSM-5 燃烧时 SO_2 释放时间为 960s，添加 Mo/ HZSM-5 煤泥燃烧时 SO_2 释放时间最短。说明 O_2/CO_2 气氛下煤泥在 500℃时添加 Mo/HZSM-5 可以缩短 SO_2 的释放时间。O_2/CO_2 气氛下煤泥单独燃烧在 240s 时 SO_2 瞬时释放峰值浓度为 605.7mg/m^3；添加 Mo/MS 后煤泥燃烧在 210s 时 SO_2 瞬时释放浓度最高，峰值浓度为 200.0mg/m^3；添加 Mo/HZSM-5 后煤泥燃烧在 300s 时 SO_2 瞬时释放浓度最高，峰值浓度为 245.7mg/m^3。由此可见，

O_2/CO_2 气氛下添加 Mo/MS 和 Mo/HZSM-5 使煤泥燃烧时 SO_2 瞬时释放浓度降低。这与 O_2/CO_2 气氛下煤矸石在 500℃时催化燃烧过程中 SO_2 排放规律相类似。由图 11-11（b）可知，O_2/CO_2 气氛下煤泥在 600℃单独燃烧时 SO_2 释放时间为 720s；煤泥中添加 Mo/MS 燃烧时 SO_2 释放时间为 630s；煤泥中添加 Mo/HZSM-5 燃烧时 SO_2 释放时间为 450s，添加 Mo/MS 和 Mo/HZSM-5 均使煤泥燃烧时 SO_2 释放时间缩短。O_2/CO_2 气氛下煤泥单独燃烧在 150s 时 SO_2 瞬时释放浓度最高，峰值浓度为 268.5mg/m^3；添加 Mo/MS 后煤泥燃烧在 180s 时 SO_2 瞬时释放浓度最高，峰值浓度为 240.0mg/m^3；添加 Mo/HZSM-5 后煤泥燃烧在 150s 时 SO_2 瞬时释放浓度最高，峰值浓度为 240.0mg/m^3。由此可见，O_2/CO_2 气氛下添加 Mo/MS 和 Mo/HZSM-5 使煤泥燃烧时 SO_2 瞬时释放浓度降低。这与 O_2/CO_2 气氛下煤矸石在 600℃时催化燃烧过程中 SO_2 排放规律相类似。由图 11-11（c）可知，O_2/CO_2 气氛下煤泥在 700℃单独燃烧时 SO_2 释放时间为 480s；煤泥中添加 Mo/MS 燃烧时 SO_2 释放时间为 360s；煤泥中添加 Mo/HZSM-5 燃烧时 SO_2 释放时间为 330s，添加 Mo/MS 和 Mo/HZSM-5 均使煤泥燃烧时 SO_2 释放时间缩短。O_2/CO_2 气氛下煤泥单独燃烧在 120s 时 SO_2 瞬时释放峰值浓度为 211.4mg/m^3；添加 Mo/MS 后煤泥燃烧在 120s 时 SO_2 瞬时释放浓度最高，峰值浓度为 182.8mg/m^3；添加 Mo/HZSM-5 后煤泥燃烧在 180s 时 SO_2 瞬时释放浓度最高，峰值浓度为 182.8mg/m^3。由此可见，O_2/CO_2 气氛下在 700℃时添加 Mo/MS 和 Mo/HZSM-5 都可以使煤泥燃烧时 SO_2 瞬时释放浓度降低。这与 O_2/CO_2 气氛下煤矸石在 700℃时催化燃烧过程中 SO_2 排放规律相类似。由图 11-11（d）可知，O_2/CO_2 气氛下煤泥在 1000℃燃烧过程中 SO_2 出现两个释放峰，这与空气气氛下煤泥在 1000℃燃烧时和 O_2/CO_2 气氛下煤矸石在 1000℃燃烧过程中 SO_2 排放规律相类似，是由于不同形态的硫分解温度不同。第一个是剧烈的释放峰，是随着煤泥中的挥发分大量析出，键能较低的有机硫化学键迅速断裂形成；第二个是平缓的肩峰。O_2/CO_2 气氛下停留时间在 30- ~ 540s 范围内出现第一个释放峰，煤泥单独燃烧在 90s 时 SO_2 瞬时释放浓度最高，峰值浓度为 331.4mg/m^3；添加 Mo/MS 和 Mo/HZSM-5 后煤泥燃烧在 90s 时 SO_2 瞬时释放峰值浓度分别为 257.1mg/m^3 和 217.1mg/m^3。由此可见，在此范围内添加 Mo/MS 和 Mo/HZSM-5 使煤泥燃烧时 SO_2 瞬时释放浓度降低。O_2/CO_2 气氛下停留时间在 540 ~ 1590s 范围内出现第二个释放峰，煤泥添加 Mo/MS 燃烧时 SO_2 释放析出峰比煤泥单独燃烧时提前了 80s，比添加 Mo/HZSM-5 煤泥燃烧时提前了 150s，说明添加 Mo/MS 使煤泥燃烧时 SO_2 释放析出峰提前。

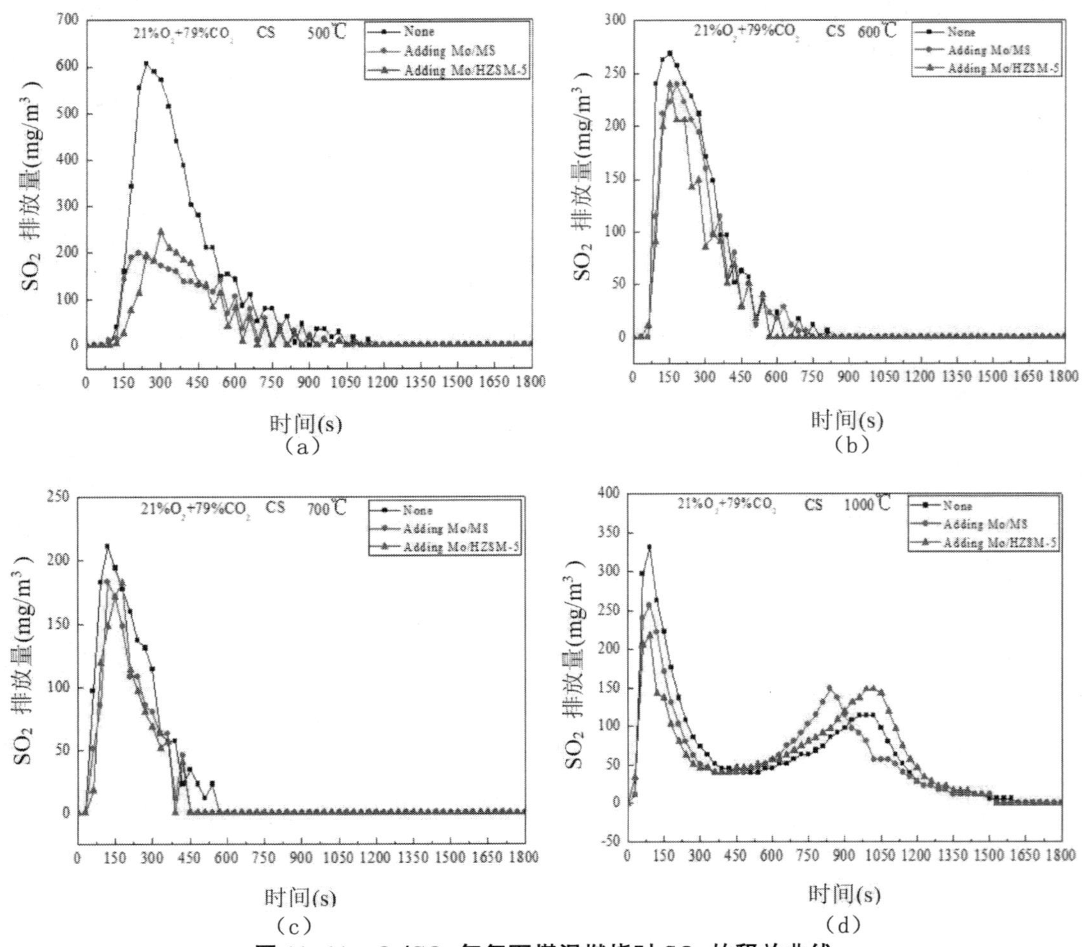

图 11-11　O_2/CO_2 气氛下煤泥燃烧时 SO_2 的释放曲线

Fig.11-11　Emission curve of SO_2 during coal washery reject combustion at O_2/CO_2 atmosphere

图 11-12（a）~图 11-12（d）是 O_2/CO_2 气氛下煤泥在 500 ~ 700℃以及 1000℃时添加 Mo/MS 和 Mo/HZSM-5 燃烧时 SO_2 转化曲线。由图 11-12（a）可知，O_2/CO_2 气氛下煤泥在 500℃单独燃烧时 SO_2 转化率为 42.51%；煤泥中添加 Mo/MS 燃烧时 SO_2 转化率为 17.93%；煤泥中添加 Mo/HZSM-5 燃烧时 SO_2 转化率为 16.02%。说明 O_2/CO_2 气氛下添加 Mo/MS 和 Mo/HZSM-5 都可以降低煤泥燃烧时 SO_2 转化率，其中煤泥中添加 Mo/HZSM-5 燃烧时 SO_2 的转化率更低一些。这与 O_2/CO_2 气氛下煤矸石在 500℃催化燃烧过程中 SO_2 转化率规律相类似。由图 11-12（b）可知，O_2/CO_2 气氛下煤泥 600℃单独燃烧时 SO_2 转化率为 16.72%；煤泥中添加 Mo/MS 燃烧时 SO_2 转化率为 14.33%；煤泥中添加 Mo/HZSM-5 燃烧时 SO_2 转化率为 12.19%。说明 O_2/CO_2 气氛下添加 Mo/MS 和 Mo/HZSM-5 可以降低煤泥燃烧时 SO_2 转化率，其中煤泥中添加 Mo/HZSM-5 燃烧时 SO_2 的转化率更低一些。这与 O_2/CO_2 气氛下煤矸石在 600℃催化燃烧过程中 SO_2 转化率规律相类似。由图 11-12（c）可知，O_2/CO_2 气氛下煤泥在 700℃单独燃烧时 SO_2 转化率为 11.29%；煤泥中添加 Mo/MS 燃烧时 SO_2 转化率为 8.02%；煤泥中添加 Mo/HZSM-5 燃烧时 SO_2 转化率为 7.66%。说明 O_2/CO_2 气氛下添加 Mo/MS 和 Mo/HZSM-5 可以降低煤泥燃烧时 SO_2 转化率，其中煤泥中添加 Mo/HZSM-5 燃烧时 SO_2 的

转化率更低一些，这与 O_2/CO_2 气氛下煤矸石在 700℃催化燃烧过程中 SO_2 转化率规律相类似。由图 11−12（d）可知，O_2/CO_2 气氛下煤泥在 1000℃单独燃烧时 SO_2 转化率为 25.63%；煤泥中添加 Mo/MS 燃烧时 SO_2 转化率为 23.93%；煤泥中添加 Mo/HZSM−5 燃烧时 SO_2 转化率为 24.64%。说明 O_2/CO_2 气氛下添加 Mo/MS 和 Mo/HZSM−5 均可以降低煤泥燃烧时 SO_2 转化率，其中煤泥中添加 Mo/HZSM−5 燃烧时 SO_2 的转化率更低一些。

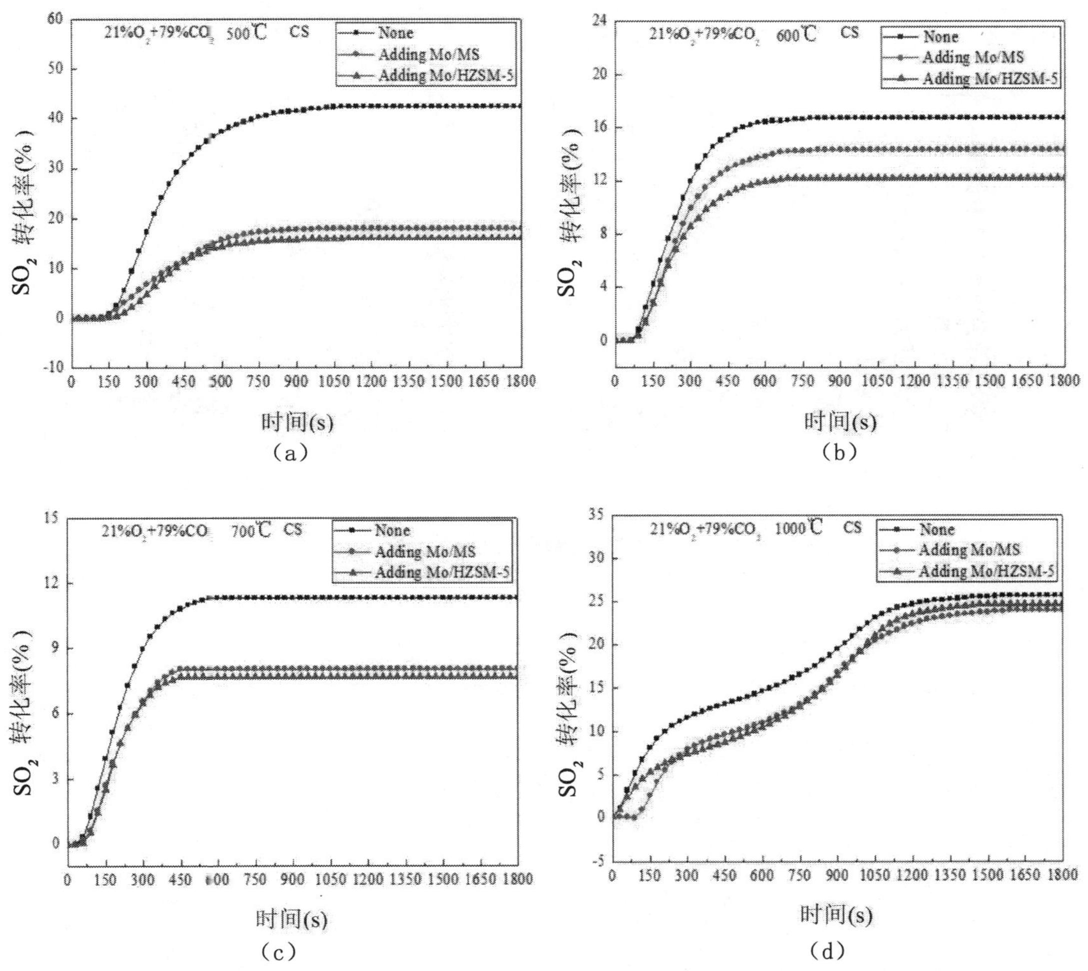

图 11−12　O_2/CO_2 气氛下煤泥燃烧时 SO_2 转化曲线

Fig.11−12　Conversion rate curve of SO_2 during coal washery reject combustion at O_2/CO_2 atmosphere

通过以上研究可知，空气气氛和 O_2/CO_2 气氛下煤矸石、煤泥燃烧过程中 SO_2 排放规律相似。与空气气氛相比，O_2/CO_2 气氛下煤泥燃烧时 SO_2 释放浓度和转化率更低，这是由于在 O_2/CO_2 气氛下，部分还原性气氛下，煤泥中的硫更多地转化为 H_2S、COS 和 CS 以及生成的 SO_2 又被还原。空气气氛和 O_2/CO_2 气氛下添加 Mo/MS 和 Mo/HZSM−5 都可以降低煤泥燃烧时 SO_2 的释放浓度、缩短释放时间和降低 SO_2 转化率，可能是由于 Mo/MS 和 Mo/HZSM−5 催化剂将煤泥燃烧过程中的 SO_2 转化成 SO_3 和其他形式的硫化物，从而降低了 SO_2 的释放浓度和转化率。

11.3.3 煤矸石、煤泥催化燃烧时硫的迁移特性

11.3.3.1 煤矸石、煤泥催化燃烧后灰中的硫含量

图 11-13（a）~图 11-13（b）分别是不同温度下空气气氛和 O_2/CO_2 气氛下煤矸石燃烧后灰中的硫含量。由图 11-13（a）~图 11-13（b）可知，空气气氛和 O_2/CO_2 气氛下灰中的硫含量随温度的升高而降低。空气气氛和 O_2/CO_2 气氛下煤矸石中添加 Mo/MS 和 Mo/HZSM-5 燃烧后灰中硫含量降低。

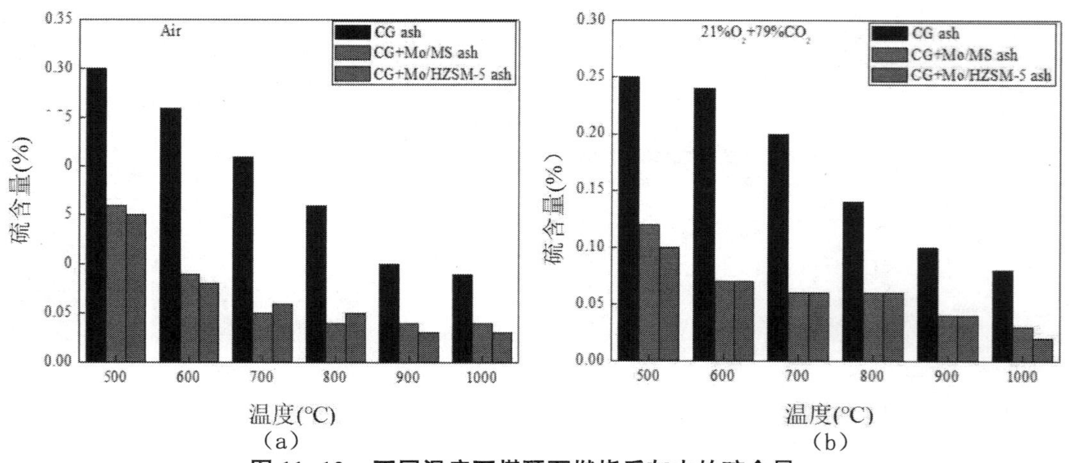

（a）（b）

图 11-13 不同温度下煤矸石燃烧后灰中的硫含量

Fig.11-13 Sulfur content in ash obtained from coal gangue combustion at different temperatures

图 11-14（a）~图 11-14（b）分别是不同温度下空气气氛和 O_2/CO_2 气氛下煤泥燃烧后灰中的硫含量。由图 11-14 可知，空气气氛下煤泥在 700℃、800℃时燃烧后的灰中硫含量最高；O_2/CO_2 气氛下煤泥在 800℃、900℃时燃烧后的灰中硫含量最高。空气气氛和 O_2/CO_2 气氛下煤泥中添加 Mo/MS 和 Mo/HZSM-5 燃烧后灰中硫含量降低。

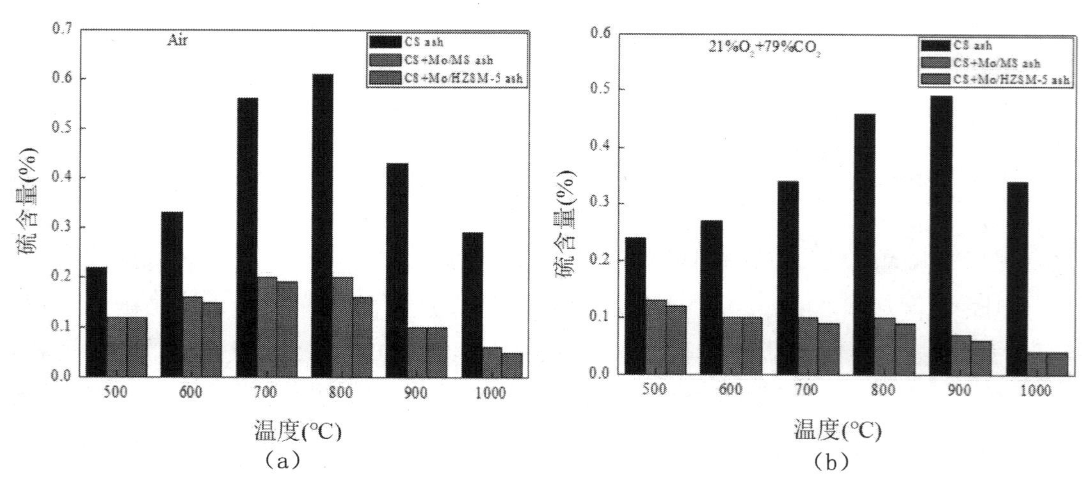

（a）（b）

图 11-14 不同温度下煤泥燃烧后灰中的硫含量

Fig.11-14 Sulfur content in ash obtained from coal washery reject combustion at different temperatures

11.3.3.2　煤矸石、煤泥催化燃烧时硫的迁移特性

图 11-15（a）~图 11-15（c）分别是空气气氛下煤矸石在不同温度下单独燃烧、添加 Mo/MS 以及添加 Mo/HZSM-5 燃烧时硫在气相及灰中的分布。由图 11-15（a）~图 11-15（c）可知，煤矸石燃烧后灰中硫的相对含量随温度的升高而降低；煤矸石燃烧过程中气相中硫的相对含量随温度的升高而升高。煤矸石中添加 Mo/MS 和 Mo/HZSM-5 燃烧时，灰中硫的相对含量降低，气相中硫的相对含量升高。由前面研究结果可知煤矸石中添加 Mo/MS 和 Mo/HZSM-5 燃烧时可以抑制 SO_2 的释放，说明煤矸石中添加 Mo/MS 和 Mo/HZSM-5 燃烧时气相中的部分 SO_2 可能转化成其他形式的硫。

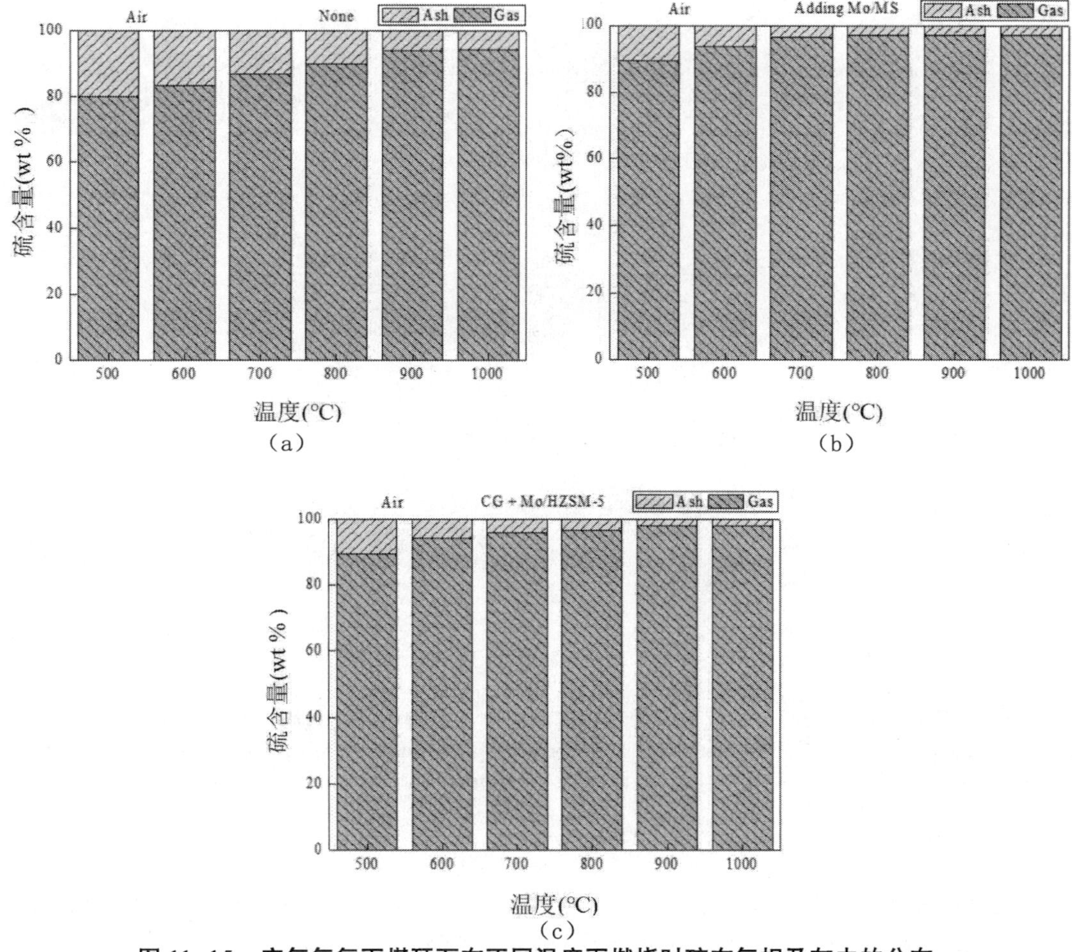

图 11-15　空气气氛下煤矸石在不同温度下燃烧时硫在气相及灰中的分布

Fig.11-15　Distribution of sulfur in gas and ash during combustion of coal gangue at different temperatures in air atmosphere

图 11-16（a）~图 11-16（c）分别是 O_2/CO_2 气氛下煤矸石在不同温度下单独燃烧、添加 Mo/MS 以及添加 Mo/HZSM-5 燃烧时硫在气相及灰中的分布。由图 11-16（a）~图 11-16（c）可知，O_2/CO_2 气氛下与空气气氛下煤矸石燃烧时硫在气相及灰中的规律相似。O_2/CO_2 气氛下煤矸石燃烧后灰中硫的相对含量随温度的升高而降低；煤矸石燃烧过程中气相中硫的相对含量随温度的升高而升高。O_2/CO_2 气氛下煤矸石中添加 Mo/MS 和 Mo/HZSM-5 燃烧时，灰中硫

的相对含量降低，气相中硫的相对含量升高。通过前面研究结果发现在 O_2/CO_2 气氛下煤矸石中添加 Mo/MS 和 Mo/HZSM-5 燃烧时可以抑制 SO_2 的释放，由此可以推断 O_2/CO_2 气氛下煤矸石中添加 Mo/MS 和 Mo/HZSM-5 燃烧时使气相中的 SO_2 转化成其他形式的硫。

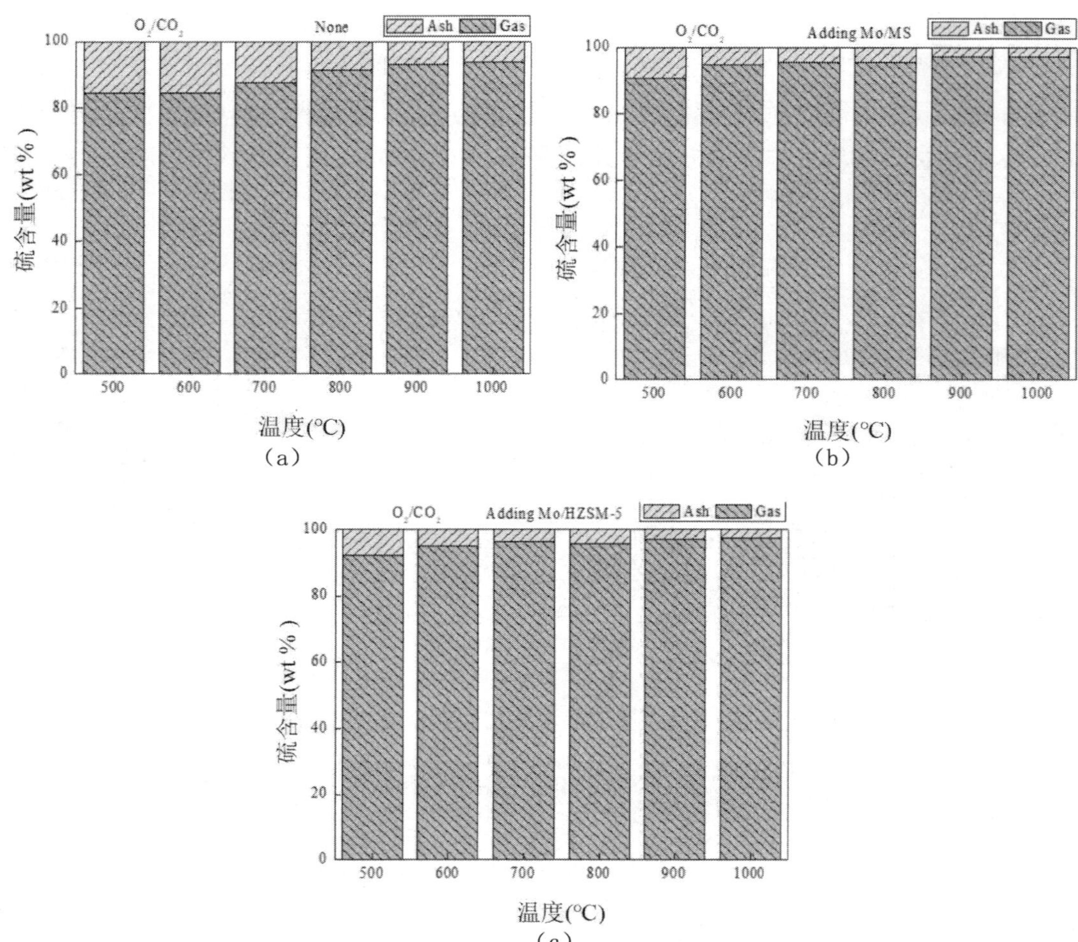

图 11-16　O_2/CO_2 气氛下煤矸石在不同温度下燃烧时硫在气相及灰中的分布

Fig.11-16　Distribution of sulfur in gas phase and ash during combustion of coal gangue at different temperatures in O_2/CO_2 atmosphere

图 11-17（a）~图 11-17（c）分别是空气气氛下煤泥在不同温度下单独燃烧、添加 Mo/MS 以及添加 Mo/HZSM-5 燃烧时硫在气相及灰中的分布。由图 11-17（a）~图 11-17（c）可知，煤泥燃烧后灰中硫的相对含量随温度的升高先升高后降低；煤泥燃烧过程中气相中硫的相对含量随温度的升高先降低后升高。煤泥中添加 Mo/MS 和 Mo/HZSM-5 燃烧时，灰中硫的相对含量降低，气相中硫的相对含量升高，与煤矸石催化燃烧时的规律相类似。

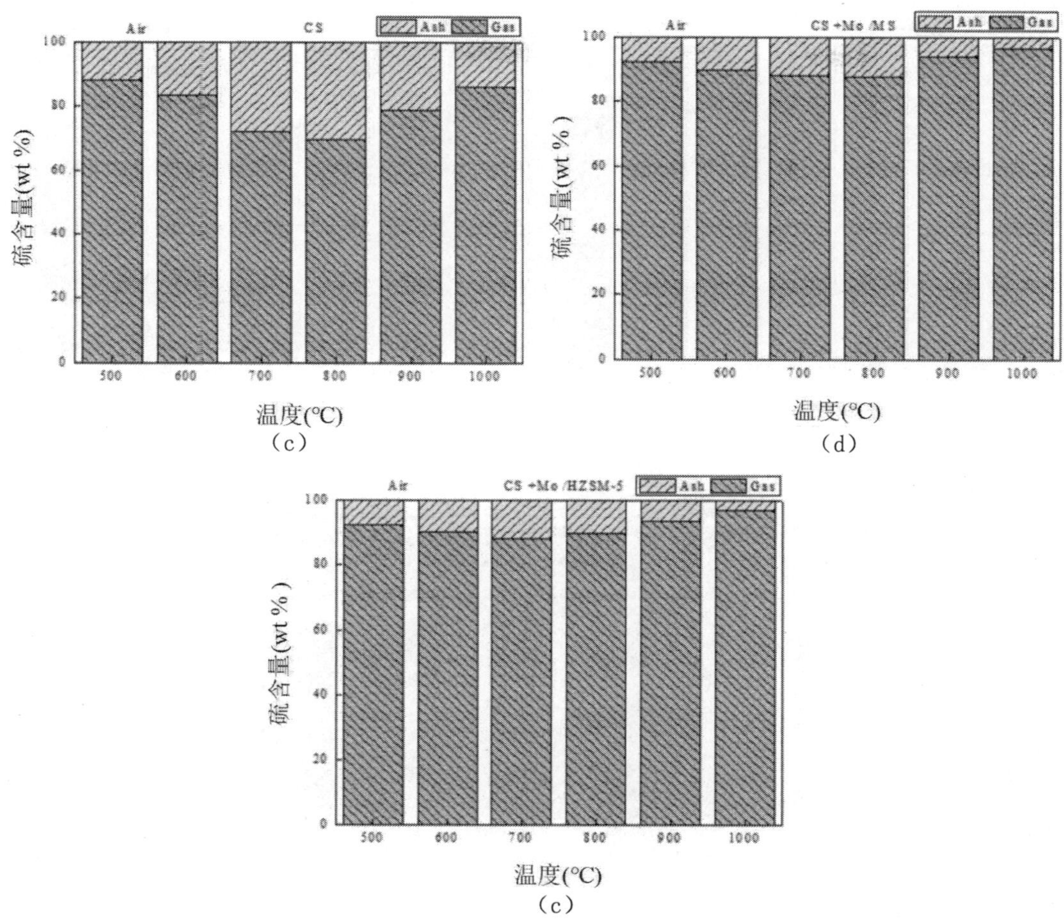

图 11-17　空气气氛下煤泥在不同温度下燃烧时硫在气相及灰中的分布

Fig.11-17　Distribution of sulfur in gas phase and ash during combustion of coal washery reject at different temperatures in air atmosphere

图 11-18（a）~图 11-18（c）分别是 O_2/CO_2 气氛下煤泥在不同温度下单独燃烧、添加 Mo/MS 以及添加 Mo/HZSM-5 燃烧时硫在气相及灰中的分布。由图 11-18（a）~图 11-18（c）可知，O_2/CO_2 气氛下与空气气氛下煤泥燃烧时硫在气相及灰中的分布规律相似。O_2/CO_2 气氛下煤泥燃烧后灰中硫的相对含量随温度的升高先升高后降低；煤泥燃烧过程中气相中硫的相对含量随温度的升高先降低后升高。O_2/CO_2 气氛下煤泥中添加 Mo/MS 和 Mo/HZSM-5 燃烧时，灰中硫的相对含量降低，气相中硫的相对含量升高。由前面研究结果可知 O_2/CO_2 气氛下煤泥中添加 Mo/MS 和 Mo/HZSM-5 燃烧时可以抑制 SO_2 的释放；由此可以推断与 O_2/CO_2 气氛下煤矸石催化燃烧时的规律相类似，煤泥中添加 Mo/MS 和 Mo/HZSM-5 燃烧时可以使气相中的 SO_2 转化成其他形式的硫。

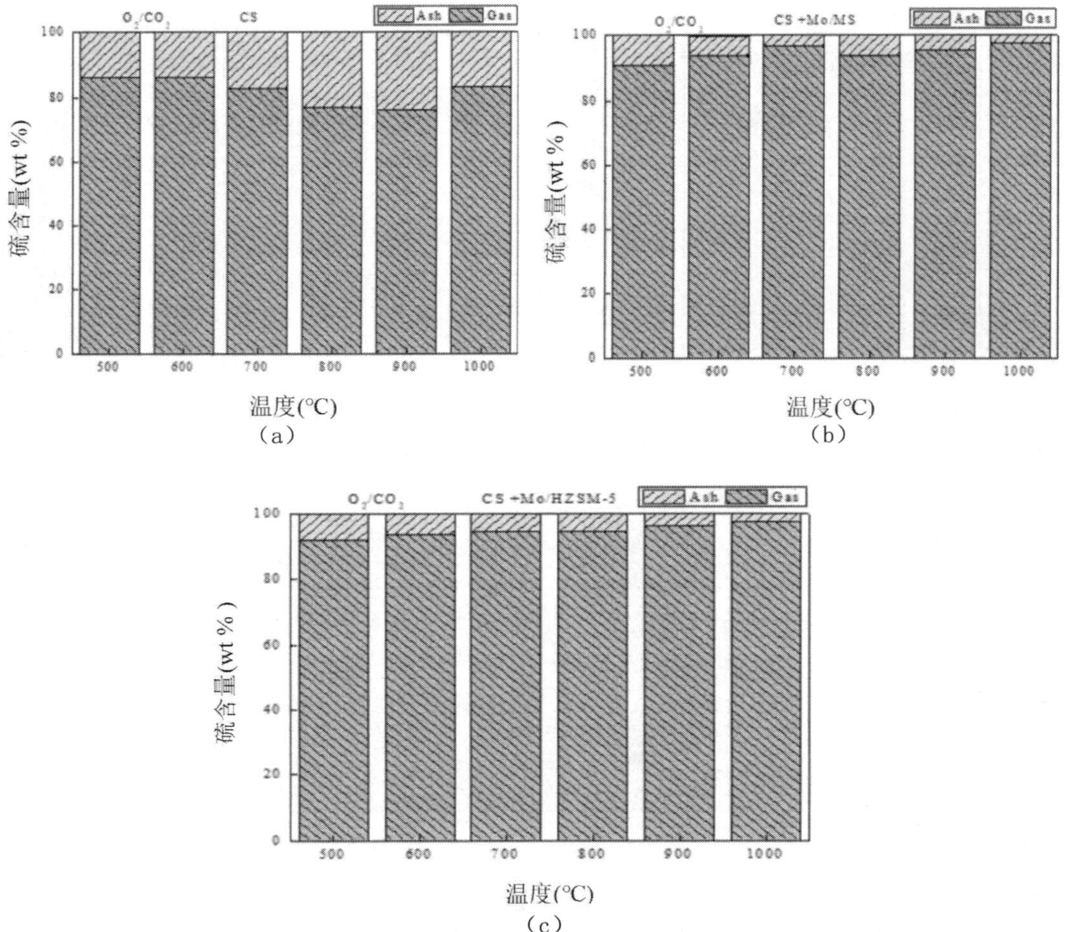

图 11-18　O_2/CO_2 气氛下煤泥在不同温度下燃烧时硫在气相及灰中的分布

Fig.11-18　Distribution of sulfur in gas phase and ash during combustion of coal washery reject at different temperatures in O_2/CO_2 atmosphere

11.4　煤矸石煤泥催化燃烧时 NO_x 排放特性

煤矸石、煤泥燃烧过程中产生的氮氧化物主要是 NO。氮氧化物的生成机理有热力型 NO_x、快速型 NO_x 和燃料型 NO_x，本实验主要在 700 ~ 1000℃下进行，燃烧温度较低，煤矸石、煤泥燃烧过程中产生的氮氧化物形式是燃料型 NO_x，燃料型 NO_x 主要由挥发分 N 和焦炭 N 产生。本章将研究 Mo/MS 和 Mo/HZSM-5 催化剂作用下煤矸石、煤泥燃烧时 NO_x 排放特性，研究不同气氛、不同温度下 Mo/MS 和 Mo/HZSM-5 催化剂作用下煤矸石、煤泥燃烧时 NO_x 排放规律。

11.4.1　煤矸石催化燃烧时 NO_x 的排放特性

11.4.1.1　空气气氛下煤矸石催化燃烧时 NO_x 的排放特性

图 11-19（a）~ 图 11-19（d）是空气气氛下煤矸石在 700 ~ 1000℃时添加 Mo/MS 和

Mo/HZSM-5 燃烧时 NO_x 的释放曲线。由图 11-19（a）～图 11-19（d）可知，煤矸石在 700℃燃烧时 NO_x 释放时间为 1650s；煤矸石中添加 Mo/MS 燃烧时 NO_x 释放时间为 1440s；煤矸石中添加 Mo/HZSM-5 燃烧时 NO_x 释放时间为 1530s，说明在 700℃时添加 Mo/HZSM-5 和 Mo/MS 可以缩短 NO_x 的释放时间。停留时间在 0 ～ 330s 时，煤矸石单独燃烧时 NO_x 瞬时释放峰值浓度达到最大，为 116.2mg/m^3；停留时间在 330 ～ 1710s 时，煤矸石单独燃烧时 NO_x 瞬时释放浓度大于添加 Mo/MS 和 Mo/HZSM-5 煤矸石燃烧时的 NO_x 瞬时释放浓度。由此可见，添加 Mo/MS 和 Mo/HZSM-5 可以降低煤矸石燃烧时 NO_x 的排放浓度。由图 11-19（b）可知，煤矸石在 800℃燃烧时 NO_x 释放时间为 1470s；煤矸石中添加 Mo/MS 燃烧时 NO_x 释放时间为 1500s；煤矸石中添加 Mo/HZSM-5 燃烧时 NO_x 释放时间为 1380s，添加 Mo/HZSM-5 使煤矸石燃烧时 NO_x 释放时间缩短。说明在 800℃时添加 Mo/HZSM-5 可以缩短 NO_x 的释放时间。停留时间在 240 ～ 1050s 时，煤矸石单独燃烧时 NO_x 瞬时释放浓度大于添加 Mo/MS 和 Mo/HZSM-5 煤矸石燃烧时 NO_x 瞬时释放浓度。由此可见，添加 Mo/MS 和 Mo/HZSM-5 可以降低煤矸石燃烧时 NO_x 瞬时释放浓度。与 700℃时情况相类似。由图 11-19（c）可知，煤矸石在 900℃单独燃烧时 NO_x 释放时间为 1230s；煤矸石中添加 Mo/MS 燃烧时的 NO_x 的释放时间为 1290s；煤矸石中添加 Mo/HZSM-5 燃烧时 NO_x 释放时间为 1190s，添加 Mo/HZSM-5 使煤矸石燃烧时 NO_x 释放时间缩短。说明在 900℃时添加 Mo/HZSM-5 可以缩短 NO_x 的释放时间。停留时间在 150 ～ 1290s 时，煤矸石单独燃烧时 NO_x 瞬时释放浓度都大于添加 Mo/MS 和 Mo/HZSM-5 煤矸石燃烧时 NO_x 的瞬时释放浓度；由此可见，添加 Mo/MS 和 Mo/HZSM-5 也可以降低煤矸石燃烧时 NO_x 瞬时释放浓度。由图 11-19（d）可知，煤矸石在 1000℃燃烧时 NO_x 释放时间为 1050s；煤矸石中添加 Mo/MS 燃烧时 NO_x 释放时间为 990s；煤矸石中添加 Mo/HZSM-5 燃烧时 NO_x 释放时间为 960s；与 700℃、800℃时情况相类似，在 1000℃时添加 Mo/HZSM-5 和 Mo/MS 可以缩短 NO_x 的释放时间。停留时间在 90 ～ 1110s 时，煤矸石单独燃烧时 NO_x 瞬时释放浓度大于添加 Mo/MS 和 Mo/HZSM-5 煤矸石燃烧时 NO_x 瞬时释放浓度；由此可见，与 700℃、800℃、900℃时情况相类似，在 1000℃时添加 Mo/MS 和 Mo/HZSM-5 可以降低煤矸石燃烧时 NO_x 的瞬时释放浓度。

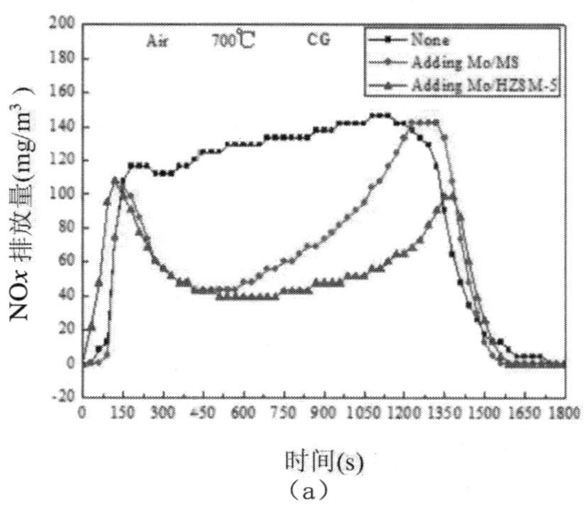

（a）

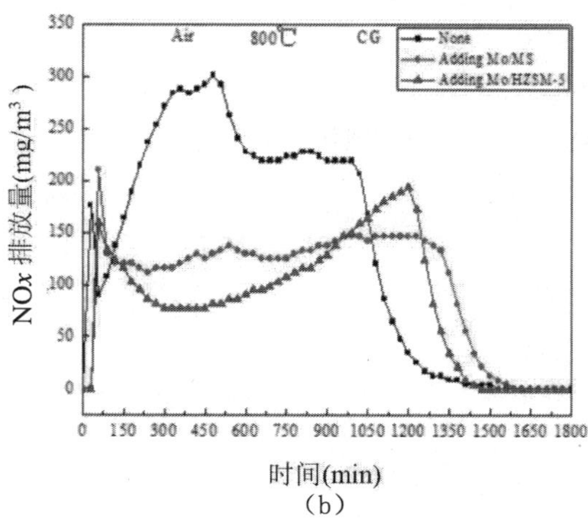

（b）

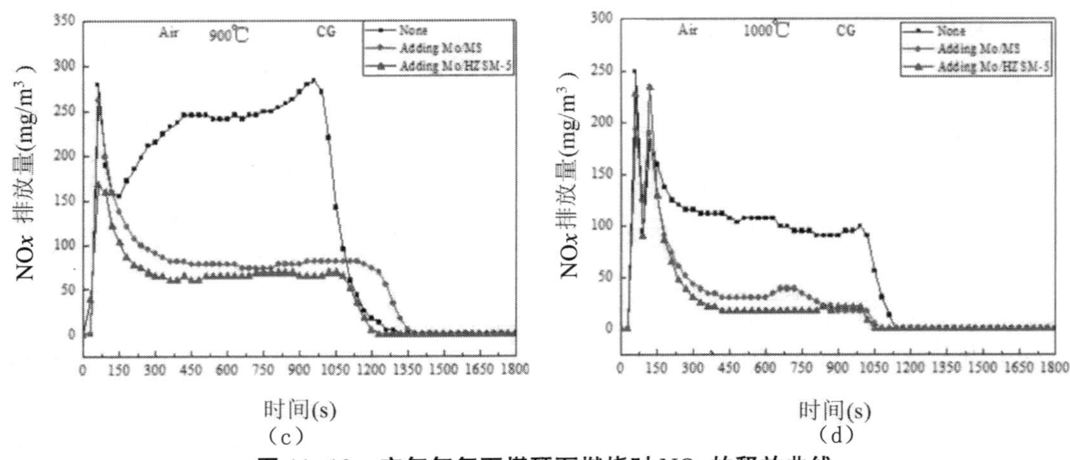

图 11-19　空气气氛下煤矸石燃烧时 NO_x 的释放曲线

Fig.11-19　Emission curve of NO_x during coal gangue combustion at air atmosphere

图 11-20（a）~图 11-20（d）是空气气氛下煤矸石在 700 ~ 1000℃时添加 Mo/MS 和 Mo/HZSM-5 燃烧时 NO_x 转化曲线。由图 11-20（a）可知，煤矸石在 700℃燃烧时 NO_x 转化率为 37.15%；煤矸石中添加 Mo/MS 燃烧时 NO_x 转化率为 22.77%；煤矸石中添加 Mo/HZSM-5 燃烧时 NO_x 转化率为 18.56%。说明在 700℃时添加 Mo/MS 和 Mo/HZSM-5 也可以降低煤矸石燃烧时 NO_x 转化率，其中煤矸石中添加 Mo/HZSM-5 燃烧时 NO_x 转化率更低一些。由图 11-20（b）可知，煤矸石在 800℃燃烧时 NO_x 转化率为 55.22%；煤矸石中添加 Mo/MS 燃烧时 NO_x 转化率为 38.56%；煤矸石中添加 Mo/HZSM-5 燃烧时 NO_x 转化率为 31.93%。说明在 800℃时添加 Mo/MS 和 Mo/HZSM-5 可以降低煤矸石燃烧时 NO_x 转化率，其中煤矸石中添加 Mo/HZSM-5 燃烧时 NO_x 转化率更低一些。由图 11-20（c）可知，煤矸石在 900℃燃烧时 NO_x 转化率为 53.61%；煤矸石中添加 Mo/MS 燃烧时 NO_x 转化率为 24.00%；煤矸石中添加 Mo/HZSM-5 燃烧时 NO_x 转化率为 17.32%；在 900℃时添加 Mo/MS 和 Mo/HZSM-5 可以降低煤矸石燃烧时 NO_x 转化率，其中煤矸石中添加 Mo/HZSM-5 燃烧时 NO_x 转化率更低一些。由图 11-20（d）可知，煤矸石在 1000℃燃烧时 NO_x 转化率为 23.78%；煤矸石中添加 Mo/MS 燃烧时 NO_x 转化率为 10.61%；煤矸石中添加 Mo/HZSM-5 燃烧时 NO_x 转化率为 9.07%。说明在 1000℃时添加 Mo/MS 和 Mo/HZSM-5 可以降低煤矸石燃烧时 NO_x 转化率，其中煤矸石中添加 Mo/HZSM-5 燃烧时 NO_x 转化率更低一些。

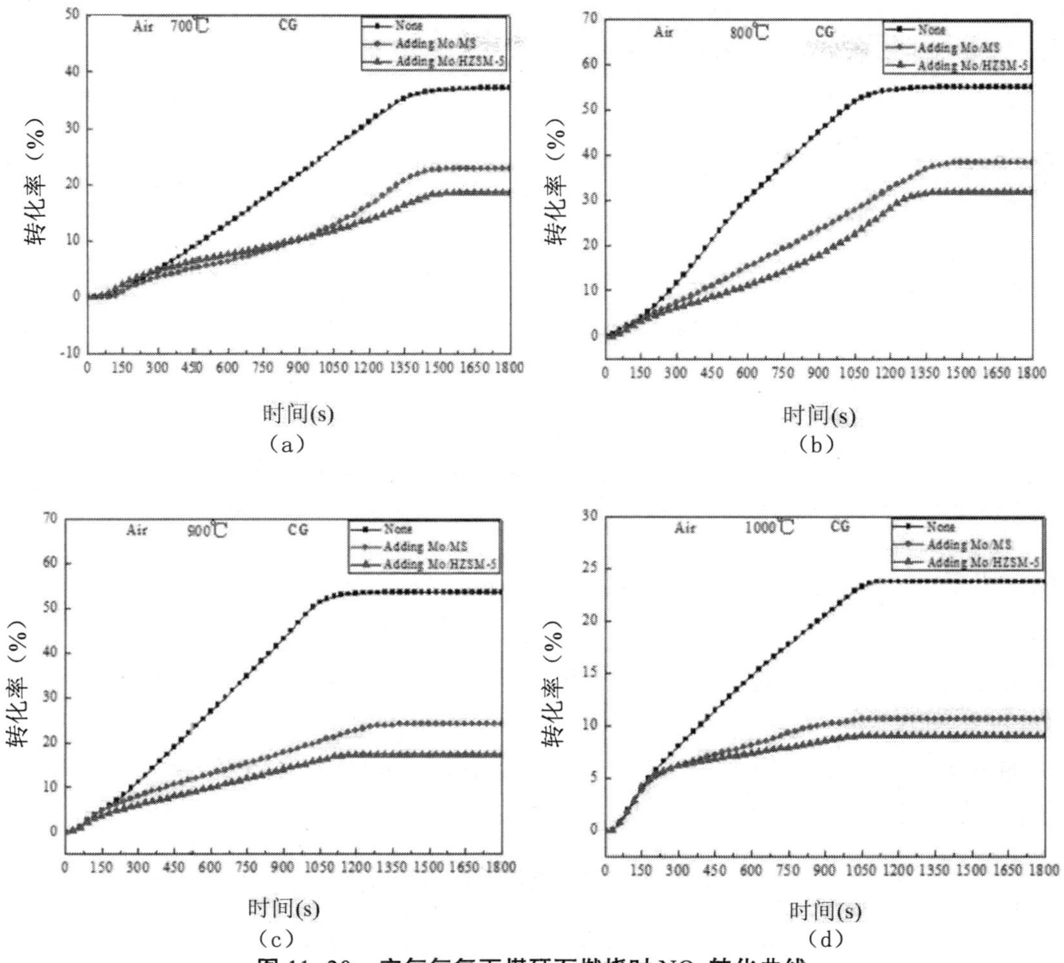

图 11-20　空气气氛下煤矸石燃烧时 NO_x 转化曲线

Fig.11-20　Conversion rate curve of NO_x during coal gangue combustion at air atmosphere

图 11-21（a）~ 图 11-21（b）是空气气氛下煤矸石在 700℃、1000℃时添加 Mo/MS 和 Mo/HZSM-5 燃烧时 CO 释放曲线。由图 11-21（a）可知，煤矸石 700℃燃烧在 120s 时 CO 瞬时释放峰值浓度为 10642.6mg/m^3；添加 Mo/MS 后在 90s 时 CO 瞬时释放峰值浓度为 10725.0mg/m^3；添加 Mo/HZSM-5 后在 60s 时 CO 瞬时释放峰值浓度为 12095.0mg/m^3，添加 Mo/MS 和 Mo/HZSM-5 后 CO 释放峰值时间提前、CO 释放峰值浓度升高。说明添加 Mo/MS 和 Mo/HZSM-5 后 CO 瞬时释放浓度升高。由图 11-21（b）可知，煤矸石 1000℃燃烧在 90s 时 CO 瞬时释放峰值浓度为 24427.6mg/m^3；添加 Mo/MS 后在 60s 时 CO 瞬时释放峰值浓度为 18782.6mg/m^3；添加 Mo/HZSM-5 后在 90s 时 CO 瞬时释放峰值浓度为 26125.0mg/m^3，说明添加 Mo/MS 后 CO 释放峰值时间提前和 CO 瞬时释放峰值浓度降低，添加 Mo/HZSM-5 后 CO 瞬时释放峰值浓度升高。添加 Mo/MS 和 Mo/HZSM-5 使煤矸石燃烧时 NO_x 瞬时释放浓度和转化率降低，可能是由于添加 Mo/MS 和 Mo/HZSM-5 后使 CO 瞬时释放浓度升高，还原性气氛使 NO_x 被还原所致。

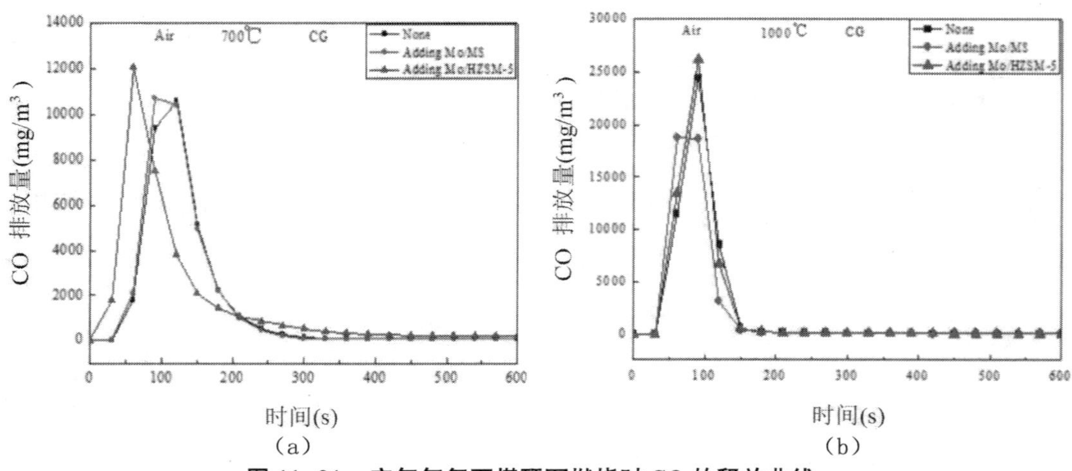

图 11-21　空气气氛下煤矸石燃烧时 CO 的释放曲线

Fig.11-21　Emission curve of CO during coal gangue combustion at air atmosphere

由以上研究可知，空气气氛下煤矸石燃烧过程中，在 700 ～ 1000℃范围内刚开始燃烧时出现一个强烈的释放峰，随后出现一个平缓的肩峰，强峰可能主要是因为挥发分 NO 释放，肩峰主要归因于焦炭 NO 开始释放。在 700 ～ 1000℃范围内煤矸石中添加 Mo/MS 和 Mo/HZSM-5 后燃烧时可以降低 NO_x 释放浓度和 NO_x 转化率，缩短释放时间。可能是 Mo/MS 和 Mo/HZSM-5 催化剂将煤矸石中的燃料 N 转化为 N_2 和添加 Mo/MS 和 Mo/HZSM-5 后使 CO 瞬时释放浓度升高，还原性气氛使 NO_x 被还原，从而降低了 NO_x 的排放浓度。

11.4.1.2　O_2/CO_2 气氛下煤矸石催化燃烧时 NO_x 的排放特性

图 11-22（a）～图 11-22（d）是 O_2/CO_2 气氛下煤矸石在 700 ～ 1000℃时添加 Mo/MS 和 Mo/HZSM-5 燃烧时 NO_x 的释放曲线。由图 11-22（a）可知，O_2/CO_2 气氛下煤矸石 700℃燃烧时 NO_x 释放时间为 1710s；煤矸石中添加 Mo/MS 燃烧时 NO_x 释放时间为 1410s；煤矸石中添加 Mo/HZSM-5 燃烧时 NO_x 释放时间为 1320s，添加 Mo/MS 和 Mo/HZSM-5 均使煤矸石燃烧时 NO_x 释放时间缩短。O_2/CO_2 气氛下停留时间在 0 ～ 1770s 时，煤矸石单独燃烧时 NO_x 瞬时释放浓度大于添加 Mo/MS 和 Mo/HZSM-5 煤矸石燃烧时 NO_x 瞬时释放浓度。由此可见，添加 Mo/MS 和 Mo/HZSM-5 可以降低煤矸石燃烧时 NO_x 释放浓度；与空气气氛下煤矸石在 700℃时催化燃烧过程中 NO_x 排放规律相类似。由图 11-22（b）可知，O_2/CO_2 气氛下煤矸石在 800℃燃烧时 NO_x 释放时间为 1470s；煤矸石中添加 Mo/MS 燃烧时 NO_x 释放时间为 1380s；煤矸石中添加 Mo/HZSM-5 燃烧时 NO_x 释放时间为 1320s，添加 Mo/MS 和 Mo/HZSM-5 均使煤矸石燃烧时 NO_x 释放时间缩短。O_2/CO_2 气氛下停留时间在 0 ～ 1500s 时，煤矸石单独燃烧时 NO_x 瞬时释放浓度大于添加 Mo/MS 和 Mo/HZSM-5 煤矸石燃烧时 NO_x 瞬时释放浓度。由此可见，800℃时添加 Mo/MS 和 Mo/HZSM-5 也可以降低煤矸石燃烧时 NO_x 释放浓度。由图 11-22（c）可知，O_2/CO_2 气氛下煤矸石 900℃燃烧时 NO_x 释放时间为 1440s；煤矸石中添加 Mo/MS 燃烧时 NO_x 释放时间为 1170s；煤矸石中添加 Mo/HZSM-5 燃烧时 NO_x 释放时间为 1080s，在 900℃时添加 Mo/MS 和 Mo/HZSM-5 均使煤矸石燃烧时 NO_x 释放时间缩短。O_2/CO_2 气氛下停留时间在 120 ～ 1470s 时，煤矸石单独燃烧时 NO_x 瞬时释放浓度都大于添加

Mo/MS 和 Mo/HZSM−5 煤矸石燃烧时 NO_x 的瞬时释放浓度。由图 11−22（d）可知，O_2/CO_2 气氛下煤矸石在 1000℃燃烧时 NO_x 释放时间为 990s；煤矸石中添加 Mo/MS 燃烧时 NO_x 释放时间为 870s；煤矸石中添加 Mo/HZSM−5 燃烧时 NO_x 释放时间为 870s，添加 Mo/MS 和 Mo/HZSM−5 均使煤矸石燃烧时 NO_x 释放时间缩短。O_2/CO_2 气氛下停留时间在 90 ~ 1020s 时，煤矸石单独燃烧时 NO_x 瞬时释放浓度大于添加 Mo/MS 和 Mo/HZSM−5 煤矸石燃烧时 NO_x 瞬时释放浓度。由此可见，在空气气氛和 O_2/CO_2 气氛下添加 Mo/MS 和 Mo/HZSM−5 都可以降低煤矸石燃烧时 NO_x 的瞬时释放浓度。

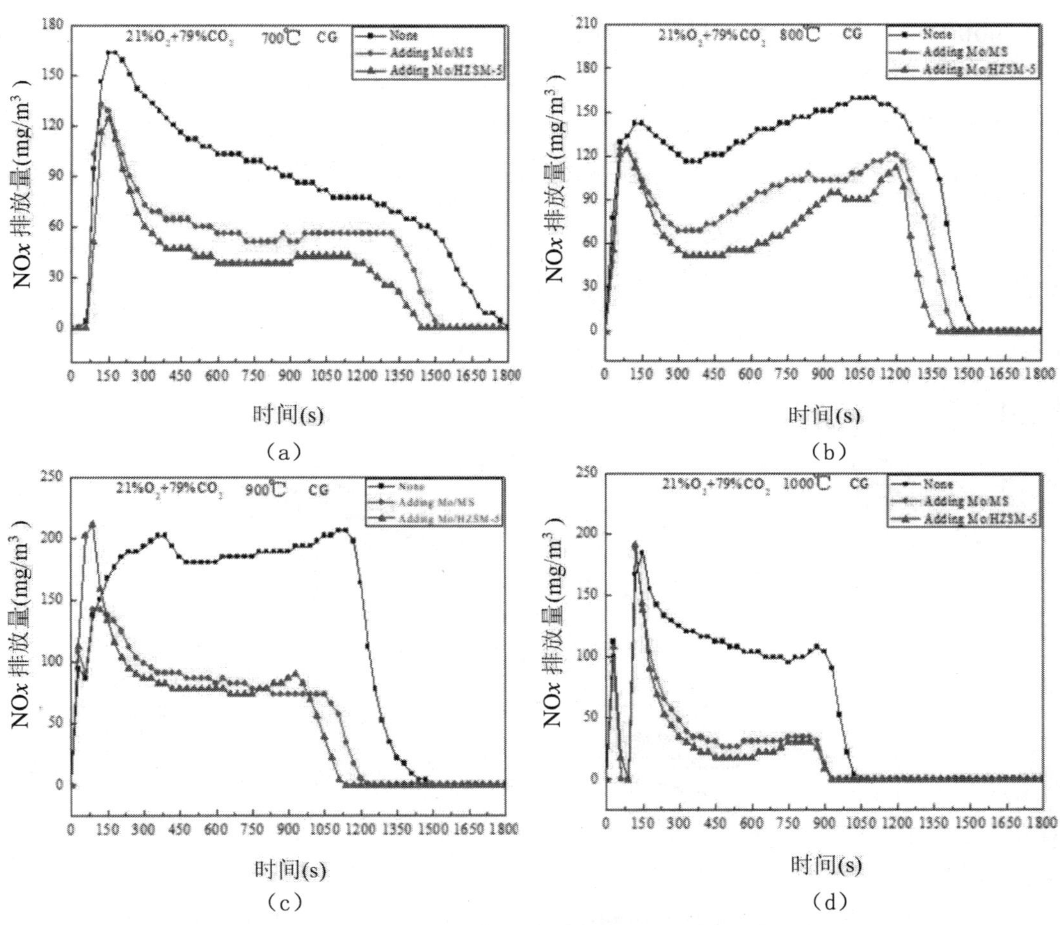

图 11−22　O_2/CO_2 气氛下煤矸石燃烧时 NO_x 的释放曲线

Fig. 11−22　Emission curve of NO_x during coal gangue combustion at O_2/CO_2 atmosphere

图 11−23（a）~图 11−23（d）是 O_2/CO_2 气氛下煤矸石在 700 ~ 1000℃时添加 Mo/MS 和 Mo/HZSM−5 燃烧时 NO_x 转化曲线。由图 11−23（a）可知，O_2/CO_2 气氛下煤矸石在 700℃燃烧时 NO_x 转化率为 34.45%；煤矸石中添加 Mo/MS 燃烧时 NO_x 转化率为 20.75%；煤矸石中添加 Mo/HZSM−5 燃烧时 NO_x 转化率为 14.75%，说明 O_2/CO_2 气氛下添加 Mo/MS 和 Mo/HZSM−5 可以降低煤矸石燃烧时 NO_x 转化率，其中煤矸石中添加 Mo/HZSM−5 燃烧时 NO_x 转化率更低一些。与空气气氛下煤矸石在 700℃时催化燃烧过程中情况相类似。由图 11−23（b）可知，O_2/CO_2 气氛下煤矸石 800℃燃烧时 NO_x 转化率为 44.08%；煤矸石中添加 Mo/MS 燃烧

时 NO_x 转化率为 29.61%；煤矸石中添加 Mo/HZSM-5 燃烧时 NO_x 转化率为 22.71%，说明 O_2/CO_2 气氛下添加 Mo/MS 和 Mo/HZSM-5 可以降低煤矸石燃烧时 NO_x 转化率，其中煤矸石中添加 Mo/HZSM-5 燃烧时 NO_x 转化率更低一些。与空气气氛下煤矸石在 800℃时催化燃烧过程中情况相类似。由图 11-23（c）可知，O_2/CO_2 气氛下煤矸石在 900℃燃烧时 NO_x 转化率为 52.44%；煤矸石中添加 Mo/MS 燃烧时 NO_x 转化率为 23.25%；煤矸石中添加 Mo/HZSM-5 燃烧时 NO_x 转化率为 22.15%，说明 O_2/CO_2 气氛下添加 Mo/MS 和 Mo/HZSM-5 可以降低煤矸石燃烧时 NO_x 转化率，其中煤矸石中添加 Mo/HZSM-5 燃烧时 NO_x 转化率更低一些。与空气气氛下煤矸石在 900℃时催化燃烧过程中情况相类似。由图 11-23（d）可知，O_2/CO_2 气氛下煤矸石在 1000℃单独燃烧时 NO_x 转化率为 23.62%；煤矸石中添加 Mo/MS 燃烧时 NO_x 转化率为 9.46%；煤矸石中添加 Mo/HZSM-5 燃烧时 NO_x 转化率为 8.17%，说明 O_2/CO_2 气氛下添加 Mo/MS 和 Mo/HZSM-5 可以降低煤矸石燃烧时 NO_x 转化率，其中煤矸石中添加 Mo/HZSM-5 燃烧时 NO_x 转化率更低一些。与空气气氛下煤矸石在 1000℃时催化燃烧过程中情况相类似。

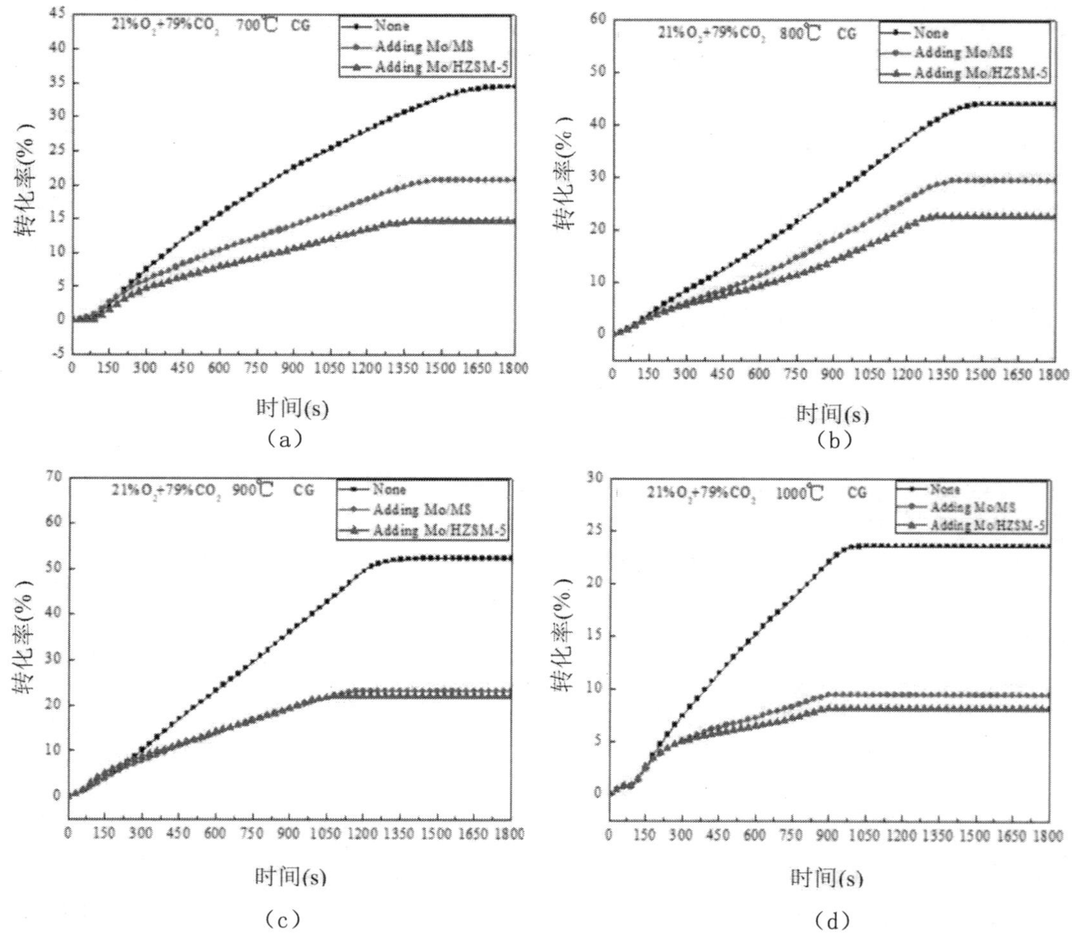

图 11-23　O_2/CO_2 气氛下煤矸石燃烧时 NO_x 转化曲线

Fig. 11-23　Conversion rate curve of NO_x during coal gangue combustion at O_2/CO_2 atmosphere

图 11-24（a）~图 11-24（b）是 O_2/CO_2 气氛下煤矸石在 800℃、900℃时添加 Mo/MS 和 Mo/HZSM-5 燃烧时 CO 的释放曲线。由图 11-24（a）可知，O_2/CO_2 气氛下在 800℃煤矸

石单独燃烧在 60s 时 CO 瞬时释放峰值浓度为 6162.6mg/m^3；添加 Mo/MS 和 Mo/HZSM-5 后在 60s 时 CO 瞬时释放峰值浓度分别为 3045.0mg/m^3 和 8682.6mg/m^3，添加 Mo/MS 后 CO 瞬时释放峰值浓度降低；添加 Mo/HZSM-5 后 CO 瞬时释放峰值浓度降低。由图 11-24（b）可知，O_2/CO_2 气氛下在 900℃煤矸石单独燃烧在 60s 时 CO 瞬时释放峰值浓度为 3877.6mg/m^3；添加 Mo/MS 和 Mo/HZSM-5 后在 90s 时 CO 瞬时释放峰值浓度分别为 5230.0mg/m^3 和 2997.6mg/m^3，添加 Mo/MS 和 Mo/HZSM-5 后 CO 瞬时释放峰值时间延长；添加 Mo/MS 后 CO 瞬时释放峰值浓度升高；添加 Mo/HZSM-5 后 CO 瞬时释放峰值浓度降低。说明 O_2/CO_2 气氛下添加 Mo/MS 使煤矸石燃烧过程中 CO 瞬时释放浓度升高。O_2/CO_2 气氛下添加 Mo/MS 和 Mo/HZSM-5 使煤矸石燃烧时 NO_x 瞬时释放浓度和转化率降低，可能是由于添加 Mo/MS 和 Mo/HZSM-5 后使 CO 瞬时释放浓度增加，还原性气氛使 NO_x 被还原所致。

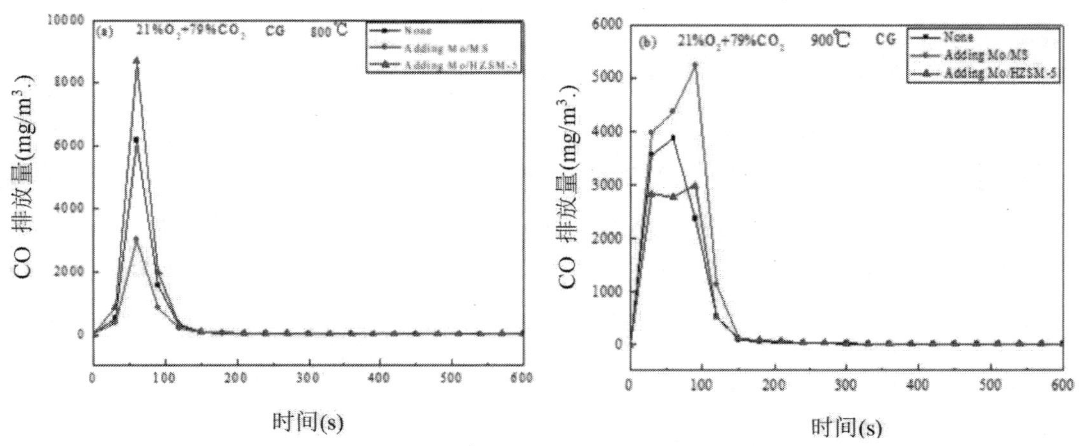

图 11-24　O_2/CO_2 气氛下煤矸石燃烧时 CO 的释放曲线

Fig.11-24　Emission curve of CO during coal gangue combustion at O_2/CO_2atmosphere

通过以上研究可知，O_2/CO_2 气氛下煤矸石燃烧 NO_x 排放规律与空气气氛下相似。与空气气氛相比，O_2/CO_2 气氛下煤矸石燃烧时 NO_x 释放浓度和转化率较低，是由于在 O_2/CO_2 气氛中 CO_2 代替 N_2 避免了热力型 NO_x 和快速型 NO_x 的生成；高 CO_2 质量浓度导致气氛中生成较高含量的 CO，从而在煤矸石未燃烧碳表面发生 NO/CO/Char 的反应，促进了 NO 还原为 N_2。通过以上研究可知空气气氛和 O_2/CO_2 气氛下添加 Mo/MS 和 Mo/HZSM-5 都可以抑制煤矸石燃烧时 NO_x 释放、缩短释放时间和降低 NO_x 转化率，这可能是由于 Mo/MS 和 Mo/HZSM-5 催化剂将煤矸石中的燃料 N 转化为 N_2，从而使 NO_x 释放浓度降低。

11.4.2　煤泥催化燃烧时 NO_x 的排放特性

11.4.2.1　空气气氛下煤泥催化燃烧时 NO_x 的排放特性

图 11-25（a）~图 11-25（d）是空气气氛下煤泥在 700 ~ 1000℃时添加 Mo/MS 和 Mo/HZSM-5 燃烧时 NO_x 的释放曲线。由图 11-25（a）可知，煤泥在 700℃燃烧时 NO_x 释放时间为 1410s；煤泥中添加 Mo/MS 燃烧时 NO_x 释放时间为 1320s；煤泥中添加 Mo/HZSM-5 燃

烧时 NO_x 释放时间为 1350s，添加 Mo/MS 和 Mo/HZSM-5 均使煤泥燃烧时 NO_x 释放时间缩短。停留时间在 120 ~ 1172s 时，煤泥单独燃烧时 NO_x 瞬时释放浓度大于添加 Mo/MS 和 Mo/HZSM-5 煤泥燃烧时 NO_x 瞬时释放浓度。这与煤矸石在 700℃时催化燃烧过程中 NO_x 排放规律相类似。由图 11-25（b）可知，煤泥在 800℃单独燃烧时 NO_x 释放时间为 1380s；煤泥中添加 Mo/MS 燃烧时 NO_x 释放时间为 1200s；煤泥中添加 Mo/HZSM-5 燃烧时 NO_x 释放时间为 1140s，添加 Mo/MS 和 Mo/HZSM-5 均使煤泥燃烧时 NO_x 释放时间缩短。停留时间在 40 ~ 1380s 时，煤泥单独燃烧时 NO_x 瞬时释放浓度大于添加 Mo/MS 和 Mo/HZSM-5 煤泥燃烧时 NO_x 瞬时释放浓度。由图 11-25（c）可知，煤泥 900℃单独燃烧时 NO_x 释放时间为 1110s；煤泥中添加 Mo/MS 燃烧时 NO_x 释放时间为 1050s；煤泥中添加 Mo/HZSM-5 燃烧时 NO_x 释放时间为 1100s，添加 Mo/MS 使煤泥燃烧时 NO_x 释放时间缩短。停留时间在 86 ~ 1140s 时，煤泥单独燃烧时 NO_x 瞬时释放浓度都大于添加 Mo/MS 和 Mo/HZSM-5 煤泥燃烧时 NO_x 的瞬时释放浓度。由图 11-25（d）可知，煤泥在 1000℃单独燃烧时 NO_x 释放时间为 840s；煤泥中添加 Mo/MS 燃烧时 NO_x 释放时间为 750s；煤泥中添加 Mo/HZSM-5 燃烧时 NO_x 释放时间为 960s，添加 Mo/MS 使煤泥燃烧时 NO_x 释放时间缩短。停留时间在 55 ~ 897s 时，煤泥单独燃烧时 NO_x 瞬时释放浓度大于添加 Mo/MS 和 Mo/HZSM-5 煤泥燃烧时 NO_x 瞬时释放浓度。通过以上研究可知，空气气氛下煤泥燃烧时添加 Mo/MS 和 Mo/HZSM-5 都可以缩短 NO_x 释放时间，降低 NO_x 瞬时释放浓度。可能是 Mo/MS 和 Mo/HZSM-5 催化剂将煤泥中的燃料 N 转化为 N_2，从而使 NO_x 释放浓度降低。

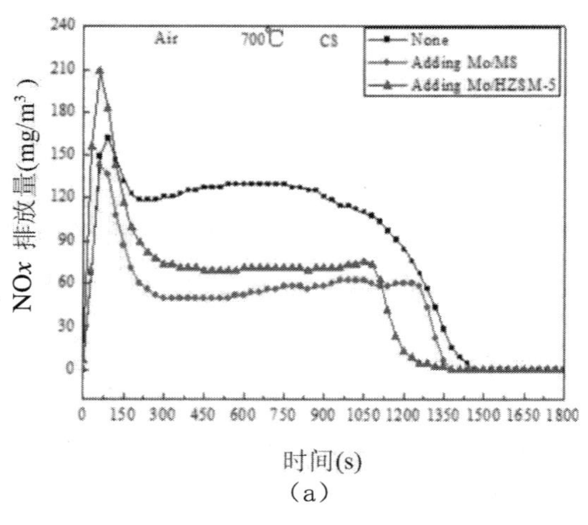

（a）

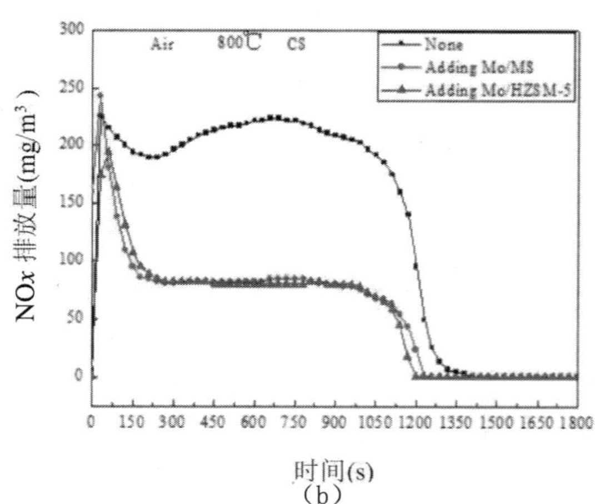

（b）

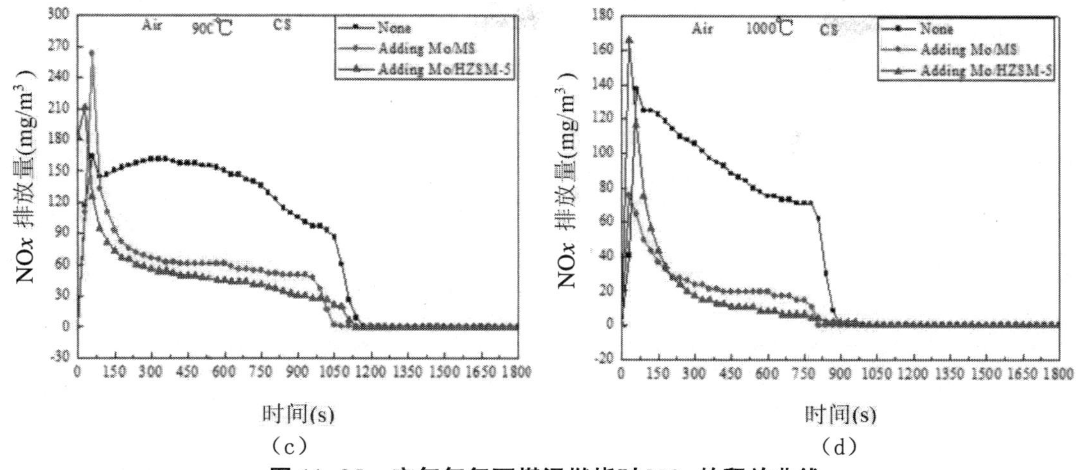

图 11-25　空气气氛下煤泥燃烧时 NO_x 的释放曲线

Fig.11-25　Emission curve of NO_x during coal washery reject combustion at air atmosphere

图 11-26（a）~图 11-26（d）是空气气氛下煤泥在 700 ~ 1000℃时添加 Mo/MS 和 Mo/HZSM-5 燃烧时 NO_x 转化曲线。由图 11-26（a）可知，煤泥在 700℃燃烧时 NO_x 转化率为 28.41%；煤泥中添加 Mo/MS 燃烧时 NO_x 转化率为 14.87%；煤泥中添加 Mo/HZSM-5 燃烧时 NO_x 转化率为 17.88%。说明在 700℃添加 Mo/MS 和 Mo/HZSM-5 可以降低煤泥燃烧时 NO_x 转化率，其中煤泥中添加 Mo/HZSM-5 燃烧时 NO_x 转化率更低一些。这与煤矸石在 700℃催化燃烧过程中 NO_x 转化率规律相类似。由图 11-26（b）可知，煤泥在 800℃燃烧时 NO_x 转化率为 45.34%；煤泥中添加 Mo/MS 燃烧时 NO_x 转化率为 18.99%；煤泥中添加 Mo/HZSM-5 燃烧时 NO_x 转化率为 18.59%。说明在 800℃时添加 Mo/MS 和 Mo/HZSM-5 可以降低煤泥燃烧时 NO_x 转化率，其中煤泥中添加 Mo/HZSM-5 燃烧时 NO_x 转化率更低一些。这与煤矸石在 800℃催化燃烧过程中 NO_x 转化率规律相类似。由图 11-26（c）可知，煤泥在 900℃燃烧时 NO_x 转化率为 27.28%；煤泥中添加 Mo/MS 燃烧时 NO_x 转化率为 13.07%；煤泥中添加 Mo/HZSM-5 燃烧时 NO_x 转化率为 10.61%。说明在 900℃是吗添加 Mo/MS 和 Mo/HZSM-5 也可以降低煤泥燃烧时 NO_x 转化率，其中煤泥中添加 Mo/HZSM-5 燃烧时 NO_x 转化率更低一些。这与煤矸石在 900℃催化燃烧过程中 NO_x 转化率规律相类似。由图 11-26（d）可知，煤泥在 1000℃单独燃烧时 NO_x 转化率为 13.96%；煤泥中添加 Mo/MS 燃烧时 NO_x 转化率为 3.88%；煤泥中添加 Mo/HZSM-5 燃烧时 NO_x 转化率为 4.13%；由此可见，在 1000℃燃烧过程中添加 Mo/MS 和 Mo/HZSM-5 均可以降低煤泥燃烧时 NO_x 转化率，其中煤泥中添加 Mo/MS 燃烧时 NO_x 转化率更低一些。这与煤矸石在 1000℃催化燃烧过程中 NO_x 转化率规律相类似。

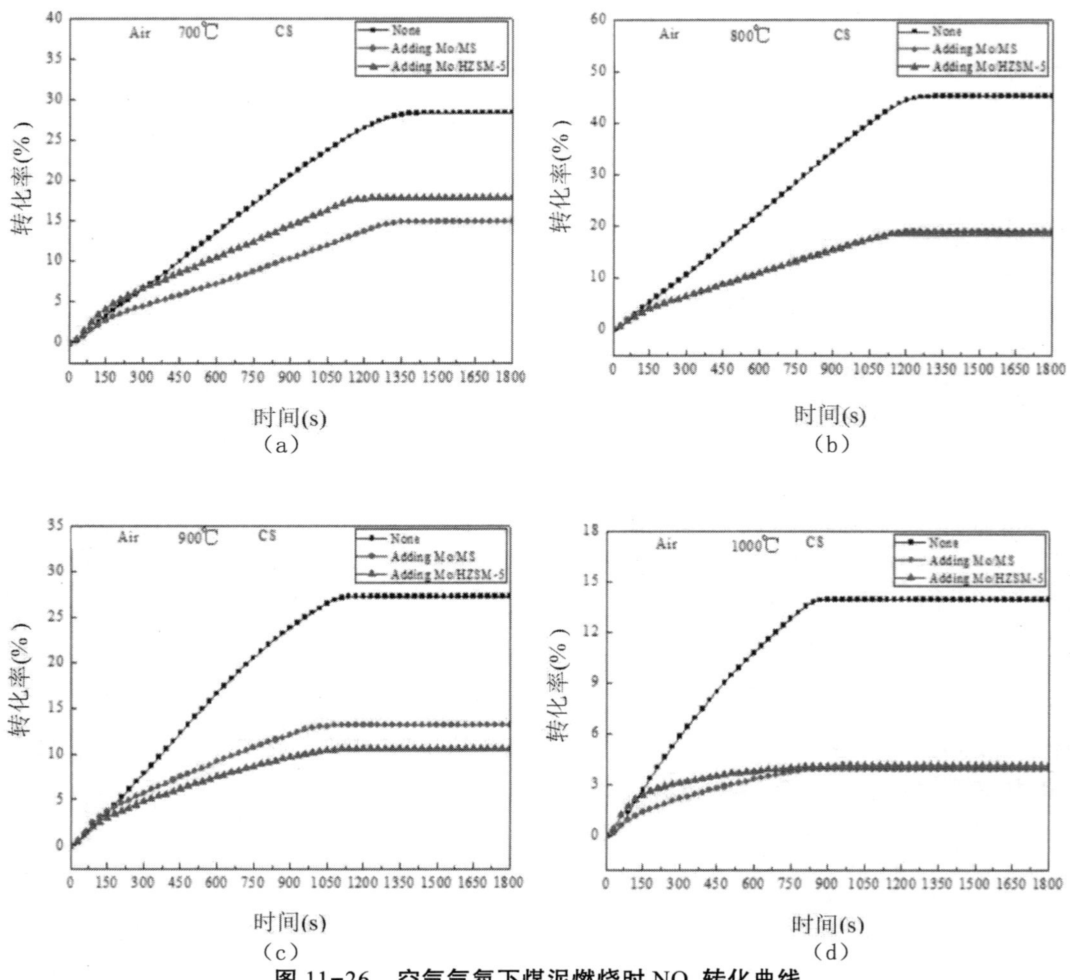

图 11-26　空气气氛下煤泥燃烧时 NO_x 转化曲线

Fig.11-26　Conversion rate curve of NO_x during coal washery reject combustion at air atmosphere

图 11-27（a）~图 11-27（b）是空气气氛下煤泥在 900℃、1000℃时添加 Mo/MS 和 Mo/HZSM-5 燃烧时 CO 的释放曲线。由图 11-27（a）可知，900℃煤泥燃烧在 30s 时 CO 瞬时释放峰值浓度为 5366.3mg/m^3；添加 Mo/MS 后在 30s 时 CO 瞬时释放峰值浓度为 5901.3mg/m^3；添加 Mo/HZSM-5 后 CO 瞬时释放峰值浓度为 5635.0mg/m^3，说明添加 Mo/MS 和 Mo/HZSM-5 使煤泥燃烧时 CO 瞬时释放浓度增加。由图 11-27（b）可知，1000℃煤泥燃烧在 30s 时 CO 瞬时释放峰值浓度为 6652.5mg/m^3；添加 Mo/MS 后 CO 瞬时释放浓度为 2865.0mg/m^3；添加 Mo/HZSM-5 后在 30s 时 CO 瞬时释放峰值浓度为 8507.5mg/m^3，说明添加 Mo/HZSM-5 使煤泥燃烧时 CO 瞬时释放浓度增加。添加 Mo/HZSM-5 和 Mo/MS 使煤矸石燃烧时 NO_x 瞬时释放浓度和转化率降低，可能是由于添加 Mo/MS 和 Mo/HZSM-5 后使 CO 瞬时释放浓度增加，还原性气氛使 NO_x 被还原所致。

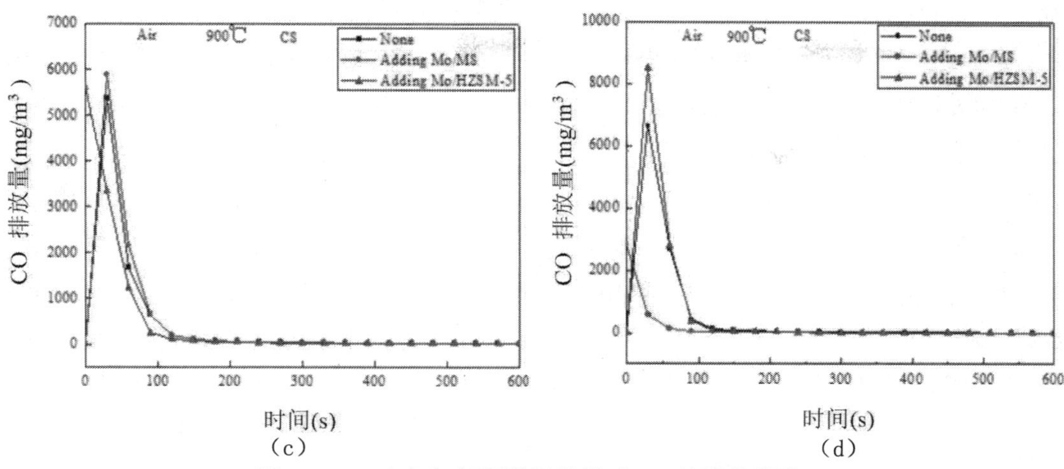

图 11-27　空气气氛下煤泥燃烧时 CO 的释放曲线

Fig.11-27　Emission curve of CO during coal washery reject combustion at air atmosphere

由以上研究可知，煤泥与煤矸石在燃烧过程中 NO_x 排放特性相似，均是在空气气氛下燃烧时，在 700 ~ 1000℃范围内刚开始燃烧时出现一个强烈的释放峰，随后出现一个平缓的肩峰，强峰可能主要是因为挥发分 NO 释放，肩峰主要归因于焦炭 NO 开始排放。添加 Mo/MS 和 Mo/HZSM-5 后煤泥燃烧时可以抑制 NO_x 释放、缩短释放时间和降低 NO_x 转化率。是由于添加 Mo/MS 和 Mo/HZSM-5 催化剂使煤矸石、煤泥燃烧过程中 CO 浓度升高，还原性气氛下促进了 NO_x 的还原和添加 Mo/MS 和 Mo/HZSM-5 催化剂将煤矸石、煤泥中的燃料 N 转化为 N_2，从而使 NO_x 释放浓度降低。

11.4.2.2　O_2/CO_2 气氛下煤泥催化燃烧时 NO_x 的排放特性

图 11-28（a）~ 图 11-28（d）是 O_2/CO_2 气氛下煤泥在 700 ~ 1000℃时添加 Mo/MS 和 Mo/HZSM-5 燃烧时 NO_x 释放曲线。由图 11-28（a）可知，O_2/CO_2 气氛下煤泥在 700℃燃烧时 NO_x 释放时间大于 1800s；添加 Mo/MS 和 Mo/HZSM-5 时煤泥燃烧时 NO_x 释放时间大于煤泥单独燃烧时 NO_x 释放时间，说明 O_2/CO_2 气氛下在 700℃时添加 Mo/MS 和 Mo/HZSM-5 使煤泥燃烧时 NO_x 释放时间延长。O_2/CO_2 气氛下停留时间在 30 ~ 1140s 时，煤泥单独燃烧时 NO_x 瞬时释放浓度大于添加 Mo/MS 和 Mo/HZSM-5 时煤泥燃烧时 NO_x 瞬时释放浓度。说明在 700℃时添加 Mo/MS 和 Mo/HZSM-5 可以降低煤泥燃烧时 NO_x 排放浓度。由图 11-28（b）可知，O_2/CO_2 气氛下煤泥在 800℃燃烧时 NO_x 释放时间为 1740s；煤泥中添加 Mo/MS 和 Mo/HZSM-5 燃烧时 NO_x 释放时间均为 1710s；添加 Mo/MS 和 Mo/HZSM-5 均使煤泥燃烧时 NO_x 释放时间缩短。说明 O_2/CO_2 气氛下在 800℃时添加 Mo/MS 和 Mo/HZSM-5 可以缩短 NO_x 释放时间。O_2/CO_2 气氛下停留时间在 60 ~ 1470s 时，煤泥单独燃烧时 NO_x 瞬时释放浓度大于添加 Mo/MS 和 Mo/HZSM-5 时煤泥燃烧时 NO_x 瞬时释放浓度；说明在 800℃时添加 Mo/MS 和 Mo/HZSM-5 可以降低煤泥燃烧时 NO_x 瞬时释放浓度，这与 O_2/CO_2 气氛下煤矸石在 800℃时催化燃烧过程中 NO_x 排放规律相类似。由图 11-28（c）可知，O_2/CO_2 气氛下煤泥在 900℃燃烧时 NO_x 释放时间为 1530s；煤泥中添加 Mo/MS 燃烧时 NO_x 释放时间为 1350s；煤泥中添加 Mo/HZSM-5 燃烧时 NO_x 释放时间为 1470s，添加 Mo/MS 和 Mo/HZSM-5 均使煤泥燃烧时

NO_x 释放时间缩短。O_2/CO_2 气氛下停留时间在 180 ~ 1560s 时，煤泥单独燃烧时 NO_x 瞬时释放浓度大于添加 Mo/MS 和 Mo/HZSM-5 时煤泥燃烧时 NO_x 瞬时释放浓度；说明在 900℃添加 Mo/MS 和 Mo/HZSM-5 可以降低煤泥燃烧时 NO_x 瞬时释放浓度。由图 11-28（d）可知，O_2/CO_2 气氛下煤泥在 1000℃燃烧时 NO_x 释放时间为 1290s；煤泥中添加 Mo/MS 燃烧时 NO_x 释放时间为 1470s；煤泥中添加 Mo/HZSM-5 燃烧时 NO_x 释放时间为 1260s，添加 Mo/HZSM-5 使煤泥燃烧时 NO_x 释放时间缩短。O_2/CO_2 气氛下停留时间在 150 ~ 1320s 时，煤泥单独燃烧时 NO_x 瞬时释放浓度大于添加 Mo/MS 和 Mo/HZSM-5 时煤泥燃烧时 NO_x 瞬时释放浓度；由此可见添加 Mo/MS 和 Mo/HZSM-5 可以降低煤泥燃烧时 NO_x 瞬时释放浓度；这与 O_2/CO_2 气氛下煤矸石在 1000℃时催化燃烧过程中 NO_x 排放规律相类似。

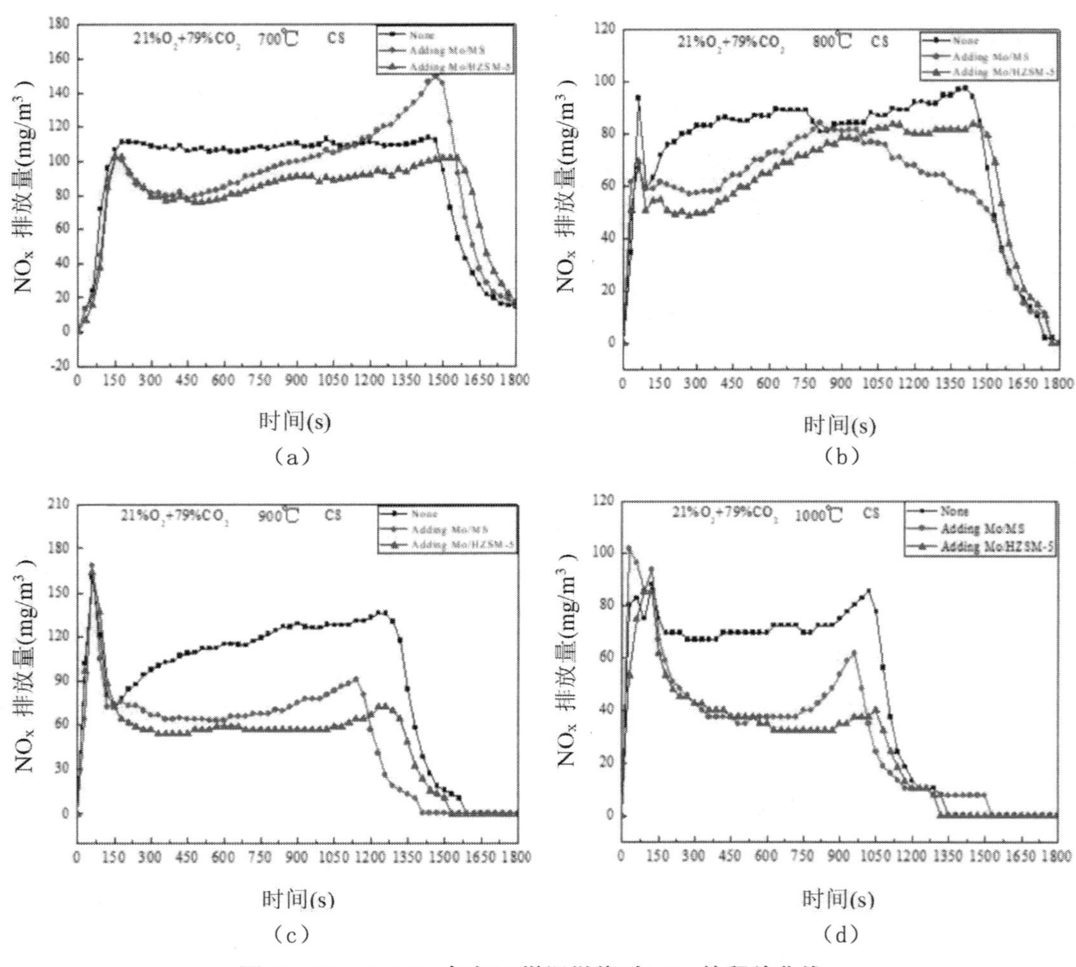

图 11-28 O_2/CO_2 气氛下煤泥燃烧时 NO_x 的释放曲线

Fig.11-28 Emission curve of NO_x during coal washery reject combustion at O_2/CO_2 atmosphere

图 11-29（a）~图 11-29（d）是 O_2/CO_2 气氛下煤泥在 700 ~ 1000℃时添加 Mo/MS 和 Mo/HZSM-5 燃烧时 NO_x 转化曲线。由图 11-29（a）可知，O_2/CO_2 气氛下煤泥在 700℃单独燃烧时 NO_x 转化率为 32.04%；煤泥中添加 Mo/MS 燃烧时 NO_x 转化率为 30.37%；煤泥中添加 Mo/HZSM-5 燃烧时 NO_x 转化率为 27.51%；说明 O_2/CO_2 气氛下添加 Mo/MS 和 Mo/HZSM-5

可以降低煤泥燃烧时 NO_x 转化率，其中煤泥中添加 Mo/HZSM-5 燃烧时 NO_x 的转化率更低一些；这与 O_2/CO_2 气氛下煤矸石在 700℃催化燃烧过程中 NO_x 转化率规律相类似。由图 11-29（b）可知，O_2/CO_2 气氛下煤泥在 800℃燃烧时 NO_x 转化率为 24.80%；煤泥中添加 Mo/MS 燃烧时 NO_x 转化率为 20.02%；煤泥中添加 Mo/HZSM-5 燃烧时 NO_x 转化率为 20.93%。说明在 800℃、O_2/CO_2 气氛下添加 Mo/MS 和 Mo/HZSM-5 可以降低煤泥燃烧时 NO_x 转化率，其中煤泥中添加 Mo/MS 燃烧时 NO_x 的转化率更低一些。由图 11-29（c）可知，O_2/CO_2 气氛下煤泥 900℃燃烧时 NO_x 转化率为 29.79%；煤泥中添加 Mo/MS 燃烧时 NO_x 转化率均为 16.97%；煤泥中添加 Mo/HZSM-5 燃烧时 NO_x 转化率为 16.81%；说明在 900℃、O_2/CO_2 气氛下添加 Mo/MS 和 Mo/HZSM-5 可以降低煤泥燃烧时 NO_x 转化率，其中煤泥中添加 Mo/HZSM-5 燃烧时 NO_x 的转化率更低一些。由图 11-29（d）可知，O_2/CO_2 气氛下煤泥在 1000℃燃烧时 NO_x 转化率为 15.40%；煤泥中添加 Mo/MS 燃烧时 NO_x 转化率为 10.47%；煤泥中添加 Mo/HZSM-5 燃烧时 NO_x 转化率为 9.09%；说明在 1000℃、O_2/CO_2 气氛下添加 Mo/MS 和 Mo/HZSM-5 可以降低煤泥燃烧时 NO_x 转化率，其中煤泥中添加 Mo/HZSM-5 燃烧时 NO_x 的转化率更低一些。

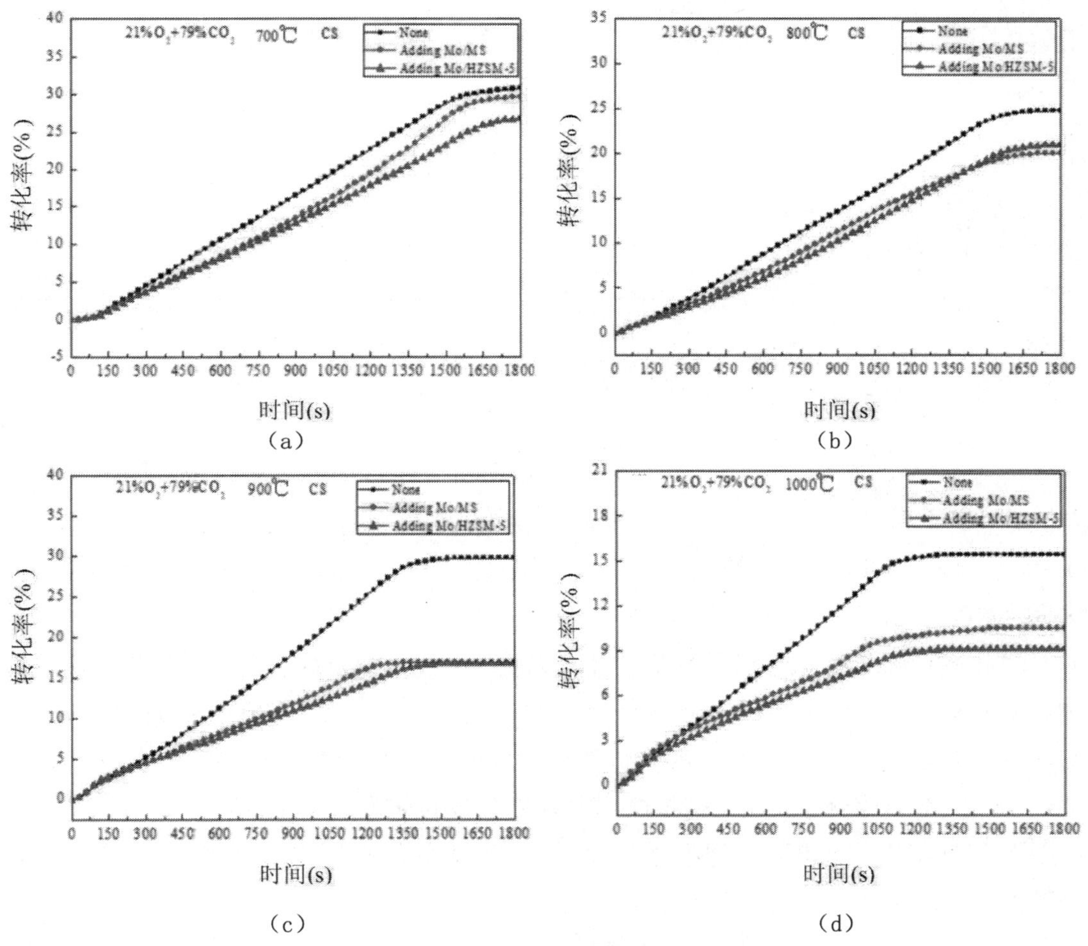

图 11-29　O_2/CO_2 气氛下煤泥燃烧时 NO_x 转化曲线

Fig. 11-29　Conversion rate curve of NO_x during coal washery reject combustion at O_2/CO_2 atmosphere

图 11-30（a）～图 11-30（b）是 O_2/CO_2 气氛下煤泥在 900 ℃、1000 ℃时添加 Mo/

HZSM-5 和 Mo/MS 燃烧时 CO 的释放曲线。由图 11-30（a）可知，O_2/CO_2 气氛下 900℃煤泥单独燃烧在 30s 时 CO 瞬时释放峰值浓度为 2047.5mg/m^3；添加 Mo/MS 后在 60s 时 CO 瞬时释放峰值浓度为 2810.0mg/m^3；添加 Mo/HZSM-5 后在 30s 时 CO 瞬时释放峰值浓度为 2775.0mg/m^3，添加 Mo/MS 后使煤泥燃烧时 CO 瞬时释放峰值时间延长，添加 Mo/MS 和 Mo/HZSM-5 使煤泥燃烧 CO 瞬时释放峰值浓度升高。由图 11-30（b）可知，O_2/CO_2 气氛下 1000℃煤泥单独燃烧时在 30s 时 CO 瞬时释放峰值浓度为 6032.5mg/m^3；添加 Mo/MS 和 Mo/HZSM-5 后在 30s 时 CO 瞬时释放峰值浓度分别为 6800.0mg/m^3 和 16205.0mg/m^3，添加 Mo/MS 和 Mo/HZSM-5 使煤泥燃烧时 CO 瞬时释放峰值浓度升高。由以上研究可知，在 900℃、1000℃时 O_2/CO_2 气氛下添加 Mo/MS 和 Mo/HZSM-5 都使煤泥燃烧时 CO 瞬时释放峰值浓度升高。O_2/CO_2 气氛下添加 Mo/HZSM-5 和 Mo/MS 使煤泥燃烧时 NO_x 瞬时释放浓度和转化率降低，可能是由于添加 Mo/HZSM-5 和 Mo/MS 后使 CO 瞬时释放浓度增加，还原性气氛使 NO_x 被还原所致。

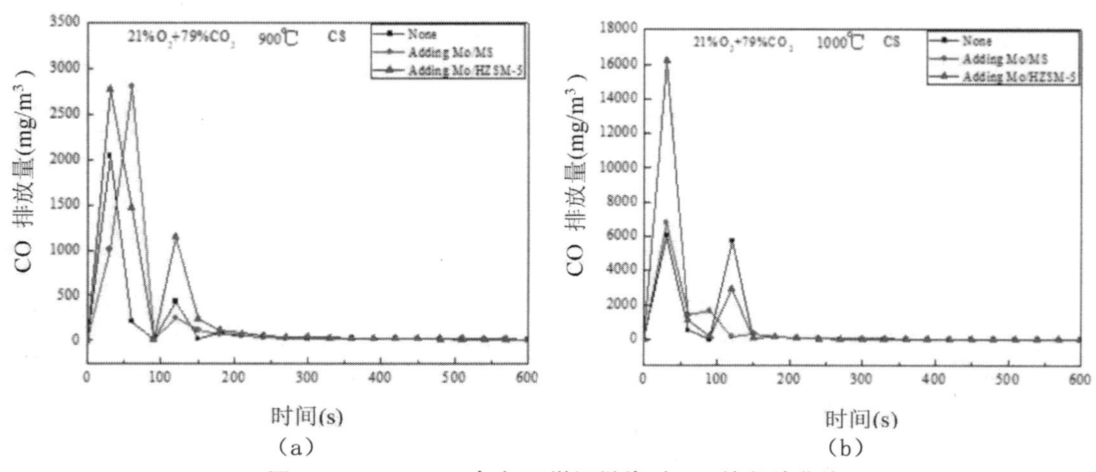

（a）　（b）

图 11-30　O_2/CO_2 气氛下煤泥燃烧时 CO 的释放曲线

Fig. 11-30　Emission curve of CO during coal washery reject combustion at O_2/CO_2 atmospheres

通过以上研究可知，O_2/CO_2 气氛下煤矸石与煤泥催化燃烧过程中 NO_x 排放规律相类似；O_2/CO_2 气氛下煤泥燃烧 NO_x 排放规律与空气气氛下也相似。与空气气氛相比，O_2/CO_2 气氛下煤泥燃烧时 NO_x 释放浓度较低，是由于在 O_2/CO_2 气氛中 CO_2 代替 N_2 避免了热力型 NO_x 和快速型 NO_x 的生成；高 CO_2 浓度致使气氛中生成较高含量的 CO，从而在煤泥未燃烧碳表面发生 NO/CO/Char 的反应，促进了 NO 还原为 N_2。空气气氛和 O_2/CO_2 气氛下添加 Mo/MS 和 Mo/HZSM-5 可以降低煤泥燃烧时 NO_x 的释放浓度、缩短释放时间和降低 NO_x 转化率，这可能是由于 Mo/MS 和 Mo/HZSM-5 催化剂将煤泥中的燃料 N 转化为 N_2，从而使 NO_x 释放浓度降低。空气气氛下在 700℃、1000℃煤泥中添加 Mo/MS 能更好的抑制 NO_x 排放；O_2/CO_2 气氛下在 800℃煤泥中添加 Mo/MS 能更好地抑制 NO_x 排放。

11.4.2.3　煤泥催化燃烧时 N 的迁移机理初探

图 11-31（a）~图 11-31（d）和图 11-32（a）~图 11-32（d）是空气气氛和 O_2/CO_2 气氛下 1000℃时煤泥燃烧后灰的 N1s 谱图。基于 N 元素各种价态结合能的不同，将 N1s 的 XPS

谱图采用 XPSPEAK41 分峰软件进行分析，N1s 的谱图分为 4 个峰，吡啶 N−6（397.1 ± 0.5eV）、吡咯 N−5（398.3 ± 0.4eV）、季氮 N−Q（400.4 ± 0.4eV）和氮氧化物 N−X（401.4 ± 0.4eV）各结合能的归属见相关文献。从图 11−31（a）~ 图 11−31（d）和图 11−32（a）~ 图 11−32（d）中可以看出，空气气氛下 1000℃下灰中氮的主要赋存形态是吡咯 N−5、季氮 N−Q；O_2/CO_2 气氛下 1000℃下灰中氮的主要赋存形态是吡啶 N−6、季氮 N−Q、氮氧化物 N−X。1000℃下煤泥添加 Mo/MS 和 Mo/HZSM−5 燃烧后灰中氮的主要赋存形态是吡啶 N−6、吡咯 N−5、季氮 N−Q 和氮氧化物 N−X。

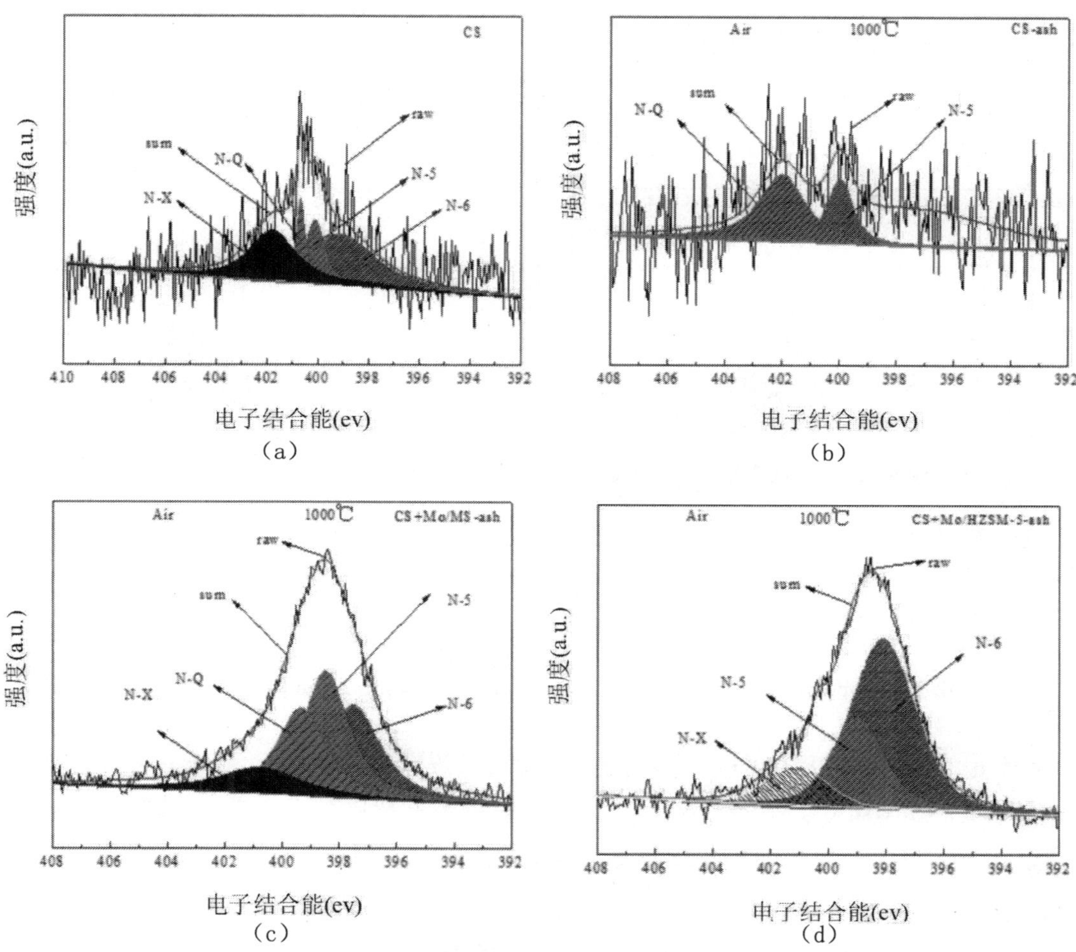

图 11−31　空气气氛下煤泥燃烧后灰中 N1s 谱图

Fig.11−31　N1s spectrum in ash after coal washery reject combustion in air atmosphere

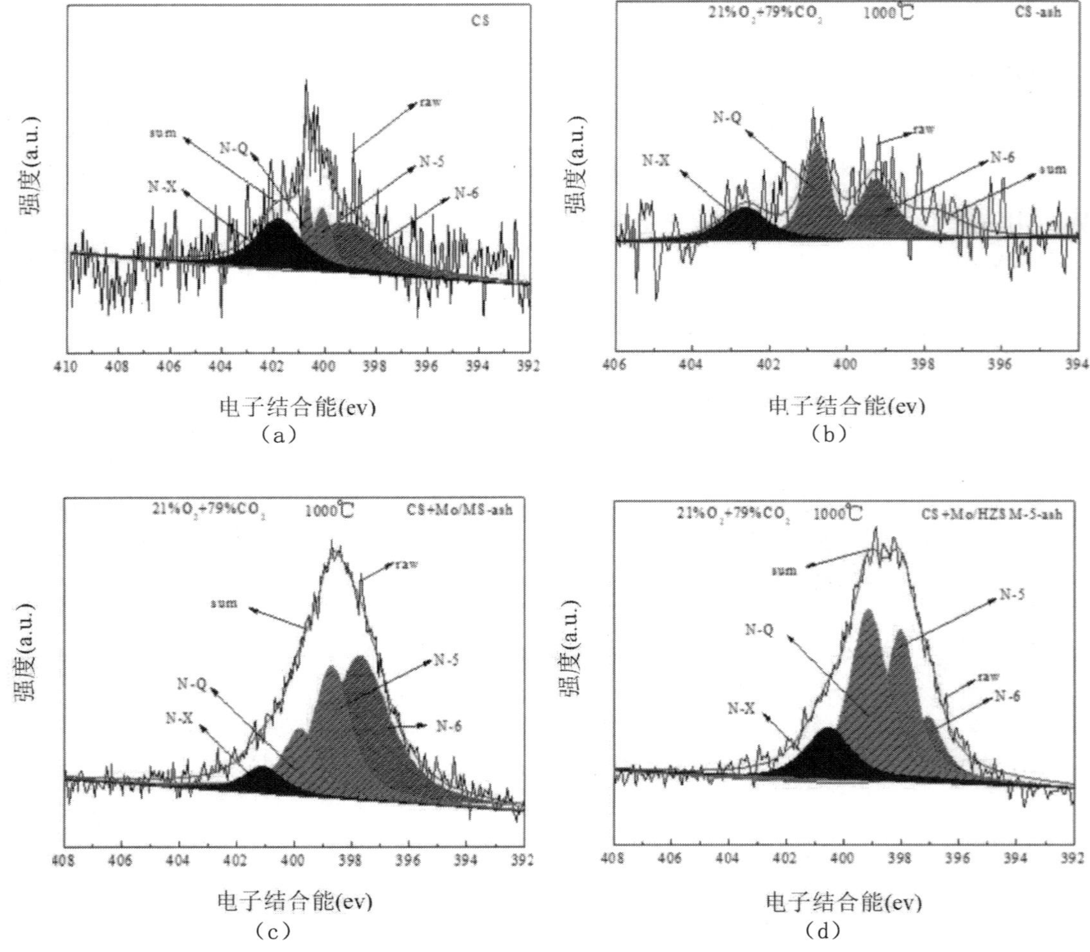

图 11-32 O_2/CO_2 气氛下煤泥燃烧后灰中 N1s 谱图

Fig.11-32 N1s spectrum in ash after coal washery reject combustion in O_2/CO_2 atmosphere

表 11-5 是空气气氛和 O_2/CO_2 气氛下在 1000℃时煤泥燃烧后灰表面氮元素形态相对应的峰面积。从表 11-5 中可知，空气气氛下在 1000℃时煤泥燃烧后灰中氮的主要赋存形态是 N-5、N-Q，相对应的峰面积为 19.55%、80.45%；添加 Mo/MS 和 Mo/HZSM-5 燃烧后灰中 N-Q 相对应的峰面积减少且出现 N-6、N-X。O_2/CO_2 气氛下在 1000℃时煤泥燃烧后灰中氮的主要赋存形态是 N-6、N-Q、N-X，相对应的峰面积为 35.74%、38.86%、25.40%；添加 Mo/MS 和 Mo/HZSM-5 燃烧后灰中 N-Q、N-X 相对应的峰面积减少且出现 N-5。与之前煤泥催化燃烧时 NO_x 释放规律相一致。

表 11-5 XPS 测得的煤泥以及灰表面氮元素形态相对应的峰面积的比值（%）
Table 11-5 Ratio of the peak area corresponding to the form of nitrogen on the coal washery reject and ash surface measured by XPS （%）

	样品	吡啶 N-6	吡咯 N-5	季氮 N-Q	N-X
Air	CS	45.10	14.60	9.30	31.00
	CS Ash	—	19.55	80.45	—
	CS+Mo/MS Ash	29.94	33.17	24.88	12.01
	CS+Mo/HZSM-5Ash	58.62	26.04	2.42	12.92
O_2/CO_2	CS Ash	35.74	—	38.86	25.40
	CS+Mo/MS Ash	50.30	28.89	14.46	6.35
	CS+Mo/HZSM-5Ash	12.52	29.94	41.05	16.49

11.5 小结

（1）煤矸石与煤泥燃烧过程中 NO_x 的排放规律相似，在 700 ~ 1000℃范围内刚开始燃烧时出现一个强烈的释放峰，是因为挥发分 NO 释放；随后出现一个平缓的肩峰，是由于焦炭 NO 开始释放。

（2）煤矸石、煤泥在 O_2/CO_2 气氛下燃烧 NO_x 排放规律与空气气氛下相似。与空气气氛相比，O_2/CO_2 气氛下煤矸石、煤泥燃烧时 NO_x 释放浓度和转化率较低。相同条件下煤矸石燃烧过程中 NO_x 转化率高于煤泥燃烧过程中 NO_x 转化率。

（3）空气气氛和 O_2/CO_2 气氛下煤矸石、煤泥燃烧过程中添加 Mo/MS 与 Mo/HZSM-5 催化剂，可以有效地降低 NO_x 释放浓度、NO_x 转化率和缩短释放时间。空气气氛下在 1000℃时煤矸石中分别添加 Mo/MS 与 Mo/HZSM-5 催化剂燃烧时 NO_x 转化率最低，分别为 10.61% 和 9.07%；O_2/CO_2 气氛下在 1000℃时煤矸石中分别添加 Mo/MS 与 Mo/HZSM-5 催化剂燃烧时 NO_x 转化率最低，分别为 9.46% 和 8.17%。空气气氛下在 1000℃时煤泥中分别添加 Mo/MS 与 Mo/HZSM-5 催化剂燃烧时 NO_x 转化率最低，分别为 3.88% 和 4.13%；O_2/CO_2 气氛下在 1000℃时煤泥中分别添加 Mo/MS 与 Mo/HZSM-5 催化剂燃烧时 NO_x 转化率最低，分别为 10.47% 和 9.09%。

（4）空气气氛和 O_2/CO_2 气氛下在 700 ~ 1000℃时煤矸石中添加 Mo/HZSM-5 催化剂燃烧时能更好地抑制 NO_x 排放。空气气氛下在 700℃、1000℃时煤泥中添加 Mo/MS 催化剂燃烧时能更好地抑制 NO_x 排放；O_2/CO_2 气氛下在 800℃时煤泥中添加 Mo/MS 催化剂燃烧时能更好地抑制 NO_x 排放。

第 12 章　$O_2/CO_2/H_2O$ 气氛下煤矸石燃烧时 SO_2 的释放特性

煤矸石燃烧过程中 CO_2 和 H_2O 的引入会显著影响其燃烧特性，进而影响 SO_2 的释放特性。为了探究煤矸石在湿烟气循环条件下 SO_2 的释放规律，本章主要研究了煤矸石在 $O_2/CO_2/H_2O$ 气氛下 SO_2 的释放规律，重点考察了反应温度、氧气浓度和水蒸气浓度等对 SO_2 释放特性的影响规律。此外由于煤矸石中含有大量矿物质，为了探究内在矿物质对 SO_2 释放特性的影响规律，将煤矸石样品采用 HCl—HF—HCl 方法脱除其中部分内在矿物质，并探究脱除矿物质的煤矸石样品在不同条件下 SO_2 的释放规律，为煤矸石在富氧燃烧过程中 SO_2 的排放控制及炉内固硫技术的应用提供基础数据和理论依据。

12.1　$O_2/CO_2/H_2O$ 气氛下煤矸石燃烧时 SO_2 的释放特性

12.1.1　不同温度下 SO_2 的释放特性

燃烧过程中温度是影响 SO_2 释放特性的重要因素之一，循环流化床燃烧过程中炉内温度一般为 800℃左右，因此本文选取接近循环流化床燃烧温度的 700℃、800℃、900℃进行实验，考察了不同温度下煤矸石燃烧过程中 SO_2 释放特性。此外，煤矸石燃烧过程中在较高的氧气浓度下将发生剧烈的反应且反应时间较短，同时煤矸石燃烧过程中 SO_2 最大释放峰主要出现在前 10min，因此本文重点考察了煤矸石燃烧过程中前 10min SO_2 释放规律。图 12-1 为 $21\%O_2/79\%CO_2$ 气氛、不同温度下煤矸石燃烧过程中 SO_2 释放规律曲线。图 12-1（a）结果表明，在 $21\%O_2/79\%CO_2$ 气氛条件下，随着燃烧温度的升高，气相中 SO_2 释放峰逐渐向左移动，表明随着温度升高，更有利于 SO_2 提前释放。另外，研究发现，在 700℃、800℃和 900℃时，SO_2 的最大释放浓度分别为 0.047%、0.041% 和 0.043%，表明在此过程中反应温度对 SO_2 的最大释放浓度影响较小。图 12-1（b）结果显示，在 700℃、800℃和 900℃时，煤矸石燃烧过程中 SO_2 的转化率分别为 41.55%、38.84% 和 36.58%，表明随着温度升高，SO_2 的转化率逐渐降低。这主要由于在 $21\%O_2/79\%CO_2$ 气氛下煤矸石中方解石的分解温度比空气气氛下高

160 ~ 180℃。随着温度升高，方解石发生分解生成大量氧化钙，氧化钙与 SO_2 进一步反应生成硫酸钙，从而导致气相中 SO_2 的释放量降低。

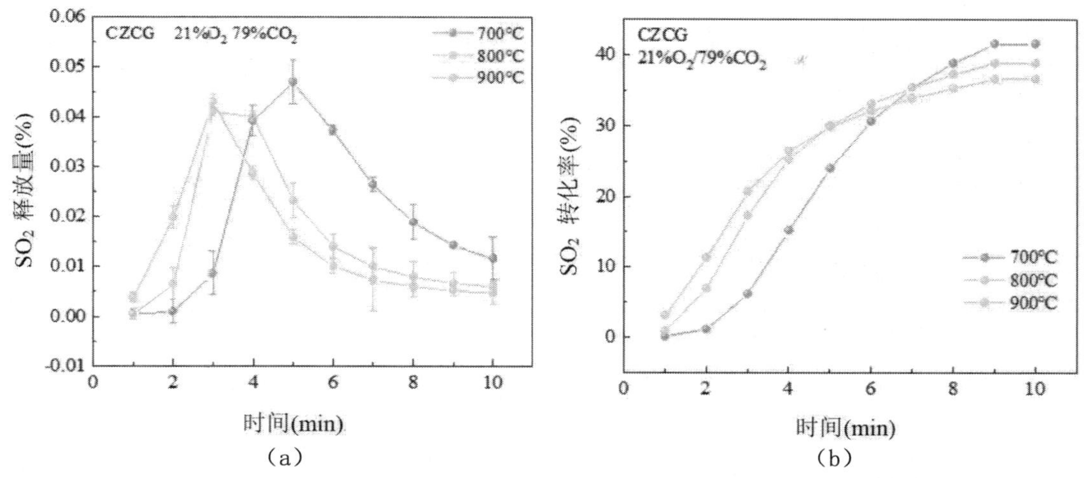

图 12-1　煤矸石在 O_2/CO_2 气氛下燃烧过程中 SO_2 释放规律曲线和转化率曲线

Fig.12-1　SO_2 release curve and conversion rate curve during the combustion of coal gangue in O_2/CO_2 atmosphere

12.1.2　不同氧气浓度下 SO_2 释放特性

为了探究 $O_2/CC_2/H_2O$ 气氛下氧气浓度对 SO_2 和 H_2S 释放规律的影响，本节详细考察了水蒸气浓度为 10% 时，无氧（$28\%N_2/62\%CO_2/10\%H_2O$）、低氧（$2\%O_2/26\%N_2/62\%CO_2/10\%H_2O$）和富氧（$28\%O_2/62\%CO_2/10\%H_2O$）气氛下煤矸石燃烧过程中 SO_2 和 H_2S 释放曲线，结果如图 12-2 所示。由图 12-2 可以发现，$28\%N_2/62\%CO_2/10\%H_2O$ 气氛下，只生成了 H_2S，无 SO_2 生成；而且随着停留时间延长，H_2S 的释放浓度均呈现先增加后减少的趋势，且在 4min 左右 H_2S 浓度达到最高值，H_2S 的最大释放峰值为 0.15%。在低氧和富氧气氛下，因为 O_2 的存在，燃烧过程中只生成了 SO_2，无 H_2S 生成。另外研究结果表明，随着停留时间延长，SO_2 的释放浓度也呈现先增加后减少的趋势，在 4min 左右浓度达到最高值，$2\%O_2/10\%H_2O$ 气氛下，SO_2 的最大释放峰值为 0.16%，$28\%O_2/10\%H_2O$ 气氛下，SO_2 的最大释放峰值为 0.18%。与低氧（$2\%O_2/26\%N_2/62\%CO_2/10\%H_2O$）气氛相比，富氧（$28\%O_2/62\%CO_2/10\%H_2O$）气氛下 SO_2 的释放量略有升高，表明氧气浓度对气相中的 SO_2 的释放量有一定影响。

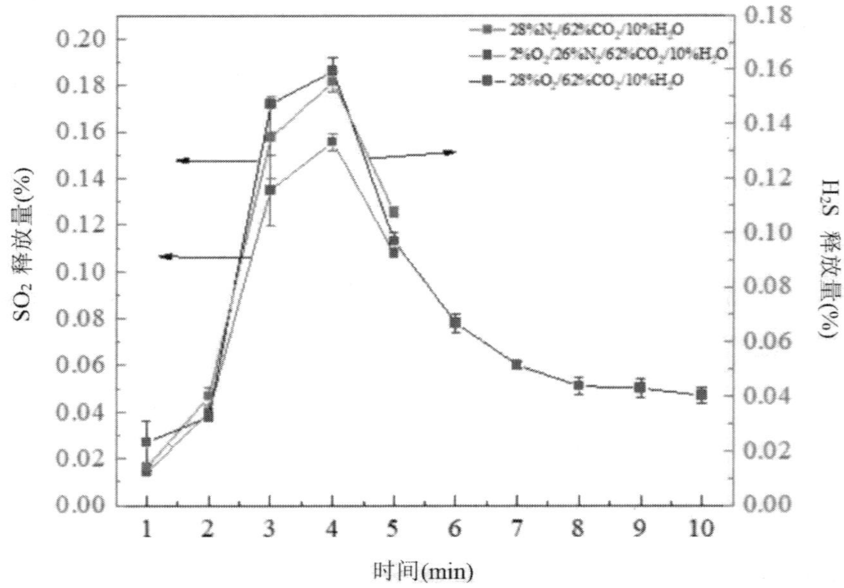

图 12-2　煤矸石在不同氧气浓度下燃烧时气相产物中 SO_2 和 H_2S 的释放曲线

Fig.12-2　Emission of SO_2 and H_2S during coal gangue combustion under different oxygen concentrations

为了详细探究煤矸石在无氧条件下（N_2 和 CO_2 气氛）下 H_2S 释放规律，本文又分别考察了 100%N_2、100%CO_2 和 28%N_2/72%CO_2 气氛下煤矸石热反应过程中 H_2S 释放规律，结果如图 12-3 所示。研究结果表明，煤矸石在 800℃、N_2 和 CO_2 气氛下反应过程中气相产物主要是 H_2S（由于本实验过程中 COS 含量低于仪器检出限，从而导致在实验过程中 COS 未被检测出）。另外，与 CO_2 气氛相比，N_2 气氛下更有利于 H_2S 的释放。这可能是由于较高的 CO_2 气氛抑制了 CO 被氧化为 CO_2，导致 CO 浓度增加，从而增强了气氛中的还原性。此外，也采用 HSC—6.0 模拟计算了 N_2 和 CO_2 气氛下 SO_2 和 H_2S 生成量随温度变化规律，结果如图 12-4 所示。结果表明，N_2 气氛下主要生成 H_2S，COS 几乎没有生成。然而在 CO_2 气氛下，COS 的释放量随着温度升高呈先增加后降低的趋势，从而导致 800℃条件下，H_2S 生成量明显降低，该模拟结果与实际实验结果一致，然而在 28%N_2/72%CO_2 气氛下 H_2S 的释放量则介于 N_2 和 CO_2 气氛下 H_2S 的释放量之间。么秋香认为在还原气氛下更有利于有机硫脱除，从而导致在气相中 H_2S 的释放量增加。江维认为在 O_2/CO_2 气氛下焦的表面温度低于 O_2/N_2 气氛，从而导致硫释放量降低。郭慧卿等研究了 CO_2 气氛对煤中硫逸出的影响，研究发现，CO_2 气氛更有利于气相 SO_2 和 H_2S 的生成，同时，CO_2 气氛促进了 H_2S 和 SO_2 最大释放峰的提前。

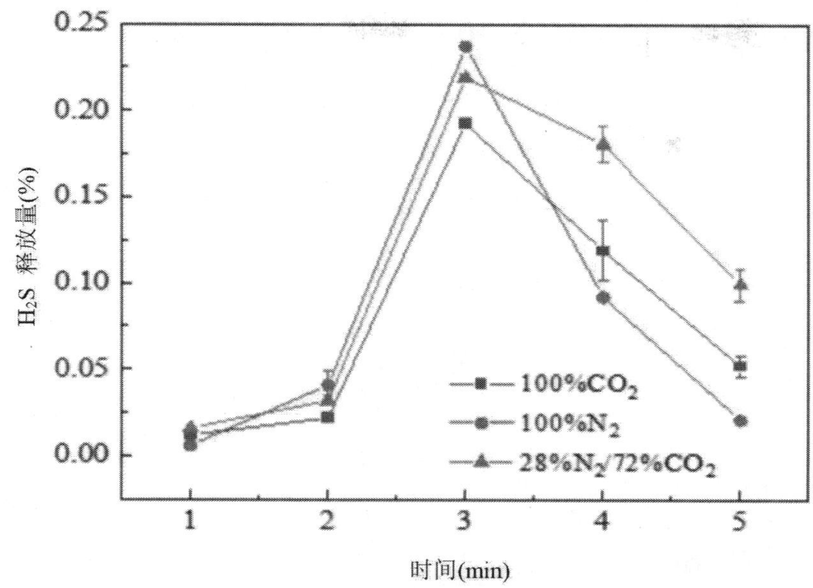

图 12-3　在 800℃条件下不同气氛 H_2S 释放规律

Fig.12-3　The release law of H_2S in different atmospheres at 800℃

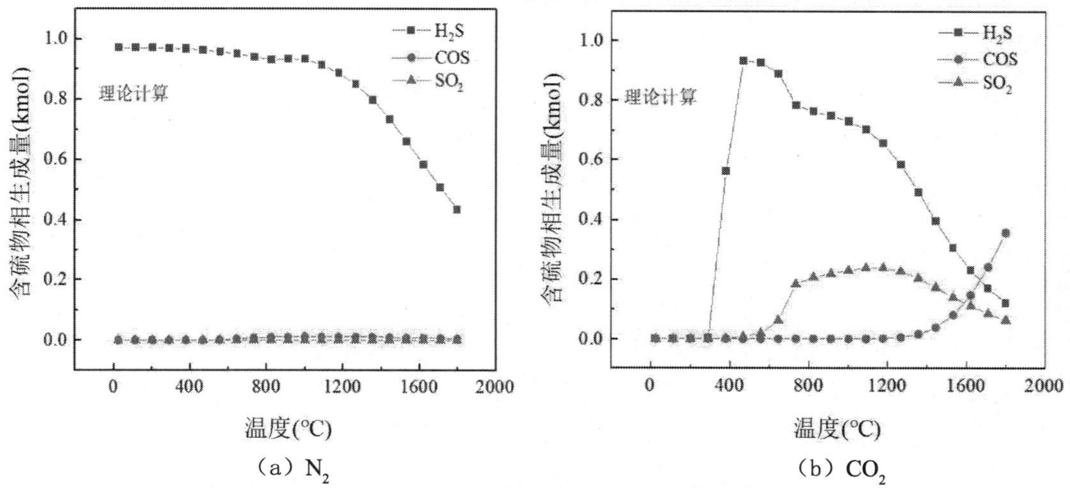

（a）N_2　　（b）CO_2

图 12-4　煤矸石在不同气氛下反应过程中含硫气体成量随温度变化规律

Fig.12-4　Variation of sulfur—Containing gas content with temperature during the reaction of coal gangue in different atmospheres

为了详细探究不同温度下 O_2 浓度对 SO_2 的释放特性的影响，本节又深入研究了不同 O_2 浓度（2%O_2 和 28%O_2）、20%H_2O 气氛下温度分别为 700℃、800℃和 900℃时煤矸石燃烧过程中 SO_2 的释放特性，结果如图 12-5 所示。由图 12-5（a）可以发现，2%O_2/26%N_2/52%CO_2/20%H_2O 气氛下，随着温度升高，煤矸石燃烧过程中 SO_2 释放峰值明显增大。在 700℃条件下，煤矸石燃烧过程中 SO_2 释放峰的峰宽最大。由图 12-5（b）可知，当温度为 900℃时，煤矸石燃烧后 SO_2 转化率为 41.14%。图 12-6 为 28%O_2/20%H_2O 气氛下煤矸石燃烧过程中 SO_2 释放曲线和转化率曲线。由图 12-6 可知，在 28%O_2/20%H_2O 气氛下，随着温度升高，SO_2 释放量明显增加，且最大释放峰值也明显提前。在 $O_2/CO_2/H_2O$ 气氛下，随着氧气浓度升高，SO_2 释放量明显增加，同时温度越高越有利于 SO_2 释放。与 900℃、2%O_2/26%N_2/52%CO_2/20%H_2O 条件下 SO_2 释放浓度相比，在 900℃、28%O_2/52%CO_2/20%H_2O 条件下 SO_2 最大释放浓度为 0.075%，SO_2 转化率达到了 54.59%。

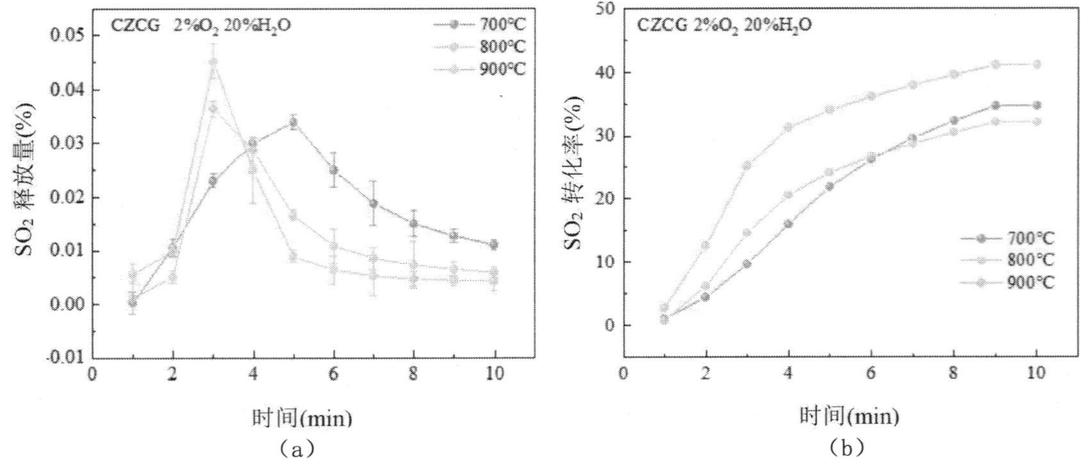

图 12-5 煤矸石在 2%（a）O_2/20%H_2O 气氛下燃烧过程中 SO_2 释放曲线（b）和转化率曲线

Fig.12-5 SO_2 release curve and conversion rate curve during the combustion of coal gangue in 2%O_2/20%H_2O atmosphere

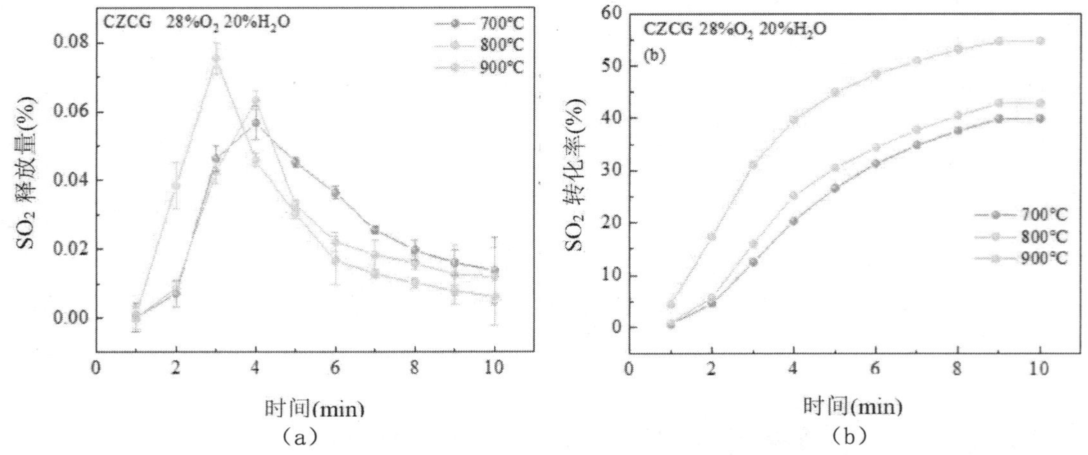

图 12-6 煤矸石在 28%（a）O_2/20%H_2O 气氛下燃烧过程中 SO_2 释放曲线（b）和转化率曲线

Fig.12-6 SO_2 release curve and conversion rate curve during the combustion of coal gangue in 28%O_2/20%H_2O atmosphere

12.1.3 不同水蒸气浓度下 SO_2 的释放特性

富氧燃烧技术中烟气再循环可以分为干烟气再循环和湿烟气再循环，其中湿烟气再循环条件下 30% ~ 40% 水蒸气将被引入反应系统。为了探明水蒸气浓度对 SO_2 和 H_2S 释放特性的影响规律，本章重点考察了不同氧气浓度条件下水蒸气浓度变化时 SO_2 和 H_2S 的释放特性。

由于煤矸石在实际燃烧过程中氧气变化较大且燃烧前 5min 氧气浓度较低，因此本文重点研究了煤矸石在无氧（CO_2/H_2O/N_2 气氛）和低氧（2%O_2 浓度）条件下反应过程中前 5min SO_2 和 H_2S 的释放规律。N_2/CO_2/H_2O 气氛下煤矸石燃烧过程中 H_2S 释放规律如图 12-7 所示。由图

12-7 可以发现在 $N_2/CO_2/H_2O$ 气氛下，水蒸气浓度为 10% 时，H_2S 最大释放浓度为 0.21%；水蒸气浓度为 20% 时，H_2S 最大释放浓度为 0.24%；水蒸气浓度为 30% 时，H_2S 最大释放浓度为 0.26%，表明 H_2S 的释放随着水蒸气浓度增加呈上升趋势，此过程中 H_2S 的生成主要源于两条路径：一是有机硫分解直接生成 H_2S，二是在高温条件下黄铁矿与活泼氢发生反应生成 H_2S。陈军和肖博文认为水蒸气对 H_2S 的生成具有促进作用，且温度越高促进作用越强。陈军通过动力学模拟实验比较了水蒸气气氛和氮气气氛黄铁矿分解的两个阶段的活化能，发现与氮气气氛相比，在 40%H_2O 气氛下两个阶段的活化能分别降低 16.83kJ/mol 和 18.51kJ/mol。于敦喜等认为，水蒸气可以促进黄铁矿的分解反应，（1）水蒸气可以直接参与黄铁矿的分解反应；（2）水蒸气可以与硫蒸气反应进一步生成 H_2S（反应 12-1、12-2）；（3）水蒸气具有氧化作用，有利于磁黄铁矿氧化生成磁铁矿，从而产生一部分 H_2S（反应 12-3）。

$$FeS_2+H_2O \rightarrow FeS_x+SO_2+H_2S \tag{12-1}$$

$$H_2O+S \rightarrow SO_2+H_2S \tag{12-2}$$

$$FeS_x+H_2O \rightarrow Fe_3O_4+H_2+H_2S \tag{12-3}$$

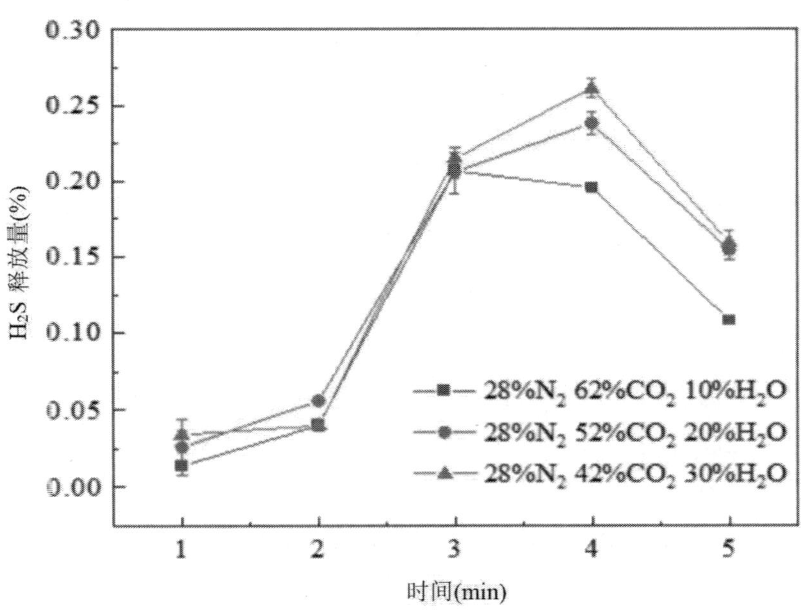

图 12-7　$CO_2/H_2O/N_2$ 气氛下煤矸石燃烧过程中 H_2S 释放曲线

Fig.12-7　Emission of H_2S during coal gangue combustion under $CO_2/H_2O/N_2$ atmosphere

在 2% 氧气浓度、不同水蒸气浓度条件下 SO_2 释放规律如图 12-8 所示。图 12-8 结果表明，水蒸气浓度为 10% 时，SO_2 最大释放浓度为 0.12%；水蒸气浓度为 20% 时，SO_2 最大释放浓度为 0.11%；水蒸气浓度为 30% 时，SO_2 最大释放浓度为 0.08%。随着水蒸气浓度增加，SO_2 的释放量逐渐降低。在此过程中未检测到 H_2S 的存在，这是因为在此气氛下热解产生的 H_2S 会与未

反应的 O_2 反应生成 SO_2 和 H_2O，从而导致 H_2S 浓度低于气相色谱 H_2S 的检出限。在氧气存在的条件下，煤矸石中的有机硫受热首先分解为自由基（R’、RS），自由基 RS 可能与氧自由基发生反应生成稳定的 S-O 结构（反应 12-4、12-5），从而有助于生成 SO_2 和 COS。

$$R-S-R \rightarrow RS\cdot + R' \tag{12-4}$$

$$RS\cdot + O\cdot \rightarrow S-O \rightarrow SO_2 \text{ 或 } COS \tag{12-5}$$

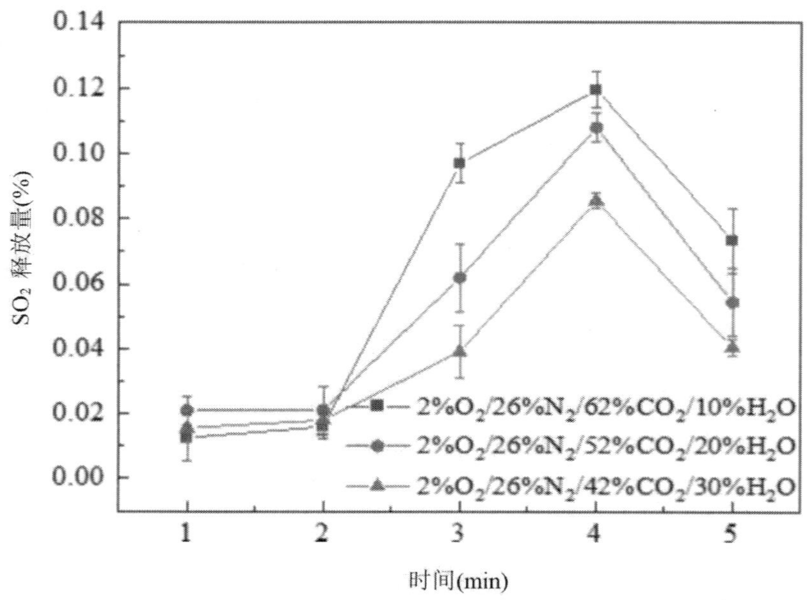

图 12-8　2% 氧气浓度、不同水蒸气浓度条件下 SO_2 释放曲线

Fig.12-8　The release law of SO_2under the condition of 2% oxygen concentration and different water vapor concentration

煤矸石在 28% 氧气浓度、不同水蒸气浓度条件下燃烧过程中 SO_2 释放曲线如图 12-9 所示。图 12-9 结果表明，在 28%O_2/N_2/CO_2/H_2O 气氛下，随着水蒸气浓度增加 SO_2 的释放量逐渐降低。10% 水蒸气浓度下，SO_2 的最大浓度为 0.19%；20% 水蒸气浓度下，SO_2 的最大浓度为 0.17%；30% 水蒸气浓度下，SO_2 的最大浓度为 0.16%。由于水蒸气的比热容低于 CO_2，当水蒸气浓度增加时，炉内燃烧区域的温度将会降低，从而不利于 SO_2 的释放。此外，水蒸气还可能提高煤矸石的自固硫作用。另外，氧气对煤矸石分子中 C—S 键和 C—C 键具有选择性，在低氧条件下，C—S 键优先于 C—C 键断裂，但氧气浓度超过 10% 后，C—C 键优先于 C—S 键断裂，因此煤矸石在富氧条件下燃烧过程中 SO_2 释放量并未出现明显增加。

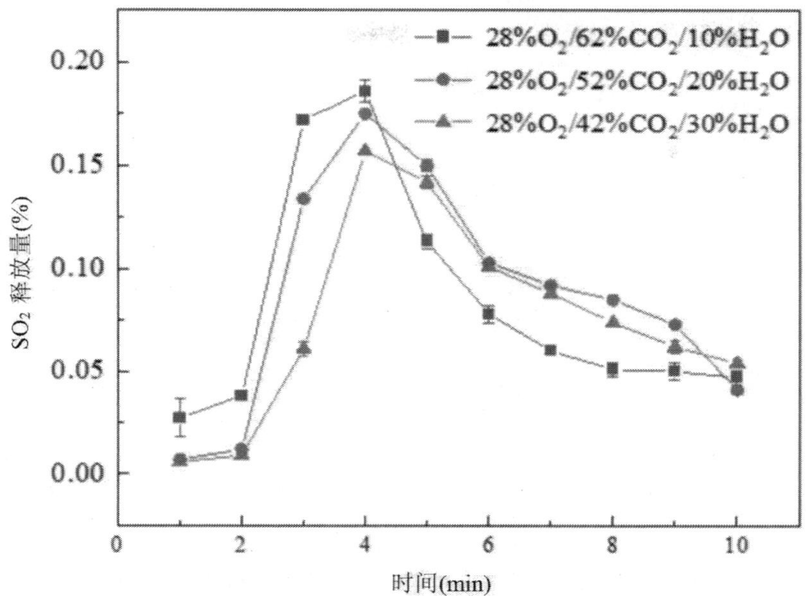

图 12-9　煤矸石在 28% 氧气浓度、不同水蒸气浓度条件下燃烧过程中 SO_2 释放曲线

Fig.12-9　The release law of SO_2 during the combustion of coal gangue under the conditions of 28% oxygen concentration and different water vapor concentrations

12.2　$O_2/CO_2/H_2O$ 气氛下煤矸石燃烧后残渣中硫的赋存形态

本章详细考察了煤矸石在不同温度、不同氧气浓度、不同水蒸气浓度下反应后残渣中硫的赋存形态，同时对煤矸石残渣中的硫含量进行了测定，以明晰煤矸石在不同条件下燃烧过程中硫的迁移转化行为。

12.2.1　反应温度对硫赋存形态的影响

为了明晰反应温度对煤矸石燃烧后残渣中硫赋存形态的影响规律，本节详细探究了煤矸石在 2%O_2 和 28%O_2 气氛下燃烧后残渣中硫的赋存形态，结果如图 12-10 所示。由图 12-10 可以发现，在 2%O_2/20%H_2O 气氛、700℃和 800℃条件下煤矸石燃烧后，残渣中硫的相对含量分别为 70.37% 和 67.87%，与 700℃相比，在 800℃条件下，残渣中的硫的相对含量降低了 2.5%。与 800℃相比，在 900℃条件下，残渣中硫的相对含量为 58.86%，降低了 9.01%。在 28%O_2/20%H_2O 气氛、700℃、800℃和 900℃条件下煤矸石燃烧后，残渣中的硫含量分别为 60.22%、57.20% 和 45.11%，与 700℃相比，在 800℃条件下，残渣中的硫含量降低了 3.02%。与 800℃相比，在 900℃条件下，残渣中的硫含量降低了 11.79%。值得注意的是随着氧气浓度增加，气相中 SO_2 和 H_2S 的释放量相对增加，在 900℃下，煤矸石燃烧过程中气相中的 SO_2 和 H_2S 浓度明显升高。Attar 认为，当温度超过 800℃时，煤矸石中噻吩类、芳香类等有机硫开始分解，同时部分磁黄铁矿也继续分解。舒通胜认为，800℃左右为型煤的最佳自固硫反应温度。

从而导致在 800℃条件下，煤矸石燃烧后气相中的 SO_2 和 H_2S 增加量相对较低。由此可见，氧气浓度增加可以促进煤矸石燃烧过程中 SO_2 的释放。

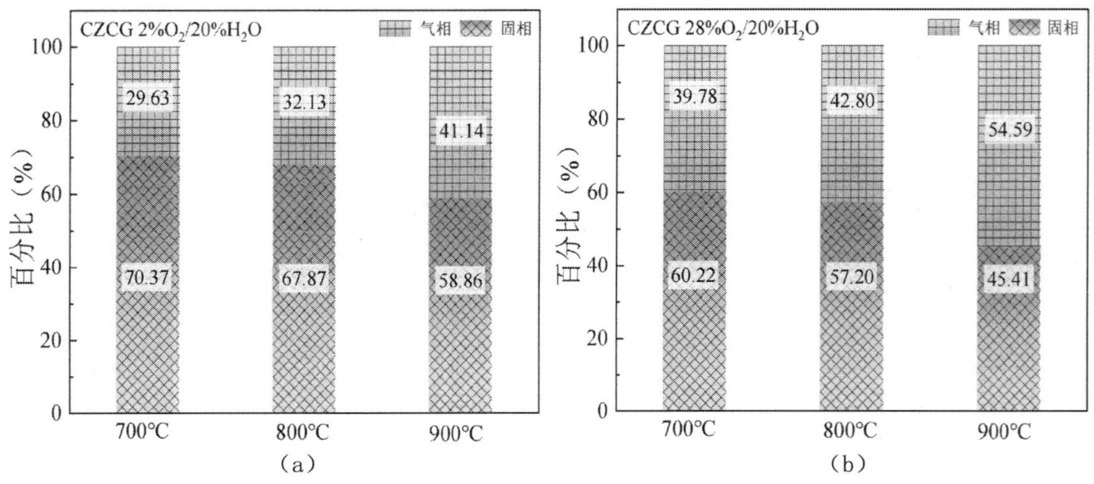

图 12-10　煤矸石在低氧和富氧条件下燃烧后含硫产物分布特征

Fig.12-10　Distribution characteristics of sulfur—Containing products after combustion of coal gangue under low-oxygen and oxygen-enriched conditions

煤矸石中硫的赋存形态以噻吩、砜、亚砜等有机硫以及硫化物和硫酸盐等无机硫为主。图 12-11 为低氧气氛（$2\%O_2/N_2/CO_2/H_2O$）下煤矸石残渣的 XPS 拟合曲线及其相对含量。由图 12-11 可以发现，在 $2\%O_2/N_2/CO_2/H_2O$ 气氛下，随着温度升高，煤矸石残渣中的两大主峰发生了较大变化，噻吩硫和硫化物的含量随着温度增加而逐渐减小，但温度越高越有利于硫酸盐的生成。值得注意的是 700℃升高至 800℃后，煤矸石残渣中噻吩硫增加了 1.23%，猜测主要由于在 800℃条件下高浓度水蒸气提供了大量氢源，然后氢自由基与部分有机硫反应生成稳定的噻吩硫。邢孟文发现不同煤样中噻吩硫含量随着热解温度升高呈先增加后降低趋势。在 800℃条件下，煤矸石残渣中噻吩硫含量最高，主要由于噻吩硫较为稳定，分解温度更高。在 900℃条件下，煤矸石残渣中硫酸盐峰面积明显增加，其含量占比 21.80%。随着温度升高煤矸石残渣中砜的含量先降低后升高，主要由于在高温条件下噻吩硫进一步被氧化生成砜类，导致煤矸石残渣中砜的含量相对较高。

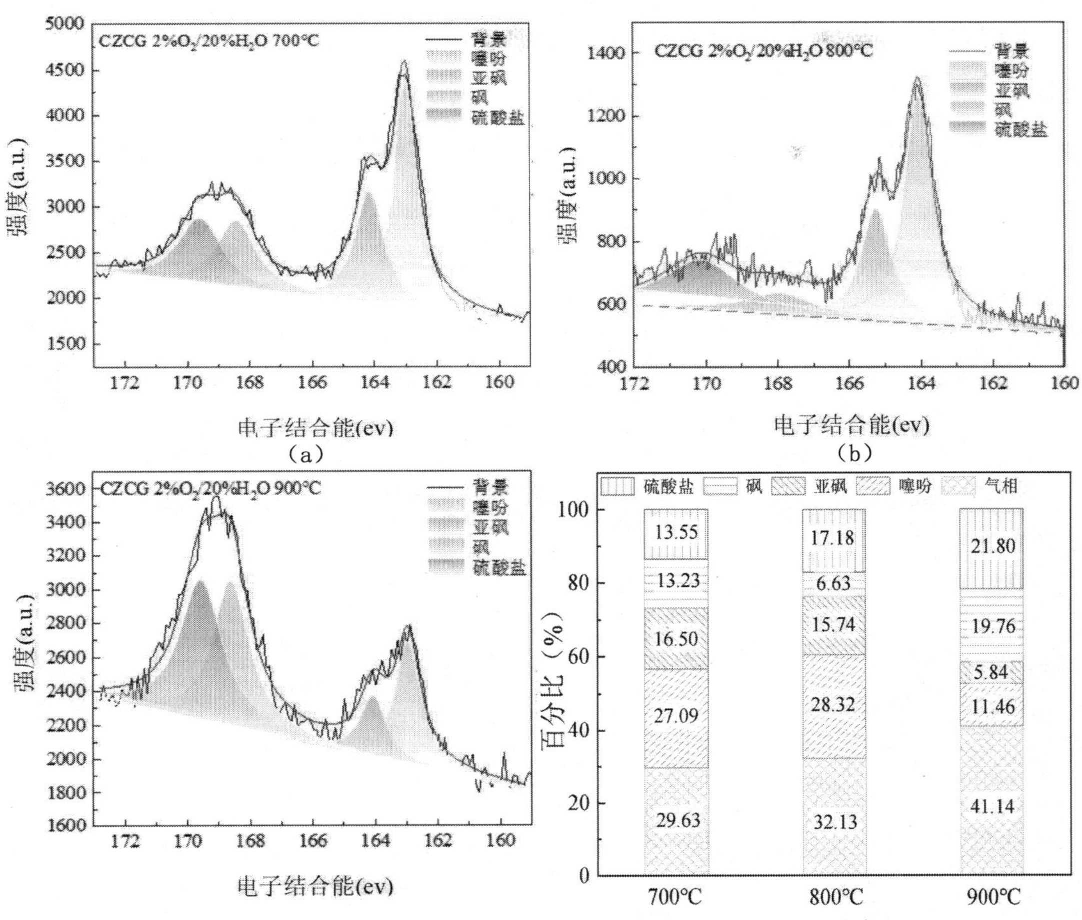

图 12-11　低氧气氛（$2\%O_2/CO_2/H_2O$）下煤矸石残渣的 XPS 拟合曲线及其相对含量

Fig.12-11　XPS fitting curve and relative content of coal gangue residue under low oxygen atmosphere（$2\%O_2/CO_2/H_2O$）

$28\%O_2/CO_2/H_2O$ 气氛下煤矸石残渣的 XPS 拟合曲线及硫含量相对分布如图 12-12 所示。由图 12-12 可以发现，在 $28\%O_2/20\%H_2O$ 气氛下，随着温度升高煤矸石残渣中噻吩和亚砜的含量明显降低。当温度为 700℃时，煤矸石残渣中噻吩硫含量为 12.24%；但在 900℃条件下，煤矸石残渣中噻吩硫含量仅为 1.14%，而砜的含量为 21.54%，其他形态硫的含量并未发生较大变化，表明在高浓度氧气条件下煤矸石中的噻吩硫易被氧化为硫酸盐和砜。

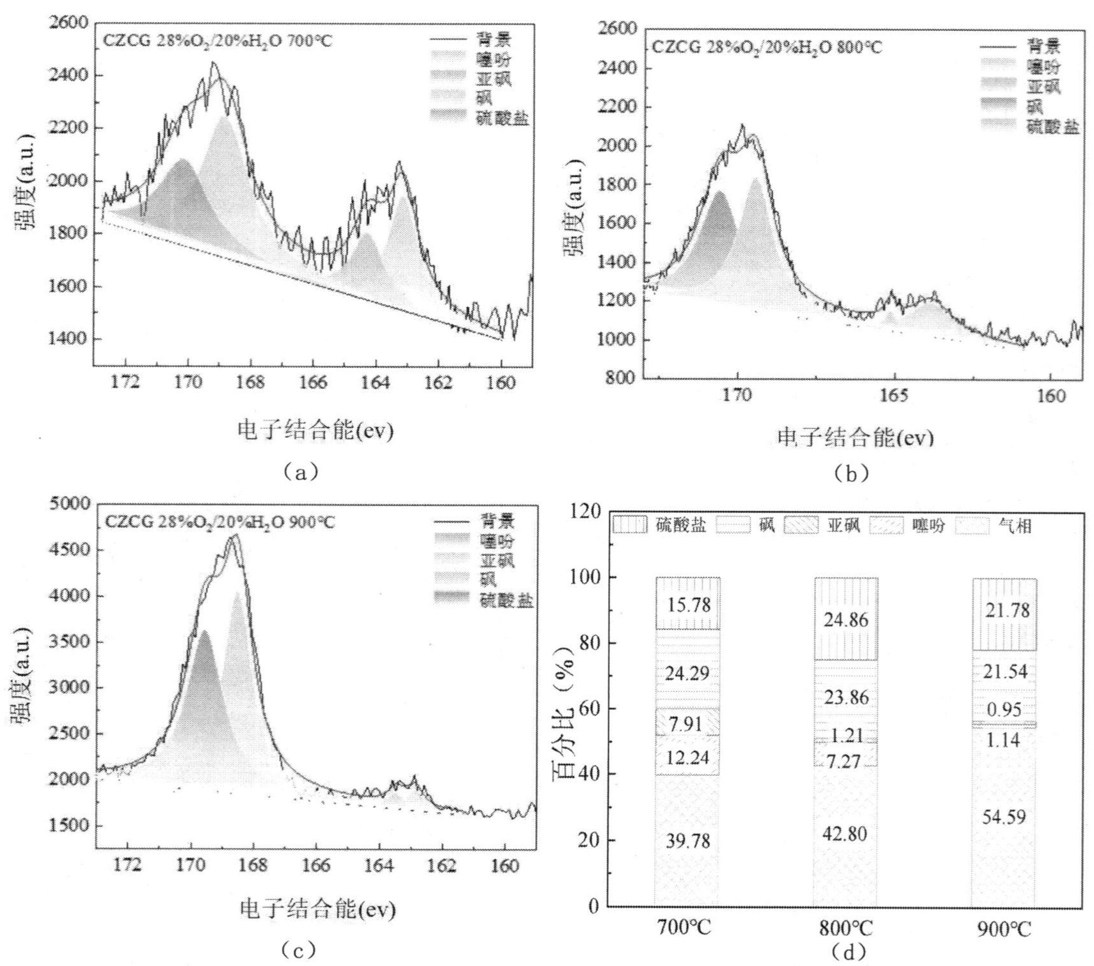

图 12-12　28%O_2/CO_2/H_2O 气氛下煤矸石残渣的 XPS 拟合曲线及硫含量相对分布

Fig.12-12　XPS fitting curve and relative distribution of sulfur content of coal gangue residue in 28%O_2/CO_2/H_2O atmosphere

12.2.2　氧气浓度对硫赋存形态的影响

为了探明不同气氛下硫的迁移路径，本节研究了 N_2、CO_2 和 28%N_2/72%CO_2 三种气氛下煤矸石燃烧过程中硫的迁移行为，结果如图 12-13、图 12-14 所示。由图可以发现，在 N_2 气氛下，煤矸石的自固硫作用最强，煤矸石残渣中硫的相对含量为 77.89%，在 CO_2 气氛下，煤矸石残渣中硫的相对含量为 73.16%，在 28%N_2/72%CO_2 气氛下，煤矸石残渣中硫的相对含量为 76.50%，介于 N_2 气氛和 CO_2 气氛之间。

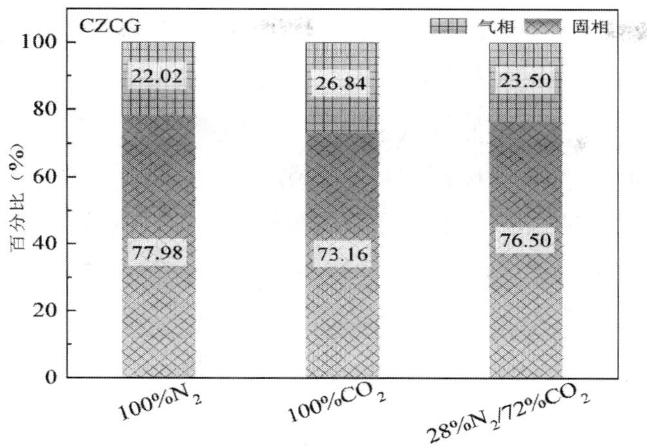

图 12-13　煤矸石在不同气氛下燃烧后含硫产物分布特征

Fig.12-13　Distribution characteristics of sulfur—Containing products after coal gangue combustion in different atmospheres

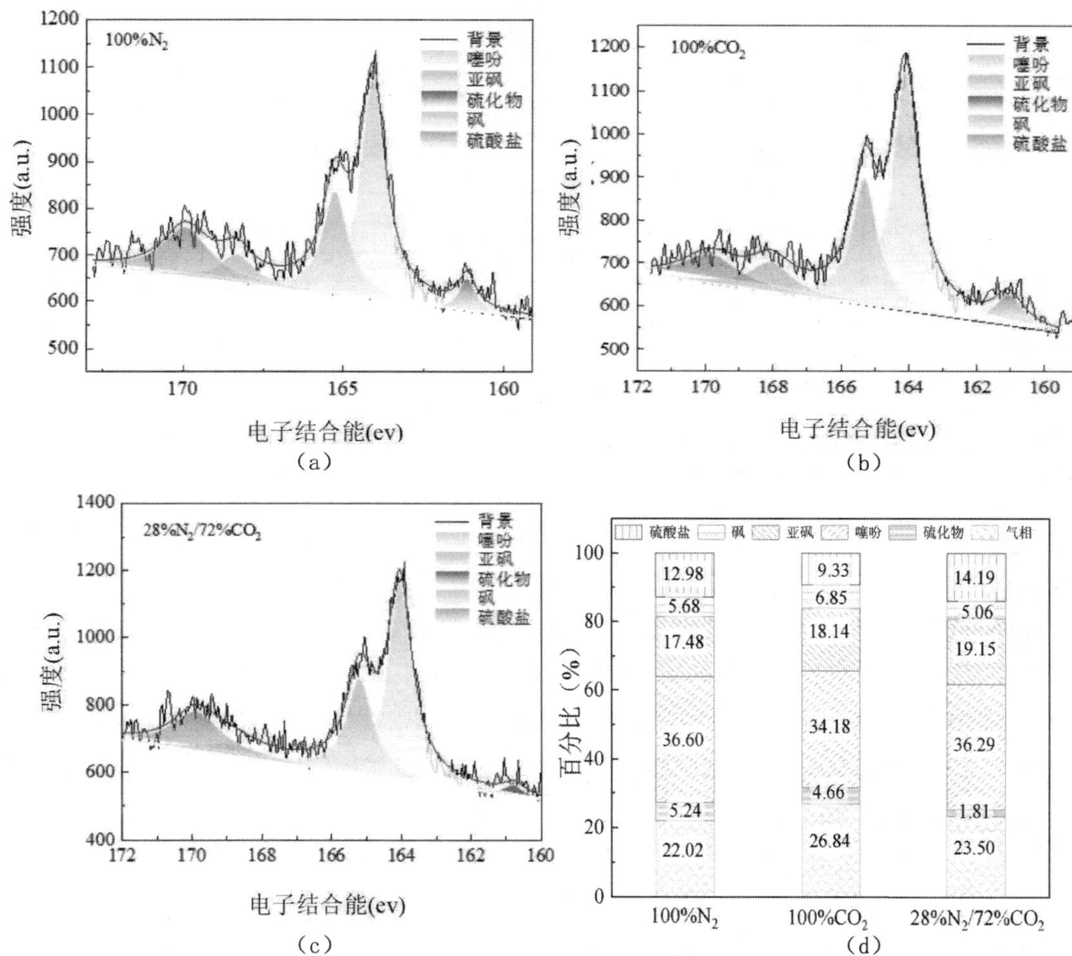

图 12-14　不同气氛下样品的 XPS 分峰拟合曲线及硫含量相对分布

Fig.12-14　XPS peak fitting curve and relative distribution of sulfur content of samples under diffrent atmosphere

煤矸石燃烧过程中氧气作为重要的助燃剂，其浓度的变化将严重影响 SO_x 的组成及释放量。

图 12-15 为煤矸石在不同氧气浓度下燃烧后含硫产物分布特征。在 $CO_2/H_2O/N_2$ 气氛下加入水蒸气后，气相中 SO_2 释放量增加，表明高浓度的水蒸气有利于提高煤矸石反应过程中 SO_2 的释放。主要由于在 $CO_2/H_2O/N_2$ 气氛下加入水蒸气后，为 H_2S 的生成提供了大量氢源，进而促进了气相中 H_2S 的释放。与 28%N_2/72%CO_2 气氛相比，当氧气浓度增加 2% 后，气相中 SO_2 和 H_2S 质增加了 5.12%。与 28%N_2/62%CO_2/10%H_2O 气氛相比，在 28%O_2/62%CO_2/10%H_2O 气氛下气相中含硫物质增加了 7.05%。这主要是由于氧气对煤矸石中的 C—C 键和 C—S 键具有选择性，当氧气浓度超过 10% 后，C—C 键优先于 C—S 键断裂。从而导致在 28%O_2/62%CO_2/10%H_2O 气氛下气相中含硫物质增加。

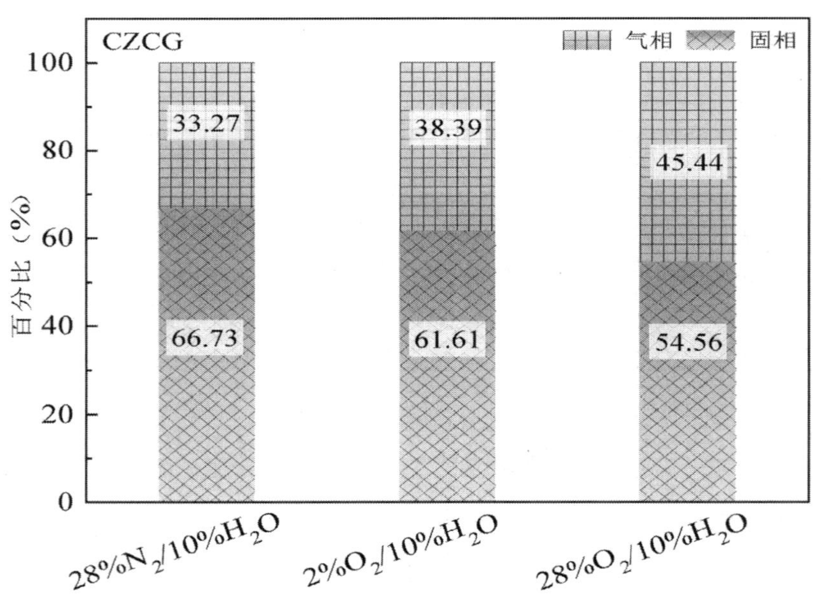

图 12-15　煤矸石在不同氧气浓度（$O_2/N_2/CO_2/H_2O$）下燃烧后含硫产物分布特征

Fig.12-15　Distribution characteristics of sulfur—Containing products after combustion of coal gangue under different oxygen concentrations （$O_2/N_2/CO_2/H_2O$）

图 12-16 为不同氧气浓度条件下样品的 XPS 分峰拟合曲线及硫形态分布，由图 12-16 可以发现，28%N_2/62%CO_2/10%H_2O 气氛下，残渣产物中的有机硫占比为 58.05%，有机硫主要以噻吩为主，噻吩占比 28.81%，无机硫占比为 15.67%。在 2%O_2 气氛下，煤矸石残渣中的有机硫占比为 50.43%，其中噻吩含量最高，占比为 33.50%，无机硫占比为 11.18%。随着氧气浓度升高，煤矸石残渣中无机硫含量明显增加，有机硫含量逐渐减少，且有机硫的组分变动较大。在 28%N_2/62%CO_2/10%H_2O 和 2%O_2/26%N_2/62%CO_2/10%H_2O 气氛下，煤矸石残渣中有机硫主要以噻吩、亚砜和砜的形式存在，28%O_2/CO_2/H_2O 气氛下，煤矸石残渣中有机硫的形式以噻吩硫为主。与无氧条件相比，在 2%O_2/N_2/CO_2/H_2O 气氛下噻吩的含量明显增加，表明在 2%O_2 气氛下可以促进噻吩的生成。28%O_2/CO_2/H_2O 气氛下，煤矸石残渣中主要以无机硫形态存在，其中硫酸盐含量最高，占比为 47.58%，有机硫含量明显降低，有机硫占比 6.98%，仅以噻吩硫的形式存在。

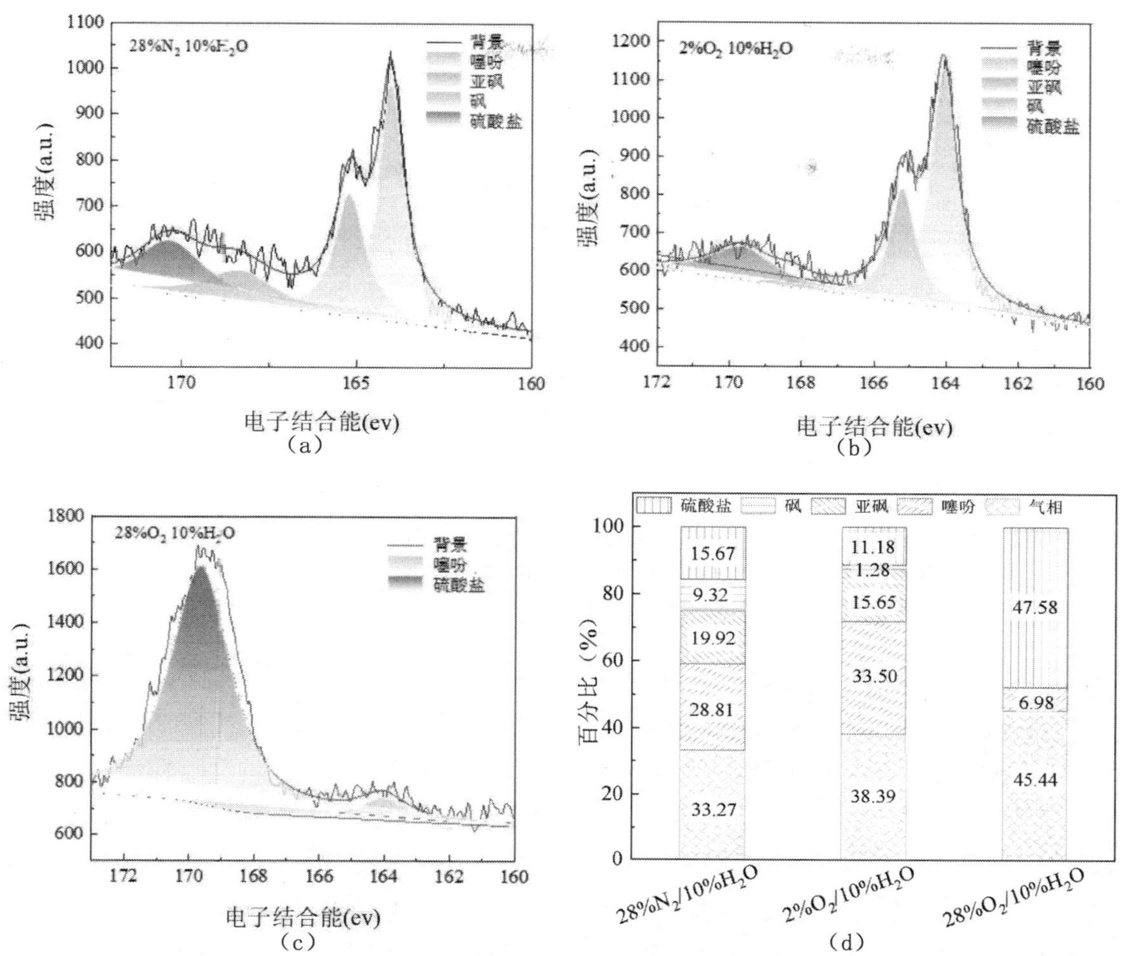

图 12-16　不同氧气浓度（$O_2/N_2/CO_2/H_2O$）条件下所得残渣的 XPS 分峰拟合曲线及硫形态分布

Fig.12-16　XPS peak fitting curve and sulfur species distribution of residues obtained under different oxygen concentrations（$O_2/N_2/CO_2/H_2O$）

12.2.3　水蒸气浓度对硫赋存形态的影响

为考察水蒸气浓度对煤矸石燃烧过程中硫迁移行为的影响，本文首先探究了煤矸石在 $2\%O_2/N_2/CO_2/H_2O$ 气氛下燃烧过程中硫形态的分布规律，结果如图 12-17 所示。可以发现随着水蒸气浓度增加，煤矸石残渣中硫含量略微增加，$2\%O_2/26\%N_2/62\%CO_2/10\%H_2O$ 和 $2\%O_2/26\%N_2/42\%CO_2/30\%H_2O$ 气氛下残渣中的硫含量分别为 66.38% 和 69.01%。与 $2\%O_2/26\%N_2/62\%CO_2/10\%H_2O$ 气氛相比，在 $2\%O_2/26\%N_2/42\%CO_2/30\%H_2O$ 气氛下，煤矸石残渣中的硫含量仅增加了 0.56%。表明水蒸气浓度在低氧条件下对煤矸石燃烧过程中 SO_2 和 H_2S 的释放没有太大影响。

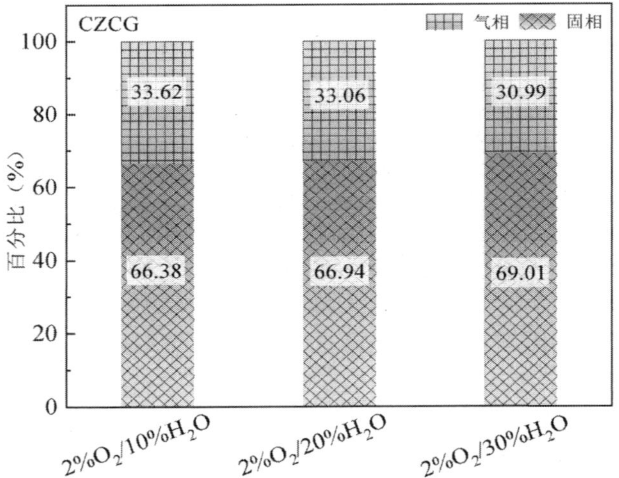

图 12-17　煤矸石在低氧（$2\%O_2/N_2/CO_2/H_2O$）条件下燃烧过程中含硫产物分布特征

Fig.12-17　Distribution characteristics of sulfur—Containing products during combustion of coal gangue under low oxygen conditions（$2\%O_2/N_2/CO_2/H_2O$）

图 12-18 为 $2\%O_2/26\%N_2/CO_2/H_2O$ 气氛下所得残渣的 XPS 分峰拟合曲线及其中硫形态分布。由图 12-18 发现，在低氧条件下，煤矸石残渣中硫的赋存形态主要以有机硫为主，其中有机硫中噻吩硫含量最高。在 $2\%O_2/26\%N_2/62\%CO_2/10\%H_2O$、$2\%O_2/26\%N_2/52\%CO_2/20\%H_2O$ 和 $2\%O_2/26\%N_2/42\%CO_2/30\%H_2O$ 气氛下，煤矸石残渣中噻吩硫占比分别为 36.10%、27.93% 和 29.54%。在 $2\%O_2/26\%N_2/42\%CO_2/30\%H_2O$ 气氛下，煤矸石残渣中检测到了硫化物存在。其占比为 3.88%，同时随着水蒸气浓度增加，砜含量逐渐增加，无机硫含量相对增加，主要由于 CO_2 和 H_2O 具有较高的比热容，从而导致气体的燃烧温度和颗粒的表面温度明显降低，抑制了黄铁矿的分解。

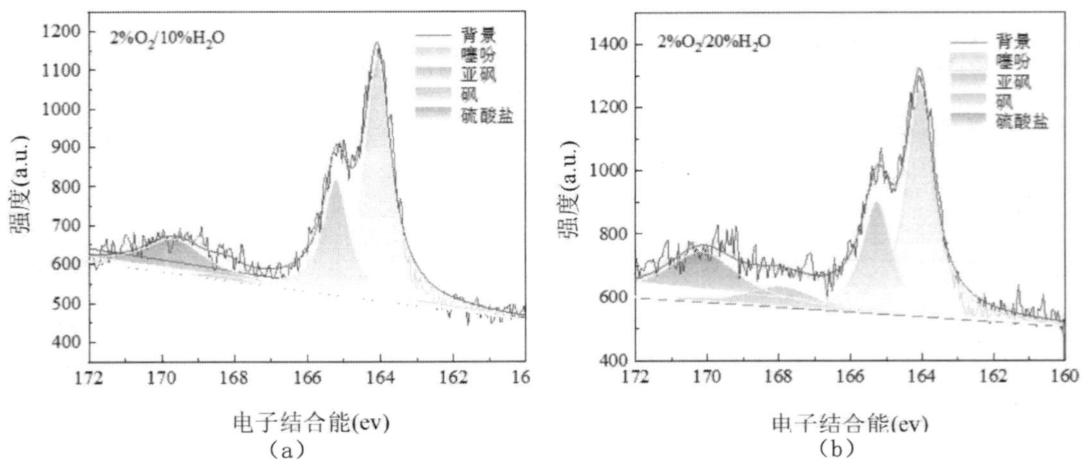

（a）　（b）

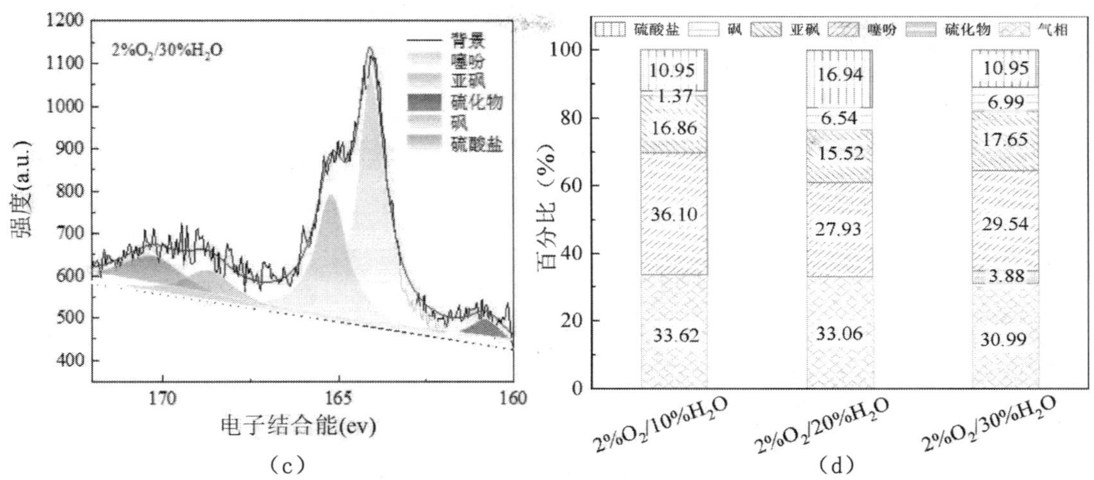

图 12-18　$2\%O_2N_2/CO_2/H_2O$ 气氛下所得残渣的 XPS 分峰拟合曲线及其中硫形态分布

Fig.12-18　The fitting curve of XPS peaks and the distribution of sulfur species in the residue obtained under $2\%O_2/N_2/CO_2/H_2O$ atmosphere

结果还表明，煤矸石在富氧条件下燃烧过程中 SO_2 释放量明显增加，但随着水蒸气浓度增加，气相中 SO_2 和 H_2S 含量逐渐降低，分析可能由于水蒸气浓度升高促进了煤矸石的自固硫作用，也可能由于在高浓度水蒸气条件下炉内燃烧温度降低不利于煤矸石中含硫物质的分解。为进一步探究其原因，将在下文中详细分析矿物质的存在对煤矸石燃烧过程中 SO_2 和 H_2S 释放的影响。

与 $2\%O_2/N_2/CO_2/H_2O$ 气氛相比，在 $28\%O_2/CO_2/H_2O$ 气氛下煤矸石残渣中硫主要以无机硫形态存在，其中硫酸盐含量最高，占比约 50%，有机硫含量明显降低，有机硫占比 10%。表明在高浓度氧气条件下更有利于生成硫酸盐，同时水蒸气对硫酸盐的生成也具有一定的促进作用。吕晨认为在 O_2/H_2O 燃烧方式下，水蒸气有利于提高固态离子的扩散，从而增加钙的转化率，促进了硫酸钙的生成。图 12-19 为 $28\%O_2/CO_2/H_2O$ 气氛下残渣的 XPS 分峰拟合曲线及硫含量相对分布，由图 12-19 可以发现，随着水蒸气浓度升高，煤矸石残渣中无机硫含量逐渐降低，有机硫含量逐渐增加，且噻吩硫的组分变动较大，$28\%O_2/62\%CO_2/10\%H_2O$ 气氛下煤矸石残渣中的有机硫以噻吩硫为主，$28\%O_2/42\%CO_2/30\%H_2O$ 气氛下煤矸石残渣中的有机硫以噻吩硫和亚砜为主。么秋香认为噻吩硫含量升高的原因可能是：（1）煤矸石中单环或双环的噻吩硫发生缩聚反应，从而形成大量噻吩硫；（2）煤矸石中的碱性矿物质与烟气中的硫化物反应生成硫酸盐，附着在有机硫表面，从而抑制有机硫的脱除。

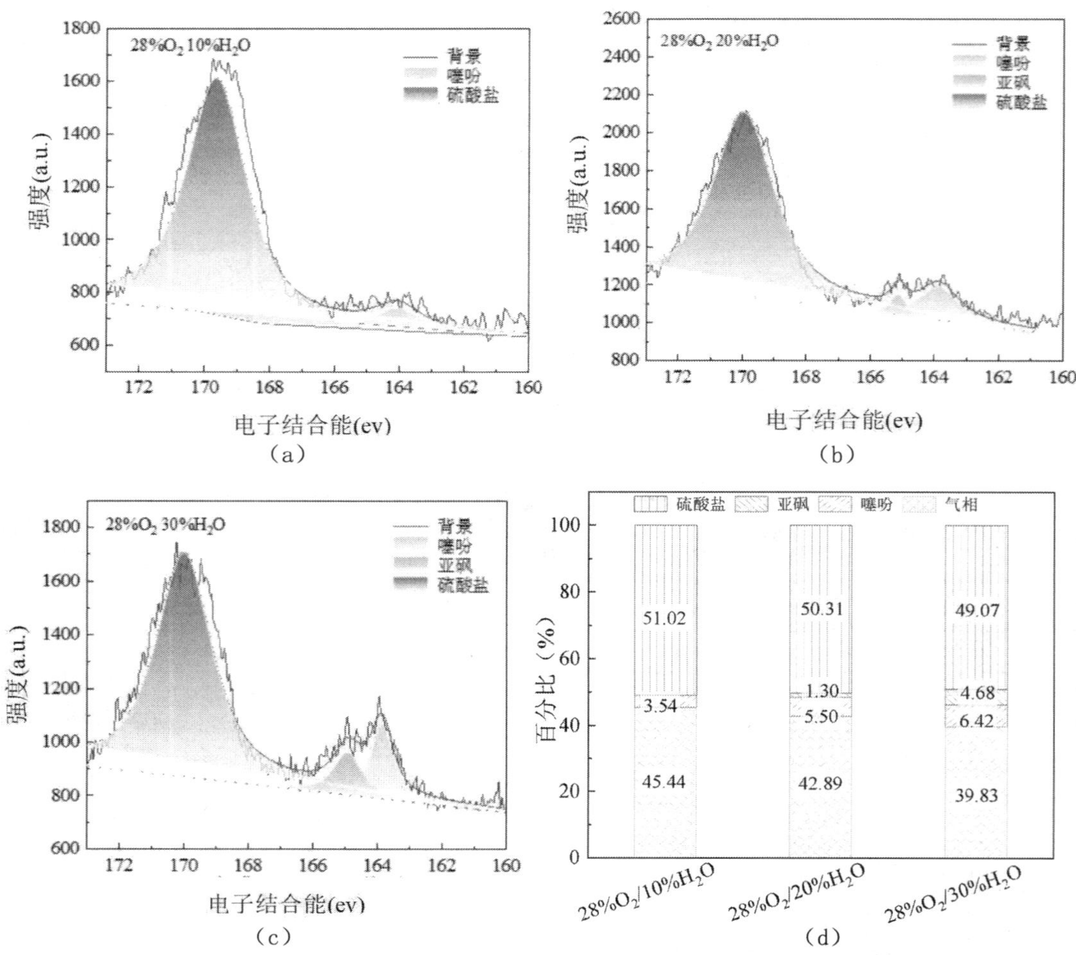

图 12-19　28%O_2/CO_2/H_2O 气氛下残渣的 XPS 分峰拟合曲线及硫含量相对分布

Fig.12-19　XPS peak fitting curve and relative distribution of sulfur content of residues under 28%O_2/CO_2/H_2O atmosphere

12.3　O_2/CO_2/H_2O 气氛下煤矸石中内在矿物质对残渣中硫赋存形态的影响

煤矸石中含有大量的内在矿物质，矿物质的存在也会影响煤矸石残渣中硫的赋存形态。为进一步探究内在矿物质对煤矸石残渣中硫赋存形态的影响，本文分别考察了脱除矿物质样品在不同温度、不同氧气浓度以及不同水蒸气浓度条件下对煤矸石残渣中硫赋存形态的影响。

12.3.1　反应温度对硫赋存形态的影响

温度会对煤矸石燃烧过程中硫迁移行为产生不可忽视的影响，故本节主要考察了煤矸石在低氧、富氧条件下燃烧过程中温度对煤矸石中硫迁移的影响，结果如图 12-20 和图 12-21 所示。

由图 12-20 发现，脱除矿物质煤矸石燃烧后气相中 SO_2 和 H_2S 的释放量随温度升高而增加，在 900℃条件下，气相中 SO_2 和 H_2S 的释放量达到了总硫的 42.87%。脱除矿物质样品在同等条件下气相中 SO_2 和 H_2S 释放量略有增加，700℃条件下，气相中 SO_2 和 H_2S 的释放量仅增加了 0.56%；在 900℃条件下，气相中 SO_2 和 H_2S 的释放量增加量达到了 1.73%。由此可以推断，煤矸石中矿物质在 2%O_2 气氛下具有一定的自固硫作用。

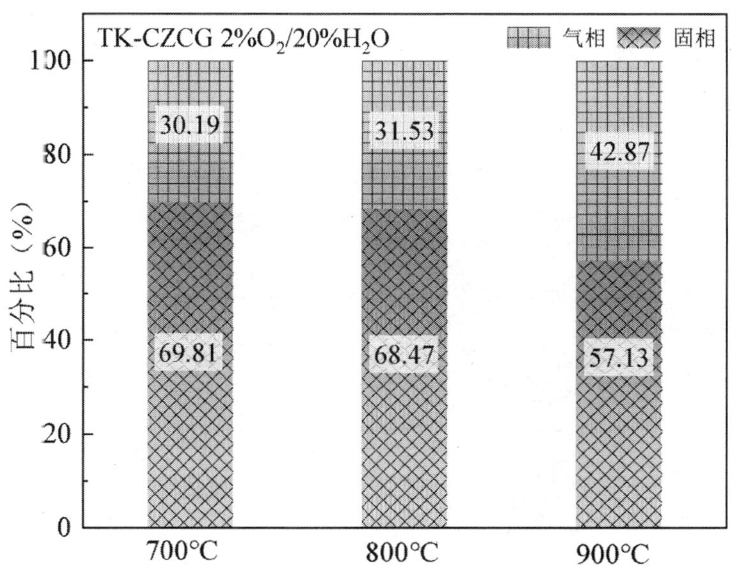

图 12-20　低氧（2%$C_2/N_2/CO_2/H_2O$）条件下煤矸石脱除矿物质后在不同温度下燃烧过程中含硫产物分布特征

Fig.12-20　Distribution characteristics of sulfur—Containing products during combustion at different temperatures from coal gangue after demineralization under low oxygen conditions（2%$O_2/N_2/CO_2/H_2O$）

煤矸石在 2%$O_2/N_2/CO_2/H_2O$ 气氛下燃烧过程中随着温度升高，煤矸石残渣中有机硫含量逐渐降低。并且不同温度条件下脱除矿物质后煤矸石残渣的 XPS 图谱中主峰未发生较大变化，脱除矿物质煤矸石残渣中有机硫各组分之间未发生较大变化。在 900℃条件下脱除矿物质煤矸石残渣中噻吩、亚砜和砜的含量分别为 28.31%、19.53% 和 4.58%，与 700℃相比，900℃条件下分别降低了 5.96%、2.92% 和 3.21%。在低氧条件下温度变化对煤矸石燃烧过程中无机硫的生成将产生较大影响。同时在 900℃条件下，煤矸石残渣中噻吩硫含量明显降低，表明煤矸石中矿物质的存在可以促进噻吩硫向亚砜和砜转化。

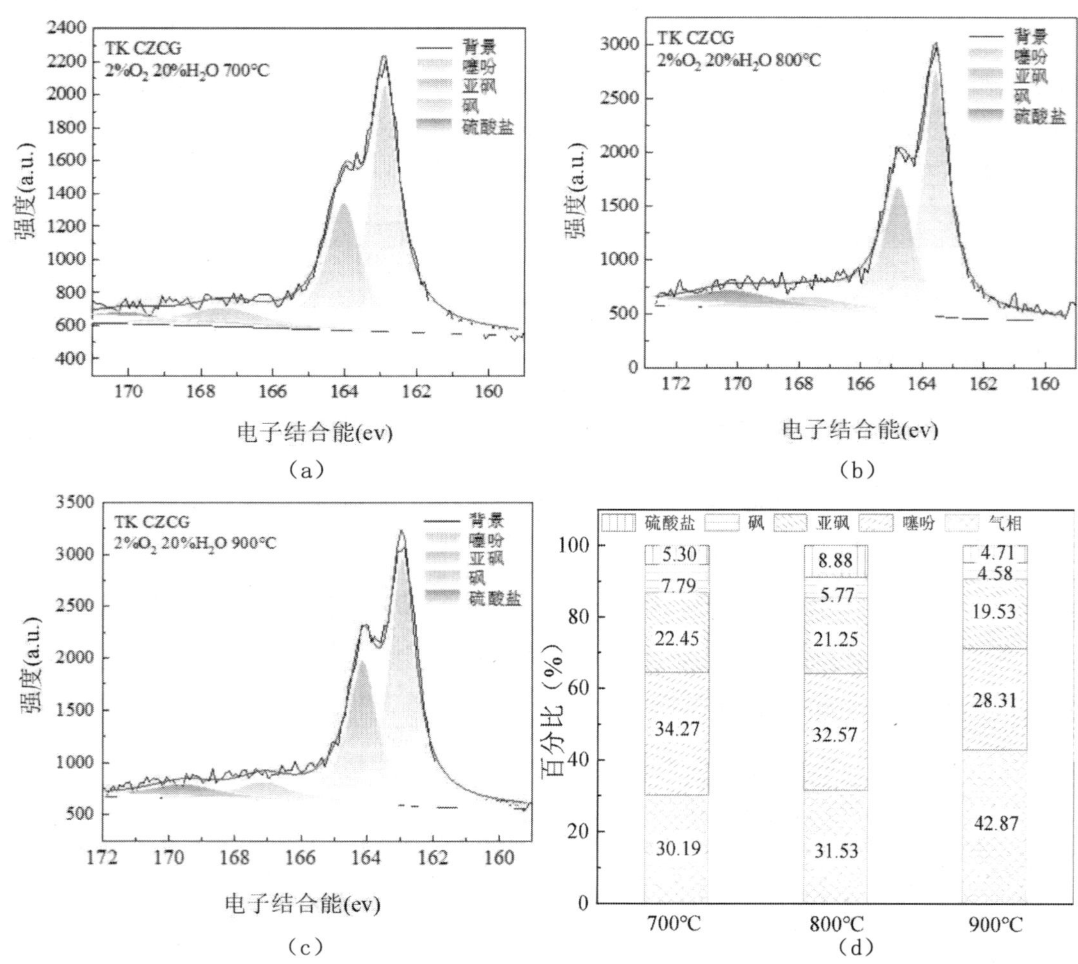

图 12-21　低氧（$2\%O_2/N_2/CO_2/H_2O$）条件下随着温度变化脱除矿物质后煤矸石的 XPS 分峰拟合曲线及硫含量相对分布规律

Fig.12-21　XPS peak fitting curve and relative distribution of sulfur content of coal gangue after demineralization with temperature change under hypoxic conditions（$2\%O_2/N_2/CO_2/H_2O$）

图 12-22 为 $28\%O_2/CO_2/H_2O$ 条件下温度变化对脱除矿物质样品的 XPS 分峰拟合曲线及硫含量相对分布规律的影响。由图 12-22 发现，随着温度升高，在富氧条件下脱除矿物质后煤矸石残渣中硫元素的 XPS 图谱中 166 ~ 171eV 处的主峰发生了一定变化，其对应的硫酸盐和砜的含量也发生了变化，在 800℃条件下，脱除矿物质煤矸石残渣中砜和硫酸盐的含量分别为 10.47% 和 14.07%。然而在 900℃条件下，脱除矿物质煤矸石残渣中砜和硫酸盐的含量分别为 21.06% 和 19.28%。随着温度增加，脱除矿物质后煤矸石残渣产率明显降低，从而导致单位脱除矿物质后煤矸石产生的硫酸盐含量明显降低，但在脱除矿物质后煤矸石残渣中的含量随着峰面积增大而增加。在 900℃条件下，残渣中砜的含量为 21.06%。

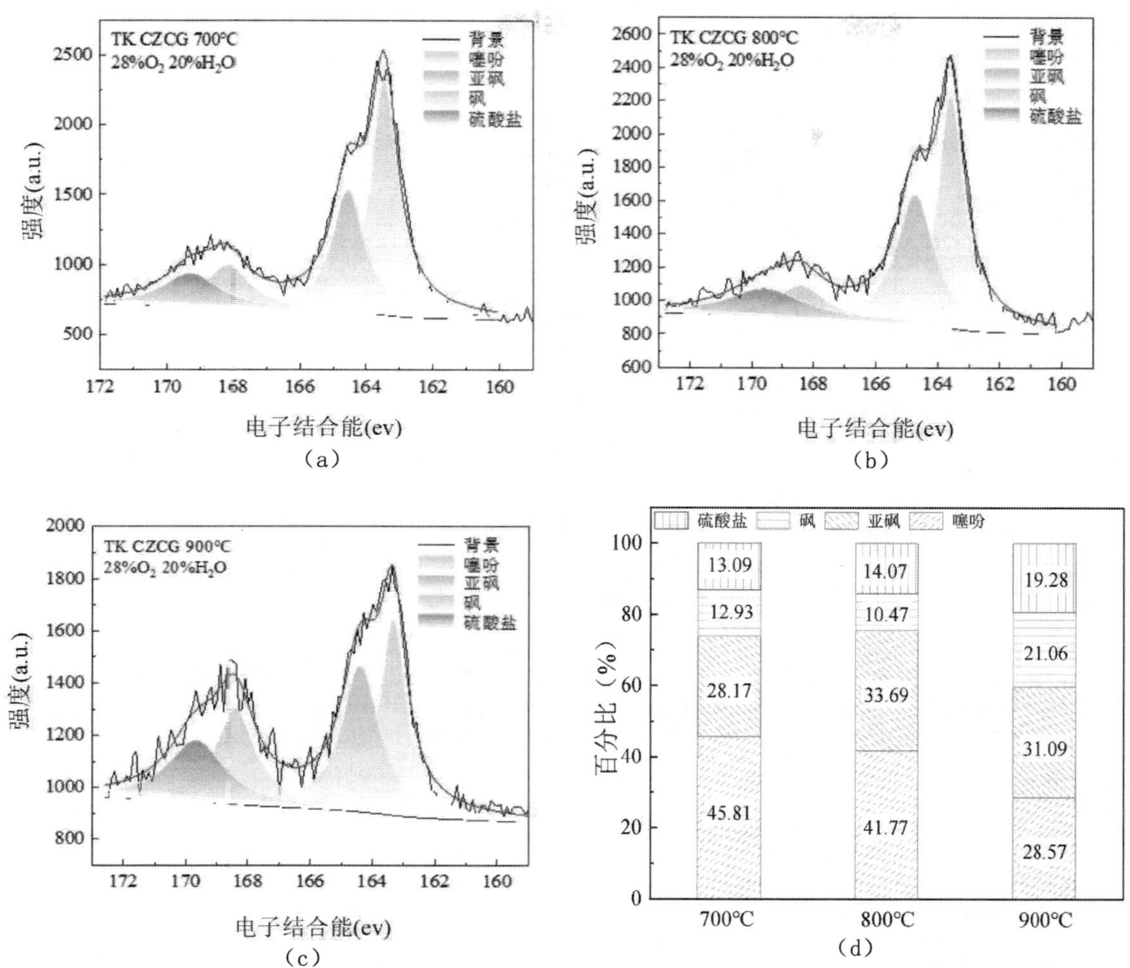

图 12-22　28%$O_2/CO_2/H_2O$ 条件下温度对脱除矿物质样品的 XPS 分峰拟合曲线及产物分布规律

Fig.12-22　XPS peak fitting curve and product distribution of demineralized samples under 28%$O_2/CO_2/H_2O$ conditions

12.3.2　氧气浓度对硫赋存形态的影响

图 12-23 为脱除矿物质煤矸石在 800℃、不同氧气浓度下燃烧过程中含硫产物分布特征。由图 12-23 可以发现在 800℃条件下，脱除矿物质后的煤矸石随着氧气浓度增加气相中 SO_2 和 H_2S 释放量明显增加。在 28%O_2/52%CO_2/20%H_2O 气氛下，脱除矿物质后的煤矸石残渣的产率为 31.39%，主要由于煤矸石中矿物质被脱除后，与原煤矸石相比具有较高的碳、氢和氧等元素，更有利于其进行燃烧；同时煤矸石在脱除矿物质过程中将产生大量孔道，从而进一步促进煤矸石中碳元素与氧气反应，提高脱除矿物质煤矸石的燃烧特性。

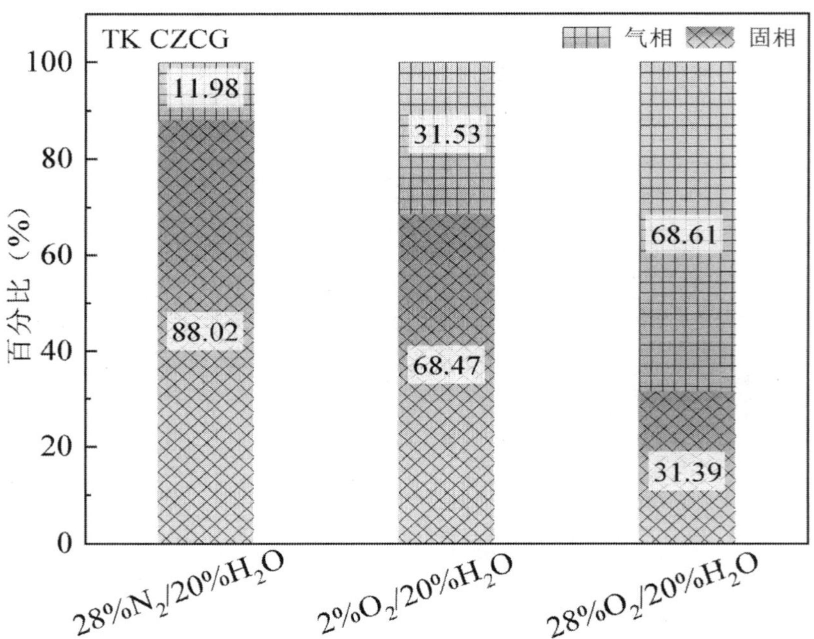

图 12-23　脱除矿物质煤矸石在 800℃、不同氧气浓度下燃烧过程中含硫产物分布特征

Fig.12-23　Distribution characteristics of sulfur—Containing products during combustion of coal gangue after demineralization at 800°　C and different oxygen concentrations

在 800℃、不同氧气浓度条件下，脱除矿物质后煤矸石残渣 XPS 硫谱分峰拟合曲线如图 12-24 所示。经过分峰拟合后可以发现，脱除矿物质煤矸石残渣中主要以噻吩、亚砜、砜和硫酸盐为主。与 28%N_2/52%CO_2/20%H_2O 气氛相比，在 2%O_2/26%N_2/52%CO_2/20%H_2O 气氛下脱除矿物质煤矸石残渣中硫形态组成未发生较大变化，28%N_2/52%CO_2/20%H_2O 和 2%O_2/26%N_2/52%CO_2/20%H_2O 气氛下脱除矿物质煤矸石残渣中有机硫主要以噻吩硫、亚砜和砜为主。但随着氧气浓度升高，脱除矿物质煤矸石残渣中硫酸盐占比升高。在 28%O_2/52%CO_2/20%H_2O 气氛下，煤矸石残渣中有机硫含量明显降低，表明矿物质的存在更有利于促进有机硫转化为无机硫。在 28%N_2/52%CO_2/20%H_2O、2%O_2/26%N_2/52%CO_2/20%H_2O 气氛下，煤矸石残渣和脱除矿物质煤矸石残渣仍以有机硫为主。综上所述，氧气浓度和内在矿物质都会对煤矸石燃烧过程中硫迁移产生较大影响。

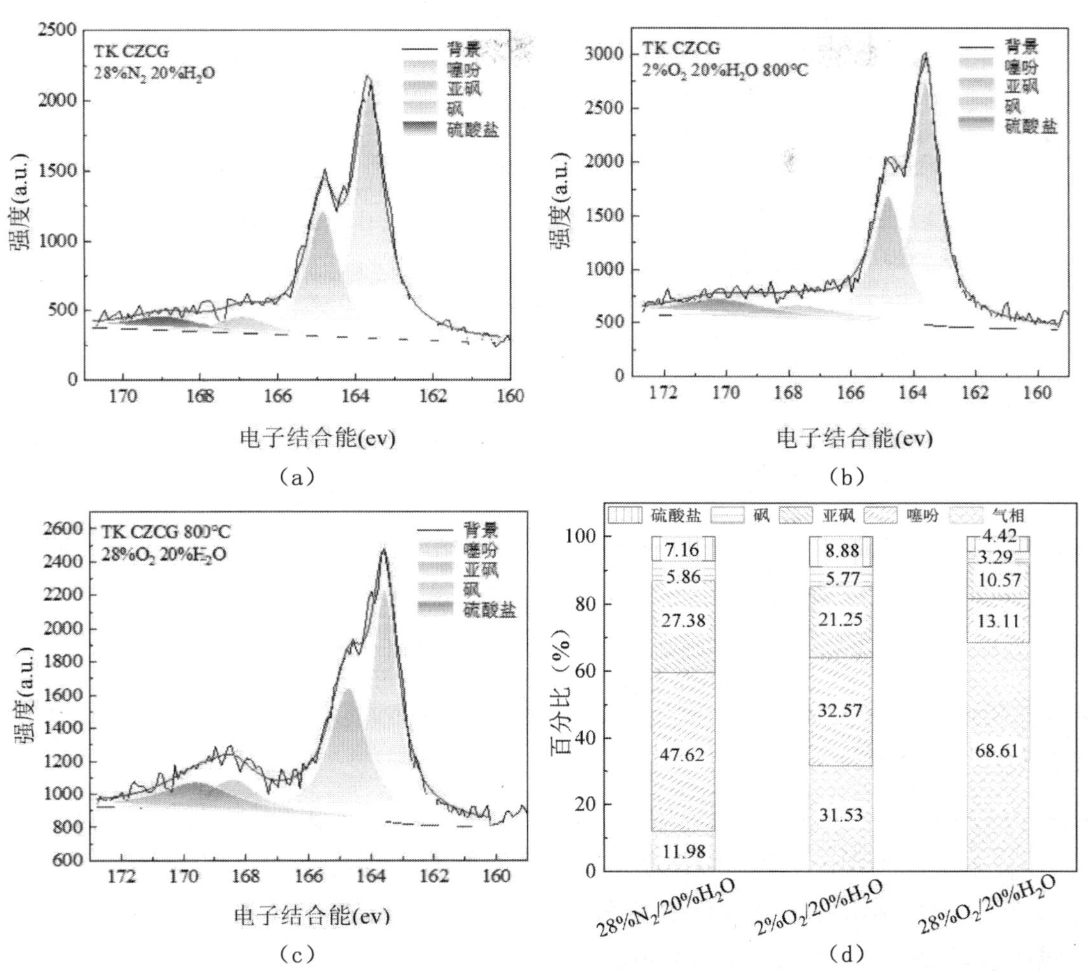

图 12-24　800℃、不同氧气浓度下脱除矿物质后煤矸石残渣 XPS 分峰拟合曲线及产物分布规律

Fig.12-24　XPS peak fitting curve and product distribution of coal gangue residues after demineralization at 800℃ and different oxygen concentrations

12.3.3　水蒸气浓度对硫赋存形态的影响

脱除矿物质煤矸石在 $2\%O_2/N_2/CO_2/H_2O$ 条件下燃烧过程中随着水蒸气浓度变化其硫元素分布规律如图 12-25 所示。随着水蒸气浓度增加，脱除矿物质煤矸石燃烧过程中气相中 SO_2 和 H_2S 释放量逐渐减少，$2\%O_2/26\%N_2/62\%CO_2/10\%H_2O$、$2\%O_2/26\%N_2/52\%CO_2/20\%H_2O$ 和 $2\%O_2/26\%N_2/42\%CO_2/30\%H_2O$ 气氛下脱除矿物质煤矸石燃烧过程中 SO_2 总释放量分别为 27.76%、19.13% 和 15.73%。表明在低氧条件下，水蒸气浓度越高，越有利于含硫气体重新进入煤矸石残渣。徐俊等研究了水蒸气对煤焦结构的影响，研究表明在富氧燃烧初期，水蒸气浓度的提高更有利于提高煤焦的芳香化程度，从而使煤焦结构更有序。

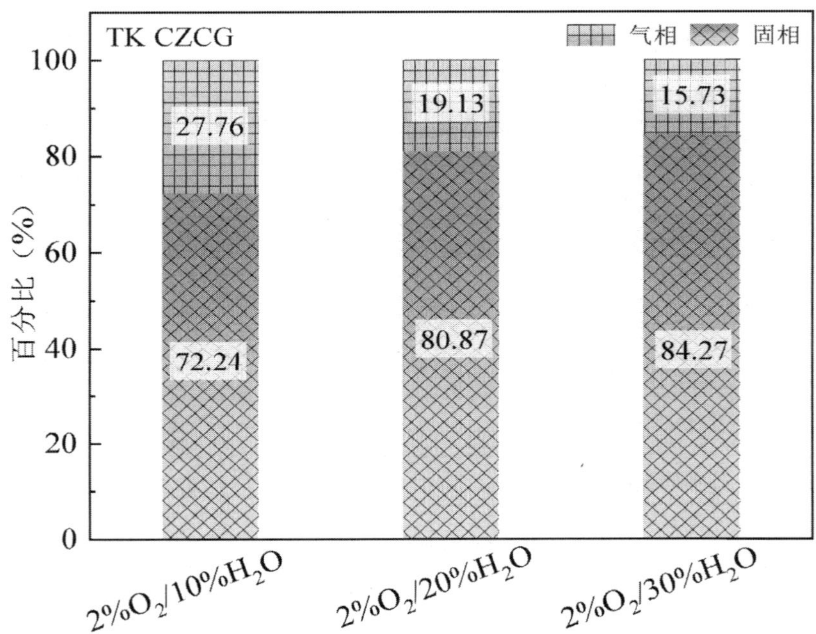

图 12-25　脱除矿物质煤矸石在不同气氛（$O_2/N_2/CO_2/H_2O$）下总硫分布规律

Fig.12-25　Distribution law of total sulfur in coal gangue after demineralization in different atmospheres（$O_2/N_2/CO_2/H_2O$）

由图 12-26 可以发现脱除矿物质煤矸石在 $2\%O_2/N_2/CO_2/H_2O$ 条件下燃烧过程中随着水蒸气浓度增加，残渣产物中硫酸盐含量逐渐增加，而噻吩硫含量逐渐减少，$2\%O_2/26\%N_2/62\%CO_2/10\%H_2O$、$2\%O_2/26\%N_2/52\%CO_2/20\%H_2O$ 和 $2\%O_2/26\%N_2/42\%CO_2/30\%H_2O$ 气氛下脱除矿物质煤矸石残渣中噻吩硫的含量分别为 53.70%、52.02% 和 49.56%。主要原因为水蒸气更容易与煤矸石中的碳发生气化，使部分 C—S 发生断裂，促进含硫气体的释放。同时水蒸气有利于提高脱除矿物质煤矸石的微孔表面积，促进含硫气体与脱除矿物质煤矸石中残留的碱金属反应，生成硫酸盐。在煤矸石燃烧过程中硫化反应分为快速反应和产物层扩散两个阶段，水蒸气对硫化反应中快速反应阶段具有促进作用，因此水蒸气浓度的升高可以促进脱除矿物质煤矸石在 $2\%O_2/CO_2/H_2O$ 条件下的自固硫作用。

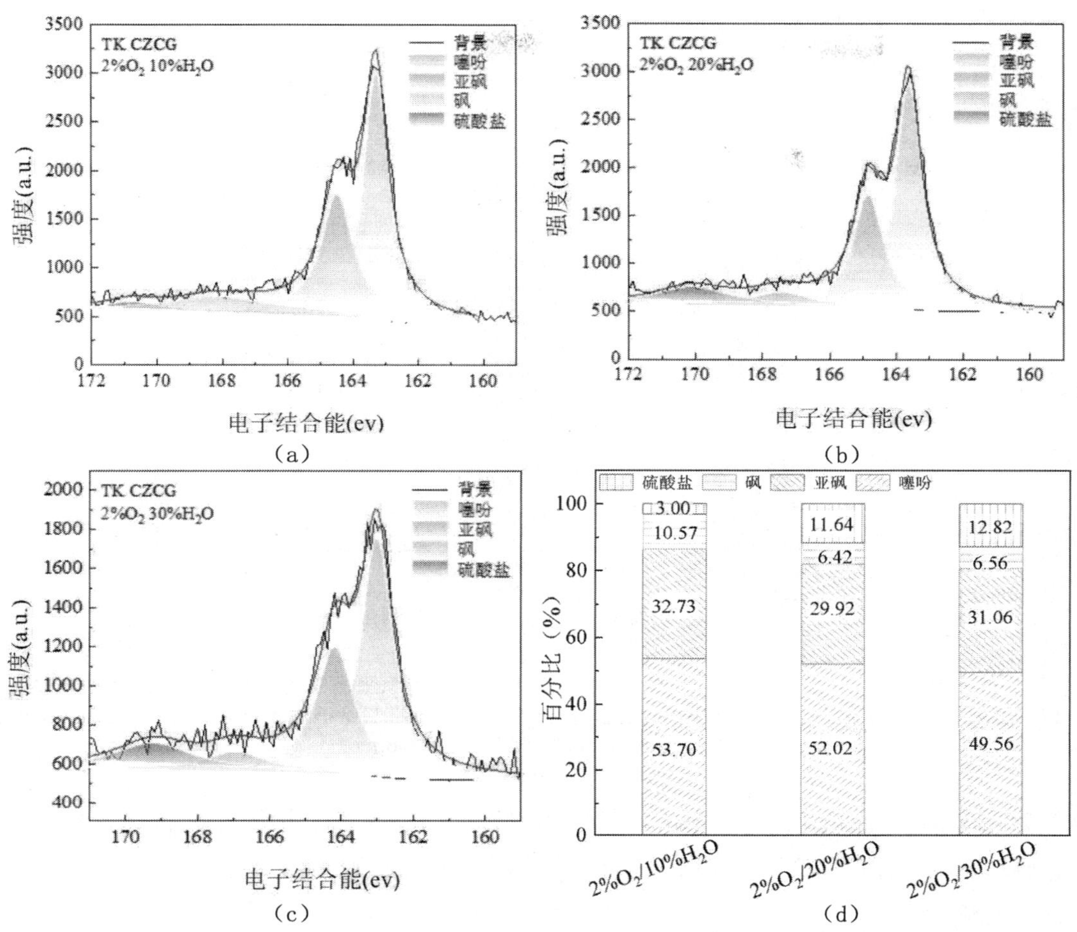

图 12-26　800℃、2%O_2、不同水蒸气浓度下脱除矿物质后煤矸石残渣的 XPS 分峰拟合曲线及硫含量相对分布规律

Fig.12-26　XPS peak fitting curve and relative distribution of sulfur content of coal gangue semi—Coke after demineralization at 800℃ and different water vapor concentrations

图 12-27 和图 12-28 为水蒸气浓度对硫迁移规律的影响及残渣的 XPS 分峰拟合曲线。由图 12-27 可知，在 28%O_2/62%CO_2/10%H_2O 气氛下，脱除矿物质煤矸石燃烧过程中气相中 SO_2 和 H_2S 的释放量占总硫的 66.92%，然而煤矸石在同等条件下燃烧过程中气相 SO_2 和 H_2S 释放量仅占总硫的 33.62%。进一步证明了煤矸石在富氧燃烧过程中矿物质具有较强的自固硫作用。为探究煤矸石燃烧过程中硫元素在残渣产物的存在形态及迁移过程，故对不同气氛下的固体样品进行了 XPS 测试。

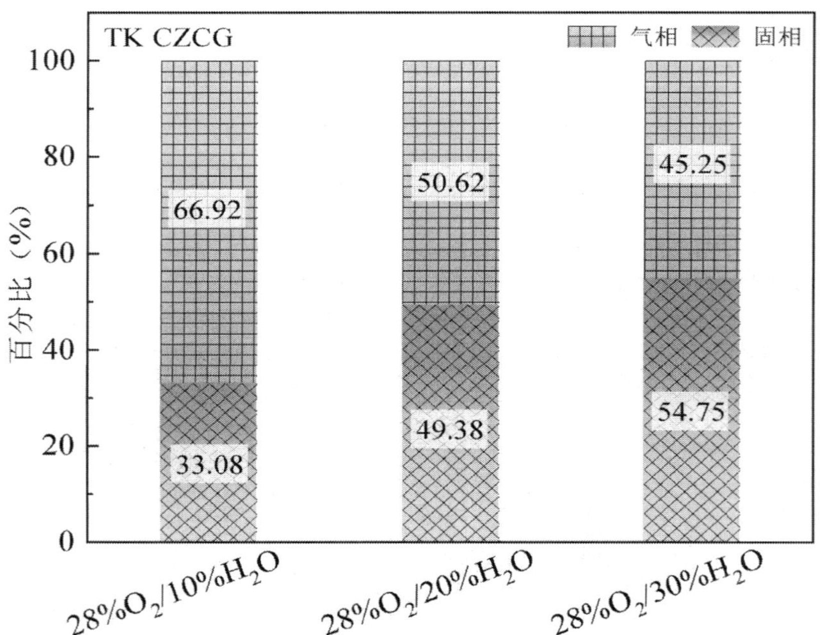

图 12-27　脱除矿物质煤矸石在 $O_2/CO_2/H_2O$ 气氛下燃烧过程中水蒸气浓度对硫迁移规律的影响

Fig.12-27　Influence of water vapor concentration on sulfur migration law during combustion of demineralized coal gangue in $O_2/CO_2/H_2O$ atmosphere

由图 12-28 发现，在富氧条件下，随着水蒸气浓度增加脱除矿物质煤矸石残渣中砜和亚砜含量明显增加。与 28%O_2/62%CO_2/10%H_2O 气氛相比，在 28%O_2/52%CO_2/20%H_2O 气氛下脱矿物质煤矸石残渣中亚砜含量明显增加。当水蒸气浓度达到 30% 时，脱除矿物质煤矸石残渣中砜的含量明显增加，为 49.30%。表明脱除矿物质煤矸石在富氧燃烧过程中水蒸气浓度对残渣产物中硫的赋存形态影响较大。这主要是由于在高温条件下水蒸气与有机硫发生了氧化反应，随着水蒸气浓度升高，脱除矿物质煤矸石残渣中噻吩硫被氧化为亚砜和砜。

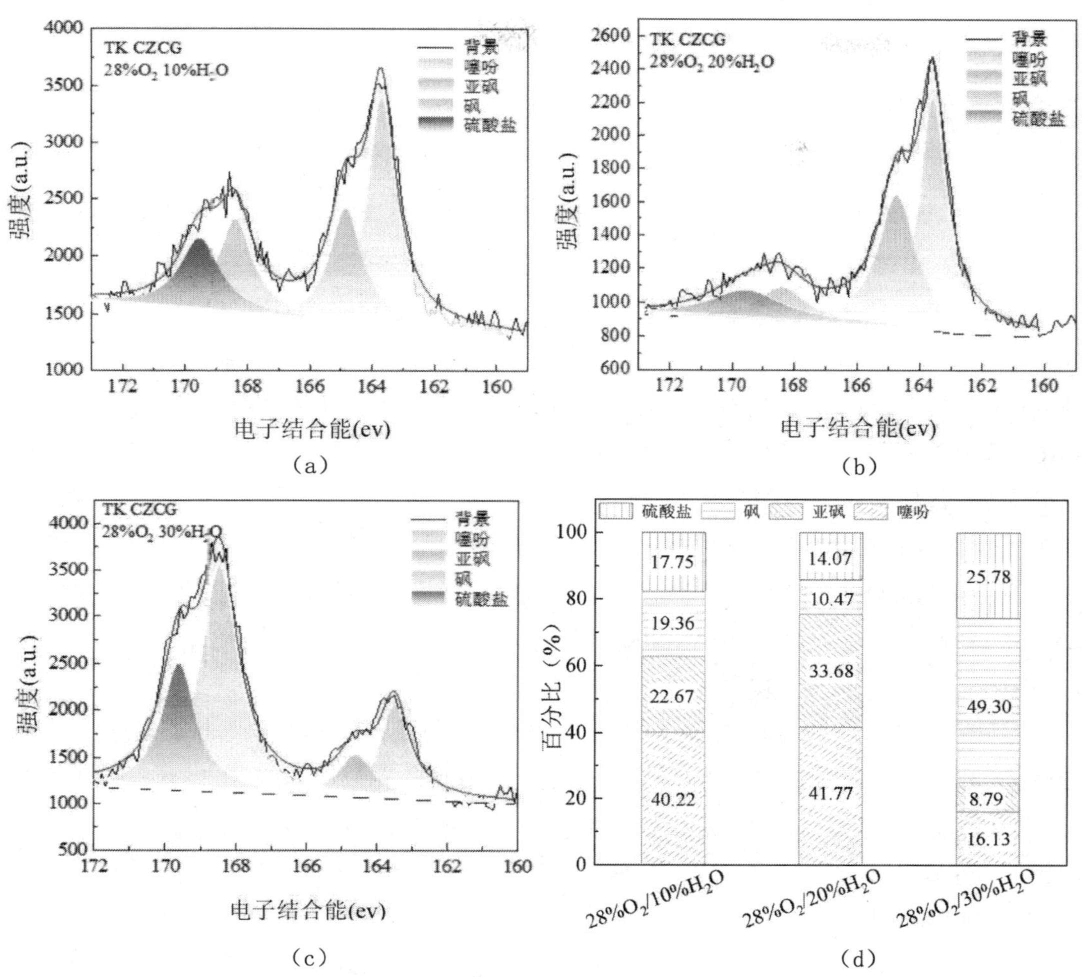

图 12-28　800℃、28%O_2、不同水蒸气浓度下脱除矿物质后煤矸石残渣的 XPS 分峰拟合曲线及硫含量相对分布规律

Fig.12-28　XPS peak fitting curve and relative distribution of sulfur content of coal gangue semi—Coke after demineralization at 800℃, 28%O_2 and different water vapor concentrations

结合前文分析，煤矸石在 21%O_2/79%CO_2 气氛下燃烧过程中 SO_2 释放量并不随着温度增加而增加，主要由于该煤矸石中含有大量方解石，在 800℃条件下，方解石发生大量分解生成氧化钙，然后氧化钙与 SO_2 或者 H_2S 进一步反应，生成硫化钙或硫酸钙，从而导致该条件下 SO_2 或 H_2S 释放量最低。相反脱除矿物质煤矸石在 21%O_2/79%CO_2 气氛下随着温度升高，气相中 SO_2 释放量也逐渐增加。同时水蒸气的存在也可以促进含硫气体与碱性矿物质反应。值得注意的是，煤矸石在 28%O_2/CO_2/H_2O 气氛下燃烧过程中气相中 SO_2 释放量随着温度增加而增加。随着温度的升高，SO_2 释放速率远大于 SO_2 与碱性矿物质反应速率。煤矸石燃烧过程中水蒸气浓度越高，越有利于煤矸石残渣中噻吩和亚砜的生成。主要由于高温条件下水蒸气的存在将引入大量氢源，促进了煤矸石在受热分解过程中元素硫与羟基自由基反应生成有机硫。

12.4 小结

本章研究了煤矸石在 $O_2/CO_2/H_2O$ 气氛下燃烧过程中 SO_2 和 H_2S 的释放规律，考察了温度、氧气浓度、水蒸气浓度和内在矿物质对 SO_2 和 H_2S 释放规律的影响，主要结论如下。

（1）在 $21\%O_2/79\%CO_2$ 气氛下，煤矸石在 700℃、800℃和 900℃条件下燃烧过程中 SO_2 转化率分别为 41.55%、38.84% 和 36.58%，SO_2 释放量随着温度升高而降低；但脱除矿物质后的煤矸石在该气氛下燃烧过程中 SO_2 释放量随着温度升高而增加，在 700℃、800℃和 900℃时，气相中 SO_2 转化率分别为 23.21%、40.33% 和 45.28%。

（2）煤矸石燃烧过程中氧气浓度对气相中 SO_2 和 H_2S 影响组成及生成量具有显著影响。800℃、$2\%O_2/26\%N_2/CO_2/H_2O$ 和 $28\%O_2/CO_2/H_2O$ 条件下，煤矸石和脱除矿物质煤矸石燃烧过程中主要生成 SO_2。煤矸石在 $28\%N_2/CO_2/H_2O$ 气氛下主要以 H_2S 的形式释放。煤矸石在 $2\%O_2/20\%H_2O$ 和 $28\%O_2/20\%H_2O$，800℃条件下燃烧过程中 SO_2 转化率分别为 33.06% 和 42.89%。表明氧气浓度越高，越有利于 SO_2 的释放。

（3）煤矸石在 $O_2/CO_2/H_2O$ 气氛下燃烧过程中水蒸气浓度也会影响 SO_2 的转化，研究结果表明，$28\%O_2/CO_2/H_2O$，800℃，水蒸气浓度分别为 10%、20% 和 30% 条件下，煤矸石燃烧过程中 SO_2 转化率分别为 45.44%、42.89% 和 39.83%。相同条件下，脱除矿物质煤矸石燃烧过程中 SO_2 转化率分别为 66.92%、50.62% 和 45.25%。表明 $28\%O_2/CO_2/H_2O$ 气氛下 SO_2 转化率随着水蒸气浓度增加而降低。

（4）在 $2\%O_2/26\%N_2/52\%CO_2/20\%H_2O$、$21\%CO_2/79\%O_2$ 和 $28\%O_2/52\%CO_2/20\%H_2O$ 气氛下，温度从 700℃升高至 900℃过程中，煤矸石残渣中硫酸钙的峰强逐渐增强，结合 XPS 分析进一步证明了温度越高越有利于硫酸盐的生成。同时还发现在 700℃和 800℃条件下，氧气浓度变化未对煤矸石残渣中矿物质的组成产生较大影响。在富氧（$28\%O_2$）条件下，随着水蒸气浓度增加，煤矸石残渣中硫酸钙峰强逐渐降低。

（5）在 $2\%O_2/N_2/CO_2/H_2O$ 条件下，随着水蒸气浓度升高，煤矸石残渣中脂肪烃 CH_3 吸收峰的峰强逐渐增加，表明水蒸气有利于长链脂肪烃的分解。低氧（$2\%O_2/N_2/CO_2/H_2O$）气氛下，煤矸石残渣中产生了明显的 S=O 伸缩振动吸收峰（$1089cm^{-1}$），而 -SH（$471cm^{-1}$）、-S-S-（$545cm^{-1}$）的明显减弱，表明在低氧条件下煤矸石燃烧过程中大部分硫醇和硫醚转化为亚砜。在富氧条件下，水蒸气浓度越高越有利于煤矸石残渣中亚砜的生成。

第 13 章 电石渣和石灰石浆液对 SO_2 的脱除性能研究

燃煤电厂为实现 SO_2 的达标排放，采用多种脱硫技术进行烟气中 SO_2 的排放控制，其中石灰石—石膏工艺在燃煤电厂应用最广泛。石灰石—石膏工艺中原料石灰石使用量大、成本高，因此开发低成本的电厂烟气脱硫剂至关重要。电石渣是一种固体废弃物，其中含有大量 $Ca(OH)_2$，有望作为脱硫剂应用于火电厂烟气脱硫过程，因此研究电石渣和石灰石混合浆液对 SO_2 脱除性能具有重要的现实意义。本文选取山西瑞恒化工电石渣和河坡石灰石，在实验室小型脱硫设备中研究了不同粒径电石渣所制备的浆液以及按不同比例掺混的石灰石和电石渣混合浆液在不同条件下对模拟烟气中 SO_2 的脱硫效率的影响规律以及此过程中 CO_2 浓度的变化规律，同时还对反应生成的脱硫石膏进行了 XRD、SEM-EDS 等一系列分析表征；在此基础上，进一步对华北某电厂脱硫工艺进行了调研，分析了脱硫烟气中 SO_2 的浓度变化规律及脱硫石膏的性能。

13.1 电石渣浆液对 SO_2 的脱除性能研究

本节使用的电石渣和石灰石分别取至山西长治襄矿集团瑞恒化工有限公司和河坡电厂石灰石库。由于石灰石和电石渣粉在存放过程中受潮，检测前将石灰石和电石渣置于 105 ± 2℃的烘箱中干燥 2h。

电石渣因长期外置堆放，空气中的水分使得电石渣粉末出现结块，CO_2 与部分 $Ca(OH)_2$ 生成 $CaCO_3$ 硬度增强，需要将结块进行破碎和研磨。通过筛分将电石渣分为大于 150μm、48 ~ 150μm 和小于 48μm 三种粒径的电石渣。

表 13-1 是对电石渣和石灰石两种样品采用 X 射线荧光光谱（荷兰，帕纳克公司）的分析结果，表 13-2 是对瑞恒电石渣采用麦奇克公司的激光粒度分析仪的粒径分析结果。

表 13-1　石灰石和电石渣的主要化学成分（wt%）
Table 13-1　The main chemical composition of carbide slag and limestone

成分	CaO	SiO_2	Al_2O_3	SO_3	Cl	MgO	Fe_2O_3	F	others
电石渣	90.26	4.62	2.02	0.51	0.40	0.35	0.31	0.31	1.22
石灰石	87.02	4.44	3.18	0	0.10	2.48	1.65	0	1.13

表 13-2　电石渣粒径分析
Table 13-2　Calcium carbide slag particle size analysis

粒径分布	< 50μm	50μm ~ 100μm	100 ~ 240μm	> 240μm
质量分数（%）	59.34	25.92	11.08	3.67

从 XRF 分析结果可知，除主要成分 $CaCO_3$ 和 $Ca(OH)_2$ 外，因电石法原料和工艺原因导致电石渣中含有许多不溶和难溶杂质如 SiO_2、Fe_2O_3、Al_2O_3 等，还有一部分可溶性离子杂质如 Cl^-、Mg^{2+}、Na^+ 等。另外，粒径分析结果表明电石渣样品粒径主要分布在 100μm 以下，占 85% 以上。

13.1.1　电石渣浆液对 SO_2 的脱除性能研究

在电厂石灰石石膏湿法脱硫系统中，脱硫浆液浓度一般为 10% 左右，为了能够与实际情况更加吻合，本文选取浓度为 5%、10% 和 15% 的电石渣浆液进行模拟烟气中 SO_2 脱除实验，探究电石渣浆液浓度对烟气中 SO_2 脱除效果的影响规律。此外，由于电石渣浆液脱硫过程中的反应较为剧烈，反应速率快，在较短时间内就能将 SO_2 全部吸收，因此本文重点考察了电石渣浆液脱硫过程前 30min 内烟气中 SO_2 浓度变化情况。图 13-1 是不同浓度的电石渣浆液在不同 pH（4.5、5.5、6.5、8.5）下进行烟气脱硫时二氧化硫浓度变化情况，其中图 13-1（a）、图 13-1（b）和图 13-1（c）的浆液浓度分别为 5%、10% 和 15%；表 13-3 是根据图 13-1 数据计算的相应条件下的脱硫率。

图 13-1 结果表明，反应前期电石渣浆液与 SO_2 反应速率较快，反应开始前，模拟烟气中 SO_2 浓度为 1500ppm，反应 600s 后，烟气中 SO_2 浓度降低至 150ppm。反应 600s 之后，由于烟气中 SO_2 浓度较低，吸收过程传质推动力比较小，反应速率比较慢，因此烟气分析仪检测到 600s 之后烟气中 SO_2 浓度变化较小。烟气中的 SO_2 在 600s 后处于低浓度，待脱硫烟气中 SO_2 浓度稳定后对脱硫效果进行分析。

此外，研究结果还表明，5%、10% 和 15% 三种浓度电石渣浆液在 pH 为 4.5、5.5、6.5 和 8.5 时值均具有良好的 SO_2 脱除效果，250s 之前三种浆液在不同 pH 下对 SO_2 的吸收速率较接近，脱硫烟气中 SO_2 浓度相差不大。表 13-3 结果表明，当电石渣浆液浓度为 5% 且浆液 pH 为 4.5 时，反应时间分别为 5min、10min、15min、20min、25min 和 30min 时，SO_2 的脱除率分别为 88.04%、93.21%、94.96%、95.67%、95.99% 和 95.93%，随时间延长，SO_2 的脱除率明显升高，但在20min之后随时间延长，SO_2的脱除率变化不明显。另外，通过对照相同pH和相同时间下5%、10% 和 15% 三种浆液的脱硫率可以发现，相同条件下浆液浓度为 10% 时 SO_2 脱除率最高。经过测算，10% 的电石渣浆液密度为 1.12 ~ 1.14g/cm^3，经过调整能够适应现在的石灰石脱硫系统，表明研究结果与电厂实际运行过程中石灰石浆液浓度选择 10% 相吻合。

烟气脱硫中，脱硫浆液需保证在一定 SO_2 浓度范围内稳定脱硫，因此本实验对所有脱硫浆液采用 30min 脱硫实验，检测其 30min 内各个时间段脱硫效果。烟气脱硫实验中，不同浓度电石渣浆液在较高 pH 时脱硫效果良好，均能够稳定脱除 30min 模拟烟气，但电石渣浆液在较低 pH 时脱硫效果表现出明显差异。当电石渣浆液浓度为 5% 且 pH=4.5 时电石渣浆液对烟气的脱硫效果减弱，脱硫浆液接近饱和，脱硫后期 SO_2 浓度出现缓慢上升趋势，经过 30min 脱硫后电石渣浆液 pH=3.9，脱硫率最低为 95.93%，其他 pH 的 5% 电石渣浆液都能够有效地脱除模拟烟气中的 SO_2，脱硫率均在 97% 以上；当 10% 的电石渣浆液在 pH=4.5 时脱硫效果减弱，经过 30min 脱硫后浆液 pH=4.0，脱硫率最低为 96.54%，其他 pH 的 10% 电石渣浆液都能够有效地脱除模拟烟气中的 SO_2，脱硫率均在 98% 以上；15% 的电石渣浆液在 pH=4.5 时脱硫效果减弱，经过 30min 脱硫后浆液 pH=4.0，脱硫率最低为 93.87%，其他 pH 的 15% 电石渣浆液都能够有效地脱除模拟烟气中的 SO_2，脱硫率均在 97% 以上。

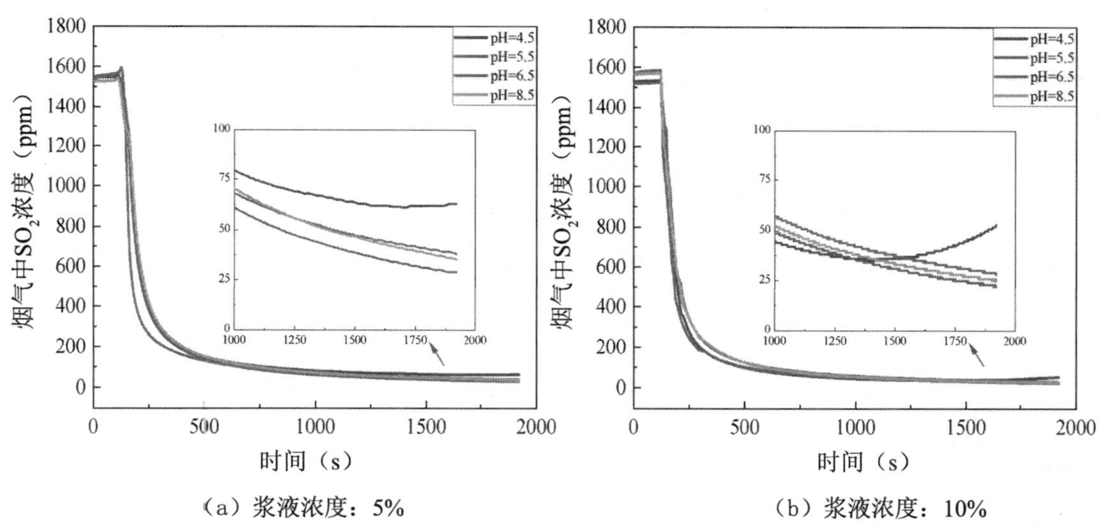

（a）浆液浓度：5%　　　　（b）浆液浓度：10%

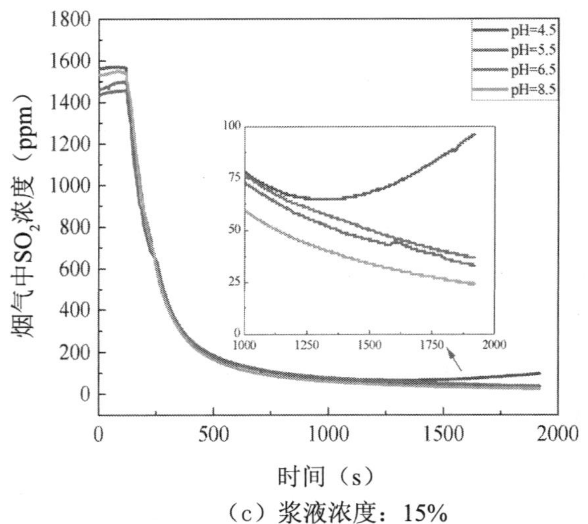

（c）浆液浓度：15%

图 13-1　不同浆液浓度、不同 pH 的电石渣浆液对烟气中 SO_2 脱除性能

Fig13-1　Performance of calcium carbide slag slurries with different slurry concentrations and different pH on SO_2 removal from flue gas

在 pH=4.5 的电石渣浆液中，浓度为 10% 的电石渣浆液在三种浆液浓度中脱硫率较高，这主要是由于 10% 的电石渣浆液在较低 pH 时浆液中未反应的 $Ca(OH)_2$、$CaCO_3$ 和杂质离子对 pH 影响较小，pH 变化较小，脱硫效果稳定。10% 的电石渣浆液密度为 1.12 ~ 1.14g/cm^3，经过调整能够适应现在的石灰石脱硫系统。

表 13-3　不同浆液浓度下 pH=4.5 时 SO_2 脱除率

Table13-3　SO_2 removal rate at pH=4.5 under different slurry concentrations

时间 浓度 脱硫率	5min	10min	15min	20min	25min	30min
5%	88.04%	93.21%	94.96%	95.67%	95.99%	95.93%
10%	92.05%	95.89%	97.13%	97.65%	97.52%	96.54%
15%	84.67%	92.72%	95.15%	95.85%	95.27%	93.87%

13.1.2　电石渣粒径对 SO_2 脱除性能影响

根据电石渣粒径的分布，本文选取了粒径 > 150μm、48 ~ 150μm 和 < 48μm 三种粒径的电石渣进行实验，研究电石渣粒径对 SO_2 脱除效率的影响规律。图 13-2 是上述三种粒径的电石渣浆液在不同 pH 下脱除烟气中 SO_2 过程中 SO_2 浓度的变化曲线；表 13-4 是根据图 13-2 计算得到的不同粒径电石渣在 pH=4.5 时 SO_2 脱除率。

由图 13-2 可知不同粒径电石渣浆液在较高 pH 时具有良好的脱硫效果，在较低 pH 时脱硫效果出现较大差异。当粒径 > 150μm 的电石渣浆液 pH=4.5 时脱硫效果减弱，经过 30min 脱硫后浆液 pH=3.9，且脱硫率为 88.69%，其他 pH 的电石渣浆液都能够有效地脱除模拟烟气中的 SO_2，脱硫率均大于 98%；粒径 48 ~ 150μm 的电石渣浆液 pH=4.5 时脱硫效果减弱，经过 30min 脱硫后浆液 pH=4.0，脱硫率为 95.45%，其他 pH 的电石渣浆液都能够有效地脱除模拟

烟气中的 SO_2，最高为 99.15%；粒径小于 48μm 的电石渣浆液 pH=4.5 时脱硫效果减弱，经过 30min 脱硫后浆液 pH=4.0，脱硫率为 91.65%，其他 pH 的电石渣浆液都能够有效地脱除模拟烟气中的 SO_2，最高为 98.71%。粒径 > 150μm、48 ~ 150μm 和 < 48μm 三种粒径的电石渣浆液在 pH=4.5 以上时，具备良好的脱硫效果。

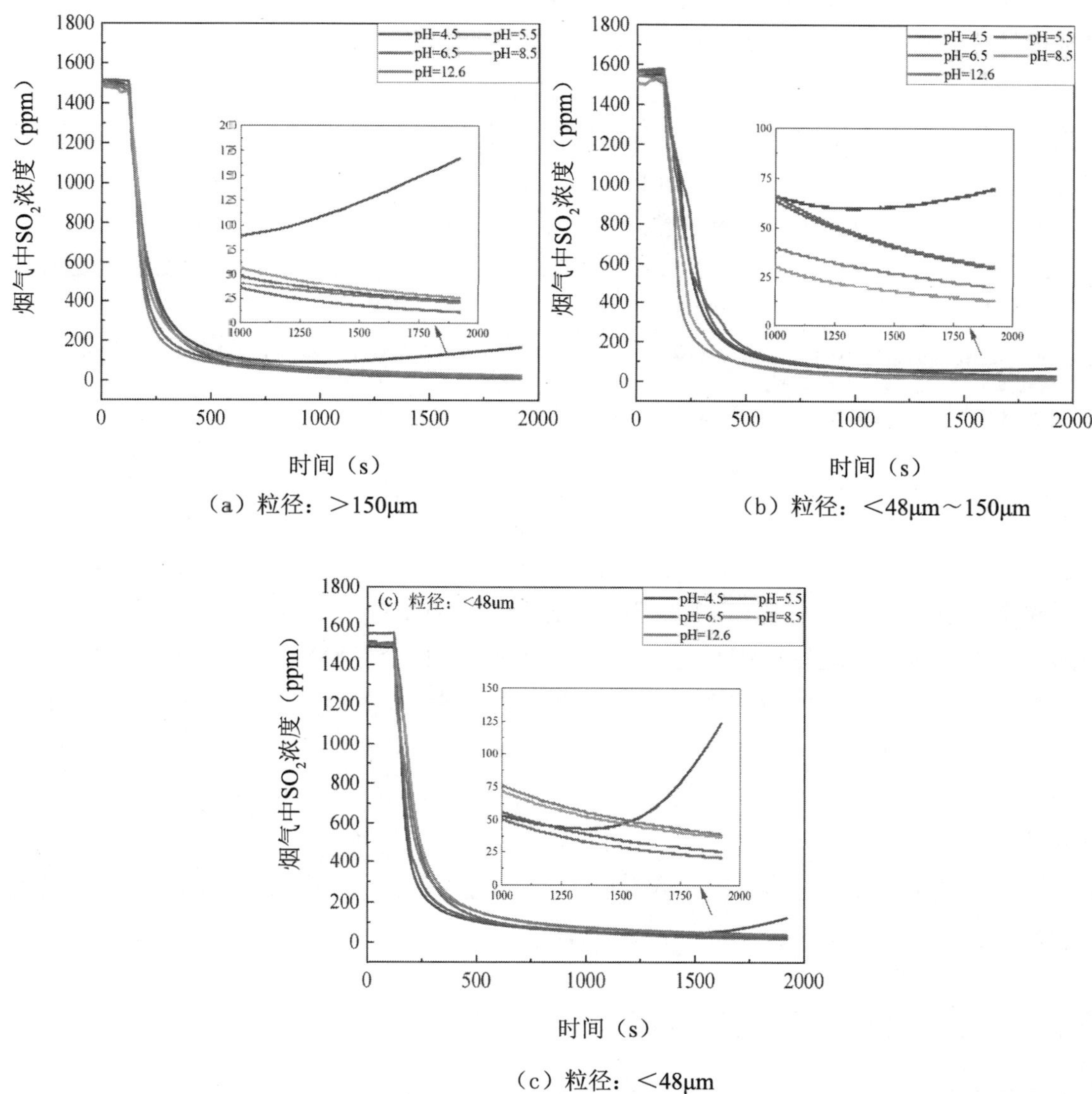

（a）粒径：＞150μm　　（b）粒径：＜48μm～150μm

（c）粒径：＜48μm

图 13-2　不同粒径、不同 pH 的电石渣浆液对烟气中 SO_2 脱除性能

Fig.13-2　Performance of calcium carbide slag slurries with different particle sizes and pH on SO_2 removal from flue gas

为进一步研究电石渣浆液在较低 pH 时浆液浓度对其脱硫效果的影响，对 pH=4.5 的粒径 > 150μm、48 ~ 150μm 和 < 48μm 的三种粒径的电石渣浆液脱硫过程进行分析。

表 13-4 结果显示，不同粒径的电石渣浆液在 pH=4.5 时，粒径 > 150μm、48 ~ 150μm 和 < 48μm 三种粒径的电石渣浆液反应 5min 后，脱硫率分别为 87.54%、87.86% 和 91.58%。

粒径 > 150μm 的浆液在 15min 后脱硫效果减弱，脱硫率为 93.94%，30min 时脱硫率下降为 88.69%，下降了 5.25%；粒径在 48 ~ 150μm 的电石渣浆液在 20min 后脱硫效果减弱，20min 时脱硫率为 96.17%，30min 时脱硫率为 95.45%，下降 0.72%；粒径 < 48μm 的电石渣浆液在 20min 后脱硫效果减弱，20min 时脱硫率为 97.04%，30min 时脱硫率为 91.65%，下降了 5.39%。

粒径 < 48μm 的电石渣浆液虽然在 pH=4.5 条件下初期脱硫率较高，但是在 25min 后脱硫率下降幅度较大，浆液 pH 缓冲性较差；粒径为 48 ~ 150μm 的电石渣浆液在 pH=4.5 时具有稳定的脱硫能力，反应 30min 后 pH 变化较小，且脱硫率下降幅度也较小。

通过以上分析，由于粒径为 48 ~ 150μm 的电石渣浆液可以在不同 pH 下稳定脱硫，因此建议在电石渣脱硫运行过程中选择粒径为 48 ~ 150μm 的电石渣。

表 13-4 电石渣不同粒径下 pH=4.5 时 SO_2 脱除率

Table13-4 SO_2 removal rate at pH = 4.5 under different particle sizes of calcium carbide slag

粒径	5min	10min	15min	20min	25min	30min
> 150μm	87.54%	93.33%	93.94%	92.79%	90.91%	88.69%
48 ~ 150μm	87.86%	94.29%	95.78%	96.17%	95.91%	95.45%
< 48μm	91.58%	95.08%	96.50%	97.04%	96.16%	91.65%

由于脱硫浆液浓度越高，单位体积内浆液中 OH^- 越多，越有利于吸收烟气中 SO_2，使用电石渣进行脱硫，首先需考虑浆液 pH 对电石渣溶解度的影响，电石渣浆液 pH 小于 4.5，浆液氧化率较高，但吸收 SO_2 的速率减缓。此外，电石渣比表面积会随粒径的减小而增大，小粒径电石渣有更为明显的物理和化学活动性，电石渣的溶解度增大，脱硫效率提升。电石渣粒径减小后其中所含杂质如 SiO_2、C、Fe_2O_3 等含量会下降。但由于筛选、研磨能耗大，因此从脱硫运行成本考虑，在保证脱硫系统稳定运行的前提下，选择合适粒径的电石渣即可，并不是电石渣粒径越小越经济。

综合以上分析可知，在电石渣浆液脱除 SO_2 过程中，建议选择浆液浓度为 10% 和粒径 48 ~ 150μm 的电石渣。

13.1.3 电石渣—脱硫石膏性能研究

目前在大多湿法脱硫工艺中，氧化阶段通常采用强制氧化的方式生产商业品质的脱硫石膏。在强制氧化过程中，首先向脱硫浆液中通入空气，使空气中的 O_2 将浆液池内的 SO_3^{2-} 和 HSO_3^- 氧化成 SO_4^{2-}，然后再通过脱水生成石膏。在石膏形成过程中，其结晶生长的特性是优先在籽晶上附着沉淀，由于籽晶大部分存在于浆液中，因此电石渣粒径和浆液浓度也会影响石膏性能。

13.1.3.1 电石渣浆液浓度对脱硫石膏性能的影响

脱硫石膏中 $CaSO_3$ 氧化程度是脱硫石膏是否能够高价值利用的重要指标之一。为研究电石渣浆液浓度对脱硫浆液氧化率的影响，对不同浓度的电石渣浆液在不同 pH 下（3.9、4.1、4.3、4.5 和 4.7）进行强制氧化，并对氧化后的浆液进行脱水和烘干，检测其矿物相组成、含水率和 Cl^-

含量，氧化结果如图 13-3 所示。

由图 13-3 可知，当 5% 电石渣浆液 pH=3.9 时，由于浆液脱硫能力较差，因此需将浆液移至氧化装置下，进行曝气氧化，经过 270min 后，浆液最终氧化率为 98.05%，5% 电石渣浆液在 pH=3.9 ~ 4.7 时，经过 300min 的氧化后，浆液氧化率均在 70% 以上；当 10% 电石渣浆液 pH=3.9 时，经过 270min 氧化后，浆液氧化率为 74.76%，10% 电石渣浆液 pH=3.9 ~ 4.5 的浆液氧化率较低，氧化率在 75% ~ 60% 之间，氧化 300min 后浆液 pH 均在 5.8 ~ 6.2 之间；当 15% 浆液 pH=3.9 时，经过 210min 的氧化后，浆液氧化率为 48.56%，15% 电石渣浆液 pH=3.9 ~ 4.5 的浆液氧化率较低，均在 50% 以下，浆液在氧化效果不变时，氧化后浆液 pH 均在 5.8 ~ 6.5。三种浓度的浆液均可在 240min 左右完成氧化；相同 pH 下，浆液浓度越高，氧化效果越差。相比于石灰石浆液，电石渣浆液在氧化过程中 pH 变化较大，主要原因是电石渣主要成分为 $Ca(OH)_2$，缓冲离子较少，浆液 pH 会受杂质离子和部分未反应的 $Ca(OH)_2$ 的影响而快速升高。

电石渣—石膏法脱硫时，因 $Ca(OH)_2$ 解离速度相对较快且在 pH 较低的浆液中溶解度较大，可以在较短时间内形成结晶；但由于有少量杂质未被除去，生长的晶体细小且不规则，导致石膏脱水困难。为了得到品质高、晶粒均匀、粒度大的石膏，浆液停留时间应适当延长，保证浆液吸收和氧化完全。在脱硫反应中，当浆液中 OH^- 含量增大时，会导致 SO_3^{2-} 溶解度下降，进而促使 $CaSO_3$ 形成软垢，不易电离出 SO_3^{2-}。根据石膏氧化反应机理，O_2 与 SO_3^{2-} 之间反应，因液相中缺少 SO_3^{2-}，$CaSO_3$ 难以氧化。电石渣脱硫浆液在氧化过程中，浆液 pH 上升是电石渣—石膏氧化率低的关键因素之一。

因浆液中杂质离子、pH 等因素的影响，SO_2 溶于水中会呈现不同形态的亚硫酸盐如 SO_3^{2-}、HSO_3^-、H_2SO_3 等。pH 大于 8 时，主要以 SO_3^{2-} 为主；pH 在 3.5 ~ 6.5 时，溶液中绝大部分为 HSO_3^-；pH 小于 3.5 时，SO_2 反应后大部分转化为 H_2SO_3。由此可见，浆液的 pH 不同时，SO_2 在溶液中的化学反应也不同。若浆液 pH 过高，SO_3^{2-} 与电石渣中的 Ca^{2+} 迅速反应，生成不溶于水的 $CaSO_3 \cdot (1/2)H_2O$，在脱硫过程中电石渣浆液的亚硫酸盐被氧化较少；如果 pH 太低，SO_2 主要以 H_2SO_3 形态存在，难以对 H_2SO_3 进行有效氧化。故在实际操作过程中，调节浆液 pH 时应同时考虑以上两个因素，建议电石渣氧化浆液 pH 控制在 4.1 左右，氧化石膏具有较好的品质且不影响脱硫效率。

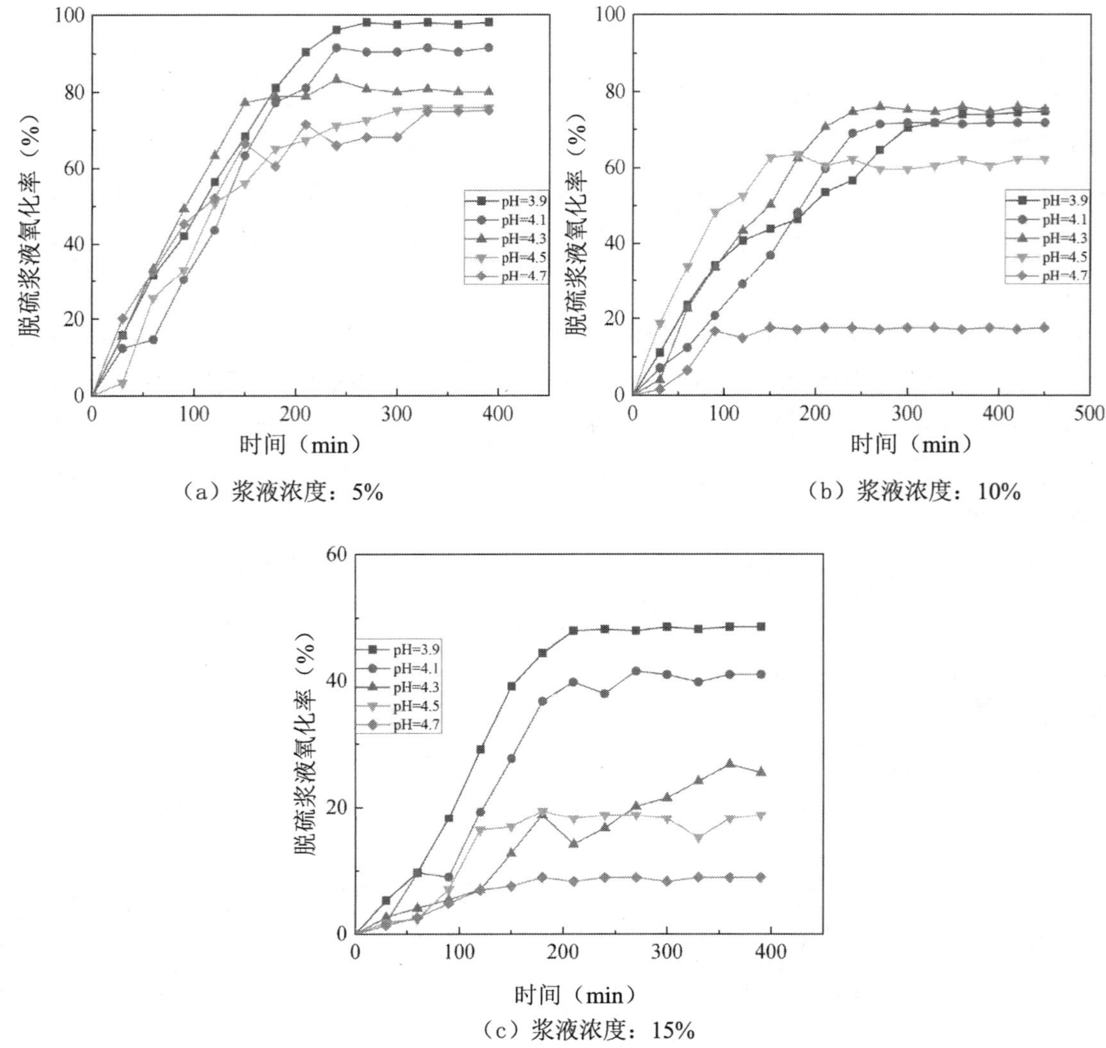

图 13-3 不同浆液浓度、不同 pH 下浆液氧化率随时间变化曲线

Fig.13-3 Variation of slurry oxidation rate with time under different slurry concentrations and pH

为探究电石渣—石膏在不同浆液浓度下 pH 对石膏的微观形貌的影响，使用扫描电镜（JSM-IT500HR，日本）对电石渣—石膏进行了 SEM-EDS 分析，结果如图 13-4、图 13-5 和图 13-6 所示，表 13-5、表 13-6 和表 13-7 分别为浆液浓度 5%、10% 和 15% 脱硫石膏的 EDS 分析结果。

石膏中二水硫酸钙的晶体结构有多种形态，是影响其脱水性能的重要因素之一。其中，柱状晶体因其良好的脱水特性而成为湿法烟气脱硫的理想晶型。通过图 13-4、图 13-5 和图 13-6 可以看出，晶体细小，而且大部分呈针状和片状结构，柱状晶体很少；另外，浆液 pH 越低，氧化结晶的数量越多；随着 pH 增大，晶体表面的附着物增加导致晶体无法生长变大，且晶体的形状变得不均匀，导致后期脱水困难。从能谱数据中看出晶体较多的石膏，含氧量较大，氧化程度高。浆液 pH 和浆液浓度对石膏晶体数量和大小有较大影响，pH 越高，晶体数量越少且晶体尺寸较小。因为在氧化设备中，搅拌速度较快，容易破坏晶体生长，从而不利于石膏晶体的形成，这也是一部分石膏晶体较小、晶型不规则的原因之一。

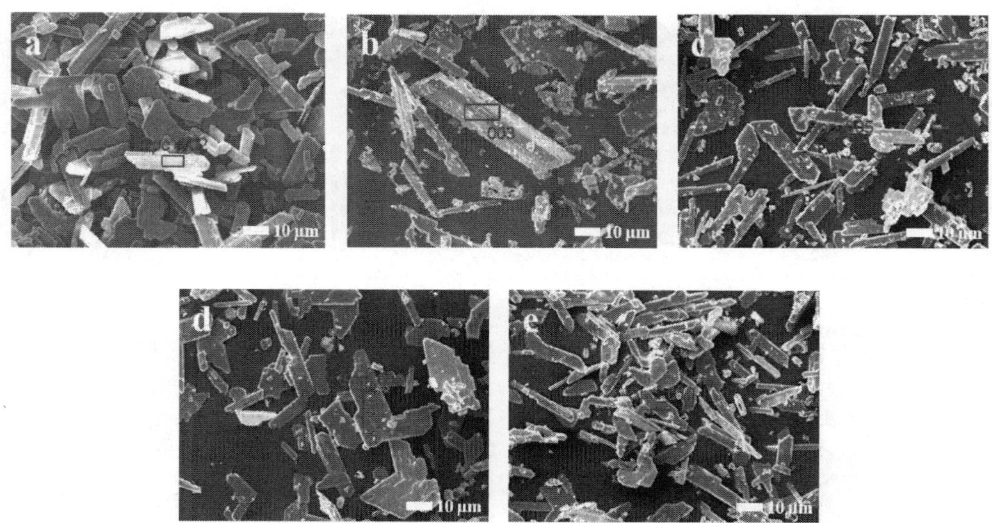

图 13-4　5% 浆液在不同 pH 时生成的脱硫石膏 SEM 图
（pH a. 3.9 b. 4.1 c. 4.3 d. 4.5 e. 4.7）
Fig.13-4　SEM of desulfurized gypsum when slurry concentration was 5% at different pH values
（pH value a. 3.9 b. 4.1 c. 4.3 d. 4.5 e. 4.7）

表 13-5　浆液浓度为 5% 时生成的脱硫石膏 EDS 分析结果
Table 13-5　The EDS results of desulfurization gypsum when Slurry concentration is 5%

pH	元素含量 /%				
	Ca	S	O	C	Ca/S
3.9	21.85	19.81	58.34	0	1.1
4.1	22.77	17.88	59.35	0	1.27
4.3	23.48	19.68	48.61	8.23	1.19
4.5	21.61	18.26	60.13	0	1.18
4.7	27.43	24.89	47.69	0	1.10

通过分析 5%、10% 和 15% 的电石渣—石膏晶体形貌，可以看出随着浆液浓度增大，氧化率降低，石膏晶体变小，且大部分石膏粒径小于 40μm，其中 10% 的石膏中粒径较大的石膏晶体较多，大量未被氧化的 $CaSO_3$ 分散在石膏晶体表面及周围；15% 的石膏中也观察到相同的现象，而且最为显著。能谱分析结果显示氧化率较高的石膏 O 含量较高，约为 50%，氧化率低的石膏 O 含量较低，在 20% ~ 36%。另外，扫描电镜—能谱图中可以明显地看见大量未被氧化的 $CaSO_3$ 分布在晶体周围，电石渣浆液浓度对电石渣氧化结晶影响较为明显，浆液浓度越高氧化率越差，晶体数量和石膏性能都相对较差，未被氧化的 $CaSO_3$ 也分布更散乱。另外，可以发现成型较好石膏晶体中 Al、Na、Si 等杂质含量较少，多数杂质沉积在浆液底部，有学者也指出脱硫浆液中存在的少量 Al^{3+}、Fe^{2+}、Mn^{2+} 等离子会影响结晶和晶体生长，可以通过物理手段，将浆液底部的杂质去除。

图 13-5　10% 浆液在不同 pH 时生成的脱硫石膏 SEM 图
(pH a. 3.9 b. 4.1 c. 4.3 d. 4.5 e. 4.7)
Fig.13-5　SEM of desulfurized gypsum when slurry concentration was when slurry concentration was 10% at different pH
(pH value a. 3.9 b. 4.1 c. 4.3 d. 4.5 e. 4.7)

表 13-6　浆液浓度为 10% 时生成的脱硫石膏 EDS 分析结果
Table 13-6　The EDS results of desulfurization gypsum when Slurry concentration is 10%

pH	元素含量（%）			
	Ca	S	O	Ca/S
3.9	22.11	18.83	59.06	1.17
4.1	19.52	17.14	63.33	1.14
4.3	25.32	22.60	52.08	1.12
4.5	27.49	20.99	51.52	1.30
4.7	32.14	25.91	41.94	1.24

通过能谱数据可以看出，电石渣—石膏的 Ca/S 比在 1.1 ~ 1.4 之间，大部分未超过 1.2，这主要是因为电石渣 pH 较高，且 $Ca(OH)_2$ 溶解度较高，电石渣浆液在脱硫过程中吸收 SO_2 速度较快，Ca^{2+} 利用率较高。另外，结果表明大部分石膏 Ca/S 越小时所对应的氧化率也越高，石膏品质也越好，随着浆液浓度增加，10% 与 15% 浆液浓度下所生成的石膏的 Ca/S 超过 1.2 的数量也增多。根据 $Ca(OH)_2+SO_2=CaSO_3+H_2O$ 反应式，在理想状态下 Ca/S 为 1 ∶ 1，这表明浆液浓度为 5% 时 Ca 利用率要高于 10% 和 15% 的浆液，浆液中 Ca^{2+} 含量越高，脱硫剂的使用量越少；15% 的浆液中 Ca/S 比最大，Ca 未能充分反应，不仅增加了电石渣用量而且还降低了副产品石膏的经济价值。

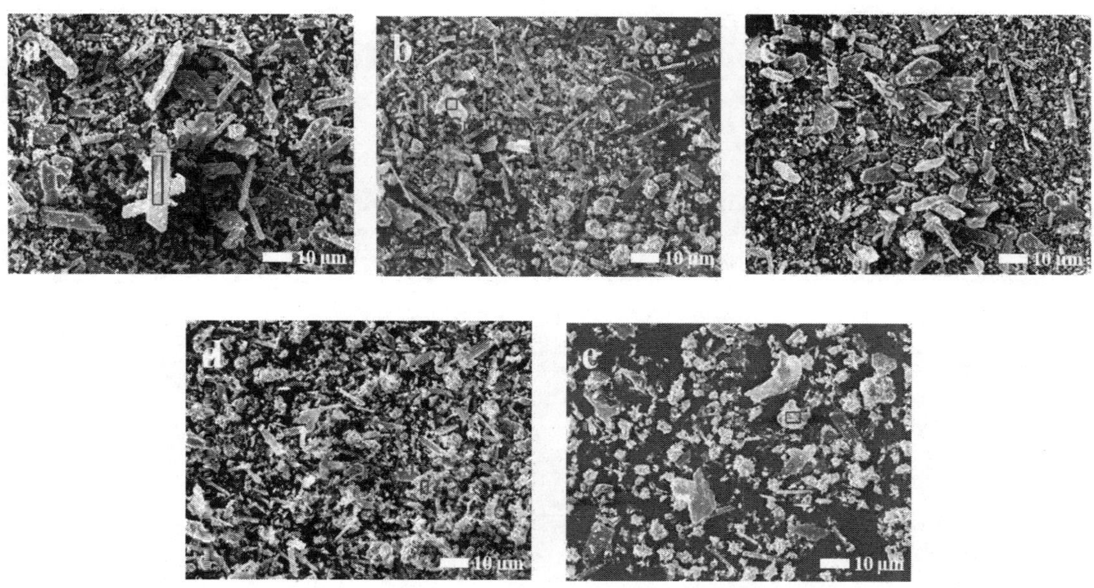

图 13-6　15% 浆液在不同 pH 下生成的脱硫石膏 SEM 图
（pH a．3.9 b．4.1 c．4.3 d．4.5 e．4.7）
Fig.13-6　SEM of desulfurized gypsum when slurry concentration was10% at different pH values
（pH value a．3.9 b．4.1 c．4.3 d．4.5 e．4.7）

表 13-7　浆液浓度为 15% 时生成的脱硫石膏 EDS 分析结果
Table 13-7　The EDS results of desulfurization gypsum when Slurry concentration is 15%

pH	元素含量（%）			
	Ca	S	O	Ca/S
3.9	21.87	19.05	59.09	1.15
4.1	20.69	16.26	63.05	1.27
4.3	30.82	22.12	47.06	1.39
4.5	35.59	28.43	35.99	1.25
4.7	35.26	28.80	35.94	1.22

为了考察浆液浓度和 pH 对氧化石膏物相的影响，对不同浓度浆液在不同 pH 下反应后生成的电石渣—石膏进行了 XRD 矿相成分分析，结果如图 13-7 所示。

从图 13-7 可以看出 5% 和 10% 的浆液浓度条件下脱硫石膏中 $CaSO_4 \cdot 2H_2O$ 的峰最强，$CaSO_3 \cdot (1/2) H_2O$ 的峰较弱，在 15% 浆液浓度中的 $CaSO_3 \cdot (1/2) H_2O$ 峰明显变强。

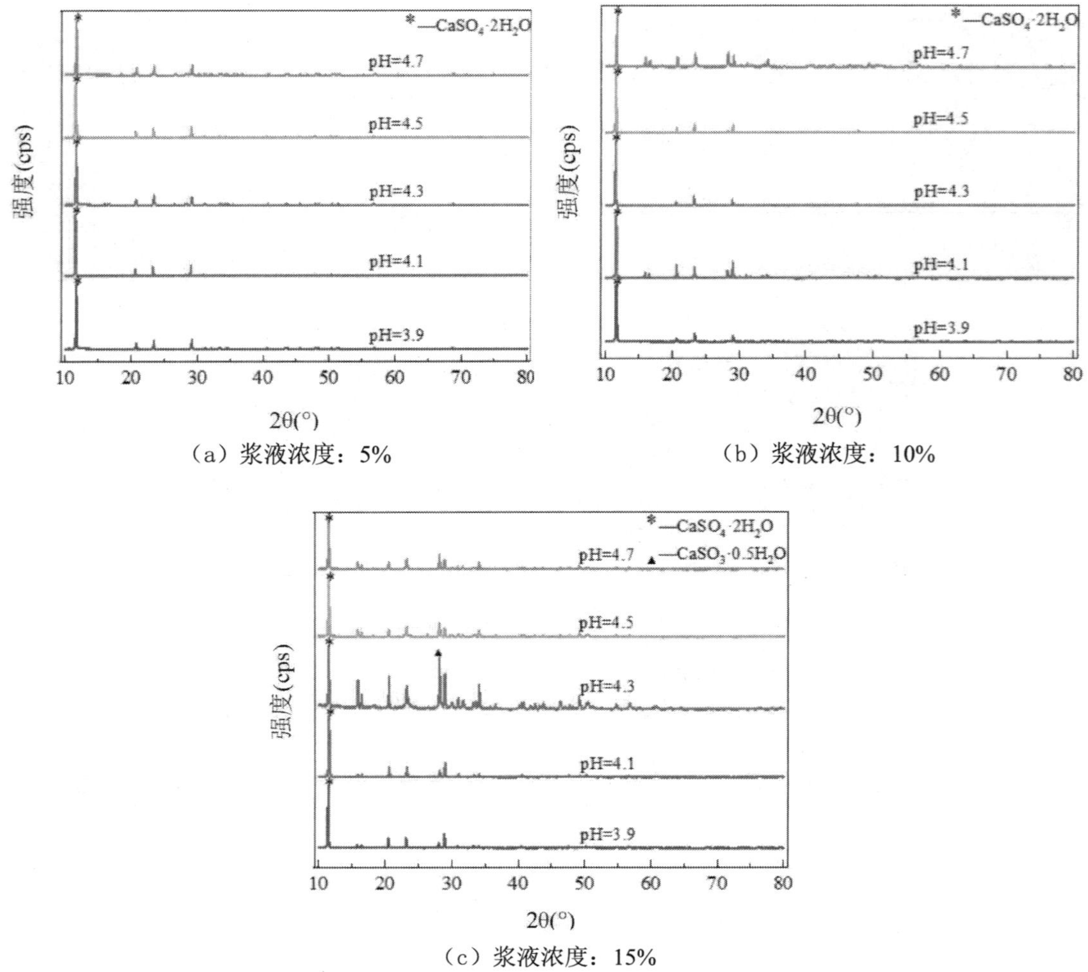

图 13-7　不同浆液浓度、不同 pH 下脱硫石膏的 XRD

Fig.13-7　XRD of desulfurized gypsum under different slurry concentrations and different pH

通过分析脱硫浆液中 $CaSO_3$ 的氧化情况可知，石膏中 $CaSO_4$ 含量较高。$CaSO_4·2H_2O$ 晶体呈短柱状，在浆液中易于长大，易于脱水；而 $CaSO_3$·（1/2）H_2O 易碎、难长大、粒径小，黏性大，不易过滤。

脱硫工艺对石膏品质有很大的影响，脱硫浆液脱水后石膏的含水率决定石膏副产品价值。图 13-8 为不同浆液浓度、不同 pH 下脱硫石膏含水率。结果显示浆液浓度为 5% 在 pH 分别为 3.9、4.1、4.3、4.5 和 4.7 时，所生成的脱硫石膏含水率分别为 30.26%、30.52%、31.04%、25.73%、40.14%。浆液浓度为 10% 时，不同 pH 下相应脱硫石膏含水率分别为 20.56%、32.35%、34.40%、42.71%、50.38%；浆液浓度为 15% 时，相应脱硫石膏含水率分别为 35.11%、36.66%、41.23%、42.02%、40.96%。石膏中亚硫酸钙含量高，造成石膏不易脱水，石膏含水率偏大。由此可见，脱硫浆液的 pH 越高，脱硫石膏的含水率越高，而 pH 越高氧化率却越低，这也间接证明了氧化率与含水率成反比。另外，5% 和 10% 的石膏含水率在较低 pH 时，数值较为接近。5% 浆液在 pH=4.5 时所生成的脱硫石膏含水率最低，为 25.73%；10% 浆液在 pH=3.9 时所生成脱硫石膏的含水率最低，为 20.56%；而 15% 浆液在 pH=3.9 时相应石膏的含水率为 35.11%。

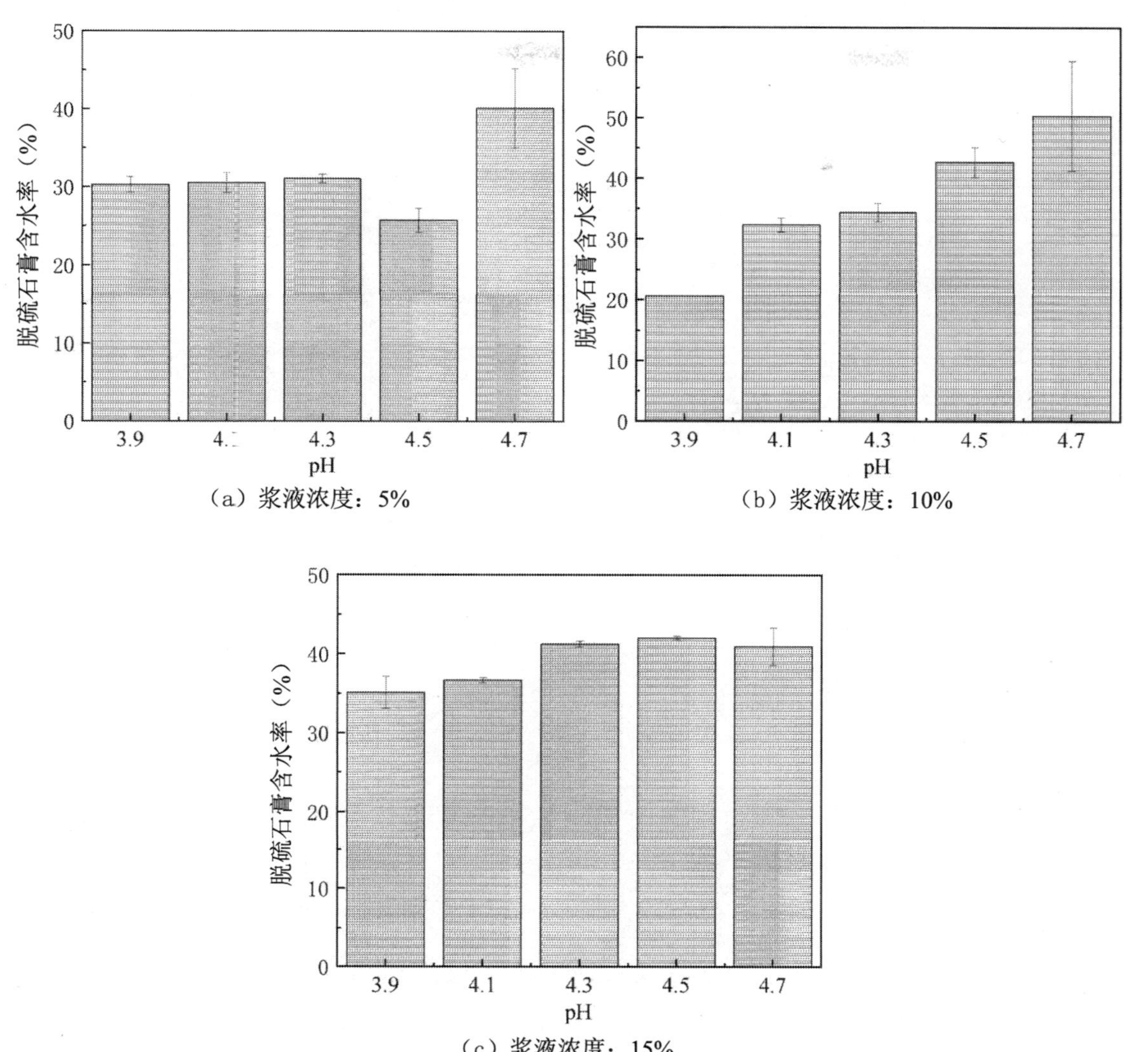

（a）浆液浓度：5%

（b）浆液浓度：10%

（c）浆液浓度：15%

图 13-8　不同浆液浓度、不同 pH 下脱硫石膏含水率

Fig.13-8　Moisture content of desulfurized gypsum under different slurry concentrations and different pH value

电石渣脱硫工艺由于其含有大量 Cl^-，对石膏品质有很大的影响，脱硫石膏的 Cl^- 含量直接影响其后续利用。图 13-9 是不同浓度浆液生成的石膏中的氯离子含量。结果显示，在不同浆液浓度下 Cl^- 含量均较高，浆液浓度 15% 且 pH=4.3，Cl^- 浓度最低，为 296.25mg/kg；浆液浓度 10% 且 pH=4.1，Cl^- 浓度最高，为 1242.13mg/kg。因为 Cl^- 易与 Ca^{2+} 形成氯化钙，而氯化钙具有较强的吸湿能力，因此 Cl^- 含量越高石膏越不容易脱水。由于浆液中 Cl^- 含量较低，因此建议采用普通除 Cl^- 设备对氧化浆液进行除 Cl^-，可以保证氧化石膏中 Cl^- 含量降到到达标值以下。

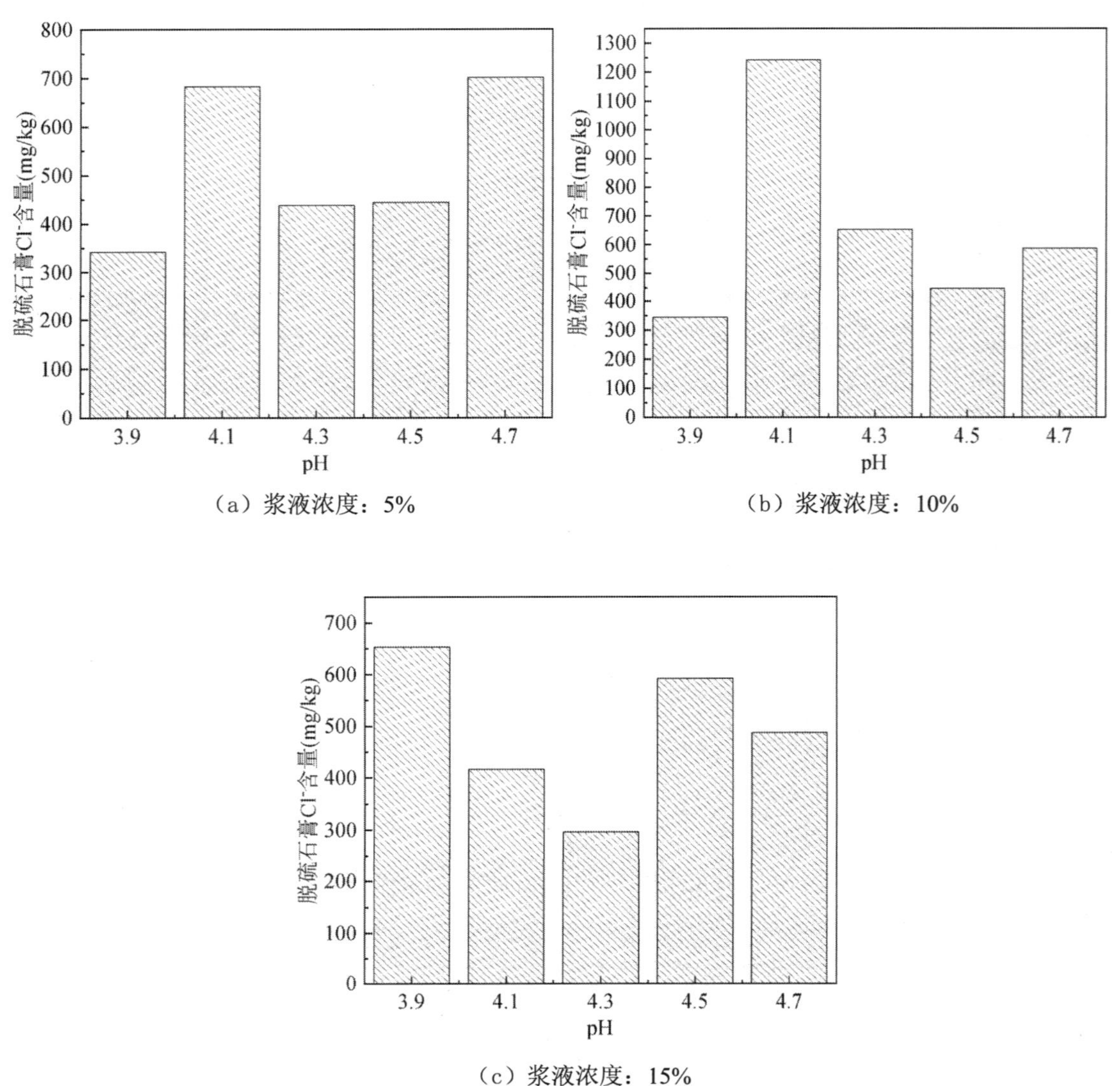

（a）浆液浓度：5%

（b）浆液浓度：10%

（c）浆液浓度：15%

图 13-9　不同浆液浓度、不同 pH 下脱硫石膏 Cl^- 含量

Fig.13-9　Cl^- content of desulfurized gypsum under different slurry concentrations and different pH

13.1.3.2　电石渣粒径对脱硫石膏性能的影响

为了研究电石渣粒径对脱硫浆液氧化率的影响，对粒径＞150μm、48 ~ 150μm 和＜48μm、pH 在 3.9 ~ 4.7 的电石渣浆液进行氧化，并对氧化后的浆液进行脱水和烘干，检测其物相组成、含水率和 Cl^- 含量，结果如图 13-10 所示。

从图 13-10 可以得知，当粒径＞150μm 的电石渣脱硫浆液 pH=3.9 时，浆液脱硫能力较差，需将浆液移至氧化装置下，进行曝气氧化，经过 180min 后，浆液氧化率为 77.90%，但相同时间下 pH=4.1 ~ 4.7 时浆液的氧化率均低于 50%。粒径＞150μm 的浆液氧化时间较短，除 pH=4.3 的浆液氧化 240min 后，氧化率提升较低外，其他 pH 的浆液在 180min 基本完成氧化，氧化完成后的浆液 pH 在 5.8 ~ 6.5 之间。

粒径为 48 ~ 150μm 的脱硫浆液在 pH=3.9 时，氧化 450min 后，浆液氧化率为 81.67%；pH=3.9 ~ 4.5 时粒径为 48 ~ 150μm 的脱硫浆液氧化率均高于粒径＞150μm 和粒径＜48μm 浆液的氧化率，但当 pH 为 3.9 ~ 4.5 时的氧化时间长于其他两种粒径。粒径为 48 ~ 150μm 的脱硫浆液在 pH=3.9 ~ 4.5 时氧化时间较长，完全氧化需要 240min 至 450min，氧化率高但是氧化效率较低，氧化完成后的浆液 pH 在 6.0 ~ 6.5 之间。

当粒径 < 48μm 脱硫浆液 pH=3.9 时，浆液氧化率为 78.65%，pH=4.0 ~ 4.7 氧化率较差，氧化率均低于 50%。pH=3.9 的浆液在 390min 后氧化速率降低。其他浆液在 210min 内完成氧化。粒径为 48 ~ 150μm 脱硫浆液和粒径 < 48μm 脱硫浆液氧化时间较长，氧化完成后的浆液 pH 在 5.8 ~ 6.5 之间。

三种粒径的电石渣脱硫浆液在不同 pH 下，氧化率差别较大。除粒径 48 ~ 150μm 脱硫浆液在 pH=3.9 ~ 4.3 脱硫率在 60% ~ 80%，其他两种粒径浆液氧化率均低于 50%（pH=3.9 浆液氧化率除外）。

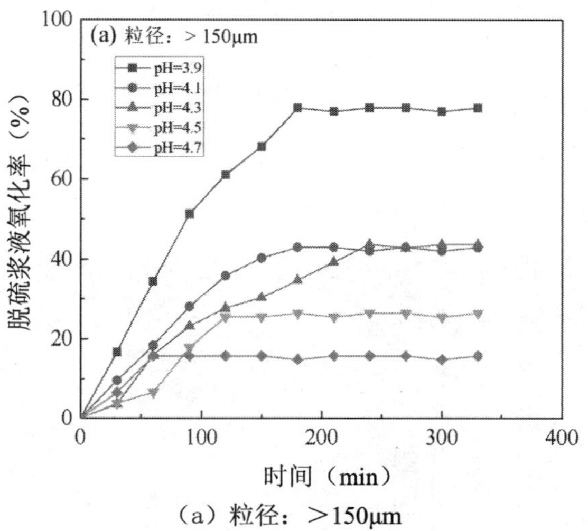

（a）粒径：>150μm

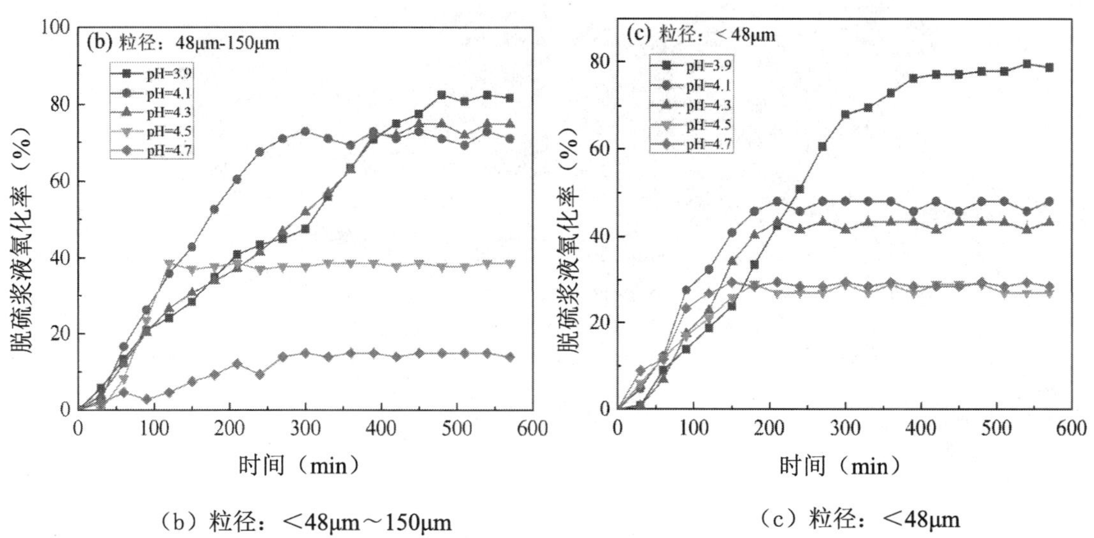

（b）粒径：<48μm～150μm　　（c）粒径：<48μm

图 13-10　不同粒径、不同 pH 下浆液氧化率随时间变化曲线

Fig.13-10　Variation curve of slurry oxidation rate with time under different particle sizes and different pH

为探究电石渣粒径对电石渣—石膏微观形貌的影响，对电石渣—石膏进行了 SEM-EDS

分析，结果如图 13-11 ~ 图 13-13、表 13-8 ~ 表 13-10 所示。粒径 > 150μm 的浆液在 pH=4.3 ~ 4.7 时生成的石膏中出现大量不规则且粒径较大的 $CaSO_3$，$CaSO_4 \cdot 2H_2O$ 结晶较少，而且 Ca/S 均在 1.2 以上，氧化效果差。pH=3.9 的石膏，结晶量较多，但是晶型较差，pH=3.9 时所得石膏多为薄片状，pH=4.1 时生成的石膏多为针状，且有大量未被氧化的 $CaSO_3$ 分布在晶体周围。图中结果显示，粒径在 48 ~ 150μm 且 pH=3.9 时所生成的石膏晶体较大较长，而且存在少量不规则的 $CaSO_3$，部分石膏仍以细针状结晶的 $CaSO_4 \cdot 2H_2O$ 为主，石膏的晶体大小均匀，Ca/S 均在 1.2 左右，Ca 利用率较高。在粒径 < 48μm 的电石渣—石膏能谱图中发现少量碳，电石工艺中碳较少，通过前期筛分，部分电石工艺中残留的碳主要分布在粒径 < 48μm 的电石渣中。从图中可以发现，除 pH=4.7 中出现大量的 $CaSO_3$ 外，其他 pH 的石膏中 $CaSO_4 \cdot 2H_2O$ 含量较多，Ca/S 较高。粒径 < 48μm 石膏，pH=3.9 的石膏中仍以针状结晶为主，粒径 < 48μm 浆液中反应物，比表面积大，氧化反应快，$CaSO_3$ 迅速生成 $CaSO_4 \cdot 2H_2O$，晶体不能附着生长，使得晶体尺寸较小。

从图中还可以看出，晶体大部分呈针状和片状结构，晶体细小，而且浆液 pH 越低，氧化结晶的数量越多。粒径 > 150μm 的电石渣—石膏出现较多的不规则的 $CaSO_3$，粒径 48 ~ 150μm 和 < 48μm 的电石渣—石膏结晶量较多，粒径 48 ~ 150μm 的石膏结晶最好。

图 13-11　粒径 > 150μm 的浆液在不同 pH 下生成的脱硫石膏 SEM 图
（pH a. 3.9 b. 4.1 c. 4.3 d. 4.5 e. 4.7）
Fig.13-11　SEM of desulfurized gypsum from slurry when carbide slag size was greater than 150μm（pH value a. 3.9 b. 4.1 c. 4.3 d. 4.5 e. 4.7）

表 13-8　粒径 > 150μm 电石渣浆液在不同 pH 下所生成的脱硫石膏 EDS 分析结果
Table13-8　The EDS results of desulfurization gypsum when particle size is greater than 150μm

pH	元素含量（%）				
	Ca	S	O	C	Ca/S
3.9	24.60	20.02	55.38	0	1.23
4.1	24.83	17.05	54.47	3.65	1.45
4.3	30.85	22.48	46.67	0	1.37
4.5	28.81	20.34	50.85	0	1.42
4.7	31.84	24.77	43.39	0	1.29

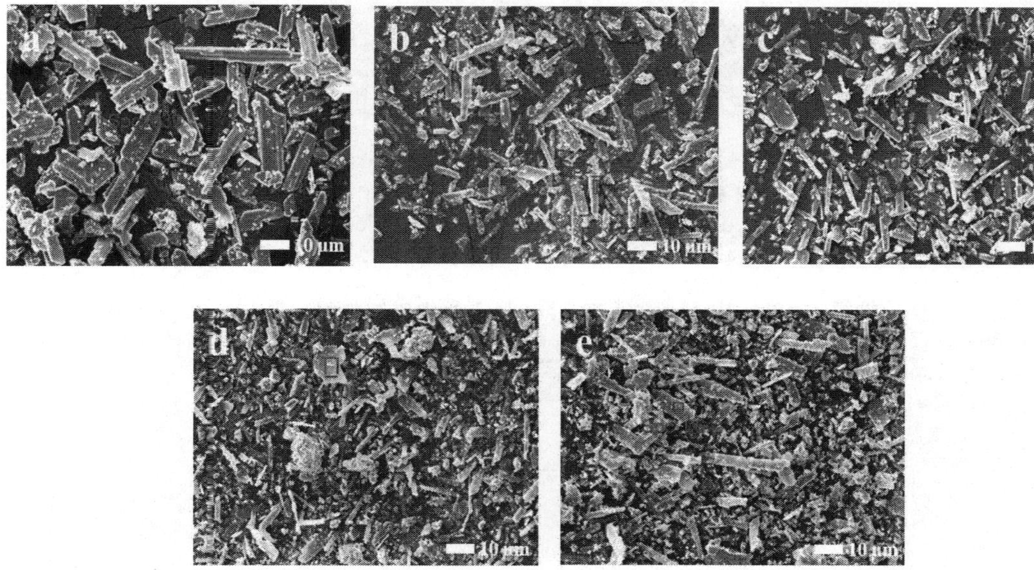

图 13-12　粒径 48 ~ 150μm 的浆液在不同 pH 下生成的脱硫石膏 SEM 图
（pH a. 3.9 b. 4.1 c. 4.3 d. 4.5 e. 4.7）
Fig.13-12　SEM of desulfurized gypsum from slurry when carbide slag particle size was size 48 ~ 150μm at different pH value
（pH value a. 3.9 b. 4.1 c. 4.3 d. 4.5 e. 4.7）

表 13-9　粒径为 48 ~ 150μm 电石渣浆液在不同 pH 下所生成的脱硫石膏 EDS 分析结果
Table13-9　The EDS results of desulfurization gypsum when the particle size is between 48 ~ 150μm

pH	元素含量（%）			
	Ca	S	O	Ca/S
3.9	22.57	18.68	58.75	1.21
4.1	19.45	17.23	63.32	1.13
4.3	22.91	17.88	59.21	1.28
4.5	22.85	18.20	58.95	1.26
4.7	25.31	20.15	54.54	1.26

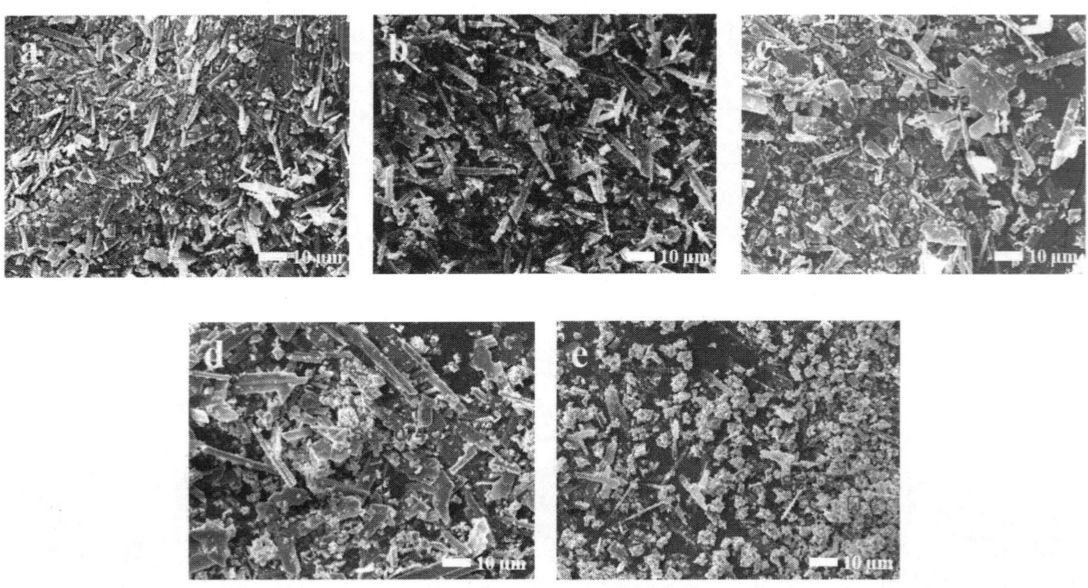

图 13-13　粒径 < 48μm 的浆液在不同 pH 下生成的脱硫石膏 SEM 图
（pH a. 3.9 b. 4.1 c. 4.3 d. 4.5 e. 4.7）
Fig.13-13　SEM of desulfurized gypsum from slurry when carbide slag size is sp less than 48μm
（pH value a.3.9 b. 4.1 c. 4.3 d. 4.5 e. 4.7）

表 13-10　粒径 < 48μm 电石渣浆液在不同 pH 下所生成的脱硫石膏 EDS 分析结果
Table13-10　The EDS results of desulfurization gypsum when the particle size is less than 48μm

pH	元素含量（%）				
	Ca	S	O	C	Ca/S
3.9	22.45	17.65	55.18	4.72	1.27
4.1	22.55	15.59	50.14	11.72	1.45
4.3	26.47	20.52	53.01	0	1.29
4.5	23.78	20.40	55.82	0	1.17
4.7	33.52	23.03	43.45	0	1.46

为了考察电石渣粒径对生成的氧化石膏物相的影响，对不同粒径的电石渣—石膏进行了XRD 矿相成分分析，结果如图 13-14 所示。

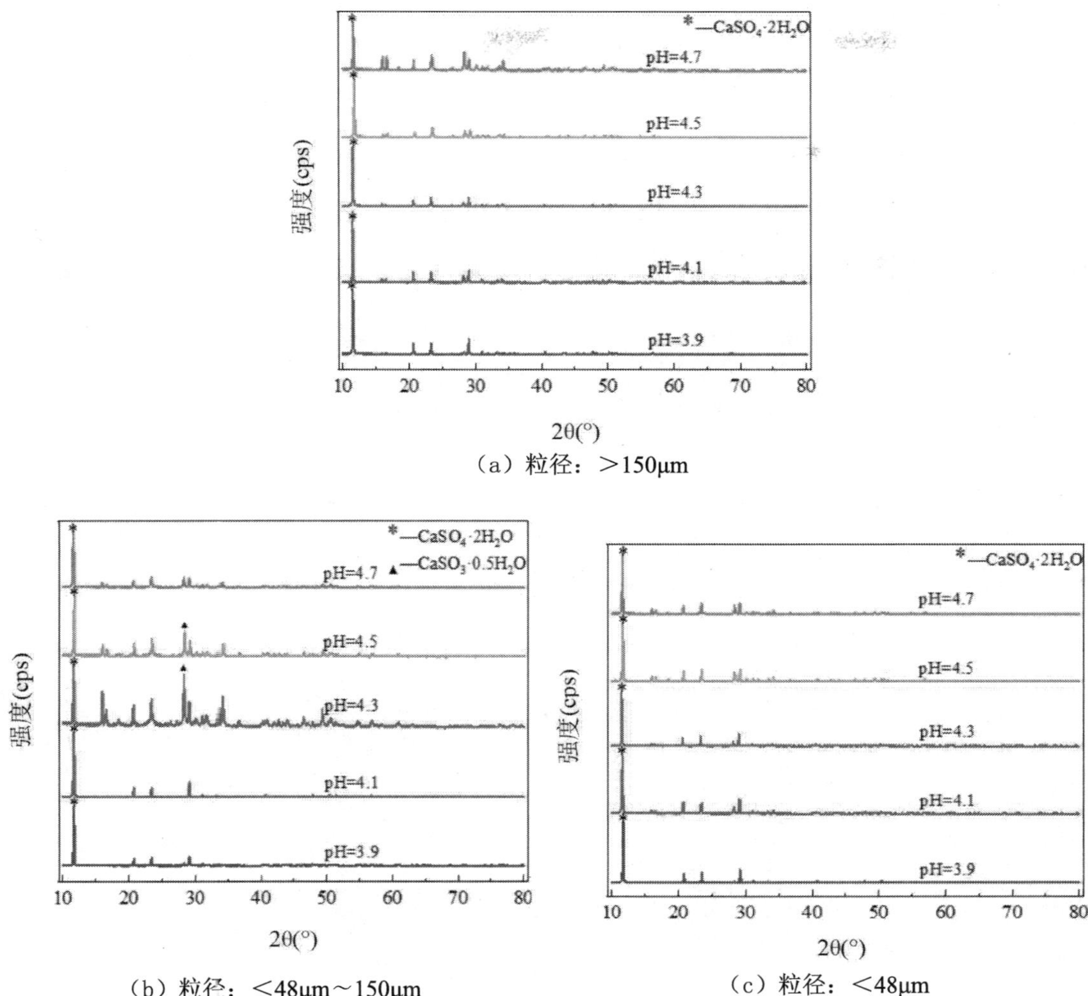

（a）粒径：＞150μm

（b）粒径：＜48μm～150μm

（c）粒径：＜48μm

图 13-14　不同粒径、不同 pH 下脱硫石膏的 XRD

Fig.13-14　XRD of gypsum with different particle sizes of carbide slag

从图 13-14 中可以看出，粒径 > 150μm 和 < 48μm 的浆液所生成的脱硫石膏中 $CaSO_4 \cdot 2H_2O$ 峰较强，$CaSO_3 \cdot (1/2) H_2O$ 的峰较弱；48 ~ 150μm 浆液在 pH=4.3 和 pH=4.5 时生成的 $CaSO_3 \cdot (1/2) H_2O$ 峰变强，其他 pH 下石膏的 $CaSO_4 \cdot 2H_2O$ 峰值强，结晶较好。

图 13-15 为不同粒径、不同 pH 下脱硫石膏含水率。从图 13-15 中可以看出，当粒径 > 150μm 的石膏 pH 为 3.9、4.1、4.3、4.5 和 4.7 时，脱硫石膏含水率分别为 36.13%、39.66%、32.29%、47.21%、44.37%，含水率差最大为 12.08%；粒径在 48 ~ 150μm 时，脱硫石膏含水率分别为 34.21%、34.37%、40.73%、43.60%、41.39%，含水率差最大为 9.39%；当粒径 < 48μm 时，脱硫石膏含水率分别为 28.60%、38.60%、40.56%、40.75%、48.30%，含水率差最大为 19.7%。pH=3.9 时，粒径 < 48μm 的石膏含水率最低，pH=4.7 时粒径 < 48μm 的石膏含水率最高；研究结果还显示，粒径越小，粒径比表面积越大，粒径对含水率的影响越大。

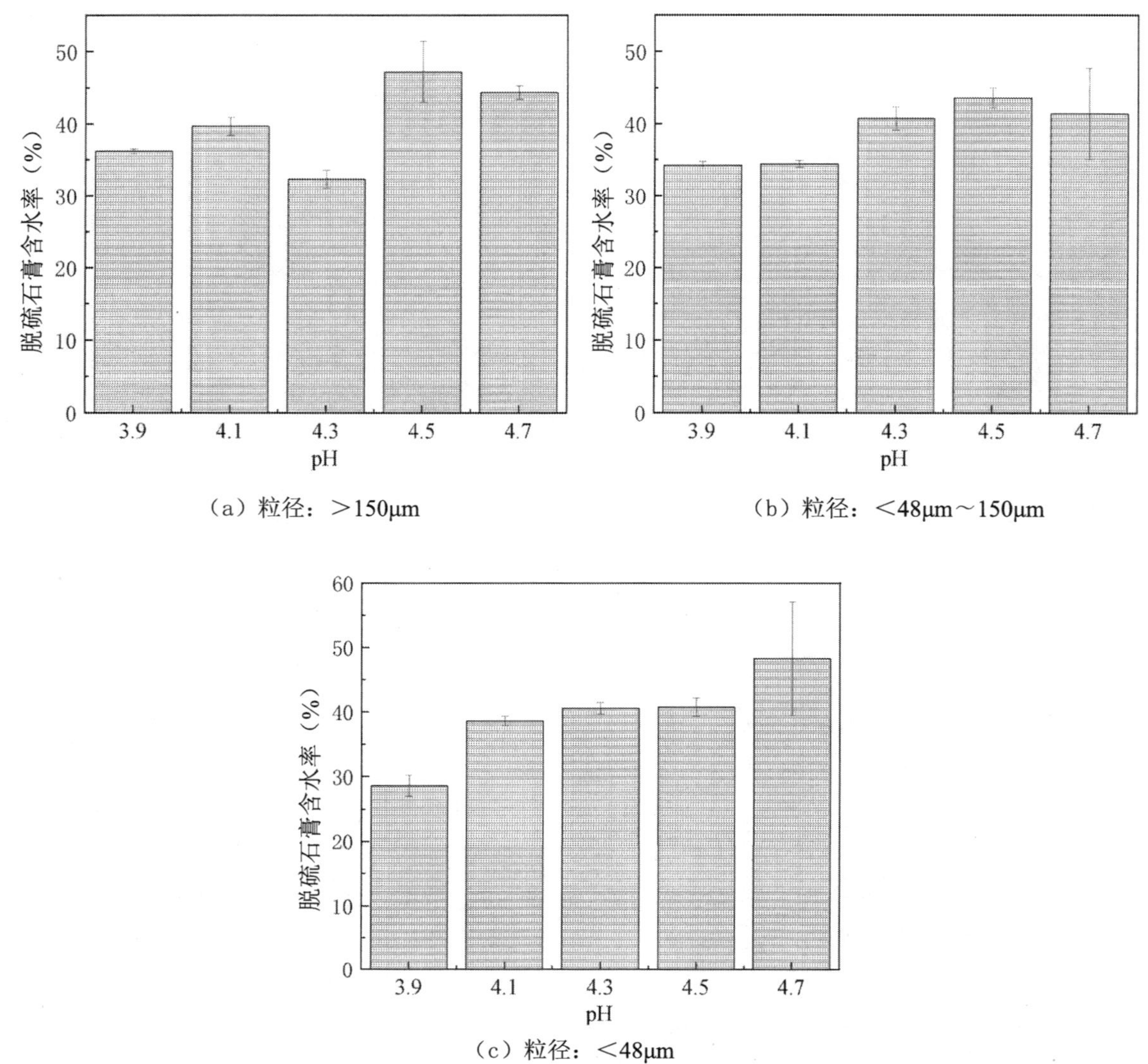

图 13-15　不同粒径、不同 pH 下脱硫石膏含水率

Fig.13-15　Moisture content of desulfurized gypsum under different particle sizes and different pH

图 13-16 是电石渣粒径对氧化石膏 Cl^- 含量在不同 pH 下的影响。由图 13-16 可知，在不同浆液浓度条件下 Cl^- 含量均较高，最低为粒径 < 48μm 石膏 pH=4.3，Cl^- 浓度为 479.36mg/kg；最大为粒径 48 ~ 150μm 石膏 pH=4.7，Cl^- 浓度为 1923.68mg/kg。在同一 pH 下，粒径 48 ~ 150μm 的石膏 Cl^- 均高于其他粒径的石膏，Cl^- 附着的物质主要粒径在 48 ~ 150μm 之间。

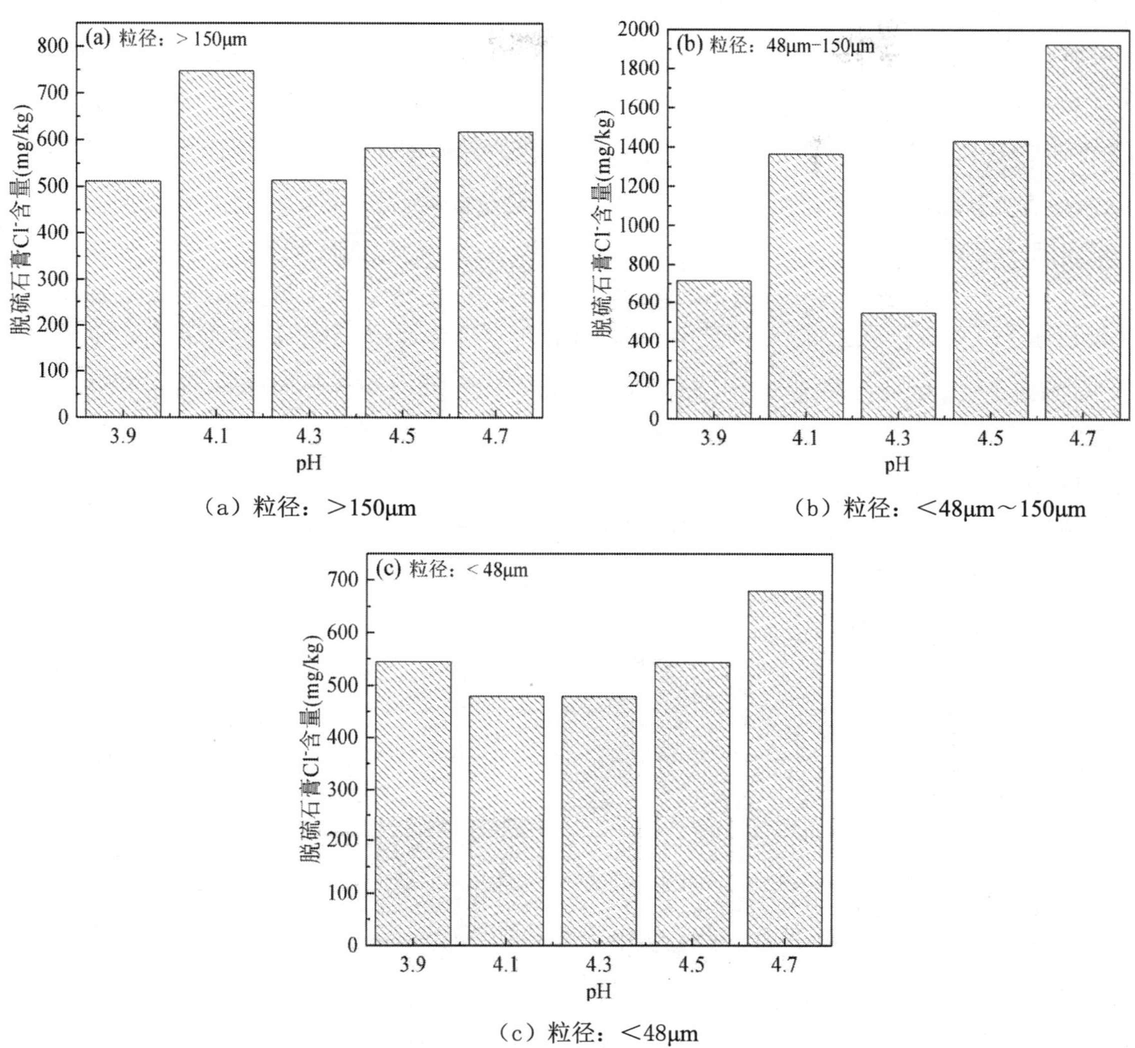

（a）粒径：＞150μm　　（b）粒径：＜48μm～150μm

（c）粒径：＜48μm

图 13-16　不同粒径、不同 pH 下脱硫石膏 Cl^- 含量

Fig.13-16　Cl^- content of desulfurized gypsum under different particle sizes and different pH

13.2　石灰石和电石渣混合浆液对 SO_2 的脱除性能研究

现有的石灰石湿法脱硫工艺通过调节浆液参数能够满足烟气出口 SO_2 浓度达到超低排放标准 35mg/m^3。如果能减少脱硫系统浆液供浆量，则可以进一步降低能耗。石灰石中掺混高 Ca 的电石渣，可提高脱硫浆液品质，中和电石渣 pH 缓冲性能，进而减少循环浆液量。本章通过掺混不同比例的电石渣到石灰石浆液中，进行脱硫实验，探究电石渣和石灰石混合浆液对 SO_2 的脱除性能及其对烟气中 CO_2 排放特性的影响规律，并提出优化的电石渣和石灰石掺混方案。旨在明晰电石渣和石灰石不同掺混比下脱硫烟气中 SO_2 的释放规律，为电石渣和石灰石混合浆液在电厂脱硫系统中的利用提供基础数据和理论依据。

13.2.1 石灰石和电石渣混合浆液对 SO_2 的脱除性能研究

为研究石灰石和电石渣在不同掺混比例下混合浆液对烟气中 SO_2 的脱除效果影响，考察了石灰石和电石渣混合比例分别为 7 ∶ 3、1 ∶ 1 和 3 ∶ 7 时烟气中 SO_2 的浓度变化情况，结果如图 13-17 所示，其中图（a）、（b）和（c）中石灰石和电石渣掺混比分别为 7 ∶ 3、1 ∶ 1 和 3 ∶ 7。表 13-11 是根据图 13-17 数据计算的相应条件下的脱硫率。

研究结果表明，对于 7 ∶ 3、1 ∶ 1 和 3 ∶ 7 这三种比例的混合浆液，随反应时间延长，烟气中 SO_2 浓度迅速降低，而且浆液 pH 越高，烟气中 SO_2 浓度降低越明显。石灰石和电石渣掺混比例为 7 ∶ 3 在 pH 为 4.5、5.5、6.5、8.5 和 12.4 的混合浆液脱硫 300s 后，模拟烟气中 SO_2 浓度迅速由 1500ppm 分别降低至 217ppm、612ppm、136ppm、100ppm 和 104ppm。浆液 pH 为 4.5 时，掺混比例为 7 ∶ 3 的混合浆液反应时间为 5min、10min、15min、20min、25min 和 30min 时相应的脱硫率分别为 86.08%、85.63%、80.89%、74.21%、65.81% 和 59.08%；相同 pH 下，掺混比例为 1 ∶ 1 的混合浆液在相同反应时间对应的脱硫率分别为 85.61%、85.21%、81.52%、78.28%、75.64% 和 72.94%；而掺混比例为 3 ∶ 7 的混合浆液在相应反应时间的脱硫率则分别为 83.73%、89.33%、91.22%、92.32%、92.97% 和 93.17%。石灰石和电石渣掺混比例为 7 ∶ 3 的浆液反应时间从 5min 延长到 30min 后脱硫率下降了 27%；掺混比例为 1 ∶ 1 的浆液在该时间段内脱硫率下降了 12.67%。另外，表 13-11 结果还表明，15min 后石灰石和电石渣掺混比为 7 ∶ 3 的浆液脱硫率比 1 ∶ 1 的浆液脱硫率低。此外，研究结果显示，反应时间为 5min 时，石灰石和电石渣混合比例为 7 ∶ 3 时脱硫率明显高于混合比例为 1 ∶ 1 和 3 ∶ 7 的浆液；而当反应时间延长至 10min 之后，则是 3 ∶ 7 的混合浆液脱硫率最高，而且掺混比为 3 ∶ 7 的浆液随时间延长脱硫率持续升高，在 30min 时脱硫率最高，为 93.17%。

综合以上分析可知，电石渣和石灰石混合浆液在脱硫过程中，相同 pH 条件下，电石渣含量越高吸收烟气中 SO_2 的能力越强，脱硫率越高。另外，相同掺混比例下，浆液 pH 越高，SO_2 的吸附能力越强，脱硫率越高。在实际运行过程中，选择石灰石和电石渣的掺混比例为 3 ∶ 7，在较低 pH 时能够保证脱硫效果。

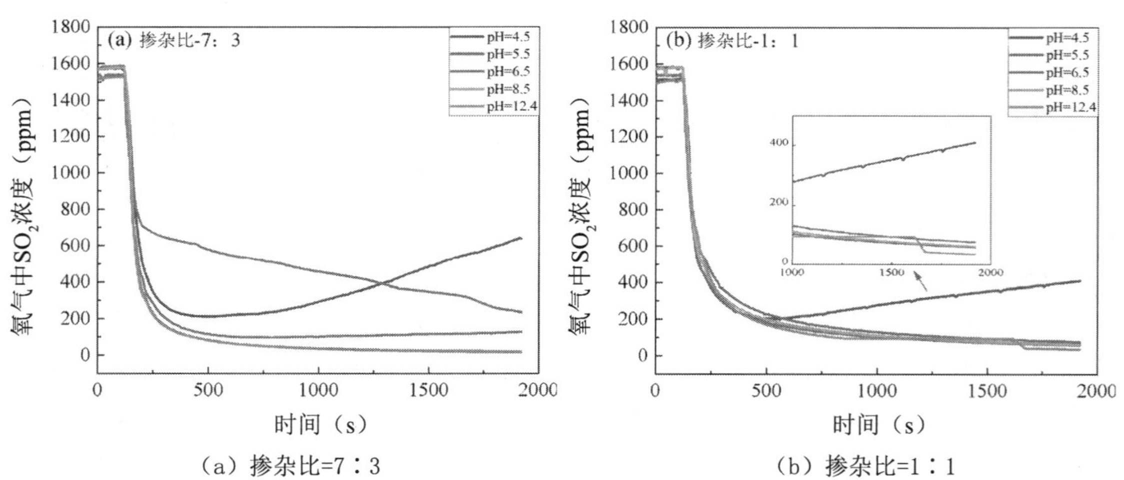

（a）掺杂比=7∶3　　（b）掺杂比=1∶1

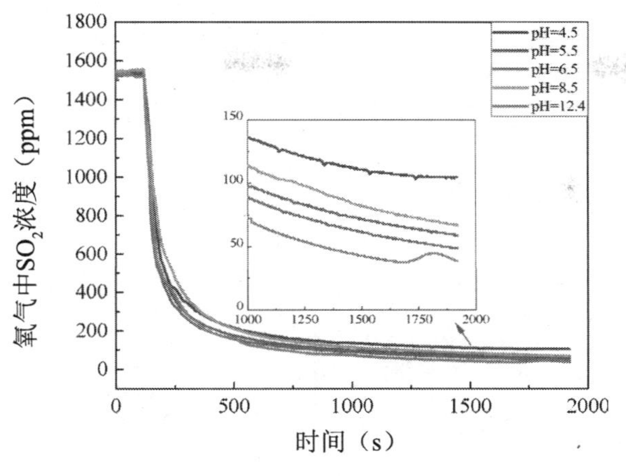

（c）掺杂比=3：7

图 13-17　不同掺混比、不同 pH 的混合浆液对烟气中 SO_2 脱除性能

Fig.13-17　Effects of mixed slurry with different blending ratios and different pH on SO_2 removal performance from flue gas

表 13-11　不同掺混比的混合浆液在 pH=4.5 时 SO_2 脱除率

Table 13-11　SO_2 removal rate of mixed slurries with different blending ratiosblending ratios at pH=4.5

掺混比＼时间	5min	10min	15min	20min	25min	30min
7 ： 3	86.08%	85.63%	80.89%	74.21%	65.81%	59.08%
1 ： 1	85.61%	85.21%	81.52%	78.28%	75.64%	72.94%
3 ： 7	83.73%	89.33%	91.22%	92.32%	92.97%	93.17%

13.2.2　石灰石和电石渣混合浆液——脱硫石膏性能研究

为了研究石灰石和电石渣在不同掺混比下混合浆液对脱硫浆液氧化率的影响，对不同掺混比的混合浆液在不同 pH 下（3.9、4.1、4.3、4.5 和 4.7）进行强制氧化，结果如图 13-18 所示。

研究结果表明，石灰石和电石渣掺混比为 7 ： 3 的脱硫浆液在 pH=3.9 时，氧化 330min 后，浆液氧化率为 84.43%，pH=3.9 的脱硫浆液具有较高的氧化率；pH=4.1 ~ 4.5 的浆液也具备脱硫能力，氧化率在 50% ~ 75%，pH=4.7 时氧化时间为 300min 时浆液氧化率仅为 26.25%，氧化率低。当石灰石和电石渣掺混比为 1 ： 1 的脱硫浆液在 pH=3.9 时，氧化 330min 后浆液氧化率可达 84.67%，氧化效果略高于相同时间下掺混比为 7 ： 3 的脱硫浆液，其他浆液氧化完成时间较短。当石灰石和电石渣掺混比为 3 ： 7 的脱硫浆液 pH=3.9 时，氧化时间为 420min 时，浆液氧化率为 80.49%。三种浆液 pH=3.9 时在氧化 300 ~ 420min 后氧化率均在 80% 以上，均高于相同氧化时间下纯电石渣浆液的氧化率。主要原因是石灰石与电石渣掺混后，浆液中 OH^- 含量相对减少，CO_3^{2-} 含量增加。CO_3^{2-} 能够在脱硫过程中缓冲浆液 pH，石灰石含量较高时，脱硫浆液中 OH^- 相对较少，缓冲效果更好，pH 变化较小。

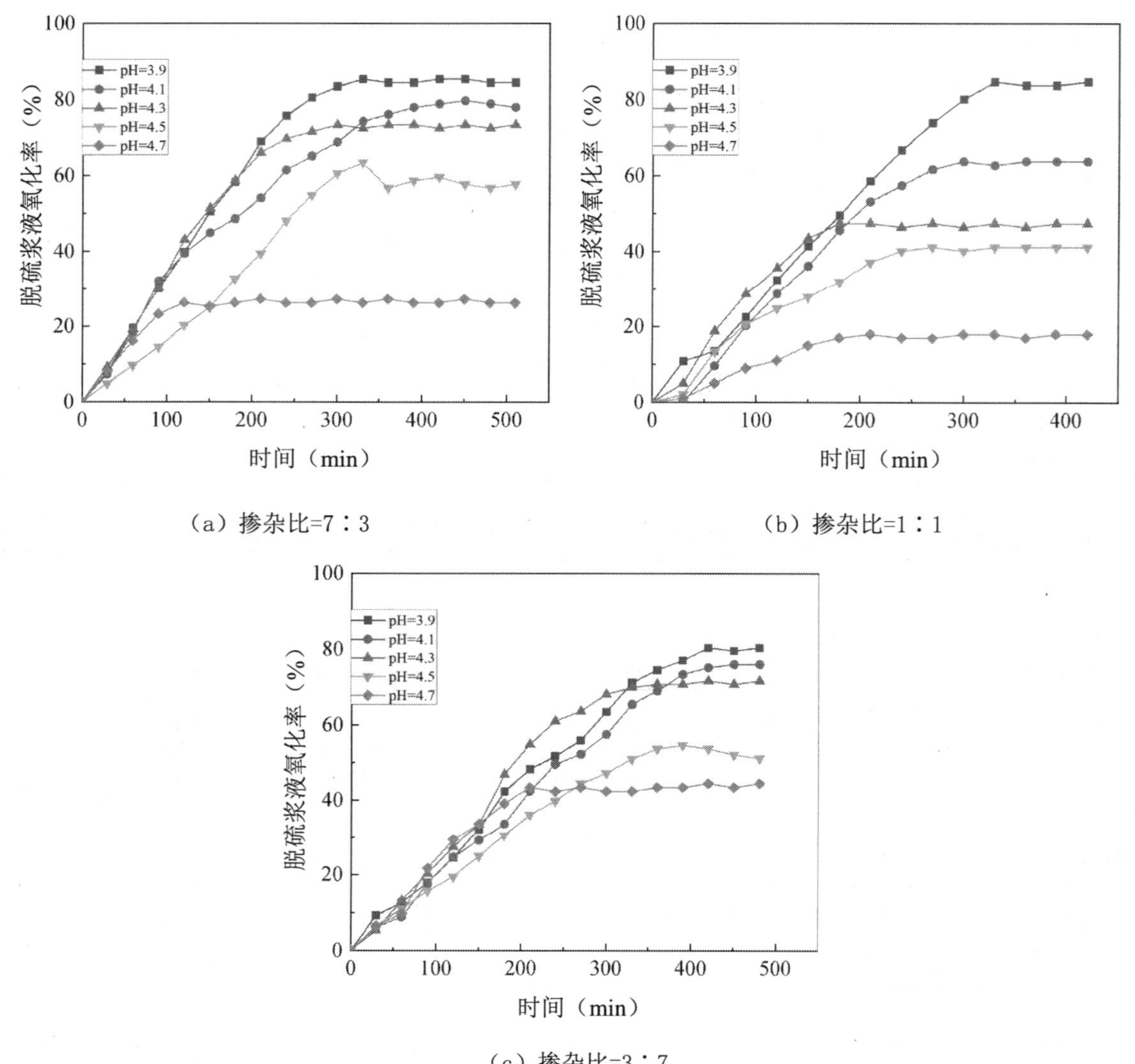

（a）掺杂比=7∶3

（b）掺杂比=1∶1

（c）掺杂比=3∶7

图 13-18　不同掺混比、不同 pH 下浆液氧化率随时间变化曲线

Fig.13-18　Oxidation rate of slurry at different times with different blending ratios and pH

为探究石灰石和电石渣掺混比例对生成的石膏微观形貌的影响，对混合浆液—石膏进行了 SEM-EDS 分析，结果如图 13-19、图 13-20 和图 13-21 所示。表 13-12、表 13-13 和表 13-14 为依据能谱分析得到的元素组成分析结果。从图中可以看出，混合浆液—石膏相比于电石渣—石膏中出现了较大的晶体，另外结合能谱分析可知，石膏中 $CaSO_3$ 含量相对较少。石灰石和电石渣掺混比为 7 ∶ 3、1 ∶ 1 和 3 ∶ 7 的石膏中 Ca/S 比较大，在 1.2 左右，石灰石掺混电石渣后 Ca 的利用率升高。原因是电石渣中 $Ca(OH)_2$ 含量高，在相同 pH 下，电石渣浆液中 Ca 的利用率要更高，$CaCO_3$ 起到缓冲效果，浆液提高了对 SO_2 的吸收量。

通过图中还可以看出，浆液 pH 越低，氧化结晶的数量越多，并且有较大的晶体出现。pH=4.7 的三种掺混比浆液中都以细小晶粒为主，其中掺混比 1 ∶ 1 的混合浆液的结晶最差，而掺混比为 7 ∶ 3 和 3 ∶ 7 的混合浆液结晶相对较好。

图 13-19　掺混比 7 ：3 的浆液在不同 pH 时生成的脱硫石膏 SEM 图
（pH a. 3.9 b. 4.1 c. 4.3 d. 4.5 e. 4.7）
Fig.13-19　SEM of desulfurized gypsum produced by slurries with blending ratios of 7 ：3 at different pH（pH value a 3.9 b. 4.1 c. 4.3 d. 4.5 e. 4.7）

表 13-12　掺混比 7 ：3 的脱硫石膏的 EDS 分析结果
Table13-12　EDS analysis results of desulfurized gypsum with a blending ratios of 7 ：3

pH	元素含量（%）			
	Ca	S	O	Ca/S
3.9	23.29	18.47	58.24	1.26
4.1	24.98	19.17	55.85	1.30
4.3	23.93	19.22	56.85	1.25
4.5	26.60	25.22	48.18	1.05
4.7	32.56	24.49	42.95	1.33

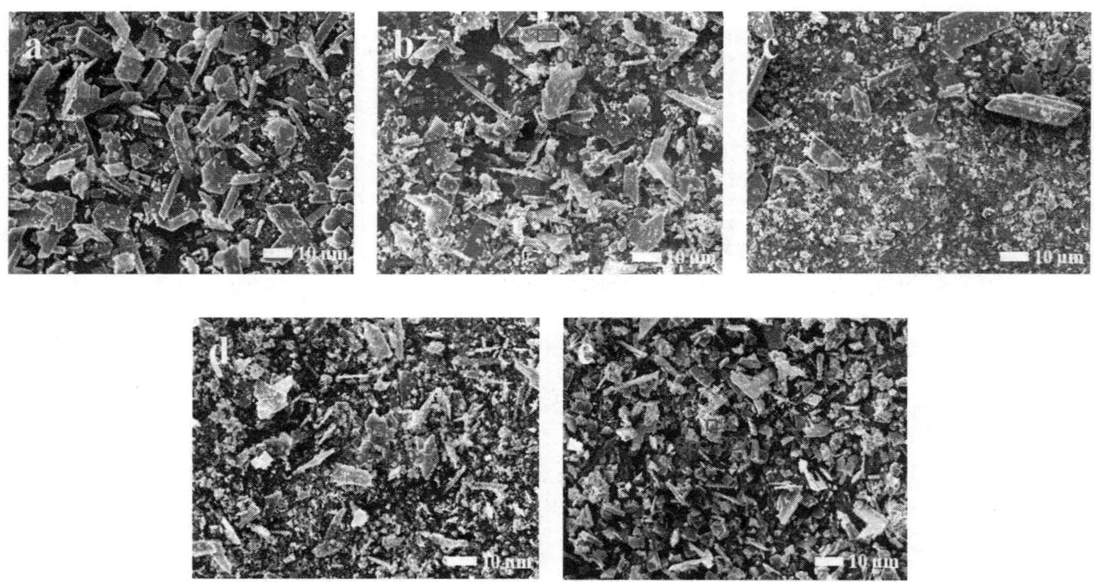

图 13-20　掺混比 1 ∶ 1 的浆液在不同 pH 时生成的脱硫石膏 SEM 图
（pH a．3.9 b．4.1 c．4.3 d．4.5 e．4.7）
Fig.13-20　SEM of desulfurized gypsum produced by slurries with blending ratios of 1 ∶ 1at different pH（pH value a 3.9 b．4.1 c．4.3 d．4.5 e．4.7）

表 13-13　掺混比 1 ∶ 1 的脱硫石膏的 EDS 分析结果
Table13-13　EDS analysis results of desulfurized gypsum with a blending ratios of 1 ∶ 1

pH	元素含量（%）			
	Ca	S	O	Ca/S
3.9	23.49	20.31	56.20	1.16
4.1	22.29	19.18	58.53	1.16
4.3	26.46	23.23	50.31	1.14
4.5	26.87	21.52	51.61	1.25
4.7	30.16	21.42	48.42	1.41

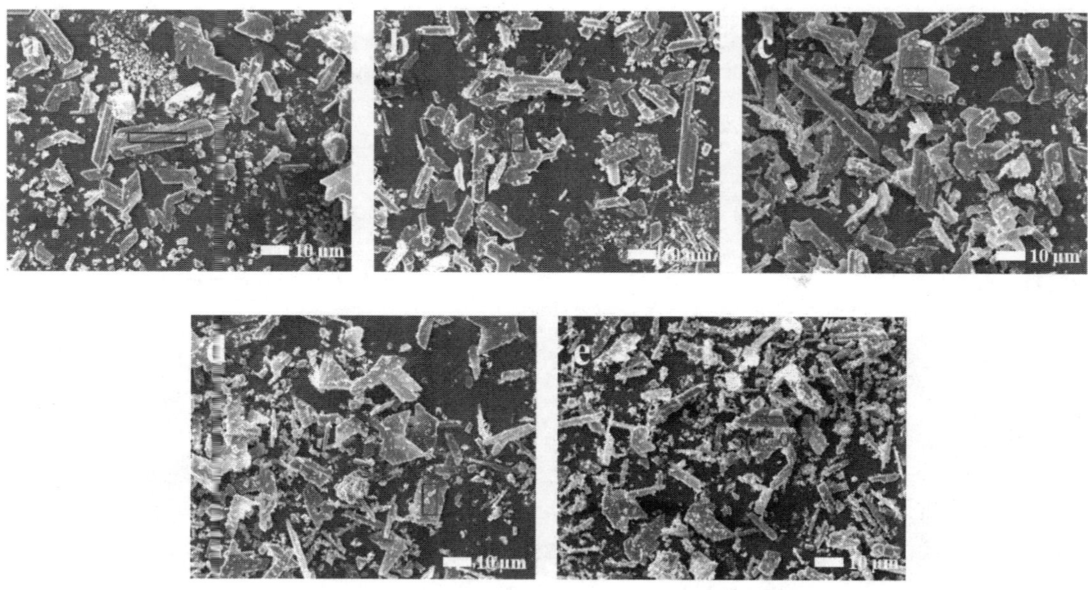

图 13-21　掺混比 3 ： 7 的浆液在不同 pH 时生成的脱硫石膏 SEM 图
（pH a. 3.9 b. 4.1 c. 4.3 d. 4.5 e. 4.7）
Fig.13-21　SEM of desulfurized gypsum produced by slurries with blending ratios of 3 ： 7 at different pH（pH value a 3.9 b. 4.1 c. 4.3 d. 4.5 e. 4.7）

表 13-14　掺混比 3 ： 7 的脱硫石膏的 EDS 分析结果
Table13-14　EDS analysis results of desulfurized gypsum with a blending ratios of 3 ： 7

pH	元素含量（%）			
	Ca	S	O	Ca/S
3.9	24.08	20.17	55.75	1.19
4.1	25.65	20.86	53.48	1.23
4.3	25.83	21.07	54.10	1.23
4.5	25.88	19.00	55.12	1.36
4.7	28.50	22.28	49.22	1.28

对三种掺混比例下 pH 为 3.9 ~ 4.7 的系列石灰石和电石渣—石膏进行 XRD 矿相成分分析，结果如图 13-22 所示。

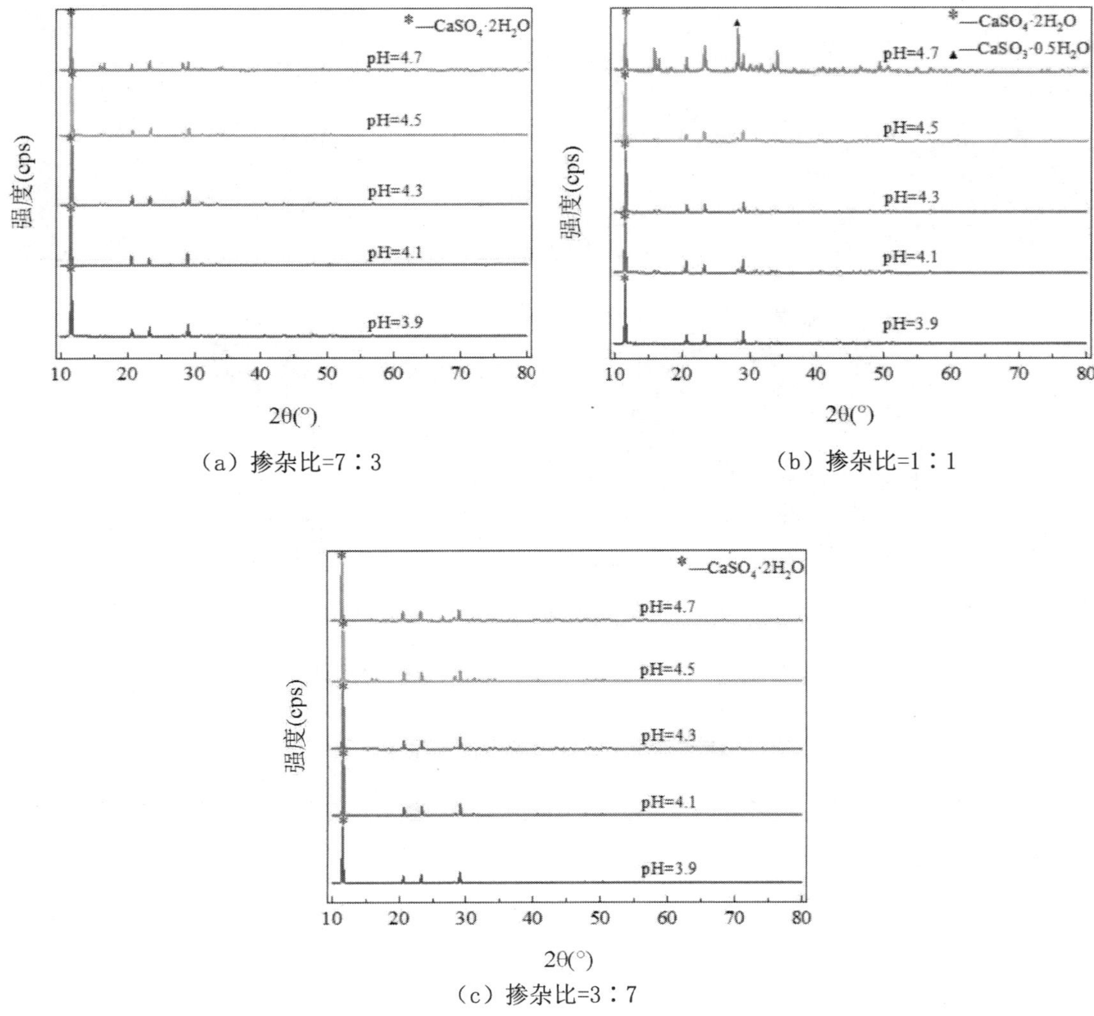

（a）掺杂比=7：3　　（b）掺杂比=1：1

（c）掺杂比=3：7

图 13-22　不同掺混比、不同 pH 下脱硫石膏的 XRD

Fig.13-22　XRD of desulfurized gypsum under different blending ratios s and different pH

由图 13-22 的 XRD 分析结果可以看出，不同掺混比下 15 种石膏中大部分以 $CaSO_4 \cdot 2H_2O$ 为主，存在部分未被氧化的 $CaSO_3 \cdot (1/2)H_2O$，在掺混比为 1 ： 1 的石膏中 pH=4.7 的石膏存在较多未被氧化的 $CaSO_3 \cdot (1/2)H_2O$，与前面的氧化率图结果相同，石膏的氧化效果较差，石膏纯度低。

图 13-23 为三种掺混比例下 pH 为 3.9 ～ 4.7 的系列脱硫石膏含水率，结果表明，石灰石和电石渣掺混比为 7 ： 3 的脱硫浆液 pH 分别为 3.9、4.1、4.3、4.5 和 4.7 时，相应脱硫石膏的含水率分别为 26.58%、34.55%、36.58%、41.28%、41.34%。石灰石和电石渣掺混比为 1 ： 1 的脱硫浆液在上述 pH 时相应的脱硫石膏含水率分别为 35.19%、46.80%、45.49%、30.24%、47.44%。石灰石和电石渣掺混比为 3 ： 7 的脱硫浆液相应的脱硫石膏含水率分别为 39.80%、40.74%、39.14%、37.96%、48.24%。由此可知，相同 pH 下，电石渣掺混比例越高，石膏含水率越低；另外，7 ： 3 混合浆液所生成的石膏含水率随 pH 升高而升高，而 1 ： 1 和 3 ： 7 混合浆液所生成的石膏含水率随 pH 变化未呈现明显的规律性。

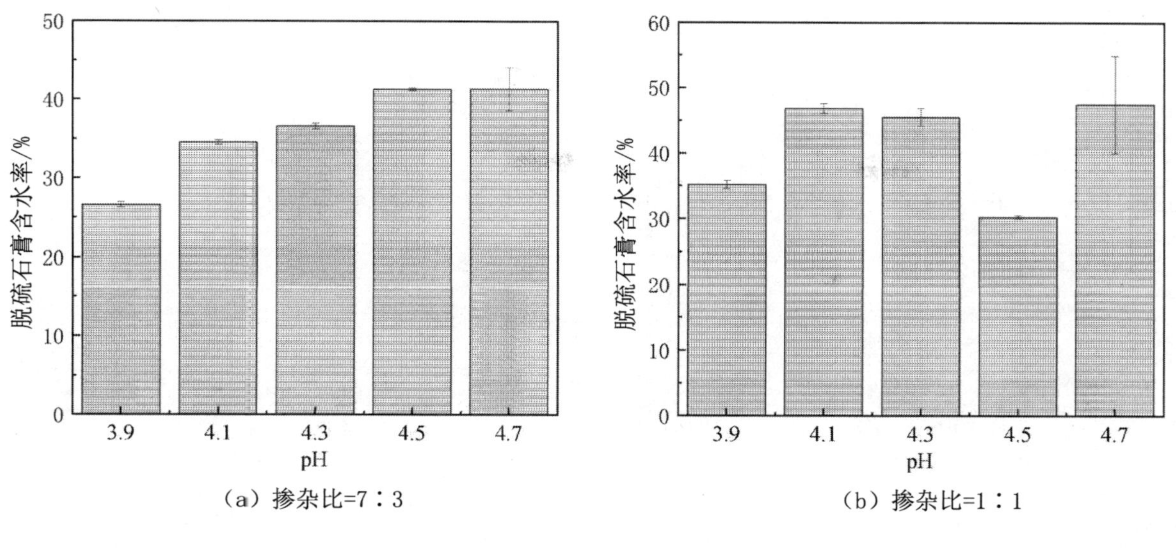

（a）掺杂比=7：3

（b）掺杂比=1：1

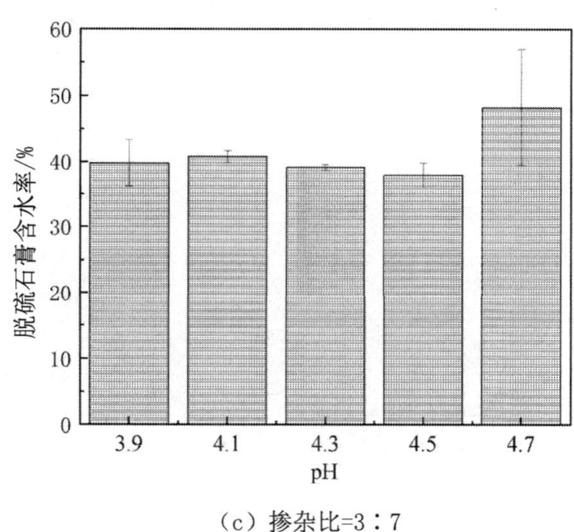

（c）掺杂比=3：7

图 13-23 不同掺混比、不同 pH 下脱硫石膏含水率

Fig.13-23 Moisture content of desulfurized gypsum under different blending ratios and pH

图 13-24 为三种掺混比例下 pH 为 3.9 ~ 4.7 的系列脱硫石膏中 Cl^- 含量，结果如图所示。研究结果显示，石灰石和电石渣掺混比为 7 ： 3 和 1 ： 1 的石膏中 Cl^- 含量在 pH=4.3 时最高，分别为 472.13mg/kg 和 1055.03mg/kg；掺混比为 3 ： 7 的石膏中 Cl^- 含量随 pH 的增加而升高，pH=3.9 时所生成的石膏中 Cl^- 含量最低，为 216.81mg/kg，pH=4.7 时所生成的石膏 Cl^- 含量最高，为 754.64mg/kg。

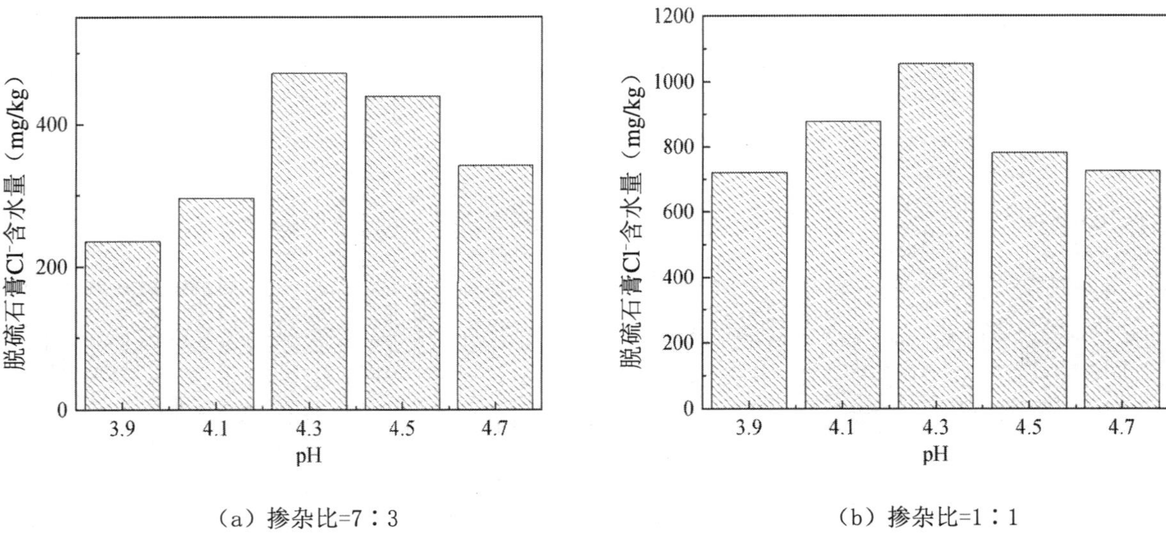

（a）掺杂比=7：3　　（b）掺杂比=1：1

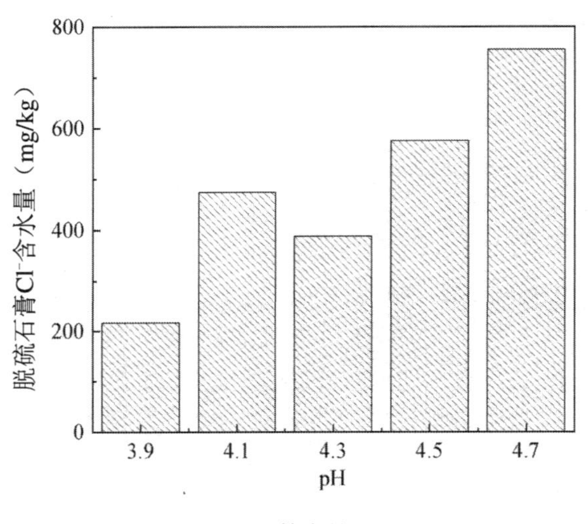

（c）掺杂比=3：7

图 13-24　不同掺混比、不同 pH 下脱硫石膏 Cl^- 含量

Fig.13-24　Cl^- content of desulfurized gypsum under different blending ratios and pH

综合以上分析可知，在石灰石和电石渣掺混比为 7 ：3、pH 为 3.9 的条件下生成的石膏具有晶体含量多、柱状结构明显等优点，而且此条件下氧化率为 84.43%，Cl^- 含量为 235.43mg/kg。由此可以推测，在石灰石和电石渣混合脱硫过程中，选择石灰石和电石渣掺混比为 7 ：3、pH 为 3.9 的时候可以生成性能和形貌都比较好的脱硫石膏。

13.3　石灰石和电石渣混合浆液脱硫工艺优化策略初探

为进一步探索电石渣脱硫工艺在现有电厂石灰石脱硫工艺中的应用可能性，对华北某电厂脱硫工艺进行了调研，分析了脱硫烟气中 SO_2 的浓度变化规律及脱硫石膏的性能，旨在为石灰石和电石渣混合浆液脱硫工艺优化及在电厂脱硫系统的实际应用提供初步策略。

13.3.1　电厂石灰石工艺分析

图 13-25 是对华北某电厂脱硫烟气的入口和出口烟气浓度以及石灰石浆液供浆量分析结果。由图可知，二氧化硫入口浓度在 4000 ~ 6000mg/Nm³ 范围内，正常供浆量在 40 ~ 80t/h 范围内，二氧化硫出口烟气浓度小于 35mg/Nm³，达到了超低排放要求，说明此脱硫工艺中石灰石浆液能够满足环保要求。但是，结果还显示该脱硫工艺中浆液量较大，猜测有可能是因为石灰石品质不能够完全满足脱硫系统的设计值，因此，石灰石使用量增加，而石灰石用量增加后浆液密度增大，这样就会导致脱硫系统负荷增高，有可能会出现风机不能够很好地满足脱硫浆液的氧化需氧量。

掺混电石渣到石灰石浆液中，可以提高浆液中 Ca 的含量，并且添加电石渣后还可以使浆液 pH 升高，这样就能够加快烟气中 SO_2 的吸收速率。Ca 和 OH^- 浓度升高后，能够使浆液使用量减少，进而减小脱硫系统的负荷，并提高脱硫石膏品质。通过上述分析，建议在实际脱硫工艺运行过程中，根据石灰石中的 Ca 的含量，优选电石渣掺混比例，确保后期石膏可以氧化完全，保证石膏品质不下降。

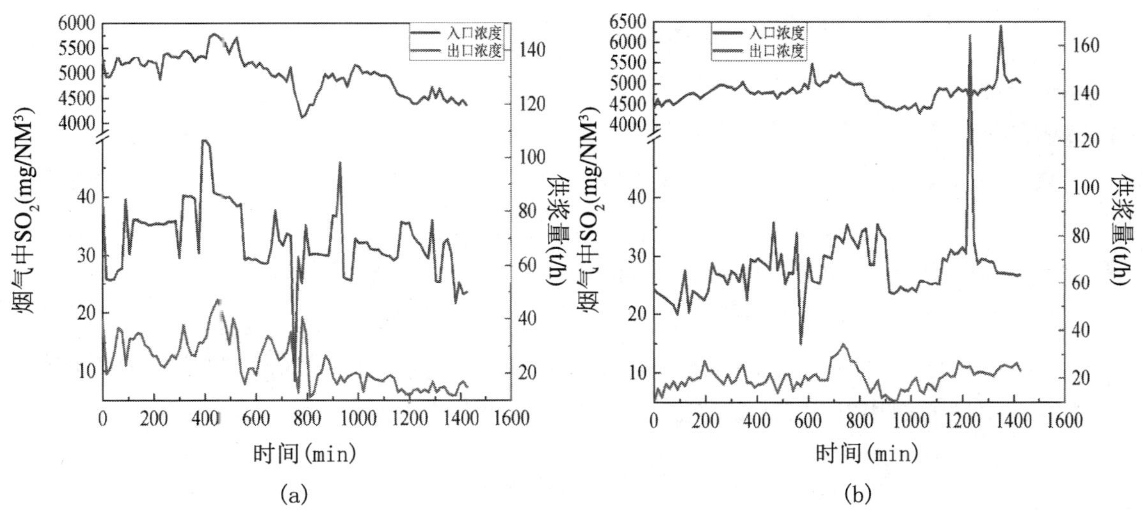

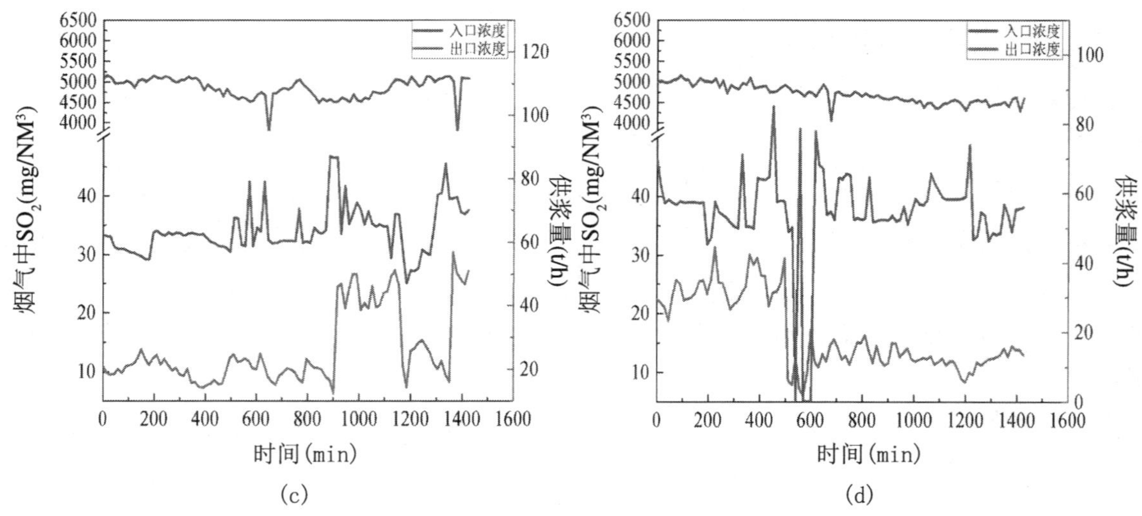

图 13-25　华北某电厂烟气入口、出口二氧化硫浓度和供浆量随时间的变化曲线

Fig. 13-25　Variation curve of flue gas inlet and outlet sulfur dioxide concentration and slurry supply volume with time of a power plant in North China

13.3.2　电厂脱硫烟气和石膏性质的分析

为解决华北某燃煤电厂中烟气脱硫石膏中 Cl^- 太高，脱硫石膏无法利用的问题，对电厂脱硫运行过程的浆液和脱硫石膏进行了抽样检测。分别抽取了石灰石浆液、一级脱硫、二级脱硫和旋流后浆液以及对石膏进行了 Cl^- 含量测定，并同时对脱硫石膏进行了含水率和结晶水的测定。

表 13-15 为脱硫工艺各部位浆液和脱硫石膏中 Cl^- 浓度，脱硫浆液为了满足脱硫废水零排工艺结晶盐，使得脱硫各部位浆液中 Cl^- 含量都处于较高水平，旋流后浆液经过冲洗水和真空脱水，石膏中 Cl^- 含量明显降低，但石膏中 Cl^- 含量仍高于 2700mg/kg，高含量 Cl^- 限制了石膏在建筑板材领域的应用。

表 13-15　电厂脱硫工艺中各级浆液及石膏中 Cl^- 浓度

Table 13-15　Cl^- concentration of slurry and gypsumin Power Plant desulfurization process

单位：mg/kg

序号	石灰石浆液	一级脱硫浆液	二级脱硫浆液	旋流后浆液	石膏
1	7970.57	10075.01	2854.15	13985.76	3269.32
2	4599.08	13424.57	1968.53	11793.63	2718.64
3	6291.41	14450.49	3038.29	14941.52	3962.53
4	4800.75	14248.81	3230.32	15052.01	2952.23

表 13-16 是脱硫石膏含水率和结晶水含量。从表中结果可知含水率在 13% ~ 15% 范围内，结晶水含量较低，这主要是由于石灰石中 Ca 含量较低，品质不太高，在脱硫过程中需要提高石灰石浆液浓度，氧化不充分，导致亚硫酸钙氧化率降低，结晶水含量降低。另外，石膏中 Ca^{2+}

和 Cl^- 易生成 $CaCl_2$ 和不规则 $CaSO_3 \cdot (1/2) H_2O$，导致脱硫石膏含水率增加。

表 13-16　电厂脱硫石膏含水率和结晶水含量

Table13-16　Moisture content and crystal water content in desulfurization gypsum from power plant

序号	含水率（%）	结晶水含量（%）
1	15.11	13.73
2	13.41	14.21
3	22.08	11.62
4	13.51	14.32

13.3.3　石灰石和电石渣混合浆液脱硫工艺优化策略初探

从电厂脱硫烟气、脱硫浆液和脱硫石膏的分析结果可以发现，现有脱硫系统可能存在的问题是石灰石品质不稳定。第 3 章和第 4 章的研究结果表明，与电厂石灰石脱硫石膏相比，电石渣脱硫石膏和电石渣—石灰石掺混脱硫石膏中 Cl^- 含量较低，另外石灰石和电石渣混合浆液脱硫石膏含水率比电厂石灰石脱硫石膏含水率要高一些，而氧化率却低于石灰石脱硫石膏，不利于后续利用。因此可以通过掺混电石渣提高浆液中 Ca 含量，降低 Cl^- 含量，提高脱硫浆液使用效率，降低脱硫系统负荷，进而提高石膏品质。

综合以上分析，电厂如果采用电石渣—石灰石脱硫工艺，建议电石渣掺混比例在 30% 以上，浆液浓度控制在 10% 左右，pH 调节在 4.3 以下。另外建议选用粒径在 48 ~ 150μm 的电石渣，这样既可以达到稳定脱硫效果还可以得到品质较好的脱硫石膏。

13.4　小结

本章主要研究了不同掺混比例的电石渣和石灰石的混合浆液对模拟烟气中 SO_2 的脱除效率，考察了此过程中 SO_2 的浓度变化规律，并对所生成的脱硫石膏的微观形貌、氧化率、含水率及 Cl^- 浓度等进行了分析测定，主要结论如下：

（1）通过研究浓度为 5%、10% 和 15% 的电石渣浆液对模拟烟气中 SO_2 的脱除情况，发现当电石渣浆液 pH 大于 5.5 时，浓度分别为 5%、10% 和 15% 的电石渣浆液都具有较好的脱硫性能；与相同浓度下 pH 大于 5.5 浆液脱硫率相比，pH 为 4.5 时浆液脱硫率略有降低，而且浓度为 10% 的电石渣浆液对烟气中 SO_2 脱除效果要比 5% 和 15% 更好一些，20min 时脱硫率为 97.65%，相同反应时间下浓度为 5% 和 15% 浆液的脱硫率分别为 95.67% 和 95.85%。此外，研究结果还表明，粒径为 48 ~ 150μm 的电石渣浆液在 pH=4.5 时在 20min 时脱硫率最高，为 96.17%，优于相同 pH 下粒径 > 150μm 和粒径 < 48μm 的电石渣浆液。

（2）选取粒径为 48 ~ 150μm 电石渣，研究石灰石和电石渣掺混比为 7 ：3、1 ：1 和 3 ：7 的浆液脱硫效果，当混合浆液 pH 大于 5.5 时，发现三种掺混比例下所制备的 10% 的混合浆液都具有良好的脱硫效果。当混合浆液 pH=4.5 时，掺混比为 3 ： 7 的混合浆液对烟气中 SO_2 脱除 30min 后，脱硫率为 93.17%，而掺混比为 7 ： 3 和 1 ： 1 的脱硫浆液的脱硫率分别为 59.08% 和 72.94%，掺混比为 3 ： 7 的浆液脱硫率最高。

（3）掺混比为 1 ： 1 的混合浆液（pH=12.4）在脱硫初期对 SO_2 有较高的脱除率，反应 5min 时，SO_2 浓度下降最多，下降了 64.21%；此外，3 ： 7 的混合浆液在 5min 到 25min 脱硫效率均高于 7 ： 3 的混合浆液，反应 15min 时，下降率最高，为 53.85%；原因可能是混合浆液中掺混电石渣的比例较高，$Ca(OH)_2$ 含量越高，SO_2 下降率就越高。

（4）三种掺混比例的浆液在 pH 为 3.9、氧化时间为 360min 时，氧化率均在 80% 以上，其中掺混比为 1 ： 1 的浆液氧化率最高为 84.67%，该条件生成的石膏含水率为 39.80%，Cl^- 含量为 720.96mg/kg；掺混比为 7 ： 3 的浆液氧化 360min 后氧化率为 84.43%，石膏含水率为 26.58%，Cl^- 含量为 235.43mg/kg；而该条件下掺混比为 3 ： 7 的浆液氧化率为 80.49%，石膏含水率为 39.80%，Cl^- 含量为 216.81mg/kg。pH 小于 4.3 时混合浆液的氧化率均高于纯电石渣浆液氧化率，含水率和 Cl^- 却没有明显的规律性。

（5）在石灰石和电石渣混合脱硫过程中，选择石灰石和电石渣掺混比为 3 ： 7、pH 为 3.9 的混合浆液可以生成性能和形貌都比较好的脱硫石膏。

（6）电厂二氧化硫出口烟气浓度小于 35mg/Nm^3，达到了超低排放要求；但电厂脱硫工艺仍存在浆液供浆量偏大，石膏中 Cl^- 含量高、含水率高等问题。

（7）电厂如果采用电石渣—石灰石脱硫工艺，建议电石渣掺混比例在 30% 以上、浆液浓度控制在 10% 左右、脱硫浆液 pH 大于 4.5、氧化浆液 pH 调节在 4.3 以下。另外，建议选用粒径在 48 ～ 150μm 的电石渣，这样不仅可以达到稳定脱硫效果而且还可以得到品质较好的脱硫石膏。